This series aims to report new developments in physical research and teaching – quickly, informally, and at a high level. The type of material considered for publication includes:

1. Preliminary drafts of original papers and monographs

2. Lectures on a new field, or presenting a new angle on a classical field

3. collections of seminar papers

4. Reports of meetings

Texts which are out of print but still in demand may also be considered if they fall within these categories.

The timeliness of a manuscript is more important than its form, which may be unfinished or tentative. Thus, in some instances, proofs may be merely outlined and results presented which have been or will later be published elsewhere.

Publication of *Lecture Notes* is intended as a service to the international physical community, in that a commercial publisher, Springer-Verlag, can offer a wider distribution to documents which would otherwise have a restricted readership. Once published and copyrighted, they can be documented in the scientific libraries.

Manuscripts

Manuscripts are reproduced by a photographic process; they must therefore be typed with extreme care. Symbols not on the typewriter should be inserted by hand in indelible black ink. Corrections to the typescript should be made by sticking the amended text over the old one, or by obliterating errors with white correcting fluid. The figures (in the original size) ready for reproduction should be inserted into the text. Should the text, or any part of it, have to be retyped, the author will be reimbursed upon publication of the volume. Authors receive 50 free copies.

The typescript is reduced slightly in size during reproduction, therefore a large size of type should be used; best results will not be obtained unless the text on any one page is kept within the overall limit of 18 x 26.5 cm (7 x 10½ inches). **The publishers will be pleased to supply on request special stationery with the typing area outlined.**

Manuscripts in English, German or French should be sent to Springer-Verlag, 6900 Heidelberg, Postfach 1780.

Die „*Lecture Notes*" sollen rasch und informell, aber auf hohem Niveau, über neue Entwicklungen in der Physik berichten. Zur Veröffentlichung kommen:

1. Vorläufige Fassungen von Originalarbeiten und Monographien.

2. Spezielle Vorlesungen über ein neues Gebiet oder ein klassisches Gebiet in neuer Betrachtungsweise.

3. Seminarausarbeitungen.

4. Vorträge von Tagungen.

Ferner kommen auch ältere vergriffene spezielle Vorlesungen, Seminare und Berichte in Frage, wenn nach ihnen eine anhaltende Nachfrage besteht.

Die Beiträge dürfen im Interesse einer größeren Aktualität durchaus den Charakter des Unfertigen und Vorläufigen haben. Sie brauchen Beweise unter Umständen nur zu skizzieren und dürfen auch Ergebnisse enthalten, die in ähnlicher Form schon erschienen sind oder später erscheinen sollen.

Die Herausgabe der „*Lecture Notes*" Serie durch den Springer-Verlag stellt eine Dienstleistung an die physikalischen Institute dar, indem der Springer-Verlag für ausreichende Lagerhaltung sorgt und einen großen internationalen Kreis von Interessenten erfassen kann. Durch Anzeigen in Fachzeitschriften, Aufnahme in Kataloge und durch Anmeldung zum Copyright sowie durch die Versendung von Besprechungsexemplaren wird eine lückenlose Dokumentation in den wissenschaftlichen Bibliotheken ermöglicht.

Lecture Notes in Physics

Edited by J. Ehlers, Austin, K. Hepp, Zürich and
H. A. Weidenmüller, Heidelberg
Managing Editor: W. Beiglböck, Heidelberg

4

G. Ludwig
Institut für Theoretische Physik
der Universität Marburg

Deutung des Begriffs "physikalische Theorie" und axiomatische Grundlegung der Hilbertraumstruktur der Quantenmechanik durch Hauptsätze des Messens

Springer-Verlag
Berlin Heidelberg GmbH 1970

ISBN 978-3-662-24271-1 ISBN 978-3-662-26384-6 (eBook)
DOI 10.1007/978-3-662-26384-6

Originally published by Springer-Verlag in 1970

VORWORT

Die Quantenmechanik hat seit ihrem Beginn immer wieder diskutierte Probleme in Bezug auf ihre "Interpretation" gestellt. Auch heute noch werden die Fragen nach der Rolle des Bewußtseins, nach Objektivität oder Subjektivität, nach der Bedeutung der sogenannten "Reduktion der Wellenpakete" mit aller Leidenschaftlichkeit diskutiert. Viele meinen, daß nur eine Änderung der klassischen Aussagelogik zu einer mehrwertigen "Wahrscheinlichkeitslogik" es ermöglicht, die Quantenmechanik zu interpretieren.

Die Leidenschaftlichkeit, mit der alle diese Fragen diskutiert werden, zeigt zweierlei:

1. Daß die Grundaussagen der Quantenmechanik begrifflich viel zu verschwommen sind, so daß die einzelnen durchaus verschiedene Inhalte bei Benutzung desselben Wortes meinen. Solche unklaren Begriffe sind "Zustand", "Observable", "Beobachter", "Eigenschaft", "Aussage" (Proposition) und ähnliche.

2. Daß die Diskussion der vermeintlich <u>nur</u> physikalischen Fragen tatsächlich in der Tiefe beherrscht wird von "philosophisch - weltanschaulichen" Vorentscheidungen.

Die entscheidende Grundstruktur derQuantenmechanik, die zu den erwähnten Fragestellungen führt, ist die Benutzung von Operatoren des Hilbertraumes zur Beschreibung der Wahrscheinlichkeit von Meßergebnissen, wie es kurz in Kapitel I rekapituliert wird.

Kapitel I versucht die bekannte Zusammenfassung der quantenmechanischen Grundpostulate nach J. v. Neumann zu formulieren, damit der Leser an Bekanntes anschließen kann. Kapitel I erhebt daher <u>keinen</u> Anspruch, eine systematische axiomatische Formulierung im Sinne der Mathematik zu sein;

im Gegenteil soll Kapitel I als Zusammenfassung heuristischer Prinzipien noch einmal, kurz die "Bedürftigkeit" nach einer echten Grundlegung der Quantenmechanik aufweisen.

Der Weg für eine wirkliche Klärung der Probleme, ist daher genau vorgeschrieben:

1. Zunächst ist unabhängig von jeder speziellen physikalischen Theorie zu skizzieren, was man unter einer physikalischen Theorie überhaupt versteht. Hierbei fällt eine gewisse "weltanschauliche" Vorentscheidung. Der Verfasser gibt in Kapitel II eine solche Skizze, wobei die Vorentscheidung fällt, daß es eine physikalische Theorie nur mit objektiven Tatsachen (wie durchgeführte Messungen) zu tun hat, daß das Bewußtsein eines Subjektes keine Rolle bei physikalischen Aussagen spielt. Hier fällt auch die Vorentscheidung, nur die klassische Logik zu benutzen, da die in Kapitel II skizzierte Methode darin besteht, Erfahrungstatsachen in einer mathematischen Sprache und damit in der von der Mathematik benutzten klassischen Logik aufzuschreiben, um sie dann mit der mathematischen Theorie vergleichen zu können.

   In diesem Sinne wird in II zunächst kurz rekapituliert, wie eine mathematische Theorie $\mathcal{M}\mathcal{T}$ systematisch entwickelt werden kann. Dabei ist es wichtig, daß zwar die benutzten Axiome intuitiv von der Physik nahegelegt werden können, daß aber trotzdem $\mathcal{M}\mathcal{T}$ in seiner typisch mathematischen Form nicht unmittelbar Aussagen über die Physik enthält. Um eine $\mathcal{M}\mathcal{T}$ mit der Physik "vergleichen" zu können, bedarf es Regeln, die es gestatten, die in den Experimenten angetroffenen Vorgänge in der "Zeichensprache" von $\mathcal{M}\mathcal{T}$ niederzuschreiben. Dann erst kann geprüft werden, ob der als Erfahrung niedergeschriebene Text mit der vorher niedergeschriebenen Theorie $\mathcal{M}\mathcal{T}$ nicht im Widerspruch steht.

2. Die Hilbertraumstrukturart der Quantenmechanik ist aus einem sauberen axiomatischen Aufbau herzuleiten, wobei man nur von Begriffen ausgehen darf, die "objektiven", als Tatsachen feststellbaren "Meßergebnissen" entsprechen, wie es die in Kapitel II skizzierten Grundlagen einer physikalischen Theorie verlangen. Eine solche Ableitung gibt Kapitel III. Dabei werden erst nach längeren Deduktionen Begriffe wie Gesamtheit, Observable eingeführt. Es zeigt sich, daß der oft benutzte Begriff der "gleichzeitigen" Meßbarkeit ein Unsinn ist, da es sich hierbei um etwas handelt, bei dem die "Zeit" keine Rolle spielt. Es werden statt dessen die Begriffe "koexistenter" Effekte und "kommensurabler" Entscheidungseffekte eingeführt (passiert z. B. ein Teilchen mehrere Zählrohre, so ist das Ansprechen mehrerer Zählrohre eine Gruppe von "koexistenten" Effekten, auch wenn das eine Zählrohr erst Minuten später als das erste passiert wird.)

Beide Teile (Kapitel II und III) sind untrennbar miteinander verknüpft, da der Sinn der in Kapitel III gestellten Aufgabe nur aus Kapitel II deutlich wird, und umgekehrt die Darstellung der Quantenmechanik durch das Begriffssystem aus Kapitel III nur dann akzeptiert werden kann, wenn man nicht aus "weltanschaulichen" Gründen die Grundauffassung aus Kapitel II ablehnt.

Es kann niemand gezwungen werden, die in Kapitel II dargestellte Auffassung über das, was Physik ist, zu teilen. Bei einer solchen Frage können natürlich die Meinungen noch weiter auseinander gehen als bei der Frage nach den Grundlagen der Mathematik. Wenn die hier vorgetragene Auffassung über Physik und speziell über die Quantenmechanik auch nicht von allen geteilt werden wird, so hoffe ich doch eines: Es müßte möglich sein, jeweils genauer die entscheidenden Punkte anzugeben, wo die Auffassungen divergieren, denn das hier vorgetragene System ist in sich so geschlossen, daß es nicht möglich ist, die Voraussetzungen zu akzeptieren und dann irgendwelche Folgerungen abzulehnen.

Diese Überlegungen legen auch sofort das Verhältnis zu der Darstellung von V. S. Varadarajan [10] fest. Die dort dargestellten mathematischen Strukturen müssen voll in der hier vorliegenden Darstellung benutzt werden, aber erst an einer ziemlich späten Stelle: III, § 18, wo die in [10] dargestellten Ableitungen einfach übertragen werden können, um den Verband G der Entscheidungseffekte durch den Verband der Teilräume eines Hilbertraumes darzustellen. Die hier vorgetragene physikalische Basis ist eine andere, da Begriffe wie "propositions" für die Elemente von G und "implications" für die Ordnung von G hier bewußt nicht benutzt werden. Überhaupt ist nicht die Menge G der Entscheidungseffekte der Ausgangspunkt, sondern Mengen $\tilde{K}$ von Präparierteilen und $\tilde{L}$ von Effektteilen. Auch die in III, § 2 eingeführte Menge $\underline{L}$ von Effekten braucht nicht einmal ein einziges Element von G zu enthalten! Warum wir einen ganz anderen Ausgangspunkt als eine "Logic of propositions" gewählt haben, basiert auf II und ist in III, § 1.1 näher begründet.

Kapitel IV gibt einige Beispiele dafür, wie man die in Kapitel II sauber gefaßten Begriffe von "physikalisch wirklich", von "erlaubten" und "sicheren" Hypothesen in der Quantenmechanik anwenden kann, ohne auf Widersprüche zu stoßen; so ist es z. B. möglich, in einem genau definierten Sinn von einem Teilchen zu sprechen, daß zu einer Zeit t sowohl einen bestimmten Impuls wie einen bestimmten Ort hat. Eine solche Aussage führt zu keinen Widersprüchen, wenn man sie eben nur nach den in Kapitel II festgelegten Regeln benutzt.

Da die hier vorgetragenen Überlegungen, insbesondere diejenigen aus Kapitel II, nicht nur für die Quantenmechanik von Bedeutung sind und da manche Probleme (wiederum hauptsächlich aus Kapitel II, aber auch z. B. die als Voraussetzungen (V1) bis (V3) formulierten Probleme in Kapitel III) noch nicht zufriedenstellend gelöst sind, würde es der Verfasser als besonderen Erfolg dieses Heftes ansehen, wenn er viele kritische Zuschriften, viele Vorschläge für "verbesserte" Beweise oder sogar den Nachweis erhielte, daß einige "Axiome" aus Kapitel III als Sätze aus vorhergehenden Axiomen folgen bzw. durch schwächere Axiome ersetzt werden können. Falls die durch dieses Heft angeschnittenen Probleme genügend Interesse finden sollten, könnte man daran denken, eine interfakultative Arbeitsgemeinschaft über solche Fragen zu gründen.

Die vorliegende Darstellung stellt eine Zusammenfassung und Verbesserung der Arbeiten des Verfassers und seiner Mitarbeiter dar [1] bis [9]. In [1] wurde die Grundauffassung einer nach den obigen Prinzipien aufzustellenden axiomatischen Grundlegung der Quantenmechanik dargestellt; in verbesserter Form wird ohne die mathematischen Konsequenzen diese Auffassung in [4] und [5] noch einmal ausführlicher beschrieben; einige einfachere mathematische Konsequenzen werden in [2], [3], [6], und [7] gezogen, [8] und [9] geben eine erste zusammenfassende Darstellung. Die hier in den Lecture Notes gegebene Darstellung ist zwar möglichst kurz gehalten, enthält aber sowohl alle wesentlichen physikalischen Gesichtspunkte wie mathematische Konsequenzen. Die im Text enthaltenen Hinweise (A ...) beziehen sich auf Anmerkungen am Schluß des Heftes.

Zu besonderem Dank bin ich den Herren Dr. Hartkämper, Dr. Neumann und Dr. Melsheimer verpflichtet, die sowohl kritisch vorhergehende Manuskripte gelesen, viele Anregungen zu Verbesserungen gegeben haben und auch die Mühen auf sich genommen haben, unter Zeitdruck für die Herstellung des vervielfältigungsfähigen Exemplars zu sorgen. Ebenso danke ich Herrn cand. rer. nat. Schmidt für die mühsame Arbeit des Eintragens der Formeln und für wertvolle anregende Fragen während eines Seminars über Kapitel II.

Ebenso danke ich dem Springer-Verlag für das Entgegenkommen, diese Darstellung in so kurzer Zeit herauszubringen.

Marburg, April 1970. G. Ludwig

INHALTSVERZEICHNIS

I. Kurze Zusammenfassung der üblichen Interpretation der Quantenmechanik

Zum besseren Verständnis der in Kapitel II und III durchzuführenden Überlegungen sei kurz die "übliche Interpretation" der Quantenmechanik zusammengefaßt.

§ 1. Axiomatische Zusammenfassung des Korrespondenzprinzips

Auf Grund des korrespondenzmäßigen "Erratens" quantenmechanischer Gesetze gelangt man zu folgendem Axiomensystem, das zuerst in etwa dieser Form von J. v. Neumann formuliert wurde :

Ia) Die Observablen $\mathfrak{A}$ eines physikalischen Systems lassen sich eindeutig abbilden auf HERMITEsche Operatoren A eines HILBERT-Raumes $\mathcal{H}$, so daß jeder reellen, stetigen und beschränkten Funktion $f(\mathfrak{A})$ die Funktion $f(A)$ entspricht.

b) Die Bildmenge $\mathcal{O}$ der Observablen $\mathfrak{A}$ enthält eine in jeder Kugel $\|A\| < C$ von $\mathcal{L}_h(\mathcal{H})$ im Sinne der starken Topologie dichte Menge, wobei $\mathcal{L}_h(\mathcal{H})$ die Menge aller beschränkten Hermiteschen Operatoren von $\mathcal{H}$ ist.

Ist $\mathcal{O}_b$ die Teilmenge aller beschränkten Operatoren aus $\mathcal{O}$, so ist also Axiom Ib) identisch (z. B. nach Dixmier, Les algèbres d opérateurs dans l'espace Hilbertien, p. 41) mit der Aussage: $\mathcal{O}_b$ ist ultrastark dicht in $\mathcal{L}_h(\mathcal{H})$.

Unter einer Observablen verstehen wir hierbei eine wohldefinierte Meßvorschrift, wobei zwei Meßvorschriften als gleich gelten, wenn ihre Anwendung auf dieselbe Gesamtheit der betrachteten Systeme zu denselben Häufigkeitsverteilungen der Meßergebnisse führt. In diesem Begriff der Meßvorschrift fassen wir zusammen :

1. eine Vorschrift für den Aufbau der Meßapparatur,
2. eine Vorschrift für die Zeitspanne ihrer Anwendung und
3. die "Art" der physikalischen Systeme, auf die sie anzuwenden ist. Solche verschiedenen "Arten" von Systemen sind z. B. Elektronen, Wasserstoffatome, He-Atome, usw.

$f(\mathfrak{A})$, wobei $f(x)$ eine reelle, stetige und beschränkte Funktion in ist, soll hierbei die Observable sein, die den Meßwert $f(x)$ annimmt, wenn $\mathfrak{A}$ den Meßwert x ergibt. Jede meßbare und beschränkte Funktion f(A) mit $A \in \mathcal{O}_b$ liegt in $\mathcal{L}_h(\mathcal{H})$ und läßt sich stark durch stetige f(A) approximieren, insbesondere also die Sprungfunktion $\eta_\lambda(A)$ mit $\eta_\lambda(x) = 1$ für $x \leqslant \lambda$ und $\eta_\lambda(x) = 0$ für $x > \lambda$. Es ist $\eta_\lambda(A) = E_\lambda$ mit E_λ als Spektralschar von A.

Das erste Axiom I ist in keiner Weise evident. Ia ist vielmehr ein Ergebnis, zu dem man auf dem erwähnten Wege des korrespondenzmäßigen Ratens gelangt.

In Kapitel III werden wir versuchen, dieses Axiom tiefer zu begründen. Aber auch die Begriffe "Observable", "Messung" und "Art" physikalischer Systeme bedürfen trotz der gegebenen Definitionen noch einer genaueren

Untersuchung, die später durchgeführt wird.

Der zweite Teil Ib des ersten Axioms kann nicht einmal aus den induktiven Überlegungen gefolgert werden. Da man aber keine Möglichkeit sieht, die Bildmenge $\mathcal{O}$ der Observablen $\mathcal{A}$ irgendwie auszuzeichnen, versucht man diesen Mangel durch eine "Maximalforderung" zu ersetzen, indem man annimmt, daß die Bildmenge "fast alle" (im Sinne von Axiom Ib) Hermiteschen Operatoren enthält. Auch hier werden wir später zu einem tieferen Verständnis gelangen und sehen, wie dieses Postulat mit dem Begriff der "Art" physikalischer Systeme zusammenhängt.

Das Analogon zu Axiom Ia im Teilchenbild würde lauten: Die Observablen $\mathcal{A}$ eines physikalischen Systems lassen sich eindeutig abbilden auf reelle, meßbare (in bezug auf das Lebesgue sche Maß) Funktionen im Phasenraum.

Und zu Ib : Jede reelle, beschränkte und stetige Funktion im Phasenraum ist Bild einer Observablen.

Auf Grund des Axioms I werden wir die Observablen $\mathcal{A}$ mit den zugeordneten HERMITEschen Operatoren A identifizieren und nur den einen Buchstaben A benutzen.

Das zweite Axiom soll den Zusammenhang zwischen den Meßwerten der Observablen und der durch das Axiom I festgelegten, mehr symbolischen Zuordnung herstellen und damit die eigentliche Deutung der Quantenmechanik geben. Wir wollen daher den Begriff des Erwartungswertes durch Axiome einführen, die durch seine physikalische Bedeutung nahegelegt werden und umgekehrt mathematisch den Begriff des Erwartungswertes implizit definieren. Der Erwartungswert ist im Experiment dem Mittelwert einer Messung an einer Gesamtheit zugeordnet. Dabei ist eine Gesamtheit von Objekten eine sehr große Zahl N von Objekten. Genau wie der Begriff der Observablen und der Messung muß auch der Begriff der Gesamtheit ausführlich an späterer Stelle diskutiert werden. Hier haben wir nur festzuhalten, daß eine Gesamtheit charakterisiert ist durch eine Erwartungswertfunktion M(A) mit dem Definitionsbereich $\mathcal{O}_b$.

Jede reale Messung bezieht sich auf eine beschränkte Skala. Nur für theoretische Zwecke ist es sinnvoll, auch unendlich ausgedehnte Skalen wie z.B. die Ortskoordinaten zu betrachten. Da aber nicht ohne weiteres klar ist, ob es sinnvoll ist, bei unbeschränktem A ein M(A) zu definieren, und da es für die Physik ausreicht, wenn man alle M(f(A)) für beliebige beschränkte, stetige Funktionen f(A) kennt, definieren wir M(A) zunächst nur auf $\mathcal{O}_b$.
Wir fordern nun als Axiom II:

II a.) $M(A^2) \geqslant 0$;

b.) $M(1) = 1$;

c.) $M\left(\sum_{i=1}^{n} \cdot \alpha_i A_i\right) = \sum_{i=1}^{n} \alpha_i M(A_i)$ (α_i reelle Zahlen).

d.) M(A) ist stark stetig in A für alle A aus einer Kugel $\|A\| \leqslant C$.

Aus den Axiomen I und II ergibt sich, daß

$$M(A) = \mathrm{Sp}\,(AW) \tag{1.1}$$

gilt, wobei W ein HERMITEscher Operator $\geqslant 0$ und $\mathrm{Sp}(W) = 1$ ist, und daß aus $\mathrm{Sp}\,(AW_1) = \mathrm{Sp}\,(AW_2)$ für alle $A \in \mathcal{O}_b$ $W_1 = W_2$ folgt. Der Beweis ergibt sich sofort aus bekannten Sätzen (z. B. Dixmier, Les algèbres d'opérateurs dans l'espace Hilbertien, p. 35). und der Tatsache, daß wegen IId und Ib M(A) auf ganz $\mathcal{L}_h(\mathcal{H})$ erweitert werden kann.

Für den Fall der klassischen Theorien (z. B. für das Partikelbild) ist das Axiom IIc sehr einleuchtend, denn die Messung von $\sum_i \alpha_i A_i$ bedeutet (da z. B. im Partikelbild die A_i Funktionen der p_i, q_i sind) nichts anderes als eine Messung aller A_i und Addition der Messresultate nach $\sum_i \alpha_i A_i$. In der Quantentheorie lassen sich aber nichtvertauschbare A_i nicht zusammen messen, so daß im allgemeinen die Messung von $\sum_i \alpha_i A_i$ eine ganz andere Apparatur erfordert als die Messungen der einzelnen A_i. Axiom IIc ist also nur durch Korrespondenz zu erraten und stellt somit für die Quantentheorie eine tiefergehende Forderung als für die klassischen Theorien dar.

Im Partikelbild führt das Axiom II zur Theorie des Maßes und des Integrals im Phasenraum mit $M(F(p_i, q_i)) = \int F(p_i, q_i)\, W(p_i, q_i)\, dm$, wobei m das Lebesgue'sche Maß im Phasenraum darstellt und W(p, q) eine meßbare Funktion mit $W(p_i, q_i) \geqslant 0$ und $\int W(p_i, q_i)\, dm = 1$ ist.

Wir haben in (1.1) festgestellt, wie jede dem Axiom II genügende Erwartungswertfunktion aussieht. Sie ist eindeutig mit einem HERMITEschen Operator $W \geqslant 0$ ($Sp(W) = 1$) verknüpft. Es ist aber nicht selbstverständlich, daß es auch in der Natur immer möglich ist, eine Gesamtheit herzustellen, die einem vorgegebenen W entspricht. Wir stellen deshalb noch folgende Forderung als Axiom auf:

III. Die Menge K_{γ} der realisierbaren Gesamtheiten W liegt in bezug auf die Norm $\|W_1-W_2\|_s$ dicht in der Menge K aller Hermite'schen Operatoren W mit $W \geqslant 0$ und $Sp(W) = 1$ (dabei ist $\|\,.\,\|_s$ die Spurnorm, d.h.

$$\|X\|_s = \sup \left\{ |Sp\,(XF)| \,\middle|\, F \in \mathcal{O}_b \text{ und } -1 \leqslant F \leqslant 1 \right\}).$$

Die HERMITEschen Operatoren spielen also nach I und II eine Doppelrolle, je nachdem, ob sie die Observablen oder die Gesamtheiten symbolisieren.

Durch den Erwartungswert ist auch die Wahrscheinlichkeit gegeben. Denn der Erwartungswert einer Observablen E, die nur die Messwerte 1 oder 0 annehmen kann, ist das, was man mit Wahrscheinlichkeit für das Auftreten des Wertes 1 (d.h. des positiven Ausganges des Versuchs) bezeichnet. Wir definieren daher für alle E, die nur Messwerte 1 oder 0 annehmen können :

$$\text{Wahrscheinlichkeit für } E = M(E).$$

Da für E nur die Messwerte 1 oder 0 möglich sind, ist nach Axiom I : $E^2 = E$ und damit E Projektionsoperator.

M(E), das Maß für die Wahrscheinlichkeit von E, liegt zwischen 0 und 1, denn

$$M(1) = M(E) + M(1-E) \text{ und } M(E) \geqslant 0 \,;\, M(1-E) \geqslant 0.$$

Die nächste Frage, die sich aufdrängt, ist : Gibt es Gesamtheiten, in denen die Meßwerte aller Observablen nicht streuen. Wir beweisen demgegenüber folgenden Satz:

Es gibt zwei Observablen $A_1 \in \mathcal{O}_b$ und $A_2 \in \mathcal{O}_b$ und ein $\varepsilon > 0$, so daß für jedes $W \in K$ mit $\lambda_i = Sp\,(WA_i)$ $(i=1,2)$ wenigstens eine der beiden

Ungleichungen

$$\mathrm{Sp}((A_i - \lambda_i 1)^2 W) \leqslant \varepsilon \, \| A_i \| \qquad (i = 1,2) \tag{1.2a}$$

falsch sein muß. Da Sp(AW) in A in jeder Kugel $\|A\| \leqslant C$ in $\mathcal{L}_h(\mathfrak{H})$ stark stetig ist, genügt es wegen Axiom Ib, diesen Satz für $A_1 \in \mathcal{L}_h(\mathfrak{H})$ und $A_2 \in \mathcal{L}_h(\mathfrak{H})$ zu beweisen. Dazu konstruieren wir zwei Projektionsoperatoren P und Q und wählen eine Zahl $\varepsilon > 0$ so, daß mit $\alpha = \mathrm{Sp}(PW)$, $\beta = \mathrm{Sp}(QW)$ für jedes $W \in K$ wenigstens eine der beiden Gleichungen

$$\begin{aligned} \mathrm{Sp}\,((P - \alpha 1)^2 W) &= \alpha - \alpha^2 \leqslant \varepsilon \;, \\ \mathrm{Sp}\,((Q - \beta 1)^2 W) &= \beta - \beta^2 \leqslant \varepsilon \end{aligned} \tag{1.2b}$$

falsch ist. Zur Konstruktion von P und Q wählen wir ein v.n.0., bestehend aus den zwei Folgen φ_ν ($\nu = 1,2\ldots$) und ψ_ν ($\nu = 1,2\ldots$). Wir setzen $P = \sum_\nu P_{\varphi_\nu}$, so daß $1-P = \sum_\nu P_{\psi_\nu}$ wird. Mit $\chi_\nu = \frac{1}{\sqrt{2}}(\varphi_\nu + \psi_\nu)$ und $\eta_\nu = \frac{1}{\sqrt{2}}(\varphi_\nu - \psi_\nu)$ setzen wir $Q = \sum_\nu P_{\chi_\nu}$, so daß $1-Q = \sum_\nu P_{\eta_\nu}$ wird. Wir werden jetzt bei geeignet gewähltem ε aus der Annahme, daß beide Ungleichungen (1.2b) richtig sind, einen Widerspruch ableiten.

Aus $\alpha - \alpha^2 \leqslant \varepsilon$ folgt entweder $\mathrm{Sp}(PW) = \alpha \leqslant 2\varepsilon$ oder $1 - \alpha \leqslant 2\varepsilon$. Im zweiten Falle ist $\mathrm{Sp}((1-P)W) \leqslant 2\varepsilon$. Da der folgende Beweisgang so gut von $\mathrm{Sp}((1-P)W) \leqslant 2\varepsilon$ wie von $\mathrm{Sp}(PW) \leqslant 2\varepsilon$ ausgehen könnte, genügt es also, den Fall $\mathrm{Sp}(PW) \leqslant 2\varepsilon$ zu betrachten. Es folgt nun mit Hilfe der Dreiecks- und Schwarzschen Ungleichung :

$$2\varepsilon \geqslant \mathrm{Sp}(PW) = \sum_\nu \|\sqrt{W}\varphi_\nu\|^2 \geqslant \frac{1}{2}\sum_\nu \left(\|\sqrt{W}\chi_\nu\| - \|\sqrt{W}\eta_\nu\|\right)^2$$

$$\geqslant \frac{1}{2}\sum_\nu \|\sqrt{W}\chi_\nu\|^2 + \frac{1}{2}\sum_\nu \|\sqrt{W}\eta_\nu\|^2 - \sum_\nu \|\sqrt{W}\chi_\nu\|\,\|\sqrt{W}\eta_\nu\|$$

$$\geqslant \frac{1}{2} Sp(QW) + \frac{1}{2} Sp((1-Q)W) - (\sum_\nu \|\sqrt{W}\chi_\nu\|^2)^{\frac{1}{2}} (\sum_\nu \|\sqrt{W}\eta_\nu\|^2)^{\frac{1}{2}}$$

$$\geqslant \frac{1}{2} - Sp(QW)^{\frac{1}{2}} Sp((1-Q)W)^{\frac{1}{2}} = \frac{1}{2} - \beta^{\frac{1}{2}}(1-\beta)^{\frac{1}{2}} \geqslant \frac{1}{2} - \sqrt{\varepsilon}\,,$$

was für $\varepsilon \leqslant \frac{1}{16}$ zu einem Widerspruch führt.

Man kann also immer zwei Observablen A_1 und A_2 so finden, daß in jeder (und damit erst recht in jeder realisierbaren) Gesamtheit die Meßergebnisse mindestens einer der beiden Observablen wesentlich streuen. Später werden wir ein analoges Ergebnis für die beiden Observablen Ort und Impuls erhalten.

Die Bedeutung dieser Tatsache wird sich in ihrer Tiefe erst im Laufe der weiteren Betrachtungen ergeben. Sie erfordert einen prinzipiellen Verzicht der Quantenmechanik auf jede eindeutig determinierte Beschreibung der physikalischen Vorgänge, im Gegensatz zu allen klassischen Theorien.

Für den Fall des Partikelbildes mit $M(F(p,q)) = \int F(p,q)\ W(p,q)dm$ kann man zu jeder endlichen Menge beschränkter, stetiger Funktionen $F_i(p,q)$ immer ein $W(p,q)$ finden, so daß für beliebig vorgegebenes $\varepsilon > 0$ mit $\lambda_i = \int F_i(p,q)W(p,q)dm$ und $F_i = \text{Sup}\ |F(p,q)|$

$$\int (F_i(p,q) - \lambda_i)^2\, W(p,q)dm \leqslant \varepsilon \|F_i\|$$

wird. Man braucht dazu nur

$$W(p,q) = a\, e^{-b^2\left(\sum_i (p_i - \mathring{p}_i)^2 + \sum_i (q_i - \mathring{q}_i)^2\right)}$$

mit genügend großem b zu wählen.

Der Erwartungswert ist dem experimentellen Mittelwert über sehr viele Versuche zugeordnet. Hat man eine Gesamtheit von N_1 Versuchen, die die Statistik M_1 gibt, eine zweite Gesamtheit von N_2 Versuchen mit der Statistik M_2, so bilden also die $N = N_1 + N_2$ Versuche eine Gesamtheit mit der Statistik

$$M = \frac{N_1}{N} M_1 + \frac{N_2}{N} M_2$$

Wir nennen M ein Gemisch von M_1 und M_2 im Verhältnis N_1 zu N_2. Allgemein schreiben wir für ein Gemisch mit irgendeiner reellen Verhältnis-Zahl λ mit $0 \leqslant \lambda \leqslant 1$:

$$M = \lambda M_1 + (1-\lambda) M_2. \tag{1.3}$$

Folgt aus (1.3) für jedes λ notwendig $M_1 = M_2 = M$, so heißt M irreduzibel oder unzerlegbar. Unzerlegbare Gesamtheiten lassen sich also niemals als echte Gemische herstellen. Diese Tatsache kann leicht dazu verführen, die Einzelobjekte einer solchen irreduziblen Gesamtheit als gleich zu bezeichnen und aus solcher Gleichheit falsche Schlüsse zu ziehen.

Gibt es irreduzible Erwartungsfunktionen $W \in K$?

Aus (1.3) folgt, daß $W = \lambda W_1 + (1-\lambda) W_2$ ist, wobei W_1, W_2 die den

Erwartungswertfunktionen M_1 und M_2 zugeordneten Operatoren sind. Wenn M irreduzibel ist, so hat das die Beziehung $W_2 = W_1$ zur Folge. Für welche W ist dies der Fall ? Da $W \neq 0$, gibt es ein φ ($\|\varphi\| = 1$) mit $(\varphi, W\varphi) \neq 0$. Wir setzen mit $\chi = \frac{W\varphi}{\|W\varphi\|}$

$$\overline{W}_1 = \frac{\|W\varphi\|^2}{(\varphi, W\varphi)} P_\chi \quad \text{und} \quad \overline{W}_2 = W - \overline{W}_1. \tag{1.4}$$

$\overline{W}_1$ und $\overline{W}_2$ sind HERMITEsche Operatoren. $\overline{W}_1 \geqslant 0$ ist sofort ersichtlich. Für $(\psi, \overline{W}_2 \psi)$ ergibt sich:

$$(\psi, \overline{W}_2 \psi) = (\psi, W\psi) - \frac{|(\psi, W\varphi)|^2}{(\varphi, W\varphi)} \geqslant 0 \quad ^{1)}$$

Damit ist also auch $\overline{W}_2 \geqslant 0$ bewiesen. Wir setzen $W_1 = \overline{W}_1 \, Sp^{-1}(\overline{W}_1)$ und $W_2 = \overline{W}_2 \, Sp^{-1}(\overline{W}_2)$. $W_1 = W_2$ ist dann gleichbedeutend mit $\overline{W}_2 = \mu \overline{W}_1$. Aus $\overline{W}_2 = \mu \overline{W}_1$ folgt $W = (1 + \mu)\overline{W}_1$ und damit nach (1.4) $W = P_\chi$.

---

1) Aus $\psi = \varphi \frac{(\varphi, W\psi)}{(\varphi, W\varphi)} + p$ folgt $(\varphi, Wp) = 0$ und damit

$$(\psi, W\psi) = \frac{|(\varphi, W\psi)|^2}{(\varphi, W\varphi)} + (p, Wp) .$$

Da $W \geqslant 0$ ist, ist $(p, Wp) \geqslant 0$.

Nur die Erwartungswertfunktionen $M(A) = Sp(A P_\chi) = (\chi, A\chi)$ können also irreduzibel sein. Sie sind es auch, denn aus

$$P_\chi = \overline{W}_1 + \overline{W}_2$$

folgt für alle ψ orthogonal zu χ : $0 = (\psi, P_\chi \psi) = (\psi, \overline{W}_1 \psi) + (\psi, \overline{W}_2 \psi)$ und damit wegen $\overline{W}_1 \geqslant 0$, $\overline{W}_2 \geqslant 0$: $(\psi, \overline{W}_1 \psi) = 0$, $(\psi, \overline{W}_2 \psi) = 0$.

Hieraus wiederum folgt $\overline{W}_1 \psi = 0$, denn es ist $(\psi, \overline{W}_1 \psi) = \| \sqrt{\overline{W}_1}\psi \|^2$ und damit $\sqrt{\overline{W}_1}\psi = 0$, d.h. auch $\overline{W}_1 \psi = (\sqrt{\overline{W}_1})^2 \psi = 0$. Jedes f läßt sich schreiben $f = P_\chi f + \psi$ und damit $\overline{W}_1 f = \overline{W}_1 P_\chi f = \overline{W}_1 \chi (\chi, f)$. $\overline{W}_1 \chi$ muß aber ein Vielfaches von χ sein, denn $\overline{W}_1 \chi$ ist orthogonal zu allen ψ : $(\psi, \overline{W}_1 \chi) = (\overline{W}_1 \psi, \chi) = 0$. Damit ist $\overline{W}_1$ als Vielfaches von P_χ gezeigt. $M(A) = (\chi, A\chi)$ ist also irreduzibel. Für $W = P_\varphi$ nennt man die Gesamtheit W auch "Zustand" und sagt kurz statt "Systeme der Gesamtheit $W = P_\varphi$" auch "Systeme des Zustands φ" oder auch "Systeme im Zustand φ".

Die letzte Bezeichnungsweise kann leicht zu dem Mißverständnis führen, als ob jedes Einzelsystem einen Zustand φ "hat" so wie eine dem Einzelsystem zukommende Eigenschaft. Diese Vorstellung führt nämlich zu dem Irrtum, daß jedes System einer Gesamtheit für sich in einem bestimmten Zustand sei und nur die Zustände der verschiedenen Systeme der Gesamtheit verschieden sein können. So -meint man- haben alle Systeme für $W = P_\varphi$ denselben Zustand φ und für $W = \frac{1}{2} P_{\varphi_1} + \frac{1}{2} P_{\varphi_2}$ (φ_1, φ_2 zwei orthogonale Vektoren) zur Hälfte den Zustand φ_1 und zur anderen Hälfte den

Zustand φ_2 . Mit $\psi_1 = \frac{1}{\sqrt{2}} \cdot (\varphi_1 + \varphi_2)$ und $\psi_2 = \frac{1}{\sqrt{2}} (\varphi_1 - \varphi_2)$ ist aber $\frac{1}{2} P_{\varphi_1} + \frac{1}{2} P_{\varphi_2} = \frac{1}{2} P_{\psi_1} + \frac{1}{2} P_{\psi_2}$. Also hätte eine Hälfte der Systeme der Gesamtheit W auch den Zustand ψ_1 und eine andere Hälfte ψ_2 . Welchen Zustand hat dann aber jedes Einzelsystem ? Man erkennt also, daß die Zuordnung eines Zustandes φ zu jedem Einzelsystem nicht möglich ist. "System im Zustand φ " hat eben genau nur die Bedeutung, daß das System ein System aus der Gesamtheit P_φ ist.

Es gibt also irreduzible Erwartungswertfunktionen in K, die aber trotzdem nicht eindeutig determinierte Aussagen über Meßergebnisse liefern. Die Statistik ist in der Quantentheorie eine physikalisch prinzipiell nicht eliminierbare Angelegenheit : auch Systeme "in einem Zustand φ " (so wie oben definiert) führen nicht zu identischen Meßergebnissen. Die Frage, ob vielleicht in einem erweiterten rein theoretisch gedachten Sinn die Statistik eliminierbar sei, diese Frage nach den sogenannten "verborgenen Parametern", werden wir erst an späterer Stelle genauer untersuchen.

Im Partikelbild mit $M(F) = \int F(p,q)\, W(p,q)\, d\, m$ gibt es keine irreduziblen Gesamtheiten, da sich jedes W(p, q) immer feiner und feiner aufspalten läßt entsprechend der klassischen Vorstellung, daß eine immer genauere Auswahl der Systeme möglich ist. Ein System mit bestimmten p_i, q_i ist der idealisierte Grenzfall.

Die Axiome I bis II legen die allgemeine Beschreibungsform quantenmechanischer Systeme fest. Aus dem Korrespondenzprinzip kann man aber noch weiterhin etwas über die Form der Dynamik und über einige "Grundobservablen" wie Ort und Impuls aussagen. Man könnte versuchsweise formulieren:

III. Die Observablen $Q_i(t)$ der Ortskoordinaten und der dazu kanonischen $P_i(t)$ der Impulskomponenten erfüllen zu jeder Zeit t die Vertauschungsrelationen:

$$P_i(t)\, Q_k(t) - Q_k(t)\, P_i(t) = \frac{\hbar}{i} \delta_{ik}\, 1$$

$$P_i(t)\, P_k(t) - P_k(t)\, P_i(t) = 0$$

$$Q_i(t)\, Q_k(t) - Q_k(t)\, Q_i(t) = 0$$

IV. Die Dynamik des Systems ist bestimmt durch einen hermiteschen Hamiltonoperator H nach

$$\frac{dA}{dt} = \frac{i}{\hbar}(HA - AH) + \frac{\partial A}{\partial t}$$

wobei A eine Observable, d.h. ein Hermitescher Operator ist, der aus den $P_i(t)$, $Q_i(t)$ gebildet werden kann :

$$A = A(P_1(t), \ldots, Q_1(t) \ldots, t).$$

Die Form der Axiome III und IV ist aber noch sehr unbefriedigend. Es wird sich zeigen, daß sie auch mathematisch noch unvollkommen sind. Wir werden deshalb III und IV noch nicht näher untersuchen, sondern nur als heuritische Grundlage für das Verständnis der später in ... erfolgenden Axiomatisierung benutzen. Wir werden dabei nicht von einer exakteren Formulierung der Axiome III und IV, der sogenannten kanonischen Quantisierung, ausgehen, sondern aus anderen Axiomen die Axiome III und IV als Theoreme der Theorie erhalten.

§2. Der Verband der quantenmechanischen Entscheidungsmessungen

Im vorigen Abschnitt sahen wir, daß den Observablen mit den Meßwerten 1 für das positive Eintreten und 0 bei negativem Ausgang die Projektionsoperatoren entsprechen. Die Spektralschar E_λ einer beliebigen Observablen A gewinnt dabei auch eine sehr anschauliche Bedeutung: E_λ ist die Entscheidung, daß der Meßwert von A kleiner oder gleich λ ist.
Dies folgt unmittelbar aus Axiom I, denn E_λ ist diejenige Funktion $f(A)$, für die $f(x) = 1$ für $x \leqslant \lambda$ und $f(x) = 0$ für $x > \lambda$ ist[1]. Aus $A = \int_{-\infty}^{\infty} \lambda \, dE_\lambda$ folgt dann für den Erwartungswert :

---

[1] Man kann $f(x) = \lim_{\varepsilon \to 0} f_\varepsilon(x)$ mit

$$f_\varepsilon(x) = \begin{cases} 1 & \text{für } x \leqslant \lambda \\ \frac{1}{\varepsilon}(\lambda - x) + 1 & \text{für } \lambda \leqslant x \leqslant \lambda + \varepsilon \\ 0 & \text{für } x \geqslant \lambda + \varepsilon \end{cases}$$

setzen.

Nach Axiom I ist dann $f_\varepsilon(A) \in \mathcal{O}_b$. Da $f_\varepsilon(A)$ stark gegen $f(A)$ konvergiert, haben wir in den $f_\varepsilon(A)$ zumindest Elemente aus $\mathcal{O}_b$, die das vielleicht nur in $\mathcal{L}_\hbar(\mathfrak{H})$ liegende E_λ approximieren. Wenn wir trotzdem die E_λ selbst als Entscheidungsmessungen bezeichnen (auch wenn $E_\lambda \notin \mathcal{O}_b$), so ist dies nur eine abgekürzte Redeweise dafür, daß man die E_λ (für jede endliche Teilmenge aus K) beliebig gut durch Elemente aus $\mathcal{O}_b$ approximieren kann.

$$M(A) = \int_{-\infty}^{\infty} \lambda \, d\, M(E_\lambda) = \int_{-\infty}^{\infty} \lambda \, d w_\lambda \ , \tag{2.1}$$

wobei $w_\lambda = M(E_\lambda)$, eine monoton wachsende Funktion von λ, die Wahrscheinlichkeit darstellt, daß der Meßwert von A kleiner oder gleich λ ist. Alle Observablen lassen sich somit zurückführen auf Entscheidungsmessungen. Diese Entscheidungsmessungen genügen in der Quantenmechanik formalen Beziehungen, die eine gewisse Ähnlichkeit mit der Logik haben, sich aber doch in sehr charakteristischer Weise von der Logik unterscheiden. Hierauf müssen wir später genauestens eingehen:

Den Projektionsoperatoren sind die Teilräume des HILBERT-Raumes zugeordnet, auf die sie projizieren. Wir können daher die Entscheidungsmessungen an einem physikalischen System mit den Teilräumen des HILBERT-Raumes identifizieren.

Ist $P_{\mathcal{A}}$ der Projektionsoperator auf den Teilraum $\mathcal{A}$, so kann man als Komplementärmessung zu $P_{\mathcal{A}}$ die Funktion $f(P_{\mathcal{A}})$ mit $f(x) = 1 - x$ (da $1 - x = 0$ für $x = 1$ und $1 - x = 1$ für $x = 0$ ist) einführen. Somit ist also die komplementäre Entscheidungsmessung zu $P_{\mathcal{A}}$ gleich $1 - P_{\mathcal{A}} = P_{\mathcal{A}'}$, d.h. der Projektion auf den Teilraum $\mathcal{A}' = \mathfrak{H} \ominus \mathcal{A}$ aller zu $\mathcal{A}$ orthogonalen Elemente von $\mathfrak{H}$.

Ist $\mathcal{B}$ ein anderer Teilraum und damit eine andere Entscheidungsmessung, so sagen wir: "$\mathcal{A}$ hat $\mathcal{B}$ zur Folge" oder "aus $\mathcal{A}$ folgt $\mathcal{B}$", wenn für alle M mit $M(P_{\mathcal{A}}) = M(1)$, d.h. $M(1-P_{\mathcal{B}}) = 0$, auch $M(\mathcal{B}) = M(1)$, d.h. $M(1-P_{\mathcal{B}}) = 0$, ist, was anschaulich besagt, daß immer dann, wenn der zu

$\mathcal{A}$ gehörige Effekt bei einer Messung mit Sicherheit auftritt, auch $\mathcal{B}$ mit Sicherheit gemessen wird. Es sei also :

$$M(1 - P_{\mathcal{A}}) = Sp((1 - P_{\mathcal{A}})W) = Sp((1 - P_{\mathcal{A}})W(1 - P_{\mathcal{A}})) = 0$$

Da $V = (1 - P_{\mathcal{A}})W(1 - P_{\mathcal{A}})$ ein HERMITEscher Operator $\geqslant 0$ ist, so folgt $(1 - P_{\mathcal{A}})W(1 - P_{\mathcal{A}}) = 0$[1]. Dies ist der Fall z.B. für $W = P_{\mathcal{A}}$. Es soll dann aber auch $(1 - P_{\mathcal{B}})\, P_{\mathcal{A}}\, (1 - P_{\mathcal{B}}) = 0$ sein. Mit $B = P_{\mathcal{A}}\,(1 - P_{\mathcal{B}})$ ist also $B^{+}B = 0$ und damit $B = 0$, denn aus $0 = (\varphi, B^{+}B\varphi) = (B\varphi, B\varphi)$ folgt $B\varphi = 0$ für alle φ. $P_{\mathcal{A}}\,(1 - P_{\mathcal{B}}) = 0$ hat zur Folge, daß $\mathcal{A} \subseteq \mathcal{B}$ d.h. $\mathcal{A}$ ein Teilraum von $\mathcal{B}$ ist. Und ist umgekehrt $\mathcal{A} \subseteq \mathcal{B}$, so ist wegen $(1 - P_{\mathcal{B}})P_{\mathcal{A}} = 0$: $(1 - P_{\mathcal{B}})\,(1 - P_{\mathcal{A}}) = 1 - P_{\mathcal{B}}$ und damit, falls $(1 - P_{\mathcal{A}})\, W\, (1 - P_{\mathcal{A}}) = 0$ ist, auch

$$(1 - P_{\mathcal{B}})\, W\, (1 - P_{\mathcal{B}}) = (1 - P_{\mathcal{B}})\,(1 - P_{\mathcal{A}})\, W\, (1 - P_{\mathcal{A}})\,(1 - P_{\mathcal{B}}) = 0,$$

d.h. aus $M(1 - P_{\mathcal{A}}) = 0$ folgt $M(1 - P_{\mathcal{B}}) = 0$.

Definieren wir eine Entscheidungsmessung $\mathcal{B}$ dadurch, daß aus $\mathcal{B}$ sowohl $\mathcal{A}_1$, wie $\mathcal{A}_2$ folgen und daß aus jeder Entscheidungsmessung $\mathcal{K}$, aus der sowohl $\mathcal{A}_1$ wie $\mathcal{A}_2$ folgen, auch $\mathcal{B}$ folgt, so ist $\mathcal{B}$ der größte in $\mathcal{A}_1$ und $\mathcal{A}_2$ enthaltene Teilraum, d.h. $\mathcal{B} = \mathcal{A}_1 \wedge \mathcal{A}_2$. Die durch $\mathcal{H} \ominus [(\mathcal{H} \ominus \mathcal{A}_1) \wedge (\mathcal{H} \ominus \mathcal{A}_2)]$ definierte Entscheidungsmessung

---

1) $Sp(A) = 0$ für $A \geqslant 0$ hat $A = 0$ zur Folge, da für ein v.n.O. $\{\varphi_\nu\}$ alle $(\varphi_\nu, A\varphi_\nu) = 0$ sein müssen, d.h. $A\varphi_\nu = 0$.

ist gleich dem von $\mathcal{A}_1$ und $\mathcal{A}_2$ aufgespannten Teilraum $\mathcal{A}_1 \vee \mathcal{A}_2$. $\mathcal{E}$ ist die immer 1 ergebende Entscheidungsmessung. 0 ist die identisch 0 ergebende Entscheidungsmessung. Nur um Sonderfälle zu vermeiden, nehmen wir $\mathcal{E}$ und 0 als Entscheidungsmessungen an den physikalischen Systemen hinzu, obwohl keine eigentlichen "Messungen" durchgeführt werden.

Die Teilräume $\mathcal{A}$ eines Hilbertraumes bilden einen vollständigen, orthokomplementären Verband mit den Verknüpfungen $\mathcal{A}_1 \wedge \mathcal{A}_2$, $\mathcal{A}_1 \vee \mathcal{A}_2$ und $\mathcal{A}' = \mathcal{E} \ominus \mathcal{A}$. Der Verband ist vollständig, da beispielsweise $\bigwedge_i \mathcal{A}_i$ für eine beliebige Indexmenge $\{ i \}$ existiert.

Im Partikelbild entsprechen den Entscheidungsmessungen meßbare Funktionen $F(p_i, q_i)$, die nur die Werte 1 oder 0 annehmen, und damit (meßbare) Teilmengen des Phasenraumes (nämlich die, wo F = 1 ist). $\mathcal{A}'$ ist die zu $\mathcal{A}$ komplementäre Menge ; $\mathcal{A}_1 \subset \mathcal{A}_2$ bedeutet, daß $\mathcal{A}_1$ Teilmenge von $\mathcal{A}_2$ ist ; $\mathcal{A}_1 \wedge \mathcal{A}_2$ ist der Durchschnitt von $\mathcal{A}_1$ und $\mathcal{A}_2$, $\mathcal{A}_1 \vee \mathcal{A}_2$ die Vereinigungsmenge von $\mathcal{A}_1$ und $\mathcal{A}_2$. Es gilt hier die Relation $\mathfrak{a} = (\mathfrak{a} \wedge \mathfrak{b}) \vee (\mathfrak{a} \wedge \mathfrak{b}')$, die aber gerade in der Quantentheorie nicht für jedes Paar $\mathfrak{a}$, $\mathfrak{b}$ erfüllt ist (vgl. §3).

§ 3. Ideale Entscheidungsmessungen

Bevor wir in einem späteren Kapitel den Meßprozeß genauer untersuchen werden, soll hier festgelegt werden, wie der "statistische Operator" W in der Erwartungswertfunktion M(A) = Sp(AW) gewählt werden muß, wenn man durch das Experiment eine Gesamtheit auf die Weise herstellt, daß man alle

Systeme aus einer vorgegebenen Gesamtheit auswählt, die bei einer idealen Entscheidungsmessung von $P_{\mathfrak{a}}$ den Wert 1 ergeben haben. Den Begriff der *Ideal*-Messung von $P_{\mathfrak{a}}$ legen wir dabei durch folgende Axiome fest, wobei M_1 die Erwartungswertfunktion der Gesamtheit vor der Messung von $P_{\mathfrak{a}}$ und M_2 diejenige der durch die Messung ausgewählten Gesamtheit sei:

IMa.) $M_2\,(1 - P_{\mathfrak{a}}) = 0.$

Dies besagt, daß M_2 mit Sicherheit das Vorliegen von $P_{\mathfrak{a}}$ bei einer Messung ergeben würde. Diese Forderung an eine Ideal-Messung bringt zum Ausdruck, daß jede unmittelbare Wiederholung derselben Messung dasselbe Resultat wie die erste Messung liefert. Dies ist bei *realen* Messungen sehr häufig *nicht* der Fall, was bei einer späteren Diskussion des Meßprozesses gezeigt werden wird.

IMb.) Für jedes $\mathfrak{b} \subseteq \mathfrak{a}$ ist mit einem von $\mathfrak{b}$ unabhängigen Faktor λ :

$$\lambda\, M_2\,(P_{\mathfrak{b}}) = M_1\,(P_{\mathfrak{b}})$$

Um die Forderung IMb zu verstehen, wollen wir die Wahrscheinlichkeit einer Eigenschaft $\mathfrak{b} \subseteq \mathfrak{a}$ betrachten. Würde man vor der Messung von $\mathfrak{a}$ nach $\mathfrak{b}$ fragen, so ist die Wahrscheinlichkeit $M_1(P_{\mathfrak{b}})$. Hätte man $\mathfrak{b}$ (statt $\mathfrak{a}$) gemessen, so wäre damit $\mathfrak{a}$ automatisch mitgemessen, da, wenn $\mathfrak{b}$ festgestellt, auch $\mathfrak{a}$ vorliegt. Wir wollen nun zum Ausdruck bringen, daß *nur* $\mathfrak{a}$ und keine "genauere" Eigenschaft $\mathfrak{b}$ gemessen wurde. Wir werden deshalb versuchen, für je zwei $\mathfrak{b}_1 \subseteq \mathfrak{a}$, $\mathfrak{b}_2 \subseteq \mathfrak{a}$ zu verlangen :

$$M_2(\mathfrak{b}_1) : M_2(\mathfrak{b}_2) = M_1(\mathfrak{b}_1) : M_1(\mathfrak{b}_2).$$

Das ist gerade die Forderung IMb. Sie besagt also, daß die Relativwahrscheinlichkeiten aller "genaueren" Entscheidungen $\mathfrak{b}$ als $\mathfrak{a}$ (d.h. aller $\mathfrak{b}$, aus denen $\mathfrak{a}$ folgt) dieselben bleiben wie vor der Messung.

Um sich die Bedeutung von IMa,b klarer zu machen, betrachte man das Partikelbild. Ist M_1 durch eine Massfunktion $m_1(\mathfrak{f})$ gegeben, so folgt aus IMa,b $m_2(\mathfrak{f}) = m_1(\mathfrak{f} \wedge \mathfrak{a}) / m_1(\mathfrak{a})$. Um nicht unnötig den Faktor λ mitzuschleppen, setzen wir $\lambda W_2 = \overline{W}_2$; $W_1 = \overline{W}_1$, so daß IMb einfach $Sp(\overline{W}_2 P_{\mathfrak{b}}) = Sp(\overline{W}_1 P_{\mathfrak{b}})$ lautet. Aus IMa folgt : $Sp((1-P_{\mathfrak{a}})\overline{W}_2) = 0$ und damit wie oben $(1-P_{\mathfrak{a}})\overline{W}_2(1-P_{\mathfrak{a}}) = 0$. Da $\overline{W}_2 \geqslant 0$, gibt es den HERMITEschen Operator $\overline{W}_2^{\frac{1}{2}}$, so daß mit $B = \overline{W}_2^{\frac{1}{2}}(1-P_{\mathfrak{a}})$ gilt $B^+B = 0$ und damit $B = 0$. Aus $\overline{W}_2^{\frac{1}{2}} B = 0$ folgt $\overline{W}_2(1-P_{\mathfrak{a}}) = 0$. Aus dem HERMITEsch Konjugierten dieser Gleichung folgt $(1-P_{\mathfrak{a}})\overline{W}_2 = 0$. $\overline{W}_2$ ist mit $P_{\mathfrak{a}}$ vertauschbar und $\overline{W}_2 = P_{\mathfrak{a}} W_2 = \overline{W}_2 P_{\mathfrak{a}} = P_{\mathfrak{a}} \overline{W}_2 P_{\mathfrak{a}}$.

Aus IMb folgt $Sp(\overline{W}_2 - \overline{W}_1) P_{\mathfrak{b}}) = 0$. Da $\mathfrak{b} \subseteq \mathfrak{a}$, so gilt $P_{\mathfrak{b}} = P_{\mathfrak{a}} \cdot P_{\mathfrak{b}} = P_{\mathfrak{b}} \cdot P_{\mathfrak{a}} = P_{\mathfrak{a}} \cdot P_{\mathfrak{b}} \cdot P_{\mathfrak{a}}$ und damit
$0 = Sp((\overline{W}_2-\overline{W}_1) P_{\mathfrak{a}} P_{\mathfrak{b}} P_{\mathfrak{a}}) = Sp(P_{\mathfrak{a}} (\overline{W}_2-\overline{W}_1) P_{\mathfrak{a}} P_{\mathfrak{b}})$.

Wegen $\overline{W}_2 = P_{\mathfrak{a}} \overline{W}_2 P_{\mathfrak{a}}$ also : $0 = Sp((\overline{W}_2 - P_{\mathfrak{a}} \overline{W}_1 P_{\mathfrak{a}}) P_{\mathfrak{b}})$. Der HERMITEsche Operator $V = \overline{W}_2 - P_{\mathfrak{a}} \overline{W}_1 P_{\mathfrak{a}} = P_{\mathfrak{a}} (\overline{W}_2-\overline{W}_1) P_{\mathfrak{a}}$ gibt auf jeden Vektor aus $\mathfrak{H} \ominus \mathfrak{a}$ angewandt Null. Ist φ ein Vektor aus $\mathfrak{a}$, so folgt aus $Sp(V P_{\mathfrak{b}}) = 0$, mit $P_{\mathfrak{b}} = P_{\varphi}$: $(\varphi, V\varphi) = 0$ für alle φ aus $\mathfrak{a}$. Da V aus einem Vektor aus $\mathfrak{a}$ wieder einen solchen macht, ist also

$V\varphi = 0$ für alle φ aus $\mathcal{M}$. Wegen $f = P_{\mathcal{M}} f + (1-P_{\mathcal{M}})f$ ist dann auch $Vf = 0$ für jedes f, d.h. $V = 0$. Damit ist

$$\overline{W}_2 = P_{\mathcal{M}} \overline{W}_1 P_{\mathcal{M}} \tag{3.1a}$$

und damit

$$W_2 = \frac{P_{\mathcal{M}} W_1 P_{\mathcal{M}}}{Sp(P_{\mathcal{M}} W_1)} , \tag{3.1b}$$

wenn nicht $Sp(P_{\mathcal{M}} W_1) = 0$ ist.

Wenn wir also an der Gesamtheit W_1 aus N Systemen die "ideale" Entscheidungsmessung $P_{\mathcal{M}}$ durchführen, so erhalten wir im Bruchteil $Sp(P_{\mathcal{M}} W_1)$ (also bei etwa $N_2 = N \; Sp(P_{\mathcal{M}} W_1)$ Systemen) den Meßwert 1. Wählen wir diese N_2 Systeme mit dem positiven Meßergebnis 1 als neue Gesamtheit W_2 aus, so ist W_2 mathematisch nach (3.1b) anzusetzen. Ist $Sp(P_{\mathcal{M}} W_1) = 0$, so erhält man natürlich keine Gesamtheit W_2.

Führt man nach einer Idealmessung von $P_{\mathcal{M}}$ eine Idealmessung von $P_{\mathcal{A}}$ aus, so ist nach dieser weiteren Messung der statistische Operator gleich $\overline{W}_3 = P_{\mathcal{A}} \overline{W}_2 P_{\mathcal{A}}$ für die Gesamtheit der Systeme, die den Meßwert 1, und $\overline{W}_3 = (1 - P_{\mathcal{A}}) \overline{W}_2 (1 - P_{\mathcal{A}})$ für die Gesamtheit der Systeme, die den Meßwert 0 von $P_{\mathcal{A}}$ ergeben haben. Die Wahrscheinlichkeit für $1 - P_{\mathcal{M}}$ wird dann nach der Messung von $P_{\mathcal{A}}$ im ersten Falle gleich $M_3(1-P_{\mathcal{M}}) = \lambda \, Sp((1-P_{\mathcal{M}}) P_{\mathcal{A}} P_{\mathcal{M}} W_1 P_{\mathcal{M}} P_{\mathcal{A}})$. Dies ist im allgemeinen nicht mehr gleich Null! Z.B. erhält man für $W_1 = P_{\mathcal{M}}$ und $P_{\mathcal{M}} = P_{\varphi}$ und $P_{\mathcal{A}} = P_{\psi}$: $M_3(1 - P_{\varphi}) = = \lambda[Sp(P_{\varphi} P_{\psi}) - Sp(P_{\varphi} P_{\psi} P_{\varphi} P_{\psi})] = \lambda[|(\varphi,\psi)|^2 - |\varphi,\psi|^4] \neq 0$, falls $|(\varphi,\psi)| \neq 1$

und $\neq 0$, d.h. falls nicht $\varphi = \alpha\, \psi$ mit $|\alpha| = 1$ oder φ orthogonal ψ ist. Die Messung von $P_{\mathcal{A}}$ hat die vorhergehende Messung von $P_{\mathfrak{a}}$ zerstört. Dies ist ein typisch quantenmechanisches Phänomen, mit dem wir uns später ausführlich beschäftigen werden. Zwei Entscheidungsmessungen $\mathcal{A}$ und $\mathfrak{a}$ sollen kommensurabel heissen, wenn die Messung der einen nicht die der anderen zerstört.

Dazu muß also nach obigem (mit $W_1 = P_{\mathfrak{a}}$)

$$Sp((1-P_{\mathfrak{a}})\, P_{\mathcal{A}}\, P_{\mathfrak{a}}\, P_{\mathcal{A}}) = Sp((1-P_{\mathfrak{a}})\, P_{\mathcal{A}}\, P_{\mathfrak{a}}\, P_{\mathfrak{a}}\, P_{\mathcal{A}}\, (1-P_{\mathfrak{a}})) = 0$$

sein, woraus $(1-P_{\mathfrak{a}})\, P_{\mathcal{A}}\, P_{\mathfrak{a}} = 0$ folgt, d.h. $P_{\mathcal{A}}\, P_{\mathfrak{a}} = P_{\mathfrak{a}}\, P_{\mathcal{A}}\, P_{\mathfrak{a}}$. Das HERMITEschkonjugierte hiervon ergibt $P_{\mathfrak{a}}\, P_{\mathcal{A}} = P_{\mathfrak{a}}\, P_{\mathcal{A}}\, P_{\mathfrak{a}} = P_{\mathcal{A}}\, P_{\mathfrak{a}}$. $P_{\mathcal{A}}$ und $P_{\mathfrak{a}}$ müssen also miteinander vertauschbar sein. Ist dies aber der Fall, so ist auch allgemein $(1-P_{\mathfrak{a}})\, P_{\mathcal{A}}\, P_{\mathfrak{a}} = P_{\mathcal{A}}\, (1-P_{\mathfrak{a}})\, P_{\mathfrak{a}} = 0$, so daß $M_3(1-P_{\mathfrak{a}}) = 0$ bleibt, ebenso auch im Falle $\overline{W}_3 = (1-P_{\mathcal{A}})\, \overline{W}_2(1-P_{\mathcal{A}})$.

$P_{\mathfrak{a}}\, P_{\mathfrak{b}} = P_{\mathfrak{b}}\, P_{\mathfrak{a}}$ ist äquivalent zu der im klassischen Partikelbild (Ende §2) immer gültigen Beziehung $\mathfrak{a} = (\mathfrak{a} \wedge \mathfrak{b}) \vee (\mathfrak{a} \wedge \mathfrak{b}')$. In der Quantentheorie ist im allgemeinen nicht $\mathfrak{a} = (\mathfrak{a} \wedge \mathfrak{b}) \vee (\mathfrak{a} \wedge \mathfrak{b}')$. Als Gegenbeispiel : φ_i $(i = 1,2\ldots)$ sei ein v.o.S., $\mathfrak{a}$ sei der durch $\varphi_1 + \varphi_2$ und $\mathfrak{b}$ der durch φ_1 aufgespannte Teilraum. Dann wird $\mathfrak{b}' = \mathfrak{h} \ominus \mathfrak{b}$ durch $\varphi_2, \varphi_3, \ldots$ aufgespannt und $\mathfrak{a} \wedge \mathfrak{b}' = 0$ und $\mathfrak{a} \wedge \mathfrak{b} = 0$, also

$$(\mathfrak{a} \wedge \mathfrak{b}) \vee (\mathfrak{a} \wedge \mathfrak{b}') = 0 \neq \mathfrak{a} \quad .$$

Daß $\mathfrak{a} = (\mathfrak{a} \wedge \mathfrak{b}) \vee (\mathfrak{a} \wedge \mathfrak{b}')$ mit $P_{\mathfrak{a}}\, P_{\mathfrak{b}} = P_{\mathfrak{b}}\, P_{\mathfrak{a}}$ äquivalent ist, ergibt sich durch folgende Überlegung: Da die Teilräume $(\mathfrak{a} \wedge \mathfrak{b})$ und

$(\mathfrak{a} \wedge \mathfrak{b}')$ orthogonal zueinander sind und $\mathfrak{a} = (\mathfrak{a} \wedge \mathfrak{b}) \vee (\mathfrak{a} \wedge \mathfrak{b}')$, so läßt sich jedes Element aus $\mathfrak{a}$ eindeutig als Summe eines Elements aus $\mathfrak{b}$ und eines aus $\mathfrak{b}'$ schreiben: $P_{\mathfrak{a}} f = P_{\mathfrak{b}} (P_{\mathfrak{a}} f) + (1-P_{\mathfrak{b}}) P_{\mathfrak{a}} f$, wobei $P_{\mathfrak{b}} P_{\mathfrak{a}} f$ auch Element aus $\mathfrak{a}$ $\mathfrak{b}$, d.h. auch von $\mathfrak{a}$ ist, d.h. $P_{\mathfrak{b}} P_{\mathfrak{a}} f = P_{\mathfrak{a}} P_{\mathfrak{b}} P_{\mathfrak{a}} f$ und damit $P_{\mathfrak{b}} P_{\mathfrak{a}} = P_{\mathfrak{a}} P_{\mathfrak{b}} P_{\mathfrak{a}}$, woraus, wie mehrfach oben geschlossen, $P_{\mathfrak{b}} P_{\mathfrak{a}} = P_{\mathfrak{a}} P_{\mathfrak{b}}$, d.h. die Vertauschbarkeit von $P_{\mathfrak{b}}$ mit $P_{\mathfrak{a}}$ folgt. Und sind umgekehrt $P_{\mathfrak{b}}$, $P_{\mathfrak{a}}$ vertauschbar, so folgt $\mathfrak{a} = (\mathfrak{a} \wedge \mathfrak{b}) \vee (\mathfrak{a} \wedge \mathfrak{b}')$ aus $P_{\mathfrak{a}} = P_{\mathfrak{b}} P_{\mathfrak{a}} + (1-P_{\mathfrak{b}}) P_{\mathfrak{a}}$. Ebenso folgt daher aus Symmetriegründen :

$$\mathfrak{b} = (\mathfrak{b} \wedge \mathfrak{a}) \vee (\mathfrak{b} \wedge \mathfrak{a}').$$

Die beiden Forderungen IMa, b gestatten es also, die statistischen Operatoren W nach jedes idealen Entscheidungsmessung festzulegen. Es bleibt aber ganz offen, welchen statistischen Operator W man vor der ersten Messung anzusetzen hat. Das hängt natürlich davon ab, wie man die Gesamtheit herstellt. Eine allgemeine Zuordnungsvorschrift läßt sich auch idealisiert nicht geben, genau so wenig, wie wir im Augenblick angeben können, welcher Meßapparat der Messung von A entspricht. Beide Probleme, das der Messung wie das des Herstellens von Gesamtheiten bedürfen also noch einer eingehenden Analyse.

II. Die Grundlegung einer physikalischen Theorie.

In dem Kapitel II sollen einige allgemeine Betrachtungen über den Aufbau einer physikalischen Theorie vorangestellt werden. Dies geschieht, weil die Quantenmechanik das intuitive Vorgehen bei der Entwicklung physikalischer Theorien in Frage gestellt hat. Ebenso fragwürdig sind alle Aussagen darüber geworden, was und wie "in Wirklichkeit" die Atome sind. Daher ist es notwendig, sich über Aussageformen der Physik kritisch klar zu werden.

Es mag überflüssig erscheinen, daß in Kapitel II zunächst ein formaler Aufbau einer Mathematischen Theorie skizziert wird. Es ist auch nicht die Absicht dieser Skizze, dem Leser einen genauen Einblick in die verschiedenen Möglichkeiten des Aufbaus der Mathematik zu geben. Es ist nur die Absicht, zu verdeutlichen, wie die drei fundamentalen Teile : Logik, Mengenlehre, Strukturarten sich zum Aufbau einer mathematischen Theorie zusammenfügen. Da die Quantenmechanik auch die Logik in Frage gestellt hat, ist es wichtig, sich genau darüber klar zu werden, wo die Logik in eine physikalische Theorie eingeht. Es ist dabei weniger wichtig, ob man das von uns (in Parallele zu Bourbaki, Liv. I) skizzierte logische System benutzt oder einen anderen formalen Aufbau der Logik vorzieht. Ebenso ist es nicht so wichtig, welchem formalen Aufbau der Mengenlehre man den Vorzug gibt ; entscheidend ist nur, daß Relationen der Form $x \in y$ und die üblichen Operationen mit Mengen einen Sinn in der mathematischen Theorie erhalten.

Der gundlegend wichtigste Abschnitt ist die Einführung der "Abbildungsprinzipien". Dabei sollte einmal vermieden werden, solche Begriffe wie die "Menge aller physikalischen Objekte einer bestimmten Sorte" (z. B. die "Menge aller physikalischen Raumpunkte") einzuführen, da solche Begriffe metaphysische Vorentscheidungen in undefinierter Weise implizieren. Andererseits müssen die Abbildungsprinzipien es ermöglichen, einen in der Erfahrung festgestellten Sachverhalt in der "mathematischen Sprache" auszudrücken. Wenn man dies tut, so benutzt man dann aber für die "mathematisch ausgesprochenen " physikalischen Sachverhalte die in der mathematischen Theorie benutzte Logik, womit auch die Stelle der Logik bei physikalischen Aussagen klargestellt ist.

Eine weitere Absicht dieses Kapitels ist es, die allgemeinen Richtlinien aufzuzeigen, nach denen ein "axiomatischer" Aufbau einer physikalischen Theorie möglich ist, um einen solchen Aufbau dann in den nächsten Kapiteln für die Quantenmechanik durchzuführen.

Zum Schluß muß noch versucht werden, solchen Fragen, wie der, ob eine physikalische Theorie einen Erfahrungsbereich vollständig oder nur unvollständig beschreibt, einen genaueren Sinn zu geben. Ebenso ist zu klären, was man mit Aussagen meint, daß etwas gerade so in der Wirklichkeit sei, auch wenn dieses gerade so nicht beobachtet wurde; jede Theorie hat auch die Absicht, daß allein durch die Erfahrung gegebene Bild der Wirklichkeit zu ergänzen, zu vervollständigen; wie kann so etwas durchgeführt werden?

§ 1. Problemstellung

Ihre historische Entwicklung beginnt eine Wissenschaft weniger damit, über ihre Grundlagen nachzudenken, als vielmehr mit dem Sammeln und Erarbeiten neuer Erkenntnisse. Dabei werden ihre grundlegenden Methoden intuitiv erfaßt und fruchtbar angewendet. Dann aber stößt man irgend einmal auf Widersprüche. Diese aber müssen behoben werden, wenn man den Anspruch erhebt, ernsthaft Wissenschaft zu betreiben. Dies geschieht, indem man zunächst die Ursache für die aufgetretenen Widersprüche aufzudecken sucht. Hat man sie erkannt, so versucht man, die Methoden der betreffenden Wissenschaft so zu präzisieren, daß diese Widersprüche vermieden werden. Solange diese Präzisierung noch nicht erreicht ist, versieht man wenigstens vorläufig die zu den Widersprüchen führenden Methoden mit Warnschildern, die es möglich machen, mit gewisser Vorsicht die Widersprüche zu umgehen.

Sogar die Mathematik ist in ihrer Entwicklung nicht von solchen Widersprüchen verschont geblieben. Immer aber hat man dann die Methoden so verbessert, daß es gelang, die Widersprüche zu vermeiden. Solche Maßnahmen waren die Einführung des Limesbegriffes zur Grundlegung der Infinitesimalrechnung und in neuerer Zeit die Axiomatisierung und Formalisierung des Mengenbegriffs zur Vermeidung der Widersprüche in der Mengenlehre.

Das Auftreten von Widersprüchen in der Physik ist eine so "alltägliche" Eigenart der Entwicklung der Physik, daß wir uns dieser Sachlage kaum noch bewußt werden. Aber gerade diese Widersprüche sind es, die die Entwicklung der Physik vorantreiben ; und je tiefer die Widersprüche gehen, umso weiter reicht der Erfolg nach Überwindung dieser Widersprüche. Die unzähligen Widersprüche kleineren und größeren Umfangs zwischen Theorie und Wirklichkeit sind immer neue Anstöße, die Theorien zu verbessern. Tiefgehende Widersprüche wie z.B. die Diskrepanz zwischen dem zunächst benutzten Raum-Zeit-Begriff der Physik und dem Ausgang des Michelsonversuches führten zur Entdeckung der speziellen Relativitätstheorie und (als uns hier besonders interessierender Fall) die Diskrepanz zwischen klassischem Atommodell und quantenhafter Lichtemission, der Widerspruch zwischen Wellen- und Korpuskelbild, zur Entdeckung der Quantenmechanik.

Im ersten Kapitel haben wir zunächst versucht, die Ursachen für die beiden zuletzt erwähnten Widersprüche aufzudecken ; dann haben wir die historisch interessanten Bemühungen skizziert, durch Errichtung von Warnschildern die Widersprüche zu vermeiden ; schließlich zeigten wir einen Weg oder besser die Richtung eines Weges, um eine neue widerspruchsfreie Theorie zu entwickeln.

Viele Fragen aber blieben dabei noch offen. Es muß daher nun die Aufgabe in Angriff genommen werden, die Methoden der Physik neu so zu formulieren, daß die Widersprüche nicht nur bei genügender Vorsicht umgangen werden können, sondern vielmehr überhaupt nicht mehr auftreten. Vorher aber noch einige Worte über die Methode, die Methoden der Physik neu zu präzisieren.

Sowohl die Widersprüche der Mengenlehre in der Mathematik wie der Widerspruch Welle-Korpuskel in der Physik waren und sind Anlaß geworden für grundlegende philisophische Auseinandersetzungen über das Wesen der Mathematik bzw. der Physik. So berechtigt und interessant diese Fragen sein mögen, so wenig aber können philosophische Diskussionen zur Verfeinerung der Methoden der betreffenden Wissenschaft führen. Andererseits aber setzt jede spezielle Methode einer Wissenschaft -meist unbewußt- gewisse philosophische Grundkonzeptionen voraus, die die Struktur der Methode mitbestimmen. Trotzdem ist es praktisch so, daß nicht philosophische Argumente zur Begründung der Methode herangezogen werden, sondern allein der Erfolg der Methoden innerhalb der betreffenden Wissenschaft ausschlaggebend ist. So hat alle philosophische Skepsis gegenüber dem Unendlichkeitsbegriff der Mathematik und das Infragestellen des "Tertium non datur" bei den Beweisen der Mathematik nichts an der rapiden Entwicklung der Mathematik unendlicher Systeme ändern können. Ebensowenig aber auch hat alles Infragestellen der Objektivität der Welt die Experimentalphysiker davon abhalten können, ihre Meßergebnisse als objektive Tatsachen anzusehen.

Zur Anerkennung der Mathematik kann niemand gezwungen werden, der aus einer philosophischen Vorentscheidung heraus ihre Methoden, z.B. die klassische Logik, grundsätzlich ablehnt. Ebensowenig kann zur Anerkennung der physikalischen Methoden, so wie sie tatsächlich gehandhabt werden, derjenige veranlaßt werden, der von vornherein die Möglichkeit ablehnt, daß wir objektiv reale Sachverhalte feststellen können, d.h., der das ganz normale und unreflektierte Verhalten der Menschen gegenüber ihrer alltäglichen Umwelt als einer Welt objektiv vorhandener Dinge und objektiv ablaufender Vorgänge nicht zur Basis einer Wissenschaft machen will.

Unserer Aufgabe wird es also nicht sein, die Methoden der Physik philosophisch zu rechtfertigen, sondern sie zu analysieren und zu präzisieren und danach ihre Struktur selbst zu untersuchen. Den ersten Teil dieser Aufgabe versucht man durch eine Formalisierung zu lösen. Die Formalisierung sieht von den jeweiligen Bedeutungsinhalten ab, um genau die einzelnen Schritte in "Spielregeln" festzulegen. Der zweite Teil würde die Untersuchung der Struktur dieses "Spieles" sein. Soweit es die Mathematik betrifft, sind beide Teile des Problems in großem Umfang behandelt worden. Einen ähnlichen Versuch für die Physik wollen wir in diesem Kapitel starten. Mehr als ein Start kann es aber nicht sein, da es sich um die Behandlung eines noch wenig systematisch durchdachten Fragenkomplexes handelt.

Ohne diesen Versuch aber müßten wir bewußt einige Probleme verschleiern, was unserer Aufgabe, die Grundlagen der Quantenmechanik zu schildern, zuwiderläuft. Gegen den Einwand, daß die Physik bisher ohne eine solche Untersuchung ihrer Methoden ausgekommen ist, sei vorläufig nur auf das Beispiel der Mathematik verwiesen, wo man zunächst mit einem intuitiv erfaßten Mengenbegriff auskam, bis dann zur Beseitigung der aufgetretenen Widersprüche eine genauere Analyse der Grundlagen notwendig wurde. Genauso ist es kein Einwand gegen die im Folgenden gegebenen "Spielregeln" für die physikalischen Methoden, daß diese Regeln bisher durchaus nicht immer eingehalten wurden, sondern erst eine nachträgliche Analyse der Quantenmechanik zu solchen Spielregeln geführt hat. Aber gerade darin liegt die Verbesserung, daß man sich genauer darüber klar wird, was man in der Physik tun darf und was nicht.

Wir erheben nicht den Anspruch, ein für allemal die Methoden so zu formulieren, daß niemals mehr Widersprüche auftreten können. Wir wissen heutzutage um die Problematik solcher "Beweise der Widerspruchsfreiheit" eines Systems. Wir hoffen nur, daß die angestrebte Analyse die methodischen Spielregeln als geeignet für die "heutigen" Probleme der Physik aufweist.

Zusammenfassend seien den angeschnittenen Problemkreisen Namen gegeben, um diese in der Folge zur kurzen Charakterisierung benutzen zu können :

1) Formale Methodologie der Physik als Beschreibung der "Spielregeln" der Physik
2) Fundamentalphysik als Untersuchung der Struktur des Systemes der methodischen Spielregeln der Physik.
3) Metaphysik als Behandlung der philosophischen Fragestellung, warum Physik so möglich ist.

Wir werden versuchen, für den ersten Problemkreis einen Lösungsansatz zu machen, bei dem zweiten Problemkreis auf einige erst zu lösende Fragen hinzuweisen und zum dritten Problemkreis einige Kritiken an zu voreiligen Urteilen zu üben.

In den Paragraphen 2 bis 6 wenden wir uns zunächst der formalen Methodologie zu, in den Paragraphen 7 bis 11 schneiden wir dann Probleme der Fundamentalphysik an, auf die wir später noch öfter zurückkommen werden.

§ 2. Die drei Hauptteile einer physikalischen Theorie

Die Methode der theoretischen Physik besteht in der Anwendung der Mathematik auf die Wirklichkeit. Eine physikalische Theorie (im Folgenden kurz $\mathcal{PT}$ genannt) bestimmen wir deshalb durch die Angabe der drei Teile : einer mathematischen Theorie,(kurz mit $\mathcal{MT}$ bezeichnet) eines Wirklichkeitsbereiches (kurz mit $\mathcal{W}$ bezeichnet) und einer Anwendungsvorschrift (kurz mit $(\leftrightarrow)$ bezeichnet). Abgekürzt ist also $\mathcal{PT}$ gleich : $\mathcal{MT}(\leftrightarrow)\mathcal{W}$.

Es wird die Aufgabe der nächsten Paragraphen dieses Kapitels sein, diese drei Teile genauer zu erfassen. Bevor dies geschieht, sollen hier noch einige Vorbemerkungen gebracht werden, die es erleichtern sollen, die formale und damit abstrakte Beschreibungsweise dieser drei Teile zu verstehen.

Entscheidend zum Verständnis ist, daß man die Mathematik nicht mit ihrer Anwendung vermischt, weil sonst die besondere Problematik der Anwendung gar nicht klar formuliert werden kann. Dies bedeutet, daß wir den Teil $\mathcal{MT}$ *vollkommen für sich allein bestimmen* werden, so wie es in der Mathematik schon geschieht. Dies bedeutet aber nicht, daß eine spezielle $\mathcal{MT}$ nicht durch die Physik angeregt werden kann. Ja, es ist durchaus im Gegenteil so, daß viele $\mathcal{MT}$ ihre Existenz gerade dem Umgang des Menschen mit der Wirklichkeit verdanken ; so entstanden z.B. die Geometrie aus dem Problem der Vermessung von Feldern, die Infinitesimalrechnung aus dem Problem der Beschreibung von Bewegungen. Trotz aller dieser Anwendungen kann man aber eine $\mathcal{MT}$ nur dann erfassen, wenn man erst einmal von allen möglichen Anwendungen absieht. Eine $\mathcal{MT}$ ist dann bestimmt durch die Spielregeln des

Beweisens und eine Reihe von Axiomen. Ohne auf Einzelheiten einzugehen (was wegen des beschränkten Umfanges dieses Buches nicht möglich ist), werden wir im Folgenden versuchen, diesen Aufbau einer $\mathcal{MT}$ zu skizzieren.

Die beiden anderen Teile $\mathcal{W}$ und $(\longrightarrow)$ können nicht mehr ganz unabhängig von $\mathcal{MT}$ bestimmt werden, was für $(\longrightarrow)$ sofort einleuchtet. $\mathcal{W}$ aber muß in irgendeiner Weise wenigstens als Teil etwas enthalten, was nicht durch $\mathcal{MT}$ und $(\longrightarrow)$ erfaßt werden kann. $\mathcal{W}$ wird daher (unter anderem) mitbestimmt sein durch die Angabe eines Bereiches realer Gegebenheiten, gegeben schon vor jeder Verbindung $(\longrightarrow)$ von $\mathcal{W}$ mit $\mathcal{MT}$. Wir wollen ihn kurz den Grundbereich $\mathcal{G}$ von $\mathcal{W}$ nennen. Für eine konkrete $\mathcal{PT}$ ist dieser Grundbereich $\mathcal{G}$ zwar unabhängig von $(\longrightarrow)$ und $\mathcal{MT}$, aber durchaus nicht immer unabhängig von <u>jeder</u> Physik.

Es kann durchaus sein, daß $\mathcal{G}$ erst durch eine andere physikalische Theorie als die gerade zu betrachtende $\mathcal{PT}$ vorgegeben werden kann. Auf jeden Fall geschieht aber die Grundbestimmung von $\mathcal{W}$ nicht durch Angabe von Axiomen, auch nicht durch Angabe gedachter Dinge, sondern durch Verweis auf wirkliche konkrete Gegebenheiten in der Welt. Ähnlich wie die Angabe der Axiome für eine $\mathcal{MT}$ nicht eindeutig ist (dieselbe $\mathcal{MT}$ kann durch verschiedene Axiomensysteme festgelegt werden), so ist auch der Grundbereich $\mathcal{G}$ von $\mathcal{W}$ als Teil von $\mathcal{W}$ nicht eindeutig. $\mathcal{W}$ selber ist erst in der $\mathcal{PT}$ als ganzes bestimmbar, d.h. erst nach Angabe von $(\longrightarrow)$ und $\mathcal{MT}$.

Um das Verhältnis von $\mathcal{G}$ zu $\mathcal{W}$ zu veranschaulichen, sei kurz auf eine "biologische" Theorie aus der Paläozoologie hingewiesen: Die Dinosaurier gehören mit zum Wirklichkeitsbereich $\mathcal{W}$ dieser biologischen Theorie, aber nicht zu $\mathcal{G}$. Zu $\mathcal{G}$ dagegen (und damit auch zu $\mathcal{W}$) gehören z.B. versteinerte Knochen und Abdrücke. Genau wie in diesem Beispiel wird über den vorliegenden Grundbereich $\mathcal{G}$ nicht vom Standpunkt der gerade betrachteten Theorie aus diskutiert (in unserem Beispiel : Knochen und Abdrücke sind vorgegeben), er wird für die betrachtete Theorie vielmehr als gegeben hingenommen. $\mathcal{W}$ (wozu in unserem Beispiel auch die Dinosaurier gehören) gewinnt erst seine Gestalt im Zusammenhang mit der ganzen Theorie.

Für die Angabe von (—) wird wie in einer $\mathcal{MT}$ die axiomatische Methode verwandt werden. Es darf also im Folgenden nicht verwundern, wenn in einer $\mathcal{PT}$ Axiome auftreten, die keine Bedeutung innerhalb $\mathcal{MT}$ haben.

§ 3. Der Grundbereich realer Gegebenheiten

Wir wenden uns zunächst dem Grundbereich $\mathcal{G}$ der realen Gegebenheiten zu. Während in einer mathematischen Theorie, wie wir es noch im §4 sehen werden, die "Objekte" und "Relationen" keine unmittelbar vorweg gegebene Bedeutung haben, sondern erst durch die "Axiome" implizit zu dem werden, als was man sie dann bezeichnet, ist es im Teil $\mathcal{G}$ von $\mathcal{W}$ gerade umgekehrt. Während ein "Punkt" und eine "Gerade" in der Mathematik nicht a priori ihrer Bedeutung nach bekannt sind, so daß man aus ihrer Bedeutung die Axiome ablesen könnte, sondern erst a posteriori durch die aufgestellten geometrischen Axiome einen Inhalt bekommen (eben per Definitionem als die Objekte, die diesen Axiomen genügen) ist es in $\mathcal{G}$ gerade umgekehrt: Relativ zu der gerade betrachteten $\mathcal{PT}$ ist der Grundbereich $\mathcal{G}$ von $\mathcal{W}$ a priori gegeben. Etwas vorweg Gegebenes wird nicht erst implizit definiert, es kann nur vorgezeigt werden.

Dieses "Vorzeigen" ist nicht nur so gemeint, daß man unmittelbar feststellbare Vorgänge vorführt, sondern auch Tatsachen demonstriert, die als solche erst durch physikalische Theorien (aber natürlich *nicht* durch die gerade zu untersuchende $\mathcal{PT}$!) definiert sind. So kann z. B. ein elektrischer Strom in einem Leiter für eine $\mathcal{PT}$ als vorgezeigte Tatsache gelten, d. h. ein Stück von $\mathcal{G}$ sein, obwohl es erst durch die Elektrodynamik möglich ist, von Strömen als gegebenen Tatsachen zu sprechen. Die betrachtete $\mathcal{PT}$, in der ein solcher Strom zum Grundbereich $\mathcal{G}$ gehört, kann natürlich *nicht* die Elektrodynamik sein, sondern eine $\mathcal{PT}$ (z. B. die Quantenmechanik), die auf die eben geschilderte Art die Elektrodynamik voraussetzt. Will man dagegen als $\mathcal{PT}$ gerade die Elektrodynamik betrachten, so gehört ein "Strom" *nicht* zum Grundbereich $\mathcal{G}$ von $\mathcal{PT}$; andere "vorweisbare" Tatsachen, wie Kräfte (durch die Mechanik definiert) gehören dann zum Grundbereich $\mathcal{G}$; ein Strom in einem Leiter wird dann erst durch $\mathcal{PT}$ (d. h. durch die Elektrodynamik) zu einem Stück von $\mathcal{W}$.

Diese eben skizzierte Situation weist auf ein Problem der Fundamentalphysik hin, nämlich den Zusammenhang der verschiedenen $\mathcal{PT}$ miteinander zu untersuchen, ein Problem, auf das wir später eingehen werden. Jetzt aber sollen nur die methodischen Regeln zusammengestellt werden, die *eine* $\mathcal{PT}$ machen.

Der Grundbereich $\mathcal{G}$ von $\mathcal{W}$ besteht nicht aus irgendwelchen Aussagen über physikalische Vorgänge, sondern aus den vorgegebenen Vorgängen selbst. Genauso, wie ein Text eines Buches vorliegt, so stellt $\mathcal{G}$ einen Bereich von realen Sachverhalten dar. Wegen der Ähnlichkeit mit dem Text eines Buches sollen vorliegende Teilstücke von $\mathcal{G}$ Realtexte der Theorie genannt werden.

Genauso wenig, wie man sich bei der Untersuchung eines Buchtextes erst mit dem Problem des Lesenlernens beschäftigt, genauso wenig beschäftigt sich eine $\mathcal{PT}$ mit dem Problem des Erkennens des Realtextes. Er liegt vom Standpunkt der gerade betrachteten $\mathcal{PT}$ aus als gegeben vor.

Wie bei jeder menschlichen Tätigkeit, so können auch beim Erkennen des Realtextes Irrtümer vorkommen. Irrtümer dieser Art möglichst auszuschalten, ist nicht die Sache der gerade betrachteten $\mathcal{PT}$, sondern eine Sache des Erkennens von unmittelbar gegebenen Tatsachen und eine Sache derjenigen physikalischen Theorien, die bei der zu betrachtenden $\mathcal{PT}$ vorausgesetzt werden. Die Anerkennung eines Realtextes einer $\mathcal{PT}$ als "richtig" ist also nicht Sache der $\mathcal{PT}$ selbst, sondern muß vorher, d.h. a priori relativ zu $\mathcal{PT}$ geschehen. Das bedeutet natürlich nicht, daß die $\mathcal{PT}$ nicht Hinweise geben könnte, dieses oder jenes Realtextstück noch einmal auf seine Richtigkeit hin zu prüfen. Hätte man z.B. als Realtextstück für die Mechanik eine Satellitenbahn, die vollkommen verschieden von einer Ellipse ist, so würde die Mechanik zusammen mit dem Massen-Anziehungsgesetz als $\mathcal{PT}$ einen Hinweis geben, dieses Realtextstück noch einmal zu überprüfen (z.B. Kontrolle der Vermessung dieser Satellitenbahn). Würde aber das Realtextstück der Überprüfung standhalten, so hätte man eben ein Realtextstück, das der $\mathcal{P}\widetilde{\mathcal{T}}$ widerspricht. Kämen viele solche "widersprüchlichen" Realtextstücke vor, so müßte man die $\mathcal{P}\widetilde{\mathcal{T}}$ verwerfen ; treten nur sehr wenige solche "widersprüchlichen" Realtextstücke auf, so kann man die $\mathcal{P}\widetilde{\mathcal{T}}$ als in gewissen Grenzen brauchbar beibehalten.

Ein "erkannter" Realtext als Basis physikalischer Theorien bereitet psychologisch oft Schwierigkeiten, da man eine so "exakte" Naturwissenschaft wie die Physik auf dem "schwankenden" Boden eines nicht "wissenschaftlich gesicherten" Erkenntnisprozesses des Realtextes gegründet sieht. Es stellt sich ein Bedürfnis nach "Kriterien" ein, auf Grund derer ein Realtext anzuerkennen ist. Kann man sich nicht getäuscht haben, wenn man den Realtext, daß "soeben ein Stein von dem Dach dort drüben heruntergefallen ist", als richtig anerkennt ?

Auf diese Einwände gegen den "schwankenden" Boden ist an erster Stelle zunächst hart zu antworten, daß Physik gerade so gemacht wurde und gemacht wird trotz der obigen Einwände, eben im Glauben, daß der Boden trägt. Weil wir aber den Einwurf ernst nehmen, lassen wir es nicht bei dieser harten Antwort bewenden. Wir wollen deshalb gleich hier schon ein wenig schildern, wie dieser Boden einer $\mathcal{P}\widetilde{\mathcal{T}}$ und allgemein der Boden der ganzen sich entwickelnden Physik strukturiert ist.

Wir sagten eben, daß in den Realtext einer speziellen $\mathcal{P}\widetilde{\mathcal{T}}$ schon andere physikalische Theorien eingehen können. Damit stellt sich von selbst ein Problem der Fundamentalphysik: Die verschiedenen $\mathcal{P}\widetilde{\mathcal{T}}$ sind in ihrem Zusammenhang so aufzubauen, daß alle $\mathcal{P}\widetilde{\mathcal{T}}$'s gemeinsam auf möglichst einfache "unmittelbar" (d.h. *ohne* alle $\mathcal{PT}$'s) gegebene Realtextstücke aufgebaut werden können. Als diese unmittelbar gegebenen Realtextstücke bleiben dann nur solche, die von uns in unserem "alltäglichen" Verhalten, d.h. ohne jede Reflektion oder gar philosophische Untersuchung, als Tatsachen anerkannt werden, wie ein Stuhl der im Zimmer steht, eine Tasse Kaffee auf dem Tisch, ein Stein, der eine Fensterscheibe zertrümmert hat. Tatsächlich ist das genau der Aufbau der Physik, auch wenn dieser Prozess des Aufbaus bisher nicht in allen Einzelheiten konsequent und sauber durchgeführt wurde. Die Möglichkeit, bestimmte Tatsachen und Vorgänge "unmittelbar" d.h. ohne jede $\mathcal{PT}$ erkennen zu können, ist die überall zu bemerkende Basis aller Experimente ; z.B. ist der Stand eines Zählwerkes eine nicht mehr weiter zu analysierende Tatsache. Keine wissenschaftlichen, oder gar physikalischen Kriterien werden benutzt, um solche Tatsachen als sicher hinstellen zu können.

Es ist eben ganz entscheidend, daß die Frage nach der Berechtigung, solche unmittelbar gegebenen Tatsachen als reale Tatsachen hinzustellen, von der Physik *weder gestellt noch beantwortet wird*. Gerade durch die *Ausschaltung dieser Frage* ist Physik als Physik möglich. Die somit nicht physikalische Frage nach der Erkenntnis solcher unmittelbar gegebenen Tatsachen ist keine Frage nach Kriterien, sondern eine Frage nach einem komplizierten physiologischen, psychologischen und geistigen Prozess, über den wir uns selber gar nicht genau Rechenschaft geben können, wie z.B. bei der Behauptung, daß heute nachmittag ein Hase über unseren Spazierweg gehüpft ist. Wir können unsere Sicherheit weder auf die Aussagen anderer Menschen (die auf unserem

Spazierweg nicht dabei waren) noch auf Photographien (die wir nicht gemacht haben) noch sonst irgendwelche "Kriterien" stützen.

Eine sehr interessante und fundamentalphysikalisch sinnvolle Frage stellt sich allerdings: Ist der Ausgangspunkt der, wie eben geschildert, für die ganze Physik vorgegebenen Tatsachen mit dieser daraus entwickelten Physik konsistent? Was wir unter diesem "Konsistenzproblem" genau verstehen, wird ausführlicher, gerade in Bezug auf die Quantenmechanik, zu untersuchen sein.

Kommen wir zu unserem Ausgangspunkt zurück: Es ist ganz entscheidend für den "formal methodologischen" Aufbau einer $\mathcal{P}\tilde{\mathcal{T}}$, daß die Frage nach der "Richtigkeit" zugrundegelegter Realtextstücke entweder vorher entschieden ist oder zumindest als vorher entschieden angenommen wird. Gerade so und nicht anders wird es möglich, eine Methodologie der Physik zu entwickeln, ohne vorher alle fundamentalphysikalischen Probleme restlos lösen zu müssen.

Da wir noch keine spezielle $\mathcal{P}\tilde{\mathcal{T}}$ betrachten, können wir noch nicht auf einen speziellen Realtext verweisen oder -richtiger ausgedrückt- einen solchen vorweisen. Die Aufstellung der Quantentheorie nach dem jetzt zu erläuternden Schema wird dann den Begriff des Realtextes veranschaulichen. Der Grundbereich $\mathcal{G}$ ist eine begriffliche Zusammenfassung aller Realtexte, er ist der Bereich, auf dem die $\mathcal{P}\tilde{\mathcal{T}}$ basiert und dessen Existenz nicht erst durch die $\mathcal{P}\tilde{\mathcal{T}}$ erklärt wird.

Wir fassen also den Grundbereich $\mathcal{G}$ nicht als abgegrenzt vorliegende Sachverhalte wie die Realtextstücke auf, sondern als begriffliche Zusammenfassung "aller" Realtexte. Immer neue Realtexte kommen durch immer neue

Experimente hinzu ; wir können also nur begrifflich "alle" Realtexte zusammenfassen, eben in dem Begriff Grundbereich $\mathcal{G}$

Da wir hier ein Buch schreiben und nicht im Labor oder der Natur spazieren gehen, müssen wir über Realtextstücke schreiben, ohne sie dem Leser unmittelbar vorführen zu können. Dazu werden wir oft Abkürzungen, Buchstaben usw. benutzen. Diese stehen an Stelle des Realtextes, sie sind Zeichen für bestimmte Ausschnitte aus dem Realtext. Jedes Zeichen in diesem Zusammenhang wird also sinnlos, inhaltlos, wenn es nicht für einen ganz bestimmten, objektiven Sachverhalt steht. Gedachte, vorgestellte Vorgänge sind kein Stück des Realtextes. Dieses "Zeichensetzen" wird uns später (§5) noch genauer beschäftigen. (Sammelbegriffe wie Stein, Flüssigkeit usw. sind keine Zeichen für Realtextstücke ; aber z.B. kann S ein Zeichen für den "ganz bestimmten Stein dort" sein).

Der Grundbereich $\mathcal{G}$ ist seinem Umfang nach wie auch als Teil von $\mathcal{W}$ durchaus nicht ein für allemal fest gegeben. Zwei Gesichtspunkte spielen bei der Abgrenzung und Auswahl des Grundbereiches eine entscheidende Rolle : 1.) Der Umfang des Grundbereiches darf nicht zu groß gewählt werden. Nimmt man zu viele reale Gegebenheiten in $\mathcal{G}$ hinein, so kann es sein, daß die $\mathcal{PT}$ mit der Erfahrung in Widerspruch gerät. Eine $\mathcal{PT}$ der ganzen Welt ist eine Utopie und nicht das Ziel der Physik. Die Abgrenzung des Umfanges des Realtextes ist deshalb gar nicht absolut scharf möglich, sondern der Umfang wird immer erst auf Grund von Erfahrungen mehr und mehr definierbar als der Bereich, in dem die betrachtete $\mathcal{PT}$ anwendbar ist ;

d.h. aber, daß das Problem des <u>Umfanges</u> des Grundbereiches $\mathcal{G}$ eng mit dem Problem der Abbildung, die wir mit $\longleftrightarrow$ bezeichnet haben, verknüpft ist.

2.) Welchen Teil von $\mathcal{W}$ man als Grundbereich benutzt, ist außerdem noch durch methodologische Gesichtspunkte bestimmt. Man kann einen gewissen Teil von $\mathcal{W}$ als Grundbereich wählen, während man andere Teile von $\mathcal{G}$ als erst durch die $\mathcal{W}$ selbst definierte, reale Sachverhalte bezeichnet, obwohl man vielleicht auch diese letzteren Sachverhalte -wenigstens teilweise- unmittelbar, d.h. vor der Entwicklung von $\mathcal{PT}$, feststellen kann. Die Auswahl des Grundbereiches $\mathcal{G}$ aus $\mathcal{W}$ geschieht dann ähnlich wie bei der Auswahl der Axiome in einer $\mathcal{MT}$, nämlich aus Gesichtspunkten heraus, die den möglichst durchsichtigen Aufbau der Theorie betreffen.

Nur in einer speziellen Theorie können wir die beiden Gesichtspunkte 1) und 2) näher erläutern.

§4. Der Aufbau einer mathematischen Theorie

Neben $\mathcal{W}$ ist der zweite, wichtigste Teil einer $\mathcal{P}\mathcal{T}$ die $\mathcal{M}\mathcal{T}$. Wir wollen daher so kurz als möglich die Gesichtspunkte schildern, unter denen eine $\mathcal{M}\mathcal{T}$ aufgebaut werden kann. Zum Studium einer genaueren Beschreibung muß, auf die Spezialliteratur verwiesen werden ; z.B. N. Bourbaki, Elements of Mathematics, Theory of Sets*).

Die Mathematik beschäftigt sich mit gedachten Objekten und gedachten Relationen zwischen diesen Objekten. Um diese Aussage nicht so vage stehen zu lassen, versucht man, die Methoden und Ergebnisse der Mathematik zu formalisieren, d.h. man legt formal die Struktur eines mathematischen Textes fest, um dann genau angeben zu können, was man unter Objekten, Relationen, Axiomen, Beweisen, Sätzen usw. versteht. Da alle diese formalen Methoden parallel einer gewissen "Anschaulichkeit" laufen, wollen wir hier aus Platzgründen keine vollständige Darstellung dieser Methoden geben, sondern uns darauf beschränken, den Weg aufzuzeigen, damit wir in die Lage versetzt werden, den später zu benutzenden Begriffen wie Struktur, Teilstruktur, Relation usw. einen konkreten Sinn geben zu können. Ohne diesen Aufbau der Mathematik würden solche Sätze wie "Eine Teilstruktur einer $\mathcal{M}\mathcal{T}$ aus einer $\mathcal{P}\mathcal{T}$ gibt uns ein Bild einer Realstruktur der Welt" eine nur sehr vage Bedeutung haben. Daher müssen wir jetzt die Mühe aufbringen, wenigstens der Idee nach den formalen Aufbau einer $\mathcal{M}\mathcal{T}$ aufzuzeichnen.

*) Hermann (Paris) und Addison-Wesley (Reading, Menlo Park, London, Don Mills).

§ 4.1. Die Basiselemente eines mathematischen Textes

Eine mathematische Theorie, von uns immer kurz mit $\mathcal{MT}$ bezeichnet, ist definiert als eine Ansammlung von Zeichen nach gewissen Spielregeln. Die Tatsache, daß man eine $\mathcal{MT}$ so definieren kann, ist die Folge der Erkenntnis, daß alle mathematischen Aussagen, daß die Sprache der Mathematik sehr einfachen und wenigen Regeln genügen. So wird jetzt umgekehrt, eben in formaler Weise, eine $\mathcal{MT}$ durch diese Sprachregeln = Spielregeln für die Zeichen definiert.

Die Zeichen aus denen sich der Text zusammensetzt sind dabei <u>Buchstaben</u> und andere wiedererkennbare Zeichen wie z.B. $\vee$, $\wedge$, $\Rightarrow$, $\in$, $\subset$. Die Zeichen werden zu Zeichengruppen zusammengefaßt, wobei eine Gruppe eine Reihe von Zeichen ist, die von links nach rechts aneinandergereiht sind. Es werden zunächst Regeln eingeführt, die "sinnvolle" Zeichengruppen charakterisieren sollen und die unter den sinnvollen Gruppen wieder zwischen solchen zu unterscheiden gestatten, die "Objekte", und anderen, die "Aussagen" darstellen.

Diese Art der Betrachtung eines mathematischen Textes ist gerade für die Physik wichtig, weil eine $\mathcal{PT}$ aus "Aussagen der $\mathcal{MT}$ " mit Hilfe von (—) zu Aussagen über $\mathcal{W}$ kommt. Daher muß also erst klar formuliert werden, wie sinnvolle Aussagen einer $\mathcal{MT}$ formuliert werden.

Dazu teilen wir die Zeichen in drei Klassen :

1.) logische Zeichen : $\vee$, $\neg$, τ . Hierbei bedeutet anschaulich $\vee$ "oder", $\neg$ "nicht", τ "ein Objekt, das ..." Die Bedeutung des τ - Zeichens werden wir später noch näher erläutern. Man kann mit diesen logischen Zeichen auskommen. Wir werden aber, weil es uns hier nicht auf eine genaue Klarstellung aller Regeln ankommt, gleich von jetzt an anschaulicher (wobei A und B Zeichengruppen sind) statt der Zeichengruppe $\neg$ A immer "nicht (A)", statt $\vee$AB immer "(A) oder (B)" schreiben und statt $\vee \neg$AB, d.h. statt (nicht (A)) oder (B) immer (A) $\Rightarrow$ (B), in Worten "aus A folgt B" schreiben, und schließlich für "nicht [(nicht(A)) oder (nicht (B))]" einfach "(A) und (B)".

2.) kleine Buchstaben*) : diese stehen anschaulich immer für Objekte. Aber nicht jedes Objekt ist nur durch einen Buchstaben charakterisiert ; auch Zeichengruppen können Objekte darstellen.

3.) Spezielle Zeichen der gerade betrachteten $\mathcal{MT}$ wie z.B. $\in$ als Zeichen in der Mengenlehre.

Nur Zeichengruppen, die nach folgenden Regeln enstehen, sind in einer $\mathcal{MT}$ erlaubt, d.h. werden anschaulich als "sinnvoll" zugelassen:

Jedem speziellen Zeichen der dritten Klasse muß noch ein Charakteristikum zugeschrieben werden. Es ist entweder ein substantivierendes oder relationelles Zeichen, d.h. anschaulich ein Zeichen, daß ein Objekt bzw. eine Relation, eine Aussage bestimmt. Jedem speziellen Zeichen muß noch ein Gewicht, eine ganze Zahl n zukommen.

---

*) große Buchstaben benutzen wir als Abkürzungen für Zeichengruppen in diesem Kapitel II. Später werden wir auch große Buchstaben für "Objekte" benutzen.

Als Terme (anschaulich Objekte) der $\mathcal{MT}$ werden alle Zeichengruppen bezeichnet, die mit einem τ oder einem substantivierenden Zeichen beginnen, oder aus nur einem kleinen Buchstaben bestehen, als Relationen (anschaulich Aussagen) der $\mathcal{MT}$ alle anderen Zeichengruppen.

Eine Zeichengruppe ist in $\mathcal{MT}$ nur zugelassen (als "sinnvoll"), wenn sie einer Folge von Zeichengruppen angehört, die folgende Bedingungen erfüllt: Für jede Zeichengruppe A der Folge gilt eine der Bedingungen :

a) A ist ein kleiner Buchstabe (also ein Objekt).

b) A ist gleich "nicht (B)", wobei B eine Relation ist, die in der Folge der Gruppe A vorangeht.

c) A ist gleich "(B) oder (C)", wobei B und C Relationen sind, die in der Folge A vorangehen.

b) und c) sind unmittelbar anschaulich verständlich als "Verneinung einer vorhergehenden Aussage B" und als die logische Verknüpfung zweier vorhergehender Aussagen B und C mit "oder".

d) A ist gleich τ_x (B), wobei B eine A vorangehende Relation ist, die den Buchstaben x enthält. Dies kann man anschaulich so interpretieren: x ist ein Objekt in einer Aussage B (z.B. $x \in$ M , d.h. x Element der Menge M). τ_x (B) ist dann "ein spezielles Objekt, das in B eingesetzt, die Aussage B erfüllt (z.B. τ_x ($x \in$ M) ist ein spezielles Element der Menge M).*)

---

*) Die Zeichengruppe τ_x (B) enthält den Buchstaben x "eigentlich" nicht mehr, was man auch zeichengemäß ausdrücken kann (Siehe wie oben z.B. N. Bourbaki, Elements of Mathematics, Theory of Sets, Chapter I : Description of formal Mathematics.

e) A ist gleich $s A_1 \ldots A_n$, wobei s ein spezielles Zeichen aus der obigen dritten Klasse vom Gewicht n ist und A_1 bis A_n Terme sind, die A in der Folge vorangehen.

Ist s ein substantivierendes Zeichen, so ist anschaulich $sA_1 \ldots A_n$ ein aus Objekten $A_1 \ldots A_n$ gebildetes neues Objekt ; ist s relationell, so ist $sA_1 \ldots A_n$ eine Relation zwischen den Objekten (eine Aussage über die Objekte) $A_1 \ldots A_n$.

§ 4.2. Axiome und Beweise

Die bisher geschilderten Regeln sind dazu da, die "sinnvollen" Ausdrücke zu charakterisieren. Jetzt müssen wir die Methoden angeben, nach denen entschieden wird, ob eine Aussage (anschaulich gesprochen) "wahr" ist. Dies geschieht durch die Aufstellung von Axiomen und die Durchführung von Beweisen. Für die Mathematik sind die Axiome sozusagen per definitionem wahre Aussagen. Wenn diese Axiome aber in einer $\mathcal{PT}$ durch $(\leftarrow)$ zu Aussagen über $\mathcal{W}$ werden, so gewinnt in $\mathcal{PT}$ der Wahrheitsgehalt eines Axioms einen gegenüber $\mathcal{MT}$ neuen Sinn. In $\mathcal{MT}$ wollen wir deshalb, wie es oft üblich ist, gar nicht von wahr und falsch sprechen, da die Axiome gesetzt werden und nicht das Ergebnis eines Erkenntnisaktes sind. Die "Wahrheit" mancher Axiome kann nicht eingesehen werden, da es eine solche Wahrheit oft nicht gibt, weil man in einer $\mathcal{MT}$ statt des Axioms A oft auch "nicht(A)" als Axiom setzen kann.

Das Setzen der Axiome ist damit sowohl ein für die Mathematik wie die Physik entscheidend wichtiger Prozess, so daß wir ihn allgemein schildern müssen. Wir unterscheiden dabei explizite Axiome und axiomatische Regeln.

Ein explizites Axiom ist eine nach den Regeln aus §4.1 aufgeschriebene Relation (Aussage). Es können mehrere solcher Axiome aufgeschrieben werden. In diesen expliziten Axiomen können einige (kleine) Buchstaben (anschaulich : undefinierte Grundobjekte der $\mathcal{M}\mathcal{T}$) auftreten, die man die Konstanten der $\mathcal{M}\mathcal{T}$ nennt. Die expliziten Axiome stellen anschaulich wahre Aussagen über diese Grundobjekte dar. Man kann aber auch sagen, daß die Grundobjekte implizit durch die Axiome definiert sind ; als Abkürzung werden oft diesen Grundobjekten Namen gegeben (als Abkürzung für die Gesamtheit der für sie gesetzten Axiome).

Die axiomatischen Regeln dienen dazu, neue Aussagen zu gewinnen, d.h. die Anwendung einer solchen Regel liefert eine Aussage der $\mathcal{M}\mathcal{T}$. Diese Regeln lassen sich am einfachsten ausdrücken, wenn man wieder Abkürzungen für Zeichengruppen benutzt : eine axiomatische Regel läßt sich dann als eine Relation (Aussage) geformt aus diesen Abkürzungen hinschreiben. Diese Relationen nennt man dann implizite Axiome. Die als Abkürzungen benutzten Buchstaben treten nicht eigentlich in der Theorie auf, da sie "beliebig" sein können.

Eine $\mathcal{M}\mathcal{T}$ besteht dann aus einem Text von Relationen, anschaulich den "wahren" oder "gültigen" Aussagen. Diese Relationen sind :

1.) die expliziten Axiome selbst ;

2.) die impliziten Axiome, wenn in diesen nach den Regeln aus §4.1 konstruierte Terme und Relationen eingesetzt werden ;

3.) aus einer Relation B, falls vorher im Text der $\mathcal{MT}$ die zwei Relationen A und A $\Rightarrow$ B auftreten.

Alle so nach 1.) bis 3.) entstehenden Relationen (anschaulich die "wahren" Relationen gegenüber den nach §4.1 nur "sinnvollen" Relationen) nennen wir kurz "Sätze" der $\mathcal{MT}$.

Ein gerade für die $\mathcal{PT}$ sehr wichtig werdender Begriff läßt sich schon an dieser Stelle einführen. Es geht um den Vergleich zweier $\mathcal{MT}$: Wir nennen eine $\mathcal{MT}_2$ stärker als $\mathcal{MT}_1$, wenn alle Zeichen von $\mathcal{MT}_1$ auch in $\mathcal{MT}_2$ vorkommen, und alle expliziten Axiome von $\mathcal{MT}_1$ als Sätze in $\mathcal{MT}_2$ auftreten, und alle impliziten Axiome von $\mathcal{MT}_1$ auch solche von $\mathcal{MT}_2$ sind. Dann sind natürlich alle Sätze von $\mathcal{MT}_1$ auch solche von $\mathcal{MT}_2$.

Der Übergang von einer $\mathcal{MT}_1$ zu einer stärkeren $\mathcal{MT}_2$ wird gerade für die Physik von großer Bedeutung werden.

§ 4.3 Logik

Die ersten einzuführenden Axiome betreffen die Logik. Hier fällt die Vorentscheidung, daß wir die "normale", "zweiwertige" Logik -und keine mehrwertige oder sonst andersartige- benutzen. Da spezielle Relationen der $\mathcal{MT}$ in der $\mathcal{PT}$ zu Aussagen über die Wirklichkeit werden, setzen wir also hiermit für die ganze $\mathcal{PT}$ diese Logik voraus.

Sowohl in der Mathematik wie in der Physik sind Ansätze gemacht worden, die Logik abzuändern. Die Quantenmechanik wurde in der Physik als Argument für die Notwendigkeit einer neuen Logik benutzt. Dadurch, daß wir die ganze Quantentheorie unter Benutzung der normalen Logik aufbauen, ist aber gezeigt, daß eine solche Notwendigkeit nicht besteht. Wir werden später noch einmal auf diese Problematik zu sprechen kommen.

Wir führen die normale Logik durch folgende axiomatische Regeln ein: Sind A, B, C, Relationen, so sind folgende Relationen implizite Axiome der $\mathcal{MT}$:

1.) (A oder A) $\Rightarrow$ A ;

2.) A $\Rightarrow$ (A oder B) ;

3.) (A oder B) $\Rightarrow$ (B oder A) ;

4.) (A $\Rightarrow$ B) $\Rightarrow$ ((C oder A) $\Rightarrow$ (C oder B)).

Denkt man sich anschaulich eine Aussage mit <u>zwei</u> möglichen Werten "wahr" oder "falsch" belegt und gibt der Aussage "A oder B" den Wert wahr, wenn wenigstens eine der beiden Aussagen A oder B wahr sind, sonst den Wert falsch und der Aussage "nicht A" den Wertwahr, wenn A falsch ist, und umgekehrt, so stellen 1.) bis 4.) identisch wahre Aussagen dar (denn A $\Rightarrow$ B ist nach Definition "nicht (A) oder B", d.h. wahr genau dann, wenn A und B wahr oder A falsch ist). Dies gilt aber auch umgekehrt : Aus 1.) bis 4.) folgt, daß A $\Rightarrow$ A ein Satz von $\mathcal{MT}$ ist, ebenso wie "(nicht A) oder A" und "A $\Rightarrow$ (nicht nicht A)" ; daß, falls B ein Satz ist, A $\Rightarrow$ B ein Satz ist. Aus 1) bis 4) folgt nicht, daß von jeder nach §4.1 herstellbaren Relation A entweder A oder "nicht A" ein Satz von $\mathcal{MT}$ ist, denn ein Satz wird A (bzw. "nicht A") nur, wenn A (bzw. "nicht A") nach dem §4.2 aufgestellten Schema gewonnen werden kann! Eine $\mathcal{MT}$, in der sowohl A wie "nicht A" Sätze sind, heißt widerspruchsvoll und wird ausgeschieden, denn in einer solchen Theorie ist jede Relation B (gebildet nach §4.1) ein Satz. Eine solche widerspruchsvolle Theorie ist auch physikalisch unbrauchbar, wie sich später sofort bei der Verbindung (—) von $\mathcal{MT}$ mit $\mathcal{W}$ herausstellen wird. Ist $\mathcal{MT}$ nicht widerspruchsvoll, so kann also entweder nur A oder nur (nicht A) ein Satz von $\mathcal{MT}$ sein. Nimmt man zu $\mathcal{MT}$ "(nicht A)" als Axiom hinzu und erhält man so eine widerspruchsvolle Theorie $\mathcal{MT}'$, so ist A ein Satz aus $\mathcal{MT}$.

Wir können darauf verzichten, weitere Konsequenzen der Axiome 1 bis 4 näher zu untersuchen, da ihre Benutzung allgemein bekannt und gebräuchlich ist. Nur seien noch einige Sätze erwähnt, die für die späteren Diskussionen um die Logik wichtig werden. Zur Abkürzung setzen wir für "(A $\Longrightarrow$ B) und (B $\Longrightarrow$ A)" einfach "A $\Longleftrightarrow$ B" und sagen "A ist äquivalent zu B". Für irgendwelche Relationen A, B, C gelten dann folgende Äquivalenzen (als Sätze von $\mathcal{MT}$):

(A und (B oder C)) $\Longleftrightarrow$ ((A und B) oder (A und C))

(A oder (B und C)) $\Longleftrightarrow$ ((A oder B) und (A oder C))

(nicht (A und B)) $\Longleftrightarrow$ ((nicht A) oder (nicht B))

(nicht (A oder B)) $\Longleftrightarrow$ ((nicht A) und (nicht B))

(nicht (nicht A)) $\Longleftrightarrow$ A

Wenn A $\Longleftrightarrow$ B und B $\Longleftrightarrow$ C Sätze von $\mathcal{MT}$ sind, so ist auch A $\Longleftrightarrow$ C ein Satz. Wenn man deshalb " $\Longleftrightarrow$ " formal wie ein Gleichheitszeichen ansieht und "und" mit " $\wedge$ ", "oder" mit " $\vee$ " bezeichnet, so erhält man die Rechenregeln in einem distributiven komplementären Verband. Die Tatsache, daß (A $\Rightarrow$ B) $\Leftrightarrow$ (A oder B) $\Leftrightarrow$ B ein Satz ist, kann man verbandstheoretisch auch so interpretieren, daß " $\Rightarrow$ " die durch die Verbandsoperationen $\vee$, $\wedge$ bestimmte Ordnung ist, so daß $\Leftrightarrow$ mit Recht als Gleichheit im Verband bezeichnet wurde. Diese Form der logischen Gesetze in der Gestalt eines distributiven komplementären Verbandes drückt am anschaulichsten das aus, was wir unter der klassischen Logik verstehen.

Wir hatten zu Anfang neben $\neg$ ("nicht") und $\vee$ ("oder") noch das Zeichen τ ("ein spezielles Objekt, das ...") eingeführt. Während also $\neg$ und $\vee$ durch die Axiome 1 bis 4 ihre "Bedeutung" (anschaulich) eben als "nicht" und "oder") erhalten haben, müssen wir jetzt auch τ durch axiomatische Regeln eine "Bedeutung" geben. Vorher führen wir einige Abkürzungen ein, die eine anschaulich naheliegende Bedeutung haben:

Ist R eine Zeichengruppe, die den Buchstaben x enthält, so konnte man die Zeichengruppen τ_x (R) bilden, die x nicht mehr enthält (siehe Anmerkung Seite 43). Setzt man diese Zeichengruppe τ_x (R) in R statt x (d.h. überall wo x auftritt) ein, so erhält man eine neue Zeichengruppe, die wir mit ($\exists$ x) R bezeichnen. ($\exists$ x) R enthält also x ebenfalls nicht mehr. τ_x (R) war anschaulich ein spezielles Objekt, das R erfüllt. ($\exists_x$) R ist also R, mit einem "speziellen Objekt, das R erfüllt", an Stelle von x eingesetzt. Dafür sagen wir auch " es existiert ein Objekt, das R erfüllt". Ist R eine Relation, so also auch ($\exists$ x) R

(τ_{x} (R) ist ein Term!), d.h. in einer $\mathcal{M}\mathcal{T}$ kann nach §4.1 $(\exists\, x)R$ nur auftreten, wenn R eine Relation ist. Daß "nicht ein Objekt existiert, das (nicht R) erfüllt", drücken wir anschaulich aus durch "für alle Objekte gilt R" ; deshalb kürzen wir "nicht $((\exists\, x)$ (nicht R))" durch $(\forall x)R$ ab. $(\forall x)R$ ist also ebenfalls eine Relation, wenn R eine ist, und ist in einer $\mathcal{M}\mathcal{T}$ ebenfalls nur sinnvoll, wenn R eine Relation ist.

Entsprechend dem "anschaulichen" Sinn von $(\exists\, x)R$ führen wir jetzt durch eine axiomatische Regel den Sinn von $(\exists\, x)R$ ein :

5.) Ist $R(x)$ eine Relation, die x als Buchstabe enthält und T ein Term, so ist

$$R(T) \Rightarrow (\exists\, x)\, R$$

ein implizites Axiom.

Dabei ist R(T) die Relation, die aus $R(x)$ hervorgeht, wenn überall x durch T ersetzt wird. 5) drückt also aus, daß, wenn man ein T hat, das R erfüllt, ein Objekt existiert, das R erfüllt.

Als weiteres Zeichen für alle $\mathcal{M}\mathcal{T}$ führen wir das Gleichheitszeichen = als ein relationelles Zeichen vom Gewicht zwei ein mit der Vorschrift nach §4.1, daß = AB eine Relation für je zwei Terme AB ist. Statt = AB schreiben wir A=B. Für "nicht (A=B)" schreiben wir auch A≠B. Den Sinn von = legen wir durch die beiden folgenden axiomatischen Regeln fest :

6.) Ist $R(x)$ eine Relation und sind A und B Terme, so gilt das implizite Axiom :

$$(A=B) \Rightarrow (R(A) \Leftrightarrow R(B))$$

7.) Sind R und S Relationen, so gilt das implizite Axiom :

$$(\forall x)\quad (R \Leftrightarrow S) \Rightarrow (\tau_x(R) = \tau_x(S)).$$

6.) ist "anschaulich" klar. 7.) legt sowohl den Sinn von = als auch von $\Leftrightarrow$ mit fest, als nämlich äquivalente Relationen R und S als "dieselben" angesehen werden, so daß die speziellen Objekte $\tau_x(R)$ und $\tau_x(S)$ gleich sind.

Ist die Relation

$$(\forall y)(\forall x)((R(y) \text{ und } R(x)) \Rightarrow (x = y)$$

in Worten : "gibt es höchstens ein x, das R(x) erfüllt", ein Satz aus $\mathcal{MT}$, so ist auch

$$R(x) \Rightarrow (x = \tau_x(R))$$

ein Satz aus $\mathcal{MT}$. Ist außerdem noch die Relation $(\exists x)R$ ein Satz aus $\mathcal{MT}$, so sagt man, daß "es ein und nur ein x gibt, so daß R gilt" ; es gilt dann als Satz von $\mathcal{MT}$ die Äquivalenz :

$$R(x) \Leftrightarrow (x = \tau_x(R)),$$

Wir haben hier diese grundlegenden Axiome einer logischen $\mathcal{MT}$ nicht deswegen beschrieben, um aus ihnen als Sätze einer $\mathcal{MT}$ die bekannten Schlußweisen der Mathematik abzuleiten, sondern um später besser erkennen zu können, was für eine Bedeutung diese Axiome einer $\mathcal{MT}$ innerhalb von $\mathcal{PT}$ haben.

§ 4.4. Mengentheoretische Axiome

Da wir die Mengentheorie ebenfalls voraussetzen wollen, können wir uns bei der Aufstellung der Axiome kurz fassen. Wir wollen hauptsächlich dabei auf einige Gesichtspunkte hinweisen, die für die Stellung dieser Axiome in einer $\mathcal{P}\widetilde{\mathcal{T}}$ wichtig sein werden.

In der Mengentheorie tritt als neues relationelles Zeichen auf : $z \in y$, anschaulich "z ist Element von y". Als Abkürzung für $(\forall z)$ $((z \in x) \Rightarrow (z \in y))$, d.h. für die Relation, daß alle Elemente z von x auch Elemente von y sind", schreiben wir kurz $x \subset y$ (in Worten : "x ist Teil von y" oder "y enthält x" oder ähnliche Redeweisen). Für "nicht $(z \in y)$" bzw. "nicht $(x \subset y)$" schreiben wir öfter $z \notin y$ bzw. $x \not\subset y$.
Dieses relationelle Zeichen $\in$ wird entscheidend wichtig für die Anwendung einer $\mathcal{M}\mathcal{T}$ in einer $\mathcal{P}\widetilde{\mathcal{T}}$ werden. Anschaulich besteht geradezu die $\mathcal{P}\widetilde{\mathcal{T}}$ darin, daß sie gewisse Stücke des Realtextes als Elemente einer Menge auffaßt ; dadurch werden in $\mathcal{P}\widetilde{\mathcal{T}}$ gewisse Stücke von $\mathcal{W}$ zu einer Menge zusammengefaßt. Dieses "zu einer Menge zusammenfassen" ist aber auch mathematisch ein wichtiger Begriff der Mengenlehre. Wenn die Menge eine Zusammenfassung ihrer Elemente ist, so müssen zwei Mengen als gleich gelten, wenn sie dieselben Elemente haben ; deshalb wird als erstes explizites Axiom

M 1) $(\forall x)$ $(\forall y)$ $(((x \subset y)$ und $(y \subset x)) \Rightarrow (x = y)$

gefordert.

Wenn wir jetzt formal alle x einer bestimmten Sorte zu einer Menge zusammenfassen wollen, so kann dies geschehen durch: Ist R eine Relation, so kürzen wir die Relation $(\exists y)(\forall x)((x \in y) \Leftrightarrow R)$ durch "$\mathrm{Coll}_x R$" ab. Wenn $\mathrm{Coll}_x R$ ein Satz in $\mathcal{MT}$ ist, so sagt man, daß die Relation R eine Menge bestimmt. y ist dann die "Zusammenfassung aller x, die R erfüllen", denn es gilt, daß aus $(\forall x)((x \in y) \Leftrightarrow R)$ und $(\forall x)((x \in z) \Leftrightarrow R)$ die Gleichheit $(z = y)$ folgt. Für die Relation S(y): $(\forall x)((x \in y) \Leftrightarrow R)$ gibt es also höchstens ein y, so daß S(y) gilt. Ist $(\exists y)$ S ein Satz aus $\mathcal{MT}$, so gilt nach §4.3 auch $S(y) \Leftrightarrow (y = \tau_y(S))$. Wenn also $\mathrm{Coll}_x(R)$ ein Satz aus $\mathcal{MT}$ ist, so können wir die Menge y, die S(y) erfüllt, mit $\tau_y((\forall x)((x \in y) \Leftrightarrow R))$ bezeichnen, wofür wir zur Abkürzung $\mathcal{E}_x(R)$ schreiben, in Worten : $\mathcal{E}_x(R)$ ist die Menge aller x, die R(x) erfüllt. Die Relation $(\forall x)((x \in \mathcal{E}_x(R)) \Leftrightarrow R)$ ist also mit $\mathrm{Coll}_x(R)$ identisch, die Relation R mit $(x \in \mathcal{E}_x(R))$ äquivalent.

Wir wiesen darauf hin, daß nicht für alle R die Relation $\mathrm{Coll}_x R$ ein Satz von $\mathcal{MT}$ zu sein braucht. Wenn aber die x, die der Relation R(x) genügen, alle Elemente einer Menge X sind (wobei X durchaus Elemente enthalten kann, die nicht der Relation R genügen!), so ist anschaulich zu erwarten, daß die R genügenden x eine Teilmenge von X bilden, d.h. daß $\mathrm{Coll}_x R$ ein Satz der Theorie wird. Wir gehen noch etwas weiter: Hängt die Relation R noch von einem Objekt y ab, und sind alle x, die bei festem y der Relation R genügen, Elemente einer (eventuell von y abhängenden) Menge X, so sollen alle die x, die R für wenigstens ein Element y einer Menge Y genügen, eine Menge bilden, was wir in dem impliziten Axiom :

M2) $(\forall y)(\exists X)(\forall x)(R \Rightarrow (x \in X)) \Rightarrow (\forall Y)\mathrm{Coll}_x((\exists y)(y \in Y) \text{ und } R))$

fordern. Dies ermöglicht, mit Hilfe von Relationen aus Mengen neue Mengen zu gewinnen. Um aber überhaupt Mengen herstellen zu können, setzen wir folgende Axiome an :

M3) $(\forall x)\ (\forall y)\ \mathrm{Coll}_z\ (z = x \text{ oder } z = y)$

Dies bedeutet, daß je zwei Elemente (x und y) zu einer Menge aus diesen beiden zusammengefaßt werden können. Wir bezeichen diese Menge kurz mit $\{x,y\}$. Dieses Axiom ist innerhalb $\mathcal{PT}$ sehr leicht interpretierbar, wie jede endliche Menge, in der endlich viele $x_1 \ldots x_n$ zusammengefaßt werden. Für die $\mathcal{MT}$ werden aber gerade die (erst weiter unten zu definierenden) unendlichen Mengen von großer Wichtigkeit. Sie sind es auch, die eine konkrete Axiomatisierung der Mengenlehre erforderlich machten ; sie sind aber nicht ohne weiteres physikalisch deutbar. Auf diesen Punkt werden wir deshalb später genauer eingehen müssen.

Zum weiteren Ausbau der Mengenlehre brauchen wir dann noch die Möglichkeit, ein Paar (x, y) von Termen (Objekten) als einen neuen Term*), d.h. ein neues, aus den beiden Einzelobjekten x, y bestehendes Paarobjekt einzuführen:

M4) $(\forall x)(\forall x')(\forall y)(\forall y')(((x,y)=(x',y') \Rightarrow (x=x' \text{ und } y=y'))$.

Das Paar (x, y) ist etwas anderes als die Menge $\{x,y\}$! Im Paar sind nach

---

*) (x, y) ist also nach §4.1 ein substantivierendes Zeichen vom Gewicht 2.

M4) die Komponenten x und y geordnet.

M5) $(\forall x) \quad \mathrm{Coll}_y (y \subset x)$

besagt, daß die Menge aller Teilmengen einer Menge x "existiert". Das letzte Axiom

M6) postuliert die Existenz einer unendlichen Menge.

Eine unendliche Menge ist dabei eine nicht endliche Menge ; eine endliche Menge ist in bekannter Weise dadurch definiert, daß die Mächtigkeit sich ändert, wenn man der Menge ein Element hinzufügt.

Jede in einer $\mathcal{PT}$ benutzte $\mathcal{MT}$ ist stärker als die Mengenlehre, d.h. in $\mathcal{MT}$ gelten alle bisher angegebenen Axiome.

Als Beispiel betrachte man als $\mathcal{MT}$ die Theorie eines distributiven vollständigen Verbandes. $\mathcal{MT}$ enthält in diesem Fall eine Konstante V, nämlich die Menge V, die diesen distributiven Verband bildet.
Da die weitere Verstärkung der $\mathcal{MT}$ durch spezielle Axiome geschieht, brauchen wir uns diesen Axiomen in dem vorliegenden Kapitel nicht näher zuzuwenden. Wir nehmen nur an, daß solche weiteren Axiome in $\mathcal{MT}$ vorliegen mögen. Dann erhebt sich aber die Frage, wie nun eine $\mathcal{MT}$ mit $\mathcal{W}$ verknüpft wird, d.h. wie $\longleftrightarrow$ formal dargestellt werden kann.

§ 5. Die Abbildungsprinzipien

Die Zuordnung $(\longleftrightarrow)$ zwischen $\mathcal{MT}$ und $\mathcal{W}$ beginnt zunächst mit einer Verknüpfung eines Realtextes aus $\mathcal{G}$ (siehe §3) mit $\mathcal{MT}$. Der erste Schritt für diese Verknüpfung besteht in einer "Zeichensetzung":

Im Realtext werden wohldefinierte Stücke durch "Zeichen" gekennzeichnet. Als solche Zeichen wählen wir meist Buchstaben und hoffen, daß dadurch keine Verwechslungen vorkommen, da es immer klar ist, welche Buchstaben als Zeichen für Realtextstücke stehen. Jedes Zeichen muß dabei eindeutig einem und nur einem Realtextstück entsprechen. Es scheint deshalb zunächst diese Zeichensetzung eine unnötige Gedankenspielerei zu sein, da ja Zeichen und Realtextstücke eindeutig aufeinander bezogen sind. Hätte man nicht bei den Realtextstücken selber bleiben können ?

Der erste Vorteil der Zeichen gegenüber den Realtextstücken selbst besteht in der Möglichkeit, diese Zeichen in dem "mathematischen Spiel mit Zeichen" mitzubenutzen, während die Realtextstücke selbst dazu wenig handlich sind. Z.B. kann es in dem "mathematischen Spiel" notwendig sein, dasselbe Zeichen mehrmals aufzuschreiben, was mit dem einmaligen Realtextstück schwerlich geht.

Der zweite Grund für die Zeichensetzung ist die dadurch gegebene "Auszeichnung" bestimmter Realtextstücke im Realtext. Nicht "alle" (was man überhaupt unter "alle" dabei verstehen sollte, ist sowieso nicht klar) Stücke eines Realtextes werden mit Zeichen versehen, sondern nur eine gewisse endliche Menge von Stücken. Es kann also z.B. A ein Zeichen für ein gewisses Stück des Realtextes sein, während ein Teilstück dieses "Stückes A" nicht bezeichnet wird. Einen so mit Zeichen versehenen Realtext bezeichnen wir als genormten Realtext.

Diese Zeichensetzung ist durchaus von gewisser Willkür: Man kann eine vorliegende Zeichensetzung durch weitere Zeichensetzungen für vorher nicht bezeichnete Realtextstücke erweitern ; man kann "zuviele" Zeichen einführen, nämlich solche, die bei den gleich aufzustellenden Abbildungsaxiomen gar nicht benutzt werden. Wir wollen im Folgenden die letzte Möglichkeit durch die Vorschrift ausschalten, daß nur die Zeichen bei einer Zeichensetzung benutzt werden sollen, die auch bei der Aufstellung der Axiome benutzt werden.

Der Grundbereich $\mathcal{G}$ von $\mathcal{W}$ war begrifflich eingeführt als die Zusammenfassung aller Realtexte und in diesem Sinne -wieder anschaulich aber nicht ganz exakt- als der gesamte Realtext. Ähnlich bezeichnen wir mit genormtem Grundbereich $\mathcal{G}_n$ die Zusammenfassung aller genormten Realtexte.

Entscheidend für die Verknüpfung eines Realtextes mit $\mathcal{MT}$ sind die Abbildungsprinzipien. Unter Abbildungsprinzipien verstehen wir dabei Regeln, die es gestatten, auf Grund des Realtextes und der $\mathcal{MT}$ die unten unter $(\longleftarrow)_r$ angegebenen Abbildungsaxiome aufzuschreiben. Die Abbildungsprinzipien zeichnen erstens gewisse Terme $Q_1 \ldots Q_p$ aus $\mathcal{MT}$ aus, die wir Bildterme nennen ; sie zeichnen zweitens gewisse Relationen $R_1(x_{\alpha_1}\ x_{\beta_1} \ldots) \ldots R_s$ $(x_{\alpha_s}\ x_{\beta_s}\ \ldots)$ aus $\mathcal{MT}$ aus (wobei die $x_{\alpha_1} \ldots$ keine Konstanten aus $\mathcal{MT}$ sind), die wir Bildrelationen nennen ; sie geben drittens Regeln an, nach denen die Zeichen $A_1 \ldots A_n$ des genormten Realtextes (wir sagen später oft kurz : die Realtextstücke A_1 bis A_n) typisiert werden durch die Axiome :

$(\text{---})_r(1) : \; A_1 \in Q_{\nu_1} \quad , A_2 \in Q_{\nu_2} \quad , \ldots , \; A_n \in Q_{\nu_n}$

und schließlich "in Relation gesetzt" werden durch die weiteren Axiome :

$(\text{---})_r(2) : \; R_{\mu_1} (A_{i_1} \; A_{k_1} \; \ldots), \; R_{\mu_2} (A_{i_2} \; A_{k_2} \; \ldots), \; \ldots , \; R_{\mu_m} (A_{i_m} \; A_{k_m} \; ..)$

nicht $R_{\nu_1} (A_{r_1} \; A_{s_1} \ldots)$, nicht $R_{\nu_2}(A_{r_2} \; A_{s_2} \ldots)$,..., nicht $R_{\nu_l} (A_{r_l} \; A_{s_l} .)$

Hierbei bedeutet $R_{\mu_\alpha} (A_{i_\alpha} \; A_{k_\alpha} \; \ldots)$ nicht, daß alle A_ν, sondern nur einige in R_{μ_α} eingehen. Die A_i bezeichnet man als die Elemente des genormten Realtextes. Unter den R_{μ_α} kann eine der Bildrelationen mehrfach auftreten, eben mit verschiedenen Elementen A_i des genormten Realtextes.

Unter den Bildtermen $Q_1 \ldots Q_p$ können solche vorkommen, für die z.B. $Q_{\nu_1} \subset Q_{\nu_2}$ gilt. Eine Relation $A \in Q_{\nu_1}$ hat dann $A \in Q_{\nu_2}$ zur Folge, d.h. $A \in Q_{\nu_2}$ wäre in $(\text{---})_r$ (1) unnötig, wenn schon $A \in Q_{\nu_1}$ in $(\text{---})_r(1)$ auftritt. Solche Q_ν, die man auf diese Weise in $(\text{---})_r$ (1) nicht braucht, nennen wir in Bezug auf den vorliegenden Realtext überflüssig. Es ist natürlich nicht auf Grund der Realtexte feststellbar, ob gewisse Q_ν für den ganzen genormten Grundbereich $\mathcal{G}_n$ von $\mathcal{W}$ überflüssig sind. Es gehört deshalb mit zu den Abbildungsprinzipien, daß in $Q_1 \ldots Q_p$ keine prinzipiell schon von den Abbildungsprinzipien her überflüssigen Terme aufgenommen werden.

Wir wollen den wichtigen Vorgang der Aufstellung der Axiome $(\text{---})_r$ (1) und $(\text{---})_r$ (2), (beide zusammen kurz mit $(\text{---})_r$ bezeichnet), noch etwas mehr in seiner physikalischen und dann mathematischen Bedeutung analysieren. Wir wollen dabei erkennen, daß diese formalisierte Methode genau das wiederholt, was man bisher schon immer mehr oder weniger exakt bei der sogenannten "physikalischen Interpretation" einer $\mathcal{MT}$ getan hat.

Zunächst muß betont werden, daß durch $(\text{—})_r$ nicht etwas zu der Formulierung mathematischer Theorien Fremdartiges hinzukommt, denn es ist gerade das Entscheidende der im §4 geschilderten formalen Methode der Mathematik, daß Zeichen beliebig benutzt werden dürfen, ganz gleichgültig, ob man "nebenbei" mit diesen Zeichen noch etwas anderes verknüpft. Daß die in $(\text{—})_r$ auftretenden Zeichen $A_1 \dots A_n$ "nebenbei" Zeichen für Realtextstücke sind, hat keine Bedeutung für die weitere Benutzung der Axiome $(\text{—})_r$ innerhalb einer mathematischen Theorie. Daß die Zeichen $A_1 \dots A_n$ Bezeichnungen von Realtextstücken sind, hat <u>nur</u> die Bedeutung, daß es gerade <u>so</u> durch Anwendung der Regeln aus den Abbildungsprinzipien möglich ist, aus dem Realtext die Axiome $(\text{—})_r$ abzulesen. $(\text{—})_r$ sind also keine (wie in der Mathematik üblich) nur nach mathematischem Interesse, aber sonst willkürlich gesetzte Axiome, sondern sind durch den Realtext mit Hilfe der Abbildungsprinzipien bestimmt. Sind sie aber einmal aufgeschrieben, so können sie wie alle anderen Axiome innerhalb einer mathematischen Theorie behandelt werden. Bevor wir dies weiter verfolgen, wollen wir zunächst gerade die andere, physikalische Seite der Aufstellung von $(\text{—})_r$ noch etwas näher betrachten.

Daß wir die Axiome $(\text{—})_r$ in zwei Gruppen (—) (1) und (—) (2) unterteilt haben, hat mehr einen "physikalisch-anschaulichen" als "formal-mathematischen" Grund. $(\text{—})_r$(1) sind im mathematischen Text Relationen so wie die aus $(\text{—})_r$(2) ; und umgekehrt kann man (siehe §4.4 und §7) eine Relation R, wenn sie kollektivierend ist, durch eine Relation der Form wie in $(\text{—})_{r}(1)$ ersetzen. Die Aufteilung in $(\text{—})_{r}(1)$ und $(\text{—})_{r}(2)$ entspringt der Form der Regeln innerhalb der Abbildungsprinzipien.

Diese Regeln fassen eine Reihe von Realtextstücken A_i unter demselben "Typ" Q_ν zusammen, indem sie verlangen, daß in $(\text{—})_{r}(1)$ die Axiome : $A_i \in Q_\nu$ mit demselben Q_ν aufzuschreiben sind. Man sagt deshalb statt $A_i \in Q_\nu$ oft : das Realtextstück A_i ist vom Typ Q_ν . Dieser Satz scheint zunächst unvereinbare Begriffe wie Realtextstücke und mathematische Terme miteinander zu verknüpfen. Gemeint aber ist mit diesem Satz Folgendes: Das mit A_i bezeichnete Realtextstück bekommt den "Namen" Q_ν. Das Zeichen Q_ν eines mathematischen Terms wird somit auf diese Weise außerdem noch als "Sammel-Name" für mehrere Realtextstücke benutzt, d.h. als Name, unter dem mehrere Realtextstücke als "vom selben Typ" gesammelt werden. Die Abbildungsprinzipien bestimmen also die "Sammelnamen", von uns oben Bildterme genannt, und bestimmen, welche der Realtextstücke A_i zu welchen Sammelnamen gehören. So wie manche Terme in einer $\mathcal{M}\mathcal{T}$ oft kurz mit Namen wie Verband, Vektorraum u.s.w. bezeichnet werden, ist es oft üblich, den Q_ν noch gewisse Namen zu geben wie "Geschwindigkeiten", "elektrische Felder", u.s.w. Geben wir ein ganz einfaches Beispiel zur Veranschaulichung: Im Realtext mögen Kugeln aus verschiedenem Material vorkommen. Jede dieser Kugeln bezeichnen wir mit einem A_i (verschiedene Kugeln haben also verschiedene A_i!). Die Abbildungsprinzipien mögen nun die Regel enthalten, alle "Glaskugeln" mit einem Term Q_1 durch $A_i \in Q_1$ (wenn A_i eine Glaskugel ist) zu verknüpfen, alle Eisenkugeln mit einen

Term Q_2, u.s.w. Umgekehrt lesen wir dann die Relation $A_i \in Q_1$ in der Form: Die Kugel A_i ist vom Typ Glaskugel ; Q_1 bezeichnen wir dann oft mit dem Namen "Menge der Glaskugeln", womit aber nun <u>nicht</u> etwa gemeint ist, daß plötzlich aus einem mathematischen Term eine Menge von Realtextstücken geworden ist. Der Name "Menge der Glaskugeln" für Q_1 ist vielmehr nur eine abgekürzte Form der Regel im Rahmen der Abbildungsprinzipien, nach der, falls A_i ein Zeichen einer Glaskugel ist, $A_i \in Q_1$ in $(\text{—})_{\tau}(1)$ aufzuschreiben ist.

Ganz ähnlich ist es mit den in $(\text{—})_{\tau}(2)$ auftretenden Bildrelationen R_i. Innerhalb des mathematischen Textes sind die R_i nur formal definierte Ausdrücke. Die Regeln, die zur Aufstellung der Axiome $(\text{—})_{\tau}(2)$ führen, müssen es aber erlauben, am Realtext etwas abzulesen, was dann in der Form eines Axiomes aus $(\text{—})_{\tau}(2)$ niedergeschrieben wird. Das, was am Realtext abgelesen wird, ist nicht $R_{\mu}(A_{\mu_1} \ldots)$, sondern etwas, was durch die Abbildungsregeln auf R_{μ} bezogen wird, so daß man R_{μ} wieder als Namen benutzen kann für <u>das</u> im Realtext, womit es die Abbildungsregel verknüpft. R_{μ} wird so zum Namen dieser am Realtext ablesbaren Situation, zum Namen einer "Realrelation". Man drückt das auch oft so aus, daß die mathematische Relation R_{μ} eine physikalische Interpretation erhält. Wieder darf man darunter nicht verstehen, daß R_{μ} selbst jetzt plötzlich aus dem mathematischen Text herausgelöst und nun zu einer physikalischen Relation wird, sondern R_{μ} wird neben seiner mathematischen Bedeutung noch zu einem Namen, einem Zeichen für eine reale Beziehung im Realtext.

So ist es also nicht verwunderlich, wenn ein und dieselbe $\mathcal{MT}$ durch verschiedene Abbildungsprinzipien eine verschiedene "physikalische Bedeutung" bekommen kann. Die Abbildungsprinzipien sind etwas Neues, das weder aus dem Realtext noch aus $\mathcal{MT}$ hervorgeht ; die Abbildungsprinzipien erlauben es aber, das am Realtext Abgelesene in die "mathematische Form" (——) zu übersetzen, es "in mathematischer Sprache" auszusagen.

Zur Verdeutlichung der Methode der Abbildungsprinzipien wollen wir ein ganz einfaches Beispiel bringen. $\mathcal{MT}$ sei die Theorie eines distributiven, vollständigen Verbandes V. Der Grundbereich $\mathcal{G}$ von $\mathcal{W}$ sei das Zimmer, in dem ich gerade sitze. Als Realtext nehmen wir einige Gegenstände in diesem Zimmer, den Stuhl, den Tisch, aber auch einzelne Stuhlbeine u.s.w. Diese einzelnen, wohl abgegrenzten Gegenstände (wobei auch mehrere Gegenstände zu einem Gesamtgegenstand zusammengefaßt werden können, wie z.B. Stühle, Tisch, Schrank usw. zu dem Mobiliar) werden mit Zeichen gekennzeichnet.

So gewinnt man den genormten Realtext, man sagt kurz : die endlich vielen Gegenstände $A_1 \ldots A_n$ bestimmen den genormten Realtext. Die Abbildungsprinzipien lauten: einzige Bildmenge ist V. Einzige Bildrelation R (x, y) : $x < y$, wobei $<$ in bekannter Weise im Verband V definiert ist. Neben den Axiomen $A_1 \in V$, $A_2 \in V, \ldots, A_n \in V$ sollen Relationen $R(A_i, A_k)$ aufgeschrieben werden, wenn A_i ein Teil von A_k ist, so wie z.B. das Stuhlbein ein Teil vom Stuhl ist ; und Relationen "nicht $R(A_i, A_k)$", wenn A_i nicht ein Teil von A_k ist. Damit erhält $A_i < A_k$ die physikalische Interpretation : A_i ist Teil von A_k, oder korrekter ausgedrückt:

Das Zeichen $<$ wird als Name für die Realrelation "Teil sein" benutzt. Daß alle Gegenstände A_i unter dem <u>einen</u> Typ V zusammen gefaßt werden, ganz gleichgültig ob z.B. A_i ein Stuhlbein, A_i eine Lampe ist, drückt man dann so aus, daß die Abbildungsprinzipien nur den Typ V der einzelnen A_i berücksichtigen und von "anderen Merkmalen" der A_i absehen. In diesem Falle nennt man oft V die Menge der Raumgebiete, wobei eben das Wort Raumgebiet für den Typ V steht und zum Ausdruck bringen soll, daß die A_i nur als Raumgebiete betrachtet werden und von weiteren unterschiedlichen Merkmalen der einzelnen A_i abgesehen wird.

Es mag zunächst spitzfindig erscheinen, daß wir nicht einfach die "Menge aller Raumgebiete" des physikalischen Raumes als eine Menge (einen Term) V von $\mathcal{MT}$ selbst eingeführt haben, sondern statt dessen für jedes einzelne im Realtext gegebene Raumgebiet erst ein Zeichen A_i einführen und dann in $(-)_{\gamma}$(1) $A_i \in V$ schreiben. Die "Menge <u>aller</u> Raumgebiete" des physikalischen Raumes scheint uns aber sehr fragwürdig, da sie uns gar nicht gegeben ist. In einen solchen Begriff ginge ein, daß es eine solche Menge in der Wirklichkeit gibt, ginge also in irgend einer Weise eine ontologische Aussage über etwas nicht Gegebenes ein.

Wir wollen dies an einem zweiten Beispiel noch klarer machen. Gegeben sei in $\mathcal{MT}$ eine Menge Q und eine Relation R(x, y, z) und weitere, die Relation R(x, y, z) betreffende Axiome. Die uns bekannten "Menschen" bezeichnen wir mit Zeichen A_i (A_i sind also nichts anderes als "Namen"der einzelnen Menschen). Für jedes solche Zeichen A_i schreiben wir in $(-)$ (1) $A_i \in Q$ auf. Sind A_1, A_2 Eltern von A_3, so schreiben wir in $(-)_{\gamma}$(2)

$R(A_1, A_2, A_3)$ auf, sind sie es nicht, so $\left[\text{nicht } R(A_1, A_2, A_3)\right]$. Q dient als Zeichen für das, was wir in der normalen Sprache mit "Mensch" bezeichnen. $A_i \in Q$ ist in "mathematischer Sprache" dasselbe, was wir normaler Weise mit "A_i ist ein Mensch" ausdrücken, oder noch anschaulicher, wenn A_i sich im normalen Leben "George" nennt : "George ist ein Mensch". Aber was ist die "Menge aller Menschen" ? Es werden neue geboren ; es hat Lebewesen gegeben, von denen wir nicht sagen können, ob wir sie als Menschen bezeichnen, weil eben der von uns geprägte Begriff Mensch, nicht unbedingt in jedem Fall eine scharfe Entscheidung erlaubt, ob man ein Lebewesen dazu rechnen soll oder nicht. Alle diese Probleme behindern nicht das von uns angegebene Verfahren ; denn nur für solche, wo es klar ist, daß A_i ein Mensch ist, ist $A_i \in Q$ in $(\longleftarrow)_{\tau}(1)$ aufzuschreiben. Das unklare Problem der Existenz einer "Menge aller Menschen" ist ausgeklammert, ist kein echtes Problem im Bereich der formalen Methodologie. Damit ist nicht gesagt, daß Probleme, die nicht zur formalen Methodologie gehören, nicht an anderer Stelle wieder auftreten können.

Ein solches Problem ist es, wenn wir fragen, wie wir in unseren obigen Beispielen zu solchen Feststellungen gelangen wie : "das Stuhlbein A_1 ist ein Teil vom Stuhl A_2" bzw. "A_1, A_2 sind die Eltern von A_3". Zu diesem Problem gehört dann auch die Formulierung der Regeln, mit Hilfe derer wir das in $A_1 < A_2$ bzw. $R(A_1, A_2, A_3)$ umschreiben. Es ist ja gerade für den von uns vorgeschlagenen formalen Aufbau einer $\mathcal{PT}$ wichtig, daß wir den Vorgang des Zeichensetzens und die Angabe der Regeln, wie man vom gegebenen Realtext zu den Aussagen aus $(\longleftarrow)_{\tau}(1)$ und $(\longleftarrow)_{\tau}(2)$ gelangt, voraussetzen, d.h. nicht selbst zum Untersuchungsobjekt der "formalen Methodologie der Physik" machen, sondern die Untersuchung dieses Vorganges einer "Fundamentalphysik" überlassen. Damit haben wir auf einen hier ausgeklammerten, aber sehr wichtigen Bereich der Fundamentalphysik hingewiesen: Wie geschieht die <u>Formulierung der Regeln</u>, mit Hilfe derer es möglich ist, auf Grund eines vorliegenden Realtextes an diesem Text physikalische Tatsachen abzulesen und diese dann in der "mathematischen Sprache" der Axiome $(\longleftrightarrow)_r$ aufzuschreiben.

Wir wollen uns nicht diesem Problem zuwenden, sondern vielmehr dazu übergehen, die Konsequenzen zu betrachten, die die Aufstellung der Axiome $(\longleftrightarrow)_r$ für den mathematischen Text hat. Fügt man $(\longleftrightarrow)_r$ als Axiome der $\mathcal{MT}$ hinzu, so erhält man eine gegenüber $\mathcal{MT}$ stärkere Theorie, die wir $\mathcal{MTA}$ nennen. Die Elemente A_i des genormten Realtextes werden also durch $(\longleftrightarrow)_r$ zu Konstanten von $\mathcal{MTA}$. Ist $\mathcal{MTA}$ widerspruchsfrei (d.h. ist ein Widerspruch innerhalb der mathematischen Theorie $\mathcal{MTA}$ nicht gefunden worden), so sagen wir, daß $\mathcal{MT}$ mit Hilfe der benutzten Abbildungsprinzipien den vorliegenden Realtext brauchbar beschreibt. $(\longleftrightarrow)_r$ enthält <u>immer</u> nur irgend einen <u>Teil</u> des Grundbereiches $\mathcal{G}$ von $\mathcal{W}$ und nicht ganz $\mathcal{G}$, da immer nur endlich viele Erfahrungen herangezogen werden können und ein vorliegender Realtext nie "alle" Erfahrungen umfassen kann. Erweist sich $\mathcal{MTA}$ als widerspruchsfrei für "alle" genormten Realtexte aus dem genormten Grundbereich $\mathcal{G}_n$ von $\mathcal{W}$, d.h. ist bisher kein Widerspruch für alle durchdachten $\mathcal{MTA}$ bei den mit verschiedenen Realtexten aufgestellten Axiomen $(\longleftrightarrow)_r$ gefunden worden, so sagen wir, daß

$\mathcal{MT}$ mit Hilfe der benutzten Abbildungsprinzipien den gesamten (was hier als symbolische Bezeichnungsweise des eben erläuterten Sachverhaltes zu verstehen ist) Grundbereich $\mathcal{G}$ von $\mathcal{W}$ brauchbar beschreibt ; oder kurz : $\mathcal{PT}$ ist eine brauchbare Theorie. Bei dem eben angeführten Beispiel des durch einen distributiven Verband V beschriebenen Zimmers hat sich kein Widerspruch gezeigt. Die angegebene Theorie ist also brauchbar.

Die wird aber sofort anders, wenn wir in unserem Beispiel V nicht nur als distributiven Verband, sondern auch als vollständig geordnet voraussetzen (d.h. wenn das Axiom : $(\forall x)(\forall y)\{[x \in V$ und $Y \in V$ und nicht $(x < y)] \Rightarrow (y < x)\}$ benutzt wird). Ist z.B. A_1 das eine Stuhlbein, A_2 ein anderes, und haben wir unter $(\longleftarrow)_{\tau}$ (1) die Axiome $A_1 \in V$, $A_2 \in V$ und unter $(\longleftarrow)_{\lambda}$ (2) die Axiome : [nicht $(A_1 < A_2)$], [nicht $(A_2 < A_1)$], so ist $\mathcal{MTA}$, wie sofort ersichtlich, widerspruchsvoll. Die so gebildete Theorie $\mathcal{PT}$ ist unbrauchbar.

Ganz abgesehen davon, daß schon die Widerspruchsfreiheit einer $\mathcal{MTA}$ nicht eigentlich beweisbar ist, wird die Brauchbarkeit einer $\mathcal{PT}$ noch zusätzlich dadurch nie absolut endgültig beweisbar, daß die Erfahrungen nie abgeschlossen sind. Tatsächlich treten bei der Entwicklung einer $\mathcal{PT}$ immer wieder Widersprüche auf, die immer wieder behoben werden müssen, indem man entweder die Abbildungsprinzipien ändert, d.h. die Interpretation der Theorie verbessert, oder den Anwendungsbereich, d.h. den Grundbereich $\mathcal{G}$ von $\mathcal{W}$ auf einen engeren Teilausschnitt der Erfahrungen einschränkt, oder wenn alles dies nicht zum Erfolg führt, die ganze Theorie als unbrauchbar verwirft.

Die Tatsache, daß die Zahl der in $(-)_r$ eingehenden Axiome nicht ein für allemal vorgegeben ist, da Realtexte durch immer neue Erfahrungen erweitert werden können, ergibt den eigentümlichen Charakter einer $\mathcal{PT}$ als ein, nicht wie eine $\mathcal{MT}$ abgeschlossenes, theoretisches System. Daher kann man eine $\mathcal{PT}$ also nicht durch irgend ein konkretes System von Axiomen $(-)_r$ bestimmen, sondern muß statt der Axiome $(-)_r$ die Prinzipien angeben, nach denen Axiome der Form $(-)_r$ je nach dem vorliegenden Realtext hingeschrieben werden können. Diese Prinzipien bestimmen eindeutig die Bildterme und Bildrelationen aus $\mathcal{MT}$, aber geben sonst nur Regeln an, mit deren Hilfe man aus einem vorliegenden Realtext die Abbildungsaxiome in der Form $(-)_r$ gewinnt. Diese Regeln können einer anderen physikalischen Theorie als der gerade behandelten $\mathcal{PT}$ entspringen, sie können sich aber auch auf die normale Kennzeichnung unmittelbar vorliegender Tatsachen beziehen wie etwa der Art: Ein Wassertropfen ist vom Hahn abgefallen, eine Photoplatte ist geschwärzt worden, usw. Sollte es auf Grund der angegebenen Regeln einmal nicht möglich sein, ein Realtextstück eindeutig zu typisieren und in Relation zu setzen, so muß man dann diesen Teil des Realtextes als mit $\mathcal{PT}$ nicht behandelbar beiseite lassen. Daß die Physik den Aufbau aller ihrer Theorien letztlich (d.h. wenn man die Bedeutung aller Ausdrücke aus vorausgehenden Theorien auch auf ihren Ausgangspunkt zurückführt, was eine Aufgabe der Fundamentalphysik ist), auf Vorgänge gründet, die von jedem Menschen allein auf Grund alltäglicher Erfahrung unmittelbar (d.h. ohne physikalische Theorien) typisiert und in Relation gesetzt werden können, sobald ihm nur die Abbildungsprinzipien mitgeteilt werden, ist einer der Gründe für die umfassende Anerkennung der Physik als Wissenschaft.

Am Schluß dieses § wollen wir noch auf einen manchmal anzutreffenden Irrtum eingehen. Er besteht in einer etwa so zu formulierenden Behauptung: Die Physik schließt logisch aus den vorgefundenen Erfahrungen auf Gesetze und aus diesen auf weitere Erfahrungen. In unserer hier angegebenen formalen Methode würde die Behauptung etwa so aussehen:

Es genügt, als mathematische Theorie $\mathcal{MT}$ nur die Mengenlehre (einschließlich Logik) zu benutzen (wobei man eventuell entsprechend § 9 noch einige mengentheoretischen Axiome fortlassen kann). Wenn dann der für $(\longleftarrow)_r$ benutzte Realtext groß genug ist, so kann man "alles Weitere" aus $\mathcal{MTA}$ herleiten, d.h. aus dieser $\mathcal{MTA}$ kann mathematisch gefolgert werden, wie weitere Erfahrungen ausfallen müssen ; insbesondere kann man in $\mathcal{MTA}$ die "Axiome" (d.h. mathematisch formulierte "physikalische Gesetze") als Sätze herleiten, mit denen man erst dann eine gegenüber der Mengenlehre stärkere mathematische Theorie $\mathcal{MT}_1$ aufschreibt, um dann $\mathcal{MT}_1$ mit Hilfe von $(\longleftarrow)_r$ auf Widerspruchsfreiheit zu untersuchen. Kurz formuliert lautet die Behauptung: Für einen genügend großen Realtext ist $\mathcal{MTA}$ eine gleich starke Theorie (§4.2) wie $\mathcal{MT}_1\mathcal{A}$.

Die Forderung zu stellen, daß nur solche Theorien $\mathcal{MT}_1$ benutzt werden dürfen, so daß für einen genügend großen Realtext $\mathcal{MT}_1\mathcal{A}$ nicht stärker als $\mathcal{MTA}$ ist, hieße, die ganze Physik als Wissenschaft ablehnen ; natürlich kann niemand gezwungen werden, das von der Physik tatsächlich vertretene Konzept zu akzeptieren ; und dieses Konzept geht von Theorien $\mathcal{MT}_1$ aus, für die $\mathcal{MT}_1\mathcal{A}$ immer stärker als $\mathcal{MTA}$ ist, für die also die Axiome von $\mathcal{MT}_1$ (d.h. die in $\mathcal{MT}_1$ mathematisch formulierten "physikalischen Gesetze") nicht aus den Erfahrungen $(—)_{\gamma}$ hergeleitet werden können.

Diese krasse Forderung, daß $\mathcal{MTA}$ und $\mathcal{MT}_1\mathcal{A}$ bei genügend großem Realtext gleich starke Theorien sein sollten, wird oft abgeschwächt durch folgendes Postulat :

In $(—)_{\gamma}$ werden Relationen der Form $A_i \in Q$ (es werde der Einfachheit halber nur ein Bildterm vorausgesetzt) und $R_{\mu}(A_{i_1}, A_{i_2}, \ldots)$ aufgeschrieben. Man versuche aus den in $(—)_{\gamma}(2)$ aufgeschriebenen $R_{\mu}(\ldots)$ neue Relationen $\tilde{R}(A_{k_1}, A_{k_2}, \ldots)$ so abzuleiten, daß sich $\tilde{R}(A_{k_1}, A_{k_2}, \ldots)$ nicht nur für ein Paar der Zeichen $A_{k_1}, A_{k_2}, \ldots$ ableiten läßt, sondern daß sich alle Relationen $\tilde{R}(A_{k_1}, A_{k_2}, \ldots)$ ableiten lassen mit allen möglichen Kombinationen der Zeichen $A_{k_1}, A_{k_2}, \ldots$ aus dem Realtext. Hat man eine solche Relation $\tilde{R}(x, y, \ldots)$ gefunden, so füge man zur Mengenlehre das Axiom $\forall x \forall y \ldots [\tilde{R}(x, y, \ldots)$ und $x \in Q$ und $y \in Q$ und$\ldots]$ hinzu. Man sagt, daß man dieses Axiom durch "unvollständige Induktion" erschlossen hat, wobei man als Vorsichtsmaßnahme vorschreibt, daß die Einführung des Axioms nur dann geschehen soll, wenn der genormte Realtext "sehr viele" Zeichen A_i enthält.

Dieses Problem der "unvollständigen Induktion" haben wir umgangen, indem wir für das Aufstellen der Axiome in $\mathcal{MT}_1$ gar keine Vorschriften geben, sondern es irgend einer "Intuition" überlassen. Dafür tritt natürlich in veränderter Form ein neues Problem auf, nämlich bei der Entscheidung, wann wir eine Theorie $\mathcal{PT}$ brauchbar (wie oben definiert) nennen. Für die

Überzeugung, daß eine $\mathcal{PT}$ für einen Grundbereich $\mathcal{G}$ brauchbar ist, gibt es keine festgelegten Prinzipien ; manchmal genügen sogar sehr wenige Erfahrungen, um die Physiker von der Brauchbarkeit einer Theorie zu überzeugen (z.B. von der allgemeinen Relativitätstheorie). Dieses Problem ist aber weder ein Problem der formalen Methodologie noch der Fundamentalphysik, sondern schon der Metaphysik, so wie wir diese verschiedenen Problemkreise in §1 charakterisiert hatten.

Aber auch dieses abgeschwächte Postulat der "unvollständigen" Induktion an die Form von $\mathcal{MT}_1$ würde die Physik praktisch unmöglich machen ; und umgekehrt trifft jeder "Beweis", daß eine $\mathcal{PT}$ dieses Postulat nicht erfüllt, nicht die Physik als Wissenschaft. Z.B. viele sogenannte Beweise gegen die Relativitätstheorie und gegen die Quantenmechanik beruhen eben gerade darauf, daß man aufzuzeigen versucht, daß die in diesen Theorien formulierten Gesetze nicht aus der Erfahrung (durch unvollständige Induktion) deduziert werden können, was aber nach den obigen Darlegungen überhaupt kein Einwand gegen diese Theorien ist ; nur widerspruchsvolle Theorien $\mathcal{MTA}$ können Einwände gegen eine physikalische Theorie $\mathcal{MT} \leftrightarrow \mathcal{W}$ sein.

Eine Theorie $\mathcal{MTA}$ mit $\mathcal{MT}$ als "nur" Mengenlehre kann niemals auf einen Widerspruch führen, wenn man nicht aus "Versehen" irgend-einen Fehler beim Ablesen der Relationen $(\!-\!)_r$ aus dem Realtext begangen hat. Die in $(\!-\!)_r$ mathematisch formulierten Aussagen über den Realtext als Wirklichkeit können nicht in sich widerspruchsvoll sein ; dies ist eine immer als selbstverständlich gemachte Voraussetzung. In unserer formalen Methode ist dies enthalten, da jede $\mathcal{MT}_1\mathcal{A}$ mit $\mathcal{MT}_1$ stärker als die

Mengenlehre $\mathcal{MT}$ ebenfalls widerspruchsvoll ist, sobald schon $\mathcal{MTA}$ (mit $\mathcal{MT}$ als Mengenlehre) widerspruchsvoll ist.

§ 6. Unscharfe Abbildungsprinzipien

Es kommt in der Physik sehr häufig vor, daß man einem realen Sachverhalt ein "ungefähres" mathematisches Objekt zuordnet. Oft ist der Sprachgebrauch so, daß man so tut, als ob das mathematische Objekt die exakte Situation sei, die aber durch die Feststellung -die Messung- realer Gegebenheiten nur "ungenau beobachtet" wird, d.h. wegen eines "Meßfehlers" nur unexakt bestimmt werden kann. Durch die Entwicklung der Physik sind wir aber gegenüber solchen Redewendungen skeptisch geworden : die "an sich existierenden" aber nur ungenau festgestellten Tatsachen sind keine Basis für die Physik. Als Basis bleibt eben nur der Realtext. Die "Ungenauigkeit" hat vielmehr etwas mit der Art der Zuordnung zwischen Realtext und $\mathcal{MT}$ zu tun. Diese Zuordnung ist oft nicht scharf herstellbar, ohne zu einer widerspruchsvollen Theorie zu kommen. Wir werden jetzt genau zu formulieren haben, was wir mit diesem Satz meinen.

Dazu zunächst ein spezielles Beispiel: In $\mathcal{MT}$ gibt es eine Relation $R(x,y,\alpha)$, wobei α eine reelle Zahl ist. Bezeichnen wir die Menge der reellen Zahlen mit Ω , so ist also $\alpha \in \Omega$. (Man kann sich als noch spezifizierteres Beispiel vorstellen, daß $R(x,y,\alpha)$ die Relation $d(x,y) = \alpha$ ist mit $d(x,y)$ als dem in $\mathcal{MT}$ definierten euklidischen Abstand der beiden Punkte x und y.) Die Abbildungsprinzipien seien so formuliert, daß man α

als Meßwert einer an den Objekten x, y vorgenommenen Messung interpretiert, d.h. an dem Realtext kann eine Realrelation zwischen den Objekten A_1, A_2 abgelesen werden, der man eine reelle Zahl zuordnet. (Im obigen Beispiel kann man den Abstand zweier Stellen A_1, A_2 im Zimmer mit Hilfe eines Bandmaßes ablesen, indem man den mit einer reellen Zahl markierten Teilstrisch des Bandmaßes benutzt.) Würde man nun in $(\!-\!)_{\gamma}$ (2) Relationen der Form $R(A_1, A_2, \alpha_{12})$ mit der "abgelesenen" Zahl α_{12} hinschreiben, so zeigt sich meistens, daß man eine widerspruchsvolle $\mathcal{MTA}$ erhält. (Im obigen Beispiel z.B. einen Widerspruch mit der euklidischen Geometrie.)

Diese Schwierigkeit kann man nun auf folgendem Wege umgehen:

Wir denken uns dazu in $\Omega \times \Omega$ (der Menge aller Paare reeller Zahlen) eine Menge U ausgezeichnet, die alle Paare (α, α) enthält ; z.B. kann dies dadurch geschehen, daß man eine Zahl $\varepsilon > 0$ fest vorgibt und $U = U_\varepsilon = \{(\alpha,\beta) \mid |\alpha-\beta| < \varepsilon\}$ setzt. Die Menge $U \subset \Omega \times \Omega$ bezeichnen wir als die Unschärfemenge. Aus der Relation $R(x, y, \alpha)$ kann man mit U eine andere Relation $\tilde{R}(x, y, \alpha)$ gewinnen, indem man $\tilde{R}(x, y, \alpha)$ durch

$$\exists \beta \quad \{R(x, y, \beta) \text{ und } (\beta, \alpha) \in U\}$$

definiert. Die Relation $\tilde{R}(x, y, \beta)$ bezeichnen wir als die mit "U verschmierte Relation R". Statt R benutzen wir dann $\tilde{R}$ als Bildrelation, d.h. statt $R(A_1, A_2, \alpha_{12})$ schreiben wir in $(\!-\!)_{\gamma}$ (2)

$$\tilde{R}(A_1, A_2, \alpha_{12})$$

mit dem "abgelesenen" Zahlenwert α_{12} auf.

Man macht sich leicht klar, daß in dem obigen Beispiel mit $R(x,y,\alpha)$: $d(x,y) = \alpha$ die Relation $\tilde{R}(x,y,\alpha)$ bedeutet : $d(x,y)$ liegt im Intervall $\alpha - \varepsilon$ bis $\alpha + \varepsilon$. Dies ist genau das, was die Experimentalphysiker durch die Angabe von $\pm\varepsilon$ als Fehlergrenzen einer Messung andeuten.

Handelt es sich (wie z.B. bei der Relation $d(x,y) = \alpha$ im obigen Beispiel) bei der Relation $R(x,y,\alpha)$ um eine funktionelle Relation der Form $f(x,y) = \alpha$, die jedem Paar (x,y) eine reelle Zahl zuordnet, so schreibt man häufig für $\tilde{R}(x,y,\alpha)$ einfach : $f(x,y) \underset{p}{\sim} \alpha$, wobei der Buchstabe p unter $\sim$ andeuten soll, daß es sich hier um eine bei der Abbildung $\leftrightarrow_r$ auf die physikalischen Tatsachen des Realtextes zu beachtende Ungenauigkeit handelt. Wir sagen kurz : $f(x,y)$ ist in physikalischer Approximation gleich α. Diese Betrachtungen lassen sich natürlich sofort von einem Paar (x,y) auf beliebige n-Tupel $(x_1, x_2, \ldots, x_n)$ ausdehnen.

Zeichnet man, wie eben beispielhaft geschildet, in $\mathcal{MT}$ eine Unschärfemenge U aus und benutzt man dann als Bildrelation <u>nicht</u> die "ideale" Relation R, sondern die verschmierte Relation $\tilde{R}$, so bleibt also alles im Rahmen der in §5 beschriebenen formalen Methode. Man könnte sich sogar rückwärts fragen, warum wir überhaupt erst von R und nicht gleich von $\tilde{R}$ als Bildrelation gesprochen haben.

Der Grund dafür ist der, daß man die Unschärfemengen U und damit $\tilde{R}$ verschieden vorgeben kann, und doch immer widerspruchsfreie $\mathcal{MTA}$ erhält. Die Theorie $\mathcal{MT}$ enthält keine systematische Anweisung, genau eine

Unschärfemenge auszuwählen. Dies liegt natürlich daran, daß man ein physikalisches Problem nicht hat lösen können und deshalb eine Theorie $\mathcal{MT}$ wählt, die eine Realrelation durch eine Idealisierung R darstellt, um dann diese "Idealisierung" nachträglich wieder durch "Verschmierung" von R mit Unschärfemengen U rückgängig zu machen ; wenn die physikalische Situation so gut geklärt wäre, daß man eine $\mathcal{MT}'$ und genau eine Relation R' in $\mathcal{MT}'$ angeben könnte, die als Bild einer Realrelation benutzt werden soll, so wäre natürlich die Theorie $\mathcal{MT}$ mit R als idealer und verschiedenen $\tilde{R}$ als brauchbaren "verschmierten" Bildrelationen wenigstens prinzipiell nicht notwendig, obwohl man auch dann noch $\mathcal{MT}$ als vielleicht einfachere Approximation von $\mathcal{MT}'$ benutzen könnte (siehe die Überlegungen aus §8 über Approximationstheorien). Zur Frage der "Idealisierung" siehe auch §9.

Es kann sogar vorkommen, daß es nicht möglich ist, in $\mathcal{MT}$ aus einer Menge von "möglichen" Unschärfemengen eine spezielle auszuwählen, sondern daß man erst $\mathcal{MT}$ durch zusätzliche Axiome erweitern muß, um die Möglichkeit der Auswahl einer speziellen Ungenauigkeitsmenge zu haben.

Ganz gleich, ob es nun in $\mathcal{MT}$ möglich oder nicht möglich ist, einzelne Unschärfemengen auszuzeichnen, d.h. als Terme von $\mathcal{MT}$ abzuleiten, bezeichnen wir $\mathcal{MT}$ als "idealisiertes" Bild. Gerade durch die Einführung solcher "idealisierter" Bildtheorien $\mathcal{MT}$ wird überhaupt Physik erst möglich, weil man so noch ungelöste physikalische Probleme zurückstellen kann. Der Preis für dieses "Zurückstellen" ist dann die Methode der Unschärfemengen.

Wenn wir besonders zum Ausdruck bringen wollen, daß in $\mathcal{MT}$ nur die idealen Bildrelationen ausgezeichnet seien und noch keine speziellen Unschärfemengen betrachtet werden, schreiben wir für $\mathcal{MT}$ auch $\mathcal{MTF}$. Auch wenn wir damit festgelegt haben, daß es in $\mathcal{MTF}$ keine speziell ausgezeichneten Unschärfemengen zu einer idealen Bildrelation R gibt, werden wir doch verlangen, daß in $\mathcal{MTF}$ ein "System immer feinerer Unschärfemengen" bestimmt ist, das im "Limes" idealisierend $\widetilde{R}$ in R übergehen läßt. In unserem obigen Beispiel für U_ε brauchte man nur ε gegen Null gehen zu lassen. Es stellt sich damit die Frage nach solchen "Systemen von Unschärfemengen".

Um unsere Überlegungen zu verallgemeinern, ist auf Folgendes zu achten: Die Ungenauigkeit einer Messung, z.B. von d(x,y) in obigem Beispiel, kann auch von x und y abhängen, d.h. die Verschmierung muß mit einer allgemeineren Unschärfemenge als der oben gewählten erfolgen. So kann es notwendig sein, für jede ideale Bildrelation $R_\mu(x,y,\ldots,\alpha)$ (in der auch keine reellen Zahlen vorzukommen brauchen) eine gesonderte Unschärfemenge U_μ einzuführen.

Um einige allgemeine Eigenschaften der U_μ anzugeben, definieren wir die Menge M_μ als Menge aller Tupel $(x,y,\ldots\alpha)$ der in R_μ auftretenden Elemente (nach §7.1 ist M_μ eine Produktmenge $Q_{\alpha_1} \times Q_{\alpha_2} \ldots \times \Omega$ aus einigen der Bildterme Q_{α_i} und Ω). Als Ungenauigkeitsmenge für R_μ ist dann eine Teilmenge U_μ von $M_\mu \times M_\mu$ zu wählen. Da ein Tupel $(x,y,\ldots\alpha)$ von sich selbst nicht zu unterscheiden ist, ist also zu fordern $\Delta_\mu \subset U_\mu$, wobei Δ_μ die Diagonale von $(M_\mu \times M_\mu)$ ist.

Die ideale Bildrelation $R_\mu(x, y \dots \alpha)$ ist dann durch folgende "verschmierte" Bildrelation $\tilde{R}_\mu(x, y, \dots \alpha)$ zu ersetzen :

$$(\exists x')(\exists y') \dots (\exists \alpha')\left[R_\mu(x', y', \dots \alpha') \text{ und } ((x, y, \dots \alpha), (x', y', \dots \alpha')) \in \mathcal{U}_\mu\right]$$

Lassen sich, wenn auch willkürlich, gewisse U_μ in $\mathcal{MT}$ auszeichnen und benutzt man als Bildrelationen die $\tilde{R}_\mu$, so bleibt also alles im Rahmen der in §5 beschriebenen Methode.

Statt nun etwa wieder alle möglichen Unschärfemengen U zu diskutieren, betrachtet man bei einer unscharfen Abbildung (wie schon oben diskutiert) eine "idealisierte" Bildtheorie $\mathcal{MTF}$.

Wie soll man eine solche Theorie $\mathcal{MTF}$ einführen, damit später in möglichst natürlicher Weise Unschärfemengen ausgezeichnet werden können ? Dazu werden wir in $\mathcal{MTF}$ eine Struktur aufnehmen, die keine bestimmten Unschärfemengen auszeichnet, aber eine ganze Schar solcher Unschärfemengen enthält mit der Idealisierung, daß sich diese Unschärfemengen in $\mathcal{MTF}$ im "Limes" beliebig verschärfen lassen. D.h. welche "Idealisierung" entspricht der nicht theoretisch genau bestimmbaren, d.h. oft in weiten Grenzen willkürlich wählbaren Unschärfemenge U? Wie oben im Beispiel der reellen Zahlen werden wir eine Menge $\mathcal{N}$ von Unschärfemengen betrachten, die immer feiner werden können und eventuell im Durchschnitt nur noch die Diagonale Δ enthalten. Wir setzen das für alle $U \in \mathcal{N}$ $\quad \Delta \subset U$ voraus. Da zu jeder Unschärfemenge U erst recht jede gröbere Unschärfemenge eine "brauchbare" $\mathcal{PT}$ liefert, werden wir also von $\mathcal{N}$ voraussetzen, daß mit $U_1 \in \mathcal{N}$ und $U_2 \supset U_1$ auch $U_2 \in \mathcal{N}$ ist.

Eine ebenso aus der Bedeutung von U unmittelbar hervorgehende Forderung ist, daß mit $U \in \mathcal{N}$ auch $U^{-1} \in \mathcal{N}$ gilt, wobei $U^{-1} = \{ (x,y) \mid (y,x) \in U \}$ ist ; denn $(x,y) \in U$ sollte ja bedeuten : wenn man x und y bei der Abbildung nicht unterscheidet, erhält man mit der "Unschärfe U" eine brauchbare Theorie, so daß man auch mit U^{-1} eine brauchbare Theorie erhalten sollte. Eine mathematische "Idealisierung" stellt aber die nächste Forderung dar, daß mit $U_1 \in \mathcal{N}$ und $U_2 \in \mathcal{N}$ auch $U_1 \cap U_2 \in \mathcal{N}$; denn daß auch die "feinere" Unschärfemenge $U_1 \cap U_2$ noch eine brauchbare $\mathcal{PT}$ liefert, wenn dies für U_1 und U_2 der Fall war, ist nicht (!) selbstverständlich, sondern stellt eine Forderung an die Verfeinerungsmöglichkeit der Unschärfemengen dar. Diese Forderung ist aber plausibel, da sie auch für die wirklich brauchbaren (nicht nur idealisierten) Unschärfemengen erfüllt sein wird, solange man sich mit den Unschärfemengen noch nicht der Grenze der gerade noch erlaubten Unschärfemengen nähert, einer Grenze, die oft nicht oder nur sehr vage bekannt ist. Die nächste und letzte Forderung an $\mathcal{N}$ ist die entscheidende Idealisierung dafür, daß man immer feinere Unschärfemengen finden kann: Zu jedem $U \in \mathcal{N}$ gibt es ein $V \in \mathcal{N}$ mit $V^2 \subset U$. Dabei ist

$$V^2 = \{ (x,y) \mid \text{es gibt ein } z \text{ mit } (x,z) \in V \text{ und } (z,y) \in V \} .$$

V paßt sozusagen "zweimal in U hinein".

Die aufgestellten Forderungen an $\mathcal{N}$ sind aber gerade die einer Uniformität. Jede Metrik $d(x,y)$ als "Unschärfemaß" bestimmt durch $d(x,y) < \varepsilon$ für alle $\varepsilon > 0$ eine solche Menge $\mathcal{N}$ von Unschärfemengen.

Während tatsächlich nur solche $U_\varepsilon = \{ (x,y) \mid d(x,y) < \varepsilon \}$ mit $\varepsilon > \varepsilon_0$ mit festem ε_0 eine brauchbare $\mathcal{PT}$ liefern, wird idealisierend in $\mathcal{MTF}$ statt einer bestimmten Unschärfemenge U_ε (ε fest, $\varepsilon > \varepsilon_0$) die Menge $\mathcal{N}$ eingeführt (d.h. idealisierend $\varepsilon_0 = 0$ gesetzt). Die so in $\mathcal{MTF}$ eingeführten uniformen Strukturen (Begriff der Struktur siehe §7.1) nennen wir die uniformen Strukturen der unscharfen Abbildungen (siehe auch §9).

Wenn nun in den folgenden Abschnitten des Buches von "physikalischer Approximation" (oder oft kurz von "approximativ") die Rede ist, so ist es in dem eben diskutierten Sinn gemeint. Um umgekehrt ungelöste physikalische Fragen (z.B. welches ist die "kleinste Länge" ? oder besser : wie und wo wird der übliche physikalische Längenbegriff unanwendbar ?) zu umgehen, führen wir als Bilder idealisierte Theorien $\mathcal{MTF}$ ein mit der Meinung, daß mit Hilfe von fest vorgegebenen Unschärfemengen $\mathcal{MTF}$ zu einem brauchbaren Bild wird. Genau in diesem Sinn sind später benutzte Redewendungen gemeint, wenn wir (ohne von der Erfahrung gestützt zu sein) z.B. "idealisierende Axiome" zum Aufbau von $\mathcal{MTF}$ einführen, wobei wir immer ein echtes, aber ungelöstes physikalisches Problem beiseite schieben. Die idealisierten $\mathcal{MTF}$ sind ein wichtiges Mittel, <u>um in den meisten Fällen überhaupt zu einer wohldefinierten mathematischen Theorie</u> als Bild der Erfahrungen zu kommen.

Zum Schluß dieses § sei darauf hingewiesen, daß die "unscharfen Abbildungen" nicht mit der Wahrscheinlichkeitstheorie von Messungen verwechselt werden dürfen. Die Wahrscheinlichkeitstheorie setzt schon die

Methode der "unscharfen Abbildungen" voraus. Wir werden in Kapitel III gerade zu schildern haben, wie auf den Überlegungen von §5 und 6 eine Wahrscheinlichkeitstheorie für die Quantenmechanik aufzubauen ist.

Um unsere Behauptung über den Zusammenhang von "unscharfen Abbildungen" und Wahrscheinlichkeitstheorie zu beleuchten, wollen wir ein einfaches Beispiel anführen: Die Länge eines Eisenstabes. Der Realtext, wo an den Stab ein konkreter Maßstab angelegt ist, kann durch eine Zahl α in physikalischer Approximation gekennzeichnet werden. Eine zweite Messung ist aber ein ganz neues und anderes Realtextstück als die erste Messung! Hat man beispielweise 1000 Messungen gemacht, so kann man alle 1000 Messungen zu einem gesamten Realtext zusammenfassen. Man kann nun eine $\mathcal{PT}$ dadurch erhalten, daß man als Abbildungsprinzipien solche benutzt, die jeder Einzelmessung in physikalischer Approximation eine Zahl α_ν zuordnen. Um in $\mathcal{MTA}$ nicht zu einem Widerspruch zu kommen, wird es notwendig sein, eine Relation der Form $\ell(x) = \alpha$ (für : die Länge des Eisenstabes ist α) durch $\ell(x) = \alpha \pm \varepsilon$ zu ersetzen, d.h. statt der Relationen $\ell(A) = \alpha_\nu$ (mit A als Zeichen des Eisenstabes und α_ν als Meßwert der v-ten Messung) die Relationen $\ell(A) = \alpha_\nu \pm \varepsilon$ in $\longleftrightarrow_r$ aufzuschreiben. Von einer Wahrscheinlichkeitsverteilung der α_ν ist hierbei <u>keine Rede</u>.

Man kann natürlich denselben Realtext der 1000 durchgeführten Messungen auch mit einer anderen $\mathcal{PT}$ behandeln, bei der die Abbildungsprinzipien nicht jede Einzelmessung zum genormten Realtext rechnen, sondern <u>nur</u> die Gesamtheit aller dieser 1000 Messungen. Dabei kann dann z.B. der Mittelwert aller α_ν , ferner die Streuung der α_ν um den Mittelwert u.s.w, bestimmten Zahlen aus Ω , aber ebenfalls nur in physikalischer Approximation (wenn auch in einer anderen als bei der ersten Theorie, die nur jede Einzelmessung betrachtet) zugeordnet werden. Die benutzte $\mathcal{MT}$, der man solche statitischen Größen wie Mittelwerte, Streuungen u.s.w. zuordnen kann, nennen wir dann eine Wahrscheinlichkeitstheorie. Diese Wahrscheinlichkeitstheorie kann es dann eventuell gestatten, die erlaubten Unschärfemengen der ersten Theorie besser zu "verstehen". Aber auch die zweite Theorie braucht ihre eigenen Unschärfemengen! Ob es aber eine Superwahrscheinlichkeitstheorie gibt, die ohne eigene Unschärfemengen alle Unschärfemengen anderer Theorien zu "verstehen" gestattet, ist eine Frage, der wir uns noch später bei einer eingehenden Diskussion des Wahrscheinlichkeitsbegriffes (Kapitel III §15) zuwenden werden.

§ 7. Der physikalisch wirksame Teil einer $\mathcal{MT}$

Mit diesem Paragraphen wenden wir uns einigen fundamental physikalischen Problemen zu, ohne diese systematisch und korrekt behandeln zu können, da eine Fundamentalphysik bisher noch kaum systematisch bearbeitet wurde. Durch die Abbildungsprinzipien sind die Bildterme und die Bildrelationen ausgezeichnet. Nur der Teil aus $\mathcal{MT}$ kann also physikalisch eine Rolle spielen, der mit den Bildtermen und Bildrelationen zusammenhängt. Um dieser intuitiven Vorstellung einen genaueren Sinn zu geben, müssen wir auf den Aufbau einer $\mathcal{MT}$, die stärker als die Mengenlehre ist, weiter eingehen.

§ 7.1 Mathematische Strukturen

In einer $\mathcal{MT}$ (stärker als die Mengenlehre) kann man aus n Mengen (Termen) $E_1 \ldots E_n$, Schritt für Schritt neue Mengen konstruieren. Wir bezeichnen mit $\mathcal{P}$ (E) die Menge aller Teilmengen von E und mit $E_1 \times E_2$ die Menge aller Paare (x, y) mit $x \in E_1$, $y \in E_2$. Wenn man ausgehend von $E_1 \ldots E_n$ in endlich vielen Schritten nacheinander die Operationen $\mathcal{P}$ und $\times$ anwendet, erhält man neue Mengen. Ein solches in endlich vielen Schritten angebbares Verfahren nennt man ein <u>Leiterverfahren</u> und eine Menge, die man durch ein Leiterverfahren erhält, eine Leitermenge ; $E_1 \ldots E_n$ sollen als Basismengen des Leiterverfahrens bezeichnet werden. Eine Leitermenge wollen wir kurz mit $S(E_1 \ldots E_n)$ bezeichnen, wobei der Buchstabe S das Leiterverfahren angeben soll, nach dem die Leitermenge $S(E_1 \ldots E_n)$ gewonnen wurde. Sind also $E_1' \ldots E_n'$ n andere Mengen, so ist also $S(E_1' \ldots E_n')$ ebenfalls eine Leitermenge, und zwar wird sie nach demselben Verfahren S aus $E_1' \ldots E_n'$ gewonnen, wie $S(E_1 \ldots E_n)$ konstruiert wurde.

In $\mathcal{MT}$ seien Abbildungen f_i der Mengen E_i in die Mengen E_i' gegeben, d.h. für $x \in E_i$ ist $f_i(x) \in E_i'$, wobei $f_i(x)$ für alle $x \in E_i$ definiert ist. Man kann dann aus den f_i "kanonisch" sehr leicht Abbildungen von $S(E_1 \ldots E_n)$ auf $S(E_1' \ldots E_n')$ konstruieren: Dies geschieht Schritt für Schritt, indem man

1) Eine Abbildung g von $\mathcal{P}$ (E) nach $\mathcal{P}$ (E') auf Grund einer Abbildung f von E nach E' dadurch definiert, daß g(e) für eine Teilmenge $e \subset E$ als die Teilmenge aller f(x) mit $x \in e$ definiert wird, und

2) eine Abbildung g von $E_1 \times E_2$ nach $E_1' \times E_2'$ auf Grund zweier Abbildungen f_1 von E_1 nach E_1', f_2 von E_2 nach E_2' durch $g((x,y)) = (f_1(x), f_2(y))$ definiert. Die so gewonnene Abbildung von $S(E_1 \ldots E_n)$ auf $S(E_1' \ldots E_n')$ wollen wir mit $\langle f_1 \ldots f_n \rangle^S$ bezeichnen. Sind alle f_i injektiv (bzw. surjektiv), so ist auch $\langle f_1 \ldots f_n \rangle^S$ injektiv (bzw. surjektiv), was man leicht dadurch nachweist, daß dies für jeden Schritt $\times$ oder $\mathcal{P}$ des Leiterverfahrens S gilt. Sind f_i Abbildungen von E_i auf E_i' und g_i von E_i' auf E_i'', so bezeichnet man die zusammengesetzte Abbildung von E_i auf E_i'' mit $g_i \circ f_i$. Es gilt dann

$$\langle g_1 \circ f_1, \ldots, g_n \circ f_n \rangle^S = \langle g_1, \ldots, g_n \rangle^S \circ \langle f_1, \ldots, f_n \rangle^S$$

Sind alle f_i bijektiv (d.h. injektiv und surjektiv), so folgt also (mit $g_i = f_i^{-1}$), daß auch $\langle f_1 \ldots f_n \rangle^S$ bijektiv und

$$\left(\langle f_1, \ldots, f_n \rangle^S\right)^{-1} = \langle f_1^{-1}, \ldots, f_n^{-1} \rangle^S$$

ist, wobei f^{-1} die Umkehrabbildung von f ist.

Gibt man mehrere Elemente $s_1 \ldots s_p$ irgendwelcher Leitermengen $G_1 \ldots G_p$ an, so kann man statt dessen auch ein Element $s = (s_1 \ldots s_p)$ der Menge $G_1 \times \ldots \times G_p$ angeben, die ebenfalls Leitermenge ist. Ist eine Relation $R(x_1 \ldots x_p)$ gegeben, so kann man die Relation :

$$R(x_1 \ldots x_p) \text{ und } x_1 \in G_1 \text{ und } \ldots \text{ und } x_p \in G_p$$

betrachten. Statt dessen kann man dann auch R als Relation nur eines x aus $G = G_1 \times \ldots \times G_p$ auffassen:

Es gilt der Satz : $\mathrm{Coll}_x \left[R(x) \text{ und } x \in G \right]$, d.h. R(x) bestimmt in G eine Teilmenge $H \subset G$ mit $(\forall x) \left\{ x \in H \Longleftrightarrow [R(x) \text{ und } x \in G] \right\}$ H selbst ist aber wieder Element von $\mathcal{P}$ (G), d.h. eine Relation R kann durch eine Teilmenge einer Leitermenge und auch als ein Element einer Leitermenge charakterisiert werden. Auch Funktionen, Abbildungen u.s.w. kann man durch ein Element einer Leitermenge charakterisieren. Insbesondere können also die Bildrelationen R_μ jede durch eine Teilmenge r_μ einer Leitermenge $r_\mu \subset S_\mu$ über den Bildtermen als Basismengen dargestellt werden oder auch als Element $r_\mu \in \mathcal{P}(S_\mu)$ Man kann natürlich auch für alle R_μ zusammen das Element : $(r_1, r_2 \; \ldots) = s$ aus $(\mathcal{P} S_1) \times (\mathcal{P} S_2) \times \ldots$ betrachten ; und ist umgekehrt : $s \in (\mathcal{P} S_1) \times (\mathcal{P} S_2) \times \ldots$ so ist das mit $s = (r_1, r_2, \ldots)$ äquivalent zu :

$$r_1 \in \mathcal{P}(S_1) \text{ und } r_2 \in \mathcal{P}(S_2) \text{ und} \ldots$$

Axiome oder Sätze, die sich durch die R_μ allein ausdrücken lassen, gehen dann in eine Relation P von s über, in die die Basismengen eingehen. Auf Grund dieser Sachlage kommen wir zur Betrachtung folgender Entwicklungsschritte mathematischer Theorien. $x_1 \ldots x_n$, s seien Buchstaben, die von den Konstanten der Theorie $\mathcal{MT}$ verschieden sind. A_1 bis A_m seien Terme aus $\mathcal{MT}$ (in denen die x_i und s nicht vorkommen). Die Relation :

$$T(x_1, \ldots, x_n, s) : \quad s \in S(x_1, \ldots, x_n, A_1, \ldots, A_m)$$

wobei S ein Leiterverfahren charakterisiert, heißt eine Typisierung von s, s selbst heißt "Struktur". Eine Relation $P(x_1 \ldots x_n, s)$ heißt transportabel in Bezug auf die Typisierung $T(x_1 \ldots x_n, s)$, wenn bijektive Abbildungen zu äquivalenten Relationen führen, d.h. wenn in $\mathcal{MT}$ der Satz gilt: Aus $T(x_1 \ldots x_n, s)$ und (f_1 eine bijektive Abbildung von x_1 auf y_1) und ... und (f_n eine bijektive Abbildung von x_n auf y_n) folgt die Relation :

$$P(x_1, \ldots, x_n, s) \Leftrightarrow P(y_1, \ldots y_n, s')$$

wobei $s' = \langle f_1 \ldots f_n, \mathbf{1}_1 \ldots \mathbf{1}_m \rangle^S (s)$ ist, und $\mathbf{1}_i$ die identische Abbildung von A_i auf sich ist.

Wir betrachten jetzt einen Text Σ, der aus folgenden Zeichengruppen besteht : den Buchstaben $x_1 \ldots x_n, s$; der Relation $T(x_1 \ldots x_n, s)$ und einer transportablen Relation $P(x_1 \ldots x_n, s)$. Diesen Text Σ nennen wir eine <u>Strukturart</u>. Die $x_1 \ldots x_n$ heißen die Hauptbasis der Strukturart Σ, die $A_1 \ldots A_m$ die Hilfsbasis und s eine Struktur der Art Σ.

Fügt man zur Theorie $\mathcal{MT}$ als Axiom "T und P" hinzu, so erhält man eine stärkere Theorie $\mathcal{MT}_\Sigma$. Die Konstanten von $\mathcal{MT}_\Sigma$ sind also die von $\mathcal{MT}$ und $x_1 \ldots x_n, s$. $\mathcal{MT}_\Sigma$ bezeichnen wir als Theorie der Strukturart Σ (über $\mathcal{MT}$).

Ist Σ_1 eine zweite Strukturart mit derselben Haupt- und Hilfsbasis, derselben Typisierung, aber mit der "strengeren" Relation P_1, d.h. die Relation P von Σ ist ein Satz in $\mathcal{MT}_{\Sigma_1}$, so heißt Σ_1 eine reichere Strukturart.

Als Beispiel sei kurz auf die Struktur Σ eines Verbandes verwiesen. Als Hauptbasis wird nur <u>ein</u> Term x eingeführt (und keine Hilfsbasis). Die "Ordnungsrelation $<$ " wird durch einen Strukturterm s mit der Typisierung:

$$s \in \mathcal{P}(x \times x)$$

definiert, d.h. $y_1 < y_2$ wird für $(y_1, y_2) \in s$ geschrieben.
In P(x, s) werden alle die Axiome für die Ordnungsrelation $<$ zusammengefaßt, die man "für einen Verband x" aufschreibt.

Der Übergang von einer "nur" geordneten Menge zu einem Verband und dann zu einem distributiven Verband ist ein Beispiel für den Übergang von einer Strukturart zu einer immer reicheren Strukturart.

Es kann nun Theorien $\mathcal{MT}'$ (stärker als $\mathcal{MT}$) geben, die von sich aus schon Strukturarten Σ enthalten. Damit ist folgendes gemeint :

Ein Term (Menge) $\mathcal{U}$ aus $\mathcal{MT}'$ heißt eine "Struktur" der Art Σ über der Basis $E_1 \ldots E_n$, wenn die Relation :

$T(E_1 \ldots E_n\, U)$ und $P(E_1 \ldots E_n\, U)$

ein Satz aus $\mathcal{MT}'$ ist.

U ist also ein Element von $S(E_1 \ldots E_n)$, das die Relation $P(E_1 \ldots E_n U)$ erfüllt. V sei die Teilmenge aller Elemente U´ von $S(E_1 \ldots E_n)$, die $P(E_1 \ldots E_n\, U')$ erfüllen. V ist dann die Menge aller Strukturen der Art Σ über der Basis $E_1 \ldots E_n$.

Für jeden Satz $B(x_1 \ldots x_n s)$ der Theorie $\mathcal{MT}_\Sigma$ folgt dann, daß auch $B(E_1 \ldots E_n U)$ für alle Elemente U aus V ein Satz von $\mathcal{MT}'$ ist.

Sind bijektive Abbildungen f_i in $\mathcal{MT}'$ von den Basismengen $E_1 \ldots E_n$ auf Mengen $E'_1 \ldots E'_n$ gegeben, so ist (da die Relation P transportabel ist!) mit

$$U' = \langle f_1 \ldots f_n \quad 1_1 \ldots 1_m \rangle^S (U)$$

eine Struktur derselben Art Σ über den $E'_1 \ldots E'_n$ als Basismengen gegeben.

Sind in einer Theorie $\mathcal{MT}'$ zwei Strukturen U über $E_1 \ldots E_n$ und U' über $E'_1 \ldots E'_n$, die beide der Art Σ seien, gegeben und hat man bijektive Abbildungen f_i der E_i auf die E'_i mit

$$U' = \langle f_1 \ldots f_n \quad 1_1 \ldots 1_m \rangle^S (U),$$

so bezeichnet man $f_1 \ldots f_n$ als einen Isomorphismus der beiden Strukturen U und U'. Gibt es einen Isomorphismus der Strukturen U und U', so heißen U und U' isomorph.

Sind irgend zwei Strukturen der Art Σ immer isomorph zueinander, so nennt man Σ eine einwertige (sonst mehrwertige) Strukturart.

Für dieselbe Strukturart Σ schreibe man den zugehörigen Text einmal mit den Buchstaben $x_1 \ldots x_n$, s und ein zweites Mal mit den Buchstaben $y_1 \ldots y_n$, t auf. Man kann dann die Strukturart Σ^2 durch folgenden Text erklären: Basiselemente $x_1 \ldots x_n \; y_1 \ldots y_n$, Typisierung $(s,t) \in S(x_1 \ldots x_n \; A_1 \ldots A_m) \times S(y_1 \ldots y_n, A_1 \ldots A_m)$ und transportable Relation $P^{(2)} (x_1 \ldots x_n \; y_1 \ldots y_n \; s \; t)$:

$$\text{"}P (x_1 \ldots x_n \; s) \text{ und } P (y_1 \ldots y_n \; t)\text{"}$$

In der Theorie $\mathcal{MT}_{\Sigma^2}$ ist dann s eine Struktur der Art Σ über der Basis $x_1 \ldots x_n$ und ebenso t eine Struktur der Art Σ über der Basis $y_1 \ldots y_n$. Ist Σ einwertig, so gibt es also bijektive Abbildungen f_i von x_i auf y_i, die eine isomorphe Abbildung der Strukturen s auf t hervorrufen.

§ 7.2 Ableitung von Strukturen

Wir hatten im vorigen Paragraphen Strukturarten erklärt und gesehen, daß in einer Theorie $\mathcal{MT}'$ solche Strukturarten vorhanden sein können. Wir wollen jetzt speziell die Frage nach vorhandenen Strukturarten Σ' innerhalb einer Theorie $\mathcal{MT}_\Sigma$ untersuchen.

Der Text Σ sei wie bisher erklärt (Hauptbasis $x_1 \ldots x_n$, Hilfsbasis $A_1 \ldots A_m$, Strukturterm s, Relation P). In derselben Theorie $\mathcal{MT}$ sei ein zweiter Text Σ' gegeben durch Buchstaben $y_1 \ldots y_r$, t und Terme $B_1 \ldots B_p$ mit $t \in S'(y_1 \ldots y_r \; B_1 \ldots B_p)$ und durch eine transportable Relation $P'(y_1 \ldots y_r \; t)$. Wir nennen dann eine "Ableitung der Strukturart Σ' aus Σ " die Angabe von Termen $E_1 \ldots E_r$, U aus $\mathcal{MT}_\Sigma$, so daß

1) U eine Struktur der Art Σ' über der Basis $E_1 \ldots E_r$ ist

2) jeder der Terme $E_1 \ldots E_r$, U ein "innerer" (intrinsic) Term ist, wobei ein Term $V(x_1 \ldots x_n \; s)$ ein innerer Term heißt, wenn V ein Element einer Leitermenge auf der Basis $x_1 \ldots x_n \; A_1 \ldots A_m$ ist und bei bijektiven Abbildungen f_i der x_i auf x_i' das kanonische Bild von $V(x_1 \ldots x_n \; s)$ gleich $V(x_1' \ldots x_n' \; s')$ mit s' als kanonischem Bild von s wird.

Die Ableitung der Strukturart Σ' aus Σ ist also bestimmt durch die genaue Form der Terme $U = \tilde{U}(x_1 \dots x_n\ s)$ für die Struktur U und $E_1 = \tilde{E}_1(x_1 \dots x_n\ s), \dots\ E_r = \tilde{E}_r(x_1 \dots x_n\ s)$ für die Basis, wobei $\tilde{U}, \tilde{E}_1 \dots \tilde{E}_r$ die Methode angeben, nach denen die Terme abgeleitet werden. Es wird sich oft als mathematisches Problem stellen, solche Ableitungen zu finden. In Kapitel III werden wir z.B. versuchen, die Hilbertraumstrukturart Σ' aus einer "physikalisch näherliegenden" Struktur Σ (der axiomatischen Basis, siehe II, §7.3) abzuleiten.

Die Forderung, daß wir nur innere Terme $U, E_1, \dots, E_r$ benutzen, hat folgende Konsequenzen: Sei $f_1 \dots f_n$ eine Isomorphie der Struktur s mit der Basis $x_1 \dots x_n$ auf s' mit der Basis $x'_1 \dots x'_n$. Mit den Leiterverfahren T_i lasse sich der Typ der E_i so darstellen :

$$E_i \in \mathcal{P}\left[T_i(x_1, \dots, x_n, A_1, \dots, A_m)\right]$$

d.h. die E_i seien Teilmengen der $T_i(x_1 \dots x_n,\ A_1 \dots A_m)$.
Die Abbildungen $g_i = \langle f_1 \dots f_n,\ 1_1 \dots 1_m \rangle^{T_i}$ von $E_i(x_1 \dots x_n\ s)$ auf $E'_i = E_i(x'_1 \dots x'_n\ s')$ bilden dann einen Isomorphismus von $U = \tilde{U}(x_1 \dots x_n\ s)$ auf $U' = \tilde{U}(x'_1 \dots x'_n\ s')$.

Dies überträgt sich natürlich sofort auch auf folgenden Fall: In einer Theorie $\mathcal{MT}'$ sei V eine Struktur der Art Σ über der Basis $F_1 \dots F_n$ und V' eine Struktur derselben Art Σ' über $F'_1 \dots F'_n$; Abbildungen f_i von F_i auf F_i mögen ein Isomorphismus der Struktur V auf V' darstellen. Werden dann in $\mathcal{MT}'$ Terme nach den Verfahren $\tilde{E}_i, \tilde{U}$ abgeleitet :

$$U = \tilde{U}(F_1 \dots F_n\ V),\ E_i = \tilde{E}_i(F_1 \dots F_n\ V)$$

und $U' = \tilde{U}(F_1' \ldots F_n' \, V')$, $E_i' = \tilde{E}_i(F_1' \ldots F_n')$

und gilt $E_i \subset T_i(F_1 \ldots F_n, A_1 \ldots A_m)$, so stellen die $g_i = \langle f_1 \ldots f_n, 1_1 \ldots 1_m \rangle^{T_i}$ Isomorphismen der Strukturen U, U' der Art Σ' dar.

Zwei Strukturarten Σ, Σ' über derselben Basis $x_1 \ldots x_n$ heißen äquivalent im Bezug auf die Ableitungsverfahren $U(x_1 \ldots x_n, s)$ und $V(x_1 \ldots x_n, t)$, wenn sich auf Grund dieser Verfahren ein Strukturterm U der Art Σ' aus der Struktur s der Art Σ und V der Art Σ aus der Struktur t der Art Σ' ableiten lassen und dabei noch gilt :

$$U(x_1 \ldots x_n, V(x_1 \ldots x_n t)) = t, \quad V(x_1 \ldots x_n, U(x_1 \ldots x_n s)) = s.$$

Zu jedem Satz $A(x_1 \ldots x_n s)$ aus $\mathcal{MT}_\Sigma$ gibt es einen Satz $A(x_1 \ldots x_n V)$ aus $\mathcal{MT}_{\Sigma'}$ und zu jedem Satz $B(x_1 \ldots x_n t)$ aus $\mathcal{MT}_{\Sigma'}$ einen Satz $B(x_1 \ldots x_n U)$ aus $\mathcal{MT}_\Sigma$.

Außerdem folgt aus den obigen Betrachtungen über Isomorphien bei abgeleiteten Strukturen noch der Satz :

Sind $\mathcal{S}$ und $\mathcal{S}'$ zwei Strukturen der Art Σ über $E_1 \ldots E_n$ bzw. $E_1' \ldots E_n'$ in einer Theorie $\mathcal{MT}'$ und sind $\mathcal{S}_o$ und $\mathcal{S}_o'$ zwei dazu äquivalente Strukturen der Art Σ', so ist $f_1 \ldots f_n$ dann und nur dann ein Isomorphismus von $\mathcal{S}$ auf $\mathcal{S}'$, wenn es ein Isomorphismus von $\mathcal{S}_o$ auf $\mathcal{S}_o'$ ist.

Es ist daher üblich, die beiden Theorien $\mathcal{MT}_\Sigma$ und $\mathcal{MT}_{\Sigma'}$ nicht zu unterscheiden und kurz als eine einzige Strukturtheorie mit einem einzigen Namen zu bezeichnen, z.B. die Strukturtheorie eines "topologischen Raumes".

Dieselbe Strukturtheorie der Basismengen $x_1 \ldots x_n$ durch äquivalente Strukturarten Σ und Σ' zu erzeugen, wird häufig benutzt.

Als Beispiel sei kurz auf die Strukturtheorie topologischer Räume verwiesen: Als $\mathcal{MT}$ wird die Mengentheorie benutzt. Als Hauptbasis für Σ wird nur ein Term x eingeführt (und keine Hilfsbasis). Die Typisierung ist

$$s \in \mathcal{P}\mathcal{P}(x)$$

s ist die sogenannte Menge der offenen Mengen, für die als Axiom P(x, s) die bekannten Forderungen über offene Mengen eingeführt werden. x bezeichnet man dann als topologischen Raum.

Σ' hat dieselbe Hauptbasis mit dem einzigen Term x. Die Typisierung ist :

$$t \in \mathcal{P}(x \times \mathcal{P}\mathcal{P}(x));$$

t ist die Menge aller Paare y, $\mathcal{U}(y)$ mit $y \in x$ und $\mathcal{U}(y)$ als Umgebungsfilter von y. Für t sind als Axiom P´(x, t) die Axiome für Umgebungen aufzuschreiben.

Um die Äquivalenz von Σ und Σ' zu zeigen, definiert man in $\mathcal{MT}_\Sigma$ die Menge U(x, s) der Umgebungen, eben eine Struktur U der Art Σ'. Ebenso definiert man in $\mathcal{MT}_{\Sigma'}$ die Menge V(x, t) der offenen Mengen, eben eine Struktur V der Art Σ. Dann zeigt man, daß die in $\mathcal{MT}_\Sigma$ über U wieder rückwärts eingeführte Menge V(x, U(x, s)) der offenen Mengen mit dem ursprünglichen Term s der offenen Mengen identisch ist. Ebenso zeigt man U(x, V(x, t)) = t und damit die Äquivalenz von Σ und Σ'.

Wir wollen aber noch einen weiteren Fall, der für die Physik besonders wichtig wird, untersuchen:

$\mathcal{MT}$ sei eine Theorie, stärker als die Mengenlehre. In $\mathcal{MT}$ sei ein Text der Strukturart Σ mit $x_1 \dots x_n$ als Hauptbasistermen und $A_1 \dots A_m$ als Hilfsbasistermen und s als Strukturterm mit der Typisierung $s \in T(x_1 \dots A_m)$ und der transportablen Relation $P(x_1 \dots x_n s)$ gegeben. Ebenso sei $\tilde{\Sigma}$ durch $y_1 \dots y_r$ als Hauptbasis, $B_1 \dots B_k$ als Hilfsbasis, t als Strukturterm mit $t \in \tilde{T}(y_1 \dots B_k)$ und $\tilde{P}(y_1 \dots y_r, t)$ definiert.

In $\mathcal{MT}_{\tilde{\Sigma}}$ sei eine Deduktion einer Strukturart Σ gegeben : die in Bezug auf $\tilde{\Sigma}$ inneren Terme $F_1(y_1 \dots y_r t), \dots F_n(y_1 \dots y_r, t)$ seien die Hauptbasisterme für die Struktur $V(y_1 \dots y_r, t)$ (also $V(y_1 \dots, t)$ ebenfalls innerer Term) der Art Σ in $\mathcal{MT}_{\tilde{\Sigma}}$.

Es könnte sein, daß es eine reichere Strukturart Σ' als Σ gibt, so daß $V(y_1 \dots y_r, t)$ auch eine Struktur der Art Σ' ist. Σ' ist also definiert durch dieselbe Basis $x_1 \dots x_n$ $A_1 \dots A_m$ und durch dieselbe Typisierung $s \in T(x_1 \dots A_m)$, nur daß $P'(x_1 \dots x_n\ s)$ "stärker" als $P(x_1 \dots x_n s)$ ist (d.h. $P(x_1 \dots x_n s)$ ist ein Satz in $\mathcal{MT}_{\Sigma'}$, siehe §7.1). Die Menge derjenigen $s \in T(x_1 \dots A_m)$, die eine Struktur der Art Σ' sind, ist also eine Teilmenge der Menge der Terme $s \in T(x_1 \dots A_m)$, die eine Struktur der Art Σ sind. Gesucht ist die "reichste" Strukturart Σ'' (mit derselben Basis und derselben Typisierung wie Σ), so daß $V(y_1 \dots y_r, t)$ noch eine Struktur der Art Σ'' ist.

Man könnte rein formal eine Definition von Σ'' dadurch versuchen, daß man den "Durchschnitt" aller derjenigen Strukturarten Σ' betrachtet (d.h. den Durchschnitt der Σ' entsprechenden Teilmengen derjenigen $s \in T(x_1 \ldots A_m)$, die Strukturen der Art Σ' sind), für die $V(y_1 \ldots y_r, t)$ eine Struktur der Art Σ' ist. Damit wäre aber weder eine Relation $P''(x_1 \ldots x_n s)$ für Σ'' gefunden noch bewiesen, daß es eine solche Relation gibt. Wir wollen deshalb eine etwas <u>andere</u> "Definition" dafür geben, daß Σ'' die "reichste" Strukturart ist, für die $V(y_1 \ldots y_r, t)$ eine Struktur der Art Σ'' ist.

Um die Bezeichnungen nicht unübersichtlich werden zu lassen, wollen wir annehmen, daß Σ schon diese gesuchte "reichste" Strukturart sei. Wir nennen Σ die reichste Strukturart, für die $V(y_1 \ldots y_r, t)$ eine Struktur der Art Σ ist, wenn folgenden Konstruktion vorliegt:

In $\mathcal{MT}_\Sigma$ lasse sich ein <u>solches</u> Deduktionsverfahren einer Struktur der Art $\tilde{\Sigma}$ <u>angeben</u>, daß folgende Bedingungen erfüllt sind : die inneren Terme für die Hauptbasis der abgeleiteten Strukturart $\tilde{\Sigma}$ seien $E_1(x_1 \ldots x_n s), \ldots, E_r(x_1 \ldots x_n s)$ und der innere Term für die Struktur der Art $\tilde{\Sigma}$ sei $U(x_1 \ldots x_n s)$. Die obige Ableitung von Σ aus $\tilde{\Sigma}$ kann man dann auf die $E_1(\ldots), \ldots, E_r(\ldots)$, $U(\ldots)$ übertragen: Durch $F_1(E_1(x_1 \ldots), E_2, \ldots, E_r, U(x_1 \ldots))$, $F_2(\ldots), \ldots, F_n(E_1 \ldots, U)$ erhält man dann in $\mathcal{MT}_\Sigma$ Hauptbasisterme für eine Struktur $V(E_1(x_1 \ldots), \ldots, U(\ldots))$ der Art Σ . In $\mathcal{MT}_\Sigma$ mögen sich weitere Terme f_i deduzieren lassen, so daß die f_i bijektive Abbildungen von x_i auf $F_i(E_1(\ldots), \ldots, E_r, U)$ sind mit

$\langle f_1 \ldots f_n, 1_1 \ldots 1_m \rangle^T s = V(E_1 \ldots E_r, U)$; oder kürzer : $(f_1 \ldots f_n)$ ist eine Isomorphie der Strukturen U und s der Art Σ .

Statt der obigen Ausdrucksweise : Σ ist die reichste Strukturart, für die $V(y_1 \ldots y_r, t)$ eine Struktur der Art Σ in $\mathcal{MT}_{\tilde{\Sigma}}$ ist, sagen wir auch kürzer : Durch die Ableitung der Strukturart Σ in $\mathcal{MT}_{\tilde{\Sigma}}$ haben wir eine Darstellung der Strukturart Σ in $\mathcal{MT}_{\tilde{\Sigma}}$ erhalten.

In den Begriff der Darstellung der Strukturart Σ in $\mathcal{MT}_{\tilde{\Sigma}}$ geht also die angebene Ableitung der Strukturart Σ aus $\tilde{\Sigma}$ explizit ein ; die Ableitung der Strukturart Σ aus $\tilde{\Sigma}$ in $\mathcal{MT}_{\Sigma}$ geht aber nur insofern ein, als es wenigstens eine solche Ableitung geben muß, die die obigen Bedingungen über die Existenz eines Isomorphismus von s auf V erfüllt.

Im Kapitel III wird die Ableitung einer Darstellung der Mengen K und L durch Operatoren eines Hilbertraumes angegeben.

Über die Wichtigkeit solcher Darstellungen siehe die Betrachtungen in dem nächsten §7.3, besonders am Schluß dieses §7.3.

§ 7.3 Die von den Abbildungsprinzipien benutzte Struktur einer $\mathcal{MT}$

Als mathematische Theorie innerhalb einer $\mathcal{PT}$ wollen wir im Folgenden nur Theorien der Form $\mathcal{MT}_{\Sigma}$ betrachten, wobei $\mathcal{MT}$ die Mengenlehre (einschließlich der Theorie der reellen Zahlen) sei. Die Menge der reellen Zahlen werde mit Ω , die der komplexen Zahlen mit C bezeichnet. Ω (und auch C) ist häufig einer der Hilfsbasisterme für Σ .

Wir betrachten gleich den allgemeinen Fall einer unscharfen Abbildung, d.h. $\mathcal{MT}_\Sigma$ sei die in §6 mit $\mathcal{MTF}$ bezeichnete Theorie. Durch die Abbildungsprinzipien sind also in $\mathcal{MT}_\Sigma$ die Bildterme Q_ν und die "idealen" Bildrelationen $R_\mu(\ldots)$ ausgezeichnet.

Schon in §5 hatten wir von den Abbildungsprinzipien verlangt, daß keine "überflüssigen" Bildterme vorkommen. Wir wollen jetzt die Form der Abbildungsprinzipien noch etwas näher präzisieren.

Es könnte sein, daß es zwei Bildterme Q_{ν_1} und Q_{ν_2} gibt, für die die Relation $Q_{\nu_1} \subset Q_{\nu_2}$ in $\mathcal{MT}_\Sigma$ ein Satz ist. Es ist dann zu kontrollieren, ob es sich bei der Typisierung durch die Abbildungsprinzipien um zwei verschiedene Typen handelt, oder ob schon die Abbildungsprinzipien Q_{ν_1} als "spezielleren" Typ als Q_{ν_2} charakterisieren, d.h. ob schon aus den Abbildungsprinzipien hervorgeht, daß $Q_{\nu_1} \subset Q_{\nu_2}$ ist. Z.B. könnte Q_{ν_2} den Typ "Glaskugeln" charakterisieren und Q_{ν_1} "Glaskugeln mit einem Durchmesser kleiner als 1cm". Es kann aber in $\mathcal{MT}_\Sigma$ auch $Q_{\nu_1} \subset Q_{\nu_2}$ sein, ohne daß dies eine "physikalische Bedeutung" hat : z.B. Q_{ν_1} als Menge der Hermiteschen Operatoren W mit $0 \leqslant W \leqslant 1$ und $\mathcal{S}p(W) = 1$ zur Typisierung der "Gesamtheiten" und Q_{ν_2} als Menge aller Hermiteschen Operatoren zur Typisierung der "Observablen".

Liegt der Fall $Q_{\nu_1} \subset Q_{\nu_2}$ <u>mit</u> physikalischer Bedeutung vor, so lasse man Q_{ν_1} als Bildterm fort. In $\longleftrightarrow_\gamma(1)$ schreibe man statt $A \in Q_{\nu_1}$ die Relation $A \in Q_{\nu_2}$ auf und füge als neue Bildrelation $R(x) : x \in Q_{\nu_1}$ hinzu und schreibe entsprechend in $\longleftrightarrow_\gamma(2)$ $R(A)$, d.h. $A \in Q_{\nu_1}$ auf.

Etwas verallgemeinert gegenüber der eben besprochenen Situation kann der Fall vorliegen, daß $Q_{\nu_1} \subset T(Q_{\nu_2} \ldots)$, d.h. Q_{ν_1} Teilmenge einer Leitermenge über anderen Bildtermen ist. Wiederum ist zu prüfen, ob diese Relation schon am Realtext abzulesen ist ; das soll Folgendes heißen : Steht im Realtext ein Zeichen A, für das in $\longleftrightarrow$ (1) $A \in Q_{\nu_1}$ aufzuschreiben ist, so ist zu prüfen, ob nicht A ein "zusammenfassendes" Zeichen für mehrere A_i ist, die im genormten Realtext vorkommen oder zumindest als Zeichensetzung zusätzlich angebracht werden könnten, so daß aus den $A_i \in Q_{\nu_i}$ die Relation $A \in T(Q_{\nu_2} \ldots)$ folgen würde ; z.B. könnte eine Gruppe von Zeichen $A_{i_1} \in Q, \ldots, A_{i_n} \in Q$ zu einem Zeichen A mit $A \in \mathcal{P}(Q)$ zusammengefaßt sein, wobei A für die endliche Menge $\{A_{i_1} \ldots A_{i_n}\}$ steht ; oder es könnte ein Paar $A_{i_1} \in Q$, $A_{i_2} \in Q$ durch ein A mit $A \in Q \times Q$ bezeichnet sein, wobei A für das Paar (A_{i_1}, A_{i_2}) steht. Solche "zusammenfassenden" Zeichen im Realtext können <u>dann</u> sehr nützlich sein, wenn man sie als "Abkürzungen für sehr viele A_i" benutzt, die man gar nicht erst alle in $\longleftrightarrow_r$ notiert.

Ist A ein solches zusammenfassendes Zeichen, so daß aus seiner Bedeutung heraus $A \in T(Q_{\nu_2} \ldots)$ folgt, so muß $A \in Q_{\nu_1} \subset T(Q_{\nu_2} \ldots)$ einer Realrelation entsprechen, der A genügt, damit es Element einer Teilmenge von $T(Q_{\nu_2} \ldots)$ wird. Wie oben im Falle $Q_{\nu_1} \subset Q_{\nu_2}$ geschildert, lasse man Q_{ν_2} als Bildterm weg und füge $x \in Q_{\nu_1}$ als Bildrelation hinzu, d.h. in $\longleftrightarrow_r(1)$ schreibe man $A \in T(Q_{\nu_2} \ldots)$ und in $\longleftrightarrow_r(2)$ $A \in Q_{\nu_1}$ auf. Die Bildrelation $A \in Q_{\nu_1}$ in $\longleftrightarrow_r(2)$ macht an sich die Relation $A \in T(Q_{\nu_2} \ldots)$ in $\longleftrightarrow_r(1)$ überflüssig, da wegen $Q_{\nu_1} \subset T(Q_{\nu_2} \ldots)$

aus $A \in Q_{\nu_1}$ schon $A \in T(Q_{\nu_2} \ldots)$ folgt ; eine ähnliche Situation wird sich immer dann ergeben, wenn wir die Bildrelationen R_μ durch Teilmengen r_μ von Leitermengen charakterisieren, wie es in §7.1 geschildert wurde, und statt $R_\mu(x,\ldots)$ dann $(x,\ldots) \in r_\mu$ schreiben. Der formalen Übersichtlichkeit halber behalten wir aber alle Relationen in $\longleftrightarrow_r(1)$ bei.

Durch diese Reduktion der Bildterme kommen wir auf eine Reihe von Bildtermen $E_1 \ldots E_r$, von denen keiner im Sinne der obigen Entwicklungen als Bildterm für zusammenfassende Zeichen dient ; die restlichen Bildterme für zusammenfassende Zeichen sind als Leitermengen $T_v(E_1 \ldots E_r)$ über den $E_1 \ldots E_r$ darstellbar. Die $E_1 \ldots E_r$ nennen wir die Basisbildterme. In $\longleftrightarrow_r(1)$ treten also nur Relationen der Form $A_i \in E_{v_i}$ und $A_k \in T_{v_k}(E_1 \ldots E_r)$ auf. Alle restlichen am Realtext ablesbaren Beziehungen werden in $\longleftrightarrow_r(2)$ aufgeschrieben.

Die so umdefinierten Abbildungsprinzipien wollen wir als die <u>Normalform der Abbildungsprinzipien</u> bezeichnen. Wir nehmen im Folgenden <u>immer an, daß die Abbildungsprinzipien in Normalform vorliegen.</u>

Wir setzen weiterhin voraus, daß die Basisbildterme $E_1 \ldots E_r$ innere Terme in Bezug auf die Strukturart Σ in $\mathcal{MT}_\Sigma$ sind (§7.2).

Die idealen Bildrelationen $R(\ldots)$ lassen sich alle durch Teilmengen r von Leitermengen über $E_1 \ldots E_r$ charakterisieren (siehe §7.1). Statt $R(x,y,\ldots)$ schreibt man dann $(x,y,\ldots) \in r$. Da wir in der als idealer Bildtheorie vorausgesetzten $\mathcal{MT}_\Sigma$ auch Bildrelationen zulassen, in denen reellen Zahlen auftreten (§6), können wir für jede Bildrelation r_μ eine Leitermenge $S_\mu(E_1, \dots E_r, \Omega)$ einführen mit $r_\mu \subset S_\mu(E_1 \dots, \quad)$.

Zunächst mag es scheinen, als ob als Leitermengen $S_\mu(E_1 \dots \Omega)$ nur Produktmengen aus den $E_1 \dots E_r\ \Omega$ in Frage kämen. Dies braucht nicht der Fall zu sein, da entweder schon zusammenfassende Zeichen der Typisierung $A \in T(E_1 \dots E_r)$ in $\leftrightarrow_r(1)$ auftreten können oder aber die ursprünglich definierten Relationen $R_\mu(\dots)$ Relationen zwischen Elementen von Leitermengen sein können, wobei dann solche (endlichen!) Kombinationen von Zeichen A_i zu bilden sind, die Elemente der entsprechenden Leitermenge sind ; so kann z.B. $R(x, y)$ eine Relation zwischen zwei Elementen von $\mathcal{P}(E)$ sein ; für x und y können dann alle endlichen Gruppen von A_i mit $A_i \in E$ eingesetzt werden und am Realtext abgelesen werden, ob R für ein Paar solcher Gruppen gilt oder nicht gilt. Wir wollen deshalb für die r_μ keine weiteren Voraussetzungen machen, als daß r_μ Teilmenge einer Leitermenge $S_\mu(E_1 \dots E_r, \Omega)$ ist : $r_\mu \subset S_\mu(E_1, \dots, \Omega)$.

Da wir eine unscharfe Abbildung zulassen, seien also in einigen der $S_\mu(E_1, \dots, \Omega)$ uniforme Strukturen eingeführt (siehe §6).

Eine uniforme Struktur über einer Menge X ist durch einen Term $\mathcal{N}$ mit der Typisierung

$$\mathcal{N} \in \mathcal{P}(\mathcal{P}(X \times X)), \text{ d.h. } \mathcal{N} \subset \mathcal{P}(X \times X)$$

bestimmt. Es müssen sich also in $\mathcal{M}\mathcal{T}_\Sigma$ innere Terme $\mathcal{N}_\mu$ als uniforme Strukturen über denjenigen $S_\mu(E_1 \dots \Omega)$ mit $r_\mu \subset S_\mu(\dots)$ herleiten lassen. Für die $\mathcal{N}_\mu$ gilt also

$$\mathcal{N}_\mu \subset \mathcal{P}(S_\mu(\ldots) \times S_\mu(\ldots)) \quad .$$

Es kommt häufig vor, daß sich einige der $\mathcal{N}_\mu$ aus einem Teil dieser $\mathcal{N}_\mu$ deduzieren lassen, z.B. für eine Produktmenge. Man notiere nur diejenigen $\mathcal{N}_\mu$, die sich nicht aus der uniformen Struktur von Ω und aus anderen, schon notierten deduzieren lassen.

Wir fassen nun die Elemente r_μ und die so beibehaltenen $\mathcal{N}_\mu$ zu einem Element $U = (r_1, r_2, \ldots, \mathcal{N}_1 \ \ldots)$ zusammen, das eine Typisierungsrelation

$$U \in S'(E_1, E_2, \ldots, E_r, \Omega \ )$$

mit $S'(E_1, \ldots, \quad) = \mathcal{P}\ S_1(E_1, \ldots, \Omega\ ) \times \mathcal{P}\ S_2(\ldots) \times \ldots \times \mathcal{P}(\mathcal{P}(X_1 \times X_1))\ldots$ erfüllt, wobei X_1 nur als Abkürzung für die entsprechenden Leitermenge über $E_1 \ldots E_r$ steht. Wir setzen ebenfalls voraus, daß U ein innerer Term in Bezug auf Σ in $\mathcal{MT}_\Sigma$ ist. Wir können dann U als eine in $\mathcal{MT}_\Sigma$ abgeleitete Struktur über $E_1, \ldots, E_r$ bezeichnen. Es liegt daher die Frage nahe die "reichste" Strukturart Σ' zu suchen, für die U eine Struktur der Art Σ' ist, wobei die "reichste" Strukturart im Sinne von §7.2 gemeint ist.

Dazu stellt man sich die Aufgabe, eine solche Relation $P'(y_1 \ldots y_r, t)$ zu finden, daß die in $\mathcal{MT}_\Sigma$ abgeleiteten Terme $E_1, \ldots, E_r$, U nicht nur eine Ableitung, sondern sogar eine Darstellung (siehe Ende von §7.2) der durch die Basis $y_1 \ldots y_r, \Omega$, den Strukturterm $t \in S'(y_1, \ldots, y_r, \Omega\ )$ und die Relation $P'(y_1 \ldots y_r, \Omega\ )$ definierten Strukturart Σ' ergeben.

Diese Aufgabe, ein solches $P'(\ldots)$ zu suchen, werden wir noch einmal als Programm für eine Entwicklung und Analyse physikalischer Theorien am Schluß dieses § formulieren. Wir wollen zunächst zeigen, daß man bei geeigneter Formulierung der Abbildungsprinzipien ebensogut $\mathcal{MT}_{\Sigma'}$ wie $\mathcal{MT}_{\Sigma}$ als ideale Bildtheorie benutzen kann.

Ein Test der Theorie $\mathcal{MT}_{\Sigma}$ durch die Erfahrung bedeutet die Untersuchung einer Theorie $\mathcal{MT}_{\Sigma}\mathcal{A}$ auf Widerspruchsfreiheit. Die zu $\mathcal{MT}_{\Sigma}$ hinzutretenden Axiome $(\longleftrightarrow)_r$ haben folgende Form :

1) Relationen der Form $A \in E_i$ und $A \in T(E_1 \ldots E_r, \Omega)$, wobei die zweite Form auftritt, sobald ein Bildterm nicht Basisbildterm ist. Alle solche Relationen können wir aber in der gemeinsamen Form $A_i \in T_i(E_1 \ldots E_r, \Omega)$ schreiben, was man mit $A = (A_1 A_2 \ldots)$ zu

$$\tilde{A} \in \tilde{T}(E_1 \ldots E_r, \Omega), \tag{7.3.1}$$

d.h. zu einer Typisierung zusammenfassen kann.

2) Die idealen Bildrelationen $R_\mu(\ldots)$ werden, wie in §6 beschrieben, mit Hilfe von ausgezeichneten Ungenauigkeitsmengen n_μ verschmiert. Wir nehmen für die Auszeichnung von n_μ an, daß es in $\mathcal{MT}_{\Sigma'}$ innere Terme $\underline{n}_\mu(y_1, \ldots y_r, t)$ gibt (siehe §7.2), die auf $\mathcal{MT}_{\Sigma}$ übertragen $n_\mu = \underline{n}_\mu(E_1, \ldots, E_r, U)$ liefern. Der in §6 eingeführten verschmierten Bildrelation $\tilde{R}_\mu(\ldots)$ entspricht dann ein mit $n_\mu \in \mathcal{P}(S_\mu(E_1 \ldots) \times S_\mu(E_1 \ldots))$ verschmierter Term

$$\tilde{r}_\mu = \{ x \mid \text{es gibt ein } y \in r_\mu \text{ mit } (x,y) \in n_\mu \}$$

$\tilde{r}_\mu$ wird so zu einem inneren Term in Bezug auf die Strukturart Σ' :

$$\tilde{r}_\mu (E_1 \ldots E_r, U).$$

Setzt man nun die Zeichen A_i entsprechend $(\longleftrightarrow)_\tau$ (2) in die Bildrelationen in der Form

$$(A_{i_1} \ldots) \in \tilde{r}_\mu \text{ bzw. } (A_{k_1} \ldots) \notin \tilde{r}_\mu$$

ein und faßt alle diese Relationen durch "und" zu einer Relation zusammen, so nimmt diese die Gestalt

$$\tilde{P}(E_1, \ldots, E_r, U, \tilde{A}) \tag{7.3.2}$$

an. Die Relation $\tilde{P}(y_1 \ldots y_r, t, w)$ ist dann in Bezug auf die Typisierung (von t in Σ'):

$$t \in S'(y_1 \ldots y_r, \Omega) \text{ und } w \in \tilde{T}(y_1 \ldots y_r, \Omega)$$

mit $\tilde{T}(\ldots)$ nach (7.3.1) transportabel.

Die Theorie $\mathcal{M}\mathcal{T}_\Sigma\mathcal{A}$ wird also aus $\mathcal{M}\mathcal{T}_\Sigma$ durch Hinzunahme der Axiome (7.3.1) und (7.3.2) gewonnen. $\mathcal{M}\mathcal{T}_\Sigma\mathcal{A}$ ist dann auf Widerspruchsfreiheit zu untersuchen. Wir haben hier den Schritt der Auszeichnung von Ungenauigkeitsmengen gleich in die Form des Axioms (7.3.2) mit aufgenommen.

In $\mathcal{MT}_{\Sigma'}$ kann man nun einen Text aus einer Typisierungsrelation

$$w \in \tilde{T}(y_1, \ldots, y_r, \Omega)$$

und einer Relation

$$\tilde{P}(y_1, \ldots, y_r, t, w)$$

aufschreiben, wobei, wie oben erwähnt, $\tilde{P}(y_1, \ldots, y_r, t, w)$ transportabel in Bezug auf die Typisierung von t und w ist.

Durch die Typisierung :

$$(t, w) \in S'(y_1 \ldots) \times \tilde{T}(y_1 \ldots)$$

und die Relation

$$P'(y_1 \ldots y_r \; t) \text{ und } P(y_1 \ldots y_r, t, w)$$

ist dann eine Strukturart $\langle \Sigma' \mathcal{A} \rangle$ definiert, die wir den <u>Test $\mathcal{A}$ der Strukturart Σ'</u> nennen. Der Term $(U, \tilde{X})$ in $\mathcal{MT}_{\Sigma}\mathcal{A}$ ist dann eine Struktur der Art $\langle \Sigma' \mathcal{A} \rangle$ über $E_1, \ldots, E_r$.

Die Abbildungsprinzipien für die Theorie $\mathcal{MT}_{\Sigma'}$ und die Auszeichnung der Ungenauigkeitsmengen in $\mathcal{MT}_{\Sigma'}$ erfolgt in natürlicher Weise so, daß man die Mengen $\underline{n}_{\mu}(y_1 \ldots y_r, t)$ für $R_{\mu}(\ldots)$ benutzt und $A_i \in T_i(y_1 \ldots y_r)$ statt $A_i \in T_i(E_1, \ldots, E_r)$ und $\tilde{\mathscr{r}}_{\mu}(y_1 \ldots y_r \; t)$ statt $\tilde{\mathscr{r}}_{\mu}(E_1 \ldots E_r \; U)$ aufschreibt, d.h. $\mathcal{MT}_{\Sigma'}\mathcal{A}$ geht aus $\mathcal{MT}_{\langle \Sigma' \mathcal{A} \rangle}$ hervor, indem man den Buchstaben w überall durch $\tilde{X}$ ersetzt. $\mathcal{MT}_{\Sigma'}\mathcal{A}$ und $\mathcal{MT}_{\langle \Sigma' \mathcal{A} \rangle}$

sind also identische Theorien.

Unsere Aufgabe ist also zu zeigen, daß die Theorien $\mathcal{M}\mathcal{T}_\Sigma\mathcal{A}$ und $\mathcal{M}\mathcal{T}_{\langle\Sigma'\mathcal{A}\rangle}$ in Bezug auf die Untersuchung auf Widerspruchsfreiheit gleichwertig sind.

Da (U, A) eine Struktur der Art $\langle\Sigma'\mathcal{A}\rangle$ in $\mathcal{M}\mathcal{T}_\Sigma\mathcal{A}$ ist, folgt aus jedem Satz in $\mathcal{M}\mathcal{T}_{\langle\Sigma'\mathcal{A}\rangle}$ ein entsprechender Satz in $\mathcal{M}\mathcal{T}_\Sigma\mathcal{A}$. Führt $\mathcal{M}\mathcal{T}_\Sigma\mathcal{A}$ zu keinem Widerspruch, so kann also auch $\mathcal{M}\mathcal{T}_{\langle\Sigma'\mathcal{A}\rangle}$ zu keinem Widerspruch führen.

Wir müssen nun noch das Umgekehrte zeigen: Erhält man in $\mathcal{M}\mathcal{T}_{\langle\Sigma'\mathcal{A}\rangle}$ keinen Widerspruch, so auch nicht in $\mathcal{M}\mathcal{T}_\Sigma\mathcal{A}$. Dazu müssen wir benutzen, daß die Terme $E_1, \ldots, E_r, U$ eine Darstellung der Strukturart Σ' in $\mathcal{M}\mathcal{T}_\Sigma$ bilden.

Sei $F_1(y_1 \ldots y_r, t), \ldots F_n(y_1 \ldots y_r, t)$, $V(y_1 \ldots y_r, t)$ die Ableitung der Strukturart Σ in $\mathcal{M}\mathcal{T}_{\Sigma'}$ und $E_1(x_1 \ldots x_n, s), \ldots E_r(x_1 \ldots x_n, s)$, $U(x_1 \ldots x_n, s)$ die Ableitung der Strukturart Σ' in $\mathcal{M}\mathcal{T}_\Sigma$. Dann gibt es in $\mathcal{M}\mathcal{T}_{\Sigma'}$ einen Isomorphismus $f_1, \ldots f_r$ von $y_1 \ldots y_r, t$ auf $\widetilde{E}_1 = E_1(F_1(y_1 \ldots y_r, t), F_2(\ldots), \ldots F_n(\ldots), V(\ldots))$, $\widetilde{E}_2 = E_2(\ldots), \ldots$ $E_r = E_r(\ldots)$, $\widetilde{U} = U(F_1(y_1 \ldots y_r, t), F_2(\ldots), \ldots F_n(\ldots), V(\ldots))$, d.h. die Bijektionen $f_1 \ldots f_r$ von $y_1 \ldots y_r$ auf $\widetilde{E}_1 \ldots \widetilde{E}_r$ bilden (kanonisch erweitert) gerade t auf U ab. Da w nach dem Leiterverfahren $\widetilde{T}$ aus $y_1 \ldots y_r\,\Omega$ gewonnen wird und da $\widetilde{P}(y_1 \ldots y_r, t, w)$ eine transportable Relation ist, gilt für das Bild $\hat{w}$ von w bei der Abbildung $f_1 \ldots f_r$:

$$\hat{w} \in \tilde{T}(\tilde{E}_1, \ldots, \tilde{E}_r, \Omega)$$

und $$\tilde{P}(\tilde{E}_1, \ldots, \tilde{E}_r, \tilde{U}, \hat{w}).$$

$(\tilde{U}, \hat{w})$ bildet also eine Struktur der Art $\langle \Sigma' \mathcal{A} \rangle$ über $\tilde{E}_1 \ldots \tilde{E}_r$ in $\mathcal{MT}_{\langle \Sigma' \mathcal{A} \rangle}$. Jedem Satz aus $\mathcal{MT}_{\Sigma}\mathcal{A}$ entspricht so ein Satz aus $\mathcal{MT}_{\langle \Sigma' \mathcal{A} \rangle}$, wenn man $x_1 \ldots x_n, s, \tilde{A}$ durch $F_1 \ldots F_n, V, \tilde{w}$ ersetzt. Läßt sich also in $\mathcal{MT}_{\Sigma}\mathcal{A}$ ein Widerspruch herleiten, so auch in $\mathcal{MT}_{\langle \Sigma' \mathcal{A} \rangle}$.

Somit haben wir gezeigt, daß der Test $\mathcal{MT}_{\Sigma}\mathcal{A}$ der Theorie $\mathcal{MT}_{\Sigma}$ äquivalent ist zur Untersuchung der Theorie $\mathcal{MT}_{\langle \Sigma' \mathcal{A} \rangle}$ mit der Strukturart $\langle \Sigma' \mathcal{A} \rangle$, die wir den Test A der Strukturart Σ' nannten.

Die beiden physikalischen Theorien $\mathcal{PT} = \mathcal{MT}_{\Sigma} \longleftrightarrow \mathcal{W}$ und $\mathcal{PT}' = \mathcal{MT}_{\Sigma'} \longleftrightarrow' \mathcal{W}$ (wobei $\longleftrightarrow$ und $\longleftrightarrow'$ in der eben für $\mathcal{MT}_{\Sigma}\mathcal{A}$ und $\mathcal{MT}_{\Sigma'}\mathcal{A}$ angegebenen Weise zusammenhängen) sind also gleichwertig, weshalb wir $\mathcal{PT}$ und $\mathcal{PT}'$ im Folgenden nicht unterscheiden werden. Da $\mathcal{MT}_{\Sigma'}$ als Konstanten die Basisbildterme und als Typisierung die Bildrelationen enthält, nennen wir $\mathcal{MT}_{\Sigma'}$ eine axiomatische Basis der Theorie $\mathcal{PT}'$ "gleich" $\mathcal{PT}$. Wir nennen auch $\mathcal{MT}_{\Sigma'}$ die Bildwelt, Σ' die Bildstrukturart und die Basiselemente $y_1 \ldots y_r$ die Bildmengen und die Elemente $x \in y_i$ Bilder der "Sorte i". Oft läßt man noch das Wort "Bild" dabei weg und spricht von Σ' als der physikalischen Strukturart, von t als der physikalischen Struktur der Art Σ' des Realbereiches $\mathcal{W}$ und von den Elementen von y_i als von den Realobjekten der "Sorte i" ; dabei darf aber nie vergessen werden, daß die Elemente von y_i nicht selber Realobjekte sind ; denn y_i ist nicht die Menge aller Realobjekte der "Sorte i", weil das Wort "alle" bei Realobjekten keinen wohldefinierten Sinn hat: Nur immer endlich viele solcher Realobjekte liegen jeweils vor, die eben in endlich vielen Axiomen $\leftarrow\!\!\rightarrow$ benutzt werden können, während die Mengen y_i meist unendlich sind.

Die Theorie $\mathcal{MT}_{\Sigma}$ kann gegenüber $\mathcal{MT}_{\Sigma'}$ mathematische Strukturen enthalten, die physikalisch bedeutungslos sind. Z.B. kann man leicht aus $\mathcal{MT}_{\Sigma'}$ durch Hinzufügen einer neuen Strukturart Σ_1 eine Theorie $(\mathcal{MT}_{\Sigma'})_{\Sigma_1}$ gewinnen, die eine Struktur der Art Σ_1 überflüssiger Weise enthält. Dadurch, daß wir aus $\mathcal{MT}_{\Sigma}$ sozusagen die axiomatische Basis $\mathcal{MT}_{\Sigma'}$ herauspräpariert haben, haben wir die in $\mathcal{MT}_{\Sigma}$ enthaltene, physikalisch bedeutungsvolle Strukturart Σ' gewonnen. Trotzdem aber kann $\mathcal{MT}_{\Sigma}$ sehr wichtig für die Physik bleiben oder werden. Dies ist besonders dann der Fall, wenn Σ' in $\mathcal{MT}_{\Sigma}$ dargestellt ist. Wir nennen dann die Struktur U der Art Σ' in $\mathcal{MT}_{\Sigma}$ eine Darstellung der Bildwelt $\mathcal{MT}_{\Sigma'}$ in $\mathcal{MT}_{\Sigma}$ und $\mathcal{MT}_{\Sigma}$ einen mathematischen Rahmen der Bildwelt $\mathcal{MT}_{\Sigma'}$, einen Rahmen, der sehr wichtig werden kann:

Oft wird nämlich statt $\mathcal{MT}_{\Sigma'}$ (der axiomatischen Basis von $\mathcal{PT}$) eine Darstellung von Σ' in einer Theorie $\mathcal{MT}_{\Sigma}$, d.h. ein mathematischer Rahmen $\mathcal{MT}_{\Sigma}$ von $\mathcal{MT}_{\Sigma'}$ benutzt, wenn sich Beweistechnik und Rechentechnik in $\mathcal{MT}_{\Sigma}$ leichter als in $\mathcal{MT}_{\Sigma'}$ durchführen lassen. Zum Verständnis der physikalischen Grundlagen ist allerdings $\mathcal{MT}_{\Sigma'}$ geeigneter. Damit stellt sich für jede $\mathcal{PT}$ folgende Aufgabe :

1) Zur Klärung der physikalischen Grundlagen ist eine axiomatische Basis $\mathcal{MT}_{\Sigma'}$ von $\mathcal{PT}$ gesucht, wobei die in Σ' benutzte Relation P' einen möglichst durchsichtigen physikalischen Sinn haben soll.

2) Danach ist der "mathematische Apparat" so auszubauen, daß er möglichst handlich ist, um physikalische Probleme zu lösen, d.h. es werden ein oder mehrere mathematische Rahmen $\mathcal{MT}_\Sigma$ gesucht, die zur Behandlung bestimmter Fragestellungen besonders geeignet sind.

Diese beiden Problemstellungen sind es, die für die Quantenmechanik als $\mathcal{PT}$ den Charakter der weiteren Kapitel dieses Buches bestimmen.

§ 8. Klassifizierung physikalischer Theorien

In diesem § wollen wir einige Beziehungen zwischen verschiedenen physikalischen Theorien betrachten. Gerade die hiermit angeschnittenen Probleme können weniger gelöst als vielmehr aufgezeigt werden. Insbesondere bedürften alle Fragen, die sich bei der Benutzung endlicher Unschärfemengen ergeben, einer viel tieferen Erläuterung als dies im Augenblick möglich ist ; so sind besonders die hierüber im zweiten Teil dieses § skizzierten Zusammenhänge nur als Verweis auf die Problemstellung, den approximativen Charakter einer Theorie in Bezug auf eine andere zu erfassen, anzusehen.

$\mathcal{MT}_\Sigma$ als axiomatische Basis, $\longleftrightarrow$ als Abbildungsvorschrift und der Grundbereich $\mathcal{G}$ von $\mathcal{W}$ legen eine $\mathcal{PT}$ fest. Zunächst nennen wir eine $\mathcal{PT}$ einwertig (bzw. mehrwertig), wenn Σ eine einwertige (bzw. mehrwertige) Strukturart ist. Eine $\mathcal{PT}$ heißt strukturabgeschlossen, wenn eine reichere Struktur Σ_1 als Σ bei festem $\longleftrightarrow$ und festem genormten Grundbereich $\mathcal{G}_n$ von $\mathcal{W}$ nicht mehr zur Übereinstimmung mit der

Erfahrung führt ; eine nicht strukturabgeschlossene $\mathcal{PT}$ heißt auch <u>strukturarm</u>.

Liegt eine strukturarme $\mathcal{PT}$ vor, so gibt es eine reichere Strukturart Σ_1 als Σ, so daß $\mathcal{PT}_1$ mit $\mathcal{MT}_{\Sigma_1}$ als axiomatischer Basis mit denselben Abbildungsvorschriften und demselben genormten Grundbereich $\mathcal{G}_n$ von $\mathcal{W}$ wie bei $\mathcal{PT}$ ebenfalls eine brauchbare Theorie ist. $\mathcal{PT}_1$ heißt dann eine gegenüber $\mathcal{PT}$ <u>strukturreichere</u> Theorie. $\mathcal{PT}_1$ erlaubt über dieselben Tatsachen mehr Aussagen zu machen als $\mathcal{PT}$. Wir werden in den nächsten Kapiteln (insbesondere Kapitel III) oft von einer $\mathcal{PT}$ zu einer strukturreicheren voranschreiten.

Die Zusammenhänge zwischen zwei physikalischen Theorien sind aber sehr häufig viel komplexer als die eben notierten. Wir wollen deshalb einen Prozess betrachten, wo wir von einer Theorie $\mathcal{PT}_1$ zu einer anderen Theorie $\mathcal{PT}$ übergehen, die "weniger über die Wirklichkeit aussagt" als $\mathcal{PT}_1$.

Die Theorie $\mathcal{PT}_1$ sei durch $\mathcal{MT}_{\Sigma_1} \overset{1}{\longleftrightarrow} \mathcal{W}_1$ gegeben, wobei $\mathcal{MT}_{\Sigma_1}$ die axiomatische Basis von $\mathcal{PT}_1$ sei. Die Strukturart Σ_1 sei durch die Hauptbasis $x_1 \dots x_n$ und einen Strukturterm s definiert ; s ist also nach §7.3 eine Struktur, die die Bildrelationen und die uniformen Strukturen in $\mathcal{MT}_\Sigma$ bestimmt. Die Bildterme in $\mathcal{MT}_{\Sigma_1}$ seien kurz mit $\tilde{x}_1 \dots \tilde{x}_m$ bezeichnet ; einige der $\tilde{x}_1 \dots \tilde{x}_m$ sind also mit den Basisbildtermen $x_1 \dots x_n$ identisch (es ist also $m \geqslant n$), die übrigen sind Leitermengen über $x_1 \dots x_n$.

Nach § 7. 2 ist ein innerer Term $V(x_1 \dots x_n\ s)$ in $\mathcal{MT}_{\Sigma_1}$ ein Element einer Leitermenge über $x_1 \dots x_n\, \Omega$. Es seien nun in $\mathcal{MT}_{\Sigma_1}$ q innere Terme $\tilde{E}_1 \dots \tilde{E}_q$ definiert, für die noch spezieller gilt: jedes $\tilde{E}_\nu$ gehört zu einer der zwei Klassen α) oder β):

α) $\tilde{E}_\nu$ ist eine Teilmenge einer Produktmenge $\tilde{X}_{\nu_1} \times \dots \times \tilde{X}_{\nu_p}$ aus endlich vielen der Terme $\tilde{x}_1 \dots \tilde{x}_m$, wobei ein $\tilde{x}_\nu$ im Produkt mehrmals auftreten kann; auch der Fall p = 1 ist mit inbegriffen.

β) $\tilde{E}_\nu$ ist eine Teilmenge einer Menge $\mathcal{P}$(F), wobei F zur Klasse α) gehört und für zwei verschiedene Elemente y_1 und y_2 von $\tilde{E}_\nu$: $y_1 \cap y_2 = \emptyset$ gilt und die Vereinigung aller Elemente von $\tilde{E}_\nu$ gleich F ist; d. h. $\tilde{E}_\nu$ kann als eine Menge von Äquivalenzklassen in F aufgefaßt werden.

Falls durch den Strukturterm s uniforme Strukturen der Menge $\tilde{x}_1 \dots \tilde{x}_m$ gegeben sind, so lassen sich diese auf die Mengen $\tilde{E}_\nu$ übertragen. Dazu betrachte man im Falle α) die kanonische Injektion von $\tilde{E}_\nu$ in $\tilde{X}_{\nu_1} \times \dots \times \tilde{X}_{\nu_p}$ und die sich daraus ergebende initiale Struktur auf $\tilde{E}_\nu$; im Falle β) gehe man schrittweise so vor: Zunächst bestimme man wie im Falle α) eine uniforme Struktur auf F ; aus dieser erhält man (siehe auch die in III, § 12 über K definierte uniforme Struktur) eine uniforme Struktur für $\mathcal{P}$ (F); durch die kanonische Injektion ist dann dadurch wieder eine uniforme Struktur auf $\tilde{E}_\nu \subset \mathcal{P}$ (F) definiert.

Als ersten Schritt für die Definition einer neuen Theorie $\mathcal{PT}$ nehmen wir als mathematische Theorie von $\mathcal{PT}$ dieselbe Theorie $\mathcal{MT}_{\Sigma_1}$ (die natürlich nicht mehr eine axiomatische Basis von $\mathcal{PT}$ zu sein braucht !). Als Bildterme für $\mathcal{PT}$ definieren wir die $\tilde{E}_1 \dots \tilde{E}_r$.

Um Bildrelationen für $\mathcal{PT}$ einzuführen, suchen wir nach inneren Termen $\tilde{U}_\mu(x_1 \ldots x_n\ s)$, für die gilt :

$$\tilde{U}_\mu(x_1 \ldots x_n, s) \subset \tilde{S}_\mu(\tilde{E}_1 \ldots \tilde{E}_q, \Omega\ ), \tag{8.1}$$

d.h. die Teilmengen von Leitermengen über $\tilde{E}_1 \ldots \tilde{E}_q\ \Omega$ sind. Durch $\tilde{R}_\mu(y_1 \ldots)$ äquivalent zu $(y_1 \ldots) \in \tilde{U}_\mu$ sind dann Relationen bestimmt, die man als Bildrelationen benutzen kann. Zur Definition von $\mathcal{PT}$ wähle man einige solche Relationen als Bildrelationen.
Wie in §7.3 geschildert gehe man dann von den $\tilde{E}_1 \ldots \tilde{E}_q$ zu Basisbildtermen $E_1 \ldots E_r$ über. Dabei erhält man (siehe §7.3) eventuell mehr Terme U_μ für Bildrelationen als die vorher gewählten $\tilde{U}_\mu$. Die den U_μ zugeordneten Bildrelationen seien kurz mit $R_\mu(\ldots)$ bezeichnet. Die Terme U_μ für die Bildrelationen und die auf den $\tilde{E}_v$ definierten uniformen Strukturen legen nach §7.3 den Strukturterm U für $\mathcal{PT}$ fest. U ist also ein innerer Term $U(x_1 \ldots x_n\ s)$ in Bezug auf die Strukturart Σ_1 und U ist Element einer Leitermenge über $E_1 \ldots E_r\ \Omega$.

Der Übergang von den $\tilde{E}_1 \ldots \tilde{E}_q$, $\tilde{U}_\mu \ldots$ zu den $E_1 \ldots E_r$, $U_\mu \ldots$ entspricht dem Übergang von den Abbildungsprinzipien zu einer Normalform der Abbildungsprinzipien (siehe §7.3). Um aber $\mathcal{PT}$ festzulegen, brauchen wir erst einmal die Abbildungsprinzipien $\leftrightarrow$ von $\mathcal{PT}$. Wir legen diese (zunächst noch nicht notwendig in Normalform!) auf folgende Weise fest:

Dazu gehen wir von einem genormten Realtext $\mathcal{W}_1$ von $\mathcal{PT}_1$ aus. Die Zeichen aus $\mathcal{W}_1$ seien mit A_i bezeichnet. Wir wollen zunächst einmal so tun, als ob in $\mathcal{MT}_{\Sigma_1}\ A_1$, d.h. in $\hat{\longleftrightarrow}_r(2)$ nur die idealen Bildrelationen

R^1_μ auftreten. Da die $\widetilde{E}_v$ innere Terme sind, sind sie also eventuell mit durch die in s steckenden idealen Bildrelationen R^1_μ bestimmt, so daß es sinnvoll ist, $\mathcal{M}\mathcal{T}_{\Sigma_1} A_1$ auf folgende Fragen hin zu untersuchen :

Ist $\widetilde{E}_v$ ein Term der Klasse α), so betrachte man alle p-tupel $(A_{i_1},\ldots,A_{i_p})$ mit $A_{i_1} \in \widetilde{x}_{v_1},\ldots A_{i_p} \in \widetilde{x}_{v_p}$ und sehe nach, ob sich in $\mathcal{M}\mathcal{T}_{\Sigma_1} A_1$ die Relation

$$(A_{i_1},\ldots,A_{i_p}) \in \widetilde{E}_v \tag{8.2}$$

herleiten läßt. Ist dies der Fall, so bezeichne man im Realtext $\mathfrak{W}_1$ ein solches p-tupel mit einem neuen Zeichen B_e. Ist p = 1, so ist B_e nichts anderes als ein neues Zeichen für A_{i_1}. Zur Theorie $\mathcal{M}\mathcal{T}_{\Sigma_1} A_1$ füge man als weitere axiomatische Relation

$$(A_{i_1},\ldots,A_{i_p}) = B_e \tag{8.3}$$

hinzu. Aus (8.2) und (8.3) folgt dann

$$B_e \in \widetilde{E}_v. \tag{8.4}$$

Ist $\widetilde{E}_v$ ein Term der Klasse β), so betrachte man die größte Gruppe von p-tupeln $(A_{i_1}\ldots A_{i_p})$, $(A_{j_1}\ldots A_{j_p})$, $(A_{k_1}\ldots A_{k_p})\ldots$, für die sich in $\mathcal{M}\mathcal{T}_{\Sigma_1} A_1$ die Relation

$$\exists X^v [(A_{i_1}\ldots A_{i_p}) \in X^v \text{ und } (A_{j_1}\ldots A_{j_p}) \in X^v \text{ und } (A_{k_1}\ldots A_{k_p}) \in X \text{ und } \ldots \ldots \text{ und } X^v \in \widetilde{E}_v] \tag{8.5}$$

herleiten läßt. Ist dies der Fall, so führe man für eine ganze solche Gruppe $(A_{i_1}\ldots A_{i_p}),\ldots$ im Realtext $\mathfrak{W}_1$ ein neues Zeichen B_k ein. Zur Theorie

$\mathcal{MT}_{\Sigma_1} A_1$ füge man weiterhin für eine solche Gruppe als axiomatische Relation

$$(A_{i_1} \dots A_{i_p}) \in B_k \text{ und } (A_{j_1} \dots A_{j_p}) \in B_k \text{ und} \dots \tag{8.6}$$

hinzu. Aus (8.5) und (8.6) folgt dann (mit der in β) vorausgesetzten Eigenschaft der $\tilde{E}_v$!) :

$$B_k \in \tilde{E}_v. \tag{8.7}$$

Aus $\mathcal{W}_1$ gewinnen wir einen neu genormten Realtext $\mathcal{W}$, wenn wir in $\mathcal{W}_1$ alle Zeichen A_i weglassen und <u>nur</u> die neu definierten Zeichen B_i stehen lassen. Als Typisierung $\longleftrightarrow_r(1)$ für $\mathcal{PT}$ benutzen wir die Relationen (8.4), (8.7).

Um die in $\longleftrightarrow_r(2)$ für $\mathcal{PT}$ aufzuschreibenden Relationen zu gewinnen, gehe man von der um die Relationen der Form (8.3) und (8.6) erweiterten Theorie $\mathcal{MT}_{\Sigma_1} A_1$ (die kurz mit $\mathcal{MT}_{\Sigma_1} A_1$ B bezeichnet sei) aus und suche alle diejenigen Relationen

$$\tilde{R}_\mu (B_{i_1}, B_{i_2}, \dots) \text{ bzw. "nicht } \tilde{R}_\mu (\dots)\text{"} \tag{8.8}$$

(mit $\tilde{R}_\mu$ als den schon definierten Bildrelationen von $\mathcal{PT}$), die sich in $\mathcal{MT}_{\Sigma_1} A_1 B$ als Sätze herleiten lassen. Alle so als Sätze der Form (8.8) zu gewinnenden Relationen schreibe man in $\longleftrightarrow_r(2)$ für $\mathcal{PT}$ nieder.

Damit ist die Theorie $\mathcal{PT}$ aus der Theorie $\mathcal{PT}_1$ heraus vollkommen definiert. Wir nennen in einem solchen Fall kurz $\mathcal{PT}$ eine "Einschränkung" von $\mathcal{PT}_1$. Dieser Prozess der Einschränkung wird in der Physik sehr häufig benutzt ; teils, um das Verhältnis mehrerer Theorien genauer zu studieren, wie wir es z.B. in Kapitel III tun werden ; teils, um in $\mathcal{PT}$ eine Theorie zu gewinnen, die zwar weniger über die Wirklichkeit aussagt, aber mathematisch leichter zu handhaben ist.

Von der "Einschränkung" $\mathcal{PT}$ geht man manchmal noch einen Schritt weiter zu einer "Einbettung" von $\mathcal{PT}$ in eine Theorie $\mathcal{PT}_2$. Das Verfahren der Einbettung besteht in Folgendem:

Eine zweite Strukturart Σ_2 sei durch die Hauptbasisterme $y_1 \dots y_p$ (mit $p \leqslant r$), die Typisierung $t \in T(y_1 \dots y_p, \Omega)$ und die axiomatische Relation $R_2(y_1 \dots y_p\ t)$ gegeben. Wir wollen weiter voraussetzen, daß t von der Art $t = (t_1, t_2, \dots)$ ist mit

$$T(y_1 \dots) = \mathcal{P}\ T_1(\dots) \times \mathcal{P}\ \ T_2(\dots) \times\ \dots,$$

so daß gilt : $t_i \subset T_i(y_1 \dots y_p, \Omega)$. Für U gelte $U \in T'(E_1 \dots E_r, \Omega)$. Sind y_i' Teilmengen von y_i, so bezeichnen wir : $t_k' = t_k \cap T_k(y_1' \dots y_p', \Omega)$ und $t' = (t_1', t_2', \dots)$.

In $\mathcal{MT}_{\Sigma_1}$ gelte der Satz (Einbettungssatz) :
$(\exists y_1)(\exists y_2)\dots(\exists y_p)(\exists t)(\exists f_1)\dots(\exists f_r)\Big[f_1, f_2 \dots f_r$ sind injektive Abbildungen $f_i(E_i) \subset y_{r_i}$ mit $f_i(E_i) \wedge f_k(E_k) = \emptyset$ für $i \neq k$ (und $f_i(E_i)$, $f_k(E_k)$ Teilmengen desselben y_r) und $\Big\{ t \in T(y_1 \dots y_p \Omega)$ und $P_2(y_1 \dots y_p\ t) \Rightarrow t' = \langle f_1 \dots f_r\ 1\rangle^{T'} U \Big\}$ und $\Big\{$für jeden nicht Basisbildterm $\widetilde{E}$ mit $\widetilde{E} = \widetilde{T}(E_1 \dots E_r)$ folgt, daß $\widetilde{T}(f_1(E_1), f_2(E_2), \dots f_r(E_r))$ Leitermenge über $y_1' \dots y_p'$ ist$\Big\} \Big]$; (dabei sind die y_i' die Vereinigungsmengen der Bilder $f_k(E_k)$ in <u>einem</u> y_i ; $\widetilde{T}(f_1(E_1), \dots f_r(E_r))$ ist also immer

schon dann Leitermenge über den y_i; wenn $p = r$ und damit keine zwei Bilder $f_k(E_k)$ in ein y_i fallen ; t' ist wie oben durch die y_i' definiert).

Für diesen Satz sagen wir kurz : die Struktur U über $E_1 \dots E_r$ läßt sich in Σ_2 einbetten. Im Folgenden setzen wir weiterhin kurz $\langle f_1 \dots f_r 1 \rangle^{T'} U = U'$, so daß die obige Relation $t' = \langle f_1 \dots f_r 1 \rangle^{T'} U$ kurz $t' = U'$ geschrieben werden kann.

Man kann nun mit $\mathcal{MT}_{\Sigma_2}$ als axiomatischer Basis folgende Theorie $\mathcal{PT}_2$ bilden:

Die Bildterme von $\mathcal{PT}$ (jetzt die Abbildungsprinzipien von $\mathcal{PT}$ in der Normalform vorausgesetzt!) sind Leitermengen über den Basisbildtermen $E_1 \dots E_r$. Sei $\tilde{E} = \tilde{T}(E_1 \dots E_r)$ ein solcher Bildterm. Man bilde dann $\langle f_1 \dots f_r \rangle^{\tilde{T}} \tilde{E}$. $\longleftrightarrow_r^2$ (1) gewinnen wir dann aus $\longleftrightarrow_r$(1), indem wir jede Relation der Form $B_e \in \tilde{T}(E_1 \dots E_r)$ durch $B_e \in \tilde{T}'(y_1 \dots y_p)$ ersetzen, wobei $\tilde{T}'(y_1' \dots y_p') = \tilde{T}(f_1(E_1) \dots f_r(E_r))$ ist (siehe Einbettungssatz!).

Die in $\longleftrightarrow_r^2$ (2) aufzuschreibenden Relationen gewinnt man so: Eine Bildrelation aus $\longleftrightarrow_r$(2) in Normalform hat die Form

$$(B_{e_1}, \dots) \in U_\mu .$$

Durch die Abbildung $f_1 \dots f_r$ geht U_μ in ein U_μ' über, wobei wegen $t' = U'$ U_μ' eine Komponente t_μ' von t' wird. Man ersetze nun noch diese Komponente t_μ' von t' durch die entsprechende Komponente t_μ von t (für die also $t_\mu' \subset t_\mu$ gilt!) und schreibe in $\longleftrightarrow_r^2$ (2)

$$(B_{e_1}, \ldots) \in t_\mu$$

auf.

Die genormten Realtexte von $\mathcal{PT}_2$ und $\mathcal{PT}$ sind also dieselben. Für das eben geschilderte Verhältnis zwischen $\mathcal{PT}_2$ und $\mathcal{PT}$ sagen wir kurz, daß wir $\mathcal{PT}$ in $\mathcal{PT}_2$ "eingebettet" haben.

Eine triviale Einbettung erhalten wir, wenn wir $y_1 = E_1, \ldots, y_r = E_r$ und $t = U$ und alle f_i als identische Abbildungen ansetzen. Der Unterschied von $\mathcal{PT}_2$ und $\mathcal{PT}$ besteht dann nur darin, daß für Σ_2 eine axiomatische Relation $P_2(y_1 \ldots t)$ angegeben ist, die in $\mathcal{MT}_{\Sigma_1}$ die Form $P_2(E_1 \ldots E_r, U)$ annimmt, d.h. U ist eine Struktur der Art Σ_2 über $E_1 \ldots E_r$.

Aus den obigen Darlegung ergibt sich sofort, daß jeder Test $\mathcal{MT}_{\Sigma_1} A$ stärker als $\mathcal{MT}_{\Sigma_2} B$ ist, denn für jeden in $\mathcal{MT}_{\Sigma_2} B$ ableitbaren Widerspruch gibt es einen entsprechenden Widerspruch in $\mathcal{MT}_{\Sigma_1} A$, zu dem man auf folgendem Wege gelangt:

Aus $\mathcal{MT}_{\Sigma_1} A$ ergeben sich die Relationen $\longleftrightarrow_r (1)$ und $\longleftrightarrow_r (2)$ in der oben beschriebenen Weise für $\mathcal{PT}$. Daraus folgt weiter in $\mathcal{MT}_{\Sigma_1} A$ der Satz:

Einbettungssatz plus folgender Bedingung : für die $B'_e = f_i(B_e)$ anstelle der B_e sind die Abbildungsrelationen $\overset{2}{\longleftrightarrow}_r (1)$ und $\overset{2}{\longleftrightarrow}_r (2)$ von $\mathcal{PT}_2$ erfüllt. Daraus wiederum ergibt sich sofort aus jedem Widerspruch in $\mathcal{MT}_{\Sigma_1} B$ ein entsprechender Widerspruch in $\mathcal{MT}_{\Sigma_1} A$.

Im Folgenden sprechen wir deshalb kurz von $\mathcal{PT}_1$ als einer zu $\mathcal{PT}_2$ umfangreicheren Theorie.

Der umgekehrte Prozess des Fortschreitens von einer Theorie $\mathcal{PT}_2$ zu einer umfangreicheren $\mathcal{PT}_1$ ist der Prozess der Entwicklung der Physik, woraus sofort ersichtlich ist, daß dieser Prozess wesentlich schwieriger ist als der nachträgliche Nachweis, daß die neugefundene Theorie $\mathcal{PT}_1$ wirklich umfangreicher als $\mathcal{PT}_2$ ist. Die ganze Situation wird aber noch dadurch erschwert, daß so gut wie jede $\mathcal{PT}$ unscharfe Abbildungsprinzipien mit endlichen Unschärfemengen verlangt, d.h. daß eigentlich nicht, wie wir es oben taten, in $(\longleftrightarrow)_r^1(2)$ die idealen sondern nur die verschmierten Bildrelationen benutzt werden dürften. Wir werden später auf diese Komplikation zurückkommen müssen, wollen aber zunächst noch einige Sonderfälle des Übergangs von einer $\mathcal{PT}_1$ zu einer Einschränkung $\mathcal{PT}$ betrachten, die in umgekehrter Richtung bei der Entwicklung einer physikalischen Theorie $\mathcal{PT}_1$ aus einer Theorie $\mathcal{PT}$ eine große Rolle spielen werden.

Unsere Überlegungen für den Übergang von $\mathcal{PT}_1$ zu $\mathcal{PT}$ werden besonders einfach, wenn die $E_1 \dots E_r$ mit einigen der $x_1 \dots x_n$ übereinstimmen (es kann r echt kleiner als n sein). Der Einfachheit halber sei die Nummerierung der $x_1 \dots x_n$ so durchgeführt, daß $E_\nu = x_\nu$ ist.

Der ganze Übergang zu den Zeichen B_e ist nicht notwendig ; man lasse einfach in $\mathcal{M}_1$ alle Zeichen weg, die entweder nach $A_i \in x_\nu$ für $\nu > r$ typisiert sind oder nach $A_k \in T(x_1 \dots x_n)$ mit einer Leitermenge $T(x_1 \dots x_n)$, die sich nicht als Leitermenge allein über $x_1 \dots x_r$ schreiben läßt. Die übrig gebliebenen Zeichen A_i bestimmen dann den genormten Realtext $\mathcal{M}$. Die

Erweiterung von $\mathcal{M}\mathcal{T}_{\Sigma_1} A_1$ zu $\mathcal{M}\mathcal{T}_{\Sigma_1} A_1 B$ kann damit ebenfalls wegfallen.

An die Stelle der Relationen (8.1) tritt dann einfacher :

$$U_\mu(x_1,\dots x_n, s) \subset \tilde{S}(x_1 \dots x_r\, \Omega)$$

Ist außerdem noch $\mathcal{P}\mathcal{T}$ in der oben angegebene trivialen Weise in $\mathcal{P}\mathcal{T}_2$ eingebettet, so daß der durch die U_μ (und die uniforme Strukturen) bestimmte Term U in $\mathcal{M}\mathcal{T}_{\Sigma_1}$ eine Struktur der Art Σ_2 über $x_1 \dots x_r$ ist, so muß die axiomatische Relation $R_2(\dots)$ von Σ_2 nach $\mathcal{M}\mathcal{T}_{\Sigma_1}$ als $R_2(x_1, x_2, \dots, x_r, U)$ transportiert ein Satz in $\mathcal{M}\mathcal{T}_{\Sigma_1}$ sein. Man nennt dann in diesem Falle die umfangreichere Theorie $\mathcal{P}\mathcal{T}_1$ eine Standarderweiterung von $\mathcal{P}\mathcal{T}_2$. Oft hängen die Bildrelationen von $\mathcal{P}\mathcal{T}_1$ und von der Einschränkung $\mathcal{P}\mathcal{T}$ in diesem Falle einer Standarderweiterung noch besonders einfach zusammen: Die U_μ sind ebenfalls mit einem Teil der s_μ (der Komponenten von s) identisch. Wenn wir dies kurz hervorheben wollen, dann nennen wir $\mathcal{P}\mathcal{T}_1$ eine normale Standarderweiterung von $\mathcal{P}\mathcal{T}_2$. Im Falle einer normalen Standarderweiterung entsteht $\mathcal{P}\mathcal{T}_1$ aus $\mathcal{P}\mathcal{T}_2$, indem man in der Strukturart Σ_2 weitere Basiselemente x_ν hinzufügt, ebenso die Komponenten des Strukturterms vermehrt und die axiomatische Relation von Σ_1 gegenüber Σ_2 verschärft. Der Aufbau einer $\mathcal{P}\mathcal{T}$ wird sich oft Schritt für Schritt durch normale Standarderweiterungen vollziehen (siehe Kapitel III).

Ist in einer Standarderweiterung speziell $r = n$, d.h. haben $\mathcal{P}\mathcal{T}_1$ und die Einschränkung $\mathcal{P}\mathcal{T}$ dieselben Bildterme, so stimmen die genormten

Realtexte $\mathcal{W}_1$ und $\mathcal{W}$ überein, d.h. die Theorien $\mathcal{PT}_1$ und $\mathcal{PT}_2$ haben denselben genormten Grundbereich : $\mathcal{G}_{n1} = \mathcal{G}_{n2}$. Wir nennen dann $\mathcal{PT}_1$ eine Standarderweiterung bei demselben genormten Grundbereich, kurz eine g.G. Standarderweiterung von $\mathcal{PT}_2$.

Ist in einer Standarderweiterung r = n und sind die Komponenten U_ν von U mit einigen der Komponenten von s identisch, d.h. in einer normalen Standarderweiterung $\mathfrak{r}$ = n, so nennen wir $\mathcal{PT}_1$ eine normale g.G.-Standarderweiterung von $\mathcal{PT}_2$.

Ist für eine normale g.G.-Standarderweiterung $\mathcal{PT}_1$ noch U mit s identisch, so kommen wir wieder auf den am Anfang dieses § erwähnten Fall zurück, daß $\mathcal{PT}_1$ "strukturreicher" als $\mathcal{PT}_2$ ist.

Neben den Standarderweiterungen ist noch von prinzipiellen Standpunkt der Fall interessant, wo $\mathcal{W}_1$ und $\mathcal{W}_2$ übereinstimmen, d.h. $\mathcal{G}_{n1} = \mathcal{G}_{n2}$ ist ; d.h. aber : es dürfen keine Sammelzeichen auftreten, so daß die $\widetilde{E}_\nu$ nur von der Klasse α mit p = 1 sein können. Ist $\widetilde{E}_\nu$ aber eine echte Teilmenge von einem x_{ν_1}, so werden im allgemeinen Zeichen beim Übergang von $\mathcal{W}_1$ zu $\mathcal{W}$ wegfallen, da nicht für alle $A_i \in \widetilde{x}_{\nu_1}$ auch $A_v \in \widetilde{E}_v$ gelten wird. Ebenso werden bei dem Übergang von $\mathcal{W}_1$ zu $\mathcal{W}$ Zeichen wegfallen, wenn nicht r = n ist. Also sind die $\widetilde{E}_v$ mit den $\widetilde{x}_v$ identisch. Die Relationen $\overset{1}{\longleftrightarrow}_{\mathfrak{r}}(1)$ und $\longleftrightarrow_{\mathfrak{r}}(1)$ sind also identisch. An die Einbettung von $\mathcal{PT}$ in eine Theorie $\mathcal{PT}_2$ werden keine weiteren Forderungen gestellt, da hierbei sowieso der genormte Realtext erhalten bleibt.

In diesem speziellen eben geschilderten Fall nennen wir $\mathcal{PT}_1$ bei gleichem genormten Grundbereich umfangreicher, kurz <u>g.G.-umfangreicher</u> als $\mathcal{PT}_2$.

Jetzt müssen wir uns dem Fall unscharfer Abbildungen zuwenden und untersuchen, inwiefern die Auswahl von "endlichen" Unschärfemengen und der Übergang von den idealen Bildrelationen zu den verschmierten Bildrelationen unsere Überlegungen stört. Man könnte sich natürlich auf den Standpunkt stellen, daß schon Σ_1 nicht für die idealisierte mathematische Theorie, d.h. für den aus den idealen Bildrelationen und uniformen Strukturen gebildeten Strukturterm s über $x_1 \dots x_n$ aufzustellen sei, sondern statt dessen ein Strukturterm $\tilde{s}$ für fest ausgewählte endliche Unschärfemengen zu bilden sei. Auf diese Weise könnte man versuchen, alle vorigen Überlegungen zu übertragen. Für jede Wahl der Unschärfemengen hätte man immer wieder neue axiomatische Basen $\mathcal{MT}_{\Sigma_1}$ zu diskutieren. Dieser Vielfalt von Theorien entzieht man sich aber gerade dadurch, daß man zur idealen Theorie $\mathcal{MTF}$ nach §6 übergeht. Wir wollen daher weiterhin Σ_1 als die Strukturart der idealen Theorie $\mathcal{MT}_{\Sigma_1}$ von $\mathcal{PT}_1$ auffassen und die Wahl der Unschärfemengen so wie in §7.2 in die Form der Abbildungsaxiome $(\longleftrightarrow)_r^1(2)$ mit aufnehmen. Nur mit Hilfe des idealen Strukturterms s von Σ_1 ist es meistens möglich, neue Terme $\tilde{E}_r$ der Klassen α) und β) einzuführen ; mit dem Strukturterm $\tilde{s}$ würde es meist überhaupt nicht gelingen, zu neuen Termen $\tilde{E}_\nu$ zu gelangen, die die Klassenbedingungen α) oder β) erfüllen.

Die oben gegebene Definition der Terme $\tilde{E}_v$ in $\mathcal{MT}_{\Sigma_1}$ und der $\tilde{\mathcal{U}}_\mu$ mit der Bedingung (8.1) hängt nur von dem idealen Strukturterm s und nicht von der Wahl von endlichen Unschärfemengen ab. Diese Einfachheit haben wir mit einer Schwierigkeit erkauft, die sich bei der Frage nach den Axiomen $\longleftrightarrow_r(1)$ für die Theorie $\mathcal{P}\tilde{\mathcal{T}}$ ergibt: Ein Nachweis von Relationen (8.2) und (8.5) in $\mathcal{MT}_{\Sigma_1}$ A kann sich als unmöglich erweisen, wenn man in $\overset{1}{\longleftrightarrow}_r(2)$ statt der $\overset{1}{R}_\mu$ die verschmierten Relationen $\tilde{\overset{1}{R}}_\mu$ benutzt. Keine Schwierigkeit tritt nur in dem Fall auf, wenn $\tilde{E}_v$ von der Klasse α) ist und noch spezieller $\tilde{E}_v = \tilde{x}_{v_1} \times \ldots \times \tilde{x}_{v_p}$ ist, da dann die Ableitung von (8.2) allein aus den Axiomen $\overset{1}{\longleftrightarrow}_r(1)$ erfolgt! Insbesondere ist dies für alle Standarderweiterungen der Fall.

Wir müssen jetzt aber einen Weg finden, zu Relationen der Form (8.2) und (8.5) zu gelangen. Es ist typisch für die Beschreibung physikalischer Zusammenhänge, daß man keinen systematischen Weg angeben kann, der hier zu eindeutigen Resultaten führt. Man geht dabei in folgender Weise vor: In $\overset{1}{\longleftrightarrow}_r(2)$ ersetze man die verschmierten Relationen $\tilde{\overset{1}{R}}_\mu$ durch ideale Bildrelationen, die erstens im Einklang mit den verschmierten Relationen stehen, zweitens zu einer widerspruchsfreien $\mathcal{MT}_{\Sigma_1}A_1$ führen und es drittens gestatten, möglichst viele Relationen der Form (8.2) und (8.5) abzuleiten.

Zur Veranschaulichung des Gemeinten sollen zwei einfache Beispiele betrachtet werden :

1) $\tilde{E}$ sei ein Term der Klasse α) und es gelte $\tilde{E} \subset \tilde{x}$. E sei durch eine reelle Funktion f(y) über $\tilde{x}$ nach

$$\tilde{E} = \left\{ y \,\middle|\, y \in \tilde{x} \text{ und } f(y) = 0 \right\}$$

bestimmt. $R(y,\alpha)$ sei die Relation $f(y) = \alpha$ und $R(y,\alpha)$ sei ideale Bildrelation. Mit Hilfe einer Unschärfemenge erhält man die verschmierte Relation $\tilde{R}(y,\alpha)$ als $f(y) = \alpha \pm \varepsilon$. In $(\longleftrightarrow)^1_r(2)$ stehen also Relationen der Form $f(A_i) = \alpha_i \pm \varepsilon$. Man ersetze diese Relationen, soweit dies ohne Widersprüche für $\mathcal{M}\mathcal{T}_{\Sigma_1}A$ möglich ist, durch $f(A_i) = 0$ für alle Werte α_i mit $-\varepsilon < \alpha_i < \varepsilon$. Aus den Relationen $f(A_i) = 0$ folgt dann für alle diese A_i : $A_i \in \tilde{E}$.

2) In $\tilde{x}$ sei eine Äquivalenzrelation $R(y_1, y_2)$ gegeben, die ideale Bildrelation sei. $\tilde{E}$ ist die Menge aller Äquivalenzklassen von $\tilde{x}$, d.h. $\tilde{E} \subset \mathcal{P}(\tilde{x})$ und damit $\tilde{E}$ von der Klasse β). Die mit Unschärfemengen verschmierte Relation $\tilde{R}(y_1, y_2)$ ist keine "exakte" Äquivalenzrelation. In $(\longleftrightarrow)^1_r(2)$ stehen eine Reihe von Relationen $\tilde{R}(A_{i_1}, A_{i_2})$.

Die Ungenauigkeitsmengen in $\tilde{x}$ ergeben entsprechende Ungenauigkeitsmengen in $\tilde{E}$. Man wird dann auf Grund der $\tilde{R}(A_{i_1}, A_{i_2})$ die A_{i_ν} auf Äquivalenzklassen $B_\ell \in \tilde{E}$ (d.h. $A_{i_\nu} \in B_\ell$) so aufteilen, daß diese Einteilung mit Berücksichtigung der Ungenauigkeitsmengen für die B_ℓ mit den verschmierten Relationen $\tilde{R}(A_{i_1}, A_{i_2})$ in Einklang stehen.

Wir denken uns nun auf eine (zwar nicht eindeutig festgelegte) Art und Weise die Relationen (8.3), (8.4) und (8.6), (8.7) so aufgeschrieben, daß sie nicht zu der mit den verschmierten Relationen aufgeschriebenen Theorie $\mathcal{M}\mathcal{T}_{\Sigma_1}A$ im Widerspruch stehen. Wir sagen kurz: Wir haben in "erlaubter Näherung" die Umnormierung des Realtextes $\mathcal{A}_1$ zu $\mathcal{A}$ vorgenommen.

In $\tilde{E}_1 \ldots \tilde{E}_q$ und Ω wähle man nun so große Ungenauigkeitsmengen, daß sich Relationen der Form (8.8) für die mit diesem Ungenauigkeitsmengen verschmierten Relationen $\tilde{R}_\mu$ aus $\mathcal{M}\mathcal{T}_{\Sigma_1}A$ (mit den verschmierten $\tilde{R}^1_\nu$) herleiten lassen. Wählt man die Ungenauigkeitsmengen in $\tilde{E}_1 \ldots \tilde{E}_q$ und Ω zu klein, so lassen sich keine oder nur wenige Relationen der Form (8.8) für die $\tilde{R}_\mu$ hinschreiben ; wählt man die Ungenauigkeitsmengen zu groß, so erhält man zwar viele Relationen aber dafür eine geringe Aussagekraft über die Wirklichkeit. Man wird also einen Mittelweg von solchen Ungenauigkeitsmengen suchen, die etwa denen in $\tilde{E}_1 \ldots \tilde{E}_q$ entsprechen.

Bei unscharfen Abbildungen ist also die "Einschränkung" $\mathcal{P}\mathcal{T}$ einer Theorie $\mathcal{P}\mathcal{T}_1$ noch nicht eindeutig durch die Bildterme $\tilde{E}_1 \ldots \tilde{E}_q$ und die idealen Bildrelationen gegeben ; es bleibt noch eine gewisse Willkür, die Ungenauigkeitsmengen von $\mathcal{P}\mathcal{T}_1$ und $\mathcal{P}\mathcal{T}$ aufeinander abzustimmen.

Auch bei der Einbettung von $\mathcal{P}\mathcal{T}$ in eine Theorie $\mathcal{P}\mathcal{T}_2$ kann man "unscharf" vorgehen. Um dieses wichtige Vorgehen näher zu erläutern, sei ein Beispiel vorangeschickt : $\sum_1$ sei die Strukturart eines punktierten nicht-euklidischen Raumes X ; über X sei als Strukturterm $s = (s_1, s_2)$ definiert mit $s_1 \in \mathcal{P}(X \times X \times \Omega)$ und $s_2 \in X$. s_2 nennen wir die Punktierung. s_1 definiere die Abstandsfunktion $d(x, y) = \alpha$, für die in $P_1(X, s)$ Axiome stehen mögen, die X zu einem nichteuklidischen Raum machen. Bildterm von $\mathcal{P}\mathcal{T}_1$ ist X. Die idealen Bildrelationen sind $d(x_1, x_2) = \alpha$ und $x = s_2$. Die Abbildungsprinzipien $\overset{1}{\longleftrightarrow}$ gestatten also für einen bestimmten genormten Realtext $\mathcal{U}_1$ außer den in $\overset{1}{\longleftrightarrow}_r(1)$ aufgeschriebenen Relationen $A_i \in X$ noch Relationen der Art $d(A_{i_1}, A_{i_2}) \underset{p}{\sim} \alpha_{i_{12}}$ und für ein nach den Abbildungsprinzipien ausgezeichnetes A_o (d.h. für eine ganz bestimmte Stelle im Raum) noch $A_o \underset{p}{\sim} s_2$ hinzuschreiben.

Man gehe nun auf folgende Weise zu einer Einschränkung $\mathcal{PT}$ über: Als Bildterm E von $\mathcal{PT}$ führe man die Menge alle $x \in X$ mit $d(x, s_2) \leqslant 1$ ein. Wegen $E \subset X$ ist also E von der Klasse α). Als Bildrelationen behalte man $d(x, y) = \alpha$ bei. Die Abbildungsprinzipien von $\mathcal{PT}$ erhält man dann also so : erstens streicht man in $\mathcal{A}_1$ alle Zeichen A_i, für die $d(A_o, A_i) > 1$ ist (wegen der Unschärfe der Abbildung ist dies für solche A_i mit $d(A_o, A_i) \underset{p}{\sim} 1$ nicht eindeutig!) (siehe das oben allgemein für unscharfe Abbildungen Gesagte). So erhält man den genormten Realtext $\mathcal{A}$. Dann schreibe man in $(\!\!\longrightarrow_r(1)$ die Relationen $A_i \in E$ für alle in $\mathcal{A}$ verbliebenen Zeichen auf ; in $(\!\!\longrightarrow_r(2)$ nehme man alle Relationen $d(A_{i_1}, A_{i_2}) =' \alpha_{i_{12}}$ aus $(\!\!\longrightarrow_r^1(2)$ auf, in denen Zeichen A_i stehen, die in $\mathcal{A}$ verblieben sind.

Es liege nun der Sachverhalt vor, daß man für die in $(\!\!\longrightarrow_r(2)$ aufgeschriebenen Relationen wegen der endlichen Ungenauigkeitsmengen auch mit einer euklidischen Geometrie nicht in Widerspruch käme, obwohl dies für $\mathcal{PT}_1$ der Fall sein würde ; man sagt kurz : innerhalb der Teilmenge E von X ist die Geometrie in physikalischer Approximation euklidisch. Wie kann man das nun etwas genauer formulieren, indem man $\mathcal{PT}$ in eine $\mathcal{PT}_2$ unscharf einbettet, wobei $\mathcal{MT}_{\Sigma_2}$ eine euklidische Geometrie ist ?

Σ_2 ist also durch eine Basismenge $\mathcal{Y}$, einen Strukturterm $t \in \mathcal{P}(\mathcal{Y} \times \mathcal{Y} \times \Omega)$ und eine axiomatische Relation $P_2(\mathcal{Y}, t)$ definiert, so daß mit der durch t bestimmten Abstandsfunktion Δ (x, y) = α zu einem euklidischen Raum wird.

Wäre die auf E eingeschränkte Abstandsfunktion d(x, y) = α von "genau" euklidischem Charakter, so kann man in $\mathcal{MT}_{\Sigma_1}$ den "Einbettungssatz" beweisen:

Es gibt eine Menge $\mathcal{Y}$, eine Abstandsfunktion Δ (x, y), die euklidisch ist und eine Injektion f von E in $\mathcal{Y}$, so daß t´ = U´, d.h. Δ (f(x), f(y)) = d(x, y) ist.

Ist aber d(x, y) = α auf E nur in physikalischer Approximation euklidisch, so gilt gerade die Verneinung des obigen Einbettungssatzes als Satz! Wie kann man die Formulierung für die Frage der Einbettung so ändern, daß man die gewünschte Theorie $\mathcal{MT}_{\Sigma_2}$ als "Approximationstheorie" erhält ? Eine Formulierung, daß der Einbettungssatz in $\mathcal{MT}_{\Sigma_1}$ "beinahe" gilt, ist mathematisch sinnlos.

Das einzige, was man an der bisherigen Form des Einbettungssatzes sinnvoll ändern kann, ist die Forderung t´ = U´. Die Forderung t´ = U´ besagte ja gerade, daß Δ (f(x), f(y)) = d(x, y) auf E ist. An dieser Stelle muß man zu einer schwächeren Forderung übergehen, indem man von den idealen Bildrelationen zu den verschmierten übergeht:

Wird Δ (x, y) = α mit Hilfe einer Ungenauigkeitsmenge für Ω verschmiert (siehe §6), so entspricht dem ein neuer Term $\tilde{t}$ mit derselben Typisierung $\tilde{t} \in \mathcal{P}(\mathcal{Y} \times \mathcal{Y} \times \Omega)$. Die Forderung t´ = U´ ersetzen wir durch $\tilde{t}´ \supset$ U´.

Die euklidische Theorie $\mathcal{PT}_2$ nennen wir dann kurz eine (gegenüber $\mathcal{G}_{n1}$ eingeschränkten normierten Grundbereich $\mathcal{G}_{n2}$ von $\mathcal{PT}_2$) Approximationstheorie zu der umfangreicheren Theorie $\mathcal{PT}_1$. Die Ungenauigkeitsmenge für Ω gibt die Güte der Approximation an.

Diese Überlegungen lassen sich sofort auf den allgemeinen Fall übertragen. Im "Einbettungsverfahren" sind zunächst die Komponenten des Strukturterms t von Σ_2 , die den Bildrelationen von $\mathcal{PT}_2$ entsprechen, mit Hilfe von Ungenauigkeitsmengen zu verschmieren zu $\tilde{t}_\mu$. Dann ist die Forderung $\tilde{t}'_\mu = U'_\mu$ durch folgende zu ersetzen: Für jede Komponente t_μ von t, die einer Bildrelation (und keiner uniformen Struktur!) entspricht, ist die verschmierte Komponente $\tilde{t}_\mu$ zu bilden und statt $t' = U'$ ist zu fordern :

$$\tilde{t}'_\mu \supset U'_\mu$$

mit U'_μ als entsprechender Komponente von U'. Über die Art und Weise des Bildens der Ungenauigkeitsmengen in $\mathcal{MT}_{\Sigma_2}$ und derjenigen für $\mathcal{PT}$ wird kein Zusammenhang gefordert, d.h. ein Zusammenhang der eventuell vorhandenen Komponenten von t für uniforme Strukturen mit irgendwelchen uniformen Strukturen in $\mathcal{MT}_{\Sigma_1}$, d.h. mit Komponenten von s wird nicht gefordert.

Hat man ein so verallgemeinertes widerspruchsfreies Einbettungsverfahren gefunden, so kann man genau wie oben die Abbildungsprinzipien von $\mathcal{PT}$ auf $\mathcal{PT}_2$ übertragen. Wir sagen dann : $\mathcal{PT}$ ist approximativ in $\mathcal{PT}_2$ eingebettet, und : die Theorie $\mathcal{PT}_1$ ist eine umfangreichere Theorie zu der Approximationstheorie $\mathcal{PT}_2$, machmal auch kurz wieder : $\mathcal{PT}_1$

ist umfangreicher als $\mathcal{PT}_2$.

Sehr häufig kommt folgender Fall einer "unscharfen Einbettung" vor: Die Einschränkung $\mathcal{PT}$ ist mit $\mathcal{PT}_1$ identisch (also ist r = n, $E_i = x_i$ und U = s zu setzen). Die axiomatische Relation für $\mathcal{MT}_{\Sigma_1}$ ist $P_1(x_1 \ldots x_n, s)$. Σ_2 sei durch die Basisterme $y_1 \ldots y_n$, durch den Strukturterm t, der mit demselben Leiterverfahren S wie für s die Typisierungsrelation $t \in S(y_1 \ldots y_n \Omega)$ erfüllt, und durch die axiomatische Relation $P_2(y_1 \ldots y_n, t)$ definiert. Ist s auch eine Struktur der Art Σ_2 über $x_1 \ldots x_n$, d.h. ist Σ_2 eine reichere Strukturart als Σ_1 , so ist der Einbettungssatz in der oben Seite 113 beschriebenen "trivialen" Weise erfüllt. Es ist dann $P_2(x_1 \ldots x_n, s)$ ein Satz in $\mathcal{MT}_{\Sigma_1}$. Für unscharfe Abbildungen ist aber folgende Fall viel wichtiger:

Mit Unschärfemengen werden in $\mathcal{MT}_{\Sigma_2}$ die Komponenten t_μ für die Bildrelationen zu Termen $\tilde{t}_\mu$ verschmiert. Dann versucht man in $\mathcal{MT}_{\Sigma_1}$ die reduzierte Form des Einbettungssatzes zu beweisen:

Es gibt ein t mit $t \in S(x_1 \ldots x_n \Omega)$ und $P_2(x_1 \ldots x_n\ t)$, so daß $\tilde{t}_\mu \supset s_\mu$ ist.

Hat man geeignete Ungenauigkeitsmengen gefunden, um einen solchen Satz zu beweisen, so sagt man auch kurz, daß $P_2(x_1 \ldots x_n\ s)$ eine Approximation von $P_1(x_1 \ldots x_n\ s)$ ist, bzw. daß $P_2(x_1 \ldots x_n\ s)$ approximativ in $\mathcal{MT}_{\Sigma_1}$ erfüllt ist. Dabei kann es sein, daß in $\mathcal{MT}_{\Sigma_1}$ sogar der Satz "nicht $P_2(x_1 \ldots x_n\ s)$" gilt.

Das Verhältnis einer Theorie $\mathcal{PT}_1$ als umfangreichere Theorie zu einer Approximationstheorie $\mathcal{PT}_2$ kommt in der Physik auf allen Gebieten in unübersehbarer Fälle vor. Man gibt sich meistens auch gar nicht die Mühe, die noch zulässigen Ungenauigkeitsmengen für $\mathcal{PT}_2$ auf Grund von $\mathcal{PT}_1$ abzuschätzen, sondern begnügt sich damit, auf Grund der Erfahrungen mit der Theorie $\mathcal{PT}_2$ ein "Gefühl" für diese Ungenauigkeitsmengen zu bekommen.

Es ist auch nicht etwa immer nur so, daß man durch Übergang von einer $\mathcal{PT}_2$ zu einer $\mathcal{PT}_1$ eine vollkommenere Beschreibung der Wirklichkeit austrebt, sondern auch umgekehrt "vereinfacht" man oft eine Theorie $\mathcal{PT}_1$ zu einer Approximationstheorie $\mathcal{PT}_2$, weil sich nur in $\mathcal{PT}_2$ die gewünschten Probleme mathematisch behandeln lassen.

So wird z.B. sehr häufig in der oben geschilderten Weise eine axiomatische Relation $P_1(x_1 \ldots)$ von Σ_1 approximativ durch eine andere $P_2(x_1 \ldots)$ ersetzt, z.B. ein in $P_1(x_1 \ldots)$ auftretendes Kraftgesetz durch ein einfacheres, leichter zu behandelndes in $P_2(x_1 \ldots)$; so werden wir später Hamiltonoperatoren aus der axiomatischen Relation $P_1(\ldots)$ von Σ_1 durch einfachere in $P_2(\ldots)$ von Σ_2 approximieren. Oft sucht man Einschränkungen und Vergröberungen einer Theorie $\mathcal{PT}_1$, um bestimmte Probleme wenigstens in "groben Zügen" einer Behandlung zugänglich zu machen. Das Schalenmodell der Atome wie die Näherungstheorien für die chemische Bindung sind solche Approximationstheorien. Es ist üblich geworden, solche vergröberten Approximationstheorie als "Modelle" eines gewissen Teilausschnittes der Erfahrungen zu bezeichnen. Genauer wäre eine Theorie $\mathcal{PT}_2$ als eine zwar schlechtere, aber einfachere Modelltheorie relativ zur Theorie $\mathcal{PT}_1$ zu bezeichnen. Mit gröberen Ungenauigkeitsmengen kann man $\mathcal{PT}_2$ benutzen, mit feineren Ungenauigkeitsmengen kommt die Theorie $\mathcal{PT}_1$ aus, um Übereinstimmung mit der Erfahrung zu erzielen.

Umgekehrt geht die historische Entwicklung von einer schlechteren Approximationstheorie $\mathcal{PT}_2$ zu einer umfangreicheren $\mathcal{PT}_1$ über. Die Tatsache, daß oft in $\mathcal{MT}_{\Sigma_1}$ die Strukturart Σ_2 nicht exakt ableitbar ist, hat fälschlicher Weise häufig zu der Ausdrucksweise geführt, daß man durch den "Fortschritt" der Physik von der Theorie $\mathcal{PT}_2$ zur Theorie $\mathcal{PT}_1$ die Theorie $\mathcal{PT}_2$ als falsch erkannt habe, daß die bisherige Physik (nämlich $\mathcal{PT}_2$) "zusammengebrochen" sei, daß sich ein "Umsturz im Weltbild der Physik" vollzogen habe. Von alledem kann aber keine Rede sein, wie aus unserer Darstellung hervorgeht. Die falschen Behauptungen kommen nur zustande, weil man vergessen hatte, daß $\mathcal{MT}_{\Sigma_2}$ nur als unscharfes Bild in $\mathcal{PT}_2$ benutzt werden durfte.

In diesem Sinne enthält das Wellenbild für Elektronen Σ_1 als Beschreibung der Bewegung von Wellenpaketen näherungsweise die Hamiltonsche Mechanik Σ_2 , wie wir es in I §3 skizzenhaft geschildert haben.

Wir hatten definiert, wann wir eine $\mathcal{PT}_1$ als eine Standarderweiterung von $\mathcal{PT}_2$, wann als g. G. -umfangreichere Theorie als $\mathcal{PT}_2$ bezeichnen.

Alle diese Begriffe lassen sich auch auf den Fall übertragen, daß $\mathcal{PT}_2$ nur eine Approximationstheorie relativ zu $\mathcal{PT}_1$ ist. Wir wollen diese Möglichkeit immer mit im Auge behalten, wenn wir die folgenden klassifizierenden Begriffe einführen.

Eine brauchbare $\mathcal{PT}_2$ heißt g. G. -abgeschlossen, wenn es zu $\mathcal{PT}_2$ keine g. G. -umfangreichere und brauchbare Theorie $\mathcal{PT}_1$ gibt, die bei den zugrundegelegten Ungenauigkeitsmengen echt von $\mathcal{PT}_2$ unterscheidbar ist (echt, d.h. $\sum_1$ ist nicht nur durch eine solche axiomatische Relation von $\sum_2$ unterschieden, so daß der Unterschied der axiomatische Relationen doch nicht wegen der zugrundegelegten Ungenauigkeitsmengen feststellbar ist). Der Begriff, daß eine $\mathcal{PT}_2$ g. G. -abgeschlossen ist, ist also eventuell noch von den benutzten Ungenauigkeitsmengen abhängig.

Eine brauchbare Theorie $\mathcal{PT}_2$, zu der es keine strukturreichere und brauchbare Theorie $\mathcal{PT}_1$ gibt, nannten wir am Anfang des § strukturabgeschlossen.

Eine brauchbare Theorie $\mathcal{PT}_2$, zu der es überhaupt keine umfangreichere und brauchbare Theorie $\mathcal{PT}_1$ gibt, die bei den zugrundegelegten Ungenauigkeitsmengen echt von $\mathcal{PT}_2$ unterscheidbar ist, heißt absolut abgeschlossen.

Ist $\mathcal{PT}_2$ strukturabgeschlossen, so kann man bei gleichem genormten Grundbereich keine reichere Struktur einführen, ohne in Widerspruch zur Erfahrung zu kommen ; es kann aber eine g. G. -umfangreichere und brauchbare Theorie $\mathcal{PT}_1$ und erst recht eine umfangreichere und brauchbare Theorie $\mathcal{PT}_1$ geben.

Ist $\mathcal{PT}_2$ g. G. -abgeschlossen (also erst recht strukturabgeschlossen), so kann es nur mit Erweiterung des Grundbereiches eine umfangreichere und brauchbare Theorie $\mathcal{PT}_1$ geben.

Ist $\mathcal{PT}_2$ <u>absolut abgeschlossen</u>, so gibt es überhaupt keine umfangreichere und brauchbare Theorie. Diesen letzten Fall werden wir nicht zu betrachten haben, denn es gibt in der Physik bisher keine $\mathcal{PT}$, zu der nicht eine umfangreichere Theorie vermutet und gesucht wird. Insbesondere versucht man oft zu zwei Theorien $\mathcal{PT}_2$ und $\mathcal{PT}_3$ eine dritte $\mathcal{PT}_1$ zu finden, die sowohl umfangreicher als $\mathcal{PT}_2$ als auch umfangreicher als $\mathcal{PT}_3$ ist. So ist eben die Quantenmechanik für Elektronen umfangreicher als das Wellenbild und auch umfangreicher als das Teilchenbild, wobei der genormte Grundbereich der Quantenmechanik sowohl größer als der des Wellen- wie der des Teilchenbildes ist.

§ 9. Die Endlichkeit der Physik

Wir haben im vorigen Paragraphen mehrfach darauf hingewiesen, daß ein Test einer Theorie nur mit je endlich vielen Realtextstücken erfolgt. Als mathematische Theorien innerhalb $\mathcal{PT}$ betrachten wir andererseits solche von der Form $\mathcal{MT}_\Sigma$ mit $\mathcal{MT}$ als Mengenlehre. Die Mächtigkeit der Mengen in von der Physik benutzten Theorien ist aber oft unendlich. Ist dies notwendig ? Ist überhaupt die Mengenlehre eine notwendige Basis für alle mathematischen Theorien, die in einer $\mathcal{PT}$ benutzt werden ?

Zunächst scheint tatsächlich die Mengenlehre unnötig zu sein. Man könnte nämlich allein von der logischen Theorie $\mathcal{MT}_\ell$ als Ausgangspunkt starten. Man füge dann endlich viele relationelle Zeichen ein, die wir kurz mit r_1 , r_2 , r_3 ... r_s durchnumerieren wollen. Diese relationellen Zeichen sollen die Bilder von Realrelationen, d.h. die Bildrelationen darstellen. Jedes dieser Zeichen hat ein Gewicht (§4.1); mit der entsprechenden Anzahl von Buchstaben ist dann $\mathfrak{r}_\mu(x_1 x_2 \ldots)$ eine Relation. Dann gebe man eine Reihe von Axiomen vor, die keine Konstanten enthalten. Ohne daß wir irgendwie eine Beschreibung der Art einführen, daß die in den $\mathfrak{r}_\mu(x_1 x_2 \ldots)$ auftretenden Terme $x_1 x_2 \ldots$ Elemente von Mengen werden, erhalten wir eine mathematische Theorie $\mathcal{MT}$, die in $\mathcal{PT}$ angewandt werden kann: Man schreibe dazu nach den Abbildungsvorschriften endlich viele Abbildungsaxiome der Form $\mathfrak{r}_\mu(A_{i_1} A_{i_2} \ldots)$ auf mit den Zeichen $A_1 A_2 \ldots$ für Realtextstücke. Die so gegenüber $\mathcal{MT}$ erweiterte Theorie, wieder kurz $\mathcal{MTA}$ genannt, ist auf Widerspruchsfreiheit zu untersuchen.

Gleichungen der Form $A \in E$ sind bei dieser Methode nicht aufgetreten. Die Bildrelationen allein genügen. Wir werden nun sehen, daß in dem so beschriebenen Fall die mathematische Ergänzung von $\mathcal{MT}$ durch die mengentheoretischen Axiome nicht so sehr physikalisch wesentlich als vielmehr mathematisch praktisch ist, denn das Hinzufügen der mengentheoretischen Axiome bedeutet keine Veränderung des Problems, $\mathcal{MTA}$ auf Widerspruchsfreiheit zu untersuchen.

Benutzen die Abbildungsprinzipien Realtextstücke mit dem Zeichen B, die nicht anderes als ein Paar (A_1, A_2) zweier anderer Realtextstücke sind, und will man diese Tatsache im mathematischen Bild zum Ausdruck bringen, so wird man unter die Relationen r_μ eine der Form $x = (y_1, y_2)$ aufnehmen mit $(\ldots,\ldots)$ als substantiellem Zeichen, und als Axiom $(\forall x)(\forall x')(\forall y)(\forall y')(((x,y) = (x',y') \Rightarrow (x = x' \text{ und } y = y'))$ fordern, was aber gerade das Axiom M1) (§4.4) der Mengenlehre ist. Aber auch wenn die Abbildungsprinzipien nicht explizit Paare $B = (A_1, A_2)$ benutzen (weil solche B in keinen $\mathfrak{r}_\mu$ auftreten), so steht ihrer zusätzlichen Einführung nichts im Wege : das eben aufgeschriebene Axiom ist eigentlich nur eine Definition dessen, was ein Paar sein soll. Wenn man so will, kann man auch sagen, daß durch diese Axiome die unmittelbare, reale Tatsache abgebildet wird, daß Paare (allgemeiner Gruppen) von Realtextstücken zusammen wieder ein Realtextstück bilden. Die mengentheoretische Relation $\in$ wurde hierbei noch nicht benutzt.

Die zu dem relationellen Zeichen $\in$ zugehörige Relation $x \in y$ ist auch keine Bildrelation. Dies erkennt man daran, daß unter den Abbildungsprinzipien nur solche der Form $A \in E$ mit A als Zeichen eines Realtextstückes und E als Term aus $\mathcal{MT}$, aber keine der Form $A_1 \in A_2$ mit A_1, A_2 als Zeichen für Realtextstücke auftreten. Wozu also die Einführung des Zeichen $\in$?

Die Abbildungsprinzipien müssen in irgendeiner Weise angeben, welche A_i in welche Relationen r_μ an welcher Stelle einzusetzen sind. Dabei hilft sehr, wenn die A_i typisiert, d.h. nach Typen geordnet werden und bei den r_μ mit angegeben wird, daß an einer bestimmten Stelle nur Realtextstücke eines bestimmten Typs auftreten können. D.h. nicht etwa, daß alle A_i dieses Typs dort eingesetzt werden dürfen, sondern daß der Realtext zusammen mit den Abbildungsprinzipien angibt, welche A_i wirklich einzusetzen sind. Nur ein Teil dieser Frage wird durch die Typisierung vorweggenommen. Ist z.B. A die real vorliegende Ausdehnung eines Gegenstandes und B sein Material, so gehören A und B zu verschiedenen Typen. Diese Typisierung können wir aber schon in das mathematische Bild hineinnehmen : x $\in$ y soll das Bild von "x ist vom Typ y" sein. Darum haben wir schon gleich von Anfang an die in $\longleftrightarrow$ auftretenden Relationen der Form A $\in$ E als Typisierung bezeichnet. Es sei aber nochmals bemerkt, daß es keinen Sinn hat, von "allen" Realtextstücken (des Grundbereiches $\mathcal{G}$ von $\mathcal{W}$) eines gewissen Typs zu sprechen und so etwa den Begriff der "Menge aller Realtextstücke eines gewissen Typs" zu prägen ; denn "alle Realtextstücke eines gewissen Typs" ist etwas nicht real gegebenes, und damit nicht Gegenstand einer $\mathcal{PT}$: "alle" Realtextstücke eines Typs ist eben kein Realtextstück. Die Einführung des "Typs" und in $\mathcal{MT}$ des Zeichens $\in$ erfolgt also der Übersichtlichkeit halber. Dürfen wir aber dann für dieses Zeichen die mengentheoretischen Axiome fordern ?

Daß wir es tun, entspringt einem für die theoretische Physik grundlegend wichtigem Vorgehen, dem wir schon in Bezug auf die Sachlage der unscharfen Abbildungen begegnet sind : der Idealisierung. Das soll heißen: Ohne daß durch die benutzten Realtexte eine physikalische Frage entschieden werden kann, werden Axiome der Art aufgenommen, daß diese weder den Realtextstücken zu widersprechen scheinen noch von ihnen kontrolliert werden können. Diese Axiome malen sozusagen $\mathcal{MT}$, das mathematische Bild, feiner aus an Stellen, wo man eigentlich vom Realtext her nicht weiß, "wie es dort weitergeht". So z.B. kann man realiter Gegenstände (Raumgebiete) teilen, z.B. einen Stuhl in Stuhlbeine, Sitz, Lehne. Dieses Teilen von Raumgebieten kann man realiter weiter und weiter durchführen, aber wie weit ? Eine Antwort ist unbekannt. In dieser Situation wird man aber im mathematischen

Bild die Frage nicht offen lassen, d.h. kein Axiom über das Teilen von Raumgebieten aufnehmen, sondern idealisierend durch ein Axiom der Form beschreiben, daß es zu jedem Raumgebiet ein echtes Teilgebiet gibt. Dies kann durch die zugelassenen Erfahrungen nicht widerlegt werden, aber geht über sie hinaus. Das bedeutet natürlich nicht, daß eine umfangreichere $\mathcal{T}\mathcal{T}$ später einmal die Sachlage genauer beschreibt und die durch "Idealisierung verdrängte" Frage löst.

Die Einführung der mengentheoretischen Axiome stellt ebenfalls eine solche Idealisierung dar, es sei denn, daß es tatsächlich nur eine ganz bestimmte endliche Zahl von Realtextstücken eines Typs in der Natur gibt. Daher müssen wir zwei Fälle unterscheiden :

1) Die r_μ und die benutzten Axiome legen fest, daß es für einige Typen nur endlich viele Realtextstücke gibt. Die mengentheoretischen Axiome sind dann für diese endlichen Mengen "aller Elemente eines Types" erfüllt, ja sogar die endliche Mächtigkeit ist als Bild einer Realstruktur festgelegt.

2) Der häufigere Fall ist, daß unbekannt viele und immer neue Erfahrungen gesammelt werden können ; von einer Menge "aller Realtextstücke eines Types" kann keine Rede sein. Jeder Realtext gibt aber immer nur endlich viele Realtextstücke an, auch wenn deren Zahl mit den gemachten Erfahrungen steigt. Idealisierend postulieren wir deshalb in $\mathcal{M}\mathcal{T}$ solche Axiome, die für endliche Mengen mit der Erfahrung übereinstimmen, andererseits aber die endliche Mächtigkeit nicht fordern, sonst aber "so stark als möglich" sind. Uns scheinen die in §4.4 angegebenen Axiome die geeignetsten plus einem weiteren:

M $\mathcal{S}$) Jeder Bildterm (für scharfe Abbildung) hat eine endliche oder höchstens abzählbar unendliche Mächtigkeit.

Dieses "abzählbar unendlich" ist die passende Idealisierung für die sich in unbekannter Weise mehr und mehr durch die Erfahrungen vermehrenden Realtextstücke. Ein Bildterm größerer als abzählbarer Mächtigkeit enthält eine über jede Erfahrung hinausgehende "überflüssige" Struktur. Die Frage der Mächtigkeit der Bildterme aber offen zu lassen, läßt $\mathcal{M}\dot{\mathcal{T}}$ unnötig unbestimmt.

Wir müssen jetzt noch die Diskussion für den Fall unscharfer Abbildungen nachtragen. Auch hier liegen immer in jedem konkreten Realtext nur endlich viele Realtextstücke vor.

Anschaulich gesprochen bleibt aber die Zuordnung der Realtextstücke zu den einzelnen mathematischen Elementen eines Typs in gewissen Grenzen unbestimmt. Läge nur eine Unbestimmtheit zwischen einer *endlichen bekannten* Zahl von mathematischen Elementen für jedes Realtextstück vor, so läge es nahe, durch eine "endliche" Anstrengung zu einer neuen Theorie ohne diese Unbestimmtheiten überzugehen. So kommt es, daß dieser Fall für die Physik uninteressant ist. Er soll deshalb hier ebenfalls nicht näher behandelt werden.

Wir nehmen also an, daß die Unbestimmtheit "unbekannt viele" Elemente umfaßt. Wir erweitern daher Axiom M $\mathcal{S}$) für unscharfe Abbildungen zu :

M $\mathcal{U}$) Jeder Bildterm für unscharfe Abbildung ist abzählbar unendlich und ein uniformer Raum mit einer durch eine Uniformität bestimmten Topologie.

Die uniforme Struktur ist nicht willkürlich, sondern das idealisierte Bild der unscharfen Abbildung.

Durch die Topologie kann der Bildterm topologisch vervollständigt werden, wobei eventuell Klassen auch "ideal" ununterscheidbarer Elemente zusammenfallen. Dieser vollständige Raum kann dann eine höhere Mächtigkeit als der ursprüngliche Bildterm haben.

Diesen vollständigen Raum kann man ebenso gut als Bildterm wie den ursprünglichen uniformen Raum von abzählbarer Mächtigkeit benutzen. In dem vollständigen Raum gilt das Trennungsaxiom ; dies ist gerade physikalisch vernünftig, da Elemente, die "topologisch" nicht unterscheidbar sind, vom physikalischen Standpunkt als dieselben angesehen werden dürfen, dann die unscharfen Abbildungen unterscheiden ja die Elemente immer "noch schwächer" als die uniforme Struktur.

Der vervollständigte Raum ist ein separabler, separierter, uniformer Raum.

Oft wird auch dieser vollständige Raum gleich von Anfang an als Bildterm benutzt (was auch möglich ist ; wir aber werden später zwischen beiden entsprechend dem Axiom M $\mathcal{U}$ unterscheiden). Statt des Axioms M$\mathcal{U}$ für den Bildterm kann man dann auch für den vollständigen Bildterm fordern:

Jeder vollständige Bildterm für unscharfe Abbildung ist ein separabler, separierter, uniformer Raum. Oft werden wir bei den Anwendungen dieser allgemeinen Theorie nur von den "Topologien der unscharfen Abbildungen" statt von den uniformen Strukturen sprechen, nämlich immer dann, wenn es in dem betrachteten Zusammenhang klar ist, welche uniforme Struktur der betrachteten Topologie zugeordnet ist, so wie z. B. bei topologischen Vektorräumen (oder der Relativ-topologie von Teilmengen daraus) oder allgemeiner topologischen Gruppen. In dieser Weise sind z. B. auch die Überlegungen aus III §4 zu verstehen.

In $\mathcal{M}\mathcal{T}$ können natürlich noch ganz andere Mächtigkeiten als abzählbare auftreten, da man ja beliebig Leitermengen bilden kann. Ebenso können in $\mathcal{M}\mathcal{T}$ aus mathematischen Gründen eventuell noch andere Topologien *definiert* werden, die nicht die Eigenschaften aus Axiom M $\mathcal{U}$) haben. Die in M $\mathcal{U}$) auftretende uniforme Struktur ist die, die idealisierend (!) die unscharfen Abbildungen charakterisiert. Nicht jede Topologie in $\mathcal{M}\mathcal{T}$ muß daher etwas mit unscharfen Abbildungen zu tun haben.

M $\mathcal{S}$) und M $\mathcal{U}$) nennen wir die "Endlichkeitsaxiome", nicht weil etwa nur endliche Mengen erlaubt wären, sondern weil sie idealisierend zum Ausdruck bringen, daß jede Physik nur mit endlich vielen Realtextstücken nachprüfbar ist. Die Endlichkeitsaxiome müssen in jeder $\mathcal{M}\mathcal{T}$ noch explizit angegeben werden, denn die Formulierungen M $\mathcal{S}$) und M $\mathcal{U}$) sind genau genommen nur Anweisungen für das Hinschreiben von Axiomen in einer bestimmten $\mathcal{M}\mathcal{T}$.

Daß wir idealisierend unendliche Mengen nun wirklich in einer $\mathcal{M}\mathcal{T}$ für eine $\mathcal{P}\mathcal{T}$ benutzen, zieht natürlich die Vorsichtsmaßregel nach sich, daß man diese Idealisierung nicht mit der Wirklichkeit der Welt verwechselt und so etwa aus $\mathcal{MT}$ folgert, daß "die Welt unendlich ist". Solche Aussagen sind nicht nur unerlaubte Schlußfolgerungen, sondern physikalisch sinnlos. Jede Unendlichkeit in $\mathcal{MT}$ ist nur idealisierend ein Ausweg aus einer Unkenntnis über die Welt: Wo man nicht weiß, wie es wirklich weiter geht, setzt man als Ausweg ein : "und ebenso immer weiter". Zur Veranschaulichung seien hierfür einige physikalische Beispiele angegeben:

Nur endliche Raumgebiete sind physikalisch sinnvoll. Wenn man nicht weiß, wie die räumliche Gegenstandsverteilung im Kosmos weitergeht, ersetzen wir dieses Unwissen mathematisch durch einen unendlich ausgedehnten euklidischen Raum. Es muß daher geradezu amüsieren, wenn man dann wieder aus $\mathcal{MT}$ schließen will, daß der reale Raum des Kosmos unendlich ist ; ein Gedankentrick, um sich selber zu belügen, nämlich Unwissenheit in Wissen umzufälschen. Genau entsprechend unseren obigen allgemeinen Überlegungen ist es vielmehr so : entweder können wir auf Grund der Realtexte feststellen, daß der reale Raum endlich ist, oder wir können über diese Frage gar nichts aussagen.

Ebenso ist es mit der schon oben erwähnten Teilung von realen Raumgebieten in immer kleinere Teile. Unser Unwissen, wie weit so etwas realiter geht, ersetzen wir idealisierend durch "unendlich oft" und kommen in zu einem kontinuierlichen Raum als topologisch abgeschlossenem Bildterm. Zu behaupten, daß der reale Raum ein Kontinuum ist, ist ebenfalls wieder ein solcher unerlaubter Schluß. Vielmehr ist es so : entweder kann man auf Grund von Realtexten eine endliche Struktur des realen Raumes im Kleinen nachweisen, oder man kann über die Frage der realen Raumstruktur im

Kleinen gar nichts aussagen.

Als Warnung sei nochmals zusammengefaßt: Jede unendliche Menge in $\mathcal{MT}$ ist eine Idealisierung, um unbekannte Realstrukturen zu umgehen. Eine Schlußfolgerung aus diesen Idealisierungen über eine Struktur der Wirklichkeit ist unerlaubt.

§ 10. Mögliche und wirkliche Existenz von Realobjekten als Begriffe in einer $\mathcal{PT}$.

In der Physik wird häufig von möglichen Dingen, möglichen Vorgängen, möglichen Apparaten, möglichen Maschinen gesprochen im Gegensatz zu den wirklichen Dingen, den wirklichen Vorgängen, den wirklichen Apparaten, den wirklichen Maschinen. Was meint man mit diesen Begriffen ? Gleich zu Anfang führten wir den Wirklichkeitsbereich $\mathcal{W}$ als Teil einer $\mathcal{PT}$ ein ; aber was ist $\mathcal{W}$? Wir haben bisher nur den Grundbereich $\mathcal{G}$ von $\mathcal{W}$ benutzt und definiert, dagegen aber $\mathcal{W}$ noch nicht näher umrissen.

Wenn wir jetzt versuchen, innerhalb einer $\mathcal{PT}$ den Begriffen "möglich" und "wirklich" einen Sinn zu geben, so darf man diese in einer $\mathcal{PT}$ definierten Begriffe nicht mit philosophischen Begriffen von möglich und wirklich verwechseln. Erst <u>nachdem</u> geklärt ist, was "möglich" und "wirklich" in einer $\mathcal{PT}$ bedeuten, kann man fragen, in welchem Zusammenhang diese physikalischen Begriffe mit den philosophischen stehen.

Ein vorliegender Realtext ist als solcher unveränderbar vorgegeben und wird deshalb in $\mathcal{PT}$ als ein Stück Wirklichkeit bezeichnet. Aber nicht nur Realtexte und ganz $\mathcal{G}$ werden als wirkliche Vorgänge bezeichnet, sondern ganz $\mathcal{W}$. Es ist also zu klären, inwieweit $\mathcal{W}$ über $\mathcal{G}$ hinausgeht, um dem Begriff "wirklich" in $\mathcal{PT}$ einen bestimmten Sinn zu geben.

Der Grundbereich $\mathcal{G}$ liegt aber bei allen bekannten $\mathcal{PT}$ nicht fertig und abgeschlossen vor, vielmehr kann der Realtext immer weiter und weiter ergänzt werden ; $\mathcal{G}$ ist nur eine begriffliche Zusammenfassung aller Realtexte. Der Mensch selber kann sogar durch seinen freien Willen mit Hilfe der Technik oder allgemein durch sein Wirken wenigstens teilweise über das Aussehen des Realtextes verfügen. $\mathcal{G}$ ist also nicht fest vorgegeben, sondern teilweise gestaltbar, auch wenn jeder "fertige" Realtext unveränderbar ist. Diese Situation versuchen wir mit dem Begriff des physikalisch "möglichen" zu erfassen, wobei wir (zunächst ganz grob anschaulich) etwas als möglich bezeichnen, was (wenn man nur will) in einem Realtext auftreten kann. Dieser intuitiven Vorstellung von "möglich" müssen wir im formalen Aufbau einer $\mathcal{PT}$ einen bestimmten Sinn geben.

Als ersten Schritt zur Lösung der beiden gestellten Aufgaben, den Begriffen "wirklich" und "möglich" einen bestimmt Sinn in $\mathcal{PT}$ zu geben, betrachten wir die Tatsache, daß sich der Mensch zu einem vorliegenden Realtext noch etwas vorstellen kann, sich eine Wirklichkeit ausdenken kann, d.h. eine Hypothese über die Wirklichkeit machen kann. Wird dann der Realtext weiter ergänzt, so kann eventuell diese Wirklichkeit des neuen Realtextes darüber entscheiden, ob die Hypothese richtig oder falsch war ; aber manchmal läßt sich sogar innerhalb einer $\mathcal{PT}$ schon im Voraus, d.h. ohne direkte Kontrolle an der Wirklichkeit, etwas über eine Hypothese aussagen.

Zunächst aber müssen wir innerhalb $\mathcal{PT}$ formalisierend genauer beschreiben, was wir mit diesem "sich etwas denken" meinen, d.h. was eigentlich eine "Hypothese" ist. Ein Verweis auf vorliegende Tatsachen ist dabei nicht möglich. "Sich etwas denken" kann also innerhalb $\mathcal{PT}$ nur im Rahmen der "gedachten Dinge", d.h. in Bezug auf den mathematischen Text erfaßbar sein. Dies geschieht am besten in der axiomatischen Basis $\mathcal{MT}_\Sigma$ von $\mathcal{PT}$. $y_1 \ldots y_r$ seien die Hauptbasisbildterme von Σ, t der Strukturterm, die Leitermengen $T_i(y_1 \ldots y_r)$ seien die Bildterme.

Eine Hypothese (erster Art) definieren wir nun durch die Elemente $A_1 \ldots A_n$ eines gegebenen genormten Realtextes (der auch fehlen kann!), durch eine Reihe weiterer Buchstaben $\mathcal{X}_1 \ldots \mathcal{X}_N$ (den "gedachten Sachverhalten") und schließlich durch Axiome $\longleftrightarrow_h$, die erstens alle Axiome $\longleftrightarrow_r$ für den vorgegebenen Realtext, wobei wir $\longleftrightarrow_r$ wie in §7.3 zu $\tilde{A} \in \tilde{T}(y_1 \ldots y_r)$ und $\tilde{P}(y_1 \ldots y_r\ t\ \tilde{A})$ zusammenfassen, enthalten und zusätzlich Axiome der Form

$$\mathcal{X}_1 \in T_{i_1}(y_1 \ldots), \quad \mathcal{X}_2 \in \ldots ; \tilde{R}\ \varrho_1(\ldots), \ldots, \tag{10.1}$$

wobei in den verschmierten Bildrelationen $\tilde{R}_\varrho\ (\ldots)$ sowohl einige A_i wie $\mathcal{X}_i$ auftreten können. Mit $X = (\mathcal{X}_1, \mathcal{X}_2, \ldots \mathcal{X}_N)$ und $\tilde{T}_h(y_1 \ldots y_r) =$

$T_{i_1} \times S_{i_2} \ldots$ und $\tilde{P}_h(y_{\_} \ldots y_r, t, \tilde{A}, X)$ gleich "$\tilde{R}\ \varrho_1 \ldots$" fassen wir

(10.1) zusammen zu :

$$X \in \widetilde{T}_h(\ldots) \text{ und } \widetilde{P}_h(\ldots), \tag{10.2}$$

$\longleftrightarrow_h$ ist dann das Axiom :

$$\widetilde{A} \in \widetilde{T}(y_1 \ldots y_r) \text{ und } \widetilde{P}(y_1 \ldots y_r, t, \widetilde{A}) \text{ und } X \in \widetilde{T}_h(y_1 \ldots y_r) \text{ und } \widetilde{P}_h(y_1 \ldots y_r, t, \widetilde{A}, X). \tag{10.3}$$

Die Auftteilung der Elemente in einer Hypothese nach den A_i aus dem Realtext und den "gedachten" $\varkappa_i$ ist teilweise willkürlich, denn man kann ohne weiteres Elemente A_i mit zu den $\varkappa_i$ hinübernehmen (aber nicht umgekehrt!) und damit so tun, als ob der Umfang des Realtextes kleiner ist. Wir sagen dann kurz, daß wir einen Teil des Realtextes als Hypothese auffassen.

Es ist nun in der Physik üblich, nicht nur die eben definierten Hypothesen (erster Art) einzuführen. Wir haben schon bisher den Fall zugelassen, daß als Bildterme nicht nur die Basisbildterme $y_1 \ldots y_r$ aufzutreten brauchen, sondern auch andere Leitermengen $T_i(y_1 \ldots y_r)$. Es ist nun in der Physik üblich, außer den Bildtermen noch andere innere Terme, $E(y_1 \ldots y_r\ t)$ zu betrachten (innere §7.2), die speziell Teilmengen von Leitermengen über $y_1 \ldots y_r\ \Omega$ sind : $E(y_1 \ldots y_r\ t) \subset T'(y_1 \ldots y_r\ \Omega)$.

Wie beim Übergang von den vorgegebenen Abbildungsprinzipien zu ihrer Normalform in §7.3 setzen wir statt einer Relation

$$Z \in E(y_1 \ldots y_r\ t)$$

die zwei Relationen

$$Z \in T(y_1 \ldots y_r\ t) \text{ und } Z \in E(y_1 \ldots y_r\ t),$$

wobei wir die erste als Typisierung beibehalten und die zweite als eine Relation $R(Z)$ bezeichnen.

Viele neue Begriffe in der Physik werden durch solche inneren Terme definiert. Z.B. die Einführung des Temperaturbegriffs in der Thermodynamik geschieht auf diese Weise:

In der Menge y der Gleichgewichtszustände ist eine Äquivalenzrelation $x \sim y$ definiert, die als Bild der Realrelation : "x mit y im Wärmekontakt bleiben im Gleichgewicht" dient. Der Strukturterm t von Σ ist die Menge aller Paare (x,y) mit $x \sim y$. Es ist also $t \in \mathcal{P}(y \times y)$. $\Theta(y,t)$ sei der innere Term : Menge aller Äquivalenzklassen von X. Ein Element $\tau \in \Theta(y,t)$ nennt man einen Temperaturwert, $\Theta(y,t)$ die Menge der Temperaturen. Hat man z.B. für $(\longleftrightarrow)_\gamma(1)$ die Relationen $A_1 \in y$, $A_2 \in y$, $A_3 \in y$ und für $(\longleftrightarrow)_\gamma(2)$ $A_1 \sim A_2$, $A_2 \sim A_3$, hingeschrieben, so kann man dies durch eine "Hypothese" erweitern zu :

$$(\longleftrightarrow)_\gamma(1) : A_1 \in y,\ A_2 \in y,\ A_3 \in y,\quad \tau \in \mathcal{P}(y)$$

$$(\longleftrightarrow)_\gamma(2) : A_1 \sim A_2,\ A_2 \sim A_3,\quad \tau \in \Theta(y,t),\ A_1 \in \tau,\ A_2 \in \tau,\ A_3 \in \tau .$$

Wir lesen die Hypothese in der Form :

$\tau \in \Theta(y,t)$: τ ist eine Temperatur,

$A_1 \in \tau$: A_1 hat die Temperatur τ ,

$A_2 \in \tau$: A_2 hat die Temperatur τ ,

$A_3 \in \tau$: A_3 hat die Temperatur τ ,

Es gilt aber in $\mathcal{MTA}$, d.h. $\mathcal{MT}$ durch $\leftrightarrow_\tau(1)$ und $\leftrightarrow_\tau(2)$ ergänzt, schon der Satz:

Es gibt ein und nur ein τ mit : $\tau \in \theta(y,t)$ und $A_1 \in \tau$ und $A_2 \in \tau$ und $A_3 \in \tau$.

Auf allen Gebieten der Physik werden auf ähnliche Weise neue "physikalische" Größen definiert. Ohne dies explizit auszuführen, sei noch auf zwei andere Fälle hingewiesen:

In der Mechanik eines Massenpunktes kann man von zwei Basismengen y_1, y_2 ausgehen, wobei y_1 die "Menge der Raumpunkte" und y_2 die "Menge der Zeitpunkte" ist. Als Strukturterm t käme ein Term mit drei Komponenten in Frage : 1) eine Abstandsfunktion $d(x_1, x_2)$ zwischen zwei Raumpunkten $x_1, x_2 \in y_1$; 2) ein zeitlicher Abstand $\vartheta(\sigma_1, \sigma_2)$ zwischen je zwei Zeitpunkten $\sigma_1, \sigma_2 \in y_2$ (ϑ wäre in der physikalischen Interpretation als Bild des mit einer Uhr gemessenen Zeitunterschiedes zu benutzen) ; 3) eine Funktion $x(\sigma)$ mit $x \in y_1$, $\sigma \in y_2$, die als Bild der Realrelation dient, daß sich der Massenpunkt zum Zeitpunkt σ an der Stelle x befindet.

Mit Hilfe von $d(x_1, x_2)$ und $\vartheta(\sigma_1, \sigma_2)$ wird dann in bekannter Weise der Vektor der "Geschwindigkeit" $\mathfrak{v} = d\mathfrak{r}/d\vartheta$ definiert, d.h. als Term deduziert.

Als letztes Beispiel sei auf die Definition von Ladung und Feldstärke in der Elektrostatik verwiesen. Der Ausgangspunkt ist ein Kraftfeld $\mathfrak{K}(\mathfrak{r}, \alpha)$, was vom Ort $\mathfrak{r}$ und vom "Probekörper" α abhängt (für α wären jeweils die verschieden "Zeichen" A_i der verschiedenen Probekörper einzusetzen). Auf Grund geeigneter Axiome für $\mathfrak{K}(\mathfrak{r}, \alpha)$ folgt, daß sich $\mathfrak{K}(\mathfrak{r}, \alpha) = \lambda(\alpha)\, \mathfrak{E}(\mathfrak{r})$ schreiben läßt, wobei $\lambda(\alpha)$ und $\mathfrak{E}(\mathfrak{r})$ bis auf einen nicht von α und $\mathfrak{r}$ abhängigen Faktor eindeutig bestimmt sind. Den "Term" $\lambda(\alpha)$ nennt man dann die "Ladung", den "Term" $\mathfrak{E}(\mathfrak{r})$ das "elektrische Feld". Der in $\lambda(\alpha)$ und $\mathfrak{E}(\mathfrak{r})$ freie Faktor ist der eigentliche Hintergrund für die "geheimnisvollen Dimensionsbetrachtungen" in der Physik.

Für einen inneren Term $E(y_1 \dots y_r\ t)$, der Teilmenge der Leitermenge $T'(y_1 \dots y_r\ \Omega)$ ist, nennen wir $T'(y_1 \dots y_r \Omega)$ einen erweiterten Bildterm und die Relation $Z \in E(y_1 \dots y_r\ t)$ eine erweiterte Bildrelation. Man kann sich um noch weitere Relationen $R(\dots)$ als erweiterte Bildrelationen definiert denken, in die Elemente aus den Bildtermen <u>und</u> erweiterten Bildtermen eingehen können. Man kann auch erst sogenannte <u>ideale</u> erweiterte Bildrelationen einführen und mit Hilfe von Unschärfemengen zu verschmierten erweiterten Bildrelationen übergehen.

Diese erweiterten Bildterme und erweiterten Bildrelationen lassen sich aber sofort in einer Hypothese einführen. Wir brauchen in (10.1) statt der Bildterme $T_i(y_1 \dots)$ nur beliebige Leitermengen $T_k'(y_1 \dots)$ und statt der Bildrelationen R_ρ $(\dots)$ auch erweiterte Bildrelationen zuzulassen. Als Hypothese zweiter Art wird dann der Fall charakterisiert, wo in (10.1) eben nicht nur Bildterme S_i und Bildrelationen R_ρ auftreten. Für den Realtextteil einer Hypothese bleibt natürlich alles so wie oben beschrieben!

Die Hypothesen zweiter Art sind für die Physik entscheidend wichtig und machen überhaupt erst Physik möglich. Ohne sie ist eine echte Erweiterung des Grundbereiches $\mathcal{G}$ zu einem Wirklichkeitsbereich $\mathcal{W}$ und damit das Sprechen über wirkliche, aber nicht notwendig "beobachtete" Dinge gar nicht möglich.

Wenn wir im Folgenden von Hypothesen (ohne Zusatz) sprechen, so gilt alles sowohl für Hypothesen erster wie zweiter Art ; andernfalls wird der Zusatz erster oder zweiter Art immer hinzugefügt werden.

Die aus $\mathcal{M}\mathcal{T}_\Sigma$ durch Hinzunahme der Axiome $\longleftrightarrow_h$ entstehende Theorie sei kurz mit $\mathcal{M}\mathcal{T}_\Sigma A_h$ bezeichnet. Ist $\mathcal{M}\mathcal{T}_\Sigma A_h$ widerspruchsvoll, so nennen wir die Hypothese "<u>falsch</u>", sonst "<u>erlaubt</u>". Aber nicht einmal zu einer erlaubten Hypothese erster Art braucht es einen Realtext der Art zu geben, daß die A_i, x_j gerade als Elemente des genormten Realtextes (also auch die x_j als Zeichen im genormten Realtext) so eingeführt werden können, daß die Axiome $\longleftrightarrow_r$ für diesen umfangreicheren Realtext die vorher aufgeschriebenen Axiome $\longleftrightarrow_h$ umfassen würden.

Im Falle einer erlaubten Hypothese gilt in $\mathcal{M}\mathcal{T}_\Sigma$ A_h (mit den Bezeichnungen von (10.3)) der Satz :

$$(\exists z)\left[z \in T_h(y_1, y_2 \ldots y_r \Omega) \text{ und } \tilde{P}_h(y_1 \ldots y_r t \tilde{A} z)\right] \tag{10.4}$$

Mit $\mathcal{M}\mathcal{T}_\Sigma$ A sei die Theorie bezeichnet, die aus $\mathcal{M}\mathcal{T}_\Sigma$ durch alleinige Hinzunahme der Axiome $(\longleftrightarrow)_r$ für den Realtext (d.h. $\tilde{A} \in \tilde{T}(\ldots)$ und $\tilde{P}(\ldots)$) entsteht. Es kann dann sein, daß die Relation (10.4) schon in $\mathcal{M}\mathcal{T}_\Sigma$ A ein Satz ist. Ist dies der Fall, so kann das Axiom "$X \in \tilde{T}_h(y_1 \ldots y_r \Omega)$ und $\tilde{P}_h(y_1 \ldots y_r, t, \tilde{A}, X)$" in $\mathcal{M}\mathcal{T}_\Sigma A_h$ zu keinem Widerspruch führen (wir nahmen an, daß nicht schon $\mathcal{M}\mathcal{T}_\Sigma$ A widerspruchsvoll ist!). In diesem letzten Fall der Gültigkeit von (10.4) als Satz in $\mathcal{M}\mathcal{T}_\Sigma$ A wollen wir die Hypothese "theoretisch existent" nennen.

Gilt außerdem in $\mathcal{M}\mathcal{T}_\Sigma$ A noch der Satz, daß "es höchstens ein Z mit $Z \in \tilde{T}_h(y_1 \ldots y_r \Omega)$ und $\tilde{P}_h(y_1 \ldots y_r, t, \tilde{A}, Z)$ gibt", (10.5)

so nennen wir die Hypothese (durch den in ihr enthaltenen Realtext) "determiniert".

Oft gelingt es kaum oder gar nicht in einer $\mathcal{P}\mathcal{T}$ determinierte Hypothesen erster Art zu finden ; dagegen kann man oft viel leichter durch nicht nur Bildrelationen und nicht nur Bildterme determinierte Hypothesen zweiter Art bilden, die dann von größter Wichtigkeit für eine $\mathcal{P}\mathcal{T}$ sind, was wir auch am Ende dieses Paragraphen bei der Definition von $\mathcal{W}$ erkennen werden.

Als nächsten Schritt müssen wir betrachten, was man als den Vergleich einer Hypothese mit der Erfahrung bezeichnet.

Der ursprünglich in die Hypothese eingehende genormte Realtext mit den Elementen $A_1 \ldots A_n$ sei zu einem genormten Realtext mit den Elementen $A_1 \ldots A_n$ $B_1 \ldots B_m$ erweitert worden. Mit $\mathcal{M}\mathcal{T}_\Sigma$ AB sei kurz die Theorie bezeichnet, die aus $\mathcal{M}\mathcal{T}_\Sigma$ durch Hinzunahme der Axiome $(\longleftrightarrow)_r$ für den erweiterten Realtext entsteht.

Eine Hypothese heißt durch den erweiterten Realtext "falsifiziert", wenn die oben definierte Relation "$X \in \tilde{T}_h(\ldots)$ und $\tilde{P}_h(\ldots)$" als Axiom zu $\mathcal{M}\mathcal{T}_\Sigma$ AB hinzugenommen zu einer widerspruchsvollen Theorie führt, d.h. wenn die Hypothese für den <u>erweiterten</u> Realtext "falsch" ist. Eine erlaubte Hypothese kann also durchaus durch Erweiterung des Realtextes falsifiziert werden.

Es sei nun die Hypothese auch für den erweiterten Realtext erlaubt. Man kann dann versuchen, einige der x_i durch Zeichen A_k oder B_ℓ so zu ersetzen, daß man dadurch eine neue erlaubte Hypothese erhält. Es ist klar, daß man nur solche x_i durch A_k oder B_ℓ ersetzen kann, die in der Hypothese durch $x_i \in T_i(\ldots)$ mit <u>Bildtermen</u> $T_i(\ldots)$ verknüpft sind. Ist eine solche Ersetzung gelungen, so nennen wir die neue so entstandene Hypothese eine "<u>teilweise Realisierung</u>" der alten Hypothese. Ist es in einer Hypothese (notwendig erster Art) gelungen, alle x_i durch Zeichen A_k oder B_ℓ zu ersetzen, so sagen wir, daß die Hypothese (erster Art) "(voll) realisiert" worden ist. In einer brauchbaren (§5) $\mathcal{P}\mathcal{T}$ kann also eine falsche Hypothese (erster Art) nie realisiert werden ; eine erlaubte Hypothese (erster Art) dagegen braucht nicht durch einen Realtext realisierbar zu sein.

Eine Hypothese heißt "leer", wenn in (10.1) keine Relationen $R_{\varrho}(\ldots)$ auftreten. Eine leere Hypothese ist immer erlaubt und nie falsifizierbar und sagt überhaupt nichts aus. Leere Hypothesen werden daher nicht weiter betrachtet. Eine zweite Hypothese heißt, "*schärfer*" als die erste, wenn sie denselben Realtext, dieselben Buchstaben x_i, aber in (10.1) mehr Relationen $R_{\varrho}(\ldots)$ als die erste enthält.

Aus mehreren Hypothesen mit demselben Realtextteil kann man auf folgende Art eine neue Hypothese gewinnen: Man nummeriere alle x_i der einzelnen Hypothesen neu durch, so daß man eine neue Reihe von x_i erhält ; dann fasse man alle Axiome $\longleftrightarrow_h$ der einzelnen Hypothesen zu einem Axiomensystem $\longleftrightarrow_h$ für die neue Hypothese zusammen. Die so gewonnene Hypothese nennen wir die Zusammenfassung der Ausgangshypothesen.

Eine Gruppe von Hypothesen heißt *kompatibel*, wenn die aus ihnen zusammengefaßte Hypothese erlaubt ist. Eine Hypothese heißt "unsicher", wenn sie mit einer erlaubten Hypothese (mit demselben Realtextteil) nicht kompatibel ist, sonst "sicher". Eine sichere Hypothese kann, da jede Erweiterung eines Realtextes als eine Hypothese aufgefaßt werden kann (siehe oben), nicht falsifiziert werden ; das bedeutet natürlich noch nicht, daß eine sichere Hypothese (erster Art) realisiert werden kann oder realisiert sein muß, wenn nur ein genügend großes Stück des Realtextes betrachtet wird. Was aber der Satz bedeuten soll, "daß eine Hypothese realisiert werden *kann* oder realisiert sein muß", muß geklärt werden, wenn wir von "wirklichen" und "möglichen" Vorgängen sinnvoll reden wollen.

Es läge jetzt nahe, alle möglichen Beziehungen zwischen den aufgestellten Begriffen über Hypothesen (wie z.B. zwischen "erlaubt", "theoretisch existent", "sicher" u.s.w.) zu untersuchen. Wir wollen uns aber nur mit den Beziehungen beschäftigen, die wichtig sind, um den Worten "möglich" und "wirklich" einen Sinn zu geben.

Eine Hypothese hieß theoretisch existent, wenn (10.4) ein Satz in $\mathcal{M}\mathcal{T}_\Sigma A$ ist. Diese Bedingung läßt sich aber schon in $\mathcal{M}\mathcal{T}_\Sigma$ ausdrücken. Daß (10.4) ein Satz in $\mathcal{M}\mathcal{T}_\Sigma A$ ist, ist äquivalent dazu, daß in $\mathcal{M}\mathcal{T}_\Sigma$ folgender Satz gilt (mit $\tilde{U} = (u_1 \dots u_r)$) :

$$(\forall \tilde{U}) \Big[(\tilde{U} \in \tilde{T}(y_1 \dots y_r \, \Omega) \text{ und } \tilde{P}(y_1 \dots y_r, t, \tilde{U})) \Rightarrow$$

$$(\exists Z)(Z \in \tilde{T}_h(y_1 \dots y_r \, \Omega) \text{ und } \tilde{P}_h(y_1 \dots y_r, t, \tilde{U}, Z)) \Big] \quad ; \qquad (10.6)$$

hierbei waren die Axiome $(\longleftrightarrow)_r$ für den in der Hypothese vorliegenden Realtext durch $A \in \tilde{T}(y_1 \dots y_r \, \Omega)$ und $\tilde{P}(y_1 \dots y_r, t, \tilde{X})$" gegeben. Wir lassen in (10.6) auch den Fall zu, daß $\tilde{P}(y_1 \dots y_r, t, \tilde{U})$ fehlt. Entsprechend der Möglichkeit, daß in der Hypothese kein Realtextteil vorkommt, lassen wir für (10.6) sogar die einfachere Gestalt

$$(\exists Z)(Z \in \tilde{T}(y_1 \dots y_r \, \Omega) \text{ und } \tilde{P}_h(y_1 \dots y_r, t, Z)) \qquad (10.7)$$

zu.

Aus der Tatsache, daß (10.6) ein Satz in $\mathcal{M}\mathcal{T}_{\Sigma}$ ist, folgt sofort, daß eine theoretisch existente Hypothese auch immer sicher ist.

Eine determinierte Hypothese war ein spezieller Fall einer "theoretisch existenten" Hypothese. Eine determinierte Hypothese ist also dadurch ausgezeichnet, daß in $\mathcal{M}\mathcal{T}_{\Sigma}$ neben dem Satz (10.6) noch folgender Satz gilt:

Zu jedem $\tilde{U}$ mit ($\tilde{U} \in \tilde{T}(\ldots)$ und $\tilde{P}(\ldots)$) gibt es höchstens ein Z mit

$$(Z \in \tilde{T}_h(\ldots) \text{ und } \tilde{P}_h(\ldots)). \tag{10.8}$$

Die Relation

$$\tilde{U} \in \tilde{T}(y_1 \ldots y_r \Omega) \text{ und } \tilde{P}(y_1 \ldots y_r, t, \tilde{U}) \text{ und } Z \in \tilde{T}_h(y_1 \ldots y_r \Omega)$$
$$\text{und } \tilde{P}_h(y_1 \ldots y_r, t, \tilde{U}, Z)$$

begründet dann also eine funktionelle Abhängigkeit $\tilde{U} \longmapsto Z$.

Ist $\mathcal{P}\mathcal{T}$ von der Art, daß es (siehe §8) eine dazu g.G.-abgeschlossene Standarderweiterung $\mathcal{P}\mathcal{T}_2$ gibt, so bezeichnen wir eine theoretisch existente Hypothese als "physikalisch möglich" (kurz : möglich) und eine determinierte Hypothese als "physikalisch wirklich" (kurz : wirklich).

Den Satz (10.6) drückt man dann auch in folgender Form aus. Die Situation "$Z \in \tilde{T}_h(y_1 \ldots y_r \Omega)$ und $\tilde{P}_h(y_1 \ldots y_r, t, \tilde{U}, Z)$" ist unter der Bedingung "$\tilde{U} \in \tilde{T}(y_1 \ldots y_r \Omega)$ und $\tilde{P}(y_1 \ldots y_r, t, \tilde{U})$" möglich.
Gilt auch der Satz (10.8), so sagt man:
Die Situation "$Z \in \tilde{T}_h(y_1 \ldots y_r \Omega)$ und $\tilde{P}_h(y_1 \ldots y_r, t, \tilde{U}, Z)$" ist unter der

Bedingung "$\tilde{U} \in \tilde{T}(y_1 \ldots y_r\, \Omega)$ und $\tilde{P}(y_1 \ldots y_r, t, \tilde{U})$" wirklich.

Wir wollen deshalb kurz

$\tilde{U} \in \tilde{T}(y_1 \ldots y_r, \Omega)$ und $\tilde{P}(y_1 \ldots y_r, t, \tilde{U})$ als "Bedingung" und

$Z \in \tilde{T}_h(y_1 \ldots y_r, \Omega)$ und $\tilde{P}_h(y_1 \ldots y_r, t, \tilde{U}, Z)$ als "Folge" bezeichnen.

Die "Bedingung" heißt durch einen Realtext realisiert, wenn die Relationen $\leftrightarrow_r$ die Relation

$\tilde{A} \in \tilde{T}(y_1 \ldots y_r, \Omega)$ und $\tilde{P}(y_1 \ldots y_r, t, \tilde{U})$

enthalten ($\leftrightarrow_r$ kann also noch weitere Relationen enthalten!). Dann wird die "Folge" physikalisch möglich (bzw. wirklich), wenn (10.6) (bzw. auch (10.8)) als Sätze gelten und $\mathcal{P}\,\mathcal{T}$ durch Standarderweiterungen zu einer g. G. -abgeschlossenen Theorie erweitert werden kann.

Man nennt eine Bedingung der eben besprochenen Form (die also durch einen Realtext realisiert werden kann) eine Bedingung erster Art. Häufig aber betrachtet man auch Bedingungen "zweiter Art", für die man in $\tilde{T}(y_1 \ldots y_r, \Omega)$ auch erweiterte Bildterme und in $\tilde{P}(y_1 \ldots y_r, t, \tilde{U})$ auch erweiterte Bildrelationen zuläßt. Eine solche Bedingung zweiter Art läßt sich dann nicht unmittelbar durch einen Realtext realisieren ; und damit kann man auch nicht unmittelbar auf die physikalische Möglichkeit (bzw. Wirklichkeit) der "Folge" schließen.

Es können aber mehrere Sätze der Form (10.6), (10.8) vorliegen, so daß die "Folge" des einen Satzes als "Bedingung" in einem zweiten Satz auftritt.

Hat man dann auf Grund eines Realtextes die "Wirklichkeit" einer "Folge" erschlossen, so kann man also diese dann als "Bedingung" in einem anderen Satz benutzen, um die Wirklichkeit (oder Möglichkeit) einer zweiten "Folge" zu erschließen. (Man hätte natürlich auch gleich aus den zwei Sätzen, in denen die "Folge" des einen als Bedingung im zweiten auftritt, einen neuen Satz ableiten können, der die dazwischen auftretende Folge im ersten, die Bedingung im zweiten Satz ist, gar nicht mehr enthält. Es ist aber in der physikalischen Redeweise viel gebräuchler, die einzelnen Glieder einer "Kette" von Schlüssen auf die "Wirklichkeit" einer Hypothese stehen zu lassen.) Da dieses Nacheinandererschließen der Wirklichkeit von Hypothesen keine prinzipiellen Schwierigkeiten bereitet, sei es nicht weiter diskutiert.

Ein besonders einfaches Beispiel für eine "physikalisch wirkliche" Hypothese ist das oben erwähnte Beispiel der Temperatur. Der dortige Satz:

Es gibt ein und nur ein τ mit : $\tau \in \theta(X, s)$, $A_1 \in \tau$, $A_2 \in \tau$, $A_3 \in \tau$

ist also (falls von der Thermodynamik angenommen wird, daß sie eine g. G.-abgeschlossene Standarderweiterung besitzt!) so zu lesen :

Es gibt eine Temperatur τ, die A_1 und A_2 und A_3 haben.

Ein zweites Beispiel erhalten wir für den Fall der in §8 diskutierten Sammelzeichen: Ist z.B. E_1 von der Klasse β) und speziell eine Menge von Äquivalenzklassen der Bildmenge x_1, so gilt der Satz:

Zu jedem $U \in x_1$ gibt es ein und nur ein $\mathfrak{z} \in E_1$ mit $U \in \mathfrak{z}$.

Wir erhalten daraus die evidente Aussage, daß mit jedem Realtextstücke $A \in x_1$ auch die Äquivalenzklasse z mit $A \in z$ als "physikalisch wirklich" anzusehen ist. Diese Aussage bezieht sich auf $\mathcal{PT}_1$.

In der nur mit den Sammelzeichen B ausgestatteten Theorie $\mathcal{PT}$, in der $B \in E_1$ steht, kann man nicht auf die einzelnen A_i aus $\mathcal{PT}_1$ mit $A_i \in B$ als in $\mathcal{PT}$ wirklich zurückschließen! Dies ist nur ein spezieller Fall dafür, daß der Wirklichkeitsbereich $\mathcal{W}_2$ einer Theorie $\mathcal{PT}_2$ kleiner ist als der Wirklichkeitsbereich $\mathcal{W}_1$ einer gegenüber $\mathcal{PT}_2$ umfangreicheren Theorie $\mathcal{PT}_1$, ja, daß sogar nicht einmal $\mathcal{G}_{n1}$ in $\mathcal{W}_2$ zu liegen braucht, was sofort aus der weiter unten folgenden Definition des Wirklichkeitsbereiches folgt.

Als weiteres Beispiel für eine physikalisch wirkliche Größe sei auf die auf Seite 138 gegebene Einführung der "Geschwindigkeit" eines Massenpunktes verwiesen: Liegt im Realtext der Ort des Massenpunktes zu mindestens zwei Zeiten vor, so ist damit auch die "Geschwindigkeit" zu allen anderen Zeitpunkten "determiniert" (bei in Σ festgelegtem Kraftgesetz!) und damit "physikalisch wirklich".

Nachdem wir nun definiert haben, was wir unter "physikalisch möglich" und "physikalisch wirklich" verstehen wollen, soll gezeigt werden, daß diese Definitionen gerade das erfassen, was man bisher mehr oder weniger genau als möglich und wirklich in physikalischen Theorien bezeichnete. Dabei können wir gleich in der g. G. -abgeschlossenen Standarderweiterung $\mathcal{PT}_2$

von $\mathcal{PT}$ argumentieren. Daß wir nämlich nicht gleich von einer g. G. -abgeschlossenen Theorie $\mathcal{PT}$ ausgingen, sondern nur voraussetzen, daß $\mathcal{PT}$ eine g. G. -abgeschlossene Standarderweiterung $\mathcal{PT}_2$ besitzt, ist nur geschehen, weil bei der schrittweisen Entwicklung einer physikalische Theorie oft der Weg von einer $\mathcal{PT}'$ zu einer Standarderweiterung $\mathcal{PT}''$ und zu einer weitere Standarderweiterung $\mathcal{PT}'''$ u. s. w. eingeschlagen wird (siehe §8). Bei einer solchen schrittweisen Entwicklung möchte man aber schon innerhalb einer $\mathcal{PT}$ (und nicht erst innerhalb der Standarderweiterung $\mathcal{PT}_2$ von $\mathcal{PT}$) von "möglich" und "wirklich" sprechen. Ist $\mathcal{MT}_{\Sigma_2}$ die mathematische Theorie von $\mathcal{PT}_2$ ($\mathcal{MT}_\Sigma$ von $\mathcal{PT}$), so gilt der Satz (10.6) (bzw. (10.8)) aus $\mathcal{MT}_\Sigma$ auch in der Standarderweiterung $\mathcal{MT}_{\Sigma_2}$.

Da eine theoretisch existente Hypothese durch keinen Realtext falsifiziert werden kann (da sie sicher ist), kann es also höchstens sein, daß sie bei Erweiterung des Realtextes "teilweise realisiert" werden kann. Betrachten wir zunächst eine Hypothese erster Art, so stellt sich die Frage, ob es möglich ist, z.B. mit Hilfe technischer Mittel, die Hypothese "voll zu realisieren". Sollte dies prinzipiell nicht möglich sein, so kann $\mathcal{PT}_2$ nicht g. G. -abgeschlossen sein, da man erwartet, daß man zu $\mathcal{PT}_2$ eine neue g. G. -umfangreichere Theorie $\mathcal{PT}_1$ entwickeln kann, bei der in $\mathcal{MT}_{\Sigma_1}$ Axiome aufgenommen sind, die solche Prinzipien beschreiben, nach denen die Hypothese in $\mathcal{PT}_1$ nicht mehr theoretisch existent ist. Wir wollen den eben skizzierten Gedankengang noch etwas mehr verdeutlichen.

Da ein Satz der Form (10.6) in einer Standarderweiterung erhalten bleibt, kann man eine zu $\mathcal{PT}_2$ g. G. -umfangreichere Theorie $\mathcal{PT}_1$, in der ein (10.6) entsprechender Satz nicht gilt, nur erhalten, wenn für das Verhältnis von $\mathcal{PT}_1$ und $\mathcal{PT}_2$ die auf Seite 111 beschriebenen Verhältnisse gelten. Nehmen wir dort der Einfachheit halber die Einschränkung von $\mathcal{PT}_1$ als mit $\mathcal{PT}_1$ identisch an, so käme es also auf folgenden Einbettungssatz an, wobei wir (der Einfachheit halber mit $n = r$) die Terme der Hauptbasis von Σ_1 mit $x_1 \ldots x_r$ und den Strukturterm mit s bezeichnen:

In $\mathcal{MT}_\Sigma$ gilt der Satz : Es gibt Mengen $y_1 \ldots y_r$, eine Menge $t \in T(y_1 \ldots y_r\, \Omega)$ mit $P_2(y_1 \ldots y_r\ t)$ und injektive Abbildungen $f_1 \ldots f_r$ mit $x_i \xrightarrow{f_i} y_i$, so daß für den aus t nach Seite 111 definierten Term t' die Relation $t' = \langle f_1 \ldots f_r, 1 \rangle^S$ s gilt.

Kann man eine solche Theorie $\mathcal{MT}_{\Sigma_1}$ finden, die zu $\mathcal{MT}_{\Sigma_2}$ (mit $y_1 \ldots y_r$ als Basis, t als Strukturterm und P_2 als axiomatischer Relation von Σ_2) in dem gewünschten Verhältnis steht ?

Dies ist im Prinzip so möglich, daß in $\mathcal{MT}_{\Sigma_2}$ ein Satz der Form (10.6) gilt, während ein solcher Satz in $\mathcal{MT}_{\Sigma_1}$ nicht mehr abgeleitet werden kann. Um dies zu zeigen, gehen wir umgekehrt vor:

In $\mathcal{MT}_{\Sigma_2}$ führen wir zusätzlich Teilmengen $z_i \subset y_i$ ein und fordern als zusätzliches Axiom :

$$(\exists\ \tilde{U}) \left[(\tilde{U} \in \tilde{T}(z_1 \ldots z_r\, \Omega) \text{ und } \tilde{P}(z_1 \ldots z_r, t', \tilde{U}) \Rightarrow \right.$$

$$\left. (\forall\ Z) \text{ nicht } (Z \in \tilde{T}_h(z_1 \ldots z_r\, \Omega) \text{ und } \tilde{P}_h(z_1 \ldots z_r, t', \tilde{U}, Z)) \right],$$

wobei $t' = (t'_1, t'_2, \ldots)$ mit

$$t'_k = t_k \cap T_k(z'_1 \ldots)$$

ist (siehe Seite 111).

Aus $\mathcal{MT}_{\Sigma_2}$ entsteht so eine stärkere Theorie $\mathcal{MT}'$. Gesucht ist dann noch eine Relation $R_1(x_1 \ldots x_r, s)$, so daß $\mathcal{MT}_{\Sigma_1}$ eine axiomatische Basis für die Theorie $\mathcal{PT}'$ ist, die man aus $\mathcal{MT}'$ mit den Bildtermen $z_1 \ldots z_r$ und dem Strukturterm (der die Bildrelationen bestimmt) t' erhält. In $\mathcal{MT}_{\Sigma 1}$ gilt dann der Satz

$$(\exists \tilde{U}) \Big[(\tilde{U} \in \tilde{T}(x_1 \ldots x_r \Omega) \text{ und } \tilde{P}(x_1 \ldots x_r, s, \tilde{U}) \Rightarrow \quad (10.9)$$

$$(\forall Z) \text{ nicht } (Z \in \tilde{T}_h(x_1 \ldots x_r \Omega) \text{ und } \tilde{P}_h(x_1 \ldots x_r, s, \tilde{U}, Z)) \Big]$$

und damit nicht ein Satz der Form (10.6)!

Die Theorie $\mathcal{PT}_1$ sollte aber auch eine brauchbare Theorie sein, da der Satz (10.9) nach Voraussetzung nicht durch die Erfahrungen widerlegt werden kann.

Die eben angeführten heuritischen Überlegungen sollten nur dazu dienen, die gegebene Definition von möglich und wirklich als das zu erkennen, was man bisher mehr intuitiv darunter verstand.

Wir sind mit der gegebenen Definition von möglich und wirklich bewußt über die Hypothesen erster Art hinausgegangen. Dies entspricht dem Vorgehen der Physiker, nicht nur solche Größen wie die zuerst in den Abbildungsprinzipien eingeführten als "physikalisch mögliche" oder "physikalisch wirkliche" zu betrachten sondern auch andere mit Hilfe von inneren Termen neu definierten Größen. Gerade erst so wird es sinnvoll z.B. in der Thermodynamik von Temperatur oder Wärmemenge als "wirklichen" Größen oder in der Elektrodynamik von elektrischer Ladung, elektrischen Feldern oder Feldenergie als "wirklichen" Größen zu sprechen.

Es muß aber noch einmal betont werden, daß die von uns eingeführten Begriffe "möglich" und "wirklich" ganz wesentlich von der Entscheidung abhängen, ob eine Theorie $\mathcal{PT}$ eine g.G.-abgeschlossene Standarderweiterung hat oder nicht. Diese Entscheidung ist aber genau so wie die Widerspruchsfreiheit und Brauchbarkeit einer $\mathcal{PT}$ nie absolut und endgültig zu "begründen".

Es sei in diesem Zusammenhang noch einmal auf die Grundtatsache hingewiesen, daß jede Theorie nur für einen gewissen Bereich von Tatsachen "zuständig" ist und nichts auszusagen gestattet über Vorgänge, die nicht dem Grundbereich angehören ; genauso gilt jede Aussage über eine Hypothese immer nur unter der "stillschweigend gemachten Voraussetzung", daß keine reale Situation vorliegt, die die gemachte Hypothese wegen "Nicht-mehr-Zuständigkeit" der $\mathcal{PT}$ illusorisch erscheinen läßt. Machen wir uns das an einem Beispiel klar: Sei $\mathcal{PT}$ die Theorie der Bewegung von Massenpunkten im Gravitationsfeld der Erde (außerhalb der Lufthülle) ; als Realtext liege ein Stück einer Bahn eines Satteliten vor. Durch Hypothesen kann man die Bahn für spätere und frühere Zeiten ergänzen unter der "stillschweigend gemachten Voraussetzung", daß die $\mathcal{PT}$ zuständig bleibt, d.h. z.B. daß keine Raketendüsen des Satelliten eingeschaltet werden bzw. eingeschaltet waren.

Die Beurteilung der Frage, ob eine $\mathcal{PT}$ g. G. -abgeschlossen ist, wie der Frage, ob eine $\mathcal{PT}$ "zuständig" bleibt, gibt den Begriffen "möglich" und "wirklich" ihren eigentümlichen Charakter.

Gelingt es mit Hilfe der Technik, eine mögliche Hypothese (erster Art) durch einen Realtext voll zu realisieren, so hat der Realtext einen solchen Umfang angenommen, daß die betrachtete Situation nicht mehr nur "möglich" sondern "wirklich" ist. Dies ist der Anreiz zur Technik, Möglichkeiten zu verwirklichen. Sollten sich aber an einigen Stellen prinzipiell unüberwindbare Hindernisse für eine solche Verwirklichung zeigen, so ist der Verdacht berechtigt, daß die vorliegende Theorie $\mathcal{PT}$ doch noch nicht g. G. -abgeschlossen war.

Der Fall einer "wirklichen" Hypothese ist ein Spezialfall einer "möglichen" Hypothese. In diesem Falle einer "wirklichen" Hypothese bestehen für die Technik keine wählbaren Möglichkeiten, da der Realtext bei genügender Erweiterung zu einer völligen Realisation einer "wirklichen" Hypothese (erste Art) führen muß, wenn die $\mathcal{PT}$ "zuständig" bleibt. Denn in $\mathcal{G}$ muß es eine Situation geben, die die Hypothese realisiert, da die Hypothese möglich ist ; diese Situation ist aber auf Grund von (10. 8) eindeutig fixiert, so daß es <u>eine und nur eine</u> solche Situation im Realtext geben kann. Ein Nicht-Vorliegen dieser eindeutig festgelegten Situation würde der g. G. - Abgeschlossenheit von $\mathcal{PT}$ widersprechen.

Die "wirklichen" Hypothesen gestatten es nun, auch den "Wirklichkeitsbereich" $\mathcal{W}$ einer $\mathcal{PT}$ näher zu definieren. (Eine ähnliche Definition kann für einen "Möglichkeitsbereich" durchgeführt werden, was aber hier nicht geschehen soll.) Dazu müssen wir drei Prozesse betrachten: Das Verhalten einer Hypothese bei Erweiterung des Realtextes, das Zusammenfassen von Hypothesen und das Verschärfen von Hypothesen ; und zwar alles für determinierte Hypothesen.

Aus (10.6) und (10.8) ergibt sich sofort, daß die Zusammenfassung mehrerer determinierter Hypothesen (bei gleichem Realtextteil!) wieder zu einer determinierten Hypothese führt. Jede Verschärfung einer determinierten Hypothese führt auf Grund von (10.4) entweder wieder zu einer determinierten oder falschen Hypothese.

Da bei Erweiterung des Realtextes sofort (10.6) und (10.8) entsprechende Relationen für den erweiterten Realtext folgen, bleibt eine determinierte Hypothese auch bei Erweiterung des Realtextes eine determinierte Hypothese. Es kann natürlich bei Erweiterung des Realtextes neue determinierte Hypothesen geben.

Eine erste Hypothese wollen wir als Teil einer zweiten Hypothese ansehen, wenn sowohl der Realtext der ersten Teil des Realtextes der zweiten, wie die Relationen (10.2) der ersten Teil der entsprechenden Relationen der zweiten sind. Nach den obigen Überlegungen sind dann die determinierten Hypothesen in dieser Ordnung gerichtet.

Als Wirklichkeitsbereich $\mathcal{W}$ verstehen wir dann die Gesamtheit aller determinierten Hypothesen, wenn $\mathcal{PT}$ eine g.G.-abgeschlossene Standarderweiterung besitzt und damit alle determinierten Hypothesen wirklich sind.

Anschaulich -aber nicht ganz exakt- kann man also unter $\mathcal{W}$ die "größte" determinierte Hypothese verstehen, deren Realtextteil also gerade $\mathcal{G}$ wird. Diese "größte" ist aber im allgemeinen gar keine echte Hypothese mehr, da sie die "unübersehbar" vielen Realtextstücke A_i von $\mathcal{G}_n$ und "unendlich" viele x_i enthalten würde. $\mathcal{W}$ ist also mehr eine begriffliche Zusammenfassung "aller wirklichen Situationen", während $\mathcal{G}$ die begriffliche Zusammenfassung "aller Realtextstücke" (die ebenfalls zu den "wirklichen Situationen" gehören) war.

Die Konstruktion des Wirklichkeitsbereiches $\mathcal{W}$ läßt sich im Falle einer unscharfen Abbildung für jede Theorie mit fest gegebenen Unschärfemengen durchführen. Statt alle möglichen Unschärfemengen zu betrachten, ist es aber übersichtlicher, wenn man wie in §6 $\mathcal{M}\mathcal{T}\mathcal{I}$, das "idealisierte Bild", betrachtet ; nur muß man dann bei der Abbildung eines vorliegenden Realtextes, d.h. beim Ersetzen von Relationen $\tilde{R}$ durch R vorsichtig vorgehen, damit man nicht zu Widersprüchen kommt, d.h. aber nichts anderes als daß man in (10.6) die Relation "$\tilde{U} \in \tilde{T}(\ldots)$ und $\tilde{P}(\ldots)$" mit den idealen Relationen so zu formulieren hat, daß die durch sie bestimmte Teilmenge von $\tilde{T}(\ldots)$ nicht leer ist und die Relation "$\tilde{A} \in \tilde{T}(\ldots)$ und $\tilde{P}(\ldots)$" für den vorliegenden Realtext innerhalb der Ungenauigkeiten mit den Abbildungsprinzipien bei endlichen Ungenauigkeitsmengen vereinbar ist. Macht man alle Hypothesen mit idealen Relationen, so kommt man zu einem "idealisierten" Wirklichkeitsbereich $\mathcal{W}\mathcal{I}$ mit "idealisiertem" Grundbereich $\mathcal{G}\mathcal{I}$, wobei $\mathcal{G}\mathcal{I}$ nicht nur durch die Realtexte, sondern eben dadurch mitbestimmt ist, wie man gerade (innerhalb der Ungenauigkeitsgrenzen) die dem Realtext entsprechenden Relationen

"$\tilde{A} \in \tilde{T}(\ldots)$ und $\tilde{P}(\ldots)$" in solche mit den idealen Bildrelationen ungeschrieben hat. $\mathcal{G}\mathcal{F}$ ist also nicht eindeutig durch $\mathcal{G}$ festgelegt, daher auch nicht $\mathcal{W}\mathcal{F}$. Diese Tatsache ist immer zu berücksichtigen, wenn man so tut, als ob $\mathcal{W}\mathcal{F}$ der Wirklichkeitsbereich wäre.

Die Einführung von $\mathcal{W}\mathcal{F}$ (statt $\mathcal{W}$ für irgendwelche fest vorgegebenen Ungenauigkeitsmengen) hat oft nicht nur den Vorteil der Einfachheit. Es kann sogar sein, daß man innerhalb einer Theorie mit endlicher Ungenauigkeit überhaupt kein über $\mathcal{G}$ hinausgehendes $\mathcal{W}$ erhält (oder nur ein sehr beschränkt über $\mathcal{G}$ hinausgehendes $\mathcal{W}$), während $\mathcal{W}\mathcal{F}$ in großem Umfange definierbar ist. Dies ist oft der <u>große</u>, <u>entscheidende</u> (!) Vorzug des "idealisierten Bildes" $\mathcal{M}\mathcal{T}\mathcal{F}$ und des "idealisierten Grundbereiches" $\mathcal{G}\mathcal{F}$, der aber durch den Nachteil erkauft wird, daß die "idealisierten Realtexte" aus $\mathcal{G}\mathcal{F}$ und die idealisierten Hypothesen die physikalischen Vorgänge nur in physikalischer Approximation beschreiben ; und oft ist es schwer, theoretisch zu beurteilen, wie gut (oder wie schlecht!) diese Approximation ist, was sich natürlich experimentell testen läßt.

Durch Nichtbeachtung der Tatsache, daß $\mathcal{M}\mathcal{T}\mathcal{F}$ nur ein approximatives Bild ist, sind häufig Fehlschlüsse vorgekommen, der Art, daß man $\mathcal{W}\mathcal{F}$ als die "tatsächliche" Wirklichkeit ansah, die aber nur ungenau "beobachtet" wird. So hat man das durch "determinierte Hypothesen" ergänzte Bild der Punktmechanik oft als die "tatsächliche" Wirklichkeit angesehen und war dann überrascht, daß diese "tatsächliche" Wirklichkeit überhaupt nicht existierte, sondern nur eine Approximation einer ganz anderen Wirklichkeit darstellte (wie wir es bei dem Partikelbild für Elektronen in Kapitel I diskutiert haben).

§ 11. Phantasiebildwelten

Wir haben bisher zwar schon manche über den Realtext hinausgehende Aussage betrachtet, wie im letzten Paragraphen den Begriff von "physikalisch möglich", trotzdem aber bezog sich alles auf im Prinzip feststellbare Vorgänge und Gegenstände. Bei der Diskussion über philosophische Beutungen physikalischer Theorien wird oft in Erwägung gezogen, daß es reale Dinge geben könnte, die nicht feststellbar sind. In diesem Sinne versucht man dann, sich eine Phantasiewelt auszudenken, von der wir eben nur Teile als wirklich erkennen können. Dieses Vorgehen läßt sich durchaus formal in unserem Rahmen erfassen.

Wie wir in §8 zu einer $\mathcal{PT}_2$ eine umfangreicherer Theorie $\mathcal{PT}_1$ diskutiert haben, kann man auch eine Phantasietheorie $\mathcal{PT}_1$ diskutieren. Als zu $\mathcal{PT}_2$ umfangreichere Phantasietheorie $\mathcal{PT}_1$ bezeichnen wir ein System, das aus einer $\mathcal{MT}_{\Sigma_1}$ besteht, die mit $\mathcal{MT}_{\Sigma_2}$ aus $\mathcal{PT}_2$ in der in §8 bei der Behandlung umfangreicherer Theorien diskutierten Weise zusammenhängt. Der Unterschied ist nur, daß die Basiselemente $x_1 \ldots x_n$ von Σ_1 nicht echte Bildterme und die "Phantasiebildrelationen" R_{ν_1} von $\mathcal{PT}_1$ nicht echte Bildrelationen zu sein brauchen ; nur einige von den $x_1 \ldots x_n$ sind Bildterme und einige von den R_{ν_1} sind Bildrelationen. Die Phantasieabbildungsprinzipien in $\mathcal{PT}_1$ sind so, daß für den genormten Realtext (denselben Text wie für $\mathcal{PT}$) nur solche Phantasie-genormte-Realtexte möglich sind, die auf Grund der Phantasieabbildungsprinzipien in $\mathcal{PT}_1$ zu Axiomen $\longleftrightarrow_r^1$ führen, aus denen die Axiome $\longleftrightarrow_r^2$ in $\mathcal{PT}_2$, wie in §8 diskutiert, folgen.

Wenn $\mathcal{PT}_2$ g.G.-abgeschlossen war, dann muß $\mathcal{PT}_1$ Phantasiebildterme oder mindestens Phantasiebildrelationen enthalten. Hierin liegt die "Phantasie", daß man die Elemente aller x_i als "Realitäten" und alle Relationen R_{ν_1} als "wirkliche physikalische Relationen" einer teilweise "verborgenen" Welt deutet. Diejenigen x_i, die nicht als Bildterme von Realtextstücken dienen, nennt man oft "verborgene Objekte" und diejenigen R_{ν_1}, die nicht Bilder echter physikalischer Relationen sind, "verborgene Relationen". Verborgene Objekte und verborgene Relationen werden "verborgene Parameter" genannt. Es ist das Prinzip solcher "Theorien verborgener Parameter", daß sie sich nicht durch die Erfahrung testen lassen (es sei denn, daß sich die "verborgenen Parameter" als "unverborgene", d.h. als Bildterme eines erweiterten Realtextes herausstellen). Vom Standpunkt einer echten physikalischen Theorie enthält $\mathcal{MT}_{\Sigma_1}$ (nach unserer Begriffsbildung aus §7.3) physikalisch bedeutungslose Strukturen. Es ist klar, daß der Übergang von einer $\mathcal{PT}_2$ zu einer umfangreicheren Phantasietheorie $\mathcal{PT}_1$ auf sehr viele Weisen möglich ist. So allgemein wäre die Diskussion von Phantasietheorien tatsächlich ein unnützes Unterfangen ; aber man stellt die Aufgabe niemals so, <u>irgend eine umfangreichere</u> Phantasietheorie $\mathcal{PT}_1$ zu finden, sondern stellt an $\mathcal{PT}_1$ Bedingungen. So kann es sein, daß es unter gewissen Bedingungen überhaupt keine diesen Bedingungen genügenden, umfangreicheren Phantasietheorien gibt. Dies stellt dann aber eine interessante Aussage über mögliche umfangreichere Theorien (Phantasietheorien wie auch physikalische Theorien) dar. In diesem Sinne werden wir an späterer Stelle das Problem der "verborgenen Parameter" für die Quantenmechanik diskutieren.

III. Axiomatische Grundlegung der Hilbertraumstruktur der Quantenmechanik

Wir hatten in I §1 und 2 eine kurze Skizze der Quantenmechanik in der Form $\mathcal{MT}_{\Sigma} \longleftrightarrow \mathcal{W}$ gegeben : Σ war die Hilbertraumstrukturart. Die Abbildungsvorschriften bestimmten die Hermiteschen Operatoren A als Observablen und die positiv definiten Hermiteschen Operatoren W mit Sp(W) = 1 als Gesamtheiten. Der Erwartungswert ist (unscharf) der reellen Zahl Sp(WA) zuzuordnen. Der Realtext sind die Meßergebnisse an Observablen. Die in I §1, 2 gegebene Skizze hatte aber durchaus noch einige Unzulänglichkeiten, auf die wir dort schon aufmerksam machten. Statt diese zu beseitigen, wollen wir jetzt die ganze Theorie neu beginnen, indem wir versuchen, eine axiomatische Basis $\mathcal{MT}_{\Sigma'}$ zu finden (II, §7.3). Dazu müssen wir aber auf den genormten Grundbereich $\mathcal{G}_n$ von $\mathcal{W}$, d.h. auf die zu beschreibenden genormten Realtexte genauer eingehen (II, §5). Solche Worte wie Observable, Gesamtheiten, Eigenschaften sind viel zu vage, um damit auszudrücken, welche Realtextelemente gemeint sind. Wir müssen deshalb zuallererst genauer sagen, welchen Realtext wir überhaupt beschreiben wollen. Wir wollen weiterhin die $\mathcal{PT}$ der Quantenmechanik nicht auf einmal hinschreiben sondern jeweils von einer Theorie zu einer immer umfangreicheren Schritt für Schritt voranschreiten. Dabei wird auch der genormte Realtext immer umfangreicher bei gleichbleibendem Realtext, d.h. es werden mehr und mehr Zeichen im vorliegenden Realtext gesetzt und damit wird schließlich der Realtext durch die Theorie immer genauer beschrieben. In einer ersten Etappe, die ebenfalls in mehreren Schritten aufgebaut wird, soll die allgemeine Hilbertraumstruktur der Quantenmechanik aus der axiomatischen Basis hergeleitet werden.

§ 1. Grundtypen von Realtextelementen

Unser so als erste Etappe gestelltes Problem hat eine Ähnlichkeit zur Thermodynamik. Die Strukturart des Hilbertraumes wird für alle quantenmechanischen Systeme benutzt, ob es sich z. B. um Wasserstoff-, Helium- oder Eisenatome handelt. Die einzelnen Arten werden erst später durch andere Bestimmungsstücke wie z. B. den Hamiltonoperator unterschieden. Ähnlich gelten die Hauptsätze der Thermodynamik für alle Systeme ; erst durch andere Bestimmungsstücke wie die speziellen Zustandsgleichungen werden die verschiedenen Arten von Systemen unterschieden.

Um zur Auffindung einer axiomatischen Basis hingeleitet zu werden, ist es vorteilhaft, einige Grundzüge aus I §1 und 2 nochmals kurz zu notieren und zu diskutieren.

Die Quantenmechanik beschreibt den Erwartungswert (auch Mittelwert genannt) einer Observablen (einer beobachtbaren Größe, einer meßbaren Größe) für Objekte im Zustand V (auch Gesamtheit V von Objekten genannt) durch :

$$\text{(Erwartungswert von A im Zustand V)} = \mathrm{Sp}(VA). \tag{1.1}$$

Hierbei ist A ein Hermitescher Operator, der als Bild der Observablen dient, V ein positiv semidefiniter Hermite'scher Operator mit Sp(V) = 1, der als

Bild des Zustandes dient. In (1.1) gehen drei Begriffe ein, die irgendwie etwas aus dem Realtext beschreiben sollten : Erwartungswert, Observable, Zustand.

Sind diese drei Begriffe aber wirklich geeignet, im Realtext eine Zeichensetzung ohne Voraussetzung der Quantenmechanik durchzuführen. Das, was aus dem Realtext erfaßt werden soll, ist sicher sehr allgemein, ähnlich allgemein wie z.B. das, was wir in der Thermodynamik "Gleichgewichtszustand" nennen. Unsere Aufgabe ist, vor aller Quantenmechanik die realen Sachverhalte aufzuzeigen, die "bezeichnet" als Elemente des genormten Realtextes dienen und die erst nur sehr vage durch solche Begriffe wie Observable, Erwartungswert und Zustand angedeutet werden.

Um die zugrundeliegenden genormten Realtexte wirklich beschreiben zu können, sind die erwähnten Begriffe tatsächlich ungeeignet. Ein Anfang eines Weges, hier weiter zu kommen, war schon in I §2 durch die Einführung des Begriffs der Entscheidungsmessung beschritten worden.

§ 1.1. Entscheidungsmessungen.

Der Begriff der Observablen ist viel zu komplex, läßt sich aber nach I §2 auf die Entscheidungsmessungen zurückführen. Aus der Formel (1.1) folgt speziell für den Erwartungswert einer Entscheidungsmessung, den man auch die Wahrscheinlichkeit für ein positives Meßergebnis nennt :

$$(\text{Wahrscheinlichkeit für } P) = \mathrm{Sp}(VP), \tag{1.2}$$

wobei P der der Entscheidungsmessung zugeordnete Projektionsoperator ist.

Die Entscheidungsmessung wäre somit nur eine Spezialisierung des Begriffes Observable. Um von diesem spezialisierten Ausgangspunkt wieder zu einer allgemeineren Observablen und damit von (1.2) zu (1.1) zurückzukommen, muß man allerdings als neuen Begriff den der "Kommensurabilität" von Entscheidungsmessungen einführen, wie wir ihn in I §3 diskutierten. Entscheidungsmessungen P_i heißen kommensurabel, wenn alle P_i mit Hilfe eines einzigen Apparates zusammen an einem Objekt gemessen werden können. Unsere Diskussion in I §3 zeigt, daß die P_i genau dann kommensurabel sind, wenn die Operatoren P_i paarweise kommutieren. Eine Observable ist dann nichts anderes als eine durch eine "Skala" geordnete Schar kommensurabler Entscheidungsmessungen E_λ mit $E_{-\infty} = 0$, $E_{+\infty} = 1$ und $E_{\lambda_1} \geqslant E_{\lambda_2}$ für $\lambda_1 \geqslant \lambda_2$. $E_{\lambda_1} - E_{\lambda_2}$ ist dann per definitionem eine Entscheidungsmessung mit dem Namen: "Der Skalenwert von λ liegt im Intervall $\lambda_2 \ldots \lambda_1$". Der Erwartungswert des Skalenwertes ist aber dann durch die Wahrscheinlichkeiten $\mu(\lambda) = \mathrm{Sp}(VE_\lambda)$ (d.h. durch die Wahrscheinlichkeiten, daß der Skalenwert kleiner als λ ist) definiert :

$$(\text{Erwartungswert des Skalenwertes } \lambda) = \int_{-\infty}^{+\infty} \lambda \, d\mu(\lambda).$$

Definiert man dann als Observable

$$A = \int_{-\infty}^{+\infty} \lambda \, dE_\lambda$$

so erhält man also aus (1.2) wieder (1.1) zurück. Wir sehen also hier schon (was später korrekt noch einmal wiederholt wird), daß sich der Begriff der Observablen in einer sehr sinnvollen Weise einführen läßt, wenn man die Begriffe "Entscheidungsmessung" und "kommensurabel" hat. Der Begriff

Observable ist daher viel zu komplex zur Beschreibung von Realtextstücken.

Statt des Begriffes Entscheidungsmessungen wurden in der Literatur häufig auch andere Worte, wie Eigenschaften, Ja - Nein - Messungen, Aussagen (propositions), Fragen (questions) benutzt. Alle diese Worte enthalten irgendeine Vorstellung über das, was eben in der Quantenmechanik auf die Projektionsoperatoren abgebildet wird. Diese Vorstellungen reichen von dem Wort Aussagen, wobei die Projektionsoperatoren die Elemente eines logischen Aussagenkalküls werden mit den Verbandsoperationen der zugeordneten Teilräume (I §2) $\wedge$ als "und", $\vee$ als "oder" und * (als Übergang zum orthogonalen Teilraum) als "nicht", über das Wort Eigenschaften, wobei die Projektionsoperatoren Eigenschaften der Objekte charakterisieren sollen (Eigenschaften, die durch Beobachtung festgestellt werden können), bis zum Wort Entscheidungsmessungen, wobei die Projektionsoperatoren das Anwenden von bestimmten Meßapparaten und das dabei auftretende Ja -oder Nein- Meßergebnis charakterisieren. Es würde hier zu weit führen, diese Auffassungen einer jeweiligen Kritik zu unterwerfen. Wir wollen nur sehen, wie diese Auffassungen zu unseren im Kapitel II gegebenen Grundlagen einer physikalischen Theorie passen oder nicht passen, was eine relative Kritik ist, relativ eben zu der allgemein gegebenen Beschreibung einer $\mathcal{PT}$.

1. Die Auffassung der Projektionsoperatoren als Elemente eines echten Aussagenkalküls ist abzulehnen, da wir in II §4.3 die logischen Aussageformen schon anderweitig definiert haben. Wir hatten uns eben schon in II entschieden, die übliche Logik nicht zu ändern. Einer nachträglichen Bezeichnung der Projektionsoperatoren als "symbolische Aussagen" steht natürlich

nichts im Wege, da die Bedeutung einer symbolischen Aussage erst auf übliche bedeutungsvolle Aussagen im Rahmen einer normalen Logik zurückgeführt werden muß. Sogenannte Aussagen innerhalb einer "mehrwertigen" Logik sind bedeutungsleer, solange sie eben nicht auf andere schon in ihrem Aussageinhalt bekannte Aussagen zurückgeführt werden, ein Verfahren, das eben als Basis die normale Logik, wie sie etwa in II eingeführt wurde, voraussetzt. Eine Realrelation $R_\mu(A_{i1}\ A_{i2}\ldots)$ zwischen den Realtextteilen $A_{i1}\ A_{i2}\ldots$ liegt realiter vor, wenn sie innerhalb der Abbildungsaxiome $\longleftrightarrow$ hingeschrieben wird. Die so hingeschriebenen Aussagen $R_\mu(\ldots)$ sind also wahr und nicht fast wahr oder vielleicht wahr. Diese Aussagen werden innerhalb $\mathcal{MTA}$ nach der normalen Logik weiter behandelt.

2. Die Auffassung der Projektionsoperatoren als Eigenschaften ist nicht in demselben Sinne als falsch abzulehnen wie die Auffassung der Projektionsoperatoren als Aussagen. Sie ist aber für uns nicht brauchbar, da entweder das Wort Eigenschaften nicht genau genug beschreibt, was man meint, oder wenn man es eindeutig als etwas dem Mikroobjekt Zukommendes ansieht, schon eine Vorweginterpretation der Quantentheorie enthält, weil solche Eigenschaften bei Mikroobjekten wie Atomen gar nicht unmittelbar als Realtext vorliegen sondern erst innerhalb der Quantentheorie selber definiert werden könnten. Also entweder weiß man nicht, was für ein Realtextstück mit dem Wort Eigenschaften gemeint ist, oder aber man meint überhaupt kein Realtextstück sondern erst eine Definition innerhalb der Quantentheorie selber, oder man meint gar einen philosophischen Begriff, der erst recht nicht für den von uns gewünschten Aufbau der Physik als Naturwissenschaft und nicht Teil der Philosophie brauchbut ist.

3. Für uns kommt also nur ein Begriff in Frage, der schon vor aller Quantentheorie Realtextstücke beschreibt, die mit den Mikroobjekten wie Atomen zusammenhängen, d.h. aber, daß wir als Realtext nur das experimentelle Hantieren und die dabei ablaufenden unmittelbar gegebenen Vorgänge benutzen können, d.h. das, was an den Apparaturen selber realiter festliegt. Dadurch nehmen wir den ganzen Prozeß des Messens und Hantierens mit Mikroobjekten mit in die Theorie hinein. Dies scheint zunächst eine unnötige Komplikation zu sein, da es doch so schön wäre, von Realtextstücken eines Atoms selber zu sprechen, ohne erst danach fragen zu müssen, mit welchen komplizierten Apparaturen der Experimentalphysiker ein solches Realtextstück eines Atoms (wie z.B. eine Eigenschaft des Atoms) festgestellt hat. Aber gerade das hieße, die Quantenmechanik vorwegnehmen, um die Quantenmechanik zu interpretieren. Wir können eben ohne die Kenntnis der Quantenmechanik nicht entscheiden, ob das Messen an einem Atom eliminierbar ist, indem man eben nur von gemessenen Eigenschaften des Atoms zu sprechen braucht ; und deshalb können wir erst recht nicht eine solche Entscheidung vorwegnehmen. Die Kompliziertheit des Meßprozesses und die gar nicht triviale Möglichkeit, gerade Entscheidungsmessungen durchführen zu können, hat sicherlich bisher davor zurückschrecken lassen, als Basis der Quantenmechanik, d.h. als Realtext das "Messen" zu wählen ; denn wie soll man überhaupt Entscheidungsmessungen von allen möglichen <u>unzureichenden</u> Messungen unterscheiden ? D.h. es ist nicht von vornherein klar, welche Situationen im Realtext als Entscheidungsmessungen zu bezeichnen sind, da erst eine quantentheoretische Analyse zur Kennzeichnung bestimmter Vorgänge als Entscheidungsmessungen führen kann. So scheint es also Gründe zu geben,

die auch das Messen als Ausgangspunkt ungeeignet erscheinen lassen. Tatsächlich aber besagen die angeführten Gründe nicht, daß das Messen als Basis einer Theorie unbrauchbar ist, sondern vielmehr nur, daß das, was bisher als Entscheidungsmessung bezeichnet wurde, noch nicht allgemein genug ist, um darauf als unmittelbar gegebenen Realtextstücken die Theorie aufzubauen. Warum also nur diejenigen Situationen im Realtext betrachten, die erst nach komplizierter theoretischer Analyse zu Entscheidungsmessungen deklariert werden können ? Wenn wir dagegen als Realtext alle Apparaturen -und mögen sie noch so schlecht zu dem geeignet sein, was wir in noch gar nicht so klarer Weise als Messen bezeichnen- zulassen, so haben wir nichts vorweggenommen.

Die wirklichen Apparate der Experimentalphysiker sind meist auch alles andere als die "idealen Meßapparate" der Theoretiker. Die Theoretiker würden sicher gerne das Wort "messen" auf bestimmte ideale Meßanordnungen beschränken ; da uns aber kein besseres Wort für die Tätigkeit der Experimentalphysiker eingefallen ist, wollen wir mit dem Wort "messen" auch alle möglichen Wechselwirkungsanordnungen zwischen Objekten und Apparaturen bezeichnen. So sind wir bei den unmittelbar gegebenen Vorgängen an den Apparaten der Experimentalphysiker gelandet, die tatsächlich jeder Physiker als Realtext behandelt. Von Atomen oder allgemeiner Mikroobjekten, von Eigenschaften dieser Mikroobjekte, vom Zustand solcher Mikroobjekte u.s.w. ist also zunächst keine Rede. Wir müssen die Atomphysik ganz von vorne beginnen und erst durch eine theoretische Analyse das gewinnen, was man z.B. Atome nennt.

§ 1.2 Experimente

Als Realtext betrachten wir alle experimentellen Anordnungen, so wie sie unmittelbar feststellbar sind, natürlich nicht nur die künstlich aufgebauten Vorgänge in Laboratorien sondern auch alle in der Natur unmittelbar ablaufenden Prozesse. Um nun daraus den genormten Realtext herauszupräparieren, werden bestimmte Vorgänge unter einem Typ zusammengefaßt. Um dies zu erreichen, führen wir zunächst den Begriff Experiment genauer ein. Um zu sagen, was wir unter Experimenten verstehen wollen, dürfen wir nicht die Quantentheorie benutzen sondern müssen auf reale Vorgänge verweisen, d.h. wir müssen versuchen, eine Beschreibung dessen zu geben, was wir im Realtext als Experiment bezeichnen. Da der betrachtete Begriff Experiment sehr allgemein ist, kann er nicht durch eine scharfe und enge Beschreibung real gegebener Vorgänge erfaßt werden. Wir können daher nur, mehr beispielhaft als allgemein, schildern, was wir mit Experimenten meinen. Da keine scharfe Definition möglich ist, kann es durchaus passieren, daß die Einordnung eines Vorganges unter den Begriff Experiment fraglich wird ; dann ist eben dieser spezielle Vorgang zur Nachprüfung der Theorie ungeeignet, d.h. er wird nicht mit Zeichen versehen, d.h. nicht in den genormten Realtext aufgenommen.

Wir betrachten wohl-abgegrenzte Gegenstände, an denen ein Prozess abläuft ; z.B. eine Taschenuhr, bei der die Zeiger verschiedene Stellungen einnehmen ; oder eine Mausefalle, die gespannt und auch zugeschlagen sein kann, weil sie eine Maus berührt hat ; oder physikalisch interessantere Vorgänge : eine Nebelkammer, in der sich Nebeltropfen bilden ; oder ein Zählrohr mit

Zählwerk, wo das Zählwerk verschiedene Stellungen einnehmen kann.

Wohl-abgegrenzte Gegenstände können technisch hergestellt sein oder unmittelbar in der Natur vorgefunden werden. Entscheidend ist, daß ein solcher Gegenstand (um als Element des Realtextes dienen zu können) als objektiv realer Gegenstand vorweisbar ist, wie ein Weinglas auf dem Tisch. Atome sind in dieser Weise nicht vorweisbar, da man erst andere Apparate braucht, um ihre Wirkungen vorweisen zu können. Dies bedeutet *nicht*, daß man *keine* Hilfsapparate benutzen darf wie z.B. ein Mikroskop, um den Gegenstand eines Silberkornes in einer Photoplatte festzustellen, denn es ist eben in diesem Falle nicht notwendig, die *ganze* Situation, bestehend aus Photoplatte, Mikroskop u.s.w., zu betrachten, wenn man ein Silberkorn in der Photoplatte meint. Entscheidend hierfür ist aber, daß die (nicht quantenmechanische!) Theorie der Zusatzapparate (des Mikroskops) bekannt ist, so daß man mit Recht das Silberkorn als Realobjekt behandeln darf, d.h. auf Grund der Theorie der Zusatzapparate und des für diese Theorie gerade vorliegenden Realtextes das Silberkorn zum Wirklichkeitsbereich $\mathcal{W}$ dieser Theorie hinzurechnen darf, wie es in II §10 geschildert wurde. Wir nehmen also eine ganze Fülle von technischen Apparaten und ihre Theorie als bekannt an. Aber nur solche Dinge werden als Realobjekte für den Realtext der Quantentheorie zugelassen, die innerhalb dieser bekannten technischen Welt als solche Realobjekte *gesichert* sind. Sollte ein Realobjekt nicht vollständig gesichert sein, darf es zu dem Realtext der Quantenmechanik nicht zugelassen werden.

Als Bemerkung sei hier eingefügt: Als Realobjekte können nur solche Dinge zugelassen werden, für die der Entropiebegriff sinnvoll ist. Für einzelne Atome läßt sich überhaupt keine Entropie definieren.

An diesen Realobjekten können sich Veränderungen vollziehen, d.h. sie (oder Teile von ihnen) gehen von einem Zustand 1 in einen Zustand 2 (eventuell weiter in andere Zustände) über. Dieser Übergang vom Zustand 1 nach 2 muß realiter unbestreitbar vorliegen, so wie zwei verschiedene Zeigerstellungen an einer Uhr oder die gespannte (Zustand 1) und zugeschlagene (Zustand 2) Mausefalle oder zwei verschiedene Stellungen eines an ein Zählrohr angeschlossenen Zählwerkes. Auch hier können eventuell solche realen Zustandsänderungen von 1 nach 2 durch Hilfsapparate festgestellt werden. So kann man von dem aufgetretenen Stromstoß durch ein Zählrohr sprechen, obwohl dieser nicht unmittelbar vorliegt sondern erst mit technischen Apparaten registrierbar gemacht wird ; aber die *klassische* (!) Elektrodynamik erlaubt es, genügend starke Ströme in Drähten als objektiv reale Vorgänge, d.h. zum $\mathcal{W}$ der klassischen Elektrodynamik zugehörig anzusehen.

Als *Einzelexperiment* bezeichnen wir eine konkrete aufgetrete oder auch ausgebliebene Änderung an einem konkreten Realobjekt.

Unter einem Einzelexperiment verstehen wir also nicht nur Zustandsänderungen des *ganzen* Gegenstandes, sondern durchaus auch Änderungen an seinen Teilen, unabhängig von übrigen Änderungen. Z.B. können an einem Apparat drei Zählrohre existieren, von denen jedes eine Änderung erfahren, d.h. ansprechen kann. Die eingetretene Veränderung am ersten Zählrohr ist ein Einzelexperiment, auch die ausgebliebene Änderung des ersten Zählrohrs, ebenso die Änderung des zweiten Zählrohres, u.s.w. Es können also manchmal mehrere, sogar sehr viele Einzelexperimente an ein und demselben Apparat ablaufen.

Eine solche an einem einzigen Apparat zusammenauftretende Gruppe von Einzelexperimenten nennen wir kurz eine z-Gruppe. Eine solche z-Gruppe sind z. B. auch die vielen Nebeltröpfchen in einer Nebelkammer. Auf solche z-Gruppen von Einzelexperimenten werden wir an späterer Stelle noch genauer eingehen müssen.

Da wir mit dem Begriff Einzelexperiment bzw. z-Gruppe den realen abgegrenzten Gegenstand mit den an ihm stattgefundenen Veränderungen bezeichnen, bedeutet das auch, daß dieselben Veränderungen als verschiedene Einzelexperimente bezeichnet werden, ja nach dem, was man alles zu dem Realobjekt hinzurechnet, an dem diese Veränderung stattgefunden hat. Gegeben sei z. B. ein Stück Uran, ein Zählrohr und Zählwerk. Die Veränderung bestehe in dem Weiterspringen des Zählwerkes. Es wird diese Veränderung als verschiedenes Einzelexperiment bezeichnet, je nachdem ob sie als Veränderung an dem realen Gegenstand: [Stück Uran, Zählrohr und Zählwerk], oder an dem realen Gegenstand: [Zählrohr und Zählwerk], oder gar nur an dem Gegenstand: [Zählwerk] betrachtet wird.

Mit dem Begriff Einzelexperiment ist also der konkrete Apparat und eine an ihm konkret aufgetretene oder ausgebliebene Änderung gemeint. Einzelexperimente wie z-Gruppen liegen also als konkrete reale Tatsachen im Realtext fest. Aber nicht nur das einzelne Experiment wird als Element des Realtextes betrachtet. Die Einzelexperimente sind Bausteine, um zum genormten

Realtext zu kommen.

Wesentlich ist es dabei, daß man mehrere solche Einzelexperimente unter einem Gesichtspunkt zu einem Kollektiv zusammenfassen kann. Zum selben Kollektiv werden Einzelexperimente gezählt, wenn

1. der reale Gegenstand nach demselben technischen Verfahren hergestellt oder ausgewählt wurde und

2. die Zustandsänderung als "dieselbe" bezeichnet werden kann, so wie man Buchstaben in einem Text als dieselben bezeichnet.

Ein solches Kollektiv ist also gekennzeichnet durch eine Methode der Auswahl der Gegenstände und durch Gesichtspunkte, eine Veränderung als dieselbe zu bezeichnen. Diese Kollektivbildung kann in vielfältiger Weise erfolgen, die einzige Bedingung ist, daß sie nach klaren Anweisungen erfolgt, die von jedem ausgeführt werden können. Hinter diesem Wort Anweisungen verbirgt sich einerseits das ganze technische Konstruieren, Zeichnen, Fertigen, wie andererseits die möglichst saubere Kennzeichnung von "denselben" Veränderungen. Um bei dieser Kennzeichnung der Veränderungen nicht zu ungenau zu sein, überträgt man heutzutage möglichst alle Veränderung in ein Digitalsystem eines Elektronenrechners, wogegen z.B. eine Kennzeichnung mit Worten wie "dieselbe Zeigerstellung" ungenau ist. Nur solche Einzelexperimente sind zu einem Kollektiv zu zählen, von denen es auf Grund der Anweisungen klar ist, daß sie dazu zu zählen sind.

Wir betrachten in einem Realtext nun zwei solche Kollektive von Einzelexperimenten, die "denselben Apparat" betreffen und sich nur dadurch unterscheiden, daß eine bestimmte Veränderung aufgetreten ist (Pluskollektiv) oder nicht (Minuskollektiv). Beide Kollektive von Realtextteilen wählen den "Apparat" nach denselben Gesichtspunkten aus, in das Pluskollektiv werden aber nur alle die Realtext-Teile aufgenommen, wo die gerade ausgewählte Veränderung aufgetreten ist, in das Minuskollektiv alle, bei denen eben diese Veränderung nicht aufgetreten ist (es können natürlich andere Veränderungen aufgetreten sein!). Ein Paar zweier solcher Kollektive bezeichnen wir als Experiment. Jedes von einem Experimentalphysiker durchgeführte experimentelle Vorhaben besteht aus einem oder mehreren solcher eben definierten Experimente. Derselbe Apparat ist dabei oft ganz im Sinne der Alltagssprache derselbe, da der Experimentator nicht immer neue Apparate baut, sondern nur Abnutzungserscheinengen repariert, d.h. durch Reparatur erreicht, daß der eingesetzte Apparat nach der vorgegebenen Methode der Auswahl immer wieder als "derselbe" bezeichnet werden darf.

§ 1.3 Wahrscheinlichkeit

Ein Experiment besteht aus zwei Kollektiven von Realtextteilen, die alle "denselben" Apparat betreffen, wobei in den Pluskollektiv alle diejenigen Einzelexperimente aufgenommen sind, bei denen eine bestimmte Veränderung aufgetreten ist, in dem Minuskollektiv alle, bei denen diese Veränderung nicht aufgetreten ist. Es ist dabei wichtig, daß bei einem durch die Natur gegebenen Realtext nicht irgendwelche Einzelexperimente willkürlich ausgesondert und nicht zum Experiment gezählt werden. Ein Experiment liegt vor und unterliegt dann nicht mehr der Willkür des Physikers ; er kann sich nur vorher entscheiden, ob er es technisch "aufbauen" will. N sei die Gesamtzahl der Einzelexperimente, N_+ die Zahl der Einzelexperimente im Pluskollektiv, $N_- = N - N_+$ also die Zahl der Einzelexperimente im Minuskollektiv. $h = N_+/N$ bezeichnen wir als die Häufigkeit, mit der die ausgewählte Veränderung im Experiment aufgetreten ist. h wird zu einem Mittel der Abbildungsprinzipien, um eine Zuordnung zwischen Realtext und mathematischen Theorien zu erreichen. Wir werden h für große N in einem noch näher zu beschreibenden Sinn als Wahrscheinlichkeit bezeichnen.

Da das Wort Wahrscheinlichkeit in vielfarbig schillernder Bedeutung benutzt wird, wollen wir auf einige Auffassungen des Begriffs Wahrscheinlichkeit eingehen, um dadurch klarer werden zu lassen, in welcher Bedeutung der Begriff hier benutzt wird, um als Begriff in den Abbildungsprinzipien vom Realtext auf $\mathcal{M}\mathcal{T}_{\Sigma'}$ dienen zu können.

Wir hatten in §1.1 die Auffassung erwähnt, die die Projektionsoperatoren als Aussagen innerhalb eines logischen Kalküls versteht. In dieser "mehrwertigen Logik" werden Aussagen nicht nur als wahr oder falsch angesehen, sondern auch als mit einer "bestimmten Wahrscheinlichkeit wahr". Der Operator V in der Quantenmechanik , der durch $\mu = \mathrm{Sp}(VP)$ die Wahrscheinlichkeit μ für P zu berechnen gestattet, wird als Symbol für das Wissen eines Subjekts angesehen, auf Grund dessen dieses Subjekt die "Aussage P" als zwar nicht sicher wahr aber mit der Wahrscheinlichkeit μ wahr ansieht. μ wird zu einer Art Gewicht für "wahr sein". Es ist klar, daß für den von uns in II geschilderte Aufbau der Physik ein solcher Wahrscheinlichkeitsbegriff unbrauchbar ist, da die Physik auf dem vorliegenden Realtext beruht, der so, wie er ist vorliegt und nicht nur wahrscheinlich so ist, wie er vorliegt. Wahrscheinlichkeit kann also in unserem Rahmen nur etwas sein, was den Realtext selbst betrifft, am Realtext "abgelesen" werden kann.

Ähnlich der in §1.1 geschilderten Auffassung der Projektoren als dem Objekt zukommende Eigenschaften, wird die Wahrscheinlichkeit μ ebenfalls als etwas dem Einzelobjekt Zukommendes betrachtet, eben als ein im Einzelobjekt festliegendes Maß dafür, daß es die Eigenschaft P hat. Die Eigenschaft P hat ein Objekt eben nur mit Wahrscheinlichkeit. V wird ganz entsprechend als ein "Zustand des Objektes" charakterisiert, eine im Objekt liegende Struktur, die diese Wahrscheinlichkeiten für die verschiedenen P bestimmt. Diese Interpretation ist ebenfalls nicht aus einem Realtext ablesbar, sie stellt vielmehr eine Vorwegdeutung der Physik dar, eben eine metaphysische Deutung zur "Erklärung" dessen, was sich im Realtext abspielt. Nach der in II gegebenen Darstellung dessen, was Physik ist, gibt aber Physik niemals solche "Erklärungen" der Naturvorgänge aus allgemeinen, d.h. metaphysischen Prinzipien heraus, sondern versucht durch eine Strukturart $\sum$ ein Bild von der Struktur der Welt zu gewinnen.

Die eben angegebene Interpretation des Begriffes Wahrscheinlichkeit würde also auch jedem Einzelexperiment eine Wahrscheinlichkeit zuordnen, eben die, mit der die betrachtete Veränderung auftritt. So etwas kann aber nicht am Realtext abgelesen werden ; denn an ihm kann man <u>nur</u> ablesen, ob die Veränderung aufgetreten ist oder nicht. Also scheidet auch diese Interpretation des Wahrscheinlichkeitsbegriffes für uns aus, was natürlich nicht heißt, daß in einer echten Metaphysik die obige Auffassung -eben auf anderer Ebene- wieder von Bedeutung werden kann, nachdem vorher in der Physik ein physikalischer Wahrscheinlichkeitsbegriff erklärt worden ist. Falls es notwendig ist, werden wir die verschiedenen Wahrscheinlichkeitsbegriffe durch Zusatzbuchstaben unterscheiden wie p-Wahrscheinlichkeit für den weiter unten zu erläuternden physikalischen Wahrscheinlichkeitsbegriff. Ist aber bei der Entwicklung einer physikalischen Theorie klar, daß immer nur der p-Wahrscheinlichkeitsbegriff gemeint ist, lassen wir das p fort.

Um auch noch einem dritten Mißverständnis vorzubeugen, sei auch noch erwähnt, daß hier erst recht nicht ein mathematischer Wahrscheinlichkeitsbegriff gemeint ist. In der Mathematik kann man verschiedene $\mathcal{MT}$ entwickeln und mit dem Namen Wahrscheinlichkeitstheorien belegen genauso wie man verschiedene Geometrien entwickeln kann. Die in $\mathcal{MT}$ aufgestellten Axiome, um eine Wahrscheinlichkeitstheorie oder eine Geometrie zu entwickeln, sind durch keine Anschauung a priori als richtig erkennbar. Ob daher eine der vielen möglichen mathematischen Wahrscheinlichkeitstheorien in einem physikalischen Bereich brauchbar ist, kann nur durch die Erfahrung entschieden werden, genauso wie die Frage, ob eine euklidische oder irgendeine bestimmte nichteuklidische Geometrie die voliegenden Erfahrungen zu beschreiben gestattet.

Am Realtext "ablesbar" ist die am Anfang dieses Paragraphen angegebene Häufigkeit $h = N_+/N$. Es ist die Häufigkeit des Auftretens einer bestimmten

Veränderung in einem Experiment, das aus mehreren Einzelexperimenten -wie oben definiert- besteht. Da ein vorliegender Realtext mehr oder weniger umfassend sein kann, kann die Zahl N der Einzelexperimente ganz verschieden sein. Nun ist es möglich, mehrere Realtexte zu einem einzigen Text zusammenzufassen. Für jeden dieser Realtexte hat man Häufigkeiten $h^{(i)} = N_{+}^{(i)} / N^{(i)}$, für den zusammen genommenen Realtext also dann die Häufigkeit $h = \sum_i N_{+}^{(i)} / \sum_i N^{(i)}$. Es zeigt sich nun manchmal, daß die Häufigkeiten $h^{(i)}$ im Falle sehr großer Zahlen $N^{(i)}$ nur wenig von einander und von h verschieden sind. Wir sagen, das betreffende Experiment ist reproduzierbar. Diese Reproduzierbarkeit der Häufigkeiten ist nicht selbstverständlich, und gar nicht immer gegeben. Daß so wenig von den nicht reproduzierbaren Experimenten gesprochen wird, liegt einzig und allein an der Übung der Physiker, solche Fälle von vornherein als uninteressant auszuschließen ; unvergleichlich viel mehr unbrauchbare Experimente würden durchgeführt werden, wenn man nicht von vornherein etwa wüßte, wie ein nützlicher Versuch aufzubauen ist.

Um zu zeigen, was wir meinen, betrachten wir ein extremes Beispiel. Die betrachtete Apparatur sei einzig und allein ein Zählrohr ; die dabei interessierende Veränderung sei das Ansprechen dieses Zählrohrs. Am Realtext eines Experiments bestehend aus vielen Einzelexperimenten kann die Häufigkeit des Ansprechens des Zählrohres abgelesen werden. Es zeigt sich sehr bald, daß diese Häufigkeit sehr davon abhängt, wo man sich mit dem Zählrohr befindet, d.h. nicht reproduzierbar ist, Wir sagen auch, die Umgebung beeinflußt unkontrolliert das Experiment. Der Experimentalphysiker kann nun aus dem Zählrohr einen neuen Apparat bauen, indem er Abschirmvorrichtungen anbringt. Für das neue Experiment erhält er dann die reproduzierbare Häufigkeit "Null". Es erfordert in ähnlicher Weise oft große Raffinesse des Experimentierens, um reproduzierbare Experimente zu erhalten ; man denke nur an die komplizierten Abschirmvorrichtungen und raffinierten Koinzidenz- und Antikoinzidenzschaltungen bei Elementarteilchenversuchen, um Zählung von nicht gewollten Ereignissen zu vermeiden, d.h. eben, um reproduzierbare Ergebnisse zu bekommen ; um im Slogan der Experimentalphysiker zu sprechen : die "Dreckeffekte" müssen eleminiert werden.

Die Prüfung der Reproduzierbarkeit ist *nicht* dazu da, durch *viele* wiederholte Experimente eine Statistik über die Verteilung der Häufigkeiten aufzunehmen (siehe z.B. §15), sondern *nur* dazu da, um zu kontrollieren, daß das Experiment nicht von der (nicht zum Experiment gerechneten, sogenannten) Umgebung beeinflußt wird. Es sind also nur *wenige* Kontrollexperimente notwendig. Manchmal genügt sogar ein *einziges* Experiment (nicht Einzelexperiment!), wenn der Experimentator auf Grund von Hilfsuntersuchungen sicher ist, daß alle ungewünschten Beeinflussungen des Experiments ausgeschlossen wurden.

Die geschilderte Reproduzierbarkeit von Häufigkeiten erlaubt es nun, die Häufigkeit als Charakteristikum eines Experiments zu betrachten, d.h. jedem Experiment bestimmter Art eine (ungefähre) Häufigkeit zuzuordnen, deren unscharfes Bild in $\mathcal{M}\mathcal{T}_{\Sigma}$, wir dann Wahrscheinlichkeit nennen. Da wir oft in legerer Redeweise das Bild so wie den real gegebenen Sachverhalt benennen, reden wir auch von den Häufigkeiten bei großen Zahlen von Einzelversuchen als von den Wahrscheinlichkeiten.

§ 1.4 Präparier- und Effektteile eines Experiments

Der Begriff des Experiments ist noch zu allgemein, um aussichtsreich eine $\mathcal{PT}$ aufbauen zu können. Eine Theorie der ganzen Welt ist (wie wir schon in II §3 betonten) ein utopisches Ziel. Nur durch Einschränkungen auf Ausschnitte der Wirklichkeit wird die Aufgabe, diese durch eine $\mathcal{PT}$ zu beschreiben, aussichtsreich. In noch etwas ungenauer Ausdrucksweise ist unser Ziel nur (wenigstens zuerst einmal nur) eine Theorie von Mikrosystemen. Die Atome (als ein Beispiel von Mikrosystemen) wurden zwar zunächst hypothetisch eingeführt, um chemische Prozesse und das Verhalten von Gasen zu erklären ; aber erst das "Experimentieren mit einzelnen solcher Mikroobjekte" eröffnete der Physik einen neuen Bereich und "sicherte die Existenz" solcher Mikroobjekte. Erst nach der Aufstellung einer Theorie der Mikrosysteme kann man sich dem Probleme zuwenden, das Verhalten makroskopischer Körper als aus Atomen zusammengesetzt zu verstehen. Obwohl dieses letztere Problem historisch der Ausgangspunkt für eine erste "Begründung" der Atomhypothese war, hat es sich als wesentlich komplizierter herausgestellt, als das Aufstellen einer Theorie der Mikrosysteme selbst. Wie können wir aber die "Experimente mit Mikroobjekten" charakterisieren ?

Wieder erst einmal etwas ungenau können wir sagen, daß ein Einzelexperiment mit Mikroobjekten aus zwei Teilen besteht : einem Apparat, der einzelne Mikroobjekte produziert (was man auch mit : Mikroobjekte präpariert, ausdrückt) und einem zweiten Apparat, der diese Mikroobjekte durch Erzeugen von Veränderungen (auch Effekte genannt) nachweist. Beispiele sind : ein Stück Uran als Teil 1 und eine Nebelkammer als Teil 2 ; ein Protonenzyklotron mit einem Target als Teil 1, ein Zählrohr als Teil 2 ; ein Elektronensynchroton mit Target als Teil 1, eine Blasenkammer als Teil 2. Die Beispiele zeigen, daß die betrachteten Experimente technisch sehr kompliziert aufgebaut sein können. Wenn wir daher eine allgemeine Charakterisierung derjenigen experimentellen Anordnungen geben wollen, die wir in unseren genormten Realtext für die gesuchte $\mathcal{PT}$ der Mikrosysteme aufnehmen wollen, so kann dies (wie wir schon mehrfach erwähnten) nicht in scharfen Definitionen sondern nur durch aufweisende Beschreibungen geschehen!

Die uns interessierenden Einzelexperimente sollen aufgebaut sein aus einem Präparierteil und einem Effektteil. Wir brauchen nicht zu wissen, daß der Präparierteil z.B. "Protonen liefert". Einer solchen Aussage geben wir erst innerhalb der Entwicklung der $\mathcal{PT}$ der Mikrosysteme einen Sinn. Der Präparierteil liegt vielmehr zunächst nur als Teil des in dem Realtext aufnehmbaren Prozesses "Einzelexperiment" vor. Wir wollen ihn jetzt beschreibend charakterisieren. Er soll gekennzeichnet sein durch einen technisch kontrollierbaren Prozess. Wir sagen dafür oft kurz : der Präparierteil wird "eingeschaltet", "in Gang gesetzt". Die Erfahrung zeigt nun, daß solche Präparierteile an anderen apparativenAnordnungen Veränderungen hervorrufen können, die nicht durch die bekannten technischen Verbindungen beider Teile bedingt sein können. Betrachten wir als Beispiel ein Stück Uran in einer Bleikammer mit einem Fenster, das geöffnet und geschlossen werden kann. Dies ist ein Präparierteil, das Öffnen und Schließen des Fensters ist der "einschaltbare" Prozess an diesem Präparierteil. Dieser Präparierteil kann z. B. in einer Nebelkammer Spuren von Nebeltröpfchen hervorrufen, Veränderungen, die nicht dadurch bedingt sein können, daß beide Teile der Apparatur auf einem Tisch fest aufgebaut sind und daß man z. B. durch elektrische Schalteinrichtungen das Öffnen des Fensters mit der Expansion der Nebelkammer mit einer vorgebbaren Zeitverzögerung koppelt.

Wenn wir vorhin allgemein sagten, daß Präparierteile an anderen apparativen Anordnungen Veränderungen hervorrufen können, so bedeutet das nicht, daß sie das auch tun müssen. Auch die eben erwähnte Bleikammer ohne den Inhalt des Stückes Uran ist ein solcher Präparierteil, der -wie wir wissen- eben keine uns interessierenden Veränderungen (z. B. an der Nebelkammer) hervorruft. Welches sind die "uns interessierenden" Veränderungen ? Wenn z. B. die Bleikammer mit Fenster technisch so mit der Nebelkammer "zusammengeschaltet" ist, daß das Öffnen des Fensters die Expansion der Nebelkammer hervorruft, so ist diese Veränderung "Expansion" keine "uns interessierende" Veränderung. Beim Aufbau des Experimentes entscheiden wir, über welche "technischen" Kanäle der Präparierteil Veränderungen hervorrufen kann, Veränderungen, die wir nicht zu denen zählen, die allein weiter untersucht werden sollen. Das Entscheidende für die Kennzeichnung von Präparierteilen ist also nicht nur das, was sie an Veränderungen hervorrufen können oder nicht, sondern auch das, was nicht zu den von ihnen hervorgerufenen Veränderungen gezählt werden soll, nämlich alles, was durch die am Präparierteil vorhandenen technischen Anschlüsse hervorgerufen werden kann. Ein Präparierteil ist also ein technischer Prozess mit festgelegten technischen Anschlüssen.

Ein geladenes Gewehr mit dem technischen Anschluß des Abzugs ist ein solcher Präparierteil, der z.B. in einer Zielscheibe ein Loch erzeugen kann. Rechnen wir aber die Kugel mit zu den technischen Anschlüssen, so haben wir einen anderen Präparierteil, der dann (falls das Gewehr z.B. nicht radioaktiv ist) keine Veränderungen außer der durch die technischen Anschlüsse bedingten hervorruft.

Der technische Anschluß eines Präparierteiles mit anderen Apparateteilen kann raum-zeitlich verschieden geschehen. Wir legen daher innerhalb jedes Präparierteils ein raum-zeitliches Bezugssystem fest.

Somit ist also ein Präparierteil gekennzeichnet durch seinen apparativen Aufbau, seine technischen Anschlüsse und ein raum-zeitliches Bezugssystem.

Es ist klar, daß in das, was mit dem Realtextelement eines Präparierteiles gemeint ist, schon sehr viel Physik eingeht, aber nur die für die Technik des Apparates notwendige nicht quantentheoretische Physik. So ist z.B. der benutzte Raum-Zeit-Begriff der (hierbei vollkommen ausreichende) einer vierdimensionalen Raum-Zeit-Mannigfaltigkeit. Die für diesen Begriff notwendige unscharfe Abbildung (II, §9) auf das vierdimensionale Kontinuum (siehe z.B. für den Raum allein II, §12) liegt unterhalb jeder technischen Genauigkeit.

Zwei Präparierteile werden als "äquivalent" bezeichnet, wenn sie in ihren Charakteristika (apparativem Aufbau, technischen Anschlüssen und raum-zeitlichem Bezugssystem) übereinstimmen.

Ein Effektteil ist ebenfalls charakterisiert durch einen apparativen Aufbau, technische Anschlüsse und eine an ihm eventuell stattfindende oder auch ausbleibende Veränderung. So gehört z.B. bei einem Zählrohr als Effektteil die Spannungsquelle für die angelegte Spannung mit zum Effektteil, auch die Art und Weise, wie im zeitlichen Ablauf die Spannung angelegt wird, wie groß die Spannung ist u.s.w., also der gesamte technische Prozess, durch den ein Zählrohr eben gerade dieses spezielle Instrument im Labor eines Physikers wird. Es kann aber auch technische Anschlüsse enthalten, durch die man z.B. den Zeitpunkt des Beginns des Anlegens der Spannung bestimmen kann, oder räumliche Halterungen, durch die seine Lage fixiert werden kann. Als Veränderungen des Effektteiles werden nur solche betrachtet, die nicht durch die technischen Anschlüsse bedingt sind. So gehört z.B. bei dem eben erwähnten Beispiel des Zählrohres das Einschalten der Spannung nicht zu den "Veränderungen".

Um ein Einzelexperiment als aus Präparier- und Effektteil eindeutig zusammengesetzt ansehen zu können, beziehen wir den Effektteil auf das im Präparierteil festgelegte raum-zeitliche Bezugssystem. Zwei Effektteile werden deshalb als verschieden betrachtet, wenn ihr Bezogensein auf ein raum-zeitliches Bezugssystem verschieden ist.

Ein Effektteil ist vollständig charakterisiert durch einen apparativen Aufbau, technische Anschlüsse, eine an ihm auftretende (oder ausbleibende) Veränderung, die nicht allein durch Eingänge in die technischen Anschlüsse bedingt ist, und schließlich durch ein Bezogensein auf ein raum-zeitliches Bezugssystem.

So wie wir vorhin von z-Gruppen von Experimenten sprachen, nennen wir eine <u>z-Gruppe von Effektteilen</u> eine solche, die am selben Effektapparat zusammen teils auftreten, teils ausbleiben können. Die oben erwähnten drei

Zählrohre als zusammenhängender Effektapparat besteht also aus einer z-Gruppe von Effektteilen.

Der Zusammenbau von Präparier- und Effektteilen zu einem Einzelexperiment muß durch die raum-zeitlichen Bezugssysteme und technischen Anschlüsse eindeutig klar sein. Die Verbindung beider Teile durch die technischen Anschlüsse bezeichnen wir als die technischen Kanäle, die "restliche Verbindung", die es geben kann oder nicht, bezeichnen wir kurz als den mikroskopischen Kanal. So ist dann folgende kurze Sprechweise zu verstehen : "der Präparierteil kann durch den mikroskopischen Kanal den Effektteil verändern". Das Wort "mikroskopischer Kanal" muß nicht unbedingt bedeuten, daß Atome, Elektronen oder Atomkerne die zusätzliche Verbindung zwischen Präparier- und Effektteilen herstellen (obwohl das natürlich der hauptsächlich interessierende Fall ist), es können auch Moleküle, Makromoleküle, ja Gewehrkugeln wie etwa bei dem oben erwähnten Präparierteil "Gewehr" (wenn der Kanal der fliegenden Gewehrkugel nicht zu den technischen Kanälen gerechnet wird) sein.

Wird eine z-Gruppe von Effektteilen mit einem Präparierteil zusammengebaut, so muß natürlich (das liegt in der Definition der z-Gruppe) die z-Gruppe als ganze und nicht nur einzelne der Effektteile mit dem Präparierteil zusammengebaut werden.

Als "äquivalente" Effektteile bezeichnet man in ganz natürlicher Weise wieder solche, die in ihren charakterisierenden Bestimmungsstücken übereinstimmen. Zwei Einzelexperimente werden also, so wie es in §1.2 geschildert wurde, genau dann zum selben Plus-Kollektiv (bzw. Minus-Kollektiv) gerechnet, wenn sowohl Präparierteile und Effektteile äquivalent sind und die durch den

Effektteil gekennzeichnete Veränderung beidemal aufgetreten(bzw. beidemal ausgeblieben) ist. Man erhält also auch dann verschiedene Kollektive von Einzelexperimenten, wenn man zwar "äquivalente" Präparierteile aber mit "verschiedenen" Effektteilen oder "verschiedene" Präparierteile mit "äquivalenten" Effektteilen kombiniert.

Ebenfalls aus dem Begriff der z-Gruppe von Effektteilen folgt, daß solche z-Gruppen entweder nur als ganze oder gar nicht "äquivalent" sind, d.h. entweder sind von zwei solchen z-Gruppen alle Effektteile paarweise äquivalent, oder die beiden z-Gruppen der Effektteile sind nicht äquivalent. Daraus folgt speziell, daß äquivalente z-Gruppen immer aus gleich vielen Effektteilen bestehen müssen.

Die als Grundlage der gesuchten $\mathcal{PT}$ benutzten Experimente sind also durch Präparierteil, Effektteil, z-Gruppen von Effektteilen und Zahlenpaare (N_+, N) mit N als Zahl der Einzelexperimente und N_+ als Zahl derjenigen, bei denen die charakterische Veränderung aufgetreten ist, im Realtext bestimmbar.

§ 1.5 Typisierung des Realtextes.

Wir haben nun alle beschreibenden Voraussetzungen entwickelt, um den genormten Realtext und seine Typisierung durch die Abbildungsprinzipien anzugeben. Gegeben sei ein Realtext, der reproduzierbare Experimente umfassen möge. Jedes dieser Experimente bestehe aus vielen Einzelexperimenten, wobei jedes dieser Einzelexperimente aus Präparier- und Effektteil aufgebaut ist.

Die Zeichensetzung im Realtext (um den genormten Realtext zu erhalten) ist folgendermaßen durchzuführen: Jeder Präparierteil jedes Einzelexperiments bekommt einen und nur einen Buchstaben als Zeichen. Die oben als "äquivalent" bezeichneten Präparierteile haben zunächst alle ein verschiedenes Zeichen. Ebenso bekommt jeder Effektteil einen Buchstaben als Zeichen. Ein Einzelexperiment ist also durch ein Buchstabenpaar und durch die Tatsache, ob am Effektteil die für diesen Effektteil charakteristische Veränderung aufgetreten ist oder nicht, gekennzeichnet.

Ein Einzelexperiment besteht also aus einem Zeichen v für den Präparierteil und einem Zeichen f für den Effektteil und einem dritten "Zeichen" + oder -, je nachdem ob die zu f gehörige charakteristische Veränderung aufgetreten ist oder nicht. Durch diese Zeichen : verschiedene Buchstaben $v_1, v_2, \ldots$ für die Präparierteile, verschiedene Buchstaben $f_1, f_2, \ldots$ für die Effektteile, und Zeichen + oder -, je nachdem, ob am Effektteil die Veränderung aufgetreten ist oder nicht, wird der Realtext zum genormten Realtext. Ein Einzelexperiment ist also im genormten Realtext durch drei Zeichen (v,f,+) oder (v,f,-) gekennzeichnet[1].

Die Einführung der Zeichen +,- scheint überflüssig zu sein, da ja bei jedem Einzelexperiment das Zeichen f schon ausreicht, um mit anzugeben, ob der Effektteil angesprochen hat oder nicht, denn jeder Effektteil bekommt einen gesonderten Buchstaben. Die hier gewählten Zeichen machen es aber später

1) (v,f,+) und (v,f,-) sind noch keine Zeichen in $\mathcal{M}\mathcal{T}_{\Sigma'}$! (v,f,+) steht hier nur kurz für eine im genormten Realtext gegebene Situation. <u>Nur</u> die Abbildungsprinzipien geben mathematische Relationen.

leichter, "äquivalente" Effektteile zusammenzufassen.

Weiterhin liest man am Realtext ab, daß bei festem Zeichen v mehrere $(v,f_1,+)$, $(v,f_2,-)\dots(v,f_n,+)$ zu einer z-Gruppe von Einzelexperimenten zusammengefaßt werden können, wenn die $f_1,f_2\dots f_n$ die verschiedenen Effektteile einer z-Gruppe von Effektteilen sind. Es sei nochmals betont: Bei den z-Gruppen von Einzelexperimenten handelt es sich um die reale Situation, daß an einer einzigen Apparatur mehrere konkrete Veränderungen zusammen auftreten können und nicht etwa um die Veränderungen, die bei Wiederholung der Versuche zur Aufnahme der Statistik auftreten! Als Beispiele solcher "zusammen" auftretender Veränderungen sei 1) auf eine Zählrohrgruppe verwiesen, bei der mehrere Zählrohre bei einem einzigen Experiment ansprechen können ; 2) auf eine Nebelkammer, bei der jedes Nebeltröpfchen eine von vielen zusammen auftretenden Veränderungen ist ; 3) auf eine Photoplatte, bei der jedes geschwärzte Silberkorn eine von vielen zusammen auftretenden Veränderungen ist. Die hier beschreibene reale Situation mehrerer zusammen auftretender Veränderungen hat nichts mit "gleichzeitig" auftreten zu tun! Z.B. können zwischen den im Beispiel 1) erwähnten Zählrohren Zeitverzögerungen eingebaut sein, was eine experimentell sehr wichtige Methode ist!

Wir versuchen nun, diese am genormten Realtext ablesbare eben geschilderte Situation durch Abbildungsprinzipien in einen mathematischen Text $(\longleftrightarrow)_r$, wie in II §5 beschrieben, umzusetzen.

Dazu wollen wir zunächst in der in II §5 angegebenen Weise die bisher mit den Worten Präparier- und Effektteil bezeichnete Typisierung durchführen. Durch zwei Terme in $\mathcal{MT}_{\Sigma'}$ führen wir also zwei Typen ein: Den Bildterm in $\mathcal{MT}_{\Sigma'}$ der Präparierteilzeichen bezeichnen wir mit $\tilde{K}$. $\tilde{K}$ wird also ein Hauptbasisterm von Σ'. So können wir das Abbildungsprinzip 1 formulieren.

Abbildungsprinzip 1 : $\tilde{K}$ ist die Menge aller Präparierteile. Die Elemente von $\tilde{K}$ bezeichnen wir mit v.

Das Abbildungsprinzip 1 müssen wir als unscharfe Abbildung auffassen, wie wir sie in II §2 erklärt haben ; denn die Präparierteile sind durch technische Bauvorschriften (eben nur mit technischen Genauigkeiten durchführbar) und ein raum-zeitliches Bezugssystem (ebenfalls nur unscharf technisch fixierbar) gekennzeichnet. Diese unscharfe Abbildung wäre durch eine uniforme Struktur und die zugehörige Topologie $\mathcal{T}$ $(\tilde{K})$ zu kennzeichnen (II §2), auf die wir im Augenblick noch nicht eingehen wollen.

Zum zweiten Typ fassen wir die Effektteilzeichen zusammen. Es sei an dieser Stelle nochmals betont: Wenn an einem Effektteil mehrere Veränderungen auftreten können (z.B. Bilden oder Nichtbilden von Nebeltröpfchen in verschiedenen Raumgebieten einer Nebelkammer), werden diesen verschiedene Buchstaben als Zeichen gegeben. Den Bildterm in $\mathcal{MT}_{\Sigma'}$ der Effektteilzeichen bezeichnen wir mit $\tilde{L}$. $\tilde{L}$ ist also ein zweiter Hauptbasisterm von Σ'.

Abbildungsprinzip 2 : $\tilde{L}$ ist die Menge aller Effektteile. Die Elemente von $\tilde{L}$ bezeichnen wir mit f.

Für die Unschärfe der Abbildung auf $\tilde{L}$ gilt dasselbe wie das bei der Abbildung auf $\tilde{K}$ gesagte.

Als nächstes müssen wir versuchen, die Realrelation zu erfassen, daß ein Präparierteil v mit einem Effektteil f oder einer ganzen z-Gruppe von

Effektteilen zusammengebaut ist. Es ist also eine mathematische Relation gesucht, mit der man niederschreiben kann, daß v mit f zum Einzelexperiment zusammengebaut sind oder allgemeiner (v, f_1) $(v, f_2)\ldots(v, f_n)$ eine z-Gruppe von Einzelexperimenten bilden. Den Fall (v, f) eines Präparierteiles v mit nur einem angefügten Effektteil f können wir als Spezialfall einer z-Gruppe betrachten, die aus nur einem Paar (v, f) besteht.

Die gewünschte Relation läßt sich in $\mathcal{M}\mathcal{T}_{\Sigma'}$ am einfachsten durch eine Teilmenge $\tilde{M}$ mit $\tilde{M} \subset \mathcal{P}(\tilde{K} \times \tilde{L})$ definieren (siehe z.B. die Einführung von $<$ durch $\triangle$ in dem Beispiel in II §7.1). Die Menge $\tilde{M}$ soll, kurz ausgedrückt, die Menge der z-Gruppen von Einzelexperimenten sein. Wir führen also in Σ' $\tilde{M}$ als eine Komponente des Strukturterms t ein, d.h. wir setzen $t = (\tilde{M}, \ldots)$ mit der Typisierung (siehe II, §7.1) $\tilde{M} \in \mathcal{P}\mathcal{P}(\tilde{K} \times \tilde{L})$. Dazu formulieren wir das

Abbildungsprinzip 3a : $\tilde{M}$ ist die Menge aller z-Gruppen von Einzelexperimenten, d.h. bilden die $(v, f_1), \ldots (v, f_n)$ im Realtext eine z-Gruppe, so ist (unabhängig davon, ob noch bei den (v, f_i) ein + oder - als Zeichen dabei steht) $\{(v, f_1), \ldots (v, f_n)\} \in \tilde{M}$ als eines der Abbildungsaxiome aus $(\!\!-\!\!)_r$ (2) aufzuschreiben (siehe II, §5). Bilden die $(v, f_1)\ldots(v, f_n)$ keine z-Gruppe, so ist die Verneinung der obigen Relation aufzuschreiben.

Die Menge $\tilde{M}' = \bigcup\limits_{y \in \{(v, f_1)\ldots(v, f_n)\} \in \tilde{M}} y$ ist die "Menge" aller Einzelexperimente. Auf Grund von Abbildungsprinzip 3a kann man, in $\mathcal{M}\mathcal{T}_{\Sigma'}\mathcal{A}$ sofort alle Relationen $(v, f) \in \tilde{M}'$ herleiten, wobei (v, f) alle Paare aus allen z-Gruppen durchläuft.

Da wir bisher im mathematischen Text $\longleftrightarrow$ (siehe II, §5) auf Grund von Abbildungsprinzip 2 noch nicht notiert haben, ob ein Effektteil angesprochen hat oder nicht (wir haben alle f unabhängig davon, ob es sich um solche handelt, die angesprochen oder nichtangesprochen haben, zu einem einzigen Typ $\tilde{L}$ zusammengefaßt), brauchen wir noch eine weitere mathematische Relation, um dies nachzuholen, d.h. in $\longleftrightarrow$ notieren zu können. Dazu führen wir als weitere Komponente des Strukturterms t eine Funktion η über $\tilde{M}'$ ein, die nur die Werte 1 oder 0 annimmt. Als Abbildungsprinzip formulieren wir :

Abbildungsprinzip 3b : Für diejenigen Einzelexperimente (v, f), bei denen im Realtext ein +-Zeichen steht (wo wir also im Realtext die oben mit (v, f, +) angegebene Situation haben), schreibe man in $\longleftrightarrow_{\tau}(2)$: $\eta((v,f)) = 1$, in den Fällen mit einem - -Zeichen $\eta((v,f)) = 0$ auf.

Die Abbildungsprinzipien 1 bis 3a zeigen, daß man in $\longleftrightarrow_{\tau}(1)$ die Relationen $v \in \tilde{K}$, $f \in \tilde{L}$ nicht aufzuschreiben braucht, da diese aus den in $\longleftrightarrow_{\tau}(2)$ aufgeschriebenen Relationen folgen ; denn aus den nach Abbildungsprinzip 3a aufgeschriebenen Relationen folgt, wie wir oben sahen $(v,f) \in \tilde{M}' \subset \tilde{K} \times \tilde{L}$ und damit $v \in \tilde{K}$ und $f \in \tilde{L}$. Bei der Formulierung der Abbildungsprinzipien legen wir nicht so sehr Wert darauf, möglichst unabhängige Abbildungsaxiome $\longleftrightarrow_{\tau}$ zu erhalten, sondern vielmehr darauf, die Abbildungsprinzipien möglichst durchsichtig zu formulieren (siehe II, §7.3).

In §1.4 hatten wir anschaulich geschildert, was wir unter äquivalenten Präparierteilen und äquivalenten Effektteilen verstehen wollen. Betrachten wir zunächst äquivalente Präparierteile.

Es handelt sich hier wieder um eine Realrelation und zwar zwischen verschiedenen v's. Diese äquivalenten v's sind alle nach demselben technischen Verfahren konstruiert, ja oft sogar "derselbe" Apparat ("derselbe" in der Alltagsprache gemeint), nur an verschiedenen Orten oder zu verschiedenen Zeiten in Gang gebracht. Diese reale Äquivalenz werden wir auf eine mathematische Äquivalenzrelation, d.h. eine Klasseneinteilung von $\widetilde{K}$ abbilden. Da die "Struktur" einer mathematischen Äquivalenzrelation bekannt ist, wollen wir hier nicht explizit vorführen, wie eine neue Komponente des Strukturterms t von $\mathcal{M}\mathcal{T}_{\Sigma'}$ einzuführen ist und welche axiomatischen Relationen dafür hinzuschreiben sind. Wir bezeichnen kurz mit $\underline{\underline{K}}$ die Menge der Äquivalenzklassen von $\widetilde{K}$ und ebenso mit $\underline{\underline{L}}$ die Menge der Äquivalenzklassen von $\widetilde{L}$ und kommen so zu folgenden Abbildungsprinzipien:

<u>Abbildungsprinzip 3c</u> : "Real äquivalente" Präparierteile sind Elemente derselben Klasse, wobei eine Klasse ein Element von $\underline{\underline{K}}$ ist.

<u>Abbildungsprinzip 3d</u> : "Real äquivalente" Effektteile sind Elemente derselben Klasse, wobei eine Klasse ein Element von $\underline{\underline{L}}$ ist.

Die Elemente von $\underline{\underline{K}}$ bezeichnen wir oft mit $\underline{\underline{V}}$, die von $\underline{\underline{L}}$ mit $\underline{\underline{F}}$.

In den Abbildungsaxiomen $(\longleftrightarrow)_r$(2) nach II §5 ist also z.B. für zwei äquivalente v_1, v_2 aufzuschreiben : $v_1 \sim v_2$, wobei $\sim$ wie üblich bedeutet, daß v_1 und v_2 zur selben Klasse gehören.

In die Realrelation "äquivalent" geht eine ganze Menge klassischer Physik der Apparate ein, die aber jetzt nicht im Einzelnen diskutiert zu werden braucht ; es sei aber nur darauf hingewiesen, daß diese Äquivalenzrelationen eigentlich mit Hilfe von Ungenauigkeitsmengen aus $\tilde{K}$ und $\tilde{L}$ zu verschmieren sind, wie es in II §8 bei Termen der Klasse β) ausführlich diskutiert wurde.

Sei g die kanonische Abbildung von $\tilde{K}$ auf $\underline{\underline{K}}$; d.h. g(v) = $\underline{\underline{V}}$ (mit $v \in \tilde{K}$, $\underline{\underline{V}} \in \underline{\underline{K}}$) ist die Klasse, der v angehört. Ebenso sei h die kanonische Abbildung von $\tilde{L}$ auf $\underline{\underline{L}}$. Die kanonische Erweiterung $g \times h$ von g, h auf $\tilde{K} \times \tilde{L}$ (II §7.1) bildet $\tilde{M}'$ auf $\underline{\underline{M}}' \subset \underline{\underline{K}} \times \underline{\underline{L}}$ ab. Wir wollen zeigen, daß die Elemente von $\underline{\underline{M}}'$ gerade das charakterisieren, was wir in § 1.2 und 1.4 als Experiment bezeichnet haben:

Ein Element $(\underline{\underline{V}}, \underline{\underline{F}})$ von $\underline{\underline{M}}'$ enthält von den nach $(\longleftrightarrow)_\gamma(2)$ auftretenden Paaren $(v,f) \in \tilde{M}'$ alle diejenigen, wo sowohl die Präparier- wie die Effektteile äquivalent sind, d.h. alle $(v_i, f_r \pm)$ mit zueinander äquivalenten v_i und mit zueinander äquivalenten f_r. Mathematisch etwas korrekter ausgedrückt: Bildet man von den in $(\longleftrightarrow)_\gamma(1)$ auftretenden $v_i \in \tilde{K}$ und $f_r \in \tilde{L}$ alle Paare $(f(v_i), h(f_r)) \in \underline{\underline{K}} \times \underline{\underline{L}}$, nimmt diejenigen $(g(v_i), h(f_r)) \in \underline{\underline{M}}'$ und sucht alle Paare (v_i, f_r), die <u>dasselbe</u> Element $(g(v_i), h(f_r)) \in \underline{\underline{M}}'$ geben und in der Relation $(v_i, f_r) \in \tilde{M}'$ stehen, so sind dies genau die und nur die Einzelexperimente $(v_i, f_r, \pm)$ mit zueinander äquivalenten v_i und mit zueinander äquivalenten f_r. (Siehe dazu die in II, §8 diskutierte Frage, wie die Elemente eines Realtextes auf Äquivalenzklassen aufzuteilen sind, falls es sich genau genommen um eine unscharfe Äquivalenzrelation handelt) Damit sind in jedem genormten Realtext jedem Paar (g(v), h(f)) die Zahl N der zugehörigen Einzelexperimente $(v,f) \in \tilde{M}'$ und die Zahl N_+ derjenigen (v,f) mit $\eta((v,f)) = 1$ und die Zahl N_- derjenigen (v,f) mit $\eta((v,f)) = 0$ zugeordnet. Es gilt natürlich per Definitionem $N = N_+ + N_-$.

Zunächst sieht es so aus, als ob wir mit den Abbildungsprinzipien 1 bis 3d eine vollständige und ausreichende mathematische Niederschrift für die genormten Realtexte erhalten haben. Alle Versuche, eine $\mathcal{PT}$ durch Aufstellen von Axiomen in Σ' für die eben aufgestellten Komponenten des Strukturterms t zu finden, sind aber gescheitert ; insbesondere sind keine Axiome bekannt, die es gestatten, Aussagen über die Struktur der Funktion η zu machen. In dieser Sachlage hat sich nun als besonders fruchtbar folgender Weg erwiesen, der die Zahlen N_+ und N_- benutzt, um noch ein weiteres zusätzliches Abbildungsprinzip einzuführen, das in gewisser Weise die Funktion η überflüssig macht.

Die Formulierung dieses zusätzlichen Abbildungsprinzips geht von dem am Realtext ablesbaren Zahlenpaar (N_+, N) aus. Man nennt dieses Zahlenpaar (N_+, N) die "Häufigkeit". Wir wollen nun diesem Zahlenpaar eine reelle Zahl unscharf (so wie z.B. in II, §6 dem "Abstand" eine reelle Zahl, am Bandmaß ablesbar, unscharf zugeordnet wurde) zuordnen. Bevor wir auf die Unschärfemengen eingehen, wollen wir zunächst sehen, welche mathematische Bildrelation geeignet erscheint, um die im Realtext zwischen (g(v), h(f)) und dem Zahlenpaar (N_+, N) bestehende Beziehung zu beschreiben.

Da die Experimente zeigen, daß sich bei großen Werten von N die Zahl N_+/N bei Wiederholung des Experiments annähernd reproduziert, liegt es nahe, als <u>ideale</u> Bildrelation zwischen $\underline{\underline{V}} = g(v)$, $\underline{\underline{F}} = h(f)$ und N_+/N eine funktionelle Relation $\mu(\underline{\underline{V}}, \underline{\underline{F}}) = \alpha$ zu wählen, wobei $\mu(\underline{\underline{V}}, \underline{\underline{F}})$ über $\underline{\underline{M}}'$ definiert ist. Wir nennen $\mu(\underline{\underline{V}}, \underline{\underline{F}})$ die <u>Wahrscheinlichkeitsfunktion</u> über den <u>Experimenten</u> $(\underline{\underline{V}}, \underline{\underline{F}})$; wegen der oben geschilderten Zuordnung der Paare $(g(v_i), h(f_r))$ zu den "Experimenten" werden wir die Elemente $(\underline{\underline{V}}, \underline{\underline{F}})$ von $\underline{\underline{M}}'$ immer kurz als "Experimente" bezeichnen.

Um die Abbildungsprinzipien zu formulieren, müssen wir zunächst näher auf die Unschärfemengen eingehen. Auf Ω benutzen wir in diesem Falle natürlich die durch $d(\alpha, \beta) = |\alpha - \beta|$ bestimmte uniforme Struktur. Aus dieser wählen wir in diesem Falle nicht nur eine, sondern mehrere Unschärfemengen aus, und zwar

$$U_m = \left\{ (\alpha, \beta) \,\middle|\, |\alpha - \beta| < \frac{1}{m} \right\}, \quad m = 1, 2, \ldots M$$

Für jeden vorkommenden Realtext bleibt m aber unterhalb einer endlichen, wenn auch eventuell sehr großen Zahl M, so daß wir also nur endlich viele Unschärfemengen U_m ausgewählt haben. Die Wahl der U_m ist natürlich in gewissen Grenzen willkürlich, so wie es in II, §6 diskutiert wurde.

Wir zerlegen nun das zu formulierende Abbildungsprinzip in zwei Teile : erstens eine Formulierung für die Wahl der Unschärfemengen und zweitens für die dann in $(\longleftrightarrow)_r(2)$ aufzuschreibenden Relationen.

Abbildungsprinzip 4 : Dem Zahlenpaar (N_+, N) ordne man die reelle Zahl N_+/N und eine Unschärfemenge U_m mit einem von N abhängigen m so zu, daß $m \ll N$ ist*.

Mit Hilfe einer Unschärfemenge U_m verschmiere man (siehe II, §6) die ideale Bildrelation $\mu(\underline{\underline{V}}, \underline{\underline{F}}) = \alpha$ zu einer verschmierten Bildrelation :

* Wir kommen gleich auf die Frage zurück, was hier unter $m \ll N$, d.h. m sehr klein gegenüber N zu verstehen ist.

$$\tilde{\mu}_m(\underline{\underline{V}},\underline{\underline{F}},\beta) : (\exists \alpha) \left[\mu(\underline{\underline{V}},\underline{\underline{F}}) = \alpha \text{ und } (\alpha,\beta) \in U_m \right]$$

die man auch kurz

$$\mu(\underline{\underline{V}},\underline{\underline{F}}) = \alpha \pm \frac{1}{m}$$

schreiben kann.

Abbildungsprinzip 5 : Für ein Experiment $(\underline{\underline{V}},\underline{\underline{F}})$ ist in $(\longleftrightarrow)_\gamma(2)$ $\tilde{\mu}_m(\underline{\underline{V}},\underline{\underline{F}},N_+/N)$ (oder etwas anschaulicher $\mu(\underline{\underline{V}},\underline{\underline{F}}) = N_+/N \pm \frac{1}{m}$) aufzuschreiben.

Wenn man sich bei sehr großen Zahlen N um den Wert von 1/m praktisch nicht kümmert, schreibt man auch oft noch kürzer statt $\tilde{\mu}_m(\underline{\underline{V}},\underline{\underline{F}},N_+/N)$:

$$\mu(\underline{\underline{V}},\underline{\underline{F}}) \underset{p}{\sim} N_+/N.$$

Die Abbildungsprinzipien 4 und 5 geben gegenüber dem vorher in $(\longleftrightarrow)_\gamma$ aufgeschriebenen Text praktisch nichts neues, solange nicht $\frac{1}{m}$ sehr klein gewählt werden kann, d.h. solange keine großen Zahlen N von Einzelexperimenten in einem Experiment vorhanden sind (ein Übel, das allen Experimentalphysikern wohl bekannt ist, besonders wenn man Monate oder gar Jahre warten muß, um einigermaßen große Zahlen N zu gewinnen). Die Aussage der Abbildungsprinzipien 4 und 5 bleibt vollkommen leer, solange man etwa $\frac{1}{m} = 1$ wählen muß.

Wir haben hier eine für die Physik charakteristische Situation vor uns, daß wir bei demselben genormten Realtext durch die Formulierung der Abbildungsprinzipien zwei verschiedene mathematische Texte erhalten können, z.B.

den einen nach den Abbildungsprinzipien 1,2,3a,3c,3d,4,5 (also ohne 3b), den anderen nach den Abbildungsprinzipien 1,2,3a,3b,3c (also ohne 4,5). Damit erhalten wir zwei verschiedene "theoretische Beschreibungsweisen" derselben realen Situation. Nur bei der mit den Abbildungsprinzipien 4,5 ausgestatteten Beschreibungsweise war es möglich, eine fruchtbare Theorie zu entwickeln. Im anderen Falle (ohne 4,5) wird man bei jedem Versuch einer Theorie auf das Problem der verborgenen Parameter geführt.

Man kann sich die Arbeit der Abbildungsprinzipien sehr vereinfachen, wenn man statt der vielen "Zeichen" v_i nur die Zeichen $\underline{\underline{V}}$ ($g(v_i)$ und statt der vielen f_r nur die $\underline{\underline{F}} = h(f_r)$ benutzt. Alle Äquivalenzrelationen in $\longleftrightarrow_{\gamma}(2)$ nach den Abbildungsprinzipien 3b,c sind damit eliminiert. Die vielen Relationen der Form $(v,f) \in \widetilde{M}'$ kann man dann zu Relationen $(\underline{\underline{V}},\underline{\underline{F}}) \in \underline{\underline{M}}'$ zusammenfassen. Nur an einer Stelle muß man aufpassen:

Relationen in $\longleftrightarrow_{\gamma}(2)$ der Form $(v,f) \notin \widetilde{M}'$ dürfen <u>nicht</u> als $(\underline{\underline{V}},\underline{\underline{F}}) \notin \underline{\underline{M}}'$ übertragen werden, da aus $(v,f) \notin \widetilde{M}'$ <u>nicht</u> $(g(v),h(f)) \notin \underline{\underline{M}}'$ folgt! Man kann aber alle Relationen der Form $(v,f) \notin \widetilde{M}'$ einfach fortlassen, solange in $\mathcal{M}\mathcal{T}_{\Sigma'}$ keine axiomatischen Relationen für die Menge $\widetilde{M}'$ aufgenommen werden, d.h. solange nur axiomatische Relationen auftreten, die sich auf die Mengen $\underline{\underline{M}}',\underline{\underline{K}},\underline{\underline{L}}$ beziehen ; denn in diesem Fall lassen sich aus den Relationen der Form $(v,f) \notin \widetilde{M}'$ überhaupt keine weiteren Folgerungen in $\mathcal{M}\mathcal{T}_{\Sigma'}\mathcal{A}$ (II §5) herleiten, die zu einem Widerspruch führen könnten.

Wir fassen bei diesem Verfahren also nur die aus den Abbildungsprinzip 3a zu gewinnenden vielen Relationen $(v,f) \in \widetilde{M}'$ zu weniger Relationen $(\underline{\underline{V}},\underline{\underline{F}}) \in \underline{\underline{M}}'$ zusammen. Wie man mit den vollen Relationen aus Abbildungsprinzip 3a verfahren kann, wird in § 11 näher beschrieben werden. Bis dahin können wir diese vollen Relationen vergessen und uns auf die Relationen $(\underline{\underline{V}}, \underline{\underline{F}}) \in \underline{\underline{M}}'$ beschränken.

Dann kann man die Abbildungsprinzipien zu folgenden vereinfachen:

<u>Abbildungsprinzip 1'</u> : $\underline{\underline{K}}$ ist die Menge aller (Kollektive äquivalenter) Präparierteile.

<u>Abbildungsprinzip 2'</u> : $\underline{\underline{L}}$ ist die Menge aller (Kollektive äquivalenter) Effektteile.

<u>Abbildungsprinzip 3'</u> : $\underline{\underline{M}}' \subset \underline{\underline{K}} \times \underline{\underline{L}}$ ist die Menge aller Experimente.

Die Abbildungsprinzipien 1',2' fassen also alle Relationen aus $(\longleftrightarrow)_r$ (1) der Form $v \in \widetilde{M}$, $f \in \widetilde{L}$ zu wesentlich weniger Relationen $\underline{\underline{V}} \in \underline{\underline{K}}$, $\underline{\underline{F}} \in \underline{\underline{L}}$ zusammen. Da wir nur selten auf die Mengen $\widetilde{K}$, $\widetilde{L}$ zurückgehen werden, werden wir die Elemente von $\underline{\underline{K}}$ auch kurz Präparierteile, die von $\underline{\underline{L}}$ Effektteile nennen ; <u>nur</u> wenn $\widetilde{K}$ und $\widetilde{L}$ neben $\underline{\underline{K}}$ und $\underline{\underline{L}}$ auftreten, werden wir zu der genaueren oben angewandten Ausdrucksweise zurückkehren.

Der eben geschilderte Übergang zu den Abbildungsprinzipien 1',2',3' und die Einführung der Zeichen $\underline{\underline{F}}$ und $\underline{\underline{V}}$ als "Sammelzeichen" ist genau das, was wir in II, §8 als Einschränkung einer Theorie $\mathcal{PT}_1$ auf eine Theorie $\mathcal{PT}$ diskutiert haben. In Kapitel IV werden wir auf diese verschiedenen Theorien, bei denen die eine eine Einschränkung der anderen ist, wieder zurückkommen.

Durch die unscharfe Zuordnung von N_+/N zu $\mu(\underline{\underline{V}}, \underline{\underline{F}})$ durch die Abbildungsprinzipien 4 und 5 wird für $\sum'$ folgende axiomatische Relation nahegelegt:

Axiom 1 : Für die Funktion $\mu(\underline{\underline{V}}, \underline{\underline{F}})$ auf $\underline{\underline{M}}'$ gilt.

α) $0 \leqslant \mu(\underline{\underline{V}}, \underline{\underline{F}}) \leqslant 1$,

β) zu jedem $\underline{\underline{V}} \in \underline{\underline{K}}$ existiert ein $\underline{\underline{F}} \in \underline{\underline{L}}$ mit $\mu(\underline{\underline{V}}, \underline{\underline{F}}) = 1$,

γ) es existiert ein $\underline{\underline{F}} \in \underline{\underline{L}}$, das mit 0 bezeichnet wird, mit $\mu(\underline{\underline{V}}, 0) = 0$ für alle $\underline{\underline{V}} \in \underline{\underline{K}}$.

α) wird dadurch nahegelegt, da immer $0 \leqslant N_+/N \leqslant 1$ per definitionem gilt.

β) besagt nichts anderes als, daß man bei gegebenem Präparierteil die Zahl N der mit diesem Präparierteil durchgeführten Einzelexperimente zählen kann, so daß man sozusagen als Effektapparatur diejenige angeschlossen hat, die jeden Einzelversuch als Einzelversuch registriert.

γ) kann man als mathematisch formal ansehen oder aber auch deuten als die Tatsache, daß man an eine Präparierapparatur gar keine Effektapparatur anzuschließen braucht und so keine Veränderungen (d.h. $N_+ = 0$) zu zählen sind.

Gegen die eben gegebene Einführung des Wahrscheinlichkeitsbegriffes (von der wir sahen, daß sie die allein mit dem Realtext verknüpfbare ist) kann eingewandt werden, daß eine Zuordnung von Häufigkeiten N_+/N zu Wahrscheinlichkeiten nur mit Wahrscheinlichkeit möglich ist, d.h. daß Wahrscheinlichkeiten nicht auf Häufigkeiten zurückzuführen sind, da die Herstellung einer Verbindung zwischen Wahrscheinlichkeit und Häufigkeit schon den Wahrscheinlichkeitsbegriff voraussetzt. Der Wahrscheinlichkeitsbegriff sei daher so fundamental, daß schließlich nur eine Wahrscheinlichkeitslogik eine konsequente

Darstellung erlaubt. Oben wäre die eigentliche Schwierigkeit durch die unklare Begriffsbildung der unscharfen Abbildung umgangen worden, was z.B. in der Formulierung "N sehr groß gegenüber m" zum Ausdruck kam. Diesen Einwand wollen wir nicht leicht beiseite schieben.

Zunächst aber ist gegenüber dem Einwand eine große Skepsis angebracht, weil in ihm selbst gar nicht klar ist, was mit Wahrscheinlichkeit gemeint ist. Wir hatten schon weiter oben gesehen, in wie veilfältiger Weise der Wahscheinlichkeitsbegriff schillern kann. Es ist noch nicht einmal klar, daß in dem Einwand mit <u>der</u> Wahrscheinlichkeit, der die Häufigkeit N_+/N zugeordnet ist, <u>dieselbe</u> Wahrscheinlichkeit gemeint ist, mit der die Zuordnung von N_+/N zu einer Wahrscheinlichkeit erfolgt. Die logische Sauberkeit erfordert, den Einwand erst einmal neu zu formulieren, ehe man ihn diskutieren kann:

Die Zuordnung der Häufigkeit N_+/N zu einer Wahrscheinlichkeit (1) mit dem Zahlenwert α kann nur mit einer Wahrscheinlichkeit (2) erfolgen. Die Zuordnung der Häufigkeit N_+/N zur Wahrscheinlichkeit (1) setzt also den Wahrscheinlichkeits(2)-Begriff voraus. Der Wahrscheinlichkeits-(2)-Begriff ist aber derselbe wie der Wahrscheinlichkeits (1)-Begriff. Also kann der Wahrscheinlichkeits (1)-Begriff gleich (2)-Begriff nicht auf Häufigkeiten zurückgeführt werden.

Damit der Einwand zieht, muß also erklärt werden, was der Wahrscheinlichkeits (1)-Begriff ist, was der Wahrscheinlichkeits (2)-Begriff ist. Dann ist zu zeigen, daß tatsächlich beide dieselben sind. Beide Begriffe sind nur dieselben, wenn man Wahrscheinlichkeit (1) gleich Wahrscheinlichkeit (2) vor jeder Verbindung mit Häufigkeiten erklärt. Der Einwand zieht aber nicht mehr, wenn die beiden Wahrscheinlichkeitsbegriffe(1) und (2) verschieden sind, z.B. der Wahrscheinlichkeits (1)-Begriff über die Häufigkeiten definiert wird und der Wahrscheinlichkeits (2)-Begriff anders eingeführt wird. Der ganze Einwand steht und fällt also mit der Existenz eines Wahrscheinlichkeitsbegriffes, der vor jeder Häufigkeit erklärbar ist und dem Häufigkeiten zugeordnet werden können.

Wird der Wahrscheinlichkeitsbegriff aber nicht auf die allein aus dem Realtext ablesbare Häufigkeit zurückgeführt, so ist er gar nicht auf den Realtext zurückführbar. Er kann dann entweder etwas in der Natur Vorliegendes beschreiben, was wir wenigstens der Qualität, wenn auch nicht der Quantität nach a priori erkennen können, oder er ist eine a priori gegebene Kategorie unseres Erkennens selbst. Gegen solche Behauptungen läßt sich wenig einwenden, wenn z.B. derjenige, der sie behauptet, überzeugt ist, daß er einen solchen a priori Begriff der Wahrscheinlichkeit hat. Der Verfasser dieses Buches muß dazu leider erklären, daß er sich unter einem solchen a priori gegebenen Wahrscheinlichkeitsbegriff nichts vorzustellen vermag, was natürlich nichts über die Vorstellungsmöglichkeiten anderer besagen soll. Er kann sich unter Wahrscheinlichkeit a priori ebensowenig vorstellen, wie er sich a priori etwas unter einer Geraden vorstellen kann. Es soll zwar Leute geben, die sich z.B. unter einer Geraden a priori, d.h. vor jeder Physik, oder vor jeder axiomatischen Setzung der Mathematik etwas vorstellen können. Zu diesen gehört der Verfasser nicht. Da es aber mehr Leute gibt, die solche eben erwähnten a-priori-Vorstellungen nicht haben und trotzdem Mathematik und Physik betreiben, ist es wohl sinnvoll, einen Aufbau auch des Wahrscheinlichkeitsbegriffes ohne einen a priori Wahrscheinlichkeitsbegriff zu geben. Wie steht es von diesem Standpunkt aus mit dem obigen Einwand ? Wir wollen also zeigen, daß der auf Häufigkeiten gegründete Wahrscheinlichkeitsbegriff nicht einen verborgenen Zirkelschluß enthält.

Wir setzen jetzt also voraus, daß der Wahrscheinlichkeits (1)-Begriff genau der von uns eingeführte, auf die Häufigkeiten N_+/N zurückgeführte ist. Zunächst ist dabei zu betonen, daß die unscharfe Abbildung von (N_+/N) auf Intervalle der reellen Zahlen zwischen 0 und 1 nicht durch eine Theorie angegeben wird (siehe Betrachtungen dazu in II §6) sondern allein an der Widerspruchsfreiheit mit der Erfahrung getestet werden kann. Es zeigt sich eben, daß man keine Widersprüche erhält, wenn man nur die oben erwähnte Zahl m bei vorgegebenem N geeignet wählt. Wieviel größer N gegenüber dem zu wählenden m sein muß, kann nur der Umgang mit der Erfahrung lehren. Dabei allerdings kann nun folgende Sachlage behilflich sein.

Es besteht die reale Möglichkeit, ein Experiment aus N Einzelexperimenten z.B. M-mal zu wiederholen. Wir können dann diese M Experimente als ein einziges Gesamtexperiment auffassen, zusammengesetzt aus den M Experimenten, von denen wieder jedes aus N Einzelexperimenten besteht. So kann man in jedem der M Experimente die Häufigkeit N_+/N ablesen und so zu einer Häufigkeit der N_+/N in der Zahl der M Versuche kommen : $h(N_+/N)$. Jetzt müssen wir ein mathematisches Strukturstück vorwegnehmen, auf das wir später bei der Behandlung zusammengesetzter Systeme zurückkommen werden.

Die Häufigkeiten $h(N_+/N)$ können unscharf abgebildet werden :

$$h(N_+/N) \sim \binom{N}{N_+} \alpha^{N_+} (1-\alpha)^{N-N_+} \qquad (1.5.1)$$

wobei α die Wahrscheinlichkeit des ursprünglichen Grundexperiments ist (d.h. für sehr große Werte von N wird N_+/N sehr genau der Zahl α zugeordnet). Die Formel (1) ist also nur dann wegen der Unschärfe der Abbildung an der Erfahrung testbar, wenn M sehr groß wird. Man bezeichnet $\binom{N}{N_+} \alpha^{N_+} (1-\alpha)^{N-N_+}$ als die Wahrscheinlichkeit für das Häufigkeitsverhältnis N_+/N. Für große Werte von N ist es schwer, auch große Werte von M zu erreichen, um die Unschärfe der Abbildung in (1.5.1) herabzudrücken. Dies darf man bei den folgenden Überlegungen nicht außer Acht lassen. Die mathematische Formel auf der rechten Seite von (1.5.1.) können wir für große Werte von N mit $x = N_+/N$ schreiben :

$$w(x) = \left[\alpha^{x} (1-\alpha)^{1-x} x^{-x} (1-x)^{x-1} \right]^N$$

Führen wir eine Dichte ρ (x) so ein, daß

$$\int_{x_1}^{x_2} \rho(x)\, dx = \sum_{N_+ = x_1 N}^{N_+ = x_2 N} w\left(\frac{N_+}{N}\right)$$

wird, so ist

$$\rho(x) = N \left[\alpha^{x} (1-\alpha)^{1-x} x^{-x} (1-x)^{x-1} \right]^N$$

und die "Wahrscheinlichkeit dafür, daß die Häufigkeit N_+/N zwischen x_1 und x_2 liegt", gleich

$$\int_{x_1}^{x_2} \rho(x)\, dx$$

Wir wollen ganz grob die Wahrscheinlichkeit w dafür abschätzen, daß N_+/N außerhalb des Intervalls $\alpha-\varepsilon \leqslant \ldots \leqslant \alpha+\varepsilon$ liegt :

$$w = \int_0^{\alpha-\varepsilon} \rho(x)\,dx + \int_{\alpha+\varepsilon}^{1} \rho(x)\,dx \leqslant \alpha\,\rho(\alpha-\varepsilon) + (1-\alpha)\,\rho(\alpha+\varepsilon)$$

Weiterhin ist mit $y = \alpha - \varepsilon$, $z = \alpha + \varepsilon$ und $\varepsilon > 0$:

$$\left(\frac{1}{N}\rho(y)\right)^{\frac{1}{N}} = \left(1+\frac{\varepsilon}{y}\right)^{y} \left(1-\frac{\varepsilon}{1-y}\right)^{1-y},$$

$$\left(\frac{1}{N}\rho(z)\right)^{\frac{1}{N}} = \left(1-\frac{\varepsilon}{z}\right)^{z} \left(1+\frac{\varepsilon}{1-z}\right)^{1-z}$$

Formal geht ρ (z) aus ρ (y) durch Ersetzen von y durch 1-z hervor. Es genügt also ρ (y) abzuschätzen. Mit

$$g(\varepsilon) = -\log\left(\left[\frac{1}{N}\rho(y)\right]^{\frac{1}{N}}\right) = -y\log\left(1+\frac{\varepsilon}{y}\right) - (1-y)\log\left(1-\frac{\varepsilon}{1-y}\right)$$

gilt g(0) = 0 und

$$g'(\varepsilon) = -\frac{1}{1+\frac{\varepsilon}{y}} + \frac{1}{1-\frac{\varepsilon}{1-y}} = \frac{\varepsilon}{y-y^2-2\varepsilon y+\varepsilon-\varepsilon^2}$$

Da wir $\varepsilon \ll y$ annehmen und weiterhin $y < 1$ ist, ist $g'(\varepsilon) > 0$ und

$$g'(\varepsilon) \geqslant \frac{\varepsilon}{y+\varepsilon} \geqslant \frac{\varepsilon}{2y} \geqslant \frac{\varepsilon}{2}$$

und damit

$$g(\varepsilon) \geqslant \frac{\varepsilon^2}{4}$$

Damit wird

$$\rho(y) = Ne^{-Ng(\varepsilon)} \leqslant e^{-\frac{\varepsilon^2}{4}N+\log N}$$

und

$$w \leqslant e^{-\frac{\varepsilon^2}{4}N + \log N}$$

Wählt man z.B. $N \geqslant 10^{20}$ und $\varepsilon = 2.10^{-8}$, so wird $w < e^{-1000}$ $< 10^{-300}$. Was bedeutet eine solche Aussage ? Genau an dieser Frage scheiden sich die verschiedenen Auffassungen über den Wahrscheinlichkeitsbegriff.

Nach unserer Auffassung ist w nur das unscharfe Bild einer Häufigkeit. Um also einem $w \neq 0$ mit $w < 10^{-300}$ auch nur annähernd einen Sinn geben zu können, müßte die Zahl $M > 10^{300}$ geählt werden.

Ein solcher Realtext ist im Kosmos unmöglich. Die tatsächlichen Realtexte zeigen eben nur eine Reproduzierbarkeit des Häufigkeitsverhältnisses N_+/N bei Werten von $N \geqslant 10^{20}$ mit einer größeren Genauigkeit als 2.10^{-8}.

Das Testen der unscharfen Abbildung (N_+/N) führt also zu keinem Widerspruch, wenn wir z.B. für $N \geq 10^{20}$ die Zahl m kleiner als 10^8 wählen. Daß wir für m keine scharfe Grenze angeben können, ist das Typische einer unscharfen Abbildung, wie wir sie in II §6 diskutierten und ohne die keine Physik möglich ist.

Die Formel (1.5.1.) kann allgemein bei beliebigem N dazu dienen, ein $m \ll N$ anzugeben, bei dem man beim Testen der Theorie keinen Widerspruch erhält. Man wähle z.B. m so, daß die oben berechnete Zahl $w < 10^{-100}$ wird. Die Erfahrung bestätigt die Möglichkeit einer solchen Wahl von m.

Diejenigen, die einen a priori Begriff von Wahrscheinlichkeit haben, behaupten dagegen, daß auch $w \neq 0$ mit $w < 10^{-300}$ einen Sinn hat. "Es gäbe eine zwar sehr kleine aber doch von Null verschiedene Chance, daß die Häufigkeit N_+/N nicht in das Intervall $\alpha - \varepsilon \leq \ldots \leq \alpha + \varepsilon$ fällt". Alles hängt davon ab, ob man diesem Satz von der Chance einen Sinn beimessen kann. Der Verfasser kann leider nicht verstehen, was damit gemeint ist. Denn versucht man etwa, das Wort Chance dadurch zu erklären, daß eine solche Möglichkeit realiter in der Welt (wenn auch selten) vorkommt, so ist eben festzustellen, daß von solchen Vorkommnissen nichts bekannt ist.

Der Unterschied zwischen der von uns gegebenen Auffassung der Wahrscheinlichkeit als unscharfes Bild von Häufigkeiten und einer anderen -dem Verfasser nicht klaren- a priori Auffassung äußert sich auch darin, daß wir hier Formel (1.5.1) als eine erst durch Experimente zu kontrollierende auffassen, während die andere Auffassung Formel (1.5.1) als exakte a priori Konsequenz des Wahrscheinlichkeitsbegriffes ansieht. Wieder kann sich der Verfasser nichts unter einer solchen exakten a priori Konsequenz vorstellen ; es sei denn, daß man damit nur verdunkelnd das Beweisen innerhalb einer $\mathcal{MT}$ meint. Es gibt aber viele verschiedene $\mathcal{MT}$, und es ist eben gerade erst real zu testen, welche als Bild in einer $\mathcal{PT}$ brauchbar ist, womit eben Formel (1.5.1) zu einer zu testenden wird.

Um noch klarer diese Einstellung herauszukehren, wollen wir in Gedanken annehmen, daß Formel (1.5.1) sich als "schlechtes" Bild herausgestellt hätte, also von der Erfahrung widerlegt wird, sobald man die Ungenauigkeit der Abbildung nicht "sehr groß" wählt. z.B. könnte das Experiment zeigen, daß auch bei noch so großen Werten von N, z.B. $N > 10^{20}$, die Streuung der Häufigkeiten N_+/N nicht unter 1 % heruntergeht. Dann wird die Formel (1.5.1) unbrauchbar, um für vorgegebene Zahlen N Zahlen m für die Ungenauigkeiten der Abbildung der Zahlenpaare (N_+/N) anzugeben! Unsere Darstellung der Theorie würde das nicht stören, da ja die Ungenauigkeit der Abbildung von (N_+/N) der Erfahrung anzupassen ist und eine experimentelle Ungenauigkeit von niemals weniger als 1 % besagen würde, daß m niemals größer als 100 gewählt werden darf. Hat aber die Formel (1.5.1) keinen a priori Sinn, so bricht das obige Argument gegen die Häufigkeitsdeutung der Wahrscheinlichkeit zusammen.

Der oben erwähnte Satz, daß der Wahrscheinlichkeit (1) nur mit Wahrscheinlichkeit (2) eine Häufigkeit zugeordnet werden kann, hat von unserem Standpunkt aus gesehen nur einen Sinn, wenn man Wahrscheinlichkeit (1) auf die Häufigkeiten zurückführt und mit Wahrscheinlichkeit (2) etwas anderes meint:

Z.B., Wahrscheinlichkeit (2) ist nur ein anderer Ausdruck für das, was wir als unscharfe Abbildung in II §6 einführten. Es ist für den Aufbau einer $\mathcal{PT}$ entscheidend wichtig, daß eine unscharfe Abbildung ohne Benutzung eines unklaren a priori Wahrscheinlichkeitsbegriffes eingeführt wird!

Oder die Wahrscheinlichkeit (2) meint z.B. subjektives Empfinden über eine Unsicherheit im Wissen, auf das wir noch später zurückkommen werden. Auch dieser Wahrscheinlichkeitsbegriff ist nicht a priori gegeben sondern eine Zusammenfassung mehrerer psychologischer Momente. Mit einem solchen Wahrscheinlichkeitsbegriff (2) ist der obige Satz dem Verfasser unklar. Die von uns eingeführte unscharfe Abbildung bedeutet keine Unsicherheit im Wissen.

Vielmehr ist in einem konkreten Fall auch eine unscharfe Abbildung konkret anzugeben, auch wenn diese konkrete Angabe verschieden durchgeführt werden kann. Verschiedene konkrete Angaben, die alle nicht zum Widerspruch mit der Erfahrung führen, sind etwas ganz anderes als keine Angabe aus Unwissenheit.

Die Aufstellung einer mathematischen Wahrscheinlichkeitstheorie ist keine a priori Angelegenheit sondern die Formulierung einer $\mathcal{MT}$, die (zwar unscharf) die im Realtext vorkommenden Häufigkeiten abbildet. Genau dieser und keiner anderen Aufgabe ist dieses vorliegende III. Kapitel gewidmet.

Nachdem wir genau gesagt haben, was wir unter Wahrscheinlichkeit verstehen, können wir ohne Mißverständnisse Redewendungen wie die folgende benutzen:

Für $\mu(\underline{\underline{V}},\underline{\underline{F}}) = \alpha \underset{p}{\sim} N_+/N$ sagen wir: Der Präparierteil $\underline{\underline{V}}$ ruft durch den mikroskopischen Kanal mit einer Wahrscheinlichkeit α die betrachtete Veränderung am Effektteil $\underline{\underline{F}}$ hervor.

Dieser Satz bedeutet in unserer Terminologie nichts über den Einzelversuch! Man kann nämlich durch eine andere Zerlegung eines Einzelexperimentes in Präparierteil- und Effektteil ein bestimmtes Einzelexperiment einem anderen Experiment, d.h. einer anderen Reihe von Einzelexperimenten zuordnen und so zu einer anderen Wahrscheinlichkeit kommen. Hier sei dafür ein sehr einfaches <u>triviales</u> Beispiel angeführt. Ein Apparat stelle kleine Stahlkugeln her. Diese laufen über ein Sieb, durch das einige hindurchfallen. Die durchgefallenen Kugeln laufen über eine Waage, die bei genügend großem Gewicht einer Stahlkugel einen Stromkreis einschaltet. Als Präparierteil kann man den Apparat wählen, der die Stahlkugeln herstellt, als Effektteil das Sieb, die Waage und den Stromkreis mit der "Veränderung" : Stromstoß.

Man erhält so eine bestimmte Häufigkeit von Stromstößen N_+/N, wobei N die Gesamtzahl der vom Präparierteil gelieferten Kugeln ist. Als Einzelexperiment wurde also jedes gezählt, bei dem eine Kugel hergestellt wurde. Wir können aber als Präparierteil den Herstellungsapparat der Kugeln plus dem Sieb wählen und entsprechend zum Experiment nur diejenigen Einzelexperimente zählen, bei denen eine Kugel durch das Sieb gefallen ist, wofür wir eine Zahl $N' < N$ erhalten können. Damit ist dann die Häufigkeit der Veränderung "Stromstoß" N_+/N' verschieden vom N_+/N. Der Realtext ist in beiden Fällen derselbe geblieben. Daß man zwei verschiedene Häufigkeiten nach zwei verschiedenen Gesichtspunkten ablesen kann, ist kein Widerspruch.

Was aber soll die Wahrscheinlichkeit für das Einzelexperiment sein ? Die subjektive Auffassung würde den zweiten Fall vom ersten dadurch unterscheiden, daß man im zweiten Fall von der einzelnen Kugel <u>mehr weiß</u>, nämlich daß sie durch das Sieb gefallen ist. Tatsächlich genügt aber das Zählen der Zahlen N, N', N_+ durch technische Zählwerke. Die Häufigkeiten N_+/N und N_+/N' können als reale Gegebenheiten angesehen werden.

§ 1.6 Selbstregistrierende Experimente

Für sehr große Zahlen N (und N_+) ist es schwierig, diese Zahlen zu zählen. Es werden deshalb oft experimentelle Anordnungen benutzt, die es erlauben, unmittelbar die Zahlen N und N_+ abzulesen oder aber direkt wenigstens mit gewisser Genauigkeit N_+/N festzustellen. Zum Ablesen der Zahlen N und N_+ werden Zählwerke benutzt. Als Veränderung am Effektteil kann z.B. ein "Stromstoß" in einem Zählrohr gewählt werden. Die weitere Technik wird nur dazu benutzt, um die Zahl solcher realen Vorgänge, wie z.B. die Stromstöße, mit Hilfe eines Zählwerkes zu zählen.

Statt jeden der N Einzelversuche getrennt durchzuführen, d.h. die Apparatur jedesmal neu "einzuschalten", kann man auch Präparierteil und Effektteil "eingeschaltet" lassen und sich die Einzelversuche von selbst aneinanderreihen lassen. Statt z.B. einen Präparierteil, der Wasserstoffatome liefert, nur so kurzzeitig immer wieder ein- und auszuschalten, daß nur ein (oder kein) Wasserstoffatom emittiert wird, kann man diesen Apparat auch eingeschaltet lassen, wenn nur garantiert ist, daß die Emmission der Wasserstoffatome so getrennt eines nach dem anderen erfolgt, daß man ohne Änderung der Versuchsergebnisse auch hätte laufend ein- und auschalten können. Man sagt in diesem Falle kurz : die einzelnen Atome werden "unabhängig" von einander emittiert. Die Erfahrungen und die technische Theorie der Apparate erlaubt es, eine solche Sachlage zu erkennen, ohne erst jedesmal Kontrollversuche über diese "Unabhängigkeit" zu machen. Natürlich darf sich der Präparierteil während der Zeit des Einschaltens nicht merklich ändern, d.h. er muß ungefähr so bleiben, als ob man ihn jedesmal neu hergestellt hätte ; alles Dinge, die der Experimentalphysiker berücksichtigen muß, um brauchbare Experimente zu machen. Ebenso ist es mit den Effektteilen, die eingeschaltet bleiben : so muß z.B. das Zählrohr so schnell als möglich wieder seinen

Ausgangszustand annehmen, damit die nächste Veränderung aus der Reihe der selbstablaufenden Einzelexperimente gezählt werden kann.

Wir wollen solche selbstregistrierenden Effektteile als Filter bezeichnen und die (genau oder ungefähr) feststellbare Zahl $\alpha = N_+/N$ als <u>Absorptionskoeffizienten</u> des Filters. Diese Ausdrucksweise wird dadurch nahegelegt, daß z. B. normale Lichtfilter als solche selbstregistrierenden Effektteile angesehen werden können. Als reale Veränderung kann dabei die Absorption eines Lichtquants im Filter angesehen werden. Zwar ist diese als solche nicht direkt real gegeben ; es ist aber trotzdem erlaubt, sie ähnlich dem Stromstoß im Zählrohr als real vorliegend zu betrachten, weil der Absorptionsakt ein irreversibler Prozeß mit Entropiezunahme ist, bei dem sich die Energie des Lichtquants thermisch gleichmäßig auf das Filter verteilt. Der Absorptionskoeffizient α eines solchen Filters kann für jede Lichtsorte (d. h. jeden Lichtpräparierteil) bestimmt werden.

Aber auch eine Photoplatte ist in dieser Ausdrucksweise nichts anderes als ein Bündel von Filtern ; denn man teile die Photoplatte in kleine Gebiete f_i auf und frage nach den Zahlen $N_+^{(i)}$ von geschwärzten Silberkörnern im Gebiet f_i. Den "Absorptionsgrad" $\alpha^{(i)} = N_+^{(i)}/N$ bezeichnet man hier als Schwärzungsgrad.

Diese Beispiele mögen zur Illustration von selbstregistrierenden Effektteilen genügen. Sie werden uns später dazu dienen, den "ersten Hauptsatz des Messens" zu veranschaulichen.

Laufend eingeschaltete Präparierteile bezeichnen wir oft als Emitter. So sind Emitter z.B. Zyklotrons, Synchrotons , Gasentladungsrohre zur Herstellung von Ionen, aber auch eine Glühbirne, die Licht emittiert.

Wie wir schon oben erwähnt haben, ist die Zerlegung einer experimentellen Anordnung in Emitter und Filter oft in verschiedener Weise möglich. Betrachten wir z.B. ein Streuexperiment. Aus einem Zyklotron Z treffen Protonen auf ein Target T, die in eine bestimmte Richtung gestreuten Protonen werden auf einem Auffänger A registriert. Dabei können wir z.B. Z als Emitter, T plus A als Filter oder auch Z plus T als Emitter und A als Filter betrachten.

Bei einer Untersuchung der Spektrallinien kann z.B. das leuchtende Gas (die Leuchtröhre) als Emitter, der Spektralapparat als Filter betrachtet werden. Bei der Beobachtung der Lichtemission von Atomen im Kanalstrahl können wir das Kanalstrahlrohr als Emitter, den Spektralapparat als Filter betrachten.

Bei einem Frank-Hertzschen Stoßversuch können wir die Glühkathode als Emitter, den Rest der Apparatur als Filter bezeichnen, aber auch den ganzen Stoßraum (in dem die Elektronen mit den Atomen stoßen) mit zum Emitter rechnen und das Filter erst ab dem Raum beginnen lassen, in dem die Gegenspannung zur Analyse der Elektronen nach dem Stoß angelegt ist. Die Stromstärke in dieser Apparatur ist dann das selbstregistrierende Maß für den "Absorptionskoeffizienten", nach unserer Terminologie so zu bezeichnen, obwohl gerade die nicht stoßenden Elektronen den Strom erzeugen können.

§ 2. Gesamtheiten und Effekte

Die Relation $\left[\mu(\underline{\underline{V}}_1, \underline{\underline{F}}) = \mu(\underline{\underline{V}}_2, \underline{\underline{F}})\right.$ für alle $\underline{\underline{F}}$ mit $(\underline{\underline{V}}_1, \underline{\underline{F}}) \in \underline{\underline{M}}'$ und $\left.(\underline{\underline{V}}_2, \underline{\underline{F}}) \in \underline{\underline{M}}'\right]$ sei mit $\underline{\underline{V}}_1 \underset{f}{\sim} \underline{\underline{V}}_2$ abgekürzt. Wir fordern als weiteres Axiom (als mit "und" weiter anzufügender Teil der Relation P für die Strukturart $\sum'$; II §7.1) :

<u>Axiom 2a</u> : Die Relation $\underline{\underline{V}}_1 \underset{f}{\sim} \underline{\underline{V}}_2$ ist eine Äquivalenzrelation*.

Durch $\underline{\underline{V}}_1 \underset{f}{\sim} \underline{\underline{V}}_2$ sind dann Äquivalenzklassen in $\underline{\underline{K}}$ definiert. Die Menge dieser Äquivalenzklassen nennen wir kurz : $\underline{K}$.

Auf Grund von Axiom 2a läßt sich für $\underline{V} \in \underline{K}$ durch $\mu(\underline{V}, \underline{\underline{F}}) = \mu(\underline{\underline{V}}, \underline{\underline{F}})$ eine Funktion $\mu(\underline{V}, \underline{\underline{F}})$ für alle diejenigen $\underline{\underline{F}}$ (bei festem $\underline{V}$) definieren, für die es ein $\underline{\underline{V}} \in \underline{V}$ mit $(\underline{\underline{V}}, \underline{\underline{F}}) \in \underline{\underline{M}}'$ gibt. Den Definitionsbereich von $\mu(\underline{V}, \underline{\underline{F}})$ kann man sehr leicht aus $\underline{\underline{M}}'$ gewinnen, wenn man die Abbildung f von $\underline{\underline{K}}$ auf $\underline{K}$ einführt, die jedes $\underline{\underline{V}}$ auf dasjenige $\underline{V}$ abbildet, dem $\underline{\underline{V}}$ angehört : $\underline{\underline{V}} \in \underline{V}$. Mit **1** als identischer Abbildung von $\underline{\underline{L}}$ auf sich und mit $f \times 1$ als Abbildung (II, §7.1) von $\underline{\underline{K}} \times \underline{\underline{L}}$ auf $\underline{K} \times \underline{\underline{L}}$ wird dann der Definitionsbereich von $\mu(\underline{V}, \underline{\underline{F}})$ gerade $(f \times 1)\, \underline{\underline{M}}'$.

<u>Satz 2.1</u> : Aus $\mu(\underline{V}_1, \underline{\underline{F}}) = \mu(\underline{V}_2, \underline{\underline{F}})$ für alle $\underline{\underline{F}}$ mit $(\underline{V}_1, \underline{\underline{F}}) \in (f \times 1)\underline{\underline{M}}'$ und $(\underline{V}_2, \underline{\underline{F}}) \in (f \times 1)\underline{\underline{M}}'$ folgt $\underline{V}_1 = \underline{V}_2$.

Beweis : Aus $\underline{\underline{V}}_1 \in \underline{V}_1$ und $\underline{\underline{V}}_2 \in \underline{V}_2$ und $\underline{V}_1 \neq \underline{V}_2$ folgt, daß nicht $\underline{\underline{V}}_1 \underset{f}{\sim} \underline{\underline{V}}_2$ gilt, d.h. daß es ein $\underline{\underline{F}}$ gibt mit $\mu(\underline{\underline{V}}_1, \underline{\underline{F}}) \neq \mu(\underline{\underline{V}}_2, \underline{\underline{F}})$ und

* $x \sim y$ heißt Äquivalenzrelation, wenn : $x \sim y \Rightarrow y \sim x$; $x \sim x$; $x \sim y$ und $y \sim z \Rightarrow x \sim z$.

$(\underline{V}_1, \underline{\underline{F}}) \in \underline{\underline{M}}'$ und $(\underline{V}_2, \underline{\underline{F}}) \in \underline{\underline{M}}'$. Daraus folgt $\mu(\underline{V}_1, \underline{\underline{F}}) \neq \mu(\underline{V}_2, \underline{\underline{F}})$ und $(\underline{V}_1, \underline{\underline{F}}) \in (f \times 1)\, \underline{\underline{M}}'$ und $(\underline{V}_2, \underline{\underline{F}}) \in (f \times 1)\, \underline{\underline{M}}'$.

Axiom 2b : $(f \times 1)\, \underline{\underline{M}}' = \underline{K} \times \underline{\underline{L}}$.

Die physikalische Bedeutung dieses Axioms ergibt sich aus folgendem

Satz 2.2 : $(f \times 1)\, \underline{\underline{M}}' = \underline{K} \times \underline{\underline{L}}$ ist äquivalent zu: Zu jedem $\underline{\underline{F}} \in \underline{\underline{L}}$ und $\underline{V} \in \underline{K}$ gibt es wenigstens ein $\underline{V} \in \underline{V}$ mit $(\underline{V}, \underline{\underline{F}}) \in \underline{\underline{M}}'$; oder in symbolischer Schreibweise :

$$\left[(f \times 1)\, \underline{\underline{M}}' = \underline{K} \times \underline{\underline{L}}\right] \Leftrightarrow (\forall F)(\forall V) \Big[(\underline{\underline{F}} \in \underline{\underline{L}} \text{ und } \underline{V} \in \underline{K}) \Rightarrow (\exists \underline{V})(\underline{V} \in \underline{V} \text{ und } (\underline{V}, \underline{\underline{F}}) \in \underline{\underline{M}}')\Big].$$

Der Beweis dieses Satzes folgt unmittelbar aus der Bedeutung von $(f \times 1)$.

Nach Satz 2.2 folgt in $\mathcal{M}\mathcal{T}_{\Sigma'}$ aus Axiom 2b der Satz :

$(\forall F)(\forall V)\left[(\underline{\underline{F}} \in \underline{\underline{L}} \text{ und } \underline{V} \in \underline{K}) \Rightarrow \exists \underline{V}(\underline{V} \in \underline{V} \text{ und } (\underline{V}, \underline{\underline{F}}) \in \underline{\underline{M}}')\right]$. Nach II §10, insbesondere (II, 10.6) kann man dies in folgender Weise "physikalisch" ausdrücken:

Zu jedem Effektteil $\underline{\underline{F}}$ und jeder Klasse von Präparierteilen $\underline{V}$ ist es physikalisch möglich einen Präparierteil $\underline{V}$ so zu bauen, daß $\underline{V}$ zur Klasse $\underline{V}$ gehört und mit dem Effektteil $\underline{\underline{F}}$ zu einem Experiment $(\underline{V}, \underline{\underline{F}})$ zusammengebaut werden kann.

Dies ist also die physikalische Bedeutung des Axioms 2b.

Die Relation $\left[\mu(\underline{V},\underline{\underline{F}}_1) = \mu(\underline{V},\underline{\underline{F}}_2) \text{ für alle } \underline{V} \in \underline{K} \right]$ bezeichnen wir mit $\underline{\underline{F}}_1 \underset{v}{\sim} \underline{\underline{F}}_2$. ($\mu(\underline{V},\underline{\underline{F}})$ ist nach Axiom 2b bei beliebigem $\underline{\underline{F}} \in \underline{\underline{L}}$ für alle $\underline{V} \in \underline{K}$ definiert!) Es folgt sofort

<u>Satz 2.3</u> : $\underline{\underline{F}}_1 \underset{v}{\sim} \underline{\underline{F}}_2$ ist eine Äquivalenzrelation.

Man beweist leicht noch den

<u>Satz 2.4</u> : Aus $\underline{\underline{M}}' = \underline{\underline{K}} \times \underline{\underline{L}}$ folgen die Axiome 2a und 2b als Sätze.

Durch $\underline{\underline{F}}_1 \underset{v}{\sim} \underline{\underline{F}}_2$ ist dann die Menge $\underline{\underline{L}}$ in die Menge $\underline{L}$ der Äquivalenzklassen von $\underline{\underline{L}}$ aufgeteilt. Sei $\tilde{g}$ die Abbildung von $\underline{\underline{L}}$ auf $\underline{L}$, die jedem $\underline{\underline{F}}$ diejenige Äquivalenzklasse $\underline{F}$ mit $\underline{\underline{F}} \in \underline{F}$ zuordnet, so folgt aus Axiom 2b : $(f \times \tilde{g})\, \underline{\underline{M}}' = \underline{K} \times \underline{L}$. Durch $\mu(\underline{V},\underline{F}) = \mu(\underline{V},\underline{\underline{F}})$ für $\underline{\underline{F}} \in \underline{F}$ ist dann eine Funktion $\mu(\underline{V},\underline{F})$ auf $\underline{K} \times \underline{L}$ definiert, für die, wie leicht zu beweisen, der folgende Satz gilt :

<u>Satz 2.5</u> : Durch $\mu(\underline{V},\underline{F})$ ist eine Funktion auf $\underline{K} \times \underline{L}$ definiert, für die gilt :

α) $0 \leq \mu(\underline{V},\underline{F}) \leq 1$

β) zu jedem $\underline{V} \in \underline{K}$ existiert ein $\underline{F} \in \underline{L}$ mit $\mu(\underline{V},\underline{F}) = 1$

γ) es existiert ein $\underline{F} \in \underline{L}$, mit 0 bezeichnet, so daß $\mu(\underline{V},0) = 0$ für alle $\underline{V} \in \underline{K}$.

δ) aus $\mu(\underline{V}_1,\underline{F}) = \mu(\underline{V}_2,\underline{F})$ für alle $\underline{F} \in \underline{L}$ folgt $\underline{V}_1 = \underline{V}_2$

ε) aus $\mu(\underline{V},\underline{F}_1) = \mu(\underline{V},\underline{F}_2)$ für alle $\underline{V} \in \underline{K}$ folgt $\underline{F}_1 = \underline{F}_2$.

Die Relation $\underline{\underline{V}}_1 \underset{f}{\sim} \underline{\underline{V}}_2$ besagt physikalisch, daß kein Effektteil herstellbar, d.h. physikalisch möglich (II §10) ist, mit dem sich $\underline{\underline{V}}_1$ und $\underline{\underline{V}}_2$ durch das Häufigkeitsverhältnis N_+/N für große N unterscheiden lassen. $\underline{\underline{V}}_1$, $\underline{\underline{V}}_2$ können sich zwar im apparativen Aufbau unterscheiden aber durch die Wahrscheinlichkeit ihrer Wirkungen auf Effektteile sind sie nicht zu unterscheiden. Der apparative Aufbau kann eventuell verhindern, daß alle Effektteile, die auf $\underline{\underline{V}}_1$ anwendbar sind, auch auf $\underline{\underline{V}}_2$ anwendbar sind, und umgekehrt. Axiom 2a besagt dann, daß dies rein zufälliger Art ist, denn man kann den Definitionsbereich der Funktion $\mu\,(\underline{\underline{V}}, \underline{\underline{F}})$ eindeutig dadurch erweitern, daß man $\mu\,(\underline{\underline{V}}, \underline{\underline{F}}) = \mu(\underline{V}, \underline{\underline{F}})$ für alle $\underline{\underline{V}} \in \underline{V}$ setzt. Die $\underline{\underline{V}}$ einer Klasse sind also nicht durch ihre Wirkungen zu unterscheiden. Dies drückt eine gewisse Objektivität der Wirkungsübertragung aus, in dem Sinne; daß diese nicht von der Einzelkonstruktion der $\underline{\underline{V}}$ sondern nur von der Klasse abhängt, der $\underline{\underline{V}}$ zugehört. Genau das ist gemeint, wenn wir sagen, daß die Wirkung von $\underline{\underline{V}}$ auf $\underline{\underline{F}}$ durch Mikroobjekte (und nicht nur sagen : über einen "mikroskopischen Kanal") übertragen wird. Da ein Experiment aus vielen Einzelexperimenten besteht, sprechen wir im Einzelexperiment von dem einzelnen Mikroobjekt als Wirkungsüberträger und im Falle des Gesamtexperimentes von einer "Gesamtheit von Mikroobjekten". Die verschiedenen $\underline{\underline{V}}$ derselben Klasse erzeugen "dieselbe Gesamtheit"! So kommt es zu der Bezeichnungsweise der $\underline{V} \in \underline{K}$ als Gesamtheiten.

Genau wie im Wort Mikrokanal so bedeutet auch im Wort Mikroobjekt der Stamm "Mikro" nicht eine absolute Größe der Wirkungsträger. Es können solche sein, die wir noch später präziser (was wir in diesem Buch erst später definieren können) z.B. Atome, Moleküle u.s.w. nennen, aber es können auch größere Objekte wie die schon oben einmal erwähnten Gewehrkugeln sein.

Der Übergang von $\underline{\underline{V}}$ zur Klasse $\underline{V}$ würde physikalisch ohne Bedeutung sein, wenn jede Klasse $\underline{V}$ nur aus einem einzigen Element $\underline{\underline{V}}$ bestehen würde. Daß aber viele $\underline{\underline{V}}$ zu einer Klasse gehören, gibt den soeben durchgeführten Überlegungen ihre Bedeutung.

Nun zeigt es sich, daß auch viele $\underline{\underline{F}}$ zu einer Klasse gehören, Solche Beispiele sind dem Experimentalphysiker sehr geläufig. Er unterscheidet deshalb mit Namen nicht die verschiedenen $\underline{\underline{F}}$ sondern nur die $\underline{F}$. Als einfaches Beispiel wählen wir ein Zählrohr mit verschiedener Anzeige. Nimmt man als Veränderung die verschiedenen Anzeigen, so muß man diese Effektteile als verschieden bezeichnen. Sie gehören aber alle zur selben Klasse. Aber auch zwei verschieden gebaute Zählrohre können derselben Klasse angehören, und werden kurz "dieselben Zähler" genannt!

Und doch besteht zwischen den Klasseneinteilungen der $\underline{\underline{V}}$ und der $\underline{\underline{F}}$ ein wesentlicher Unterschied, auf den wir schon jetzt hinweisen müssen, damit die später durchzuführenden Überlegungen zum Begriff der Koexistenz von Effekten (§11) nicht unverständlich werden.

Die Präparierteile $\underline{\underline{V}}$ können <u>nur</u> mit Hilfe verschiedener Effektteile "mikroskopisch" getestet werden ; d.h. die Wirkmöglichkeiten von Präparierteilen über den "mikroskopischen Kanal" ist so vollständig als möglich erfaßt, wenn $\mu(\underline{\underline{V}}, \underline{\underline{F}})$ für alle möglichen $\underline{\underline{F}}$ bekannt ist. Alle weiteren Unterscheidungen verschiedener $\underline{\underline{V}}$, die derselbe Klasse $\underline{V}$ (d.h. $\underline{\underline{V}} \in \underline{V}$) angehören, beziehen sich auf die technische Bauausführung. Daher haben wir oben mit Recht die Bezeichnung eingeführt, daß alle $\underline{\underline{V}}$ einer Klasse $\underline{V}$ "dieselbe mikroskopische Gesamtheit $\underline{V}$" liefern.

Die verschiedenen $\underline{\underline{F}}$ einer Klasse $\underline{F}$ lassen sich aber eventuell *noch unterscheiden*, wenn man z.B. bei koexistenten Effekten die in § 11 ausführlich behandelten technischen Schaltmöglichkeiten ausführt. Eine ähnliche Möglichkeit besteht bei den Präparierteilen nicht. Über das mögliche Zusammenwirken mehrerer Präparierteile wird bei der Mischung von Gesamtheiten in §2 und später bei der Einführung "zusammengesetzter" Systeme die Rede sein. Alle diese Möglichkeiten erlauben es aber nicht, irgendwelche $\underline{\underline{V}}$ derselbe Klasse $\underline{V}$ noch näher zu unterscheiden.

Obwohl wir uns hüten müssen, voreilig die Effektteile $\underline{\underline{F}}$ einer Klasse $\underline{F}$ als *in jeder Hinsicht* gleichwertig anzusehen, wollen wir doch folgende abkürzende Redeweisen einführen:

Die bei den $\underline{\underline{F}}$ einer Klasse vorliegende Gemeinsamkeit meinen wir, wenn wir sagen, daß bei allen $\underline{\underline{F}}$ einer Klasse $\underline{F}$ die Mikroobjekte "dieselbe Wirkmöglichkeit" haben, die Veränderung des Effektteiles hervorzurufen, kurz dieselbe "Effektmöglichkeit" haben. Die Elemente von $\underline{L}$ bezeichnen wir deshalb kurz als "Effekte".

Die Relation $\mu(\underline{V},\underline{F}) = \alpha$ drücken wir dann in Worten so aus : α ist die Wahrscheinlichkeit dafür, daß die Mikroobjekte der Gesamtheit $\underline{V}$ den Effekt $\underline{F}$ hervorrufen ; oder : α ist die (ungefähre) Häufigkeit, mit der der Effekt $\underline{F}$ in der Gesamtheit $\underline{V}$ auftritt.

Wenn man an die Abbildungsprinzipien 1´ und 2´ die Abbildungen f von $\underline{\underline{K}}$ auf $\underline{K}$ und $\tilde{g}$ von $\underline{\underline{L}}$ auf $\underline{L}$ anschließt, könnte man auch von einer Abbildung der

Präparierteile auf $\underline{K}$, der Effektteile auf $\underline{L}$ sprechen. Wir werden lieber, um Mißverständnisse zu vermeiden, von der Abbildung der Gesamtheiten auf $\underline{K}$, der Effekte auf $\underline{L}$ sprechen, wobei wir dann Gesamtheiten und Effekte als reale Gegebenheiten auffassen. Dies ist erlaubt auf Grund der Axiome 2a und b. Man könnte also die Quantentheorie auch mit den Basistermen $\underline{K}$ und $\underline{L}$ beginnen, indem man die bisher dargestellte Theorie mit zu den vor der Aufstellung der Quantentheorie zur Fixierung des genormten Realtextes gehörigen Theorien rechnet und dann Satz 5 als Axiom fordert. Zur Klärung der Begriffe haben wir aber den hier aufgezeichneten Weg beschritten. Er hat auch den Vorteil, den Begriff der Koexistenz von Effekten in §11 sauber formulieren zu können.

Der eben angedeutete Übergang zu einer Theorie mit den Basistermen $\underline{K}$ und $\underline{L}$ entspricht einem Übergang zu einer weiter "eingeschränkten" Theorie, so wie in II, §8 geschildert. Siehe dazu auch die Überlegungen in Kapitel IV.

Zur Vereinfachung der Redeweisen führen wir folgende Definitionen ein :

<u>Definition 2.1</u> : $\underline{B}$ sei die Menge aller Funktionen $X(\underline{F})$ auf $\underline{L}$ der Form :

$$X(\underline{F}) = \sum_{i=1}^{n} a_i \, \mu(\underline{V}_i, \underline{F})$$

wobei a_i reelle Zahlen, n beliebige ganze Zahlen und $\underline{V}_i$ beliebige Elemente aus $\underline{K}$ sind.

Ebenso sei $\underline{D}$ die Menge aller Funktionen $Y(\underline{V})$ auf $\underline{K}$ der Form :

$$Y(V) = \sum_{i=1}^{n} a_i \, \mu(\underline{V}, \underline{F}_i)$$

mit $\underline{F}_i \in \underline{L}$.

$\underline{B}$ und $\underline{D}$ sind damit lineare reelle Vektorräume. Durch die (nach Satz 2) injektive Abbildung $\underline{V} \to X(\underline{F}) = \mu(\underline{V},\underline{F})$ kann man die Menge $\underline{K}$ mit einer Teilmenge von $\underline{B}$ identifizieren. (Wir tuen hier Schritt für Schritt das, was in II, §7.1 als isomorphe Abbildung zweier Strukturarten bezeichnet wurde.) Von jetzt an ist $\underline{K}$ immer als Teilmenge von $\underline{B}$ gemeint. Ebenso wird $\underline{L}$ durch $\underline{F} \to Y(\underline{V}) = \mu(\underline{V},\underline{F})$ eine Teilmenge von $\underline{D}$.

Wir können nun sehr leicht die Definition der Funktionen $X(\underline{F})$ auf ganz $\underline{D}$ ausdehnen:

Durch $\mu(\underline{V},Y) = Y(\underline{V})$ dehnen wir die Definition von $\mu(\underline{V},\underline{F})$ auf ganz $\underline{K} \times \underline{D}$ aus. Dann setzen wir $X(Y) = \sum_{i=1}^{n} a_i\, \mu(\underline{V}_i, Y)$. Es ist dann $X_1(Y) = X_2(Y)$ für alle $Y \in \underline{D}$, wenn $X_1(\underline{F}) = X_2(\underline{F})$ für alle $\underline{F} \in \underline{L}$, denn : $X_1(Y) = \sum_{i=1}^{n} a_i\, \mu(\underline{V}_i, Y) = \sum_{i=1}^{n} a_i\, Y(\underline{V}_i)$, und mit $Y(\underline{V}) = \sum_{k=1}^{m} b_k\, \mu(\underline{V},\underline{F}_k)$ wird dann $X_1(Y) = \sum_{i=1}^{n} \sum_{k=1}^{m} a_i b_k\, \mu(\underline{V}_i,\underline{F}_k)$

$$= \sum_{k=1}^{m} b_k\, X_1(\underline{F}_k) = \sum_{k=1}^{m} b_k\, X_2(\underline{F}_k) = X_2(Y).$$

Damit können wir auch die Elemente X von $\underline{B}$ eindeutig als Funktionen über $\underline{D}$ mit

$$X(Y) = \sum_{i=1}^{r} a_i\, \mu(\underline{V}_i, Y)$$

auffassen. Durch $\mu(X,Y) = X(Y)$ kann dann die Definition von $\mu(\underline{V},\underline{F})$ auf ganz $\underline{B} \times \underline{D}$ ausgedehnt werden. Wir können dann die Elemente von $\underline{D}$ als lineare Funktionale über $\underline{B}$ und die von $\underline{B}$ als lineare Funktionale über $\underline{D}$ auffassen, wobei $\underline{B}$, $\underline{D}$ in kanonischer Dualität durch die Bilinearform $\mu(X,Y)$

stehen : $\langle \underline{B}, \underline{D} \rangle$ bilden ein Dualpaar mit der kanonischen Bilinearform $\mu(X,Y)$.

Die Einführung der Räume $\underline{B}$ und $\underline{D}$ statt der Mengen $\underline{K}$ und $\underline{L}$ bringt keine neue physikalisch bedeutungsvolle Struktur in die Theorie. Sie stellt nur eine mathematisch mögliche Ergänzung dar, mit der sich verschiedene Aussagen einfacher als mit den Menge $\underline{K}$, $\underline{L}$ formulieren lassen. Aus demselbe Grunde wollen wir im nächsten Paragraphen die Räume $\underline{B}$ und $\underline{D}$ in topologisch vollständige Räume einbetten. Ob und wie die dazu benutzten Topologien mit den "unscharfen Abbildungen" der Gesamtheiten und Effekte zusammenhängen, wird in §4 erläutert.

§ 3. Topologisch vollständige Räume als Hüllen für die Räume B und D.

Wie wir im nächsten Paragraphen sehen werden, spielen die Topologien $\sigma(\underline{B}, \underline{D})$ auf $\underline{K}$ eingeschränkt (die wir kurz mit $\sigma(\underline{K}, \underline{D})$ bezeichnen) und $\sigma(\underline{D}, \underline{B})$ auf $\underline{L}$ eingeschränkt (kurz mit $\sigma(\underline{L}, \underline{B})$ bezeichnet) eine wichtige physikalische Rolle. Ohne aber z. B. die Topologie $\sigma(\underline{L}, \underline{B})$ zu ändern, kann man $\underline{B}$ durch einen größeren Raum ersetzen, was wir in § 4 näher studieren werden. Das heißt aber, daß die Räume $\underline{B}$ und $\underline{D}$ gar nicht physikalisch eindeutig definiert sind (siehe auch § 4). Es ist daher nicht sinnvoll, etwa $\underline{D}$ in der $\sigma(\underline{D}\,\underline{B})$ - Topologie zu vervollständigen, was zu dem Raum $\underline{B}^*$ ($\underline{B}^*$ der Raum aller linearen Funktionale über $\underline{B}$, siehe A 1) führen würde, der von der "physikalisch rein zufälligen" Auswahl von $\underline{K}$ abhängen würde. Wir schlagen deshalb folgenden Weg ein:
Wir fassen $\underline{D}$ als Teilraum von $\underline{B}^*$ auf und können so die Definition von $\mu(X, Y)$ auf ganz $\underline{B} \times \underline{B}^*$ ausdehnen. Da $\underline{K}$ ganz $\underline{B}$ aufspannt, folgt aus $\mu(\underline{V}, Y) = 0$ für alle $\underline{V} \in \underline{K}$ sofort $Y = 0$, d. h. $Y \in \underline{B}^*$ ist eindeutig durch $\mu(\underline{V}, Y)$ als Funktion auf $\underline{K}$ festgelegt.

Definition 3. 1 :

$$R = \left\{ Y \mid Y \in \underline{B}^* \text{ und } |\mu(\underline{V}, Y)| < C \text{ für } \underline{V} \in \underline{K} \right\}$$

R ist also die Menge aller auf $\underline{K}$ beschränkten Funktionen $\mu(X, Y)$.
R ist ein linearer Teilraum von $\underline{B}^*$. In R definieren wir eine

Norm:

Definition 3. 2 : Für alle $Y \in R$ setzen wir

$$\|Y\| = \sup \left\{ |\mu(\underline{V}, Y)| \;\middle|\; \underline{V} \in \underline{K} \right\}$$

R ist ein Banachraum (A 2). Die Elemente X von $\underline{B}$ kann man als normstetige lineare Funktionale $\mu(X, Y)$ über R auffassen, denn mit $X = \sum_{i=1}^{n} a_i \underline{V}_i$ ist $|\mu(X, Y)| \leq \sum_{i=1}^{n} |a_i| \, |\mu(\underline{V}_i, Y)| \leq \|Y\| \sum_{i=1}^{n} |a_i|$.

Definition 3. 3 : Mit D sei der in der Norm nach Definition 3. 2 aus $\underline{D}$ erzeugte Banachraum bezeichnet.

Da alle Elemente von D auf $\underline{K}$ beschränkte Funktionale sind (A 3), ist $\underline{D} \subset D \subset R$.

Definition 3. 4: Für alle $X \in \underline{B}$ und eine Teilmenge R_o mit $\underline{D} \subset R_o \subset R$ sei

$$\|X\|_o = \sup \left\{ |\mu(X, Y)| \,/\, \|Y\| \leq 1, \quad Y \in R_o \right\}.$$

Diese Definition einer Norm in $\underline{B}$ ist sinnvoll, da aus $\mu(V, Y) \leq 1$ für $\|Y\| \leq 1$ folgt, daß für alle $X \in \underline{B}$ (da X endliche Linearkombination von Elementen $\underline{V} \in \underline{K}$ ist) $\sup \{|\mu(X, Y)| \,/\, \|Y\| \leq 1, \ Y \in R$ (also erst recht $Y \in R_o)\}$ endlich ist. Mit B_o sei der mit dieser Norm $\|X\|_o$ von $\underline{B}$ erzeugte Banachraum bezeichnet. Da $\mu(X, Y)$ für $Y \in R_o$ normstetig in $\underline{B}$ ist, kann die Definition von $\mu(X, Y)$ auf ganz $B_o \times R_o$ ausgedehnt werden, wobei die Elemente $Y \in R_o$ als normstetige lineare Funktionale $\mu(X,Y)$ über B_o aufgefaßt werden können.

Wir wollen zeigen, daß $\underline{D} \subset R_o \subset B_o' \subset R$ gilt, wobei B_o' der zu B_o duale Banachraum ist. Dazu beweisen wir zunächst :

Satz 3. 1 : $\|\underline{V}\|_o = 1$ für alle $\underline{V} \in \underline{K}$; $\|\underline{F}\| \leq 1$ für alle $\underline{F} \in \underline{L}$.

$$\|Y\| = \sup \{|\mu(X,Y)| \,/\, \|X\|_o \leq 1, \ X \in B_o\} \text{ für alle } Y \in R_o.$$

Beweis: Aus Definition 3. 2 folgt $|\mu(V, Y)| \leq \|Y\|$ für alle $\underline{V} \in \underline{K}$ und damit $\|V\|_o \leq 1$. Speziell für $Y = \underline{F} \in \underline{L}$ folgt aus $|\mu(\underline{V}, \underline{F})| \leq 1$, daß $\|F\| \leq 1$. Daraus wiederum folgt $\|V\|_o \geq \sup \{|\mu(V,F)| \,/\, \underline{F} \in \underline{L}\}$ und wegen Satz 2. 5 somit $\|\underline{V}\|_o = 1$. Setzen wir kurz $\sup\{|\mu(X,Y)| \,/\, \|X\|_o \leq 1, \ X \in B_o\} = \|Y\|_o$, so folgt aus $\underline{K} \subset B_o$ und $\|\underline{V}\|_o = 1$ sofort $\|Y\|_o \geq \|Y\|$. Andererseits folgt aus Definition 3. 4 daß $|\mu(X,Y)| \leq \|X\|_o \cdot \|Y\|$ für alle $Y \in R_o$ und damit $\|Y\|_o \leq \|Y\|$ und schließlich $\|Y\|_o = \|Y\|$ für alle $Y \in R_o$.

Ist nun f(X) irgendein lineares Funktional aus B_o' , so ist durch $f(X) = \mu(X,Y)$ für alle $X \in \underline{B}$ dem f (X) eindeutig ein $Y \in \underline{B^*}$ zugeordnet. Da f (X) normstetig ist, d. h. da $|f(X)| = |\mu(X,Y)| \leq C\|X\|_o$ in $\underline{B}$ gilt, ist also speziell $|\mu(\underline{V}, Y)| \leq C$ und damit $Y \in R$.

B_o' kann also mit einer Teilmenge von R identifiziert werden. Es gilt also für die Mengen $\underline{D}$, R_o, B_o', R der

<u>Satz 3. 2 :</u> $\underline{D} \subset R_o \subset B_o' \subset R$. Die Norm im dualen Banachraum B_o' stimmt mit der von R nach Satz 3. 1 wenigstens in der Menge R_o überein.

<u>Definition 3. 5 :</u> Wir nennen einen Teilraum R_o mit $\underline{D} \subset R_o \subset R$ symmetrisch, wenn $R_o = B_o'$ ist.

Es gibt symmetrische Teilräume, nämlich nach Satz 3. 2 ist $R_o = R$ ein solcher. Für $R_o = R$ bezeichnen wir B_o mit B_r. Es ist also $B_r' = R$.

In einem symmetrischen Teilraum $R_o = B_o'$ stimmt nach Satz 3. 2 die Norm von B_o' mit der Norm in R_o, d. h. der von R überein.

<u>Satz 3. 3 :</u> Ein $\sigma(B_o', B_o)$ -abgeschlossener Teilraum T eines symmetrischen Teilraumes $R_o = B_o'$ ist ein $\sigma(R, B_r)$ -abgeschlossener Teilraum von R.

Beweis: T ist $\sigma(R,B_r)$ -abgeschlossen, wenn $T \cap R_{|1|}$ (wobei $R_{|1|}$ die Einheitskugel in R ist) $\sigma(R,B_r)$ -abgeschlossen ist (A 4). Da die Normen in B_o' und R übereinstimmen, ist $T \cap R_{|1|} = T \cap B'_{o|1|}$, d. h. gleich der Einheitskugel in B_o'. B_o' ist (A 5) $\sigma(B_o', B_o)$ -kompakt und damit:(da T $\sigma(B_o', B_o)$ -abgeschlossen ist) $T \cap B'_{o|1|}$ ist $\sigma(B_o', B_o)$ -kompakt.

Auf $\underline{B}$ ist $\|X\|_r \geqslant \|X\|_o$. Für ein Element $X' \in B_r$ und $Y \in B_o'$ ist $\mu(X', Y) = \lim_\nu \mu(X_\nu, Y)$ mit einer Folge $X_\nu \in \underline{B}$ und $\|X_\nu - X'\|_r \to 0$. Daraus folgt, daß X_ν auch in Bezug auf die $\|X\|_o$ -Norm eine Cauchyfolge ist, d. h. daß es ein $X'' \in B_o$ gibt mit $\|X_\nu - X''\|_o \to 0$. Damit ist für $Y \in B_o'$ auch $\mu(X'', Y) = \lim_\nu \mu(X_\nu, Y)$; also ist $\mu(X', Y) = \mu(X'', Y)$ für $Y \in B_o'$, d. h. die Linearformen aus B_r bilden auf B_o' eingeschränkt (!) einen Teilraum von B_o, so daß $\sigma(B_o', B_r)$ schwächer als $\sigma(B_o', B_o)$ ist. $\sigma(B_o', B_r)$ separiert, da $\underline{K} \subset B_r$ ist.
Da $B'_{o|1|}$ $\sigma(B_o', B_o)$-kompakt ist, ist also auf $B'_{o|1|}$ die $\sigma(B_o', B_o)$-Topologie gleich der $\sigma(B_o', B_o)$ -Topologie (A 6). $T \cap R_{|1|} = T \cap B'_{o|1|}$ ist also $\sigma(B_o', B_r)$ -kompakt und damit $\sigma(R, B_r)$ kompakt und damit $\sigma(R, B_r)$ -abgeschlossen.

<u>Satz 3. 4 :</u> Jeder $\sigma(R, B_r)$ -abgeschlossene Teilraum R_o von R mit $\underline{D} \subset R_o$ ist symmetrisch. B_o ist isomorph dem Banachraum $B_r / R_o^\perp$, wobei $R_o^\perp$ der zu R_o in B_r orthogonale Teilraum von B_r ist. Die isomorphe Abbildung von B_o auf $B_r / R_o^\perp$ wird gerade durch die im Beweis von Satz 3. 3 besprochene Einschränkung der Linearformen aus B_r von R auf R_o geliefert.
Beweis folgt unmittelbar aus den allgemeinen Sätzen über Faktorräume und duale Räume (A 7).

Satz 3. 5 : Es gibt einen Teilraum B´ von R mit $\underline{D} \subset B' \subset R$, so daß B´ mit der Norm nach Definition 3. 2 ein Banachraum ist und daß in der Vervollständigung B von $\underline{B}$ nach der Norm

$$\| X \| = \sup \left\{ | \mu(X,Y) | \; \Big| \; \| Y \| \leqslant 1, \; Y \in B' \right\} \qquad (a)$$

die Erweiterung von $\mu(X,Y)$ auf $B \times B'$ eine Dualität der Banachräume B, B´ so definiert, daß B´ der zu B duale Banachraum aller in B normstetigen linearen Funktionale ist; außerdem gilt:

$$\left[X \in B, \mu(X, \underline{F}) = 0 \text{ für alle } \underline{F} \in \underline{L} \right] \Rightarrow X = 0 . \qquad (b)$$

Es ist $\| \underline{V} \| = 1$ für alle $\underline{V} \in \underline{K}$, $\| \underline{F} \| \leqslant 1$ für alle $\underline{F} \in \underline{L}$.
Da B´der zu B duale Banachraum ist, gilt :

$$\| Y \| = \sup \left\{ | \mu(X,Y) | \; \Big| \; \| X \| \leqslant 1, \quad X \in B \right\} \qquad (c)$$

B´ist durch die obigen Bedingungen eindeutig als Durchschnitt aller symmetrischen Teilräume von R (d. h. als kleinster symmetrischer Teilraum von R) bestimmt. B ist der von $\underline{L}$ und damit auch von $\underline{D}$ aufgespannte $\sigma(R,B_r)$ -abgeschlossene Teilraum von R. Es gilt $D \subset B'$. $\underline{D}$ liegt $\sigma(B',B)$-dicht in B.

Beweis: Durch die Forderungen an (B, B´) ist B´als symmetrischer Teilraum von R festgelegt. Der Durchschnitt Δ aller symmetrischen Teilräume von R ist nach Satz 3. 3 und 3. 4 wieder ein symmetrischer Teilraum und der von $\underline{L}$ (und damit von $\underline{D}$) aufgespannte $\sigma(R, B_r)$-abgeschlossene Teilraum von R. Da D der Normabschluß von $\underline{D}$ ist, ist $D \subset \Delta$!

Ist R_o ein symmetrischer Teilraum, der echt größer als Δ ist, so ist

Δ ein echter $\sigma(R, B_r)$-und damit erst recht $\sigma(R_o, B_o)$ - abgeschlossener Teilraum von R_o. Es gibt also in B_o ein $X \neq 0$ mit $\mu(X, Y) = 0$ für alle $Y \in \Delta$ im Widerspruch zu (b). Es kann also nur $B' = \Delta$ sein.

Es bleibt dann nur noch zu zeigen, daß (b) für $B' = \Delta$ erfüllt ist:

Gäbe es in B ein $X \neq 0$ mit $\mu(X, \underline{F}) = o$ für alle $\underline{F} \in \underline{L}$, so wäre der von $\underline{L}$ in B' aufgespannte $\sigma(B', B)$ - abgeschlossene Teilraum T nicht ganz $B' = \Delta$. Da nach Satz 3.3 T auch $\sigma(R, B_r)$ - abgeschlossen in R ist, wäre nach Satz 3. 4 T ein echt kleinerer symmetrischer Teilraum als Δ im Widerspruch zur Definition von Δ. Gleichzeitig mit (b) ist damit $T = B'$ bewiesen, d. h. $\underline{D}$ liegt $\sigma(B', B)$ - dicht in B'.

Mit B, B' entsprechend Satz 3. 5. definieren wir:

Definition 3. 6 : K gleich der kleinsten normabgeschlossenen konvexen Teilmenge von B, die $\underline{K}$ umfaßt.

K ist der Normabschluß der Menge aller $\sum_{i=1}^{n} \lambda_i \underline{V}_i$ mit $\lambda_i \geq 0$, $\sum_{i=1}^{n} \lambda_i = 1$ und $\underline{V}_i \in \underline{K}$. Aus $\left|\sum_{i=1}^{n} \lambda_i \mu(\underline{V}_i, Y)\right| \leq \sum_{i=1}^{n} \lambda_i |\mu(\underline{V}_i, Y)| \leq \left(\sum_{i=1}^{n} \lambda_i\right) \|Y\|$ folgt leicht $\|Y\| = \sup\{|\mu(V, Y)| \mid V \in K\}$, d. h. der zweite Teil von

Satz 3. 6 :

$\|V\| \leq 1$ für alle $V \in K$;

$$\|Y\| = \sup\left\{|\mu(\underline{V}, Y)| \;\middle|\; \underline{V} \in \underline{K}\right\} = \sup\left\{|\mu(V, Y)| \;\middle|\; V \in K\right\}$$

Beweis:

Aus $\|Y\| = \sup\{|\mu(V, Y)| \mid V \in K\}$ folgt sofort $|\mu(V, Y)| \leq \|Y\|$; damit ist $\|V\| = \sup\{|\mu(V, Y)| \;\; \|Y\| \leq 1\} \leq 1$.

Den Elementen von K kann man eine gewisse physikalische Bedeutung geben. Dazu müssen wir bemerken, daß auf Grund der unscharfen Abbildung der Häufigkeiten auf Wahrscheinlichkeiten zwei Elemente aus $\underline{K}$ (oder K) nicht mehr physikalisch unterscheidbar werden (siehe § 4), wenn die Norm ihrer Differenz genügend klein geworden ist. Jedes Element von K ist in diesem Sinne physikalisch approximierbar durch eine endliche Summe $\sum_{i=1}^{m} \lambda_i \underline{V}_i$ mit $\sum_{i=1}^{m} \lambda_i = 1$, $\lambda_i > 0$ und $\underline{V}_i \in \underline{K}$. Mit einer genügend großen Zahl N lassen sich die λ_i durch Zahlen N_i / N approximieren, so daß also jedes Element aus K durch eine Summe $\sum_{i=1}^{m} (N_i/N)\,\underline{V}_i$ mit $\sum_{i=1}^{m} N_i = N$ approximierbar ist. $\sum_{i=1}^{m} (N_i/N)\,\underline{V}_i$ kann man aber als die Gesamtheit deuten, wo das Gesamtexperiment aus m Experimenten mit Gesamtheiten $\underline{V}_i$ und das Experiment mit der Gesamtheit $\underline{V}_i$ aus N_i Einzelexperimenten besteht. Die Gesamtzahl der Einzelexperimente dieses "gemischten" Experimentes ist also $\sum_{i=1}^{m} N_i = N$. Die Häufigkeit irgendeines Effektes $\underline{F}$ ist also $1/N \sum_{i=1}^{m} N_i \,\mu(\underline{V}_i, \underline{F})$ und damit gleich $\mu(X, \underline{F})$ mit $X = \sum_{i=1}^{m} (N_i/N)\,\underline{V}_i$. Wir bezeichnen deshalb $\sum_{i=1}^{m} \lambda_i \underline{V}_i$ als "Gemisch der Gesamtheiten $\underline{V}_i$ mit den Gewichten λ_i". Die Elemente von K bezeichnen wir mit V und nennen sie dann kurz ebenfalls Gesamtheiten. Ist für ein $V \in K$ $\quad V = \sum_{i=1}^{\infty} \lambda_i V_i$ mit $\lambda_i \geq 0$, $\sum_{i=1}^{\infty} \lambda_i = 1$, $V_i \in K$, so sagen wir, daß V Gemisch der V_i mit den Gewichten λ_i ist. ($\sum_{i=1}^{\infty} \lambda_i V_i$ ist als Limes in der Normtopologie gemeint).

<u>Definition 3. 7 :</u> Mit L bezeichnen wir die $\sigma(B', B)$ - abgeschlossene Hülle von $\underline{L}$ in B', mit $\hat{L}$ die $\sigma(B', B)$ -abgeschlossene konvexe Hülle von $\underline{L}$.

Die Elemente von L nennen wir ebenfalls Effekte, da sie durch Elemente von $\underline{L}$ $\sigma(B',B)$-approximiert werden können; aber auch die Elemente von $\hat{L}$ sollen Effekte heißen, denn auch diesen läßt sich (ähnlich wie oben bei K) eine physikalische Bedeutung geben. Eine Summe $\sum_{i=1}^{n} \lambda_i \underline{F}_i$ mit $\underline{F}_i \in \underline{L}$ und $\lambda_i \geq 0$, $\sum_{i=1}^{n} \lambda_i = 1$ läßt sich durch eine der Form $\sum_{i=1}^{n} (N_i/N)\, \underline{F}_i$ mit $\sum_{i=1}^{n} N_i = N$ approximieren. $\sum_{i=1}^{n} (N_i/N)\, \underline{F}_i$ können wir dann als eine Effektapparatur deuten, bei der bei einer sehr großen Anzahl N von Einzelversuchen N_i -mal die Effektapparatur $\underline{F}_i$ "eingeschaltet" ist; oder in der Sprache der Filter: $\sum_{i=1}^{n} \lambda_i \underline{F}_i$ ist ein Filter, bei dem die Einzelfilter $\underline{F}_i$ jeweils den Bruchteil λ_i des Gesamtexperimentes eingeschaltet sind.

Nach A 8 ist K in B auch $\sigma(B,B')$ -abgeschlossen!

Der folgende Satz ist eine teilweise Übertragung von Satz 2. 5. auf K x L bzw. K x $\hat{L}$.

<u>Satz 3. 7</u> : Für die Funktion $\mu(V,F)$ auf K x L bzw. K x $\hat{L}$ gilt:

α) $0 \leq \mu(V,F) \leq 1$ für alle $(V,F) \in K \times \hat{L}$

γ) Es gibt ein $F \in L$, mit 0 bezeichnet, mit $\mu(V,0) = 0$ für alle $V \in K$

δ) Aus $\mu(V_1,F) = \mu(V_2,F)$ für alle $F \in \underline{L}$ folgt $V_1 = V_2$

ε) Aus $\mu(V,F_1) = \mu(V,F_2)$ für alle $V \in \underline{K}$ folgt $F_1 = F_2$

Bemerkung: Daß es zu jedem $V \in K$ ein $F \in \hat{L}$ gibt mit $\mu(V, F) = 1$, ist nicht notwendig!

Beweis: α), γ) folgen leicht aus α), γ) von Satz 2. 5 wegen der Stetigkeit von $\mu(X,Y)$. δ) folgt mit $X = V_1 - V_2$ aus der nach Satz 3. 5 gültigen Beziehung : $[\mu(X,\underline{F}) = 0$ für alle $\underline{F} \in \underline{L}] \Longrightarrow X = 0$. ε) folgt mit $Y = F_1 - F_2$ aus der Definition von $\| Y \|$.

Satz 3. 8 :

Die Einheitskugel von $B_{|1|}$ ist die von $K \cup (-K)$ erzeugte normabgeschlossene konvexe Menge.

Beweis: Die Einheitskugel $B'_{|1|}$ von B' ist die zu $K \cup (-K)$ polare Menge (A 9), wie sofort aus der Definition der Norm in B' folgt. Daher ist $B_{|1|}$ als polare Menge zu $B'_{|1|}$ die zu $K \cup (-K)$ bipolare Menge, d. h. die von $K \cup (-K)$ erzeugte $\sigma(B,B')$ -abgeschlossene konvexe Menge (A 10). Jede in B normabgeschlossene konvexe Menge ist aber auch $\sigma(B,B')$ -abgeschlossen. (A 8).

Satz 3. 9 : Die Menge $\hat{L} \cap D$ liegt $\sigma(B', B)$ -dicht in $\hat{L}$.

Beweis: Wegen $\underline{L} \subset D$ ist auch $\underline{L} \subset \hat{L} \cap D$. Da $\hat{L} \cap D$ konvex ist, liegt auch die von $\underline{L}$ erzeugte konvexe Menge (deren $\sigma(B',B)$ -Abschluß $\hat{L}$ ist) in $\hat{L} \cap D$.

Neben den Mengen K, L und $\hat{L}$ führen wir noch folgende Mengen ein:

Definition 3. 8 : $P = \{ Y \mid Y \in B' \text{ und } \mu(V,Y) \geq 0 \text{ für alle } V \in K \}$;

$\hat{P} = \{ Y \mid Y \in P \text{ und } \|Y\| \leq 1 \} = B_{|1|} \cap P.$

P ist also ein konvexer Kegel und $\hat{P}$ der Durchschnitt von P mit der Einheitskugel $B'_{|1|}$ von B' . Es folgt sofort $L \subset \hat{L} \subset \hat{P} \subset P$.

Definition 3. 9 : $Q = \{ X \mid X \in B \text{ und } \mu(X, Y) \geq 0 \text{ für alle } Y \in P \}$.

Q ist also der zu P polare Kegel. Es gilt, wie unmittelbar zu sehen, daß $K \subset Q$, P die polare und Q die bipolare Menge zu dem Kegel $\bigcup_{\lambda \geq 0} \lambda K$ ist. Daraus folgt sofort nach A 10 der

Satz 3. 10 : P ist $\sigma(B', B)$ -abgeschlossen. Q ist der von K erzeugte $\sigma(B, B')$ -abgeschlossene Kegel; Q ist der von K erzeugte normabgeschlossene Kegel.

Der letzte Teil dieses Satzes folgt sofort aus dem ersten, da in B jede normabgeschlossene konvexe Menge auch $\sigma(B, B')$ -abgeschlossen ist. (A 8). P ist umgekehrt der zu Q (genauer, entsprechend der üblichen Definition, der zu -Q) polare Kegel in B' und wird dann häufig mit Q' bezeichnet.

Satz 3. 11 : P und Q sind echte Kegel, d. h . enthalten keine Gerade durch den Nullpunkt. Durch $X_1 \leqslant X_2$ für $X_2 - X_1 \in Q$ und $Y_1 \leqslant Y_2$ für $Y_2 - Y_1 \in P$ werden B und B' zu topologischen, geordneten Vektorräumen.

Beweis: Aus $\mu(V, Y) = 0$ für alle $V \in K$ folgt $\|Y\| = 0$, d. h. $Y = 0$, aus $\mu(X, Y) = 0$ für alle $Y \in P$ folgt $\mu(V, F) = 0$ für alle $F \in L$, und damit nach Satz 3. 5 $X = 0$. Der Rest des Satzes folgt nach A 11

Satz 3. 12 : Der Kegel P ist normal. (Definition von "normal" siehe A 12)

Beweis: Nach A 12 ist P normal, wenn für $Y_1 \in P$ und $Y_2 \in P$ gilt: $\|Y_1\| \leqslant \|Y_1 + Y_2\|$ was wegen $\|Y\| = \sup\{|\mu(V,Y)| \mid V \in K\}$ und $\mu(V, Y) \geqslant 0$ für alle $Y \in P$ sofort ersichtlich ist.

Da Q abgeschlossen ist folgt aus Satz 3. 10 (A 13), daß Q ein strikter $\mathcal{L}$-Kegel ist und damit

Satz 3. 13 : $B = Q - Q$. Nach A 14 folgt weiterhin der erste Teil von

Satz 3. 14 : P ist die Menge aller auf Q positiven Linearformen, d. h. ist mit dem zu Q in B* polaren Kegel identisch. P ist vollständig in der $\sigma(B', B)$ -Topologie.

Beweis: P ist also der in B* zu Q polare Kegel und damit $\sigma(B^*, B)$ -

abgeschlossen. Da B* die Vervollständigung von B' in der $\sigma(B',B)$ -Topologie ist, ist also P $\sigma(B', B)$ -vollständig.

Definition 3. 10 : K heißt nach unten beschränkt, wenn es eine Zahl $\alpha > 0$ gibt mit $\|V\| \geq \alpha$ für alle $V \in K$.

Definition 3. 11: K heißt normal, wenn der von K erzeugte Kegel Q normal ist.

Satz 3. 15 : Ist K nach unten beschränkt, so ist $Q = \bigcup_{0 \leq \lambda} \lambda K$.

Beweis: Wegen Satz 3. 10 ist zum Beweis von $Q = \overline{\bigcup_{0 \leq \lambda} \lambda K}$ nur noch zu zeigen, daß $\bigcup_{0 \leq \lambda} \lambda K$ normabgeschlossen ist. Sei $\lambda_\nu V_\nu$ eine Folge mit $\|\lambda_\nu V_\nu - X\| \to 0$. Da K nach unten beschränkt ist, gilt $\|V_\nu\| \geq \alpha > 0$ und damit, daß die Folge λ_ν beschränkt ist. Man kann als eine Teilfolge, die wieder kurz mit λ_ν bezeichnet sei, so auswählen, daß $\lambda_\nu \to \lambda$. Damit folgt $\|\lambda V_\nu - X\| \to 0$ und daraus entweder $X = 0$ für $\lambda = 0$ oder $\|V_\nu - \frac{1}{\lambda} X\| \longrightarrow 0$. Da K abgeschlossen ist, ist also $\frac{1}{\lambda} X = V$, d. h. $X = \lambda V$ mit $V \in K$.

Satz 3. 16 : Ist K nach unten beschränkt und ist für alle $V \in K$:

$$\sup \left\{ |\mu(V,Y)| \;\middle|\; Y \in B'_{|1|} \right\} = \sup \left\{ |\mu(V, Y)| \;\middle|\; Y \in B'_{|1|} \cap P = \hat{P} \right\},$$

so sind K und Q normal.

Beweis: Da nach Satz 3. 15 $Q = \bigcup_{\lambda \geq 0} \lambda K$ ist, folgt wie beim Beweis von Satz 3. 12 , daß Q normal ist, da für $X \in Q$

$$\|X\| = \lambda \|V\| = \lambda \sup \left\{ \mu(V,Y) \;\middle|\; Y \in \hat{P} \right\} = \sup \left\{ \mu(X,Y) \;\middle|\; Y \in \hat{P} \right\}$$

ist.

Da das erste bedeutungsvolle Axiom 4 a in § 5 garantiert, daß K nach unten beschränkt ist und die im Satz 3. 16 gemachte Voraussetzung erfüllt ist, wollen wir hier keine weiteren Voraussetzungen untersuchen, unter denen $Q = \bigcup_{0 \leq \lambda} \lambda K$ und Q normal gilt; insbesondere ist nicht geklärt, ob nicht schon die Tatsache, daß K der konvexe Normabschluß der Menge $\underline{K}$ ist, für deren Elemente $\underline{V} \in \underline{K}$

$$\|V\| = \sup\{\mu(V, Y) \mid Y \in \hat{P}\} = 1$$

gilt, ausreicht um $Q = \bigcup_{0 \leq \lambda} \lambda K$ und Q normal zu beweisen. Nach A 15 gilt der

<u>Satz 3. 17 :</u> Wenn K normal ist, so ist $B' = P - P$.

<u>Satz 3. 18 :</u> Die Einheitskugel $B_{|1|}$ kann sich von der von $B_{|1|} \cap [Q \cup (-Q)]$ erzeugten konvexen Menge

$$W = B_{|1|} \cap Q - B_{|1|} \cap Q$$

nur um Randpunkte X mit $\|X\| = 1$ unterscheiden, die sich als $X = \alpha X_1 - \beta X_2$ mit $X_1, X_2 \in B_{|1|} \cap Q$ mit $\alpha + \beta = 1 + \varepsilon$ für beliebig kleines $\varepsilon > 0$ darstellen lassen. Es ist

$$\|X\| = \inf\{\alpha + \beta \mid X = \alpha X_1 + \beta X_2;\ X_1, X_2 \in B_{|1|} \cap Q\}$$

Beweis : Nach (A 16) ist das Eichfunktional zu W im Raum $B = Q - Q$ eine Norm $\|X\|_1$, deren Topologie mit der Normtopologie in B identisch ist.

Wir wollen noch $\|X\|_1 = \|X\|$ zeigen:

Dazu brauchen wir nur im dualen Raum B' für die zugehörigen Normen $\|Y\|_1 = \|Y\|$ zu beweisen. Es ist $\|Y\|_1 = \sup\{|\mu(X, Y)| \mid \|X\|_1 \leq 1\} = \sup\{|\mu(X, Y)| \mid \|X\|_1 < 1\} = \sup\{|\mu(X, Y)| \mid X \in W\} = \sup\{|\mu(X, Y)| \mid X \in B_{|1|} \cap Q\}$. Wegen $K \subset B_{|1|} \cap Q$ und

$\|Y\| = \sup\{|\mu(X,Y)| \mid X \in B_{|1|}\} = \sup\{|\mu(X,Y)| \mid X \in K\}$ folgt $\|Y\|_1 = \|Y\|$

Die Menge W wird aber (A 17) in der $\|X\|_1$ -Topologie (und damit in der

Normtopologie in B) gerade durch die Punkte mit dem Eichfunktional $\|X\|_1 = 1$ und damit $\|X\| = 1$ abgeschlossen. Da $\|X\|_1$ das Eichfunktional zu W ist, ist also $\|X\|_1 = \inf\{\alpha + \beta \,/\, X = \alpha X_1 - \beta X_2 \,;\, X_1, X_2 \in B_{|M|} \cap Q\}$.

<u>Satz 3. 19 :</u> Ist K nach unten beschränkt, so kann sich die Einheitskugel $B_{|M|}$ von $\widetilde{W} = \bigcup_{0 \leq \lambda \leq 1} (\lambda K - (1 - \lambda) K)$ nur um Randpunkte X mit $\|X\| = 1$ unterscheiden. Insbesondere ist $B_{|M|} \cap Q = \bigcup_{0 \leq \lambda \leq 1} \lambda K$, d. h. für jedes $X \in Q$ mit $\|X\| = 1$ ist $X \in K$. Es ist $\|X\| = \inf\{\gamma + \delta \,/\, X = \gamma V_1 - \delta V_2 \;;\; V_1, V_2 \in K\}$

Beweis: Wie im Beweis von Satz 3. 18 bilde man eine Norm durch das Eichfunktional von $\widetilde{W}$:

$$\|X\|_2 = \inf\{\gamma + \delta \,/\, X = \gamma V_1 - \delta V_2 \;;\; V_1, V_2 \in K\}$$

Da nach Definition 3. 10 $\|V\| \geq \alpha$ für alle $V \in K$ ist und nach Satz 3. 15 sich jedes $X \in Q$ in der Form λV schreiben läßt, gilt für jedes $X \in B_{|M|} \cap Q$: $X = \lambda V$ mit $0 \leq \lambda \leq \frac{1}{\alpha}$, so daß mit $\|X\|_1$ nach Satz 3. 18 $\|X\|_1 \leq \|X\|_2 \leq \frac{1}{\alpha} \|X\|_1$ gilt. $\|X\|_1$ und $\|X\|_2$ erzeugen also dieselbe Topologie in B. Wir zeigen wieder $\|X\|_1 = \|X\|_2 = \|X\|$, indem wir in B' $\|Y\|_1 = \|Y\|_2 = \|Y\|$ beweisen:

$$\|Y\|_2 = \sup\{|\mu(X,Y)| \,/\, \|X\|_2 \leq 1\} = \sup\{|\mu(X, Y)| \,/\, \|X\|_2 \leq 1\}$$
$$= \sup\{|\mu(X, Y)| \,/\, X \in \widetilde{W}\} = \sup\{|\mu(X, Y)| \,/\, X \in K\} = \|Y\| .$$

Für ein $X \in Q$ mit $\|X\| = 1$ ist $\|X\|_2 = \inf\{\gamma\, X = \gamma V,\ V \in K\} = 1$

Da K abgeschlossen ist, folgt $X \in K$. Also ist $\bigcup_{0 \leq \lambda \leq 1} \lambda K = B_{|M|} \cap Q$ und damit $\widetilde{W} = W$ mit W nach Satz 3. 18 .

Satz 3. 20 : Ist K nach unten beschränkt, so ist P gleich der Menge aller auf K positiven lineare Funktionale ; insbesondere ist jedes K positive lineare Funktional auch auf K beschränkt.

Beweis folgt sofort aus Satz 3. 14 und 3. 15 .

Satz 3. 21 : Ist K nach unten beschränkt, so ist $\mathcal{B}'$ die Menge aller auf K beschränkten linearen Funktionale.

Beweis: Die Menge der auf K beschränkten linearen Funktionale ist die Menge der in Bezug auf die Norm $\| X \|_2$ stetigen Funktionale über $\mathcal{B}$. Aus $\| X \|_2 = \| X \|$ folgt die Behauptung.

(Bemerkung: Wäre die Topologie von $\| X \|_2$ echt stärker als die von $\| X \|$, so wäre die Menge der auf K beschränkten linearen Funktionale echt größer als B' !)

Satz 3. 22 : Ist K nach unten beschränkt und normal, so ist jedes auf K beschränkte lineare Funktional Differenz von zwei positiven Funktionalen über K und umgekehrt.

Beweis folgt aus Satz 3. 21 , 3. 20 und Satz 3. 17. Nach Satz 3. 19 kann sich die Einheitskugel $B_{|1|}$ von $\tilde{W}$ nur um Randpunkte X außerhalb Q und -Q mit

$$\| X \| = \inf \left\{ \gamma + \delta \mid X = \gamma V_1 - \delta V_2 ; \quad V_1 , V_2 \in K \right\} = 1$$

unterscheiden. Für einen solchen Punkt X gilt

$$X = \gamma V_1 - \delta V_2 \quad \text{mit} \quad \gamma + \delta = 1 + \varepsilon$$

für beliebig kleines $\varepsilon > 0$; aber

$$X = \lambda V_1 - (1 - \lambda) V_2$$

ist nicht erfüllbar.

Wichtig ist der Fall, wo $\tilde{W}$ algebraisch und damit auch topologisch abgeschlossen ist, d. h. daß

$$\inf \{ \gamma + \delta \mid X = \gamma V_1 - \delta V_2 ; \quad V_1, V_2 \in K \}$$

auch für X außerhalb Q und -Q angenommen wird. Es ist nicht geklärt, unter welchen Bedingungen dies der Fall ist, insbesondere nicht, ob die Bedingung "K nach unten beschränkt " ausreicht. Da die Form aller später aufzustellenden Axiome davon abhängt, daß $\tilde{W}$ abgeschlossen ist, formulieren wir folgende Voraussetzung:

(V 1) Die Menge $\bigcup_{0 \leq \lambda \leq 1} (\lambda K - (1 - \lambda) K)$ ist abgeschlossen.

Es folgt sofort, was sich auch leicht aus Satz 3. 8 direkt beweisen läßt:

Satz 3. 23 : (V1) ist äquivalent zu : Jedes $X \in B$ läßt sich in der Form $X = \alpha V_1 - \beta V_2 \quad (\alpha \geq 0, \beta \geq 0)$ mit $\|X\| = \alpha + \beta$ und $V_1, V_2 \in K$ schreiben.

Definition 3. 12 : Ist K nach unten beschränkt und (V 1) erfüllt, so nennen wir die Menge K regulär.

Daß K regulär ist, ist eine Verschärfung davon, daß K nach unten beschränkt ist.

Die Voraussetzung (V1) ist erfüllt, sobald K in irgendeiner Topologie $\sigma(B,E)$ mit $E \subset B'$ kompakt ist, insbesondere wenn B endlich dimensional ist. Ist B endlich dimensional, so ist auch K nach unten beschränkt, da sich jedes $V \in K$ als endliche Linearkombination (mit einer für alle $V \in K$ gleichmäßig beschränkten endlichen Zahl von Summanden) von Elementen aus $\underline{K}$ darstellen läßt, deren Normen gleich 1 sind.

Einen kleinen Einblick in die Bedeutung von (V 1) als Strukturvoraussetzung über K liefert der folgende

Satz 3. 24 : (Da $B'_{|1|}$ $\sigma(B', B)$ -kompakt ist, nimmt für jedes $X \in B$ mit $\|X\| = 1$ $\mu(X, Y)$ auf $B'_{|1|}$ sein supremum 1 an.) K sei regulär. Ist $\overline{Y}$ ein solches Element von $B'_{|1|}$, für das es ein X mit $\|X\| = 1$ und $X \notin K$ und $X \notin -K$ gibt, so daß $\mu(X, Y)$ auf $B'_{|1|}$ für $Y = \overline{Y}$ sein supremum annimmt, so nimmt $\mu(V, \overline{Y})$ auf K sein infimum -1 und supremum + 1 an.

Beweis : Da K regulär ist, ist $X = \lambda V_1 - (1 - \lambda) V_2$ mit $0 < \lambda < 1$ und $V_1, V_2 \in K$. Wegen $|\mu(V, \overline{Y})| \leq 1$ für $V \in K$ folgt aus $\mu(X, \overline{Y}) = 1$ sofort $\mu(V_1, \overline{Y}) = 1$ und $\mu(V_2, \overline{Y}) = -1$.

Wenn sich auch - wie oben erwähnt - auf Grund von Axiom 4 a in § 5 indirekt ergeben wird, daß K nach unten beschränkt und normal ist, so ist es doch bisher auch auf Grund der weiteren Axiome nicht gelungen, (V1) als Satz nachzuweisen. Es wird daher nichts anderes übrig bleiben, als die explizite zusätzliche Voraussetzung zu machen, daß K regulär ist; siehe dazu auch die Bemerkung am Schluß des nächsten § 4.

Zunächst aber wollen wir noch einige Konsequenzen aus der Existenz des Teilraumes D von B' ziehen:

Mit D' bezeichenen wir den zu D dualen Banachraum aller normstetigen Linearformen über D. Wir können dann die Definition von $\mu(X, Y)$ auf $D' \times D$ ausdehnen, denn die Elemente von B sind normstetige Linearformen über B' und damit erst recht über D und schon auf D unterscheidbar, da nach Satz 3. 5 für $X \in B$ aus $\mu(X, Y) = 0$ für alle $Y \in D$ und damit für alle $Y \in \underline{L}$ $X = 0$ folgt. B kann also als Teilmenge von D' aufgefaßt werden. Die Norm in D' ist bekanntlich durch

$$\|X\|_d = \sup \left\{ |\mu(X,Y)| \;\middle|\; \|Y\| \leqslant 1 , \quad Y \in D \right\}$$

definiert. Sie stimmt mit der in $\underline{B}$ nach Definition 3. 4 definierten Norm für $R_0 = D$ überein. Wegen $D \subset B'$ folgt sofort für alle $X \in B$: $\|X\|_d \leqslant \|X\|$.

<u>Definition 3. 13 :</u> $\bar{B}$ sei die Vervollständigung von $\underline{B}$ in Bezug auf die Norm $\|X\|_d$.

<u>Satz 3. 25 :</u> Es gilt $B \subset \bar{B} \subset D'$.

Beweis: Da D ein Banachraum in Bezug auf die Norm $\|X\|_d$ ist, ist $\bar{B}$ der Abschluß von $\underline{B}$ in der $\|X\|_d$ - Norm in D', also $\bar{B} \subset D'$. Wegen $\|X\|_d \leqslant \|X\|$ für alle $X \in B$ ist jede Cauchyfolge $X_\nu \in \underline{B}$ in Bezug auf die $\|X\|$ -Norm auch eine Cauchyfolge in Bezug auf die $\|X\|_d$ -Norm, d.h. es gibt ein $X \in \bar{B}$ mit $\|X_\nu - X\|_d \to 0$. Mit $X' \in B$ und $\|X_\nu - X'\| \to 0$ gilt für alle $Y \in D$: $\mu(X_\nu, Y) \to \mu(X,Y)$ und $\mu(X_\nu,Y) \to \mu(X',Y)$, d. h. als Linearformen über D fallen X und X' zusammen. Da, wie wir oben sahen, die $X' \in B$ schon auf D unterscheidbar sind, kann man X' mit X identifizieren und erhält so $B \subset \bar{B}$.

<u>Definition 3. 14 :</u> $\bar{B}'^d$ sei der zu $\bar{B}$ in der $\|X\|_d$ -Norm duale Banachraum. Die Norm in $\bar{B}'^d$ werde mit $\|Y\|_d$ bezeichnet.

<u>Satz 3. 26 :</u> Es ist $D \subset \bar{B}'^d \subset B'$. In $\bar{B}'^d$ ist $\|Y\|_d \geqslant \|Y\|$ und in D ist $\|Y\|_d = \|Y\|$.

Beweis: Nach Satz 3. 2 ist $D \subset \bar{B}'^d$. Die in Bezug auf die $\|X\|_d$ -Norm stetigen linearen Funktionale aus $\bar{B}'^d$ über $\bar{B}$ sind schon durch ihren Wertbereich auf B bestimmt, da $\underline{B}$ und damit B in der $\|X\|_d$ -Norm-Topologie dicht in $\bar{B}$ liegt. Als Linearformen über B sind die Elemente von $\bar{B}'^d$ dann erst recht stetig in Bezug auf die $\|X\|$-Norm-

Topologie in B, d. h. es ist $\overline{B}^{|\alpha} \subset B'$.

Aus $\|X\|_\alpha \leq \|X\|$ folgt unmittelbar im dualen Banachraum $\overline{B}^{|\alpha}$: $\|Y\|_\alpha \geq \|Y\|$. Es ist also nur zu zeigen, daß in D $\|Y\|_\alpha = \|Y\|$ ist. Dies folgt sofort aus Satz 3. 1 für $R_o = D$.

<u>Definition 3. 15 :</u> $\overline{K}$ der konvexe Abschluß von $\underline{K}$ in $\overline{B}$ und damit auch D' in der $\|X\|_\alpha$ - Normtopologie. $\overline{K}^\sigma$ der konvexe Abschluß von $\underline{K}$ in D' in der $\sigma(D', D)$ -Topologie. Es ist also

$$\underline{K} \subset K \subset \overline{K} \subset \overline{K}^\sigma.$$

<u>Satz 3. 27 :</u> Für die Einheitskugel von D' gilt $D'_{|1|} = \bigcup_{0\leq\lambda\leq 1}(\lambda\overline{K}^\sigma - (1-\lambda)\overline{K}^\sigma)$. Jedes Element $X \in D'$ läßt sich in der Form $X = \alpha V_1 - \beta V_2$ mit $\alpha \geq 0$, $\beta \geq 0$ und $V_1 \in \overline{K}^\sigma$, $V_2 \in \overline{K}^\sigma$ und $\|X\|_\alpha = \alpha + \beta$ schreiben. $B_{|1|}$ liegt $\sigma(D', D)$ -dicht in $D'_{|1|}$. B liegt $\sigma(D', D)$ -dicht in D'.

Beweis: Wegen $\|X\|_\alpha \leq \|X\|$ ist $B_{|1|} \subset D'_{|1|}$. $D'_{|1|}$ ist aber die zu $K \cup (-K)$ bipolare Menge im Dualpaar (D', D), also ist $D'_{|1|}$ die von $K \cup (-K)$ erzeugte $\sigma(D', D)$-abgeschlossene konvexe Menge und damit $B_{|1|}$ $\sigma(D', D)$ -dicht in $D'_{|1|}$. Da $\overline{K}^\sigma$ und $-\overline{K}^\sigma$ $\sigma(D', D)$-kompakt sind (als beschränkte, abgeschlossene konvexe Menge von D', A 5), ist die von $\overline{K}^\sigma$ und $-\overline{K}^\sigma$ erzeugte konvexe Menge $\bigcup_{0\leq\lambda\leq 1}(\lambda\overline{K}^\sigma - (1-\lambda)\overline{K}^\sigma)$ schon kompakt (A 18), womit $D'_{|1|} = \bigcup_{0\leq\lambda\leq 1}(\lambda\overline{K}^\sigma - (1-\lambda)\overline{K}^\sigma)$ bewiesen ist.

Für $X \in D'$ hat $\|X\|_\alpha^{-1} X = X'$ die Norm $\|X'\|_\alpha = 1$. Es ist also $X' = \lambda V_1 - (1-\lambda) V_2$ mit $0 \leq \lambda \leq 1$ und $V_1 \in \overline{K}^\sigma$, $V_2 \in \overline{K}^\sigma$; damit ist $X = \alpha V_1 - \beta V_2$ mit $\alpha = \lambda\|X\|_\alpha$, $\beta = (1-\lambda)\|X\|_\alpha$, d. h. mit $\alpha + \beta = \|X\|_\alpha$.

Die Menge aller $\alpha V_1 - \beta V_2$ mit $V_1 \in K$ liegt $\sigma(D', D)$ -dicht in der Menge aller $\alpha V_1 - \beta V_2$ mit $V_1 \in \overline{K}^\sigma$, $V_2 \in \overline{K}^\sigma$; also liegt B $\sigma(D', D)$ - dicht in D'.

§ 4. Endlichkeitsaxiome

Wie wir in II, § 9 diskutiert haben, sind für die Bildterme $\widetilde{K}$ und $\widetilde{L}$ Endlichkeitsaxiome zu fordern.

Nach M_u aus II, § 9 kann man diese Endlichkeitsaxiome für die Präparier- und Effektteile $v \in \widetilde{K}$ und $f \in \widetilde{L}$ im Falle einer unscharfen Abbildung so formulieren:

Axiom 3 a : Die Menge $\widetilde{K}$ ist abzählbar.

Daraus folgt sofort, daß auch $\underline{\underline{K}}$ und $\underline{K}$ abzählbar sind.

Axiom 3 b : Die Menge $\widetilde{L}$ ist abzählbar.

Daraus folgt sofort, daß auch $\underline{\underline{L}}$ und $\underline{L}$ abzählbar sind. Aus $\underline{K}$ abzählbar folgt leicht, indem man alle $\sum_{i=1}^{n} a_i \underline{V}_i$ mit rationalen a_i und $\underline{V}_i \in \underline{K}$ betrachtet, der

Satz 4. 1 : B und D sind als Banachräume separabel.

Aus Axiom 3 a folgt die Existenz einer effektiven Gesamtheit:

Satz 4. 2 : Es gibt in K ein effektives V, d. h. es gibt ein $V \in K$ mit:

$$[\mu(V, F) = 0 \text{ und } F \in L] \Rightarrow F = 0.$$

Zum Beweis bilden wir aus den Elementen von $\underline{K} = \{\underline{V}_n \mid n = 1, 2 \ldots \infty\}$ die Summe :

$$V = \sum_{n=1}^{\infty} \lambda_n \underline{V}_n \quad \text{mit } \lambda_n > 0 \text{ und } \sum_{n=1}^{\infty} \lambda_n = 1.$$

V existiert, da $\sum_{n=1}^{\infty} \lambda_n \underline{V}_n$ normkonvergent ist, denn wegen $\| \underline{V}_n \| \leqslant 1$ folgt für $M > N$:

$$\left\| \sum_{n=0}^{M} \lambda_n \underline{V}_n - \sum_{n=0}^{N} \lambda_n \underline{V}_n \right\| \leq \sum_{n=N+1}^{M} \lambda_n < \sum_{n=N+1}^{\infty} \lambda_n < \varepsilon$$

wenn N groß genug gewählt wird.

Ebenso leicht folgt, daß mit $\underline{V}_N = \left(\sum_{n=0}^{N} \lambda_n\right)^{-1} \sum_{n=0}^{N} \lambda_n \underline{V}_n$ auch $\underline{V}_N$ gegen V für $N \to \infty$ konvergiert. Da $\underline{V}_N$ Element der von $\underline{K}$ erzeugten konvexen Menge ist, ist $V \in K$.

Ist $F \in L$ und $F \neq 0$, so gibt es nach Satz 3. 7 ein $V' \in K$ mit $\mu(V', F) \neq 0$ und, da die $\underline{V}_n$ dicht in K liegen, ein $\underline{V}_{n'}$ mit $\mu(V_{n'}, F) \neq 0$. Allgemein, auch ohne Axiom 3 a gilt (A 5)

<u>Satz 4. 3 :</u> Jede der Norm nach in B′ beschränkte und $\sigma(B', B)$ -abgeschlossene Menge (also auch L und $\hat{L}$) ist $\sigma(B', B)$ -kompakt.

Satz 4. 1 hat (A 19) weiterhin zur Folge:

<u>Satz 4. 4 :</u> Die $\sigma(B', B)$ -Topologie ist in jeder norm- beschränkten Menge von B′, also in L und $\hat{L}$, metrisch.

Aus Satz 4. 3 und 4. 4 folgt

<u>Satz 4. 5 :</u> Jede normbeschränkte $\sigma(B', B)$ -abgeschlossene Teilmenge (insbesondere also L und $\hat{L}$) enthält eine $\sigma(B', B)$-dichte abzählbare Teilmenge, d. h. ist $\sigma(B', B)$ -separabel.

Beweis: Nach A 20 ist jede kompakte Teilmenge eines metrischen Raumes separabel.

<u>Satz 4. 6 :</u> Es gibt in B′ eine $\sigma(B', B)$ -dichte abzählbare Teilmenge, d.h. B′ ist $\sigma(B', B)$ -separabel.

Beweis: Nach Satz 4. 5 ist jede Kugel $K_n = \{ Y \mid Y \in B', \|Y\| \leq n \}$ $\sigma(B', B)$ -separabel (jede Kugel K_n ist $\sigma(B', B)$ kompakt, A 5).

Die Vereinigungsmenge aller dieser abzählbaren Mengen M_n, wobei M_n

in K_n $\sigma(B', B)$ -dicht liegt, ist abzählbar und in ganz B' $\sigma(B', B)$-dicht.

Nach Satz 4. 5 folgt schon aus Axiom 3 a die Existenz einer in L $\sigma(B', B)$ -dichten abzählbaren Menge; Axiom 3 b bestimmt also nur noch, daß $\underline{L}$ gerade eine solche in L $\sigma(B', B)$ -dichte abzählbare Menge ist. Aus Axiom 3 b kann also nichts Zusätzliches über die $\sigma(B', B)$ -abgeschlossenen Mengen L, $\hat{L}$ wie über B' gefolgert werden, was nicht schon aus Axiom 3 a folgt. Trotzdem ist die Auszeichnung einer bestimmten Teilmenge $\underline{L}$ nicht irrelevant, wenn später zusätzliche Forderungen an $\underline{L}$ durch Axiome aufgenommen werden, denn $\underline{L}$ ist maßgebend für die in II § 9 diskutierte Unschärfe der Abbildungen:

Für die unscharfe Abbildung der Gesamtheiten und Effekte sind nämlich nach II § 6 und 9 uniforme Strukturen einzuführen. Man kann dann statt der Bildterme $\underline{K}$, $\underline{L}$ auch andere Mengen als Bildterme benutzen, in denen $\underline{K}$ bzw. $\underline{L}$ in den für die unscharfen Abbildungen maßgeblichen aus den uniformen Strukturen abgeleiteten Topologien dicht liegen. Welches sind die für die unscharfen Abbildungen maßgeblichen uniformen Strukturen ?

Für die unscharfen Abbildungen der Präparierteile und Effektteile auf $\tilde{K}$ bzw. $\tilde{L}$ wären nach II, § 6 und 9 ebenfalls uniforme Strukturen einzuführen. Man kann dann statt der Bildterme $\tilde{K}$ und $\tilde{L}$ auch andere Mengen als Bildterme benutzen, in denen $\tilde{K}$ bzw. $\tilde{L}$ in den für die unscharfen Abbildungen maßgeblichen Topologien dicht liegen. Wir wollen aber an dieser Stelle keine besonderen

Forderungen an die uniformen Strukturen für $\widetilde{K}$ und $\widetilde{L}$ stellen; denn wenn wir versuchen würden, Aussagen über die zu $\widetilde{K}$ und $\widetilde{L}$ gehörigen uniformen Strukturen zu gewinnen, würden wir uns in uferlose und unüberschaubare Probleme aller der vielen technischen Ungenauigkeiten einlassen müssen, die mit der technischen Fabrikation der Apparate aus $\widetilde{K}$ und $\widetilde{L}$ zusammenhängen. Dies ist gar nicht notwendig, da es nur auf ein paar Grundzüge dieser uniformen Strukturen von $\widetilde{K}$ und $\widetilde{L}$ ankommen wird, von denen ein Grundzug sich schon in diesem Paragraphen ergeben wird.

Wir werden jetzt nämlich von uniformen Strukturen in $\underline{K}$ und $\underline{L}$ ausgehen, die die Unschärfe der Abbildungen der Gesamtheiten und Effekte auf $\underline{K}$ bzw. $\underline{L}$ bestimmen; d. h. z. B. : statt die Unschärfe der Abbildung eines Präparierteiles auf ein $v \in \widetilde{K}$ nach Abbildungsprinzip 1 zu betrachten, setzen wir die Abbildung durch $v \longrightarrow \underline{\underline{V}} \in \underline{\underline{K}}$ und $\underline{\underline{V}} \longrightarrow \underline{V} \in \underline{K}$ fort und betrachten nur die sich daraus ergebende Gesamtabbildung, die wir die Abbildung der "Gesamtheiten" auf $\underline{K}$ nannten. Haben wir in $\underline{K}$ eine diese Abbildungsungenauigkeit betreffende uniforme Struktur $\underline{\mathcal{N}}$ eingeführt, so wollen wir von den in $\underline{\underline{K}}$ (bzw. $\widetilde{K}$) einzuführenden uniformen Strukturen $\underline{\underline{\mathcal{N}}}$ (bzw. $\widetilde{\mathcal{N}}$) nur folgendes verlangen:
$\underline{\underline{N}}$ ist die feinste uniforme Struktur, für die die Abbildung $v \longrightarrow \underline{\underline{V}}$ von $\widetilde{K}$ auf $\underline{\underline{K}}$ gleichmäßig stetig ist, und $\underline{N}$ die feinste uniforme Struktur, für die die Abbildung $\underline{\underline{V}} \rightarrow \underline{V}$ von $\underline{\underline{K}}$ auf $\underline{K}$ gleichmäßig stetig ist.
Dasselbe soll für $\widetilde{L}$, $\underline{\underline{L}}$, $\underline{L}$ gelten. Damit haben wir eine Bedingung für die uniformen Strukturen in $\widetilde{K}$ und $\widetilde{L}$ gewonnen, sobald wir etwas über die die Unschärfe der Abbildungen bestimmenden uniformen Strukturen in $\underline{K}$ und $\underline{L}$ aussagen.

Durch die Klassenbildungen in § 2 bleibt als einziges Unterscheidungsmerkmal der Elemente aus $\underline{K}$ und $\underline{L}$ die Wahrscheinlichkeitsfunktion $\mu(\underline{V},\underline{F})$. Da nur immer endlich viele Experimente(wenn sich auch die Zahl beliebig steigern läßt) gemacht werden können, legen wir die unscharfen Abbildungen auf $\underline{K}$ und $\underline{L}$ durch folgende uniforme Strukturen fest:

Mit $\sigma(B,\underline{L})$ (bzw. $\sigma(B', \underline{K})$) bezeichnen wir die Topologie in B (bzw. in B'), die durch die Halbnormen $|\mu(X,\underline{F})|$ mit $\underline{F} \in \underline{L}$ (bzw. $\mu(\underline{V},Y)$ mit $\underline{V} \in \underline{K}$) bestimmt ist. Die von $\sigma(B,\underline{L})$ bzw. $\sigma(B',\underline{K})$ in den Vektorräumen B bzw. B' eindeutig bestimmten uniformen Strukturen wählen wir als die für die unscharfen Abbildungen maßgeblichen Strukturen, d. h. wir ergänzen die Abbildungsprinzipien der Gesamtheiten und Effekte (d. h. die Abbildungsprinzipien 1' und 2' ; siehe Seite 216) durch die Charakterisierung der Unschärfe dieser Abbildungsprinzipien durch:

<u>Abbildungsprinzip 1 a:</u> Für die Unschärfe der Abbildung der Gesamtheiten ist die von der Topologie $\sigma(B, \underline{L})$ erzeugte uniforme Struktur zu benutzen.

<u>Abbildungsprinzip 2 a :</u> Für die Unschärfe der Abbildung der Effekte ist die von der Topologie $\sigma(B', \underline{K})$ erzeugte uniforme Struktur zu benutzen.

Da sich Topologien und uniforme Strukturen in Vektorräumen eindeutig entsprechen, werden wir kurz nur von den Topologien sprechen. Man erkennt sofort, daß $\sigma(B,\underline{L})$ schwächer ist als $\sigma(B,B')$. Ebenso ist $\sigma(B',\underline{K})$ schwächer als $\sigma(B',B)$. Daraus folgt , daß statt $\underline{K}$ und $\underline{L}$ auch K und L als Bildmengen benutzt werden können, da die von $\underline{K}$ erzeugte konvexe Menge $\sigma(B, \underline{L})$ -dicht in K und $\underline{L}$ $\sigma(B', \underline{K})$ -dicht in L liegen. Dies bedeutet aber nicht, daß auf $\underline{K}$ bzw. K $\sigma(B, L) = \sigma(B, B')$ und auf $\underline{L}$ bzw. L $\sigma(B', K) = \sigma(B', B)$ zu sein braucht! Würde man beispielsweise die Menge $\underline{L}$ "vergessen" und nur noch mit L operieren, hat man eventuell nicht mehr die Möglichkeit, die Topologie $\sigma(B, \underline{L})$ zu bilden!

Wir wollen zunächst zeigen:

Satz 4. 7 : Die Topologien $\sigma(B, \underline{L})$ und $\sigma(B', \underline{K})$ können in jeder normbeschränkten Menge (z. B. K bzw. L) durch eine Norm charakterisiert werden.

Beweis: Es genügt, dies für $\sigma(B, \underline{L})$ zu beweisen, da sich dieser Beweis Wort für Wort für $\sigma(B', \underline{K})$ wiederholen läßt. Da $\underline{L}$ (bzw. $\underline{K}$) nach Axiom 3 b (bzw 3a) abzählbar ist, kann man die Elemente von $\underline{L}$ (bzw. $\underline{K}$) nummerieren $\underline{F}_\nu$ (bzw. $\underline{V}_\nu$) ($\nu = 1, 2, \ldots$). Wir setzen

$$\|X\|_\ell = \sum_{\nu=1}^{\infty} \lambda_\nu |\mu(X, \underline{F}_\nu)| \quad \left(\text{bzw. } \|Y\|_k = \sum_{\nu=1}^{\infty} \lambda_\nu |\mu(\underline{V}_\nu, Y)|\right) \text{ mit } \lambda_\nu > 0 \text{ und } \sum_{\nu=1}^{\infty} \lambda_\nu < \infty .$$

Wegen $|\mu(X, \underline{F}_\nu)| \leqslant \|X\|$ (bzw $|\mu(\underline{V}_\nu, Y)| \leqslant \|Y\|$) sind die Summen konvergent und ist $\|X\|_\ell \leqslant (\sum_{\nu=1}^{\infty} \lambda_\nu)\|X\|$ und $\|Y\|_k \leqslant (\sum_{\nu=1}^{\infty} \lambda_\nu)\|Y\|$.

Aus

$$\|X_1 - X_2\|_\ell \leqslant \sum_{\nu=1}^{N} \lambda_\nu |\mu(X_1 - X_2, \underline{F}_\nu)| + \|X_1 - X_2\| \sum_{\nu=N+1}^{\infty} \lambda_\nu$$

folgt, daß die von $\|X\|_\ell$ bestimmte Topologie in einer normbeschränkten Menge (d. h. $\|X_1 - X_2\| < C$) schwächer ist als die $\sigma(B, \underline{L})$ - -Topologie. Da aus $\|X_1 - X_2\|_\ell < \eta$ sofort $|\mu(X_1 - X_2, \underline{F}_\nu)| < \lambda_\nu \eta$ folgt, ist die durch $\|X_1 - X_2\|_\ell$ bestimmte Topologie auch stärker als $\sigma(B, \underline{L})$.

Die Unschärfe der Abbildungen der Gesamtheiten und Effekte ist also durch Normtopologien bestimmt, deren Normen aber nicht mit denen der Banachräume B bzw. B' übereinzustimmen brauchen. Wie wir in Satz 4. 4 sahen, ist $\sigma(B', \underline{K})$ wie $\sigma(B', K)$ in jeder normbeschränkten Menge metrisch.

$\sigma(B', \underline{K})$ ist schwächer als $\sigma(B', B)$. Da die Kugel $\| Y \| \leqslant C$ nach Satz 4. 3 $\sigma(B', B)$ -kompakt ist, stimmen $\sigma(B', B)$ und $\sigma(B, \underline{K})$ in jeder normbeschränkten Menge von B' (also insbesondere auf L und $\underline{L}$) überein. (A 6).

Damit ist der erste Teil des folgenden Satzes bewiesen:

Satz 4. 8 : Auf jeder normbeschränkten Menge von B' stimmen $\sigma(B', B)$ und $\sigma(B', \underline{K})$ überein. Auf jeder normbeschränkten Menge von B stimmen $\sigma(B, D)$ und $\sigma(B, \underline{L})$ überein.

Beweis: Als Teilmenge von D' ist eine normbeschränkte Teilmenge von B in der $\| X \|_d$ -Norm beschränkt. Wie oben fallen auf einer solchen Teilmenge $\sigma(D', D)$ und $\sigma(D', \underline{L})$ und damit $\sigma(B, D)$ und $\sigma(B, \underline{L})$ zusammen.

Wir können also in den Abbildungsprinzipien 1 a und 2 a $\sigma(B, \underline{L})$ durch $\sigma(B, D)$ und $\sigma(B', \underline{K})$ durch $\sigma(B', B)$ ersetzen.

Wegen der Unschärfe der Abbildungen können wir also als Bildterm der Gesamtheiten die Menge K mit der $\sigma(B, D)$ -Topologie benutzen und als Bildterm der Effekte die Menge $\hat{L}$ mit der $\sigma(B', B)$ -Topologie. Es ist schon jetzt klar, daß es keine physikalischen Gesichtspunkte geben kann, die Menge $\underline{K}$ als Teilmenge von K wie $\underline{L}$ als Teilmenge von L auszuzeichnen. Da aber

Die Topologie σ (B,D) nicht durch $\hat{L}$ und damit B' bestimmbar ist (!), müssen wir später Axiome finden, die zwar nicht $\underline{L}$ aber doch die Topologie σ (B,D) d. h. D zu bestimmen gestatten. Man kann zwar die gegenüber $\hat{L} \wedge D$ umfangreichere Menge $\hat{L}$ als Bildterm für die Effekte benutzen, aber ebensogut die Menge $\hat{L} \wedge D$, die nach Satz 3. 9 σ (B',B) -dicht in $\hat{L}$ liegt. Die Menge $\hat{L} \wedge D$ hat aber noch eine zweite physikalische Bedeutung, nämlich die Maße der Unterscheidbarkeit der Gesamtheiten, d. h. die Unschärfe der Abbildung der Gesamtheiten zu bestimmen : denn wenn man statt σ (B,D) die stärkere Topologie σ (B,B') für die Unschärfe der Abbildung der Gesamtheiten zugrundelegt, kann man einen entscheidenden physikalischen Fehler machen.

Die ganze Problemstellung zur Charakterisierung der Topologie σ(B,D) wird bei endlich dimensionalem B hinfällig, da dann D = B' ebenfalls endlichdimensional ist und alle Topologien zusammenfallen (A 21).

Für endlichdimensionales B kann man aber immer abzählbare Mengen $\underline{K}$, $\underline{L}$ auswählen, die B bzw. B' erzeugen, so daß also dann die Axiome 3 a, b erfüllt sind. Im Falle eines endlichdimensionalen B besteht zwar kein gesondertes Problem für die die Unschärfe der Abbildungen der Effekte und Gesamtheiten festlegenden Topologien σ (B', B) bzw. σ(B,D); allerdings lassen sich für endlich dimensionales B keine nur lokalkompakten (nicht kompakten!) Gruppen darstellen. Als mathematisch idealisierte Beschreibung bestimmter physikalischer Relationen erweist es sich aber als notwendig, Darstellungen der nur lokalkompakten Galilei-Gruppe in den Räumen B und B' zu fordern.

In § 3 sahen wir, daß die Vervollständigung $\overline{B}$ von $\underline{B}$ in der $\|X\|_{d}$ -Topologie in D' ist und daß wegen $D \subset \overline{B}^{\prime d}$ die Funktionale aus D $\|X\|_d$ -stetig über $\overline{B}$ sind. Wir sahen weiter, daß D in der $\sigma(B', B)$ -Topologie dicht in B' liegt. Nach Satz 4. 1 ist D in der Norm-Topologie separabel, so daß es also eine abzählbare Menge aus D gibt, die $\sigma(B', B)$ dicht in B' liegt.

Satz 4. 9 : Ist D $\sigma(B', B)$ folgen dicht in B', so ist $\alpha\|X\| \leq \|X\|_d \leq \|X\|$ und damit $B = \overline{B}$ und $B' = \overline{B}^{\prime d}$.

Beweis: Nach Voraussetzung gibt es für jedes $Y \in B'$ eine Folge $Y_n \in D$ mit $Y_n \to Y$ in der $\sigma(B', B)$ -Topologie. Es ist für jedes $X \in \overline{B}$ (siehe Satz 3. 1):

$$|\mu(X, Y_n)| \leq \|X\|_d \; \|Y_n\|$$

Wegen $\mu(X, Y_n) \underset{n}{\to} \mu(X, Y)$ für alle X aus B ist $\sup\limits_n |\mu(X, Y_n)| < \infty$ für alle X aus B. Daraus folgt (A 22) daß $\sup\limits_n \|Y_n\| < \infty$ ist. Damit ist $\sup\limits_n |\mu(X, Y_n)| < \infty$ für jedes $X \in \overline{B}$. Nach dem Satz von Banach-Steinhaus (A 23) folgt daraus, daß $\mu(X, Y_n)$ für jedes $X \in \overline{B}$ eine Cauchyfolge ist und durch $\lim\limits_{n\to\infty} \mu(X, Y_n) = \mu(X, Y)$ eine auf ganz $\overline{B}$ in der $\|X\|_d$-Topologie stetige Linearform Y definiert ist, d. h. $\overline{B}^{\prime d} \supset B'$. In § 3 sahen wir $\overline{B}^{\prime d} \subset B'$, so daß also $\overline{B}^{\prime d} = B'$ ist.

Da die $\|X\|_d$ -Topologie die stärkste zulässige Topologie ist, in der $\langle B, \overline{B}^{\prime d} \rangle$ ein Dualpaar bilden (A 24) ist also die $\|X\|_d$- Topologie mit der $\|X\|$ - -Topologie identisch, d. h. es ist $\alpha\|X\| \leq \|X\|_d \leq \|X\|$ (A 25). Daraus folgt $\overline{B} = B$. Für $\|Y\|_d$ ergibt sich also $\|Y\| \leq \|Y\|_d \leq \frac{1}{\alpha}\|Y\|$, da $\|Y\|_d = \sup\{ |\mu(X, Y)| \;/\; \|X\|_d \leq 1 \}$ ist.

Im Dualpaar $\langle B, D \rangle$ ist die Einheitskugel $B_{\|\|d} = \{X \mid \|X\|_d \leq 1\}$ die zu $K \cup (-K)$ biduale Menge, d. h. der $\sigma(B, D)$ -Abschluß von $B_{\|\|}$. Wir wollen am Schluß dieses § noch einige Bemerkungen zu der Voraussetzung (V 1) (d. h. zu der Voraussetzung, daß K regulär ist) anfügen. Wenn es nicht möglich ist, (V 1) als Satz zu beweisen, so könnte man sich auf Grund der Überlegungen dieses § 4 und von II § 6 auf folgenden "physikalischen" Standpunkt stellen: Da nach den Überlegungen auf II § 8 zwei Theorien für endliche Ungenauigkeitsmengen zu äquivalenten Resultaten führen, ist durch die "Physik" die mathematische "Idealisierung" beim Übergang von endlichen Ungenauigkeitsmengen zu uniformen Strukturen nicht eindeutig festgelegt.

Auf unsere Mengen K und L angewandt würde dies bedeuten: Es kommt physikalisch überhaupt nur auf endliche, auch wenn noch so große Teilmengen von K und L an. Der Übergang zu unendlichen Mengen K und L ist nur eine mathematische Idealisierung, die durchaus noch in gewissen Grenzen frei ist. Eine endliche Teilmenge von K führt zu einem endlich-dimensionalen B und ergibt damit immer ein reguläres K. Es erscheint daher "physikalisch" legitim, von der "Idealisierung" beim Übergang zu unendlichdimensionalem B einfach (V 1) zu fordern, da eine solche "Forderung" physikalisch weder beweisbar noch widerlegbar ist. Wir werden uns im Folgenden auf diesen Standpunkt stellen und (V 1) voraussetzen, sobald dies mathematisch notwendig ist.

Ein Einwand ist allerdings gegen die Voraussetzung (V 1) möglich: Es könnte sein, daß man an späterer Stelle in der Theorie neue Idealisierungen (z. B. bei der Darstellung von Gruppen oder z. B . in einer Quantenfeldtheorie bei der Definition von "lokalen" Feldern) einführen möchte, bei denen sich die vorherige Festlegung auf den Fall (V 1) als mathematisch ungeschickt erweist. Schon die Formulierung der nächsten Axiome ist auf diese Voraussetzung (V 1) zugeschnitten. So ist die Formulierung aus dem im nächsten § 5 aufgestellten Axiom 4 a: "mit $[\mu(V, F_3) = 0$ für alle $V \in K_0(F_1) \cap K_0(F_2)]$" nur sinnvoll, wenn es "genügend viele" Mengen $K_0(F)$ gibt, was eben durch die Voraussetzung (V 1) und Axiom 5 siehe § 8 garantiert wird. Um aber anzudeuten, wie man im Prinzip auch ähnliche Axiome ohne die Voraussetzung (V 1) formulieren könnte, wird in § 5 wenigstens am Beispiel von Axiom 4 a ausführlich geschildert, wie man zu der "Idealisierung" in der Formulierung von Axiom 4 a kommt. Wenn man (V 1) nicht voraussetzt, müßte man sich genau an dieser Stelle eine "andere Idealisierung" überlegen.

Es wäre durchaus ein "vernünftiger" Versuch, statt (V 1) die noch schärfere Voraussetzung : K ist $\sigma(B, E)$ -kompakt für einen Teilraum $E \subset B'$ zu machen und zu sehen, ob man mit allen weiteren Idealisierungen nicht zu Widersprüchen kommt. Da aber in der üblichen Quantenmechanik diese strengere Voraussetzung nicht erfüllt ist, soll hier dieser Weg nicht eingeschlagen werden. Es wäre aber sicher interessant zu sehen, welche späteren Idealisierungen (z. B. in Bezug auf die Darstellung von bestimmten Gruppen) nicht erfüllbar sind, so daß man dann doch zu der schwächeren Voraussetzung (V 1) zurückkehren muß.

Diese Bemerkungen sollten dazu dienen, um an einer Stelle daraufhinzuweisen und aufzuzeigen, daß gewisse Seiten eines in einer $\mathcal{PT}$ benutzten idealisierten Bildes $\mathcal{MT}_\Sigma$ der "Willkür mathematischer Idealisierung" unterliegen (siehe II, § 6 und 8).

§ 5 . Hauptsatz über die Empfindlichkeitssteigerung zweier Effekte .

Neben den in § 3 definierten Mengen K, L, $\hat{L}$, P, $\hat{P}$ und Q führen wir noch folgende Menge ein:

Definition 5. 1 : $\check{L}$ ist der von $\hat{L}$ und damit von L erzeugte $\sigma(B', B)$ -abgeschlossene konvexe Kegel in B' .

$$\hat{\hat{L}} = \{ Y \mid Y \in \check{L} \text{ und } \| Y \| \leqslant 1 \} = B'_{|1|} \cap \check{L}$$

Satz 5. 1 : $L \subset \hat{L} \subset \hat{\hat{L}} \subset P$ und $\check{L} \subset P$.

Beweis: Nach dem Bipolarensatz (A 10) ist, $\check{L} = \{ Y \mid \mu(X,Y) \geqslant 0$ für alle $X \in L_p \}$ mit $L_p = \{ X \mid \mu(X,F) \geqslant 0$ für alle $F \in L \}$.
Wegen $L_p \supset K$ folgt $\check{L} \subset \{ Y \mid \mu(X,Y) \geqslant 0$ für alle $X \in K \} = P$.
Alle weiteren Beziehungen des Satzes folgen dann unmittelbar.

Die Menge $\hat{\hat{L}}$ kann man noch auf eine andere Art einführen: Dazu betrachten wir die Menge $\ell = \{ Y \mid Y = \lambda F,\ \lambda \geqslant 0,\ F \in \hat{L}, \lambda \mu(V, F) \leqslant 1$ für alle $V \in K \}$. Es folgt sofort $\ell \subset \hat{\hat{L}}$. $\bar{\ell}$ sei der $\sigma(B', B)$ -Abschluß von ℓ in B' , also gilt auch $\bar{\ell} \subset \hat{\hat{L}}$. Der Durchschnitt der Menge $\check{\bar{\ell}} = \{ Y \mid Y = \lambda Y', \lambda \geqslant 0,\ Y' \in \bar{\ell} \}$ mit der Einheitskugel $B'_{|1|}$ ist $\bar{\ell}$ und damit $\sigma(B', B)$ -abgeschlossen, also (A 4) ist $\check{\bar{\ell}}$ $\sigma(B', B)$-abgeschlossen und damit gleich $\check{L}$. Daraus folgt dann aber sofort der

Satz 5. 2 : $\hat{\hat{L}}$ ist gleich dem $\sigma(B', B)$ -Abschluß der Menge $\{ Y \mid Y = \lambda F,\ \lambda \geqslant 0,\ F \in \hat{L},\ \lambda \mu(V,F) \leq 1$ für alle $V \in K \}$; $\check{L} = \{ Y \mid Y = \lambda F,\ \lambda \geqslant 0,\ F \in \hat{\hat{L}} \}$.

Ebenso gilt :

Satz 5. 3 : $P = \{ Y \mid Y = \lambda Y', \lambda \geqslant 0,\ Y' \in \hat{P} \}$.

Für die Formulierung weiterer Axiome werden folgende Mengen bedeutungsvoll:

Definition 5. 2 : $K_0(\ell) = \{V \mid V \in K$ und $\mu(V,Y) = 0$ für alle $Y \in \ell \in P\}$.

$K_1(\ell) = \{V \mid V \in K$ und $\mu(V,Y) = 1$ für alle $Y \in \ell \subset P\}$.

Definition 5. 3 : $L_0(k) = \{F \mid F \in L$ und $\mu(V,F) = 0$ für alle $V \in k \subset K\}$;

$\hat{L}_0(k) = \{F \mid F \in \hat{L}$ und $\mu(V,F) = 0$ für alle $V \in k \subset K\}$;

$\hat{\hat{L}}_0(k) = \{Y \mid Y \in \hat{\hat{L}}$ und $\mu(V,Y) = 0$ für alle $V \in k \subset K\}$;

$\hat{P}_0(k) = \{Y \mid Y \in \hat{P}$ und $\mu(V,Y) = 0$ für alle $V \in k \subset K\}$;

und entsprechende Definitionen für $L_1(k)$, $\hat{L}_1(k)$, u. s. w., in denen $\mu(V, F) = 0$ bzw. $\mu(V,Y) = 0$ durch $\mu(V,Y) = 1$ bzw. $(V,Y) = 1$ zu ersetzen ist.

Besteht ℓ oder k nur aus einem Element F bzw. V, so schreiben wir z. B. kurz $K_0(F)$, $L_0(V)$ u. s. w.

Aus Satz 5. 1 folgt unmittelbar $L_0(k) \subset \hat{L}_0(k) \subset \hat{\hat{L}}_0(k) \subset \hat{P}_0(k)$.

Definition 5. 4: Eine Teilmenge N' einer abgeschlossenen konvexen Menge N heißt eine extremale Teilmenge von N, wenn N' konvex und abgeschlossen ist und wenn

$$[x \in N', x = \lambda x_1 + (1-\lambda)x_2, x_1 \in N, x_2 \in N, 0 < \lambda < 1] \Rightarrow [x_1 \in N' \text{ und } x_2 \in N'].$$

Es ist klar, daß der Durchschnitt beliebig vieler extremaler Mengen wieder eine extremale Menge ist.

N selbst ist eine extremale Menge. Ist $n \subset N$, so ist der Durchschnitt aller extremaler Mengen, die n enthalten, die kleinste extremale Menge, die n enthält:

Definition 5. 5 : Mit $\mathcal{C}(n)$ bezeichnen wir die kleinste extremale Menge, die n enthält; speziell ist $\mathcal{C}(x)$ mit $x \in N$ die kleinste extremale Menge, die x als Element enthält.

Eine besonders anschauliche physikalische Bedeutung haben die Mengen $\mathcal{C}(V)$ und $\mathcal{C}(k)$ für $V \in K$ bzw. $k \subset K$. Wegen

Satz 5. 4 : Zu jeder Menge $k \subset K$ gibt es ein $V \in K$ mit $\mathcal{C}(k) = \mathcal{C}(V)$, brauchen wir den Fall $\mathcal{C}(k)$ nicht gesondert zu betrachten.

Beweis: Da k Teilmenge von K ist, gibt es nach Satz 4. 1 eine abzählbare Menge $k' \subset k$, die in k dicht ist. Mit $V = \sum_{n=1}^{\infty} \frac{1}{2^n} V_n$ (wobei über alle $V_n \in k'$ zu summieren ist) bilde man $\mathcal{C}(V)$. Es folgt sofort $V_n \in \mathcal{C}(V)$ und damit (da $\mathcal{C}(V)$ abgeschlossen ist) $k \subset \mathcal{C}(V)$ und daraus $\mathcal{C}(k) \subset \mathcal{C}(V)$. Da $V \in \mathcal{C}(k)$, ist auch $\mathcal{C}(V) \subset \mathcal{C}(k)$.

Corrolar 5. 5 : Zu jeder extremalen Menge K' von K gibt es ein $V \in K$ mit $K' = \mathcal{C}(V)$.

Zur Erläuterung der physikalischen Bedeutung von $\mathcal{C}(V)$ definieren wir:

Definition 5. 6 : Für jedes $V \in K$ sei:

$A(V) = \{ V' \mid V' \in K$ und es gibt ein λ mit $0 < \lambda < 1$, so daß $V = \lambda V' + (1 - \lambda) V''$ mit einem $V'' \in K \}$. A (V) ist also die "Menge aller Komponenten der Gesamtheit V". Die physikalische Bedeutung von $\mathcal{C}(V)$ ergibt sich aus dem

<u>Satz 5. 6 :</u> Im Falle eines endlich dimensionalen B ist $\mathcal{C}(V) = A(V)$.

Beweis: Unmittelbar folgt $A(V) \subset C(V)$. Wenn $A(V)$ extremal ist, ist also $A(V) = \mathcal{C}(V)$. $A(V)$ ist konvex: dies ergibt sich leicht aus $V = \lambda V' + (1 - \lambda) V''$ und $V = \mu V''' + (1 - \mu) V^{IV}$ mit $V_1 = \alpha V' + (1 - \alpha) V'''$ zu $V = \beta V_1 + (1 - \beta) V_2$, wenn man nebenstehende Figur 1 in Formeln umsetzt.

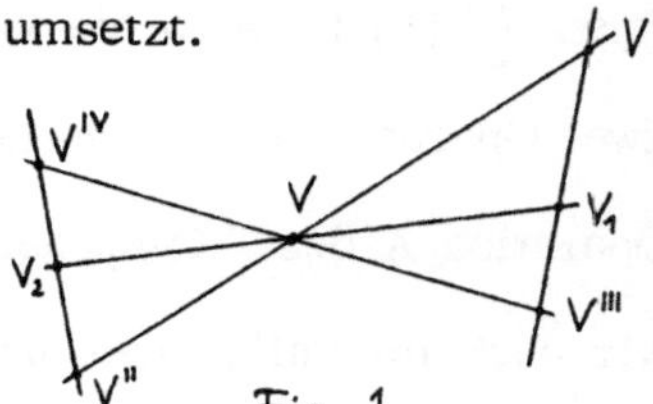

Fig. 1.

Ebenso folgt mit $V = \lambda V' + (1 - \lambda) V''$ und $V' = \mu V''' + (1 - \mu) V^{IV}$ aus der Figur 2 $V = \alpha V''' + (1 - \alpha) V^{V}$. Mit jedem $V \in A(V)$ liegen also auch alle Komponenten V''' von V' in $A(V)$, d. h. aus $V' \in A(V)$ folgt $A(V') \subset A(V)$. Wenn $A(V)$ abgeschlossen ist, ist also $A(V)$ extremal. Ist B unendlich dimensional, so braucht $A(V)$ nicht abgeschlossen zu sein. Ist B endlich dimensional, so ist $A(V)$ abgeschlossen: V ist innerer Punkt der endlich-dimensionalen konvexen Menge $A(V)$, denn V ist innerer Punkt der von <u>endlich</u> vielen $V_i^{(1)}$ $V_i^{(2)}$ mit $V = \lambda_i V_i^{(1)} + (1 - \lambda_i) V_i^{(2)}$ $(0 < \lambda_i < 1)$ erzeugten konvexen Teilmenge von $A(V)$ von derselben Dimension wie $A(V)$. Daher gilt für jeden Randpunkt V_r von $A(V)$: $V = \alpha V_r + (1 - \alpha) V_r'$ mit $0 < \alpha < 1$ und $V_r' \in A(V)$.

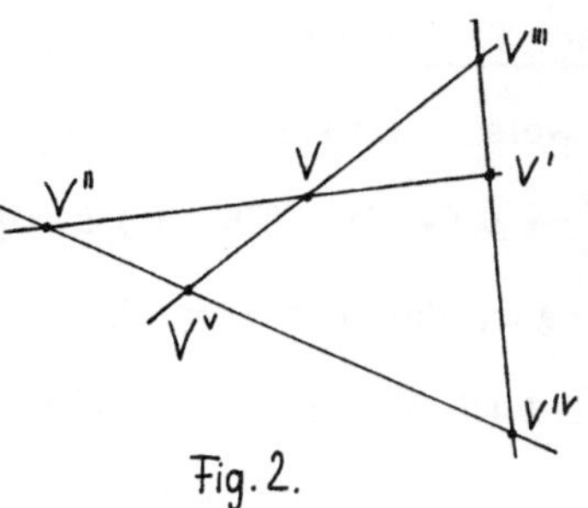

Fig. 2.

Ist B nicht endlich dimensional, so bleibt weiterhin $A(V) \subset \mathcal{C}(V)$ bestehen.

Schließen wir A (V) zu $\bar{A}$ (V) in der Normtopologie ab (da A (V) und damit auch $\bar{A}$ (V) konvex ist, ist $\bar{A}$ (V) auch in der $\sigma(B,B')$-Topologie abgeschlossen), so gilt also auch $\bar{A}$ (V) $\subset \mathcal{C}(V)$. Ob $\bar{A}$ (V) = $\mathcal{C}(V)$ ist, ist nicht geklärt. $\mathcal{C}$ (V) ist aber auf jeden Fall die kleinste abgeschlossene Menge, die A (V) umfaßt und mit jedem $V' \in \mathcal{C}$ (V) auch A (V') umfaßt. $\mathcal{C}$ (V) ist also die kleinste Menge, die V umfaßt und in Bezug auf die zwei Operationen erstens des topologischen Abschließens und zweitens der Operation A des "Komponentenbildens" abgeschlossen ist. Deshalb werden wir auch im Falle eines unendlichdimensionalen B $\mathcal{C}(V)$ kurz als die Menge der "Komponenten von V in physikalischer Approximation" bezeichnen.

<u>Satz 5. 7 :</u> Die Mengen $K_o(\ell)$ mit $\ell \subset P$ sind extremale Mengen von K.

Beweis: Daß K_o (F) konvex ist, folgt unmittelbar. Da die Abbildung $V \to \mu(V,F)$ $\sigma(B, B')$-stetig ist, ist K_o (F) abgeschlossen. Es bleibt zu zeigen, daß aus $V = \lambda V_1 + (1 - \lambda) V_2$ mit $0 < \lambda < 1$ und $V \in K_o(F)$ auch $V_1 \in K_o$ (F) folgt. Dies ergibt sich aus der Gleichung

$$\mu(V,F) = 0 = \lambda \mu(V_1, F) + (1 - \lambda) \mu(V_2, F)$$

wegen $\mu(V_1, F) \geqslant 0$ und $\mu(V_2, F) \geqslant 0$ für $F \in P$. Aus $K_o(\ell) = \bigcap_{F \in \ell} K_o(F)$ folgt dann die Behauptung. Unmittelbar aus der Definition von K_o folgt

<u>Satz 5. 8 :</u> Für irgend eine Indexmenge Λ ist $K_o(\bigcup_{\lambda \in \Lambda} \ell_\lambda) = \bigcap_{\lambda \in \Lambda} K_o(\ell_\lambda)$; insbesondere $K_o(\ell) = \bigcap_{Y \in \ell} K_o(Y)$. Aus $\ell_1 \supset \ell_2$ folgt $K_o(\ell_1) \subset K_o(\ell_2)$.

Ebenso wie Satz 5. 7 beweist man mit Benutzung der Tatsache, daß $\mu(V,Y)$ in Y $\sigma(B',B)$-stetig ist, den

<u>Satz 5. 9 :</u> Die Mengen $\hat{L}_o(k)$ (bzw. $\hat{\hat{L}}_o(k)$, $\hat{P}_o(k)$) sind extremale Mengen von $\hat{L}$ (bzw. $\hat{\hat{L}}$, $\hat{P}$) in der $\sigma(B', B)$ -Topologie.

Aus der Definition 5. 3 folgt unmittelbar

<u>Satz 5. 10:</u> $L_o(\bigcup_{\lambda\in\Lambda} k_\lambda) = \bigcap_{\lambda\in\Lambda} L_o(k_\lambda)$ und für $k_1 \subset k_2$ ist $L_o(k_1) \supset L_o(k_2)$ dasselbe gilt für $\hat{L}_o$ oder $\hat{\hat{L}}_o$ oder $\hat{P}_o$.

Als Abkürzungen führen wir folgende Bezeichnungen ein.

<u>Definition 5. 7 :</u>

$$W = \{K_o(\ell) \mid \ell \subset L\}$$
$$\hat{W} = \{K_o(\ell) \mid \ell \subset \hat{L}\}$$
$$\hat{\hat{W}} = \{K_o(\ell) \mid \ell \subset \hat{\hat{L}}\}$$
$$W_{\hat{P}} = \{K_o(\ell) \mid \ell \subset \hat{P}\}$$
$$U = \{L_o(k) \mid k \subset K\}$$
$$\hat{U} = \{\hat{L}_o(k) \mid k \subset K\}$$
$$\hat{\hat{U}} = \{\hat{\hat{L}}_o(k) \mid k \subset K\}$$
$$\hat{R} = \{\hat{P}_o(k) \mid k \subset K\}$$
$$S = \{C(k) \mid k \subset K\}.$$

Es gilt also $W \subset \hat{W} \subset \hat{\hat{W}} \subset W_{\hat{P}} \subset S$. Da der Durchschnitt beliebiger Elemente z. B. der Menge W wieder Elemente von W sind, und jede der Mengen W,... ein größtes Element hat (z. B. W das Element $K = K_o(\emptyset)$), gilt also

<u>Satz 5. 11 :</u> Die Mengen W, $\hat{W}$, $\hat{\hat{W}}$, $W_{\hat{P}}$, U, $\hat{U}$, $\hat{\hat{U}}$, $\hat{R}$, S sind vollständige Mengenverbände, bei denen der mengentheoretische Durchschnitt $\cap$ mit dem verbandstheoretischen $\wedge$ übereinstimmt. Dagegen können $\cup$ und $\vee$ verschieden sein!

K_o können wir als eine Abbildung von $\mathcal{P}(L)$ auf W auffassen; ebenso L_o bzw. $\hat{L}_o$, $\hat{\hat{L}}_o$, $\hat{P}_o$, als Abbildungen von $\mathcal{P}(K)$ auf U bzw. $\hat{U}$, $\hat{\hat{U}}$, $\hat{R}$; und schließlich C als Abbildung von $\mathcal{P}(K)$ auf S.

Mit $w \in W$ ist $K_o^{-1}(w)$ nach Satz 5. 8 eine (nach der mengentheoretischen Ordnung des Enthaltenseins) nach oben gerichtete Menge mit dem maximalen Element

$$\ell_w = \bigcup_{\ell \in K_o^{-1}(w)} \ell$$

Nach der Definition von L_o ist $L_o(w) = \ell_w$, da ℓ_w die Menge aller $F \in L$ mit $\mu(V,F) = 0$ für $V \in w$ ist. Mit $w = K_o(\ell)$ ist also $L_o\ K_o(\ell) = L_o\ K_o(\ell_w) = \ell_w \in U$. Ebenso folgt für ein $u \in U$: $K_o(u) = k_u$ mit $k_u = \bigcup_{k \in L_o^{-1}(u)} k$ und $K_o\ L_o(k) = K_o L_o(k_u) = k_u \in W$.

Betrachten wir die auf U eingeschränkte Abbildung K_o. Für irgend ein $u = L_o(k) \in U$ ist $K_o(u) = k_u$ und $L_o(k_u) = L_o(k) = u$. K_o bildet also U bijektiv auf eine Teilmenge von W ab, wobei L_o die Umkehrung von K_o ist. Da ebenso leicht folgt, daß L_o ganz W auf eine Teilmenge von U bijektiv abbildet, wobei K_o die Umkehrung von L_o darstellt, bildet K_o U auf ganz W und L_o W auf ganz U ab. Damit erhalten wir den

Satz 5. 12 : Die Abbildungen $K_o : U \longrightarrow W$ und $L_0 : W \longrightarrow U$ sind bijektiv und kehren die Ordnungsrelationen um, d. h. sie sind Dualisomorphismen der Verbände U und W, wobei $K_o = L_o^{-1}$ ist. Jedes Element $K_o(\ell)$ von W ist das maximale Element unter allen $k \subset K$ mit $L_o(k) = L_oK_o(\ell)$ und $L_o(k)$ ist das maximale Element unter allen ℓ mit $K_o(\ell) = K_o\ L_o(k)$.

Dasselbe gilt für die Abbildungen $K_0 : \hat{U} \longrightarrow \hat{W}$ und $\hat{L}_o : \hat{W} \longrightarrow \hat{U}$; ebenso für $K_o : \hat{\hat{U}} \longrightarrow \hat{\hat{W}}$ und $\hat{\hat{L}}_o : \hat{\hat{W}} \longrightarrow \hat{\hat{U}}$; aber auch für $K_o : \hat{R} \longrightarrow W_{\hat{P}}$

und $\hat{P}_o : W_{\hat{p}} \longrightarrow \hat{R}$. Der Beweis ist derselbe wie oben.

Die Abbildung L_o bildet auch S auf U ab; da $S \supset W$ ist, haben mehrere Elemente aus S dasselbe Bild in U, sobald $S \neq W$ ist. Durch ein später aufzustellendes Axiom wird $S = W$ gewährleistet. Allgemein gilt

Satz 5. 13 : $L_o(k) = L_o\, C\, (k)$ für ein $k \subset K$ und $K_o\, L_o\, (k) \supset C\, (k)$.

Beweis: Aus $k \subset K_o\, L_o\, (k)$ folgt, daß die extremale Menge $K_o\, L_o\, (k)$ die Menge k umfaßt, also $K_o\, L_o\, (k) \supset C\, (k)$, da C(k) die kleinste extremale Menge ist, die k umfaßt. Aus $k \subset C(k) \subset K_o L_o\, (k)$ folgt $L_o(k) \supset L_o C(k) \supset L_o\, K_o\, L_o\, (k) = L_o\, (k)$.

Da die Mengen $L_o(k)$, $\hat{L}_o\, (k)$, $\hat{\hat{L}}_o\, (k)$, $\hat{P}_o\, (k)$ beschränkt und $\sigma(B', B)$ -abgeschlossen sind, sind sie in der $\sigma(B', B)$ -Topologie kompakt (A 5). Die Mengen $\hat{L}_o\, (k)$, $\hat{\hat{L}}_o\, (k)$ und $\hat{P}_o\, (k)$ werden daher (A 26) von ihren extremalen Punkten erzeugt. Es gilt speziell

Satz 5. 14 : $\hat{L}_o\, (k)$ ist die von $L_o\, (k)$ erzeugte $\sigma(B', B)$ abgeschlossene konvexe Menge. Es gilt $K_o\, \hat{L}_o\, (k) = K_o\, L_o\, (k)$ und damit $\hat{W} = W$.

Beweis: Daß $\hat{L}_o\, (k)$ die von $L_o\, (k)$ erzeugte abgeschlossene konvexe Menge ist, ist wegen $L_o\, (k) \subset \hat{L}_o\, (k)$ sofort bewiesen, wenn gezeigt ist, daß $L_o(k)$ die extremalen Punkte von $\hat{L}_o\, (k)$ enthält. Ein extremaler Punkt F_e von $\hat{L}_o\, (k)$ ist aber auch extremaler Punkt von $\hat{L}$. Daher ist (A 27) $F_e \in L$!

Aus $F_e \in \hat{L}_o\, (k)$ folgt $\mu\, (V, F_e) = o$ für alle $V \in k$ und damit wegen $F_e \in L$ auch $F_e \in L_o(k)$.

Wegen $L_o\, (k) \subset \hat{L}_o(k)$ ist $K_o\, L_o\, (k) \supset K_o\, \hat{L}_o\, (k)$. Aus $\mu(V, F) = 0$

für alle $F \in L_o(k)$ folgt auch $\sum_{i=1}^{n} \lambda_i \; \mu(V, F_i) = 0$ für $\lambda_i \geq 0$ und $F_i \in L_o(k)$ und damit wegen der $\sigma(B', B)$ -Stetigkeit von $\mu(V,Y)$ auch $\mu(V,F) = o$ für alle $F \in \hat{L}_o(k)$; also $K_o L_o(k) \subset K_o \hat{L}_o(k)$. Ganz entsprechende Sätze lassen sich für K_1 (...), L_1 (...), usw. herleiten, was hier aber nicht ausgeführt sei.

Alle bisherigen Überlegungen zu den Mengen K und L und der Funktion μ (V, F) sind "beschreibender Natur" ähnlich wie die "Beschreibung" der Gleichgewichtszustände in der Thermodynamik mit Hilfe einer Temperatur. Genau wie in der Thermodynamik brauchen wir Hauptsätze, um Strukturen der so beschriebenen Sachverhalte zu erkennen. Solche Hauptsätze können nicht bewiesen sondern nur an Beispielen demonstriert werden. Die physikalische Rechtfertigung besteht dann letzen Endes darin, daß man in den Theorien $\mathcal{MT}_\Sigma\mathcal{A}$ zu keinen Widersprüchen kommt. Für die von uns aufzustellenden Hauptsätze des Messens sind solche Widersprüche bisher nicht bekannt.

Während die Hauptsätze der Thermodynamik Aussagen über die Unmöglichkeit der Konstruktion bestimmter Apparate machen, macht der erste Hauptsatz des Messens gerade eine Aussage über die Möglichkeit der Konstruktion gewisser Apparate. Wir haben in II § 10 genauer beschrieben, was wir als "möglich" bezeichnen. In $\mathcal{MT}_\Sigma$ ist in solchen Fällen also ein Axiom der Form : es gibt . . . . . , d. h. $(\exists\, x\quad)$... einzuführen.

Um den ersten Hauptsatz des Messens formulieren zu können, brauchen wir die Mengen K_o (F) derjenigen Gesamtheiten, die einen Effekt F nicht hervorrufen können. Darum haben wir die eben durchgeführte Überlegung vorangeschickt. Entsprechend der Bedeutung der Ordnungsrelation in B' (d. h. $F_1 \leq F_2 \Leftrightarrow \mu(V, F_1) \leq \mu(V, F_2)$ für alle $V \in K$) nennen wir im Falle zweier Effekte F_1 und F_2 mit $F_1 \leq F_2$, F_2 empfindlicher als F_1; oder falls man F_1, F_2 nach S. 214 als physikalische Filter interpretiert, sagen wir, daß F_2 stärker als F_1 absorbiert. Mit Hilfe von $K_o(F)$ und der Relation $F_1 \leq F_2$ läßt sich dann der erste Hauptsatz formulieren. Zur physikalischen Veranschaulichung führen wir noch die Mengen

$$K_{<\varepsilon}(F) = \{V \mid V \in K \text{ und } \mu(V,F) \leq \varepsilon\}$$

ein.

Der erste Hauptsatz macht eine Aussage über die Konstruktionsmöglichkeit von Effektteilen. Gegeben seien zwei Effektteile $\underline{\underline{F}}_1$ und $\underline{\underline{F}}_2$, die zugehörigen Effekte seien $\underline{F}_1 \in \underline{L}$ und $\underline{F}_2 \in \underline{L}$. Zu diesen Effekten gehören die Mengen $K_{<\varepsilon}(\underline{F}_1)$ bzw. $K_{<\varepsilon}(\underline{F}_2)$ mit sehr kleinem ε derjenigen Gesamtheiten, die die Effekte $\underline{F}_1$ bzw. $\underline{F}_2$ praktisch nicht hervorrufen können, d. h. die an den Effektteilen $\underline{\underline{F}}_1$ bzw. $\underline{\underline{F}}_2$ praktisch die zugehörigen Veränderungen nicht hervorrufen können. Der erste Hauptsatz behauptet nun, daß es möglich ist, einen solchen Effektteil $\underline{\underline{F}}_3$ zu konstruieren, daß dieser in physikalischer Approxiomation empfindlicher als $\underline{\underline{F}}_1$ und $\underline{\underline{F}}_2$ ist, aber trotzdem an ihm von all den Gesamtheiten, die sowohl zu $K_{<\varepsilon}(\underline{F}_1)$ als auch zu $K_{<\varepsilon}(\underline{F}_2)$ gehören, praktisch die zu $\underline{\underline{F}}_3$ gehörige Veränderung nicht hervorgerufen werden kann.

Führen wir noch neben ε eine zweite physikalisch sehr kleine Größe η ein, so können wir die Aussage, daß $\underline{F}_3$ in physikalischer Approximation empfindlicher als $\underline{F}_1$ und $\underline{F}_2$ ist, so formulieren: $\mu(V, \underline{F}_1) - \eta \leq$

$\mu(V,\underline{F}_3)$ und $\mu(V,\underline{F}_2)-\eta \leqslant \mu(V,\underline{F}_3)$ für alle $V \in K$. Wir kommen so zu folgendem Prinzip. Zu zwei Effekten $\underline{F}_1 \in \underline{L}$ und $\underline{F}_2 \in L$ gibt es einen anderen Effekt $\underline{F}_3 \in \underline{L}$ mit $[\mu(V,\underline{F}_1)-\eta \leqslant \mu(V,\underline{F}_3)$ und $\mu(V,\underline{F}_2)-\eta \leqslant \mu(V,\underline{F}_3)$ für alle $V \in K]$ und $[\mu(V,\underline{F}_3) \leq \varepsilon_3$ für alle $V \in K_{<\varepsilon_1}(\underline{F}_1) \cap K_{<\varepsilon_2}(\underline{F}_2)]$, wobei ε_1, ε_2, ε_3, und η physikalisch sehr kleine Zahlen sind.
Es stellt sich jetzt die Aufgabe, dieses Prinzip für $\varepsilon_1 \to 0$, $\varepsilon_2 \to 0$, $\varepsilon_3 \longrightarrow 0$ mathematisch zu idealisieren.

Betrachten wir zu diesem Zweck $K_{<\varepsilon}(\underline{F})$. Lassen wir hier bei festem $\underline{F}$ einfach $\varepsilon \to o$ gehen, so kann ab einem endlichen (!) Wert τ mit $\varepsilon < \tau$ $K_{<\varepsilon}(\underline{F}) = 0$ sein. Dies ist nicht das, was wir physikalisch suchen, denn man kann natürlich statt $\underline{F}$ auch ein anderes $\underline{F}' \in \underline{L}$ wählen, das von $\underline{F}$ physikalisch nicht unterscheidbar ist, ja sogar ein $F \in L$, das von $\underline{F}$ physikalisch nicht unterscheidbar ist. Für die Unschärfe der Abbildung ist nach § 3 die $\sigma(B', B)$ -Topologie zu benutzen! Wir werden daher F durch eine solche Reihe $\underline{F}^{(n)}$ von physikalisch gegenüber $\underline{F}$ ununterscheidbaren Elementen ersetzten, daß $\inf\{\mu(V, F^{(n)}) \mid n, V \in K\} = 0$ ist. Da L $\sigma(B', B)$-kompakt ist, können wir aber dann auch gleich $\underline{F}$ durch ein $F \in L$ (ebenfalls physikalisch nicht von $\underline{F}$ unterscheidbar) mit $\inf\{\mu(V,F) \mid V \in K\} = 0$ ersetzen. Dann betrachten wir die $K_{<\varepsilon}(F)$ für $\varepsilon \to 0$, und ersetzen diese idealisierend durch $K_o(F)$.

So kommen wir zu folgender Formulierung des <u>ersten Hauptsatzes</u> (Teil 1) des Messens:

<u>Axiom 4 a :</u> Zu jedem Paar $F_1 \in L$ und $F_2 \in L$ und jeder Zahl $\eta > 0$ gibt es ein $F_3 \in L$ mit $[\mu(V,F_1) - \eta \leq \mu(V,F_3)$ und $\mu(V,F_2) - \eta \leq \mu(V,F_3)$ für alle $V \in K]$ und mit $[\mu(V,F_3) = 0$ für alle $V \in K_0(F_1) \cap K_0(F_2)]$.

Axiom 4 a gibt eine physikalische Struktur wieder. Die beiden Worte "gibt es " in diesem Axiom bedeuten physikalisch: "ist physikalisch möglich" oder, wie wir auch oft sagen, "ist es möglich, zu konstruieren". Um den Anschluß an II, § 10 noch genauer herzustellen, sei Axiom 4 a einmal etwas formaler aufgeschrieben (Ω_+ sei die Menge der reellen, positiven und von Null verschiedenen Zahlen):

$$(\forall \eta)(\forall F_1)(\forall F_2)\{[\eta \in \Omega_+ \text{ und } F_1 \in L \text{ und } F_2 \in L] \Rightarrow (\exists F_3)[F_3 \in L \text{ und } R_2(F_1, F_2, F_3)]\} \text{ mit } R_2(F_1, F_2, F_3):$$
$$(\forall V)[\mu(V,F_1) - \eta \leq \mu(V,F_3) \text{ und } \mu(V,F_2) - \eta \leq \mu(V,F_3) \text{ und } V \in K] \text{ und } (\forall V')[V' \in K_0(F_1) \cap K_0(F_2) \Rightarrow \mu(V,F_3) = 0].$$

Unter der Bedingung, daß F_1, F_2 in einem Realtext vorkommen (d. h. durch Zeichen aus einem Realtext ersetzt sind) [1] ist durch $F_3 \in L$ und $R(F_1, F_2, F_3)$ in Bezug auf das nicht im Realtext vorkommende F_3 eine "theoretisch existente" Hypothese bestimmt. Diese wird zu einer "physikalisch möglichen" Hypothese, wenn aus der bis hierher aufgestellten Theorie $\mathcal{PT}$

---

1) Dies ist schon eine legère Ausdrucksweise. Eigentlich müßte man mit g als Abbildung von $\underline{\underline{L}}$ auf $\underline{L}$ statt F_1, F_2 $g(\underline{\underline{F}}_1)$ und $g(\underline{\underline{F}}_2)$ schreiben; und statt $\exists F_3$: $\exists \underline{\underline{F}}_3$ mit $g(\underline{\underline{F}}_3)$ an Stelle von F_3.

durch Standarderweiterung (II § 8) eine gG-abgeschlossene $\mathcal{PT}_1$ entsteht. Wir sagen dann: Es ist "physikalisch möglich", zu real vorgegebenen (d. h. im Realtext vorliegenden) F_1, F_2 ein F_3 technisch zu machen, das zu F_1, F_2 in der R_2 entsprechenden Realrelation steht; d. h. es ist real möglich, den vorliegenden Realtext, in dem F_1, F_2 vorkommen, so zu erweitern, daß ein F_3 vorkommt, daß zu F_1, F_2 in der Relation $R_2(F_1, F_2, F_3)$ steht. Diese durch Axiom 4 a ausgedrückte physikalische Struktur sei zur Verdeutlichung an zwei Beispielen illustriert.

$\underline{\underline{F}}_1$ und $\underline{\underline{F}}_2$ seien zwei Zählrohre mit allen ihren experimentellen Mängeln. Die zugehörigen Effekte seien $\underline{F}_1$ und $\underline{F}_2$. Wir können nun durch technisches Schalten den Effekt $\underline{F}_{12}$ = "$\underline{F}_1$ und $\underline{F}_2$ werden beide erzeugt", den Effekt $\underline{F}_1'$ = "nur $\underline{F}_1$ wird erzeugt", und den Effekt $\underline{F}_2'$ = "nur $\underline{F}_2$ wird erzeugt", herstellen. Dann ist $\underline{F}_1 = F_1' + \underline{F}_{12}$ und $\underline{F}_2 = \underline{F}_2' + \underline{F}_{12}$. Man kann aber auch durch Schalten den Effekt $\underline{F}_3 = \underline{F}_1' + \underline{F}_2' + \underline{F}_{12}$, d. h. "wenigstens einer der beiden Effekte $\underline{F}_1$ oder $\underline{F}_2$ wird erzeugt", herstellen. Wir erkennen sofort $\underline{F}_1 \leqslant \underline{F}_3$ und $\underline{F}_2 \leqslant \underline{F}_3$ und $K_{<\varepsilon}(\underline{F}_3) \supset K_{<\varepsilon/2}(\underline{F}_1) \cap K_{<\varepsilon/2}(\underline{F}_2)$. $\underline{F}_3$ erfüllt also in Bezug auf $\underline{F}_1$ und $\underline{F}_2$ das erste Prinzip der Empfindlichkeitssteigerung. Aber das Prinzip des ersten Hauptsatzes ist experimentell nicht immer so leicht nachzuweisen, wie das zweite Beispiel zeigen soll.

Wir denken uns jetzt $\underline{F}_1$ und $\underline{F}_2$ als Filter interpretiert, so wie wir diese in § 1. 6 eingeführt haben. $\underline{F}_1 \leqslant \underline{F}_3$ bedeutet dann, daß das Filter $\underline{F}_3$ stärker als $\underline{F}_1$ absorbiert. Die Menge $K_{<\varepsilon}(\underline{F})$ ist "alles das, was das

Filter $\underline{F}$ praktisch durchläßt". Wählen wir nun z. B. zwei richtige Filter $\underline{\underline{F}}_1$ und $\underline{\underline{F}}_2$ (z. B. Lichtfilter). Diese Filter seien so beschaffen, daß zwei gleiche Filter hintereinandergeschaltet (approximativ) alles durchlassen, was das eine Filter durchläßt. Wir suchen jetzt entsprechend dem ersten Hauptsatz ein Filter $\underline{\underline{F}}_3$ zu konstruieren, daß (approximativ) stärker als $\underline{\underline{F}}_1$ und $\underline{\underline{F}}_2$ absorbeirt, aber alles durchläßt, was $\underline{\underline{F}}_1$ und $\underline{\underline{F}}_2$ durchlassen. Schalten wir zunächst das Filter $\underline{\underline{F}}_2$ hinter $\underline{\underline{F}}_1$, kurz mit $\underline{\underline{F}}_1\,\underline{\underline{F}}_2$ bezeichnet, so zeigt die Erfahrung, daß $\underline{\underline{F}}_1\,\underline{\underline{F}}_2$ alles durchläßt, was $\underline{\underline{F}}_1$ und $\underline{\underline{F}}_2$ durchlassen und daß $\underline{\underline{F}}_1\,\underline{\underline{F}}_2$ stärker als $\underline{\underline{F}}_1$ absorbiert. Im allgemeinen aber absorbiert $\underline{\underline{F}}_1\underline{\underline{F}}_2$ nicht stärker als $\underline{\underline{F}}_2$!

Seien z. B. $\underline{\underline{F}}_1$ und $\underline{\underline{F}}_2$ zwei Polarisationsfilter für Licht, wobei $\underline{\underline{F}}_2$ gegenüber $\underline{\underline{F}}_1$ um 45° gedreht ist. Polarisiertes Licht, das von $\underline{\underline{F}}_2$ vollständig absorbiert wird, geht durch $\underline{\underline{F}}_1\,\underline{\underline{F}}_2$ zu einem Bruchteil hindurch; während also für ein solches V $\mu(V, \underline{\underline{F}}_2) = 1$ ist, ist $\mu(V, \underline{\underline{F}}_1\,\underline{\underline{F}}_2) < 1$. Die Erfahrung zeigt andererseits, daß man durch wiederholtes Hintereinanderschalten von vielen Paaren $\underline{\underline{F}}_1\,\underline{\underline{F}}_2$, d. h. durch einen Filterbock $\underline{\underline{F}}_1\,\underline{\underline{F}}_2\,\underline{\underline{F}}_1\,\underline{\underline{F}}_2\,\underline{\underline{F}}_1\,\underline{\underline{F}}_2$ tatsächlich approximativ zu einem Filter $\underline{\underline{F}}_3$ mit den gewünschten Eigenschaften kommt.

Aus $\mu(V,F_1)-\eta < \mu(V,F_3)$ folgt für $V \in K_o(F_3)$ $\mu(V,F_1) \leq \eta$, d. h. $V \in K_{\leq\eta}(F_1)$. Es gilt also $K_o(F_3) \subset K_{\leq\eta}(F_1) \cap K_{\leq\eta}(F_2)$.

In Axiom 4 a gilt also :

$$K_o(F_1) \cap K_o(F_2) \subset K_o(F_3) \subset K_{\leq\eta}(F_1) \cap K_{\leq\eta}(F_2). \quad (5.1)$$

Eine äquivalente Formulierung des Axioms 4 a folgt aus

Satz 5. 15 : Folgende beide Bedingungen 1 und 2 sind äquivalent :

1) zu jedem Paar $F_1 \in L$, $F_2 \in L$ und jeder Zahl $\eta \geqq 0$ gibt es ein $F_3 \in L$ mit $[\mu(V,F_1) - \eta \leqslant \mu(V,F_3)$ und $\mu(V,F_2) - \eta \leqslant (V,F_3)$ für alle $V \in K]$ und $K_o(F_3) \supset K_o(F_1) \wedge K_o(F_2)$.

2) die Mengen $\ell \in U$ sind nach oben fast gerichtete Mengen; ℓ heißt dabei "fast gerichtet", wenn es zu jedem Paar $F_1 \in \ell$, $F_2 \in \ell$ und jeder Zahl $\eta < o$ ein $F_3 \in \ell$ gibt mit $[\mu(V,F_1) - \eta \leqslant \mu(V,F_3)$ und $\mu(V,F_2) - \eta \leqslant \mu(V,F_3)$ für alle $V \in K]$; kann man $\eta = o$ setzen, so ist $F_1 \leqslant F_3$ $F_2 \leqslant F_3$ und ℓ eine nach oben gerichtete Menge.

Beweis: Wir setzen 1) voraus und wählen ein Paar $F_1 \in \ell$, $F_2 \in \ell$. Dann ist $K_o(F_1) \wedge K_o(F_2) \supset K_o(\ell)$.

Nach 1) gibt es bei vorgegebenem η ein $F_3 \in L$ mit $[\mu(V,F_1) - \eta \leqslant \mu(V,F_3)$ und $\mu(V,F_2) - \eta \leqslant \mu(V,F_3)$ für alle $V \in K]$ und $K_o(F_3) \supset K_o(F_1) \wedge K_o(F_2) \supset K_o(1)$ und damit (da $\ell \in U$!) $F_3 \in \ell$. Also 1) $\Rightarrow$ 2).

Wir setzen 2) voraus. Bei vorgegebenem Paar $F_1 \in L$ und $F_2 \in L$ wählen wir $\ell = L_o K_o(\{F_1, F_2\})$. Wegen $F_1 \in \ell$, $F_2 \in \ell$ gibt es also bei vorgegebenem η ein $F_3 \in \ell$ mit $[\mu(V,F_1) - \eta \leqslant \mu(V,F_3)$ und $\mu(V,F_2) - \eta \leqslant \mu(V,F_3)$ für alle $V \in K]$. Aus $F_3 \in \ell$ folgt $K_o(F_3) \supset K_o(\ell) = K_o L_o K_o(\{F_1, F_2\}) = K_o(\{F_1, F_2\}) = K_o(F_1) \wedge K_o(F_2)$. Also 2) $\Rightarrow$ 1).

Satz 5. 16 : Folgende beide Bedingungen 1) und 2) sind äquivalent:

1) Zu jedem Paar $F_1 \in L$, $F_2 \in L$ (bzw. $\hat{L}$ oder $\hat{\hat{L}}$ oder $\hat{P}$) gibt es ein $F_3 \in L$ bzw. $\hat{L}$ oder $\hat{\hat{L}}$ oder $\hat{P}$ mit $F_1 \leqslant F_3$,

und $K_o(F_3) \supset K_o(F_1) \wedge K_o(F_2)$.

2) Die Mengen $\ell \in U$ (bzw. $\hat{U}$ oder $\hat{\hat{U}}$ oder $\hat{R}$) sind nach oben gerichtete Mengen. Der Beweis ist derselbe wie bei Satz 5. 15.

Aus Axiom 4 a folgt aber, daß die Mengen $\ell \in U$ gerichtete Mengen sind:

<u>Satz 5. 17 :</u> Die Mengen $\ell \in U$ sind gerichtete Mengen.

Beweis: Aus Axiom 4 a und Satz 5. 15 folgt, daß ℓ eine fast gerichtete Menge ist. ℓ ist $\sigma(B', B)$ -abgeschlossen und daher (A 5) kompakt. Zu einer Folge $\eta_n \to 0$ gibt es eine Folge von Elementen $F_3^{(n)}$, die in L einen $\sigma(B', B)$ -Häufungspunkt F_3 hat, für den wegen der $\sigma(B', B)$ -Stetigkeit von $\mu(V, F)$ in F für alle η_n $[\mu(V, F_1) - \eta_n \leq \mu(V, F_3)$ und $\mu(V, F_2) - \eta_n \leq \mu(V, F_3)$ für alle $V \in K]$ und damit $[\mu(V, F_1) \leq \mu(V, F_3)$ und $\mu(V, F_2) \leq \mu(V, F_3)$ für alle $V \in K]$ d. h. $F_1 \leq F_3$, $F_2 \leq F_3$ gelten muß.

Aus Satz 5. 16 und 5. 15 folgt sofort:

<u>Satz 5. 18 :</u> Zu jedem Paar $F_1 \in L$, $F_2 \in L$ gibt es ein $F_3 \in L$ mit $F_1 \leq F_3$, $F_2 \leq F_3$ und $K_o(F_3) = K_o(F_1) \wedge K_o(F_2)$.

$K_o(F_3) = K_o(F_1) \wedge K_o(F_2)$ folgt dabei aus 5. 1 für $\eta = 0$.

§ 6 Entscheidungseffekte

Nach Satz 5. 16 sind die Mengen $\ell \in U$ d. h. die Mengen der Form $L_o(k)$ mit $k \subset K$ gerichtete Mengen. Die obere Grenze ist aber dann (A 28) ein Element aus B ' und, da die $L_o(k)$ $\sigma(B', B)$ -abgeschlossen sind, auch Element von $L_o(k)$. $L_o(k)$ hat also ein und nur ein maximales Element E.

Für alle Elemente $F \in L_o(k)$ gilt also $F \leqslant E$. Aus $\mu(V,E) = 0$ folgt für ein $F \in L$ mit $F \leqslant E$ auch $\mu(V,F) = o$. Also ist $L_o(k) = \{F \mid F \in L$ und $F \leqslant E\}$. Damit haben wir den Satz

<u>Satz 6. 1:</u> In jeder Menge $\ell \in U$ gibt es ein und nur ein maximales Element E. Mit diesem E ist $\ell = \{F \mid F \in L \text{ und } F \leqslant E\}$. Die Zuordnung zwischen ℓ und E ist also bijektiv.

Ist $\ell_1 \subset \ell_2$, so folgt also mit E_1 als maximalem Element von ℓ_1 und E_2 von ℓ_2: $E_1 \leqslant E_2$; und nur für $\ell_1 = \ell_2$ ist $E_1 = E_2$. Mit der

<u>Definition 6. 1 :</u> G gleich der Menge aller maximalen Elemente der Mengen $\ell \in U$;

gilt also mit Satz 5. 11 der

<u>Satz 6. 2 :</u> U und G sind ordnungsisomorph. G ist ein vollständiger Verband (in Bezug auf die in B' definierte Ordnungsrelation).

Nach Satz 5. 12 gehört zu jedem $\ell \in U$ durch die bijektive Abbildung K_o ein Element $k \in W$. Mit $L_o(k) = \{F \mid F \in L \text{ und } F \leqslant E\}$ ist $K_o L_o(k) = \{V \mid V \in K \text{ und } \mu(V,E) = o\} = K_o(E)$. Mit Satz 5. 12 erhalten wir also

<u>Satz 6. 3 :</u> Mit E als maximalem Element von $L_o(k)$ ist $K_o L_o(k) = K_o(E)$. Die durch $K_o(E)$ gegebene bijektive Abbildung von G auf W ist ein Dualisomorphismus der Verbände G und W.

Aus Satz 6. 1 ergibt sich

<u>Satz 6. 4 :</u> In L gibt es ein Element, mit 1 bezeichnet, für das $F \leqslant 1$ für alle $F \in L$ gilt und $\mu(V,1) = 1$ für alle $V \in K$ ist. Es ist $\| V \| = 1$ für alle $V \in K$. Da es zu jedem $V \in K$ ein $F \in L$ nämlich $F = 1$ mit $\mu(V,F) = 1$ gibt, gilt Satz 2. 5

(unter Verwendung von Satz 3. 7) auch für $K \times L$ statt $\underline{K} \times \underline{L}$. K ist nach unten beschränkt und normal. K spannt linear die Hyperebene $\mu(X,1) = 1$ auf . K ist der Durchschnitt dieser Hyperebene mit Q. K ist der Durchschnitt dieser Hyperebene mit $B_{\|1\|}$, d. h. für alle X aus dieser Hyperebene mit $X \notin K$ ist $\|X\| > 1$.

Beweis: Wir wählen in Satz 5. 1 speziell $\mathcal{L} = L = L_o K_o (L)$ und nennen 1 das maximale Element von L. Aus Satz 6. 1 folgt sofort $F \leq 1$ für alle $F \in L$. Aus $\mu(V,1) = \sup \{ \mu(V, F) \mid F \in L \}$ für jedes $V \in K$ folgt für $\underline{V} \in \underline{K}$ aus Satz 3. 7 sofort $\mu(V,1) = 1$; da K die abgeschlossene konvexe Hülle von $\underline{K}$ ist, gilt dann auch für alle $V \in K$ $\mu(V, 1) = 1$.

Daraus folgt $1 \in B_{\|1\|}$ und damit $\|V\| \geq \mu(V,1) = 1$. Mit Satz 3. 6 folgt $\|V\| = 1$ für alle $V \in K$. K ist also nach unten beschränkt (Definition 3. 10). Damit gelten alle in § 3 für nach unten beschränktes K abgeleiteten Sätze. Da $1 \in \hat{P}$ gilt, ist die Bedingung aus Satz 3. 16 für K erfüllt, so daß K normal ist.

Da $\mu(V, 1) = 1$ für alle $V \in K$ ist, spannt also K eine Linearmannigfaltigkeit auf, die in der Hyperebene $\mu(X, 1) = 1$ liegt. Es ist nur noch zu zeigen, daß jedes X aus dieser Hyperebene durch ein Element $\alpha V_1 + (1-\alpha) V_2$ mit $V_1, V_2 \in K$ in der Normtopologie beliebig approximiert werden kann.

Nach Satz 3. 13 , 3. 15 und 3. 19 läßt sich jedes $X \in B$ in der Form $X = \alpha V_1 - \beta V_2$ $(\alpha \geq 0, \beta \geq 0)$ schreiben, wobei $\|X\| = \alpha + \beta + \varepsilon$ mit beliebig kleinem $\varepsilon > 0$ gilt. Für alle Elemente X der Hyperebene $\mu(X,1) = 1$ folgt wegen $\|V\| = 1$: $1 = \alpha - \beta$, d. h. daß die Hyperebene $\mu(X,1) = 1$ von K linear aufgespannt wird. Wegen $\|X\| = \alpha + \beta + \varepsilon = 1 + 2\beta + \varepsilon$ ist für $\beta \neq 0$ $\|X\| > 1$.

Der "Einseffekt" 1 ist wegen $F \leqq 1$ für alle $F \in L$ und damit $E \leqq 1$ für alle $E \in G$ das Einselement des Verbandes G. Der "Nulleffekt" $0 \in L$ ist natürlich (wegen $\{o\} = L_o(K)$) das Nullelement von G.

Wir wollen und können voraussetzen, daß $1 \in D$ gilt, denn D hat nur darin eine Bedeutung, daß $\sigma(B, D)$ auf K die Topologie der "physikalischen Unschärfe " ist (§ 3) . Da aber $\mu(V, 1) = 1$ für alle $V \in K$ gilt, trägt $1 \in D$ nichts zur Topologie auf K bei. Es sei also betont, daß für später immer $1 \in D$ vorausgesetzt wird, ohne daß dies jedesmal erwähnt wird.

<u>Definition 6. 2 :</u> Die Teilmenge G von L bezeichnen wir als die Menge der Entscheidungseffekte.

Nach Satz 6. 3 ist E eindeutig durch die Menge K_o (E) der Gesamtheiten V charakterisiert, die E nicht hervorrufen können . E ist von allen Effekten $F \in L_o K_o$ (E) der empfindlichste. E charakterisiert die empfindlichste Apparatur, die unter der Nebenbedingung, daß an ihr von einer vorgegebenen Menge $k \subset K$ von Gesamtheiten keine Veränderungen hervorgerufen werden, möglich ist, d. h. E ist das maximale Element in $L_o (k) = L_o K_o$ (E).
Dies können wir uns noch an dem auf Seite 267 erwähnten Beispiel der beiden Filter $\underline{\underline{F}}_1$ und $\underline{\underline{F}}_2$ verdeutlichen. Auf Seite 267 gaben wir in der Form eines Filterblockes $\underline{\underline{F}}_1 \underline{\underline{F}}_2 \underline{\underline{F}}_1 \underline{\underline{F}}_2 \ldots$ eine Methode an, ein $\underline{\underline{F}}_3$ zu konstruieren, das physikalisch approximativ stärker absorbiert als $\underline{\underline{F}}_1$ und $\underline{\underline{F}}_2$ und doch approximativ alles durchläßt (nämlich $K_o (\underline{\underline{F}}_1) \cap K_o (\underline{\underline{F}}_2)$) , was $\underline{\underline{F}}_1$ und $\underline{\underline{F}}_2$ durchlassen. Es zeigt sich experimentell, daß dieser Filterblock $\underline{\underline{F}}_3$ gerade approximativ das zu $K_o \left(\{\underline{\underline{F}}_1, \underline{\underline{F}}_2\} \right) = K_o$ (E) zugehörige "Entscheidungs-

filter E wiedergibt". Setzt man speziell $\underline{\underline{F}}_2 = \underline{\underline{F}}_1$, so erhält man im Filterblock $\underline{\underline{F}}_1\ \underline{\underline{F}}_1\ \underline{\underline{F}}_1 \dots$ approximativ das "Entscheidungsfilter" E mit $K_o(\underline{\underline{F}}_1) = K_o(E)$. Diese Methode des Filterblocks ist dem Experimentator durchaus geläufig, um die "Flankensteilheit" von Filtern zu verbessern.

Da der mengentheoretische Durchschnitt mit dem verbandstheoretischen in W identisch ist, gilt $K_o(E_1) \cap K_o(E_2) = K_o(E_1 \vee E_2)$, da $E_1 \vee E_2$ das kleinste E_3 mit $E_3 \geqslant E_1$ und $E_3 \geqslant E_2$ ist. Damit gilt für die Gesamtheiten

Satz 6. 5 : Aus $\mu(V, E_1) = 0$ und $\mu(V, E_2) = 0$ für ein $V \in K$ und $E_1 \in G$, $E_2 \in G$ folgt auch $\mu(V, E_1 \vee E_2) = 0$.

Satz 6. 6 : Die Mengen $\hat{L}_o(k)$ sind gerichtete Mengen, wobei $\hat{L}_o(k)$ und $L_o(k)$ dasselbe maximale Element E haben, d. h. aus $F \in \hat{L}$ und $K_o(F) \supset K_o(E)$ folgt $F \leqslant E$.

Beweis: Aus $L_o(k) \subset \hat{L}_o(k)$ folgt $E \in \hat{L}_o(k)$. Aus $F_i \leqslant E$ folgt mit $\lambda_i > o$ und $\sum_{i=1}^{n} \lambda_i = 1$ auch $\sum_{i=1}^{n} \lambda_i F_i \leqslant E$ und damit (wegen der $\sigma(B', B)$-Stetigkeit von $\mu(V, F)$ nach Satz 5. 14 auch $F \leqslant E$ für alle $F \in \hat{L}_o(k)$. Aus $K_o(F) \supset K_o(E)$ folgt $\hat{L}_o K_o(F) \subset \hat{L}_o K_o(E)$, da E das größte Element aus $\hat{L}_o K_o(E)$ ist und $F \in \hat{L}_o K_o(F)$ gilt, ist also $F \leqslant E$.

Satz 6. 7 : Die Elemente von G sind Extremalpunkte von $\hat{L}$.

Beweis: Sei $E = \lambda F_1 + (1 - \lambda) F_2$ mit $0 < \lambda < 1$ und $F_1 \in \hat{L}$ und $F_2 \in \hat{L}$. Es folgt $K_o(F_1) \supset K_o(E)$ und damit $F_1 \leqslant E$; ebenso $F_2 \leqslant E$. Wäre $F_1 \neq E$, so gibt es ein V mit $\mu(V, F_1) \neq \mu(V, E)$ und wegen $F_1 \leqq E$ also $\mu(V, F_1) < \mu(V, E)$. Es folgt dann aus $\mu(V, F) = \lambda\mu(V, F_1) + (1 - \lambda)\mu(V, F_2) < \lambda\mu(V, E) + (1 - \lambda)\mu(V, E)$ ein Widerspruch.

Aus Satz 3. 16, 3. 17 und 6. 4 folgt unmittelbar $B' = P - P$. Man kann dies aber noch direkter sehen:

Satz 6. 8 : Es ist $B' = P - \bigcup_{\lambda \geq 0} \lambda\, 1$. B' ist die Menge aller auf K nach unten beschränkten Linearformen.

Beweis: Mit $-\lambda = \inf \{\mu(V,Y) \mid V \in K\}$ ist $\mu(V, Y + \lambda 1) \geq 0$ für alle $V \in K$, d. h. $Y + \lambda 1 \in P$. Der Rest folgt aus Satz 3. 14.

Satz 6. 9 : Bezeichnet man mit

$$\| X \|_p = \sup \{ |\mu(X,Y)| \mid Y \in \hat{P} \},$$

so erzeugen die Normen $\| X \|_p$ und $\| X \|$ in B dieselbe Topologie. Es ist $\| X \|_p = \frac{1}{2} \| X \| + \frac{1}{2} |\mu(X, 1)|$. Es ist $B'_{|1|} = 2 \hat{P} - 1$ und $B'_{|1|} = [-1, 1]$, wobei mit $[Y_1, Y_2] = (Y_1 + P) \cap (Y_2 - P)$ das Ordnungsintervall aller Y mit $Y_1 \leq Y \leq Y_2$ bezeichnet ist.

Beweis: Nach der Definition von $\hat{P}$ kann man mit Hilfe des 1 - Effektes

$$\hat{P} = \{ Y \mid 0 \leq Y \leq 1, \ Y \in B' \}$$

schreiben. Ebenfalls mit Hilfe des 1 - Effektes läßt sich die Einheitskugel in B' schreiben:

$$B'_{|1|} = \{ Y \mid \| Y \| \leq 1, \ Y \in B' \} = \{ Y \mid -1 \leq Y \leq 1, \ Y \in B' \}.$$

Daraus folgt:

$$B'_{|1|} = 2 \hat{P} - 1 .$$

Nach der Definition von $\| X \|$ ist dann also

$$\| X \|_p = \frac{1}{2} \| X \| + \frac{1}{2} |\mu(X, 1)|$$

Wegen $|\mu(X,1)| \leq \| X \|$ ist $\frac{1}{2} \| X \| \leq \| X \|_p \leq \| X \|$ und damit die von der Norm $\| X \|_p$ erzeugte Topologie gleich der von der Norm $\| X \|$ erzeugten Topologie.

§ 7 Hauptsatz über die Empfindlichkeitssteigerung eines einzelnen Effektes.

Um Axiom 4 a physikalisch zu verdeutlichen hatten wir auf Seite 267 und 272 Filter betrachtet. Unter anderem erwähnten wir auch einen "Filterblock", der mit Hilfe nur eines Filters $\underline{\underline{F}}$ in der Form $\underline{\underline{FFF}}$ ... hergestellt wird, und erwähnten auf Seite 273, daß dieser Filterblock den Entscheidungseffekt E mit K_o (E) = K_o ($\underline{\underline{F}}$) approximiert. Wenn wir aber genauer hinsehen, haben wir eine solche Möglichkeit der Empfindlichkeitssteigerung eines einzelnen Effektes in einem Filterblock in Axiom 4 a mathematisch noch <u>nicht</u> erfaßt ; denn Axiom 4 a ist für $F_1 = F_2$ eine Trivialität.

Wenn wir zwei Filter der Sorte $\underline{\underline{F}}$ hintereinanderschalten, kurz $\underline{\underline{FF}}$ geschrieben, so absorbiert dieses Filter stärker als $\underline{\underline{F}}$; um wieviel ? Für eine Gesamtheit V mit $\mu(V,\underline{\underline{F}}) = 0$ ist auch $\mu(V,\underline{\underline{FF}}) = 0$. Ist $\mu(V,\underline{\underline{F}}) \neq 0$, so ist im allgemeinen $\mu(V,\underline{\underline{FF}})$ größer als $\mu(V,\underline{\underline{F}})$. Für ein V mit $\mu(V,\underline{\underline{F}}) = 1$ bleibt natürlich ebenfalls $\mu(V,\underline{\underline{FF}}) = 1$.
Es sei nun $\sup\{\mu(V,\underline{\underline{F}}) \mid V \in K\} = \alpha < 1$ und V ein Element aus K mit $\mu(V,\underline{\underline{F}}) = \alpha$. V ist dann also eine Gesamtheit, die vom Filter $\underline{\underline{F}}$ am <u>stärksten</u> absorbiert wird, aber nicht vollständig sondern nur zum Bruchteil α. Das Experiment zeigt nun, daß das Filter $\underline{\underline{F}}\,\underline{\underline{F}}$ diese Gesamtheit V stärker als α (meistens mit dem Bruchteil $\alpha + (1-\alpha)\alpha$) absorbiert und daß man durch einen Filterblock $\underline{\underline{FFF}}$ ... schließlich für ein solches V zu voller Absoption kommt. Da der Entscheidungseffekt E der empfindlichste Effekt aus $L_o K_o$ (F) ist, legt die eben geschilderte Erfahrung die

Forderung nahe, daß erst recht E ein solches V voll absorbiert . In mathematischer Formulierung lautet diese Forderung:

Zu jedem $F \in L$ und für ein $V \in K$ mit $\mu(V,F) = \alpha = \sup \{ \mu(V',F) \mid V' \in K \}$ soll aus $K_o(F) = K_o(E)$ mit $E \in G$ $\mu(V,E) = 1$ folgen.

Diese Forderung können wir auch so umformulieren (Mit $F' = \frac{1}{\alpha} F$ ist $\sup \{ \mu(V',F') \mid V' \in K \} = 1$ und damit $F' \in \hat{L}$) : Aus $\mu(V, F') = 1$ soll $\mu(V,E) = 1$ folgen.

Die geschilderten Erfahrungen an Filtern legen dieses Prinzip nur nahe; als allgemeines Prinzip kann es höchstens durch Experimente widerlegt werden. Eine solche Widerlegung ist ebenso wenig bekannt wie für die folgende Verallgemeinerung dieses Prinzips:

Wir hatten auf Seite 232 den Effekt $F = \lambda F_1 + (1 - \lambda) F_2$ mit $0 < \lambda < 1$, $F_1 \in L$, $F_2 \in L$ in der Form gedeutet, daß im Bruchteil λ der Experimente das Filter F_1, im Bruchteil $(1- \lambda)$ das Filter F_2 benutzt wird.

Wir können hier ebenfalls symbolisch das Filterpaar FF in der Form

$$\lambda^2 F_1 F_1 + \lambda(1 - \lambda) F_1 F_2 + \lambda(1 - \lambda) F_2 F_1 + (1 - \lambda)^2 F_2 F_2$$

bilden. Das, was durch $F = \lambda F_1 + (1 - \lambda) F_2$ hindurchgeht, sind Gesamtheiten, die sowohl F_1 wie F_2 ohne Absorption passieren. Wieder erkennt man, daß FF alles durchläßt, was F durchläßt und daß für $\mu(V,F) = 1$ (d. h. $\mu(V,F_1) = \mu(V,F_2) = 1$!) auch $\mu(V,FF) = 1$ ist.

Ist aber $\sup \{ \mu(V,F) = \lambda \mu(V,F_1) + (1 - \lambda) \mu(V,F_2) \mid V \in K \} = \alpha < 1$, und V eine Gesamtheit mit $\mu(V,F) = \alpha$, so zeigt die Erfahrung wieder, daß ein solches V vom Filter FF stärker absorbiert wird.

Die Wiederholung dieses Verfahrens in der Form eines Blockes FFF ... ,
der eine konvexe Kombination von Filterblöcken der Form $F_{i_1} F_{i_2} F_{i_3} \dots$
mit i = 1 oder 2 ist, legt folgende Verallgemeinerung des obigen Prinzips nahe:
Mit $F \in \hat{L}$ und $\sup\{\mu(V,F) \mid V \in K\} = \alpha$ ist für $F' = \frac{1}{\alpha} F$: $\sup\{\mu(V,F') \mid V \in K\} = 1$ und damit $F' \in \hat{\hat{L}}$. Mit $E \in G$ nach $K_o(F) = K_o(F') = K_o(E)$ soll dann aus $\mu(V,F') = 1$ auch $\mu(V,E) = 1$ folgen.

Da wegen der unscharfen Abbildung Limeselemente von Approximationselementen dieser Limeselemente nicht zu unterscheiden sind, erweitern wir das Prinzip auf den $\sigma(B', B)$ -Abschluß aller λF mit $\lambda \geq 0$, $\lambda F \leq 1$ und $F \in \hat{L}$.
Dies ist aber nach Satz 5. 2 die Menge $\hat{\hat{L}}$; d. h. wir erweitern das Prinzip auf ganz $\hat{\hat{L}}$.

Mit Definition 5. 2 formulieren wir

Axiom 4 b : Aus $F \in \hat{\hat{L}}$ und $K_o(F) \supset K_o(E)$ für ein $E \in G$ folgt $K_1(F) \subset K_1(E)$.

Aus Satz 6. 6 folgt leicht

Satz 7. 1: Aus $F \in \hat{L}$ und $K_o(F) \supset K_o(E)$ für ein $E \in G$ folgt $K_1(F) \subset K_1(E)$.

Axiom 4 b ist also eine Erweiterung des Satzes 7. 1 von $\hat{L}$ auf $\hat{\hat{L}}$. Folgerungen aus Axiom 4 b werden wir erst später ziehen, nachdem im folgenden Paragraphen ein weiteres Axiom eingeführt ist. Nur weil Axiom 4 b physikalisch eng mit Axiom 4 a verknüpft ist, haben wir die Formulierung von Axiom 4 b gleich im Anschluß an Axiom 4 a gebracht.

In Axiom 4 b wird $K_1(F) \subset K_1(E)$ gefordert. Dies ist sicher erfüllt, wenn $K_1(E)$ und alle $K_1(F) = \emptyset$ sind für alle $F \in \hat{\hat{L}}$ mit $K_o(F) \supset K_o(E)$.
Liegt ein $F \in \hat{\hat{L}}$ vor, so ist mit $\alpha = \sup\{\mu(V,F) \mid V \in K\}$ auch

$F' = \frac{1}{\alpha} F \in \hat{L}$ und $K_o(F') = K_o(F)$. Es ist dann $\sup\{\mu(V,F') \mid V \in K\} = 1$.

Ob aber $\mu(V,F')$ auf K dieses supremum 1 annimmt, ist damit nicht gesagt, solange nicht K kompakt ist, wie z. B. für endlich dimensionales B. Nimmt $\mu(V,F)$ nicht das supremum auf K an, so ist $K_1(F') = \emptyset$ und damit Axiom 4 b leer. Wir wollen deshalb allgemein (d. h. auch wenn K nicht kompakt ist) Axiom 4 b durch eine zusätzliche Forderung ergänzen:

Axiom 4 b z : Für jedes $E \in G$ mit $E \neq 0$ ist $K_1(E)$ nicht leer.

Wir sahen eben, daß aus Axiom 4 b nur folgt, daß $\sup\{\mu(V, E) \mid V \in K\} = 1$ ist.

Bei der obigen Diskussion der Experimente mit Filterblöcken haben wir im Stillen $K_1(E) \neq \emptyset$ vorausgesetzt. Die Forderung des Axioms 4 bz ist weniger "physikalisch" als vielmehr eine "mathematische Idealisierung", zu der dasselbe wie bei der Diskussion über die Voraussetzung (V 1) am Ende des § 4 zu sagen wäre. Die Idealisierung des Axioms 4 b z ist erlaubt, da sie zu keinen mathematischen Widersprüchen führt und den weiteren Ausbau der Theorie nicht "behindert".

Zu dem experimentellen Beispiel des Filterblocks FF... mit $F = \lambda F_1 + (1 - \lambda) F_2$, können wir noch einige Bemerkungen nachtragen. Es zeigt sich nämlich experimentell, daß der Filterblock FF... aus "sehr vielen" $F = \lambda F_1 + (1 - \lambda) F_2$ praktisch identisch mit dem Filterblock $F_1 F_2 F_1 F_2 \ldots$ aus "sehr vielen" Paaren $F_1 F_2$ ist, so wie wir ihn auf Seite 267 eingeführt hatten. Dies folgt so : alle Filterblöcke mit sehr vielen F_1 und F_2 in irgend einer durcheinander gewürfelten Reihenfolge (d. h. z. B. nicht erst alle F_1 und dann alle F_2) sind experimentell mit $F_1 F_2 F_1 F_2 \ldots$ äquivalent. Multipliziert man FF . . . in der oben angegebenen Weise aus in eine konvexe Kombination von Filterblöcken

F_{i_1} F_{i_2} $F_{i_3}\cdots$, so sind "fast alle" dieser F_{i_1} F_{i_2} $F_{i_3}\cdots$ äquivalent zu $F_1F_2F_1F_2\cdots$, so daß $F\,F\cdots$ praktisch für sehr großes n mit $\sum_{\nu=1}^{n}\binom{n}{\nu}\lambda^{\nu}(1-\lambda)^{n-\nu}F_1F_2F_1F_2\cdots$ identisch wird, was wegen $\sum_{\nu=1}^{n}\binom{n}{\nu}\lambda^{\nu}(1-\lambda)^{n-\nu}=1$ eben mit $F_1F_2F_1F_2\cdots$ äquivalent ist. Axiom 4 a und 4 b geben also in mathematisch idealisierter Formulierung nur Erfahrungen wieder, die man mit Hilfe des Filterblocks $F_1F_2F_1F_2\cdots$ gewinnt, nämlich a) $F_1F_2F_1F_2\cdots \geqslant F_1$, $F_1F_2F_1F_2\cdots \geqslant F_2$ und b) aus $\mu(V_1,\lambda F_1+(1-\lambda)F_2)=\sup\,(\mu(V,\lambda F_1+(1-\lambda)F_2)\mid V\in K)$ folgt $\mu(V_1,F_1F_2F_1F_2\cdots)=1$.

§ 8 . Hauptsatz über Zerlegbarkeit und Verwandtschaft von Gesamtheiten.

Wir hatten in § 5 die physikalische Bedeutung der extremalen Mengen C(V) diskutiert; kurz zusammengefaßt sagten wir: C(V) ist (in physikalischer Approximation) die Menge der Komponenten von V.

Definition 8. 1 : Zwei Gesamtheiten $V_1, V_2 \in K$ heißen "komponentengleich" wenn $C(V_1) = C(V_2)$. Wir schreiben kurz für zwei komponentengleiche V_1, V_2: $V_1 \overset{c}{=} V_2$.

Die Relation $V_1 \overset{c}{=} V_2$ ist eine Äquivalenzrelation und teilt K in Äquivalenzklassen komponentengleicher Gesamtheiten auf. Es sei betont, daß diese Äquivalenzklassen topologisch nicht abgeschlossen zu sein brauchen!

Definition 8. 2 : Zwei Gesamtheiten $V_1, V_2 \in K$ heißen "verwandt", wenn $\hat{L}_o(V_1) = \hat{L}_o(V_2)$. Wir schreiben kurz für zwei verwandte V_1, V_2: $V_1 \overset{v}{=} V_2$.

Auch $V_1 \overset{v}{=} V_2$ ist eine Äquivalenzrelation mit ebenfalls nicht notwendig topologisch abgeschlossenen Äquivalenzklassen.

$V_1 \overset{v}{=} V_2$ hat ebenfalls eine physikalisch sehr anschauliche Bedeutung. Die Gleichung $\mu(V, F) = o$ drücken wir physikalisch durch den Satz aus: die Mikroobjekte der Gesamtheit V sind nicht in der Lage (oder: können nicht) den Effekt F hervorzurufen. Zwei Gesamtheiten V_1 und V_2 werden also genau dann als verwandt bezeichnet, wenn die Menge der Effekte, die die zu V_1 bzw. V_2 gehörigen Mikroobjekte nicht hervorrufen können, für beide Gesamtheiten gleich sind. Genau in diesem Sinne kann nun von einer " Eigenschaft " der Mikroobjekte gesprochen werden, in Bezug auf welche sie als gleich angesehen werden können:

Definition 8. 3 a : Es sei $\ell \subset \hat{L}$. Die Mikroobjekte von $V \in K$ haben die "O-Eigenschaft ℓ ", nämlich die Eigenschaft, die Effekte $F \in \ell$ nicht hervorrufen zu können, wenn $\ell \subset \hat{L}_o(V)$.

Es ist also möglich, die Teilmengen von L als "Eigenschaften" zu interpretieren. Dabei ist es wichtig zu bemerken, daß zu der Aussage, die Mikroobjekte von V haben "nicht die O-Eigenschaft ℓ ", nicht etwa die Komplementärmenge von ℓ in L gehört sondern die Relation $\ell \not\subset \hat{L}_o(V)$. Da für die Definition der "O-Eigenschaften ℓ " allein die Mengen $\hat{L}_o(V)$, d. h. die Elemente ℓ von $\hat{U}$ ausschlaggebend sind, kann man sich auf diese O - Eigenschaften $\ell \in \hat{U}$ beschränken. Da es in jedem solchen ℓ genau ein maximales Element E, einen Entscheidungseffekt gibt, kann man diese "O-Eigenschaften" eindeutig durch die Elemente E von G charakterisieren.

Definition 8. 3 b : Die Mikroobjekte von $V \in K$ "haben die O-Eigenschaft E" wenn $\mu(V, E) = o$ ist.

$\mu(V, E) = o$ ist äquivalent mit $\ell = \hat{L}_o K_o(E) \subset \hat{L}_o(V)$, wobei $\hat{L}_o K_o$ die bijektive Zuordnung zwischen den Elementen $\ell \in U$ und dem maximalen

Element $E \in \mathcal{E}$ angibt. Auch hier muß betont werden, daß die Aussage, die Mikroobjekte von V haben "nicht die O-Eigenschaft E", keinem $E \in G$ entspricht sondern vielmehr $\mu(V,E) \neq 0$ bezeichnet! Die Aussage: "aus der O-Eigenschaft E_1 folgt die O-Eigenschaft E_2"; (die ausführlicher lautet: für alle Mikroobjekte mit der O-Eigenschaft E_1 folgt, daß sie auch die O-Eigenschaft E_2 haben) heißt also $\mu(V,E_1) = 0 \Rightarrow (V, E_2) = 0$, d. h. $K_o(E_1) \subset K_o(E_2)$ was mit $E_1 \geqslant E_2$ äquivalent ist. Die Aussage : "die Mikroobjekte von V haben die O-Eigenschaft E_1 und E_2", d.h. es gilt $[\mu(V,E_1) = 0 \text{ und } \mu(V,E_2) = 0]$, ist (siehe Satz 6. 5) wegen $[\mu(V,E_1) = 0 \text{ und } \mu(V,E_2) = 0] \Leftrightarrow \mu(V,E_1 \vee E_2) = 0$ äquivalent zu $E_1 \vee E_2$. Die Aussage : "die Mikroobjekte von V haben die O- Eigenschaft E_1 oder E_2", d. h. es gilt $\{\mu(V, E_1) = 0 \text{ oder } \mu(V, E_2) = 0\}$ läßt sich im allgemeinen nicht auf einen Entscheidungseffekt beziehen, da zwar $\{\mu(V,E_1) = 0 \text{ oder } \mu(V,E_2) = 0\} \Rightarrow \mu(V,E_1 \wedge E_2) = 0$ folgt, aber im allgemeinen nicht aus $\mu(V,E_1 \wedge E_2) = 0$ schon $\mu(V,E_1) = 0$ oder $\mu(V,E_2) = 0$ folgt!

Die Aussagelogik über die O-Eigenschaften E läßt sich also im allgemeinen nicht auf die Menge G der Entscheidungseffekte projizieren, da die Verneinung "nicht" und die Relation "oder" (letztere kann durch "nicht" und die Relation "und" als "nicht [(nicht A) und (nicht B)]" ersetzt werden (siehe II, §4. 1 und § 4. 3) nicht durch Elemente von G ausdrückbar sind. Die Menge G bildet also bezogen auf die durch Definition 8. 3 b gebildeten "O-Eigenschaftsaussagen" ein logisch nur "unvollständiges" System von Aussagen. Ob und wie sich die Menge G zu einem logisch vollständigen System von Aussagen ergänzen läßt, soll uns später noch beschäftigen. Daß man oft unkritisch $E_1 \wedge E_2$ mit "E_1 oder E_2" bezeichnet hat und nicht sauber zwischen dem logischen "oder" (wie in II § 4. 1 eingeführt) und dem neu definierten oder $= \wedge$ unterschied, hat zu manchen Konfusionen Anlaß gegeben. Wir werden an späterer Stelle den sehr nahen Zusammenhang der Definitionen 8. 3 a mit den Überlegungen aus I, § 9 herstellen.

Die Relation $V_1 \overset{V}{=} V_2$ hat also die anschauliche Bedeutung $\mu(V_1, E) = 0 \Leftrightarrow \mu(V_2, E) = 0$, d. h. daß V_1 und V_2 dieselben O-Eigenschaften E haben.

Aus Satz 5. 14 folgt unmittelbar :

<u>Satz 8. 1 :</u> $(V_1 \overset{C}{=} V_2) \Rightarrow (V_1 \overset{V}{=} V_2)$.

Komponentengleiche Gesamtheiten sind also auch immer verwandt. Der zweite Hauptsatz über das Messen fordert die Umkehrung dieses Satzes: Verwandte Gesamtheiten sind auch komponentengleich, in Formeln:

<u>Axiom 5 :</u> $(V_1 \overset{V}{=} V_2) \Rightarrow (V_1 \overset{C}{=} V_2)$ für $V_1, V_2 \in K$.

Wir wollen uns die Aussage von Axiom 5 in ihrer physikalischen Bedeutung noch näher veranschaulichen. Nehmen wir also $\hat{L}_o(V_1) = \hat{L}_o(V_2)$ an. Zu $\hat{L}_o(V_1)$ gehört eindeutig ein maximaler Effekt, ein Entscheidungseffekt E_1. E_1 ist der empfindlichste Effekt, den V_1 nicht hervorrufen kann. V_1 bestimmt eindeutig dieses E_1, diese "empfindlichste O-Eigenschaft E_1" ; für alle "O-Eigenschaften E", die nach Definition 8. 3 b die Mikroobjekte von V_1

haben, gilt $E \leqslant E_1$, d. h. die "E folgen aus E_1". Ist das zu $\hat{L}_o(V_2)$ gehörige maximale Element E_2, so ist also $V_1 \overset{V}{=} V_2$, mit $E_1 = E_2$ äquivalent.

Es sei nun $C(V_1) \neq C(V_2)$. Bilden wir das Gemisch $V = \frac{1}{2} V_1 + \frac{1}{2} V_2$, so folgt sofort $\hat{L}_o(V) = \hat{L}_o(V_1) \wedge \hat{L}_o(V_2)$ und in unserem Falle wegen $\hat{L}_o(V_1) = \hat{L}_o(V_2)$ auch $\hat{L}_o(V) = \hat{L}_o(V_1) = \hat{L}_o(V_2)$. Wegen $V_1 \in C(V)$ und $V_2 \in C(V)$ ist $C(V) \supset C(V_1)$ und $C(V) \supset C(V_2)$. Wegen $C(V_1) \neq C(V_2)$ muß also C(V) echt größer als $C(V_1)$ oder $C(V_2)$ sein. Nehmen wir also C(V) echt größer als $C(V_1)$ an, so bilden V_1 und V ein Paar von Gesamtheiten mit $V_1 \overset{V}{=} V$ aber $V_1 \overset{\subsetneq}{\neq} V$ mit $C(V) \supset C(V_1)$. Obwohl also alle Mikroobjekte von V und V_1 hinsichtlich der "empfindlichsten O-Eigenschaft E", d. h. hinsichtlich der Menge der nicht hervorrufbaren Effekte übereinstimmen, enthält V Komponenten $V' \in C(V)$, die keine Komponenten von V_1 sind, d. h. $V' \notin C(V_1)$. In diesem Sinne würde also die "empfindlichste O-Eigenschaft E" nicht die Verschiedenartigkeit der Mikroobjekte auseinanderhalten, d. h. V "enthält" Objekte, nämlich V', die V_1 "nicht enthält".

Drücken wir dasselbe noch einmal mit Hilfe physikalischer Filter aus.
Der zu V_1 gehörige empfindlichste Effekt E_1 mit $\hat{L}_o(V_1) = \{F / F \leq E_1\}$ ist das Filter , das alle in $C(V_1)$ liegenden Gesamtheiten durchläßt, aber sonst so stark als möglich absorbiert. Wegen $C(V) \supset C(V_1)$ gäbe es aber trotzdem Objekte, nämlich $V' \in C(V)$ und $V' \notin C(V_1)$, die von diesem Filter durchgelassen werden, ohne "Komponenten von V_1" zu sein. Die Durchlässigkeit des Entscheidungsfilters E_1 wäre also größer, als es unbedingt auf Grund der Forderung $\mu(V_1, E_1) = 0$ nötig wäre, in dem Sinne unbedingt als mit V_1 auch alle Komponenten von V_1 unbedingt durch gelassen werden müssen.

Obwohl also E_1 so wenig als möglich unter der Nebenbedingung $\mu\ (V_1, E_1) = 0$ hindurchläßt, ließe es doch noch andere Objekte als Komponenten von V_1 hindurch. Der zweite Hauptsatz in Axiom 5 verneint nun diese eben geschilderten Möglichkeiten, d. h. experimentell widerlegt werden müßte dieser zweite Hauptsatz durch reales Aufweisen einer solchen eben geschilderten Möglichkeit. Eine solche Widerlegung ist nicht bekannt.

Aus Axiom 5 folgen sehr leicht folgende Sätze:

<u>Satz 8. 2 :</u> $K_o L_o(V) = K_o \hat{L}_o(V) = C\ (V)$ und damit $W = \hat{W} = S$.

Der eine Teil des Satzes ist schon in Satz 5. 13 enthalten. Wegen $\hat{W} \subset S$ bleibt also nur $K_o\ \hat{L}_o(V) = C(V)$ zu zeigen. Nach Satz 5. 12 und 5. 13 ist $K_o\ \hat{L}_o\ (V) \supset C(V)$. Da $K_o\ \hat{L}_o\ (V)$ eine extremale Menge ist, gibt es nach Satz 5. 4 ein $V' \in K_o\ \hat{L}_o(V)$ mit $K_o\ \hat{L}_o(V) = C\ (V)$. Wäre $C(V') \neq C(V)$, so müßte nach Axiom 5 auch $\hat{L}_o\ (V') \neq L_o\ (V)$ sein. Es ist aber wegen $V' \in K_o\hat{L}_o(V) : \hat{L}_o(V') \supset \hat{L}_o K_o \hat{L}_o(V) = \hat{L}_o\ (V)$ und wegen $C(V') \supset C(V)$ auch $\hat{L}_o(V') = \hat{L}_o\ C(V') \subset \hat{L}_o\ C(V) = \hat{L}_o(V)$ und damit $\hat{L}_o\ (V') = \hat{L}_o\ (V)$.

<u>Satz 8. 3 :</u> Es ist $W = \hat{W} = \hat{\hat{W}} = W_\beta = S$.

Beweis folgt sofort aus $W \subset \hat{W} \subset \hat{\hat{W}} \subset W_\beta \subset S$ und Satz 8. 2 .

<u>Satz 8. 4 :</u> $K_o \hat{P}_o\ (V) = K_o \hat{\hat{L}}_o\ (V) = K_o \hat{L}_o(V) = K_o L_o\ (V)$.

Beweis: Aus $\hat{\hat{L}}_o(V) \supset \hat{L}_o\ (V)$ folgt $K_o \hat{\hat{L}}_o\ (V) \subset K_o \hat{L}_o(V) = C(V)$, (das letzte nach Satz 8. 2). Nach Definition von C(V) ist aber $K_o \hat{\hat{L}}_o\ (V) \supset C(V)$, womit $K_o \hat{\hat{L}}_o(V) = C(V) = K_o \hat{L}_o\ (V) = K_o L_o(V)$ bewiesen ist.

Aus $\hat{P}_o(V) \supset \hat{\hat{L}}_o(V)$ folgt sofort $C(V) = K_o \hat{\hat{L}}_o(V) \supset K_o \hat{P}_o(V)$. Wegen $C(V) \subset K_o \hat{P}_o(V)$ folgt sofort $K_o \hat{P}_o(V) = C(V)$.

Für endlich dimensionales B und mit der Voraussetzung (V 1) für unendlich dimensionales B läßt sich die wichtige Beziehung $\hat{P} = \hat{\hat{L}}$ beweisen. Wir beweisen $P = \check{\hat{L}}$, denn nach Definition 3. 8 und 5. 1 folgt dann $\hat{P} = \hat{\hat{L}}$. Aber auch umgekehrt folgt aus Satz 5. 2 und 5. 3, daß aus $\hat{P} = \hat{\hat{L}}$ auch $P = \check{\hat{L}}$ folgt. Nach dem Bipolaren Satz ist aber $P = \check{\hat{L}}$ äquivalent zu $L_p = Q$ mit L_p nach dem Beweis zu Satz 5. 1 und Q nach Definition 3. 9 , denn nach Satz 5. 2 und Definition 3. 7 ist L_p auch gleich der Menge $\{ X \mid \mu(X,F) = 0$ für alle $F \in \hat{\hat{L}} \}$. Nach Satz 3. 15 und 6. 4 ist also $\hat{P} = \hat{\hat{L}}$ äquivalent zu $\{ X / \mu(X,F) \geqq 0$ für alle $F \in \hat{\hat{L}}\} = \{ X / X = \lambda V, \lambda \geqslant 0, V \in K \}$. Da $\{X / \mu(X,F) \geqq 0$ für alle $F \in \hat{\hat{L}}\} \supset \{X / X = \lambda V, \lambda \geqq 0, V \in K\} = Q$ trivial ist, braucht also nur gezeigt zu werden, daß aus $X_o \notin Q$ folgt : es gibt $F \in \hat{\hat{L}}$ mit $\mu(X_o, F) < 0$.
Wir werden sogar zeigen: es gibt ein $F \in L$ mit $\mu(X_o, F) < 0$.
Aus $X_o \notin Q$ folgt auf jeden Fall (A 29) , daß es ein $Y \in B'$ gibt mit $\mu(X_o, Y) < 0$ und $\mu(X,Y) \geqq 0$ für alle $X \in Q$. Wir unterscheiden nun zwei Fälle:

1) $\mu(X_o, 1) < 0$ (mit 1 als dem Einseffekt). Dann ist $1 \in \hat{\hat{L}}$ und $\mu(X_o, 1) < 0$.
2) $\mu(X_o, 1) \geqq 0$.

Ist $\mu(X_o, 1) > 0$, so sieht man sofort, daß es genügt, statt X_o das Element $X_o' = \frac{Xo}{\mu(X_o, 1)}$ zu betrachten; denn gibt es ein $F \in \hat{\hat{L}}$ mit $\mu(X_o', F) < 0$, so ist auch $\mu(X_o, F) < 0$. Ist $\mu(X_o, 1) = 0$, so betrachte man statt X_o das Element $X_o' = X_o + \epsilon V$ mit $\varepsilon > 0$ und V

$\in$ K. Es ist dann $\mu(X_o', 1) > 0$. Man kann aber ε so wählen, daß auch $X_o' \notin Q$: Da $X_o \notin Q$ ist, ist $\inf \{\mu(X_o,Y) \mid Y \in \hat{P}\} < 0$. Man wähle $0 < \varepsilon < -\inf \{\mu(X_o,Y) \mid Y \in \hat{P}\}$; dann gibt es ein $Y \in \hat{P}$ mit $\mu(X_o',Y) < 0$, da $\mu(V,Y) \geqq 1$ ist, so daß also $X_o' \notin Q$. Gibt es ein $F \in \hat{\hat{L}}$ mit $\mu(X_o', F) < 0$ so ist erst recht $\mu(X_o, F) < 0$.

Damit ist gezeigt, daß wir uns auf den Fall $X_o \notin Q$ und $\mu(X_o, 1) = 1$ beschränken können. X_o liegt also auf der von K erzeugten Hyperebene.

Satz 8. 5 : Ist B endlichdimensional, X_o ein Punkt mit $\mu(X_o, 1) = 1$ und $X_o \notin K$, so gibt es auf der Geraden zwischen X_o und einem effektiven V ein V_1 (d. h. $V_1 = \lambda X_o + (1-\lambda) V$ mit $0 < \lambda < 1$) mit $C(V_1) \neq K$ und ein V_2 mit $V = \mu V_1 + (1-\mu) V_2$, $0 < \mu < 1$ und $C(V_2) \not\subset C(V_1)$ und $C(V_1) \not\subset C(V_2)$.

Beweis: Da K abgeschlossen ist, gibt es auf der Geraden zwischen X_o und V ein $V_1 \in K$, so daß alle Punkte von X_o bis V_1 (außer V_1) nicht in K liegen. Es ist $V_1 = \lambda X_o + (1-\lambda) V$. Wegen $X_o \notin K$ ist $\lambda < 1$. Da für endlichdimensionales B nach Satz 5. 6 V innerer Punkt von $K = A(V) = C(V)$ ist, ist $V_1 \neq V$ und damit $\lambda > 0$. Dann ist aber auch $A(V_1) \neq A(V)$, da V keine Komponente von V_1 sein kann. Wegen Satz 5. 6 ist also auch $C(V_1) \neq K$. Der Durchschnitt der vollen durch X_o und V bestimmten Geraden mit K ist ein abgeschlossenes Intervall von V_1 bis V_2 mit $V = \mu V_1 + (1-\mu) V_2$, $0 \leqq \mu \leqq 1$. Wie eben folgt auch $V_2 \neq V$ und $C(V_2) \neq K$, so daß $0 < \mu < 1$ gilt. Wäre z. B. $C(V_1) \supset C(V_2)$, so würde $K = C(V_1)$ im Widerspruch zu $C(V_1) \neq K$ folgen ; ebenso kann nicht $C(V_2) \supset C(V_1)$ sein.

Satz 8. 6 : Ist B endlichdimensional, so folgt aus $\mu(X_o, 1) = 1$ und $X_o \notin K$, daß es ein $F \in L$ mit $\mu(X_o, F) < 0$ gibt.

Beweis:Aus Satz 8.5 folgt $X_o = (1 - \alpha) V_1 + \alpha V_2$ mit $\alpha < 0$. Wegen $C(V_1) \not\subset C(V_2)$ und $C(V_2) \not\subset C(V_1)$ ist nach Axiom 5 auch $L_o C(V_1) \not\subset L_o C(V_2)$ und $L_o C(V_2) \not\subset L_o C(V_1)$. Es gibt also ein $F \in L_o C(V_1)$ mit $F \notin L_o C(V_2)$; für dieses F gilt also $\mu(V_1, F) = 0$, $\mu(V_2, F) > 0$ und damit $\mu(X_o, F) < 0$.

Satz 8. 7 : Wenn B endlichdimensional ist, folgt $\hat{P} = \hat{\hat{L}}$, und damit auch $\hat{P}_o(k) = \hat{\hat{L}}_o(k)$.

Beweis: Aus den obigen Überlegungen vor Satz 8. 5 und aus Satz 8. 6 folgt die Behauptung.

Für unendlich dimensionales B braucht Satz 8. 5 nicht zu gelten, da weder $V_1 \neq V$ noch, falls $V_1 \neq V$ ist, $C(V_1) \neq C(V)$ zu sein braucht. Um den Fall eines unendlich dimensionalen B weiterbehandeln zu können, benutzen wir die am Ende von § 3 formulierte Voraussetzung (V 1), d. h. daß (nach Definition 3. 12) K regulär ist.

Satz 8. 8 : Aus (V1) folgt, daß sich jedes $X \in B$, $X \in K$ mit $\mu(X, 1) = 1$ in der Form $X = \alpha V_1 + (1 - \alpha) V_2$ mit reellen α, $V_1 \in K$, $V_2 \in K$ und $C(V_1) \cap C(V_2) = \emptyset$ schreiben läßt.

Beweis: Aus $X = \alpha V_1 - \beta V_2$ und $\mu(X, 1) = 1$ folgt $\alpha = 1 + \beta$: $X = (1 + \beta) V_1 - \beta V_2$. Wegen $X \notin K$ muß $\beta \neq 0$ sein. Da B_{1M}^{-} kompakt ist, gibt es ein Y mit $\|Y\| = 1$ und $\mu(X, Y) = \|X\| = 1 + 2\beta$. Wegen

$B'_{|1|} = 2\hat{P} - 1$ ist $Y' = \frac{1}{2}(Y+1) \in \hat{P}$. Aus $1 + 2\beta = (1+\beta)\mu(V_1,Y) - \beta\mu(V_2,Y)$ und $-1 \leq \mu(V_1,Y) \leq 1$, $-1 \leq \mu(V_2,Y) \leq 1$ (wegen $\|V_1\| = \|V_2\| = 1$!) folgt dann $\mu(V_1, Y) = 1$, $\mu(V_2, Y) = -1$ und damit $\mu(V_1,Y') = 1$, $\mu(V_2,Y') = 0$. Wegen $Y' \in \hat{P}$ folgt $\mu(V,Y') = 1$ für alle $V \in C(V_1)$ und $\mu(V,Y') = 0$ für alle $V \in C(V_2)$. Daraus folgt $C(V_1) \cap C(V_2) = 0$ und $C(V_1) \neq K$, $C(V_2) \neq K$.

Der Satz 8. 8 liefert die Voraussetzungen, um den folgenden Satz 8. 9 genauso wie oben Satz 8. 7 zu beweisen:

Satz 8. 9 : Aus (V1) folgt $\hat{P} = \hat{\hat{L}}$ und damit auch $\hat{P}_o(k) = \hat{\hat{L}}_o(k)$.

Satz 8. 10: Mit (V1) folgt: Jede Stützkante von $\hat{P} = \hat{\hat{L}}$ enthält ein Element von G. G enthält alle exponierten Punkte von $\hat{P} = \hat{\hat{L}}$.

Beweis: Eine Stützkante von $\hat{P}$ bestimmt auf Grund von $B'_{|1|} = 2\hat{P} - 1$ eine Stützkante von $B'_{|1|}$ und umgekehrt. Eine solche Stützkante durch einen Punkt Y_e ist definiert durch den Durchschnitt aller Stützhyperebenen in Y_e mit $B'_{|1|}$. Eine Stützhyperebene im Punkt Y_e ist durch ein $X \in B$ mit $\|X\| = 1$ und $\mu(X,Y_e) = 1$ gegeben in der Form $\{Y \mid \mu(X,Y) = 1\}$. Mit $X = \lambda V_1 - (1-\lambda)V_2$ (nach (V1)) und $F_e = \frac{1}{2}(Y_e + 1)$ folgt für $0 < \lambda < 1$: $\mu(V_1,F_e) = 1$ und $\mu(V_2,F_e) = 0$. Für $\lambda = 0$ folgt $\mu(V_2,F_e) = 0$ und für $\lambda = 1$ folgt $\mu(V_1,F_e) = 1$. Mit E nach $K_o(F_e) = K_o(E)$ folgt aus Axiom 4b $\mu(V_1,E) = 1$, so daß wegen $\mu(V_2,E) = 0$ auch $2E - 1$ auf jeder Stützhyperebene durch Y_e liegt; damit enthält die durch Y_e gehende Stützkante auch $2E-1$; d. h. die durch F_e gehende Stützkante enthält $E \in G$. Daraus folgt weiter, daß Y_e nur dann exponierter Punkt sein kann, wenn es mit $2E - 1$ übereinstimmt.

Satz 8. 11 : $\hat{L} = \hat{\hat{L}} = \hat{P}$. $\hat{P} \cap D$ ist $\sigma(B',B)$ -dicht in $\hat{P}$. $D_{|1|} = B'_{|1|} \cap D$ ist $\sigma(B',B)$ -dicht in $B'_{|1|}$. B ist Banachteilraum von D'.

Beweis: Wegen $G \subset \hat{L} \subset \hat{\hat{L}}$ enthält die konvexe abgeschlossene Menge $\hat{L}$ von jeder minimalen Stützkante von $\hat{\hat{L}}$ nach Satz 8. 10 wenigstens ein Element, nämlich ein $E \in G$. Damit ist also $\hat{L} = \hat{\hat{L}}$. (A 30)

Nach Satz 8. 9 ist $\hat{\hat{L}} = \hat{P}$. Nach Satz 3. 9 ist damit $\hat{P} \cap D$ $\sigma(B', B)$ -dicht in $\hat{P}$, daher ist auch $(2\hat{P} - 1) \cap D = 2(\hat{P} \cap D) - 1$ $\sigma(B',B)$ -dicht in $2\hat{P} - 1 = B'_{|1|}$. Nach der Definition von $\|X\|_d$ folgt dann $\|X\|_d = \|X\|$ und damit : B ist Banachteilraum von D'.

Satz 8. 12 : Für die exponierten Punkte von $\hat{P} = \hat{\hat{L}} = \hat{L}$ (die nach Satz 8. 10 alle Elemente von G sind), ist K_1 (E) nicht leer außer für E = 0.

Beweis: Ist F_e ein exponierter Punkt von $\hat{P}$ mit $F_e \neq 1$, so muß es ein $X \in B$ mit $\|X\| = 1$ geben, so daß $\mu(X,Y)$ auf $B'_{|1|}$ nur für $Y = Y_e = 2F_e - 1$ gleich 1 wird, d. h. daß $\mu(X, F)$ auf $\hat{P}$ nur für $F = F_e$ den Maximalwert 1 annimmt. Daraus folgt $X \notin K$ (und $X \notin -K$), da für $V \in K$ auch $\mu(V, 1) = 1$ ist. Nach Satz 3. 24 und der dort anschließenden Bemerkung nimmt also $\mu(V, F_e)$ auf K die Werte + 1 und 0 an.

Nach Satz 8. 12 könnte Axiom 4 b z höchstens für solche Elemente von G nicht erfüllt sein, die zwar nach Satz 6. 7 Extremalpunkte von $\hat{L} = \hat{P}$ aber, siehe Satz 8. 10, keine exponierten Punkte von $\hat{P}$ sind.

Nach Satz 8. 11 liegt $D_{|1|}$ $\sigma(B', B)$ -dicht in $B'_{|1|}$. Nach Satz 4. 4 ist die Topologie $\sigma(B',B)$ auf $B'_{|1|}$ metrisch; folglich ist jedes Element Y von $B'_{|1|}$ der $\sigma(B',B)$ -Limes einer Folge Y_ν von Elementen aus $D_{|M|}$. Da $Y/_{\|Y\|}$ für jedes $Y \in B'$ in $B'_{|M|}$ liegt, ist auch jedes $Y \in B'$ $\sigma(B',B)$-Limes einer Folge $Y_\nu \in D$ mit $\|Y_\nu\| \leq \| Y \|$. D liegt also $\sigma(B', B)$ - folgen dicht in B'. Dies war geraxe die Voraussetzung von Satz 4. 9. Die Voraussetzung von Satz 4. 9 ist also eine schwächere Voraussetzung als die Aussage von Satz 8. 11, daß $D_{|M|}$ $\sigma(B',B)$-dicht in $B'_{|M|}$ liegt.

§ 9. Die Struktur des Verbandes G.

Satz 9. 1 : Es sei B endlich dimensional. Jedes $F \in \hat{L} = \hat{\hat{L}} = \hat{P}$ läßt sich in der Form $F = \sum_{\nu=1}^{n} \lambda_\nu (E_\nu - E_{\nu+1})$ mit $E_\nu \in G$ $E_{\nu+1} < E_\nu$, $E_{n+1} = 0$, $0 < \lambda_\nu < 1$ für alle $\nu > 1$, $0 < \lambda_1 \leq 1$ und $\lambda_\nu \neq \lambda_\mu$ für $\nu \neq \mu$ darstellen; $\lambda_1 = \sup\left\{ \mu(V,F) \mid V \in K\right\}$.

Beweis: Wir definieren E_1 durch $K_o(F) = K_o(E_1)$ (E_1 ist also das maximale Element von $\hat{\hat{L}}_o K_o(E_1)$!). Daher ist $F \leq E_1$. Mit $\alpha_1 = \sup\left\{\mu(V,F) \mid V \in K\right\}$ ist dann wegen $\alpha_1^{-1} F \in \hat{\hat{L}}$ und $K_o(\alpha_1^{-1} F) = K_o(F) = K_o(E_1)$ auch $\alpha_1^{-1} F \leq E_1$. Wegen $\hat{P} = \hat{\hat{L}}$ ist also dann $F_1 = E_1 - \alpha_1^{-1} F \in \hat{\hat{L}}$. Wir definieren E_2 durch $K_o(F_1) = K_o(E_2)$. Aus $F_1 \leq E_1$ folgt wegen $K_o(F_1) \supset K_o(E_1)$ sofort $E_2 \leq E_1$. Es ist aber sogar $E_2 \neq E_1$: Da K kompakt ist (B endlich dimensional), nimmt $\mu(V, \alpha_1^{-1} F)$ auf K sein supremum an, so daß es ein V_0 mit $\mu(V_o, \alpha_1^{-1} F) = 1$ gibt, damit ist auch $\mu(V_o, E_1) = 1$; da dann $\mu(V_o, F_1) = 0$ ist, ist $K_o(E_2) = K_o(F_1) \neq K_o(E_1)$ und damit $E_1 \neq E_2$. Es ist außerdem $\alpha_2 = \sup\left\{\mu(V,F_1) \mid V \in K\right\} < 1$: denn sonst gäbe es ein $V_1 \in K$ mit $\mu(V_1, F_1)$

$= 1 = \mu(V_1, E_1 - \alpha_1^{-1} F) = \mu(V_1, E_1) - \alpha_1^{-1}\mu(V_1, F)$, woraus $\mu(V_1, E_1) = 1$ und $\mu(V_1, F) = 0$ folgt, was mit $K_o(F) = K_o(E_1)$ im Widerspruch steht.

Wenn $\alpha_2 \neq 0$ ist, kann man $F_2 = E_2 - \alpha_2^{-1} F_1 \in \hat{L}$ definieren und so das Verfahren fortsetzen. Man erhält so Folgen F_ν und E_ν bis $\alpha_{n+1} = 0$ wird, woraus $F_n = E_{n+1} = 0$ folgt. Eine solche endliche Zahl n muß existieren, da mit wachsendem $K_o(E_\nu)$ auch die Dimension von $K_o(E_\nu)$ wächst, so daß wegen der endlichen Dimension von B einmal $K_o(E_{n+1}) = K$ werden muß. So erhalten wir endlich viele Gleichungen :

$$\begin{aligned} \alpha_1 F_1 &= \alpha_1 E_1 - F \\ \alpha_2 F_2 &= \alpha_2 E_2 - F_1 \\ &\vdots \\ \alpha_{n-1} F_{n-1} &= \alpha_{n-1} E_{n-1} - F_{n-2} \\ 0 &= \alpha_n E_n - F_{n-1} \end{aligned}$$

wobei $0 < \alpha_\nu < 1$ für $\nu > 1$ und $0 < \alpha_1 \leq 1$ und $E_{\nu+1} < E_\nu$ gilt. Aus diesen Gleichungen folgt

$$F = \sum_{\nu=1}^{n} (-1)^{\nu+1} \beta_\nu E_\nu \quad \text{mit} \quad \beta_\nu = \prod_{\rho=1}^{\nu} \alpha_\rho$$

Benutzt man die Identität $E_\nu = \sum_{\rho=\nu}^{n} (E_\rho - E_{\rho+1})$ (mit $E_{n+1} = 0$), so gilt

$$F = \sum_{\nu=1}^{n} \lambda_\nu (E_\nu - E_{\nu+1}) \text{ mit}$$

$$\lambda_\nu = \sum_{\rho=1}^{\nu} (-1)^{\rho+1} \beta_\rho = \sum_{\rho=1}^{\nu} (-1)^{\rho+1} \prod_{\sigma=1}^{\rho} \alpha_\sigma$$

Da $0 < \alpha_\nu < 1$ für $\nu > 1$ und $0 < \alpha_1 \leq 1$, folgt $0 < \lambda_\nu < 1$ für $\nu > 1$ und $0 < \lambda_1 \leq 1$ und $\lambda_\nu \neq \lambda_\mu$ für $\nu \neq \mu$.

Satz 9. 2 a : Ist B endlichdimensional, so ist die Menge der Extremalpunkte von $\hat{L} = \hat{\hat{L}} = \hat{P}$ gleich G.

Beweis: Wegen Satz 6. 7 und 8. 10 bleibt nur zu beweisen, daß ein $F \in \hat{L}$ mit $F \notin G$ nicht Extremalpunkt von $\hat{L}$ sein kann. Ist nach

Satz 9. 1 n = 1 und $\lambda_1 < 1$, so ist $F = \lambda_1 E$ nicht Extremalpunkt, da es ein $\varepsilon > 0$ gibt mit $0 < \lambda_1 \pm \varepsilon < 1$ und $F = \frac{1}{2}(\lambda_1 + \varepsilon)E + \frac{1}{2}(\lambda_1 - \varepsilon)E$. Ist n > 1, so ist $0 < \lambda_2 < 1$ und es gibt ein $\varepsilon > 0$ mit $0 < \lambda_2 \pm \varepsilon < 1$. Dann ist mit $F_{1,2} = \lambda_1(E_1 - E_2) + (\lambda_2 \pm \varepsilon)(E_2 - E_3) + \lambda_3(\ldots$ $F = \frac{1}{2} F_1 + \frac{1}{2} F_2$ und $0 \leqq F_{1,2} \leqq (E_1 - E_2) + (E_2 - E_3) + \ldots = E_1$ und damit $F_{1,2} \in \hat{L}$ und F nicht Extremalpunkt von $\hat{L}$. Nur für n = 1 und $\lambda_1 = 1$, d. h. $F \in G$ kann F Extremalpunkt sein.

Satz 9. 3 : Ist G die Menge der Extremalpunkte von $\hat{L}$, so ist für zwei Elemente $E_1, E_2 \in G$ mit $E_1 \leqq E_2$ auch $E_2 - E_1 \in G$.

Beweis: Wegen $E_1 \leqq E_2$ ist $0 \leqq E_2 - E_1 \leqq E_2 \leqq 1$ und damit (wegen $\hat{P} = \hat{L}$!) $E_2 - E_1 \in \hat{L}$. Wir zeigen, daß $E_2 - E_1$ ein Extremalpunkt von $\hat{L}$ ist. Wäre $E_2 - E_1 = \lambda F_1 + (1 - \lambda) F_2$ mit $0 < \lambda < 1$ und $F_1, F_2 \in \hat{L}$, so würde aus $E_2 - E_1 \leqq E_2$ $K_o(F_1) \cap K_o(F_2) \supset K_o(E_2)$ und damit $F_1 \leqq E_2$ und $F_2 \leqq E_2$ folgen, so daß wir in der Form $E_1 = E_2 - (E_2 - E_1) = \lambda(E_2 - F_1) + (1 - \lambda)(E_2 - F_2)$ eine Zerlegung von E_1 erhalten würden. Da E_1 Extremalpunkt ist, folgt $E_2 - F_1 = E_1$ und $E_2 - F_2 = E_1$, d. h. $F_1 = E_2 - E_1$ und $F_2 = E_2 - E_1$, woraus folgt daß $E_2 - E_1$ Extremalpunkt ist. Ist G die Menge der Estremalpunkte von $\hat{L}$, so folgt $E_2 - E_1 \in G$.

Im Falle eines unendlich dimensionalen B braucht der Satz 9. 1 nicht zu gelten. Um weiter zu kommen, benutzen wir das am Ende von § 7 eingeführte Axiom 4 b z.

In Satz 8. 12 hatten wir gesehen, daß Axiom 4 b z nur dann verletzt sein kann, wenn G Elemente enthält, die keine exponierten Punkte sind. Es gilt aber sogar der

Satz 9. 2 b : Axiom 4 b z ist äquivalent dazu, daß G die Menge der exponierten Punkte von $\hat{L} = \hat{P}$ ist.

Dazu ist wegen Satz 8. 12 und 8. 10 nur noch zu zeigen, daß aus Axiom 4 b z folgt, daß G nur exponierte Punkte von $\hat{L} = \hat{P}$ enthält.

Dazu beweisen wir zunächst den

Satz 9. 4 : Aus Axiom 4 b z folgt, daß mit $E_1 \in G$, $E_2 \in G$ und $E_1 \leqslant E_2$ auch $E_2 - E_1 \in G$ ist. Insbesondere ist also mit $E \in G$ auch $1 - E \in G$.

Beweis: Durch $K_o(E_2 - E_1) = K_o(E')$ sei E' definiert. Es folgt $E_2 - E_1 \leqslant E'$. Wegen $K_o(E') \supset K_o(E_2)$ ist $E' \leqslant E_2$. Aus $E_2 - E_1 \leqslant E'$ folgt $0 \leqslant E' + E_1 - E_2 \leqslant E_2 + E_1 - E_2 = E_1$. Wegen $E_2 - E_1 \geqslant 0$, ist $E' - (E_2 - E_1) \leqslant E'$. Für $F = E' + E_1 - E_2$ gilt also $F \leqslant E_1$ und $F \leqslant E'$ und damit $K_o(F) \supset K_o(E_1) \vee K_o(E')$ und damit $K_o(F) \supset K_o(E_1 \wedge E')$, d. h. $F \leqslant E_1 \cap E' = \tilde{E}$

Aus $\mu(V, \tilde{E}) = 1$ folgt wegen $\tilde{E} \leqslant E_1$ $\mu(V, E_1) = 1$ und ebenso $\mu(V, E') = 1$. Aus $\mu(V, E_1) = 1$ folgt $V \in K_o(E_2 - E_1) = K_o(E')$ und damit $\mu(V, E') = 0$ im Widerspruch zu $\mu(V, E') = 1$. Also nimmt $\tilde{E}$ das $\sup(\mu(V, \tilde{E}) \mid V \in K) = 1$ auf K nicht an. Nach Axiom 4bz ist also $\tilde{E} = 0$ und damit $F = 0$, d. h. $E' = E_2 - E_1 \in G$.

<u>Beweis von Satz 9. 2 b :</u> Nach Satz 8. 10 genügt es zu zeigen, daß es zu jedem Element $E \in G$ und damit $2E - 1 \in B'_{|1|}$ ein $X \in B_{|1|}$ gibt, für das $\mu(X,Y)$ auf $B'_{|1|}$ nur für $Y = 2E - 1$ den Wert 1 annimmt. Mit $C(V_2) = K_0(E)$ und einem V_1 mit $C(V_1) = K_0(1 - E)$ (nach Axiom 4 b z ist $K_0(1-E)$ nicht leer!) setze man $X = \frac{1}{2} V_1 - \frac{1}{2} V_2$. Aus $\mu(X,Y) = 1$ und $Y \in B'_{|1|}$ folgt $\mu(V_1, Y) = 1$, $\mu(V_2,Y) = -1$ d. h. mit $F = \frac{1}{2}(Y+1)$: $\mu(V_1,F) = 1$ und $\mu(V_2,F) = 0$. Aus $\mu(V_2,F) = 0$ folgt $K_0(F) \supset C(V_2) = K_0(E)$ und damit $F \leqslant E$. Aus $\mu(V_1,F) = 1$, d. h. $\mu(V_1, 1 - F) = 0$ folgt $K_0(1-F) \supset C(V_1) = K_0(1-E)$; wegen Satz 9.4 daher $1 - F \leqslant 1 - E$ und damit $F \geqslant E$.

Also ist $F = E$ und somit $Y = 2E - 1$. E ist also ein exponierter Punkt von $\hat{P} = \hat{L}$. Auch 1 und -1 sind exponierte Punkte von $B'_{|1|}$, d. h. 1 und 0 exponierte Punkte von $\hat{P} = \hat{L}$; denn für ein effektives V ist $\mu(V,Y) = 1$ (bzw. $\mu(V, Y) = -1$) für $Y \in B'_{|1|}$ nur für $Y=1 (-1)$ weil aus $\mu(V, Y) = 1$ mit $F = \frac{1}{2}(Y + 1)$ sofort $\mu(V,F) = 1$ d. h. $\mu(V, 1 - F) = 0$ und damit $1-F = 0$, d. h. $Y = 1$ folgt (bzw. $\mu(V,F) = 0$ und damit $F = 0$ d. h. $Y = -1$) . Damit ist Satz 9. 2 b bewiesen. Es folgt daraus speziell: Ist G die Menge der exponierten Punkte von $\hat{L}$, so folgt Satz 9. 4, d.h. daß mit $E_1, E_2 \in G$ und $E_2 \geqslant E_1$ auch $E_2 - E_1 \in G$ gilt.

Da Axiom 4 b z und (V1) für endlich dimensionales B erfüllt sind, gilt zusammen mit Satz 9. 2 a : Alle Extremalpunkte von $\hat{L}$ sind exponierte Punkte. Ob sich dieses unter den Voraussetzungen (V1) und mit Axiom 4 b z allgemein beweisen läßt, ist nicht geklärt.

Es gilt aber nach Satz 8. 10 und 9. 2b umgekehrt: Aus der Voraussetzung

(V2) : Alle extremalen Punkte von $\hat{P}$ und damit von $B'_{|\Lambda|}$ sind exponierte Punkte ; folgt Axiom 4 b z als Satz und : G ist identisch mit der Menge der extremalen Punkte = Menge der exponierten Punkte von $\hat{P}$. (V2) ist also auf jeden Fall schärfer als das Axiom 4 b z.

Nach Satz 9. 3 oder 9. 4 ist mit $E \in G$ auch $1 - E \in G$.

<u>Satz 9. 5 :</u> Die durch $E \to E^* = 1 - E$ definierte Abbildung $*$ von G auf G ist eine Orthokomplementation des Verbandes G.

Beweis: Nach Satz 9. 4 ist $E^* \in G$. Es folgt unmittelbar, daß die Abbildung $E \to E^*$ ein Dualautomorphismus ist. $1 - E^* = E$ daher $E^{**} = E$. Aus $E + E^* = 1$ folgt $K_o(E) \cap K_o(E^*) = \emptyset$ d. h. $E \vee E^* = 1$ und daraus (da $*$ ein Dualautomorphismus) $E^* \wedge E = 1^* = 0$. Damit ist $*$ als Orthokomplementation bewiesen.

<u>Definition 9. 1 :</u> $E_1, E_2 \in G$ heißen orthogonal (symbolisch $E_1 \perp E_2$), wenn $E_1 \leq E^*_2$.

Die Relation $E_1 \perp E_2$ ist symmetrisch, da aus $E_1 \leq E^*_2$ sofort $E^*_1 \geq E_2$ folgt .

Nach Satz 9. 4 ist für $E_1 \perp E_2$ $E^*_2 - E_1 \in G$ und damit auch $1 - (E^*_2 - E_1) = E_2 + E_1 \in G$. Man ersieht sofort $K_o(E_1 + E_2) = K_o(E_1) \cap K_o(E_2) = K_o(E_1 \vee E_2)$ und damit $E_1 + E_2 = E_1 \vee E_2$.

E_λ $(\lambda \in \Lambda)$ sei eine Menge paarweise orthogonaler Elemente von G, d. h. $E_\lambda \perp E_{\lambda'}$ für $\lambda \neq \lambda'$. Sind Λ_1, Λ_2 zwei disjunkte Teilmengen von Λ, so folgt aus $E_\lambda \leq E^*_{\lambda'}$, für $\lambda \in \Lambda_1$ und $\lambda' \in \Lambda_2$ sofort $\bigvee_{\lambda \in \Lambda_1} E_\lambda \leq \bigwedge_{\lambda' \in \Lambda_2} E^*_{\lambda'} = (\bigvee_{\lambda' \in \Lambda_2} E_{\lambda'})^*$, d. h. $\bigvee_{\lambda \in \Lambda_1} E_\lambda \perp \bigvee_{\lambda \in \Lambda_2} E$.

<u>Satz 9. 6 :</u> Es gibt höchstens abzählbar viele paarweise orthogonale E; und

es gilt $\sum_{\nu} E_{\nu} = \bigvee_{\nu} E_{\nu}$,

wobei $\sum_{\nu} E_{\nu}$ im $\sigma(B',B)$ -Limes gemeint ist, falls unendlich viele E_{ν} auftreten. Ist irgendeine Menge von Entscheidungseffekten $E_{\nu} \in G$ gegeben und gilt $\sum_{\nu} E_{\nu} = 1$, so folgt, daß die E_{ν} paarweise orthogonal sind.

Beweis: Aus $E_1 + E_2 = E_1 \vee E_2$ beweist man leicht durch Induktion, daß für jede endliche Teilmenge $\Lambda_e \subset \Lambda$ $\sum_{\lambda \in \Lambda_e} E_{\lambda} = \bigvee_{\lambda \in \Lambda_e} E_{\lambda}$ gilt. Die $E_{\Lambda_e} = \sum_{\lambda \in \Lambda_e} E_{\lambda}$ bilden eine hinsichtlich der Ordnung in B' gerichtete Menge, deren obere Grenze gerade $\bigvee_{\lambda \in \Lambda} E$ ist. Daher gilt

$$\sup_{\Lambda_e} \left\{ \sum_{\lambda \in \Lambda_e} \mu(V, E_{\lambda}) \right\} = \mu(V, \bigvee_{\lambda \in \Lambda} E_{\lambda}) ;$$

(die linke Seite bezeichnet man auch mit $\sum_{\lambda \in \Lambda} \mu(V, E_{\lambda})$). Nach Satz 4. 2 gibt es ein effektives V, so daß alle $\mu(V, E_{\lambda}) > 0$ sind. Es kann daher zu jeder ganzen Zahl n nur endlich viele λ mit $\mu(V, E_{\lambda}) = \frac{1}{n}$ geben, weil sonst $\sup_{\Lambda_e} \left\{ \sum_{\lambda \in \Lambda_e} \mu(V, E_{\lambda}) \right\} = \infty$ werden würde. Also ist Λ abzählbar und damit

$$\sum_{\lambda \in \Lambda} E_{\lambda} = \bigvee_{\lambda \in \Lambda} E_{\lambda} .$$

Ist irgendeine Menge $\{E_{\lambda}\}$ ($\lambda \in \Lambda$) von Elementen $E_{\lambda} \in G$ mit $\sum_{\lambda \in \Lambda} E_{\lambda} \leq 1$ gegeben, so folgt wie eben, daß Λ abzählbar sein muß. Hieraus folgt $\sum_{\lambda \neq i} E_{\lambda} \leq 1 - E_i$ und daraus $E_k \leq 1 - E_i = E_i^*$ für $i \neq k$.

<u>Satz 9. 7 :</u> Jede gerichtete Menge ℓ aus G hat als $\sigma(B',B)$ -Limes ein Element aus G.

Ist $\mathcal{E}$ nach unten gerichtet, so ist der $\sigma(B', B)$ -Limes von $\mathcal{E}$ gleich $\bigwedge_{E \in \mathcal{E}} E$; ist $\mathcal{E}$ nach oben gerichtet, so ist der (B ,B) -Limes von $\mathcal{E}$ gleich $\bigvee_{E \in \mathcal{E}} E$.

Beweis: Sei $\mathcal{E} \subset G$ eine nach unten gerichtete Menge. Die untere Grenze F von $\mathcal{E}$ in der $\sigma(B', B)$ -Topologie ist ein Element von $\hat{L}$ (siehe A 28)
Da für alle $E \in \mathcal{E}$ $E \geqslant \bigwedge_{E \in \mathcal{E}} E$ gilt, muß auch $F \geqslant \bigwedge_{E \in \mathcal{E}} E$ sein.
Da F untere Grenze von $\mathcal{E}$ ist, folgt $F \leqslant E$ für alle $E \in \mathcal{E}$ und damit $K_0(F) \supset K_0(E)$ für alle $E \in \mathcal{E}$, d. h. $K_0(F) \supset \bigvee_{E \in \mathcal{E}} K_0(E) = K_0(\bigwedge_{E \in \mathcal{E}} E)$.
Daraus folgt $F \leqslant \bigwedge_{E \in \mathcal{E}} E$ und somit $F = \bigwedge_{E \in \mathcal{E}} E \in G$.
Ist eine Menge $\mathcal{E} \subset G$ nach oben gerichtet, so betrachte man die Elemente 1-E.

Satz 9. 8 : In jeder Menge $M \subset G$ von Entscheidungseffekten gibt es eine abzählbare Teilmenge E_i mit $\bigvee_i E_i = \bigvee_{E \in M} E$. Dasselbe gilt für die Durchschnittsoperation $\bigwedge$.

Beweis: Sei ϕ die Menge aller endlichen Teilmengen von M, sei $E_\varphi = \bigvee_{E \in \varphi \in \phi} E$; dann ist $\bigvee_{\varphi \in \phi} E_\varphi = \bigvee_{E \in M} E$. Die Menge der E_φ ist nach oben gerichtet, also ist nach Satz 8. 7 $\bigvee_{E \in M} E$ Limespunkt in der $\sigma(B', B)$ -Topologie der Menge der E_φ . Da die $\sigma(B', B)$ -Topologie in jeder normbeschränkten Menge von B ' nach Satz 4. 1 metrisch ist, gibt es eine abzählbare Folge E_{φ_ν} , die gegen $\bigvee_{E \in \phi} E$, konvergiert ; da $\bigvee_{\nu=1}^{n} E_{\varphi_\nu} \geq E_{\varphi_n}$ ist

konvergiert $\bigvee_{\nu=1}^{n} E_{\varphi_\nu}$ (nach Satz 9. 7 ist $\bigvee_{\nu=1}^{n} E$ konvergent!) mit n gegen

ein Element $E' \geqslant \bigvee_{E \in \phi} E$. Da aber $\bigvee_{\nu=1}^{n} E_{\varphi_\nu} \leqslant \bigvee_{\varphi \in \phi} E_\varphi = \bigvee_{E \in \phi} E$ ist, folgt auch $E' \leq \bigvee_{E \in \phi} E$. Also ist $\bigvee_{\nu} E_{\varphi_\nu} = \bigvee_{E \in \phi} E$, und damit $\bigvee_{E \in \phi} E =$

$\bigvee_{\nu} \bigvee_{E \in \varphi_\nu} E = \bigvee_{E \in \bigvee_\nu \varphi_\nu} E$. Da jedes φ_ν endlich ist, ist die Menge $\bigvee_{\nu} \varphi_\nu$ abzählbar .

Da G orthokomplementär ist, gilt der Satz auch für die zu $\bigvee$ duale Operation $\bigwedge$.

Satz 9. 9 : Die Verbandsoperationen $\wedge$, $\vee$, * sind in G in der σ (B', B) -Topologie stetig. Da die σ (B', B) -Topologie in G metrisch ist, heißt das:

aus $E_\nu \longrightarrow E$, $E'_\mu \longrightarrow E'$ folgt $E_\nu \vee E'_\mu \longrightarrow E \vee E'$ falls inf $\left\{ \mu(V, (E_\nu \vee E'_\mu)^* + \frac{1}{2} (E_\nu + E'_\mu)) \,\middle|\, V \in K \right\} \geq \beta > o$ für fast alle ν, μ ist.

Aus $E_\nu \longrightarrow E$ folgt $E^*_\nu \longrightarrow E^*$.

Beweis: Aus $E_\nu \longrightarrow E$ folgt sofort $E^*_\nu = 1 - E_\nu \to 1 - E = E^*$

Aus $\frac{1}{2} (E_\nu + E'_\mu) \leq 1$ und $K_o (\frac{1}{2} E_\nu + \frac{1}{2} E'_\mu) = K_o (E_\nu \vee E'_\mu)$ folgt $\frac{1}{2} (E_\nu + E'_\mu) \leq E_\nu \vee E'_\mu$. Sei sup $\left\{ \mu(V, E_\nu \vee E'_\mu - \frac{1}{2} (E_\nu + E'_\mu)) \,\middle|\, V \in K \right\} = 1 - \beta_{\nu\mu}$. Dann ist $\tilde{F} = \frac{1}{1 - \beta_{\nu\mu}} \cdot \left[E_\nu \vee E'_\mu - \frac{1}{2} (E_\nu + E'_\mu) \right] \leq 1$ und wegen $K_o (\tilde{F}) \supset K_o (E_\nu \vee E'_\mu)$ sogar $\tilde{F} \leq E_\nu \vee E'_\mu$. Daraus folgt $E_\nu \vee E'_\mu \leq \frac{1}{2 \beta_{\nu\mu}} \cdot$

$(E_\nu + E'_\mu) \leq \frac{1}{2 \beta} (E_\nu + E'_\mu)$ mit $\beta_{\nu\mu} \geq \beta > 0$.

Da $\hat{L}$ kompakt ist, kann man eine Teilfolge auswählen, so daß $E_{\nu_i} \vee E'_{\mu_i} \to F \in \hat{L}$. Es gilt also $F \leq \frac{1}{2 \beta} (E + E')$. Daher ist $K_o(F)$

$\supset K_o(\frac{1}{2}E + \frac{1}{2}E') = K_o(E \vee E')$ und damit $F \leq E \vee E'$.

Aus $E_{\nu_i} \vee E'_{\mu_i} \geq E_{\nu_i}$ und $E_{\nu_i} \vee E'_{\mu_i} \geq E'_{\mu_i}$ folgt $F \geq E$ und $F \geq E'$, d. h. $1-F \in L_oK_o(1-E)$ und $1-F \in L_oK_o(1-E')$ und damit $1-F \in L_oK_o(E^*) \wedge L_oK_o(E'^*) = L_oK_o(E^* \wedge E'^*)$. Also gilt $1-F \leq E^* \wedge E'^*$, d. h. $F \geq E \vee E'$. Damit ist $F = E \vee E'$ bewiesen. Da F irgend ein Häufungspunkt der Menge aller $E_\nu \vee E'_\mu$ war, folgt, daß nicht nur die Teilfolge konvergent ist, sondern $E_\nu \vee E'_\mu \to E \vee E'$ gilt. $\sup \{ \mu(V, E_\nu \vee E'_\mu - \frac{1}{2}(E_\nu + E'_\mu)) \mid V \in K \} = 1 - \beta_{\nu\mu}$ ist mit $\inf \{ \mu(V, 1-(E_\nu \vee E'_\mu) + \frac{1}{2}(E_\nu + E'_\mu)) \mid V \in K \} = \beta_{\nu\mu}$ äquivalent.

Daß eine $\sigma(B', B)$ konvergente Folge von Entscheidungseffekten gegen einen Entscheidungseffekt konvergiert, ist im allgemeinen nicht richtig; siehe dagegen Satz 11. 4 . Allgemein gilt für eine abgeschlossene konvexe Menge schon <u>nicht</u> einmal in einem endlichdimensionalen Vektorraum, daß die Menge der Extremalpunkte abgeschlossen ist !

Aus Satz 9. 6 folgt sofort

<u>Satz 9. 10 :</u> G ist orthomodular.

Beweis : Eine der äquivalenten Bedingungen für Orthomodularität ist (A 31) : Aus $E_1 \perp E_2$, $E_2' \perp E_1$ und $E_1 \vee E_2 = E_1 \vee E_2'$ folgt $E_2 = E_2'$. G genügt dieser Bedingung, da $E_1 \vee E_2 = E_1 + E_2 = E_1 \vee E_2' = E_1 + E_2'$ und damit $E_2 = E_2'$ ist.

Da $K_1(\ell) = K_o(1-\ell)$ (siehe Definition 5. 2), wobei $1-\ell$ die Menge aller $1-F$ mit $F \in \ell$ ist, und $K_o(\ell') = K_1(1-\ell)$, durchlaufen also die $K_1(\ell)$ alle Elemente von $\hat{W}$. Wegen (siehe Definition 5. 3) $\hat{L}_1(k) = 1-\hat{L}_o(k)$

und wegen Satz 6.6 ist $\hat{L}_1(k) = \{F \mid F \geqq E\}$ mit E als minimalem Element von $\hat{L}_1(k)$, d. h. mit E* als maximalem Element von $\hat{L}_o(k)$. Mit E* als maximalem Element von $\hat{L}_o K_o(1-\ell)$ ist bekanntlich $K_o(1-\ell) = K_o(E^*)$ und damit $K_1(\ell) = K_1(E)$ mit E als minimalem Element von $1-\hat{L}_o K_o(1-\ell) = \hat{L}_1 K_o(1-\ell) = \hat{L}_1 K_1(\ell)$. Damit haben wir den folgenden Satz bewiesen:

<u>Satz 9. 11 :</u> Durch $K_1(E)$ wird G <u>isomorph</u> auf den Verband $\hat{W} = S$ abgebildet. $\hat{L}_1(k)$ ist eine nach unten gerichtete Menge mit dem minimalen Element E mit $K_1(E) = K_1\hat{L}_1(k)$.

Ganz analog zur Definition 8. 3b ist es üblich, die "1-Eigenschaften" (meist nur kurz Eigenschaften genannt) einzuführen.

<u>Definition 9. 2 :</u> Die Mikroobjekte von $V \in K$ "haben die 1-Eigenschaft E", wenn $\mu(V,E) = 1$ ist.

Diese Definition 9. 2 läuft ganz parallel zu den Überlegungen aus I .
Wegen der ausführlichen Diskussion in § 7 und Satz 9. 11 genügt es, jetzt nur aufzuzählen. "Aus der 1-Eigenschaft E_1 folgt die 1-Eigenschaft E_2" ist äquivalent zu $E_1 \leqq E_2$. "Die Mikroobjekte von V haben die 1-Eigenschaft E_1 und die 1-Eigenschaft E_2" ist äquivalent zu "die Mikroobjekte von V haben die 1-Eigenschaft $E_1 \wedge E_2$." Aber weder zu "die Mikroobjekte von V haben nicht die 1-Eigenschaft E" noch zu "die Mikroobjekte von V haben die 1-Eigenschaft E_1 oder die 1-Eigenschaft E_2" gibt es notwendig äquivalente Elemente von G. Betrachten wir genauer die Aussage: "die Mikroobjekte von V haben nicht die 1-Eigenschaft E", d. h. $\mu(V,E) \neq 1$. Aus $\mu(V,E) \neq 1$ folgt nicht notwendig für ein anderes $E' \in G$ $\mu(V,E') = 1$. Nun wird häufig die zu E orthokomplementäre 1-Eigenschaft E* als ein neues "nicht E" definiert. Wegen $(E_1^* \wedge E_2^*)^* = E_1 \vee E_2$ kann man dann $E_1 \vee E_2$ als ein

neues "oder" einführen. Es darf aber nicht verwundern, daß die so eingeführte Redeweise nicht die Regeln der normalen Logik (II, § 4.3) erfüllt, da eben nicht nicht die Verneinung einer Aussage ist.

Satz 9. 12 : Für endlich dimensionales B läßt sich jedes $F \in \hat{\hat{L}} = \hat{L}$ eindeutig in der Form

$$F = \sum_{\nu=1}^{n} \lambda_\nu E_\nu$$

mit paarweise orthogonalen E_ν und $1 \geqq \lambda_1 > \lambda_2 \dots > \lambda_n > 0$ schreiben. $\lambda_1 = \sup\{\mu(V,F) \mid V \in K\}$.

Beweis: Folgt sofort aus Satz 8. 1 , da die $E_\nu - E_{\nu+1}$ paarweise orthogonal sind: $E_\nu - E_{\nu+1} \leqq 1 - E_{\nu+1} = E^*_{\nu+1}$; für $\nu < \kappa$ ist also $E_\nu > E_\kappa$, $E_\nu - E_{\nu+1} = E^*_{\nu+1} \leqq E^*_\kappa \leqq (E_\kappa - E_{\kappa+1})^*$. Durch richtige Anordnung der λ_ν folgt die Behauptung.

Die Eindeutigkeit folgt leicht rekursiv aus

$$\lambda_\nu = \sup\{\mu(V, F - \sum_{\mu=1}^{\nu-1} \lambda_\mu E_\mu) \mid V \in K$$

und $K_1(E_\nu) = K_1(\lambda_\nu(F - \sum_{\mu=1}^{\nu-1} \lambda_\mu E_\mu))$.

§ 10 . Die Bedeutung der Orthomodularität für die Komponenten von Gesamtheiten.

Durch die isomorphe Abbildung $\mathcal{E}(V) = K_1(E)$ von G auf S nach Satz

9. 11 überträgt sich die Struktur der Orthomodularität auf den Verband S der extremalen Mengen von K. Die Verbandsoperationen in S sind : Das mengentheoretische Enthaltensein $C(V_1) \subset C(V_2)$ ist die Verbandsordnung. $C(V_1) \wedge C(V_2) = C(V_1) \cap C(V_2)$, d. h. der verbandstheoretische Durchschnitt ist mit dem mengentheoretischen Durchschnitt identisch : $C(V_1) \wedge C(V_2)$ ist die Menge der V_1 und V_2 gemeinsamen Mischungskomponenten. $C(V_1) \vee C(V_2)$ ist dagegen im Allgemeinen nicht $C(V_1) \cup C(V_2)$ sondern die kleinste extremale Menge, die $C(V_1) \cup C(V_2)$ umfaßt. Dies scheint zunächst keine durchsichtige physikalische Bedeutung zu haben. Doch ergibt sich sofort eine physikalische Bedeutung aus dem folgenden

<u>Satz 10. 1 :</u> Mit $V = \lambda V_1 + (1-\lambda) V_2$; $V_1, V_2 \in K$; $o < \lambda < 1$ ist $C(V_1) \vee C(V_2) = C(\{V_1, V_2\}) = C(V)$.

Beweis: Aus $V = \lambda V_1 + (1-\lambda) V_2$ folgt $V_1 \in C(V)$ und $V_2 \in C(V)$ und damit $C(V_1) \subset C(\{V_1, V_2\}) \subset C(V)$ und $C(V_2) \subset C(\{V_1, V_2\}) \subset C(V)$, d. h. $C(V_1) \vee C(V_2) \subset C(\{V_1, V_2\}) \subset C(V)$. Aus $V_1 \in C(V_1) \vee C(V_2)$ und $V_2 \in C(V_1) \vee C(V_2)$ folgt auch $V \in C(V_1) \vee C(V_2)$, d. h. $C(V) \subset C(V_1) \vee C(V_2)$.

Damit haben wir die physikalische Bedeutung : $C(V_1) \vee C(V_2)$ ist die Menge aller Mischungskomponenten eines "echten" (d. h. $0 < \lambda < 1$) Gemisches von V_1 und V_2. Da im allgemeinen $C(V_1) \vee C(V_2)$ größer als $C(V_1) \cup C(V_2)$ ist, stecken im Gemisch von V_1 und V_2 mehr (!) Komponenten als in V_1 und V_2. Dies ist ein typisch quantenmechanischer

Effekt : sind z. B. φ , ψ zwei orthogonale normierte Vektoren im Hilbertraum, so sind $W_1 = P_\varphi$ und $W_2 = P_\psi$ nach I, § 8 irreduzible Gesamtheiten, d. h. Extremalpunkte der Menge K aller Gesamtheiten W. Sind χ , η zwei andere orthogonale normierte Vektoren in der von φ , ψ aufgespannten Ebene, so läßt sich $W = \frac{1}{2} P_\varphi + \frac{1}{2} P_\psi$ auch $W = \frac{1}{2} P_\chi + \frac{1}{2} P_\eta$ schreiben. P_χ ist also Mischungskomponente von W, obwohl es weder Mischungskomponente von P_φ noch P_ψ ist!!

$C(V)^*$ schreiben wir für $C(V')$ mit $C(V') = K_1(E^*)$, wenn $C(V) = K_1(E)$ ist. Da $K_1(E^*) = K_0(E)$ ist, haben wir also $C(V)^* = C(V') = K_0(E)$ und $C(V) = K_1(E)$. $C(V)$ und $C(V)^* = C(V')$ sind also in folgender Weise eindeutig aufeinander bezogen : C(V) ist die Menge aller Gesamtheiten, die mit Sicherheit den Entscheidungseffekt E hervorrufen, C(V') gerade die Menge aller Gesamtheiten, die mit Sicherheit <u>nicht</u> den Effekt E hervorrufen.

Damit können wir nach Definition 9. 3 auch der Orthokomplementation einen Sinn geben. Mit $C(V) = K_1(E)$ ist die Gesamtheit V eine Gesamtheit von Objekten, die die 1-Eigenschaft E haben und V' aus $C(V') = C(V)^*$ eine Gesamtheit von Objekten, die die O-Eigenschaft E haben. Die logische (II, § 4. 3) Verneinung der Aussage "haben die 1-Eigenschaft E " ist "haben nicht die 1-Eigenschaft E" ; bezeichnet man entsprechend Seite 280 die O-Eigenschaft E mit "(nicht 1) -Eigenschaft E", so stellt eben "haben die (nicht 1) -Eigenschaft E " keine logische Verneinung von "haben die 1-

Eigenschaft E" dar. Dies wird noch deutlicher, wenn wir statt der "kurzen" Aussagen "haben die 1-Eigenschaft E" ausführlich sagen: V ist eine Gesamtheit von Objekten, die den Entscheidungseffekt E mit Sicherheit hervorrufen. Die logische Verneinung lautet: V ist eine Gesamtheit von Objekten, die den Entscheidungseffekt E nicht mit Sicherheit hervorrufen. Die "orthokomplementäre" Aussage lautet : V ist eine Gesamtheit von Objekten, die den Entscheidungseffekt E mit Sicherheit nicht hervorrufen. Logische Verneinung und orthokomplementäre Aussage sind nicht identisch. Wenn man aber die orthokomplementäre Aussage als symbolische Verneinung bezeichnet, so darf man sich nicht wundern, daß diese symbolische Verneinung nicht mehr den Regeln der normalen Logik (II, § 4. 3) genügt.

Während mit $C(V) = K_1(E)$, $C(V') = K_o(E)$ $C(V)$ die Menge aller Gesamtheiten ist, die E mit Sicherheit hervorrufen und $C(V')$ die Menge aller Gesamtheiten, die E mit Sicherheit nicht hervorrufen, bedeutet $C(V_1) \perp C(V_2)$ nur, daß es einen Entscheidungseffekt E mit $C(V_1) \subset K_1(E)$ und $C(V_2) \subset K_o(E)$ gibt, d. h. daß $C(V_1)$ eine Menge (nicht notwendig alle!) von Gesamtheiten ist, die E mit Sicherheit hervorrufen und $C(V_2)$ eine Menge von Gesamtheiten, die E mit Sicherheit nicht hervorrufen. Einen solchen Entscheidungseffekt E mit $C(V_1) \subset K_1(E)$ und $C(V_2) \subset K_o(E)$ nennen wir einen V_1 und V_2 "trennenden" Entscheidungseffekt. Wir schreiben auch kurz für $C(V_1) \perp C(V_2)$ einfach $V_1 \perp V_2$.

Die eben angegebene physikalische Veranschaulichung der Relation $C(V_1) \perp C(V_2)$ beruht auf folgendem leicht zu beweisenden

Satz 10. 2 : Folgende drei Relationen sind äquivalent :

α) $V_1 \perp V_2$,

β) es gibt einen V_1 und V_2 trennenden Entscheidungseffekt E $\in$ G, d. h. ein E mit $\mu(V_1, E) = 1$ und $\mu(V_2, E) = 0$,

γ) es gibt einen V_1 und V_2 trennenden Effekt $F \in \hat{L}$, d. h. ein F mit $\mu(V_1, F) = 1$ und $\mu(V_2, F) = 0$.

Beweis: Wir zeigen $\alpha) \Rightarrow \beta) \Rightarrow \gamma) \Rightarrow \alpha)$.

$\alpha) \Rightarrow \beta)$: $V_1 \perp V_2$ heißt $C(V_1) \perp C(V_2)$, d. h. mit $C(V_1) = K_1(E_1)$ ist $C(V_2) \subset K_o(E_1)$. E_1 erfüllt β)

$\beta) \Rightarrow \gamma)$: ist unmittelbar klar, da E aus β) auch γ) erfüllt.

$\gamma) \Rightarrow \alpha)$: aus $\mu(V_1, F) = 1$ und $\mu(V_2, F) = 0$ folgt $F \in L_1(V_1)$ und $F \in L_o(V_2)$. Mit E_1 als minimalem Element von $L_1(V_1)$ ist also $C(V_1) = K_1(E_1)$ und $F \geqq E_1$. Damit ist $C(V_2) = K_o L_o(V_2) \subset K_o(F) \subset K_o(E_1)$.

Definition 10. 1 : Für $V_1, V_2 \in K$ setzen wir $\delta(V_1, V_2) = \sup \{ |\mu(V_1 - V_2, F)| \mid F \in \hat{L} \}$. Nach Satz 8. 10 und 6. 9 und wegen $\mu(V_1 - V_2, 1) = 0$ also: $\delta(V_1, V_2) = \frac{1}{2} \| V_1 - V_2 \|$. Wegen $0 \leqq \mu(V, F) \leqq 1$ ist also $0 \leqq \delta(V_1, V_2) \leqq 1$. Aus $\delta(V_1, V_2) = 0$ folgt $V_1 = V_2$.

Definition 10. 2 : Für $V_1, V_2 \in K$ setzen wir $d(V_1, V_2) = \delta(C(V_1), C(V_2)) = \inf \{ \delta(V', V'') \mid V' \in C(V_1), V'' \in C(V_2) \}$.

Auch für $V_1 \neq V_2$ kann $d(V_1, V_2) = 0$ sein. Es gilt natürlich auch $0 \leqq d(V_1, V_2) \leqq 1$ und $d(V_1, V_2) \leqq \delta(V_1, V_2)$.

Satz 10. 3 : Folgende drei Relationen sind äquivalent :

α) $V_1 \perp V_2$;

β) $d(V_1, V_2) = 1$;

γ) $\delta(V_1, V_2) = 1$.

Beweis: Wir zeigen $\alpha) \Rightarrow \beta) \Rightarrow \gamma) \Rightarrow \alpha)$.

$\alpha) \Rightarrow \beta)$: $V_1 \perp V_2$ heißt $C(V_1) \perp C(V_2)$; es gibt also ein E mit $C(V_1) \subset K_1(E)$, $C(V_2) \subset K_0(E)$, woraus für jedes Paar

$$V' \in C(V_1), \qquad V'' \in C(V_2)$$

$$1 \geq \delta(V', V'') \geq | \mu(V' - V'', E)| = 1$$

und damit $\delta(V', V'') = 1$ und so $d(V_1, V_2) = 1$ folgt.

$\beta) \Rightarrow \gamma)$: $1 = d(V_1, V_2) \leq \delta(V_1, V_2) \leq 1$.

$\gamma) \Rightarrow \alpha)$:

Da $\hat{\hat{L}}$ $\sigma(B', B)$-kompakt ist, gibt es ein $F \in \hat{\hat{L}}$ mit $1 = \delta(V_1, V_2) = | \mu(V_1 - V_2, F)|$. Wegen $0 \leq \mu(V, F) \leq 1$ folgt $\mu(V_1, F) = 1$ oder $\mu(V_2, F) = 1$. Sei $\mu(V_1, F) = 1$, so muß $\mu(V_2, F) = 0$ sein; und damit folgt nach Satz 10. 2 die Relation $V_1 \perp V_2$.

Die Orthomodularität des Verbandes G ist äquivalent mit der Relation (A 31) : Aus $E_2 \leq E_3$ und $E_1 \perp E_3$ und $E_1 \vee E_2 = E_1 \vee E_3$ folgt $E_2 = E_3$. Es genügt sogar, dies nur für den Fall $E_3 = E_1^*$ zu fordern. Gehen wir von G zu dem isomorphen Verband S über , so lautet diese notwendige und hinreichende Bedingung für die Orthomodularität :

Aus $V_2 \in C(V_3)$ und $V_1 \perp V_3$ und $C(\frac{1}{2} V_1 + \frac{1}{2} V_2) = C(\frac{1}{2} V_1 + \frac{1}{2} V_3)$ folgt $C(V_2) = C(V_3)$. (1)

Dies hat eine sehr anschauliche Bedeutung:

Ist $C(V_2) \neq C(V_3)$, so enhält die Komponente V_2 von V_3 echt weniger Mischungskomponenten als V_3, da es ein V_4 mit $V_4 \in C(V_3)$ aber $V_4 \notin C(V_2)$ gibt. Dieser Mangel von V_2 gegenüber V_3 bleibt bestehen, wenn man zu V_3 und V_2 eine zu V_3 orthogonale Gesamtheit hinzumischt, d. h. es ist dann auch $C(\frac{1}{2} V_1 + \frac{1}{2} V_2) \neq C(\frac{1}{2} V_1 + \frac{1}{2} V_3)$.

Nach Satz 10. 3 ist $V_1 \perp V_3$ mit $d(V_1, V_3) = 1$ äquivalent.

$d(V_1, V_3)$ heißt aber, daß die Komponenten von V_1 zu denen von V_2 total verschieden sind, wenn wir kurz zwei V', V'' im Falle $\delta(V', V'') = 1$ als total verschieden bezeichnen. Ist aber z. B. im Gegenteil $C(V_1) \wedge C(V_3) \neq 0$ so gibt es zwei Gesamtheiten V_2 und V_2' mit $V_2 \perp V_2'$, $C(V_2) = C(V_1) \wedge C(V_3)$ und $C(V_3) = C(\frac{1}{2} V + \frac{1}{2} V') = C(V_2) \vee C(V_2')$. Dann ist aber $C(\frac{1}{2} V_1 + \frac{1}{2} V_3) = C(\frac{1}{2} V_1 + \frac{1}{2} V_2')$, da wegen $V_2 \in C(V_1)$

$C(V_1) \vee C(V_3) = C(V_1) \vee C(V_2) \vee C(V_2') = C(V_1) \vee C(V_2')$ ist. Obwohl $V_2' \in C(V_3)$ und $C(V_2') \neq C(V_3)$ ist, ist also $C(\frac{1}{2} V_1 + \frac{1}{2} V_3) = C(\frac{1}{2} V_1 + \frac{1}{2} V_2')$. Es gibt eben eine Komponente

V_2' von V_3, die nicht alle Komponenten von V_3 enthält, und trotzdem in der Mischung mit V_1 denselben Umfang $C(\frac{1}{2} V_1 + \frac{1}{2} V_2')$ von Komponenten erzeugt wie die Mischung von V_1 mit V_3. Der Grund liegt nach der obigen Herleitung auf der Hand : V_3 selbst hat mit V_1 Komponenten gemein, die nicht in V_2' enthalten zu sein brauchen. Dies legt es nahe, die Relation (1) zu verallgemeinern, indem man zwar nicht die Bedingung $V_1 \perp V_3$, d. h. $d(V_1, V_3) = 1$ fortläßt (denn dann kann im Falle $C(V_1) \wedge C(V_3) \neq 0$ die Relation falsch werden), aber $d(V_1, V_3) = 1$ durch die schwächere Bedingung $d(V_1, V_3) \neq 0$ (die $C(V_1) \wedge C(V_3) = \emptyset$ garantiert!) ersetzt:

Aus $V_2 \in C(V_3)$ und $\alpha(V_1, V_3) \neq 0$ und $C(\frac{1}{2} V_1 + \frac{1}{2} V_2)$ (2)

$= C(\frac{1}{2} V_1 + \frac{1}{2} V_3)$ folgt $C(V_2) = C(V_3)$.

Wenn (2) richtig ist, würde das folgende physikalische Bedeutung haben. Wenn V_2 eine Komponente von V_3 ist, die echt weniger Komponenten enthält als V_3 ($C(V_2) \subset C(V_3)$, $C(V_2) \neq C(V_3)$) , so muß auch jedes Gemisch $\frac{1}{2} V_1 + \frac{1}{2} V_2$ mit einer zu V_3 fremden Gesamtheit V_1 ($\alpha(V_1, V_3) \neq 0$

bezeichnen wir kurz mit V_1 fremd zu V_3) echt weniger Komponenten enthalten als das Gemisch von V_1 mit V_3.

Die Orthomodularität des Verbandes S hat noch weitere physikalisch interpretierbare Konsequenzen. In einem orthomodularen Verband gilt:

Aus $a \geq b$, $b \perp c$ und $a \wedge c = 0$ folgt $a \wedge (b \vee c) = b$. Ist $d \leq b \vee c$ und $(b \vee d) \wedge c = 0$, so folgt also mit $a = b \vee d$: $(b \vee d) \wedge (b \vee c) = b$, wegen $b \vee d \leq b \vee b \vee c = b \vee c$ also $b \vee d = d$, d. h. $d \leq b$. Setzen wir $b = C(V_1)$, $c = C(V_2)$ und $d = C(V_3)$, so erhalten wir die in S gültige Beziehung.

Aus $V_1 \perp V_2$, $V_3 \in C(\frac{1}{2} V_1 + \frac{1}{2} V_2)$ und $C(\frac{1}{2} V_1 + \frac{1}{2} V_3) \wedge$

$C(V_2) = \emptyset$ folgt $V_3 \in C(V_1)$. Diese Relation ist äquivalent zu: Aus $V_1 \perp V_2$, $V_3 \in C(\frac{1}{2} V_1 + \frac{1}{2} V_2)$, $V_3 \in C(V_1)$, $C(V_3) \wedge C(V_2) = \emptyset$

folgt $C(\frac{1}{2} V_1 + \frac{1}{2} V_3) \wedge C(V_2) \neq \emptyset$. Diese Formulierung läßt eine

physikalisch interessante Interpretation zu:

Zur kürzeren Redeweise sagen wir für $\{ C(V_3) \wedge C(V_2) = 0$ und es gibt ein $V_1 \perp V_2$ mit $C(\frac{1}{2} V_1 + \frac{1}{2} V_3) \wedge C(V_2) \neq 0 \}$ "V_3 hat verborgen Mikroobjekte mit V_2 gemein". Diese Redeweise wird durch Folgendes nahegelegt : $C(V_3) \wedge C(V_2) \neq 0$ bedeutet, daß V_3 und V_2 Mischungskomponenten (d. h. Gesamtheiten von Mikroobjekten) gemein haben. Ist $C(V_3) \wedge C(V_2) = 0$, so haben zwar V_3 und V_2 keine gemeinsamen Komponenten, aber im Falle $C(\frac{1}{2} V_1 + \frac{1}{2} V_3) \wedge C(V_2) \neq 0$ für ein $V_1 \perp V_2$ haben $\frac{1}{2} V_1 + \frac{1}{2} V_3$ und V_2 gemeinsame Komponenten, obwohl V_1 und V_2 wegen $V_1 \perp V_2$ einander fremd sind! Dies kann man so deuten daß V_1 oder V_3 irgendwie in nicht entmischbarer Form Mikroobjekte enthalten, die auch in V_2 enthalten sind. Aus $V_1 \perp V_2$ und $V_3 \perp V_2$ folgt auch $\frac{1}{2} V_1 + \frac{1}{2} V_3 \perp V_2$, d. h. durch Mischen von zu V_2 fremdartigen Gesamtheiten entstehen immer nur zu V_2 fremdartige Gesamtheiten; deshalb liegt es nahe $\{ V_1 \perp V_2, C(V_3) \wedge C(V_2) = 0$ und $C(\frac{1}{2} V_1 + \frac{1}{2} V_3) \wedge C(V_2) \neq 0 \}$ so zu deuten, als ob V_3 in nicht entmischbarer Form, kurz "verborgen", Mikroobjekte mit V_2 gemein hat.

Die obige aus der Orthomodularität gefolgerte Relation kann also folgendermaßen physikalisch interpretiert werden: Eine Komponente V_3 des Gemisches zweier zueinander fremder Gesamtheiten V_1 und V_2, wobei V_3 keine Komponente von V_1 ist, muß mindestens verborgen Mikroobjekte mit V_2 gemein haben, was durch Mischen von V_3 mit V_1 sichtbar wird.

Da wir bei festem V_2 speziell V_1 mit $C(V_1) = C^* (V_2)$ wählen können, folgt für jede Gesamtheit V_3, die nicht fremd zu V_2 ist, daß V_3 mindestens verborgen Mikroobjekte mit V_2 gemein hat.

Sind jetzt V_1 und V_2 zwei beliebige Gesamtheiten, $V_3 \in C(\frac{1}{2} V_1' + \frac{1}{2} V_2)$ und $C(V_1') = C^* (V_2) \wedge C(\frac{1}{2} V_1 + \frac{1}{2} V_2)$ so ist $C(\frac{1}{2} V_1 + \frac{1}{2} V_2)$ $= C(\frac{1}{2} V_1' + \frac{1}{2} V_2)$ mit $V_1' \perp V_2$. Ist $V_3 \notin C(V_1')$, so muß also $C(\frac{1}{2} V_1' + \frac{1}{2} V_3) \wedge C(V_2) \neq 0$ sein. Es liegt die Frage nahe, ob dann nicht erst recht das Gemisch von V_3 (statt mit V_1') mit jeder anderen Gesamtheit V_1 (mit $V_3 \notin C(V_1)$) die dieselbe Komponentenmenge mit V_2 wie mit V_1' erzeugt (d. h. $C(\frac{1}{2} V_1 + \frac{1}{2} V_2) = C(\frac{1}{2} V_1' + \frac{1}{2} V_2)$), Komponenten von V_2 enthalten muß, d. h. ob nicht auch $C(\frac{1}{2} V_1 + \frac{1}{2} V_3) \wedge C(V_2)$ $\neq 0$ ist. Es ist allerdings Vorsicht geboten für den Fall, daß V_1 dem V_3 sehr ähnlich wird, worunter wir folgende Situation verstehen: Mit $C(V_1) = [C(V_1) \wedge C(V_2)] \vee C(V_4)$ und $C(V_4) \perp C(V_1) \wedge C(V_2)$ kann $d(V_4, V_2) = 0$ sein, obwohl $C(V_4) \wedge C(V_2) = 0$ sein muß. Es ist dann $C(\frac{1}{2} V_1 + \frac{1}{2} V_2)$ $= C(\frac{1}{2} V_4 + \frac{1}{2} V_2)$. In dieser Situation kann zwar $C(\frac{1}{2} V_4 + \frac{1}{2} V_3) \wedge$ $C(V_2) = 0$ aber trotzdem $d(\frac{1}{2} V_4 + \frac{1}{2} V_3, V_2) = 0$ werden, so daß $\frac{1}{2} V_4 + \frac{1}{2} V_3$ mit V_2 zwar exakt keine Komponenten gemeinsam aber in "beliebiger Nährung" gemeinsame Komponenten mit V_2 hat.

Wir schreiben deshalb folgende Relation auf:

Ist V_3 eine Komponente von $\frac{1}{2} V_1 + \frac{1}{2} V_2$ und $V_3 \notin C(V_1)$ so (3)

folgt $d(\frac{1}{2} V_1 + \frac{1}{2} V_3, V_2) = 0$.

Für $V_1 \perp V_2$ ist diese Relation (3) nach Seite 308 für einen orthokomplementären Verband S erfüllt, da aus $V_3 \notin C(V_1)$ sofort $C(\frac{1}{2} V_1 + \frac{1}{2} V_3) \wedge C(V_2) \neq 0$ folgt. Die Relation (3) können wir noch auf den Fall $V_3 \perp V_1$ spezialisieren. (Ist $V_3 \perp V_1$, so kann nicht $V_3 \in C(V_1)$ sein, so daß die Bedingung $V_3 \in C(V_1)$ also im Falle $V_3 \perp V_1$ als von selbst erfüllt fortgelassen werden kann.):

Ist V_3 eine Komponente von $\frac{1}{2} V_1 + \frac{1}{2} V_2$ mit $V_3 \perp V_1$ so folgt (4)

$d(\frac{1}{2} V_1 + \frac{1}{2} V_3, V_2) = 0$.

Wir zeigen nun zum Schluß dieses Paragraphen den

<u>Satz 10. 4 :</u> Die oben angeführten Bedingungen (2), (3), (4) und die folgende Bedingung (5) sind äquivalent:

V_1, V_2, V_3 seien drei Gesamtheiten mit $C(V_1) \supset C(V_2)$. Mit V_4 nach $C(V_3) = \left[C(V_1) \wedge C(V_3) \right] \vee C(V_4)$ und $C(V_4) \perp C(V_1) \wedge C(V_3)$ sei $\delta(C(V_1) \wedge C(\frac{1}{2} V_2 + \frac{1}{2} V_3), C(V_4)) \neq 0$. Dann gilt die modulare Relation: (5)

$$C(V_1) \wedge C(\tfrac{1}{2} V_2 + \tfrac{1}{2} V_3) = C(V_2) \vee \left[C(V_1) \wedge C(V_3) \right] .$$

Da aus $C(V_3) = \left[C(V_1) \wedge C(V_3) \right] \vee C(V_4)$ und $C(V_4) \perp C(V_1) \wedge C(V_4)$ wegen der Orthomodularität sofort $C(V_1) \wedge C(V_4) = 0$ (aus a =

$(a \wedge b) \vee c$ mit $c \perp (a \wedge b)$ folgt $c = a \wedge (a \wedge b)^*$ und damit $b \wedge c = (b \wedge a) \vee (b \wedge a)^* = 0$) und damit erst recht $C(V_1) \wedge C(\frac{1}{2} V_2 + \frac{1}{2} V_3) \wedge C(V_4) = 0$ folgt, schließt $\delta(C(V_1) \wedge C(\frac{1}{2} V_2 + \frac{1}{2} V_3), C(V_4)) \neq 0$ nur die Fälle mit $C(V_1) \wedge C(\frac{1}{2} V_2 + \frac{1}{2} V_3) \wedge C(V_4) = 0$ und $\delta(C(V_1) \wedge C(\frac{1}{2} V_2 + \frac{1}{2} V_3), C(V_4)) = 0$ aus, für die (5) dann keine Aussage macht.

Beweis: Wir schreiben zunächst die Bedingungen (2) bis (5) mit abgekürzter Bezeichnung auf (wir schreiben kurz a, b, ... statt $C(V)$) :

(2) Aus $b \leq a$ und $\delta(a, c) \neq 0$ und $a \vee c = b \vee c$ folgt $a = b$.

(3) Aus $a_3 \leq a_1 \vee a_2$ und $\delta(a_1 \vee a_3, a_2) \neq 0$ folgt $a_3 \leq a_1$.

(4) Aus $a_3 \leq a_1 \vee a_2$, $a_3 \perp a_1$ und $\delta(a_1 \vee a_3, a_2) \neq 0$ folgt $a_3 = 0$.

(5) Aus $a \geq b$ folgt $a \wedge (b \vee c) = b \vee (a \wedge c)$, wenn mit $c = (a \wedge c) \vee d$ und $d \perp (a \wedge c)$ nicht nur $a \wedge d = 0$ sondern sogar $\delta(a \wedge (b \vee c), d) \neq 0$ ist.

Wir zeigen (5) $\Rightarrow$ (2) : Ist in (5) speziell $a \wedge c = 0$ und $a \leq b \vee c$, so folgt $a = b$, wenn $\delta(a, c) \neq 0$ ist (es ist $d = c$!). Da aus $\delta(a, c) \neq$ sofort $a \wedge c = 0$ folgt und aus $a \geq b$ und $a \leq b \vee c$ sofort $a \vee c = b \vee c$, ist (2) aus (5) abgeleitet.

(2) $\Rightarrow$ (3) : Wir setzen in (2) $a = a_1 \vee a_3$ und $c = a_2$. Dann ist $a \vee c = a_1 \vee a_2 \vee a_3$ und wegen (nach (3)) $a_3 = a_1 \vee a_2$ also $a \vee c = a_1 \vee a_2 = b \vee c$ mit $b = a_1$. Es gilt dann auch $a = a_1 \vee a_3 \geq b$, so daß aus (2) $a_1 \vee a_3 = a_1$, d. h. $a_3 \leq a_1$ folgt.

(3) $\Rightarrow$ (4) : Aus $a_3 \perp a_1$ und aus $a_3 \leq a_1$ folgt $a_3 = 0$.

(4) $\Rightarrow$ (5) : Mit $c = (a \wedge c) \vee a_2$ und $a_2 \perp a \wedge c$ ist $a \wedge a_2 = 0$ und $a \wedge (b \vee c) = a \wedge [b \vee (a \wedge c) \vee a_2]$. Mit $a_1 = b \vee (a \wedge c)$ ist wegen $a \geq b$ auch $a \geq a_1$, woraus auch $a \wedge (a_1 \vee a_2) \geq a_1$ folgt, so daß $a \wedge (a_1 \vee a_2) = a_1 \vee a_3$ mit $a_3 \perp a_1$ ist. Aus $a_3 \leq a \wedge (a_1 \vee a_2)$ folgt $a_3 \leq a_1 \vee a_2$. Aus $a \wedge a_2 = 0$ folgt $a_2 \wedge a \wedge (a_1 \vee a_2) = a_2 \wedge (a_1 \vee a_3) = 0$. Ist sogar $\delta(a_1 \vee a_3, a_2) = \delta(a \wedge (b \vee c), d) = 0$ mit $d = a_2$, so folgt nach (4) $a_3 = 0$ und damit $a \wedge (a_1 \vee a_2) = a_1$, d. h. $a \wedge (b \vee c) = b \vee (a \wedge c)$.

Aus Satz 10. 4 folgt leicht im Falle eines endlichdimensionalen B, daß $\delta(a, b) \neq 0$ mit $a \wedge b = 0$ äquivalent ist (weil C(V) kompakt ist!), und damit

Corollar 10. 5 : Für endlichdimensionales B sind folgende Bedingungen äquivalent:

(2) Aus $b \leq a$ und $a \wedge c = 0$ und $a \vee c = b \vee c$ folgt $a = b$.

(3) Aus $a_3 \leq a_1 \vee a_2$ und $(a_1 \vee a_3) \wedge a_2 = 0$ folgt $a_3 \leq a_1$.

(4) Aus $a_3 \leq a_1 \vee a_2$ und $a_3 \perp a_1$ und $(a_1 \vee a_3) \wedge a_2 = 0$ folgt $a_3 = 0$.

(5) die Modularität des Verbandes:

$$\text{Aus } a \geq b \text{ folgt } a \wedge (b \vee c) = b \vee (a \wedge c).$$

§ 11 . Hauptsatz über die Komponenten des Gemisches zweier Gesamtheiten.

Nach den Diskussionen des vorigen Paragraphen ist es klar, welche physikalischen Postulate das folgende Axiom, der Hauptsatz über die Komponenten des Gemisches zweier Gesamtheiten, enthält:

Axiom 6 : Eine der nach Satz 10. 4. äquivalenten Relationen (2), (3), (4) oder (5).

Damit haben wir sofort auf Grund von Corollar 10. 5 den

Satz 11. 1 : Ist B endlichdimensional, so sind die Verbände G und S modular.

Satz 11. 2 : Ist B endlichdimensional, so sind die Verbände G und S atomar, wobei die Atome P von G durch K_1 (P) eindeutig den Atomen von S, d. h. den Extremalpunkten von K zugeordnet sind.

Beweis: Da jedes C(V) einen Extrmalpunkt von K enthält und jeder Extrrmalpunkt ein Atom im Verband S ist, ist S atomar. Der Rest der Behauptung folgt aus der Isomorphie der Abbildung K_1 von G auf S.

Ist B endlichdimensional so, ist jede Kette $\cdots C(V_i) \subset C(V_{i+1}) \subset \cdots$ mit $C(V_i) \neq C(V_{i+1})$ endlich, da aus $C(V_i)$ echt kleiner als $C(V_{i+1})$ auch Dimension von $C(V_i)$ echt kleiner als Dimension von $C(V_{i+1})$ folgt. Insbesondere ist also jede Kette wachsender Entscheidungseffekte $\cdots < E_i < E_{i+1} < \cdots$ endlich und damit auch jede Menge paarweise orthogonaler Entscheidungseffekte endlich. Ist G modular, so ist die Zahl orthogonaler Atome P_i mit $\sum_i P_i = \bigvee_i P_i = 1$ unabhängig von der Wahl der P_i. Jede Menge paarweise orthogonaler P_i läßt sich durch weitere Atome P'_k zu einer Menge paarweise orthogonaler Atome mit $\sum_i P_i + \sum_k P'_k = 1$ ergänzen, denn nach Satz 9. 6 ist $1 - \sum_i P_i = E_1 \in G$, so daß es wegen der Atomarität ein Atom P'_1 mit $P'_1 \leq E_1$ gibt. Dann wähle man ebenso $P'_2 \leq E_2 = E_1 - P'_1$ und sofort. Wegen $P'_1 = E_1 - E_2 \leq 1 - E_2$ ist $P'_1 \perp E_2$. Das Verfahren muß nach endlich vielen Schritten abbrechen, womit man die Menge der P'_k gewonnen hat.

Wir bezeichnen eine Menge von paarweise orthogonalen Atomen P_i mit $\sum_i P_i = 1$ als ein vollständiges System von Atomen. Jede Menge paarweise orthogonaler Atome läßt sich also zu einem vollständigen System von Atomen ergänzen.

Wir bezeichnen die Zahl der Atome in einem vollständigen System als die Verbandsdimension d_G von G. Diese darf nicht mit der Dimension des Vektorraumes B verwechselt werden. Auch die Zahl paarweise orthogonaler P_i mit $\sum_i P_i = E$ hängt nur von E und nicht von der Wahl der P_i ab. Diese Zahl bezeichnen wir als die Verbandsdimension d_G (E) von E. Es ist also $d_G = d_G(1)$.

<u>Satz 11. 3:</u> Ist B endlich dimensional, so ist die Menge der Atome A(G) von G als Punktmenge in B abgeschlossen und damit kompakt.

Beweis: Da die Menge $\hat{L}$ $\sigma(B', B)$-kompakt ist, ist $A(G) \subset \hat{L}$ kompakt, sobald A(G) $\sigma(B',B)$-abgeschlossen ist. Da nach Satz 4. 4 die $\sigma(B',B)$-Topologie auf $\hat{L}$ metrisch ist, ist also nur zu beweisen, daß jede $\sigma(B',B)$-konvergente Folge von Atomen gegen ein Atom konvergiert. Dies ist im Allgemeinen nur für endlichdimensionales B der Fall !

Sei P_ν eine konvergente Folge $P_\nu \to F$. Da $\hat{L}$ abgeschlossen ist, ist auch $F \in \hat{L}$. Durch $K_1(P_\nu) = C(V_\nu)$ ist den P_ν nach Satz 11. 2 eine Folge von Extremalpunkten $V_\nu \in K$ zugeordnet. (Wir zeigen später, daß auch V_ν konvergent ist). Da K kompakt ist (B endlichdimensional!)kann aber auf jeden Fall eine Teilfolge V_{ν_i} so ausgewählt werden, daß $V_{\nu_i} \to V \in K$, da K abgeschlossen ist. Wir können daher Einfachheitshalber ohne neue Nummerierung annehmen, daß $V_\nu \to V$.

Jedes P_ν kann man zu einem vollständigen System von Atomen P_ν^i mit

$\sum_i P^i_\nu = 1$ und $P^1_\nu = P_\nu$ ergänzen. Die Summe über i läuft (unabhängig von ν) von 1 bis d_G. Da sowohl $\hat{L}$ wie K kompakt sind, kann man aus den ν eine Teilfolge ν_α so auswählen, daß für jedes i = $1, \cdots d_G$ die $P^i_{\nu_\alpha}$ und die durch K_1 $(P^i_{\nu_\alpha}) = C(V^i_{\nu_\alpha})$ zugeordneten $V^i_{\nu_\alpha}$ konvergent sind. Schreiben wir wieder statt ν_α einfach ν, so können wir also $P^i_\nu \rightarrow F^i$ und $V^i_\nu \longrightarrow V^i$ mit $F^1 = F$ und $V^1 = V$ annehmen. Der Satz ist bewiesen, wenn wir zeigen, daß alle F^i (und damit F) Atome sind.

Aus $\sum_i P^i_\nu = 1$ folgt im Limes $\sum_i F^i = 1$. Aus Satz 9. 12 folgt $F^i = \sum_\alpha \lambda^i_\alpha E^i_\alpha$ mit $\lambda^i_1 = \sup \left\{ \mu(V, F^i) \mid V \in K \right\}$ und $\lambda^i_\alpha > 0$. Da aus $\mu(V^i_\nu, P^i_\nu) = 1$ im Limes $\mu(V^i, F^i) = 1$ folgt (B endlich-dimensional !) gilt $\lambda^i_1 = 1$ für alle i. Setzen wir kurz $F^i = E^i_1 + R^i$ mit $R^i = \sum_{\alpha=2} \lambda^i_\alpha E^i_\alpha$, so gilt $1 = \sum_i F^i = \sum_i E^i_1 + \sum_i R^i$. Wegen $R^i \geq 0$ ist also $\sum_i E^i_1 \leq 1$, und nach Satz 9. 6 sind also die E^i_1 paarweise orthogonal. Da i von 1 bis d_G läuft, würde man mehr als d_G paarweise orthogonale Atome erhalten, wenn nicht alle E^i_1 Atome und $\sum_i E^i_1 = 1$ wären. Aus $\sum_i E^i_1 = 1$ folgt $\sum_i R^i = 0$ und wegen $R^i \geq 0$ also $R^i = 0$ für alle i, so daß alle $F^i = E^i_1$ Atome sind.

<u>Satz 11. 4:</u> Ist B endlich dimensional, so ist G als Punktmenge in B abgeschlossen.

Beweis: Wir zeigen, daß jede konvergente Folge $E_\nu \rightarrow F$ von Elementen $E_\nu \in G$ konvergiert. Außerdem wird sich $d_G(E_\nu) \rightarrow d_G(F)$ ergeben.

Wir können jedes E_ν als Summe von Atomen

$$E_\nu = \sum_{i=1}^{d_G(E_\nu)} P_\nu^i$$

schreiben. Setzen wir $P_\nu^i = 0$ für $i > d_G(E_\nu)$, so gilt

$$E_\nu = \sum_{i=1}^{d_G} P_\nu^i$$

Wie oben können wir eine Teilfolge so auswählen, daß die P_ν^i für jedes i konvergieren und zwar nach Satz 11. 3 $P_\nu^i \to P^i$ mit P^i Atom oder $P^i = 0$.

$P^i = 0$ genau für diejenigen i mit nur endlich vielen von Null verschiedenen P^i_ν . Die Folge der $d_G(E_\nu)$ ist also konvergent : $d_G(E_\nu) \to d$, und es gilt $E_\nu \to F = \sum_{i=1}^{d} P^i$. Nach Satz 9. 6 folgt wegen $\sum_{i=1}^{d} P^i = F \leq 1$,

daß alle P_i paarweise orthogonal und damit $F \in G$ mit $d_G(F) = d$ ist.

Damit haben wir auch den folgenden Satz bewiesen :

<u>Satz 11. 5 :</u> B sei endlichdimensional. G_d sei die Menge aller $E \in G$ mit $d_G(E) = d$. Es ist also $G_1 = A(G)$. Alle G_d sind abgeschlossene Punktmengen in B und die G_d mit verschiedenem d sind nicht zusammenhängend.

Als abgeschlossene Teilmengen der kompakten Menge G sind die G_d also auch kompakt.

Wir werden in einem späteren Paragraphen zeigen, daß jedes G_d für sich zusammenhängend ist. Bevor wir weitere Konsequenzen über die Struktur der Menge K und $\hat{L}$ ableiten, soll erst noch ein physikalisch wichtiger Begriff untersucht werden, für den weder Axiom 6 noch Axiom 3 fd vorausgesetzt zu werden braucht.

§ 12 Koexistenz und Kommensurablität.

In der bisher entwickelten Theorie haben wir nicht die volle im Abbildungsprinzip 3 a erfaßte Situation berücksichtigt, sondern uns nur mit den daraus ableitbaren Relationen $(v,f) \in \breve{M}'$ begnügt. Wir müssen diese Versäumnisse jetzt nachholen. Ausgangspunkt ist also der Term $\breve{M} \subset \mathcal{P}(\breve{K} \times \breve{L})$ (und nicht nur wie bisher der daraus ableitbare Term $\breve{M}'$). Die Elemente von $\breve{M}$ sind die z-Gruppen von Einzelexperimenten. Wir müssen jetzt versuchen, die durch die z-Gruppen gegebene Situation mit ihren physikalischen Eigenschaften durch weitere Axiome in $MT_{\Sigma'}$, zu erfassen.

Bei der Aufstellung von Axiomen für den Term $\breve{M}$ sind folgende physikalisch mögliche Situationen zu berücksichtigen:

1.) Es kann passieren, daß man vergessen hat, einige der Effektteile einer z-Gruppe mit Zeichen zu versehen (man denke nur z. B. an die unübersehbar vielen Effektteile der geschwärzten oder nicht geschwärzten Körner einer Photoplatte!), so daß die "bezeichneten" $(v,f_1) \cdots (v, f_n)$ nicht die ganze z-Gruppe bilden.

2.) Der aus einer z-Gruppe von Einzelexperimenten (v, f_1) $(v,f_2) \ldots$ zusammengesetzte Ablauf im Realtext zieht sich über eine längere Zeit hin, so daß dieser Ablauf mit den gerade vorliegenden $(v, f_1) \ldots (v, f_n)$ noch nicht abgeschlossen ist: es können noch nicht vorliegende weitere $(v,f_{n+1}) \ldots$, zur z-Gruppe hinzutreten. Man muß sich die real vorliegende Möglichkeit offen halten, einen Apparat während des Experimentes durch zeitlich später anzufügende Teile zu ergänzen.

Beiden Möglichkeiten wird man gerecht, wenn man für $\tilde{M}$ verlangt, daß aus $y_1 \in \tilde{M}$ und $y_2 \subset y_1$ auch $y_2 \in \tilde{M}$ folgt.

Wegen $y \in \tilde{M} \subset \mathcal{P}(\tilde{K} \times \tilde{L})$ ist $y \subset \tilde{K} \times \tilde{L}$ und y damit eine Menge von Paaren (v, f) mit $v \in \tilde{K}$ und $f \in \tilde{L}$. Mit $\tilde{K}(y)$ bezeichnen wir die Menge der Komponenten von y aus $\tilde{K}$ und mit $\tilde{L}(y)$ die Menge der Komponenten von Y aus $\tilde{L}$.

<u>Definition 12. 1 :</u> $\tilde{\mathcal{L}} = \{ \tilde{L}(y) / y \in \tilde{M} \}$

Die durch Abbildungsprinzip 3 a beschriebenen Situationen legen es nahe, $\tilde{K}(y)$ als einelementig zu fordern, da zu jeder z-Gruppe $(v, f_1) \cdots (v, f_n)$ nur ein v gehört. Da jedes v im Realtext nur mit irgendwelchen $f_1 \cdots f_n$ zusammen als eine z-Gruppe $(v, f_1) \cdots (v, f_n)$ auftritt, werden wir

$$\bigvee_{y \in \tilde{M}} \tilde{K}(y) = \tilde{K}$$

fordern. Da die $f_1 \cdots f_n$ aus einer z-Gruppe nur zu einem einzigen v gehören können, werden wir fordern, daß man durch die Zuordnung

$$\tilde{L}(y) \rightarrow v \in \tilde{K}(y)$$

eine surjektive Abbildung von $\tilde{\mathcal{L}}$ auf K erhält. Da nur Teilmengen

$$(v, f_{i_1}) \cdots (v, f_{i_p})$$

aus einer z-Gruppe $(v, f_1) \cdots (v, f_n)$ mit demselben v auftreten können, werden wir $\tilde{L}(y_1) \subset \tilde{L}(y_2) \Rightarrow \tilde{K}(y_1) = K(y_2)$ und

$\tilde{K}(y_1) = K(y_2) \Rightarrow$ es gibt ein y_3 mit

$\tilde{L}(y_1) \subset \tilde{L}(y_3)$ und $\tilde{L}(y_2) \subset \tilde{L}(y_3)$

fordern. Mit diesen beiden Relationen ist äquivalent die Relation:

$$\tilde{K}(y_1) = \tilde{K}(y_2) \Leftrightarrow \text{es gibt ein } y_3 \text{ mit } \tilde{L}(y_1) \subset \tilde{L}(y_3) \text{ und } \tilde{L}(y_2) \subset \tilde{L}(y_3).$$

Da weiterhin auch jedes f $\in \tilde{L}$ zusammen mit einem v $\in \tilde{K}$ als (v, f) im Realtext auftritt, werden wir $\bigvee_{y \in \tilde{M}} \tilde{L}(y) = \tilde{L}$ verlangen.

Alles dies können wir in folgendem Axiom zusammenfassen:

<u>Axiom 7 a :</u> Alle Elemente von $\tilde{\ell}$ sind endliche Mengen. Aus $z \subset t$ und $t \in \tilde{\ell}$ folgt $z \in \tilde{\ell}$. Es gilt $\bigvee_{t \in \tilde{\ell}} t = \tilde{L}$. Die Menge $\{(t, v) \mid$ es gibt ein $y \in \tilde{M}$ mit $t = \tilde{L}(y)$ und $v \in \tilde{K}(y)\}$ ist der Graph einer surjektiven Abbildung $f: \tilde{\ell} \to \tilde{K}$. Es gilt:

$$\left(\tilde{K}(y_1) = \tilde{K}(y_2)\right) \Leftrightarrow \left[\text{es gibt ein } y_3 \text{ mit } \tilde{L}(y_1) \subset \tilde{L}(y_3) \text{ und } \tilde{L}(y_2) \subset \tilde{L}(y_3)\right].$$

Die Mengen $f^{-1}(\{v\})$ für die verschiedenen $v \in \tilde{K}$ bilden eine Einteilung von $\tilde{\ell}$ in Äquivalenzklassen. Die Menge dieser Äquivalenzklassen sei mit $\tilde{\ell}_a$ bezeichnet. Die letzte Relation aus Axiom 7 a sagt dann :

Zwei Elemente $t_1, t_2 \in \tilde{\ell}$ gehören genau dann derselben Äquivalenzklasse an, wenn es ein Element $t_3 \in \tilde{\ell}$ gibt mit $t_1 \subset t_3$ und $t_2 \subset t_3$.

Ist $r \in \tilde{\ell}_a$, d. h. r eine Äquivalenzklasse von $\tilde{\ell}$, d. h. $r = f^{-1}(v)$ für ein geeignetes $v \in \tilde{K}$, so folgt:

$$t_1 \in r \text{ und } t_2 \subset t_1 \Rightarrow t_2 \in r \quad ;$$

$$t_1 \in r \text{ und } t_2 \in r \Rightarrow t_1 \cup t_2 \in r$$

(Die letzte Relation folgt so : $t_1 \in r$ und $t_2 \in r$ $\Rightarrow$ es gibt ein $t_3 \in \tilde{\ell}$ mit $t_1 \subset t_3$ und $t_2 \subset t_3$; dann ist $t_1 \cup t_2 \subset t_3$ und damit nach dem ersten Teil von Axiom 7 a: $t_1 \cup t_2 \in \tilde{\ell}$

Aus $t_1 \subset t_1 \cup t_2$ folgt dann weiter, daß t_1 und $t_1 \cup t_2$ derselben Äquivalenzklasse und damit r angehören.)

Bezeichnen wir mit p die kanonische Abbildung von $\tilde{\ell}$ auf $\tilde{\ell}_a$, so kann man $f = \tilde{f} \circ p$ schreiben mit einer Bijetion $\tilde{f}$ von $\tilde{\ell}_a$ auf $\tilde{K}$.

Durch $u_r = \bigcup_{u \in r} u$ ist jedem Element $r \in \tilde{\ell}_a$ eine Teilmenge $u_r \subset \tilde{L}$ zugeordnet. Sei $f \in u_{r_1}$ und $f \in u_{r_2}$, so gibt es ein $u_1 \in r_1$ mit $f \in u_1$ und ein $u_2 \in r_2$ mit $f \in u_2$. Daher gehört die einelementige Menge $\{f\}$ sowohl zu r_1 wie r_2, d. h. die Äquivalenzklassen r_1 und r_2 sind gleich. Aus $r_1 \neq r_2$ folgt also $u_{r_1} \cap u_{r_2} = \emptyset$.

Die Zuordnung $r \to u_r$ ist also injektiv. Wegen $\tilde{L} = \bigcup_{t \in \tilde{\ell}} t = \bigcup_{r \in \ell_a} \bigcup_{u \in r} u$ $= \bigcup_{r \in \ell_a} u_r$ bilden also die u_r eine Klasseneinteilung von $\tilde{L}$.

Die Menge aller dieser Klassen u_r sei mit $\tilde{L}_a$ bezeichnet. $r \to u_r$ ist dann eine Bijektion von $\tilde{\ell}_a$ auf $\tilde{L}_a$. Der Bijektion $\tilde{f}$ von $\tilde{\ell}_a$ auf $\tilde{K}$ ist damit eindeutig nach dem Diagramm

$$\begin{array}{ccc} & \tilde{\ell}_a & \\ \tilde{f} \swarrow & & \searrow \\ \tilde{K} & \xleftarrow{\varphi} & \tilde{L}_a \end{array}$$

eine Bijektion φ von $\tilde{L}_a$ auf $\tilde{K}$ zugeordnet. Bezeichnen wir die kanonische Injektion von $\tilde{L}$ auf $\tilde{L}_a$ mit q, so ist $\varphi \circ q$ gerade die surjektive Abbildung von $\tilde{L}$ in $\tilde{K}$, die jedem $f \in \tilde{L}$ dasjenige $v \in \tilde{K}$ mit $(v, f) \in \tilde{M}'$ zuordnet.

$\tilde{\ell}$ können wir kurz als die "Menge aller z-Gruppen von Effektteilen "allein bezeichnen, oder präziser ausgedrückt: Für jede im Realtext vorkommende z-Gruppe von Effektteilen $\{f_1 \cdots f_n\}$ (d. h. die $(v, f_1) \cdots (v, f_n)$ bilden eine z-Gruppe), die nach den obigen Bemerkungen nicht vollständig aufgeführt zu sein braucht (siehe die beiden erwähnten Möglichkeiten 1 und 2), folgt aus den nach Abbildungsprinzip 3 a aufgeschriebenen Abbildungsaxiomen $\ominus_r$ (2) und Axiom 7 a

$$\{f_1 \ldots f_n\} \in \tilde{\ell} ,$$

und wenn die $\{f_1 \ldots f_n\}$ keine z-Gruppe bilden, die Verneinung dieser Relation.

Aus der Definition der kanonischen Abbildung $h(f)$ von $\tilde{L}$ auf die Menge der Äquivalenzklassen $\underline{\underline{L}}$ und der Tatsache, daß nur dann zwei f_1, $f_2 \in \tilde{L}$ als "äquivalente" Effektteile, d. h. als Elemente desselben $\underline{\underline{F}} \in \underline{\underline{L}}$ gerechnet werden, wenn f_1 und f_2 technisch genauso konstruiert sind, folgt erstens, daß zwei f_1, f_2 aus derselben z-Gruppe nicht äquivalent sein können (da es sich um zwei verschiedene Teile desselben Apparates handelt,), und zweitens, daß mit f_1 und f_2 aus zwei verschiedenen z-Gruppen und f_1 äquivalent zu f_2 auch die ganzen beiden Gruppen Element für Element äquivalent sein müssen.

Wir fordern daher

Axiom 7 b: Mit $t \in \tilde{\ell}$ gilt:

$$[f_1 \in t, f_2 \in t \text{ und } f_1 \neq f_2] \Rightarrow [h(f_1) \neq h(f_2)].$$

Mit $t_1 \in \tilde{\ell}$ und $t_2 \in \tilde{\ell}$ gilt:

$$[f \in t_1 , f \in t_2 \text{ und } h(f_1) = h(f_2)] \Rightarrow [\text{es gibt ein } t_1' \in \tilde{\ell}$$

$$\text{und ein } t_2' \in \tilde{\ell} \text{ mit } t_1 \subset t_1', t_2 \subset t_2' \text{ und } h(t_1') = h(t_2')$$

$$\text{und zu jedem } t_1'' \supset t_1' \text{ gibt es ein } t_2'' \supset t_2' \text{ mit } h(t_1'') = h(t_2'')].$$

Für $f_1 \in \mathcal{U}_r$ und $f_2 \in \mathcal{U}_r$ (mit der obigen Bezeichnung von $\mathcal{U}_r$) gibt es ein $\mathcal{U}_1 \in r$ und $\mathcal{U}_2 \in r$ mit $f_1 \in \mathcal{U}_1$ und $f_2 \in \mathcal{U}_2$. Damit ist auch $f_1, f_2 \in \mathcal{U}_1 \cup \mathcal{U}_2 \in r$. Aus Axiom 7 b folgt damit $h(f_1) \neq h(f_2)$, d. h. die Abbildung h von $\tilde{L}$ auf $\underline{\underline{L}}$ ist auf den Teilmengen $\mathcal{U}_r$ injektiv.

Gehören f_1 und f_2 zu zwei verschiedenen $\mathcal{U}_{r_1}$ bzw. $\mathcal{U}_{r_2}$ und ist $h(f_1) = h(f_2)$, so gehören f_1 und f_2 zu zwei verschiedenen $\mathcal{U}_1 \in \mathcal{U}_{r_1}$ und $\mathcal{U}_2 \in \mathcal{U}_{r_2}$. Daraus folgt nach Axiom 7 b, daß es ein $\mathcal{U}_1' \in \mathcal{U}_{r_1}$ und $\mathcal{U}_2' \in \mathcal{U}_{r_2}$ mit $h(\mathcal{U}_1') = h(\mathcal{U}_2')$ gibt und daß es für jedes $\mathcal{U}_1'' \supset \mathcal{U}_1'$ ein $\mathcal{U}_2'' \supset \mathcal{U}_2'$ mit $h(\mathcal{U}_1'') = h(\mathcal{U}_2'')$ gibt. Daraus folgt $h(\mathcal{U}_{r_1}) = h(\mathcal{U}_{r_2})$.

Wegen $\bigcup_{r \in \tilde{\ell}_a} \mathcal{U}_r = \tilde{L}$ und $h(\tilde{L}) = \underline{\underline{L}}$ ist $\bigcup_{r \in \tilde{\ell}_a} h(\mathcal{U}_r) = \underline{\underline{L}}$.

Aus $\underline{\underline{F}} \in h(\mathcal{U}_{r_1})$ und $\underline{\underline{F}} \in h(\mathcal{U}_{r_2})$ folgt : es gibt ein $f_1 \in \mathcal{U}_{r_1}$ und ein $f_2 \in \mathcal{U}_{r_2}$ mit $h(f_1) = h(f_2) = \underline{\underline{F}}$, so daß $h(\mathcal{U}_{r_1}) = h(\mathcal{U}_{r_2})$ ist. Die Mengen $h(\mathcal{U}_r)$ bilden also eine Klasseneinteilung von $\underline{\underline{L}}$. Die Menge dieser Klassen sei mit $\underline{\underline{L}}_a$ bezeichnet. Die Abbildung h erzeugt also eindeutig nach folgendem kommutativen Diagramm (mit q' als kanonischer Abbildung von $\underline{\underline{L}}$ auf $\underline{\underline{L}}_a$) eine Abbildung h' von $\tilde{L}_a$ auf $\underline{\underline{L}}_a$ mit $h' \circ q = q' \circ h$:

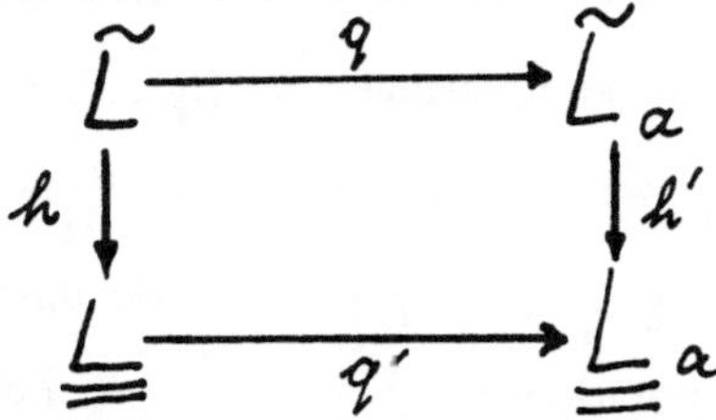

Wir schreiben für das kanoische Bild von $\tilde{\ell}$ bei der Abbildung h kurz k; es ist also $k \subset \mathcal{P}(\underline{\underline{L}})$. Aus der Eigenschaft der eben diskutierten Abbildung folgt, daß sich die Eigenschaften von $\tilde{\ell}$ auf k übertragen:

Alle Elemente von k sind endliche Mengen. Die Relation [zu zwei Elementen s_1 und s_2 aus k gibt es ein s_3 aus k mit $s_1 \subset s_3$ und $s_2 \subset s_3$] ist eine

Äquivalenzrelation, die k in die Menge der Klassen k_a teilt. Für ein $r' \in k_a$ gilt:

$$s_1 \in r' \text{ und } s_2 \subset s_1 \Rightarrow s_2 \in r'$$

$$s_1 \in r' \text{ und } s_2 \in r' \Rightarrow s_1 \cup s_2 \in r'.$$

Durch $\mathcal{U}'_{r'} = \bigcup_{\mathcal{U}' \in r'} \mathcal{U}'$ ist jedem Element $r' \in k_a$ eine Teilmenge $\mathcal{U}'_{r'} \in \underline{\underline{L}}$ zugeordnet. Die $\mathcal{U}'_{r'}$ sind mit den Mengen h $(\mathcal{U}_r)$ identisch und sind damit die Elemente von $\underline{\underline{L}}_a$. $r' \rightarrow \mathcal{U}'_{r'}$ ist eine Bijektion $k_a \longrightarrow \underline{\underline{L}}_a$.

Die Elemente von k nennen wir kurz einen "Effektapparaturteil", die Elemente von k_a eine "Effektapparatur". Für $s \in r'$ mit $r' \in k_a$ sagen wir dann: s ist ein Effektapparaturteil der Effektapparatur r'.

Wie übertragen sich die aus dem Realtext gewonnenen Relationen $\{f_1 \dots f_n\} \in \tilde{\ell}$ bzw. deren Verneinung durch die Abbildung h ?

Zunächst ist nach den obigen Überlegungen klar, daß sich aus den Relationen $\{f_1 \dots f_n\} \in \tilde{\ell}$ durch die Abbildung h die Relationen

$$\{\underline{\underline{F}}_1, \dots, \underline{\underline{F}}_n\} \in k$$

ergeben mit h $(f_1) = \underline{\underline{F}}_1$ ... h $(f_n) = \underline{\underline{F}}_n$.

Eine Relation $\{f_1 \dots f_n\} \notin \tilde{\ell}$ geht nicht ohne Weiteres in eine Relation $\{\underline{\underline{F}}_1 \dots \underline{\underline{F}}_n\} \notin k$ über. Man lasse alle solche Relationen $(f_1 \dots f_n) \notin \tilde{\ell}$ fort, wenn es in der Menge $\{f_1 \dots f_n\}$ zwei äquivalente $f_{i_1} \sim f_{i_2}$ oder zwei f_{i_1}, f_{i_2} so gibt, daß $f_{i_1} \sim f'_{i_1}$ ist mit $\{f'_{i_1}, f_{i_2}\} \in \tilde{\ell}$. Alle übrigen Relationen $\{f_1 \dots f_n\} \notin \tilde{\ell}$ führen auch zu Relationen $\{\underline{\underline{F}}_1 \dots \underline{\underline{F}}_n\} \notin k$.

Falls keine weiteren Axiome für Strukturen über $\tilde{L}$ aufgestellt werden außer denen aus Axiom 7 a und b und den über $\underline{\underline{L}}$ einzuführenden Strukturen, kann man sich bei einem Test der Theorie an der Erfahrung auf die eben notierten

Relationen $\{\underline{\underline{F}}_1 \cdots \underline{\underline{F}}_n\} \in k$ bzw. $\{\underline{\underline{F}}_1 \cdots \underline{\underline{F}}_n\} \notin k$ beschränken, d. h. es genügt die nach Abbildungsprinzip 1', 2', 3' aus § 1. 5 und dem folgendem Abbildungsprinzip 6 zu gewinnenden Relationen aufzuschreiben.

<u>Abbildungsprinzip 6 :</u> Für einen aus mehreren Effektteilen $\underline{\underline{F}}_1 \cdots \underline{\underline{F}}_n$ zusammengesetzten Effektapparaturteil ist

$$\{\underline{\underline{F}}_1 \cdots , \underline{\underline{F}}_n\} \in k$$

aufzuschreiben, gehören $\underline{\underline{F}}_1 \cdots \underline{\underline{F}}_n$ nicht demselben Effektapparaturteil an, so ist die Verneinung dieser Relation aufzuschreiben.

Um überhaupt eine prüfbare Theorie zu erhalten, müssen wir für den Term k irgendwelche Axiome fordern, denn die Typisierung $k \in \mathcal{P}\mathcal{P}(\underline{\underline{L}})$ ergibt keine eigentliche Theorie. Welche physikalischen Tatsachen legen die Formulierung von axiomatischen Relationen für k nahe?

Treten $\underline{\underline{F}}_1$ und $\underline{\underline{F}}_2$ zusammen an einer Apparatur auf, so ist es auf Grund der technischen Erfahrung sehr leicht, die Apparatur so umzubauen, daß ein weiterer Effektteil $\underline{\underline{F}}_3$ so konstruiert ist, daß $\underline{\underline{F}}_3$ anspricht, sobald die zu $\underline{\underline{F}}_1$ und $\underline{\underline{F}}_2$ gehörigen Veränderungen <u>beide</u> auftreten. Da dieser Umbau aber eine neue Apparatur liefert, dürfen wir korrekterweise nicht mehr $\underline{\underline{F}}_1$ und $\underline{\underline{F}}_2$ sondern müssen $\underline{\underline{F}}_1'$ und $\underline{\underline{F}}_2'$ für die ersten beiden Effekteile schreiben. Die technische Erfahrung zeigt, daß es also zu zwei zusammen auftretenden $\underline{\underline{F}}_1$ und $\underline{\underline{F}}_2$ eine andere Apparatur gibt mit folgenden zusammen auftretenden $\underline{\underline{F}}_i'$: $\underline{\underline{F}}_1'$ ist in derselben Klasse $\underline{F}_1$ wie $\underline{\underline{F}}_1$; $\underline{\underline{F}}_2'$ ist in derselben Klasse $\underline{F}_2$ wie $\underline{\underline{F}}_2$; $\underline{\underline{F}}_3' \overset{\text{def}}{=} \underline{\underline{F}}_1' \cdot \underline{\underline{F}}_2'$ ist ein Effektteil , der dann und genau dann anspricht, wenn beide Effektteile $\underline{\underline{F}}_1'$ und $\underline{\underline{F}}_2'$ ansprechen ; $\underline{\underline{F}}_4' \overset{\text{def}}{=} \underline{\underline{F}}_1' \dotplus \underline{\underline{F}}_2'$

ist ein Effektteil, der genau dann anspricht, wenn $\underline{\underline{F}}_1'$ oder $\underline{\underline{F}}_2'$ aber nicht $\underline{\underline{F}}_3'$ ansprechen; und weitere $\underline{\underline{F}}_i'$, die mit $\cdot$ und $\dot{+}$ aus den $\underline{\underline{F}}_1', \underline{\underline{F}}_2', \underline{\underline{F}}_3', \underline{\underline{F}}_4'$ zusammengesetzt werden können. Dieses Zusammensetzen $\cdot$ und $\dot{+}$ ist z. B. mit Hilfe technischer elektrischer Schaltungen leicht möglich. Es ist bekannt, daß man durch wiederholtes Anwenden von $\dot{+}$ und $\cdot$ alle "Schaltmöglichkeiten" erhält. Aus $\underline{\underline{F}}_1'$ und $\underline{\underline{F}}_2'$ kann man (zusammen mit 0) auf diese Weise genau acht $\underline{\underline{F}}_i'$ bilden, wie wir später noch genauer zeigen werden. Auf Grund der angegebenen Bedeutung der Zeichen $\dot{+}$ und $\cdot$ folgt sofort, daß für je zwei $\underline{\underline{F}}_i'$, $\underline{\underline{F}}_k'$ für alle $\underline{V}$ gelten muß ($\mu(\underline{V}, \underline{F})$ nach § 2):

$$\mu(\underline{V}, \underline{\underline{F}}_i') + \mu(\underline{V}, \underline{\underline{F}}_k') = 2\,\mu(\underline{V}, \underline{\underline{F}}_i' \cdot \underline{\underline{F}}_k') + \mu(\underline{V}, \underline{\underline{F}}_i' \dot{+} \underline{\underline{F}}_k') \qquad (12.1)$$

Die Schaltoperationen $\dot{+}$ und $\cdot$ genügen auf Grund ihrer "technischen Konstruktion" den Rechenregeln in einem Booleschen Ring (nicht notwendig mit Einselement) (A 32). Man kann ganz elementar auf Grund der technischen Bedeutung von $\dot{+}$ und $\cdot$ diese Rechenregeln nachprüfen, was deshalb hier nicht vorgeführt sei. Die Relationen (12.1) besagen dann nichts anderes, als daß $\mu(\underline{V}, \ldots)$ eine additive Maßfunktion auf einem Booleschen Ring ist; denn aus (12.1) folgt speziell für $\underline{\underline{F}}_i' \cdot \underline{\underline{F}}_k' = 0$:

$$\mu(\underline{V}, \underline{\underline{F}}_i' \dot{+} \underline{\underline{F}}_k') = \mu(\underline{V}, \underline{\underline{F}}_i') + \mu(\underline{V}, \underline{\underline{F}}_k') . \qquad (12.2)$$

Aber auch umgekehrt folgt, wenn (12.2) für alle Paare $\underline{\underline{F}}_i', \underline{\underline{F}}_k'$ mit $\underline{\underline{F}}_i' \cdot \underline{\underline{F}}_k' = 0$ gilt, wegen $\underline{\underline{F}}_i' = (\underline{\underline{F}}_i' \dot{+} \underline{\underline{F}}_i' \cdot \underline{\underline{F}}_k') \dot{+} \underline{\underline{F}}_i' \cdot \underline{\underline{F}}_k'$, $\underline{\underline{F}}_k' = (\underline{\underline{F}}_k' \dot{+} \underline{\underline{F}}_i' \cdot \underline{\underline{F}}_k') \dot{+} \underline{\underline{F}}_i' \cdot \underline{\underline{F}}_k'$ und $\underline{\underline{F}}_i' \dot{+} \underline{\underline{F}}_k' = (\underline{\underline{F}}_i' \dot{+} \underline{\underline{F}}_i' \cdot \underline{\underline{F}}_k') + (\underline{\underline{F}}_k' \dot{+} \underline{\underline{F}}_i' \cdot \underline{\underline{F}}_k')$, wobei auf den rechten Seiten dieser Gleichungen je zwei Summanden (1) $\dot{+}$ (2) mit (1) $\cdot$ (2) = 0 stehen, sofort wieder (12. 1). Die geschilderten technischen Möglichkeiten können wir also in folgendem mathematischen

Sachverhalt zusammenfassen (mit $\tilde{g}$ ist die auf Seite 218 definierte Abbildung von $\underline{\underline{L}}$ auf $\underline{L}$, d.h. der $\underline{\underline{F}}$ auf die Klassen $\underline{F}$ bezeichnet) :
Sind $\underline{\underline{F}}_1$, $\underline{\underline{F}}_2$ ... $\underline{\underline{F}}_n$ zusammen auftretende Effektteile, so kann man einen ganzen Booleschen Ring (nicht notwendig mit Einselementen) Q $\subset \underline{\underline{L}}$ so konstruieren, daß für die Elemente $\underline{\underline{F}}_i' \in$ Q gilt: $\tilde{g}(\underline{\underline{F}}_1') = \tilde{g}(\underline{\underline{F}}_1)$, $\tilde{g}(\underline{\underline{F}}_2') = \tilde{g}(\underline{\underline{F}}_2)$,..., $\tilde{g}(\underline{\underline{F}}_n') = \tilde{g}(\underline{\underline{F}}_n)$ (in Q gibt es im allgemeinen mehr als n Elemente!); und für je zwei $\underline{\underline{F}}_i'$, $\underline{\underline{F}}_k'$ mit $\underline{\underline{F}}_i' \cdot \underline{\underline{F}}_k' = 0$ die Relation (12. 2). Diese kann aber wegen Axiom 2 a , b auch

$$\mu(V, \tilde{g}(\underline{\underline{F}}_i' \dot{+} \underline{\underline{F}}_k')) = \mu(V, \tilde{g}(\underline{\underline{F}}_i')) + \mu(V, \tilde{g}(\underline{\underline{F}}_k'))$$

für alle V $\in$ K geschrieben werden, was dann aber mit

$$\tilde{g}(\underline{\underline{F}}_i' \dot{+} \underline{\underline{F}}_k') = \tilde{g}(\underline{\underline{F}}_i') + \tilde{g}(\underline{\underline{F}}_k') \qquad (12.\ 3)$$

äquivalent ist (wobei auf der rechten Seite + die Addition in B' bedeutet (!) .
(12. 3) bedeutet aber nichts anderes , als daß $\tilde{g}$ ein additives Vektormaß auf Q ist .

Die Operationen $\dot{+}$ und $\cdot$ erfüllen die Regeln einer normalen Logik, wenn man $\cdot$ als "und " und $\dot{+}$ als "entweder ... oder ", d. h. als das "ausschließende oder" , d. h. a $\dot{+}$ b als "(a oder b) und [nicht (a und b)] " interpretiert. Dann wird das normale oder : "a oder b " zu [a $\dot{+}$ b $\dot{+}$ a $\cdot$ b] .
Wenn man in einem Booleschen Ring a $\wedge$ b durch a $\cdot$ b und a $\vee$ b

durch $a \dot{+} b \dot{+} a \cdot b$ definiert, wird dieser zu einem distributiven Verband. $\wedge$ kann dann als "und" und $\vee$ als "oder" interpretiert werden. Hat der Boolesche Ring ein Einselement e und bezeichnet man $e \dot{+} a = a^*$, so stellt a^* das (einzige) Komplement von a dar . a^* kann man als "nicht a" interpretieren. Wir werden gleich weiter unten sehen, daß jeder eben geschilderte Boolesche Ring Q durch 1 formal zu einem Ring mit Einselement ergänzt werden kann.

Es wäre aber begrifflich unsauber, wollten wir die "Schaltoperationen" $\dot{+}$ und $\cdot$ mit den "logischen Operationen" aus II, § 4. 3 identifizieren, d. h. die Zeichen $\dot{+}$ und $\cdot$ durch die logischen Zeichen aus II, § 4. 3 ersetzen. Der Hintergrund für die Ähnlichkeit der Regeln, nach denen mit den Zeichen in beiden Fällen umzugehen ist, ist die Tatsache, daß folgende eindeutige Zuordnung möglich ist: (die Veränderung a ist an dem Apparat aufgetreten)$\leftrightarrow$(a ist wahr); (die Veränderung a ist an dem Apparat nicht aufgetreten)$\leftrightarrow$(a ist falsch). Während aber eine an einem Apparat auftretende Veränderung a etwas ist, das technisch weiter verarbeitet werden kann, ist die "Wahrheit" einer Aussage a nicht etwas , womit man technisch z.B. einen Stromstoß erzeugen kann.

Die Ähnlichkeit (aber nicht Gleichheit!) der Operationen $\dot{+}$ und $\cdot$ mit logischen Operationen hat in der Technik zu Bezeichnungen geführt wie "Logik" der Schaltungen für die "Schaltalgebra" , "Logik" eines Computers für die "Schaltalgebra" des Computers , u. s. w. Natürlich ist es durchaus möglich, solche Schaltungen als <u>Bilder</u> logischer Operationen zu benutzen.

Die geschilderten Tatsachen führen uns zu folgender mathematischen Relation :

<u>Definition 12. 2 :</u>- Eine Teilmenge $R \subset \hat{L}$, zu der es möglich ist, einen Booleschen Ring Q (nicht notwendig mit Einselement), so

anzugeben, daß R der Wertebereich eines additiven Vektormaßes auf Q ist, heiße kurz ein κ -Feld.

Treten $\underline{\underline{F}}_1$, $\underline{\underline{F}}_2 \dots \underline{\underline{F}}_n$ zusammen auf, so zeiten die oben geschilderten Erfahrungen, daß es ein κ-Feld R gibt mit $\tilde{g}(\underline{\underline{F}}_1) \in R, \dots \ \tilde{g}(\underline{\underline{F}}_n) \in R$.

Definition 12. 3 : $\mathcal{K} = \{\ell \,/\,$es gibt ein $\mathcal{K}$ -Feld R mit $\ell \subset R\}$;

für $\ell \in \mathcal{K}$ sagen wir auch: ℓ ist eine Menge koexistenter Effekte.

Die oben geschilderten technischen Schaltmöglichkeiten und die sich dabei ergebenden Erfahrungen legen es dann nahe, für den Term k folgendes Axiom zu fordern ($\tilde{g}$ sei wie eben die Abbildung von $\underline{\underline{L}}$ auf $\underline{L}$ und γ die kanonische Fortsetzung (II, § 7. 1) von g, die $\mathcal{P}\mathcal{P}(\underline{\underline{L}})$ auf $\mathcal{P}\mathcal{P}(\underline{L})$ abbildet) :

Axiom 7 c : $\gamma k \subset \mathcal{K}$.

Axiom 7 c ist nur eine kurze Formulierung der Tatsache, daß man zu einer Menge $\underline{\underline{F}}_1, \dots \underline{\underline{F}}_n$ zusammen auftretender Effektteile durch technische Schaltungen einen neuen Apparat bauen kann mit einer Menge von Effektteilen $\underline{\underline{F}}_1' \dots \underline{\underline{F}}_m'$ $(m \geq n)$, die eine Boolsche Algebra bilden und die Bedingungen (12. 1) erfüllen, wobei für $i \leq n$ jedem $\underline{\underline{F}}_i$ ein $\underline{\underline{F}}_i'$ zugeordnet ist, das zur selben Klasse $\underline{F}_i$ wie $\underline{\underline{F}}_i'$ gehört.

Sind $\underline{\underline{F}}_1^{(1)}$ und $\underline{\underline{F}}_2^{(1)}$ zwei zusammen auftretende Effektteile eines Apparates und ebenso $\underline{\underline{F}}_1^{(2)}$ und $\underline{\underline{F}}_2^{(2)}$ zwei zusammen auftretende Effektteile an einem anderen Apparat, so daß $\underline{\underline{F}}_1^{(1)}$ und $\underline{\underline{F}}_1^{(2)}$ zur selben Klasse $\underline{F}_1$ und $\underline{\underline{F}}_2^{(1)}$ und $\underline{\underline{F}}_2^{(2)}$ zur selben Klasse $\underline{F}_2$ gehören, so ist nicht gesagt, daß die aus den beiden Apparaten durch technisches Schalten gewonnenen neuen Apparate wieder nur Effektteile zur selben Klasse erzeugen, d. h. : aus $\underline{\underline{F}}_1^{(1)'} \in \underline{F}_1$, $\underline{\underline{F}}_2^{(1)'} \in \underline{F}_2$, $\underline{\underline{F}}_1^{(2)'} \in \underline{F}_1$ und $\underline{\underline{F}}_2^{(2)'} \in \underline{F}_2$ braucht z. B nicht zu folgen, daß $\underline{\underline{F}}_1^{(1)'} \cdot \underline{\underline{F}}_2^{(1)'}$ zur selben Klasse wie $\underline{\underline{F}}_1^{(2)'} \cdot \underline{\underline{F}}_2^{(2)}$ gehört ! Die durch technisches Schalten entstandenen beiden Booleschen Ringe Q und Q' brauchen nicht gleich zu sein, und damit brauchen die beiden $\mathcal{K}$ -Felder R = $\tilde{g}$Q und R' = $\tilde{g}$Q' nicht gleich zu sein. Das $\mathcal{K}$-Feld hängt also nicht nur von den Klassen $\underline{F}_1 = \tilde{g}(\underline{\underline{F}}_1)$ und $\underline{F}_2 = \tilde{g}(\underline{\underline{F}}_2)$ ab! Es kann also in Definition 12. 3 bei festem ℓ durchaus grundsätzlich verschiedene $\mathcal{K}$ -Felder R geben!

Im Sinne des in II § 10 definierten Begriffs des "physikalisch Möglichen" wollen wir fordern, daß es zu einer Menge ℓ koexistenter Effekte wenigstens eine Möglichkeit gibt, einen Apparat zu bauen, an dem Effektteile $\underline{\underline{F}}_i$ zusammen auftreten mit $\underline{\underline{F}}_i \in \underline{F}_i \in \ell$. Wegen der Topologie σ (B',B) für die unscharfe Abbildungen der Effekte ist es sinnvoll, die von σ(B', B) in der Menge $\mathcal{K}$ auf folgende Weise erzeugte uniforme Struktur zu betrachten :

Die Elemente von $\mathcal{K}$ sind Teilmengen von $\hat{L}$. In $\hat{L}$ ist die zu σ (B', B) gehörige uniforme Struktur durch ein Nachbarschaftsfilter $\mathcal{N}$ gegeben (nach Satz 4. 7 kann $\mathcal{N}$ auch durch eine Norm angegeben werden!) Zu jedem N $\in \mathcal{N}$ definieren wir eine Teilmenge $\overline{N}$ von $\mathcal{P}(\hat{L}) \times \mathcal{P}(\hat{L})$:

$$\overline{N} = \{(y_1, y_2) \mid \text{zu jedem } x \in y_1 \text{ gibt es ein } x' \in y_2 \text{ mit } (x,x') \in N \text{ und zu jedem } x \in y_2 \text{ gibt es ein } x' \in y_1 \text{ mit } (x',x) \in N\}$$

Die Menge dieser $\bar{N}$ bildet ein Fundamentalsystem eines Nachbarschaftsfilter $\bar{\mathcal{N}}$ für $\mathcal{P}(\hat{L})$:

1.) $\bar{N}_1 \cap \bar{N}_2 \supset \overline{N_1 \cap N_2}$. 2.) $\bar{N} \supset \bar{\Delta}$ 3.) aus $N' \subset N^{-1}$ folgt $\bar{N}' \subset (\bar{N})^{-1}$. 3.) aus $M^2 \subset N$ folgt $(\bar{M})^2 \subset (\bar{N})$.

Ist $\mathcal{N}$ das zu $\sigma(B',B)$ gehörige Nachbarschaftsfilter, so nennen wir das Nachbarschaftsfilter $\bar{\mathcal{N}}$ das von $\sigma(B',B)$ in $\mathcal{P}(\hat{L})$ erzeugte Nachbarschaftsfilter der unscharfen Abbildung.

Da $\hat{L}$ $\sigma(B', B)$ -kompakt ist, liegen die endlichen Teilmengen $y \subset \hat{L}$ dicht in $\mathcal{P}(\hat{L})$; Beweis: Da $\hat{L}$ kompakt ist, gibt es endlich viele Punkte $x_\nu \in \hat{L}$, so daß die N-Umgebungen der x_ν ganz $\hat{L}$ überdecken.

Ist ℓ irgendeine Teilmenge von $\hat{L}$, so sei y die Teilmenge aller x_ν mit : es gibt ein $z \in \ell$ mit $(x_\nu, z) \in N$. Wir wollen zeigen, daß die endliche Menge y dieser x_{ν_i} $\bar{N}$ -benachbart zu ℓ ist:

1.) Zu jedem $x_{\nu_i} \in y$ gibt es ein $z \in \ell$ mit $(x_{\nu_i}, z) \in N \subset N$;

2.) Zu jedem $z \in \ell$ gibt es ein x_{ν_i} mit $(x_{\nu_i}, z) \in N$; also $(y, \ell) \in \bar{N}$. So wie wir $\bar{\mathcal{N}}$ das von $\sigma(B', B)$ in $\mathcal{P}(\hat{L})$ erzeugte Nachbarschaftsfilter nannten, so wollen wir kurz die von $\bar{\mathcal{N}}$ in $\mathcal{P}(\hat{L})$ erzeugte Topologie, die von $\sigma(B',B)$ in $\mathcal{P}(\hat{L})$ erzeugte Topologie nennen.

Wir fordern dann:

Axiom 7 d : γk liegt dicht in $\mathcal{K}$ in der von $\sigma(B',B)$ $\mathcal{P}(\hat{L})$ erzeugten Topologie.

Wie wir oben sahen, sind die Elemente von k endliche Teilmengen. Da die endlichen Teilmengen von $\hat{L}$ dicht in $\mathcal{P}(\hat{L})$ liegen, ist also die Forderung des Axioms 7 d nicht unvernünftig.

Axiom 7 d sagt also aus: Zu jedem $\ell \in \mathcal{K}$ gibt es eine spezielle endliche Menge $\ell_1 \in \mathcal{K}$, die nicht nur beliebig dicht bei ℓ liegt, sondern zu der es auch noch eine Menge $\ell_1' \subset \underline{\underline{L}}$ mit $\ell_1' \in k$ so gibt, das die Elemente $\underline{\underline{F}}_i$ von ℓ_1' (die $\underline{\underline{F}}_i$ treten also zusammen auf) durch $\tilde{g}(\underline{\underline{F}}_i)$ gerade die Elemente von ℓ_1 liefern. Jedes Element von ℓ_1' ist aber Bild $h(\ell_1'')$ mindestens eines Elementes $\ell_1'' \in \tilde{\ell}$. Wenn man noch annimmt, daß es zu der vorliegenden Theorie eine g. G. - abgeschlossene Standarderweiterung gibt, so kann man die Aussage : "daß es eine Menge ℓ_1' bzw ℓ_1'' gibt" nach II, § 10 auch ausdrücken als: "es ist möglich, eine Konstruktionsvorschrift ℓ_1' für einen Apparat zu finden, und einen Apparat ℓ_1'' zu bauen, an dem eine z-Gruppe von Effektteilen f_i vorhanden sind, die in der Abbildung $f_i \rightarrow \underline{\underline{F}}_i \longrightarrow \underline{F}_i$ zu Elementen eines $\ell_1 \in \mathcal{K}$ führen, das in physikalischer Approximation das vorgegebene $\ell \in \mathcal{K}$ darstellt.

Axiom 7 d drückt also aus, daß die Menge $\mathcal{K}$ "vollständig" die Realrelation der z-Gruppen beschreibt, sobald man Axiom 7 d noch durch das Postulat ergänzt, daß $\mathcal{PT}$ durch Standarderweiterung zu einer gG -abgeschlossenen Theorie gemacht werden kann (II, § 10).

Der zu einem $\mathcal{K}$ -Feld gehörige Boolesche Ring Q vertritt eine Teilmenge von $\underline{\underline{L}}$. Das Axiom 7 d ist etwas schwächer, als daß es eine Teilmenge von $\underline{\underline{L}}$ gibt, die auf Grund der technischen Schaltoperationen $\dot{+}$ und . als Boolescher Ring Q für ein vorgegebenes $\mathcal{K}$ -Feld benutzt werden kann. Axiom 7 d sagt aus, daß jede Menge zusammen auftretender Effektteile in physikalischer Approximation als Stück aus einem Booleschen Ring mit additivem Vektormaß angesehen werden kann. Dies meinten wir, wenn wir oben sagten, daß der Ring Q eine Teilmenge von $\underline{\underline{L}}$ "vertritt".

Um sich die physikalische Bedeutung der folgenden Überlegungen klarer zu machen, ist es am einfachsten, sich Q jeweils als Teilmenge von $\underline{\underline{L}}$, oder wenigstens als Teilmenge eines topologischen Abschlußes von $\underline{\underline{L}}$ vorzustellen. Diese Vorstellung ist sogar erlaubt, da wir keine genaueren Strukturaussagen über $\underline{\underline{L}}$ einführen werden und eine solche Vorstellung keinen Einfluß auf $\underline{L}$, L, $\hat{L}$ hat. Wir haben statt dieser Vorstellung die schwächere Aussage des Axioms 7 d gewählt, um nicht unnötig viel über $\underline{\underline{L}}$ vorauszusetzen. Die Vorstellung von Q als Teilmenge von $\underline{\underline{L}}$ gibt dann der in Satz 13. 4. eingeführten Metrik $d(q_1, q_2)$ auf Q einen physikalischen Sinn: Die durch $d(q_1, q_2)$ bestimmte Topologie ist gerade die die Unschärfe der Abbildung der Effektteile auf $Q \subset \underline{\underline{L}}$ charakterisierende Topologie. Da es für die Effektteile q_1, q_2 aus Q möglich ist, durch technisches Schalten den Effektteil $q_1 \dot{+} q_2$, den man sehr anschaulich als den "Unterschied von q_1 und q_2" bezeichnen kann, zu konstruieren, genügen also nach Satz 13. 4 die Wahrscheinlichkeiten

$\mu(V, F(q))$, um auf Q eine separierende (!) Metrik einzuführen, wenn das Vektormaß F(q) effektiv über Q ist. Da aber allgemein eine in $\underline{\underline{L}}$ separierte Topologie nicht allein durch die Wahrscheinlichkeiten $\mu(\underline{\underline{V}}, \underline{\underline{F}})$ definierbar ist, hatten wir in § 4 darauf verzichtet, eine solche Topologie zu präzisieren.

Soweit wir später nicht explizit von der Menge $\underline{\underline{L}}$ reden, sondern nur die Struktur der Mengen L, $\hat{L}$ untersuchen, haben die Axiome 7 c, d keine Bedeutung, da die Axiome 7 c, d nur etwas über den Term $k \subset \mathcal{P}(\underline{\underline{L}})$ aussagen. Der Begriff "koexistenter Effekte" für Teilmengen von $\hat{L}$ ist allein durch Definition 12. 3 gegeben.

Es ist deshalb möglich, in gewissen Teilen der Quantenmechanik nur von den Mengen L, $\hat{L}$ zu sprechen und die Abbildungsprinzipien gleich durch die Abbildungen $\tilde{L} \rightarrow \underline{\underline{L}}$ und $\underline{\underline{L}} \rightarrow \underline{L}$ zu ergänzen:
Was wird dabei aus der Relation (nach Abbildungsprinzip 6) $\{\underline{\underline{E}}_1, \dots \underline{\underline{F}}_n\} \in \mathit{k}$? Man erhält zunächst $\{\underline{F}_1, \dots \underline{F}_n\} \in \mathcal{K}$. Ähnlich wie in § 1. 5 und § 2 erläutert ist Vorsicht geboten beim Übersetzen der Relationen : $\{\underline{\underline{F}}_1, \dots \underline{\underline{F}}_n\} \notin \mathit{k}$! Man darf nicht etwa aus Versehen $\{\underline{F}_1, \dots \underline{F}_n\} \notin \mathcal{K}$ aufschreiben, da aus $\{\underline{\underline{F}}_1, \dots \underline{\underline{F}}_n\} \notin \mathit{k}$ eben nicht $\{\underline{F}_1, \dots \underline{F}_n\} \notin \mathcal{K}$ folgt. Man kann aber alle Relationen $\{\underline{F}_1, \dots \underline{\underline{F}}_n\} \notin \mathcal{K}$ einfach fortlassen, da diese für einen Test der Theorie keine Rolle spielen, solange keine weiteren Axiome für $\underline{\underline{K}}, \underline{\underline{L}}, \mathit{k}$ gefordert werden. Aber erst wenn man sich begriffliche Klarheit verschafft hat, kann man solche "abgekürzten" Arbeitsmethoden ohne Gefahr von Fehlern verwenden.

Satz 12. 1 : Zu jedem Paar (Q, R) mit Q als Booleschem Ring und R als Wertebereich eines Vekormaßes auf Q ist auch $(Q/\mathcal{J}, R)$ ein solches Paar, wobei $\mathcal{J}$ das Ideal aller Elemente aus Q vom Maß Null ist. Das Vektormaß ist in $Q/\mathcal{J}$ effektiv.

Beweis ist bekannt.

Wir nennen ein $\mathcal{K}$ -Feld R minimal über ℓ , wenn es einen Booleschen Ring Q mit einem effektiven additiven Vektormaß (mit R als Wertebereich) so gibt, daß das auf einen echten Teilring von Q eingeschränkte Vektormaß immer einen nicht mehr $\mathcal{L}$ umfassenden Wertebereich hat. Ist R irgend ein $\mathcal{K}$-Feld über $\mathcal{L}$ und Q ein dazugehöriger Boolescher Ring mit effektiven Vektormaß, so bilde man den Durchschnitt aller Teilringe von Q, deren Vektormaßwertebereiche $\mathcal{L}$ umfassen. Dieser Durchschnitt hat dann als Vektormaßwertebereich gerade ein minimales $\mathcal{K}$-Feld. Zu jedem $\mathcal{L} \in \mathcal{K}$ gibt es also minimale $\mathcal{K}$-Felder. Es kann mehr als ein minimales $\mathcal{K}$-Feld über $\mathcal{L}$ geben!

Satz 12. 2 : Ist $\mathcal{L}$ endlich, so ist jedes minimale $\mathcal{K}$-Feld $R_m \supset \mathcal{L}$ endlich.

Beweis: Sei (Q, R) ein Paar (für das wir nach Satz 12. 1. das Vektormaß über Q als effektiv annehmen können) mit $R \supset \mathcal{L}$. Es gibt in Q endlich viele Elemente q_i, deren Vektormaße gerade die Elemente $F_i \in \mathcal{L}$ sind. Diese endlich vielen q_i erzeugen aber einen endlichen Booleschen Teilring $Q' \subset Q$. Der Wertebereich des Vektormaßes auf Q' kann deshalb auch nur endlich viele Elemente umfassen.

Physikalisch besonders durchsichtig ist der Fall $\mathcal{L} = \{F_1, F_2\}$:

Satz 12. 3 : $[\{F_1, F_2\}$ koexistent$] \Leftrightarrow [$Es gibt drei Elemente $F_1', F_2', F_3' \in \hat{L}$ mit $F_1 = F_1' + F_3'$, $F_2 = F_2' + F_3'$, $F_1' + F_2' + F_3' \in \hat{L}]$.

Beweis: Das zu $\mathcal{L} = \{F_1, F_2\}$ gehörige minimale $\mathcal{K}$-Feld sei R mit dem Booleschen Ring Q. $q_1, q_2 \in Q$ mögen Elemente mit den Vektormaßen F_1 und F_2 sein. Q kann aus höchstens 8 Elementen (es brauchen nicht alle unten aufgeschriebenen 8 Elemente verschieden zu sein!) bestehen, die wir gleich mit ihren Vektormaßen aufschreiben:

$O, q_1, q_2, q_1 \dot{+} q_2, q_1 \cdot q_2, q_1 \dot{+} q_1 \cdot q_2, q_2 \dot{+} q_1 \cdot q_2, q_1 \dot{+} q_2 \dot{+} q_1 \cdot q_2$

$O, F_1, F_2, \quad F_4, \quad F_3', \quad F_1', \quad F_2', F_5,$

Aus der Addivität des Vektormaßes folgt:

$$F_4 = F_1' + F_2'$$

$$F_1 = F_1' + F_3'$$

$$F_2 = F_2' + F_3'$$

$$F_5 = F_1' + F_2' + F_3' .$$

Sei nun umgekehrt $F_1 = F_1' + F_3'$, $F_2 = F_2' + F_3'$ und $F_1' + F_2' + F_3' \in \hat{L}$ vorausgesetzt. Man betrachte eine Menge aus 3 Elementen (1), (2), (3) und betrachte als Booleschen Ring die Teilmengen dieser Menge ; gibt man den einelementigen Mengen (1), (2), (3) die Maße F_1', F_2', F_3' , so erhält man auf Grund der Addivität als $\mathcal{K}$ -Feld alle oben aufgeführten 8 Elemente $O, F_1, F_2, F_4, F_3', F_1', F_2', F_5$. Also sind $\{F_1 , F_2\}$ koexistent.

<u>Definition 12. 4 :</u> $\lambda = \{ \ell \mid$ es gibt ein $\mathcal{K}$ -Feld R mit $\ell \subset R \subset G$

Für $\ell \in \lambda$ sagen wir auch: ℓ ist eine Menge "kommensurabler" Entscheidungseffekte.

Da $R \subset G$, besteht R nur aus Entscheidungseffekten. Es folgt unmittelbar $\lambda \subset \mathcal{K}$. Eine Menge ℓ koexistenter Entscheidungseffekte braucht also nicht notwendig kommensurabel zu sein. Wir werden weiter unten beweisen, daß tatsächlich <u>doch</u> jede Menge ℓ koexistenter Entscheidungseffekte auch kommensurabel ist. Es gilt sogar der

<u>Satz 12. 4 :</u> Aus $\ell \in \mathcal{K}$ und $\ell \subset G$ folgt $\ell \in \lambda$. Ist $\ell \subset G$, R_m ein minimales $\mathcal{K}$ -Feld mit $\ell \subset R_m$, Q ein Boolescher Ring mit einem additivem, effektiven Vektormaß, dessen Wertebereich

auf Q gleich R_m ist, so folgt:

$R_m \subset G$; ist Q ein **Boolescher** Ring mit einem Vektormaßwertebereich $R \subset G$, so wird durch die Definitionen $E \cdot E' = E \wedge E'$ und $E \dot{+} E' = (E \wedge E'^*) \vee (E^* \wedge E')$ die Menge R zu einem Booleschen Ring und das additive, effektive Vektormaß auf Q ist eine isomorphe Abbildung von Q auf den so definierten Booleschen Ring R. R_m ist durch ℓ eindeutig bestimmt.

Den Beweis führen wir, indem wir erst einige Hilfssätze beweisen, die auch für sich von interessanter physikalischer Bedeutung sind.

Satz 12. 5 : Folgende drei Relationen sind äquivalent ($F \in \hat{L}$, $E \in G$):

1) $\{F, E\}$ sind koexistent ;

2) $F = F_1 + F_2$ mit $F_1, F_2 \in \hat{L}$ und $F_1 \leq E$, $F_2 \leq E^*$;

(In dieser Zerlegung sind F_1 und F_2 eindeutig bestimmt.)

3) $E = F_1 + F_3$ mit $F_1, F_3 \in \hat{L}$ und $F_1 \leq F$, $F_3 \leq 1-F$.

(In dieser Zerlegung sind F_1 und F_3 eindeutig bestimmt).

Beweis : $\{F, E\}$ koexistent ist nach Satz 12. 3 äquivalent zu $F = F_1 + F_2$ und $E = F_1 + F_3$ und $F_1 + F_2 + F_3 \in \hat{L}$. Es gilt also $F_1 \leq E$. Aus $F_1 + F_2 + F_3 \in \hat{L}$ folgt $F_2 + E \leq 1$ und damit $F_2 \leq 1 - E = E^*$. Gilt umgekehrt $F = F_1 + F_2$ mit $F_1 \leq E$ und $F_2 \leq E^*$, so gilt mit $F_3 = E-F_1 \in \hat{L}$ sofort $E = F_1 + F_3$ und $F_1 + F_2 + F_3 = F_2 + E \leq E^* + E = 1$.

Sei $F = F_1 + F_2 = F_1' + F_2'$ mit $F_1 \leq E$ und $F_1' \leq E$, $F_2 \leq E^*$ und $F_2' \leq E^*$; dann folgt

$F_1 - F_1' = F_2' - F_2$ und $0 \leq E - F_1' \leq E + F_1 - F_1' = E + F_2' - F_2 \leq E + F_2'$ $\leq E + E^* = 1$. Also ist $F_3 = E + F_1 - F_1' \in \hat{L}$. Wegen $K_o(F_1) \supset K_o(E)$ und $K_o(F_1') \supset K_o(E)$ ist auch $K_o(F_3) \supset K_o(E)$ und damit $F_3 \leq E$, woraus $F_1 \leq F_1'$ folgt. Da man in dieser Ableitung F_1 und F_1' vertauschen kann, gilt auch $F_1' \leq F_1$; also $F_1' = F_1$ und damit auch $F_2' = F_2$.

Aus $F = F_1 + F_2$ und $E = F_1 + F_3$ folgt $F_1 \leq F$ und $F_3 = E - F_1 = E - F + F_2 \leq E - F + E^* = 1 - F$. Ist umgekehrt $E = F_1 + F_3$ und $F_1 \leq F$, $F_3 \leq 1 - F$, so folgt mit $F_2 = F - F_1$: $F_2 = F - E + F_3 \leq F - E + 1 - F = 1 - E = E^*$.
Die Eindeutigkeit von F_1 und F_3 folgt aus der schon oben bewiesenen Eindeutigkeit von F_1.

Definition 12. 5 : Ist $F = F_1 + F_2$ mit $F_1, F_2 \in \hat{L}$ und $F_1 \leq E$, $F_2 \leq E^*$, so sagen wir kurz: E reduziert F.
$\{F, E\}$ koexistent ist also äquivalent zu : E reduziert F.

Satz 12. 6 : Für $E_1 \in G$, $E_2 \in G$ folgt aus $E_1 = F_1 + F_2$ und $E_2 = F_1 + F_3$ und $F_1 + F_2 + F_3 \leq 1$: $F_1 = E_1 \wedge E_2$, $F_2 = E_1 \wedge E_2^*$ und $F_3 = E_2 \wedge E_1^*$.

Beweis : Nach Satz 12. 5 folgt $F_1 \leq E_2$, $F_2 \leq E_2^*$, $F_2 \leq E_1$ und ebenso auch $F_1 \leq E_1$, $F_3 \leq E_1^*$, $F_3 \leq E_2$; also ist (aus $F \leq E$ und $F \leq E'$ folgt $F \in \hat{L}_o K_o(E) \wedge \hat{L}_o K_o(E') = \hat{L}_o K_o(E \wedge E')$, d. h. $F \leq E \wedge E'$!) : $F_1 \leq E_1 \wedge E_2$, $F_2 \leq E_1 \wedge E_2^*$ und $F_3 \leq E_2 \wedge E_1^*$.
Daraus folgt $E_1 = F_1 + F_2 \leq (E_1 \wedge E_2) + (E_1 \wedge E_2^*)$. Da $E_1 \wedge E_2 \perp (E_1 \wedge E_2^*)$ ist, gilt mit Satz 9. 6:

$$(E_1 \wedge E_2) + (E_1 \wedge E_2^*) = (E_1 \wedge E_2) \vee (E_1 \wedge E_2^*) \leq E_1.$$

Somit muß also $F_1 = E_1 \wedge E_2, F_2 = E_1 \wedge E_2^*$ und ebenso $F_3 = E_2 \wedge E_1^*$ sein.

Satz 12. 7 : Zwei koexistente Entscheidungseffekte E_1, E_2 sind auch kommensurabel. Insbesondere ist das minimale $\mathcal{X}$-Feld $R_m \supset \{E_1, E_2\}$ eindeutig festgelegt. Es umfaßt die Elemente O, $E_1 \wedge E_2$, $E_1 \wedge E^*_2$, $E_2 \wedge E_1^*$, E_1, E_2, $E_1 \wedge E_2^* \vee (E_2 \wedge E_1^*)$, $E_1 \vee E_2 = E_1 \vee (E_2 \wedge E_1^*) = E_2 \vee (E_1 \wedge E_2^*)$.

Die Elemente E_ν von R_m kann man selbst als Booleschen Ring Q benutzen mit den Operationen $E_\nu \cdot E_\mu = E_\nu \wedge E_\mu$ und $E_\nu \dotplus E_\mu = (E_\nu \wedge E^*_\mu) \vee (E^*_\nu \wedge E_\mu)$ und der identischen Abbildung $E_\nu \longrightarrow E_\nu$ als Vektormaß über Q.

Beweis: Nach Satz 12. 3 und 12. 6 hat ein minimales $\mathcal{X}$-Feld R_m über $\{E_1, E_2\}$ und ein dazugehöriger Boolescher Ring Q folgende Form:

Q : O, q_1, q_2, $q_1 \dotplus q_2$, $q_1 \cdot q_2$, $q_1 \dotplus q_1 \cdot q_2$, $q_2 \dotplus q_1 \cdot q_2$, $q_1 \dotplus q_2 \dotplus q_1 \cdot q_2$

R_m : O, E_1, E_2, F_4: $E_1 \cap E_2$, $E_1 \cap E_2^*$, $E_2 \cap E_1^*$, F_5

mit $F_4 = (E_1 \wedge E_2^*) + (E_2 \wedge E_1^*)$

und $F_5 = (E_1 \wedge E^*_2) + (E_2 \wedge E_1^*) + (E_1 \wedge E_2)$.

Da die Summanden von F_4 und F_5 paarweise orthogonal sind, folgt aus Satz 9. 6 :

$$F_4 = (E_1 \wedge E_2^*) \vee (E_2 \wedge E_1^*) \in G$$

$$F_5 = (E_1 \wedge E_2^*) \vee (E_2 \wedge E_1^*) \vee (E_1 \wedge E_2) \in G$$

und damit $R_m \subset G$. Außerdem folgt, daß R_m eindeutig durch $\{E_1, E_2\}$ festgelegt ist. Wegen $R_m \subset G$ sind also $\{E_1, E_2\}$ kommensurabel.

Nach Satz 12. 6 ist

$E_1 = (E_1 \wedge E_2) \vee (E_1 \wedge E_2^*)$

$E_2 = (E_2 \wedge E_1) \vee (E_2 \wedge E_1^*)$.

Damit kann F_5 auch in der Form

$$F_5 = E_1 \vee (E_2 \wedge E_1^*) = E_2 \vee (E_1 \wedge E_2^*)$$

geschrieben werden; hieraus folgt auch

$$F_5 = E_1 \vee (E_2 \wedge E_1^*) \vee E_2 \vee (E_1 \wedge E_2^*) = E_1 \vee E_2.$$

Aus den aufgeschriebenen Relationen folgt , daß R_m ein distributiver Teilverband von G ist. Definieren wir in R_m zwei Relationen $\dot{+}$ und $\cdot$ durch :

$E_\nu \cdot E_\mu = E_\nu \wedge E_\mu$ und $E_\nu \dot{+} E_\mu = (E_\nu \wedge E_\mu^*) \vee (E_\mu \wedge E_\nu^*)$,

so wird R_m selbst zu einem Booleschen Ring. Ist für zwei Elemente von R_m $E_\nu \cdot E_\mu = E_\nu \wedge E_\mu = 0$, so ist $E_\nu \perp E_\mu$ (siehe unten Satz 12. 11) und damit folgt aus $E_\nu \cdot E_\mu = 0$ sofort $E_\nu \dot{+} E_\mu = E_\nu \vee E_\mu = E_\nu + E_\mu$ (das letzte nach Satz 9. 6) , d. h. die Additivität des Vektormaßes $E_\nu \to E_\nu$.

<u>Satz 12. 8 :</u> E_1, E_2 kommensurabel ist äquivalent zu $E_1 = (E_1 \wedge E_2) \vee (E_1 \wedge E_2^*)$.

Beweis: Nach Satz 12. 7 ist bewiesen, daß aus $\{E_1, E_2\}$ kommensurabel $E_1 = (E_1 \wedge E_2) \vee (E_1 \wedge E_2^*)$ folgt.

Ist $E_1 = (E_1 \wedge E_2) \vee (E_1 \wedge E_2^*)$, so folgt auf Grund der Orthomodularität

$$\left[(E_1 \wedge E_2) \vee (E_2 \wedge E_1^*)\right]^* = (E_1^* \vee E_2^*) \wedge (E_2^* \vee E_1) =$$

$$(E_1^* \vee E_2^*) \wedge \left[E_2^* \vee (E_1 \wedge E_2)\right] = E_2^* \vee \left[(E_1 \wedge E_2)^* \wedge (E_1 \wedge E_2)\right] = E_2^*$$

und damit $E_2 = (E_1 \wedge E_2) \vee (E_2 \wedge E_1^*)$. Dasselbe folgt auch unmittelbar aus Satz 12. 5 mit $F = E_1$ und $E = E_2$ und der Äquivalenz von 2) und 3).

Wir wollen noch einige wichtige Anwendungen der abgeleiteten Sätze kurz notieren,

<u>Satz 12. 9 :</u> Zwei Effekte $F_1, F_2 \in \hat{L}$ mit $F_1 \leq F_2$ sind koexistent.

Beweis folgt sofort wegen $F_2 = F_1 + (F_2 - F_1)$ und $F_2 - F_1 \in \hat{L}$ aus Satz 12. 3 .

<u>Satz 12. 10 :</u> Zwei Entscheidungseffekte $E_1, E_2 \in G$ mit $E_1 \leq E_2$ sind kommensurabel.

Beweis folgt aus Satz 12. 9 und 12. 7 .

<u>Satz 12. 11 :</u> Gilt für zwei kommensurable Entscheidungseffekte $E_1 \wedge E_2 = 0$, so ist $E_1 \perp E_2$. Ist $E_1 \perp E_2$, so sind E_1, E_2 kommensurabel.

Beweis folgt sofort aus Satz 12. 8

<u>Satz 12. 12 :</u> Ist $M \subset G$ und $N \subset G$ und jedes $E' \in N$ mit jedem $E \in M$ kommensurabel, so sind auch $\bigvee_{E' \in N} E'$, $\bigwedge_{E' \in N} E'$, mit allen $E \in M$ kommensurabel. Ist E' mit jedem $E \in M$ kommensurabel, so ist auch E'^* mit jedem $E \in M$ kommensurabel.

Beweis: Ist E' mit E kommensurabel, so ist nach Satz 12. 9

$E = (E \wedge E') \vee (E \wedge E'^*)$ und daher wegen $E' = E'^{**}$ wieder nach Satz 12. 9 E'^* mit E kommensurabel.

Aus E' kommensurabel mit E folgt nach Satz 12. 9 :

$E' = (E' \wedge E) \vee (E' \wedge E^*)$ und damit $\bigvee_{E' \in N} E' = \left[\bigvee_{E' \in N} (E' \wedge E)\right] \vee \left[\bigvee_{E' \in N} (E' \wedge E^*)\right]$. Da G orthomodular ist, folgt : $\left[\bigvee_{E' \in N} E'\right] \wedge E =$

$\left[\bigvee_{E' \in N} (E' \wedge E)\right] \wedge E = \bigvee_{E' \in N} (E' \wedge E)$

und ebenso für E^* statt E, so daß

$$\bigvee_{E'\in N} E' = \left[\left(\bigvee_{E'\in N} E'\right) \wedge E\right] \vee \left[\left(\bigvee_{E'\in N} E'\right) \wedge E^*\right]$$

und damit $\bigvee_{E'\in N} E'$ mit E kommensurabel ist.

Wegen $\left(\bigvee E'^*\right)^* = \bigwedge E'$ folgt dasselbe für den Durchschnitt.

Satz 12. 13 : Daß M eine Menge von koexistenten Entscheidungseffekten ist, ist äquivalent zu : je zwei E_1, E_2 aus M sind kommensurabel. Sind je zwei $E_1, E_2 \in M \subset G$ kommensurabel, so ist ganz M kommensurabel.

Beweis: Ist $M \subset G$ koexistent, so sind je zwei $E_1, E_2 \in M$ koexistent und damit nach Satz 12. 7 kommensurabel. Wir brauchen nur noch zu zeigen, daß M kommensurabel ist, wenn je zwei $E_1, E_2 \in M$ kommensurabel sind. Aus je zwei kommensurablen Entscheidungseffekten E_1, E_2 entstehen, wie bei dem Beweis von Satz 12. 7 gezeigt, durch Anwenden der Operationen $\cdot$ (als $E_1 \cdot E_2 = E_1 \wedge E_2$) und $\dot{+}$ (als $E_1 \dot{+} E_2 = (E_1 \wedge E_2^*) \vee (E_1^* \wedge E_2)$) neue Elemente, die nach Satz 12. 12 mit allen Elementen kommensurabel sind, mit denen E_1 und E_2 kommensurabel sind. Wir führen zunächst die Menge R_1 ein als Menge aller $E_{\nu_1} \wedge E_{\nu_2} \wedge \ldots \wedge E_{\nu_n}$, mit $E_{\nu_i} \in M$, d. h. die Menge aller Durchschnitte von endlich vielen Elementen aus M. Es ist $R_1 \supset M$; und je zwei Elemente aus R_1 sind kommensurabel : $E_{\nu_1} \wedge \ldots \wedge E_{\nu_n}$ ist nach Satz 12. 12 kommensurabel zu allen Elementen von M, also damit auch (wieder nach Satz 12. 12) zu allen Elementen von R_1. Als R_2 bezeichnen wir die Menge aller $E_{\lambda_1} \dot{+} \ldots \dot{+} E_{\lambda_n}$, d. h. die Menge aller endlichen Booleschen Summen mit $E_{\lambda_i} \in R_1$. Dabei ist $E_{\lambda_1} \dot{+} \ldots$

$\dot{+} \ldots \dot{+} E\lambda_n$ rekursiv durch $(E\lambda_1 \dot{+} E\lambda_2) \dot{+} \ldots$ definiert mit $E\lambda_1 \dot{+} E\lambda_2 = (E\lambda_1 \wedge E^*\lambda_2) \vee (E^*\lambda_1 \wedge E\lambda_2)$. Aus Satz 12. 12 folgt dann genau wie bei R_1, daß jedes Element von R_2 mit jedem anderen von R_2 kommensurabel ist. Die Operationen $\dot{+}$ und $\bullet$ erfüllen für die Elemente von R_2 die Regeln in einem Booleschen Ring. Da die Operationen $\dot{+}$ und $\bullet$ nicht aus R_2 herausführen, ist also R_2 ein Boolescher Ring. Die identische Abbildung $E \rightarrow E$ erfüllt aber dann die Bedingungen eines additiven Vektormaßes wie schon am Ende eines Beweises von Satz 12. 7 aufgezeigt wurde. R_2 ist also ein $\mathcal{K}$ -Feld mit $R_2 \supset M$.

Ist umgekehrt R_m ein minimales $\mathcal{K}$ -Feld mit $R_m \supset M$ und Q ein Boolescher Ring mit einem effektiven Vektormaß, dessen Wertebereich gerade R_m ist, so folgt aus dem Beweis von Satz 12. 7 sofort, daß der von einer Teilmenge $Q' \subset Q$ (die so gewählt ist, daß der Wertebereich des Vektormaßes auf Q' gerade M ist) erzeugte Boolesche Teilring gerade als Wertebereich R_2 hat. Da R_m minimal war, muß Q' den ganzen Ring Q erzeugen und damit $R_m = R_2$ sein.

Weiterhin folgt, daß der Ring Q von $R_m = R_2$ mit R_2 als wie oben definiertem Booleschem Ring isomorph ist, so daß man für ein $\mathcal{K}$-Feld aus Entscheidungseffekten keinen zusätzlichen Booleschen Ring Q einzuführen braucht, sondern das $\mathcal{K}$ -Feld selbst als Booleschen Ring mit den obigen Definitioenen von $E \bullet E'$ und $E \dot{+} E'$ benutzen kann:

Sei Q ein Boolescher Ring mit einem effektiven Vektormaß aus G. Dann ist die Zuordnung $q \rightarrow E(q)$ bijektiv : aus $E(q_1) = E(q_2)$ folgt (siehe

Beweis von Satz 12. 7) $E(q_1 \bullet q_2) = E(q_1) \wedge E(q_2) = E(q_1)$ und damit aus

$$E(q_1) + E(q_2) = 2E(q_1 \bullet q_2) + E(q_1 \dot{+} q_2)$$

$E(q_1 \dot{+} q_2) = 0$; hieraus folgt wegen der Effektivität des Vektormaßes $E(q)$: $q_1 \dot{+} q_2 = 0$, d. h. $q_1 = q_2$.

Aus Satz 12. 7 folgt dann die Isomorphie von Q und R_2.

Damit ist Satz 12. 4 bewiesen.

Definition 12. 6 : Als Kommutator M' einer Teilmenge $M \subset G$ bezeichnen wir $M' = \{E' \mid E' \in G$ und E' mit jedem $E \in M$ kommensurabel$\}$.

Satz 12. 14 : M' ist ein vollständiger, orthokomplementärer Teilverband von G. M' ist in G $\sigma(B', B)$ -abgeschlossen. (Wenn G in $\hat{L}$ nicht $\sigma(B', B)$ -abgeschlossen ist, braucht auch M' in $\hat{L}$ nicht $\sigma(B', B)$ -abgeschlossen zu sein, obwohl es in G $\sigma(B', B)$ -abgeschlossen ist.)

Beweis: Der erste Teil des Satzes folgt sofort aus Satz 12. 12. Es bleibt also nur zu zeigen(da die $\sigma(B', B)$ -Topologie in $\hat{L}$ und damit in G metrisch ist), daß aus $E'_\nu \rightarrow E'$ und E'_ν kommensurabel zu E auch E' kommensurabel zu E folgt (nicht jede konvergente Folge $E'_\nu \in M'$ muß gegen ein Element aus G konvergieren!)

Aus E'_ν kommensurabel zu E folgt $E'_\nu = (E'_\nu \wedge E) + (E'_\nu \wedge E^*)$. Da $\hat{L}$ kompakt ist, kann man eine Teilfolge so auswählen, daß $E'_{\nu_i} \wedge E \rightarrow F_1$ und $E'_{\nu_i} \wedge E^* \rightarrow F_2$. Also ist $E' = F_1 + F_2$.

Aus $E'_{\nu_i} \wedge E \leq E'_{\nu_i}$ und $E'_{\nu_i} \wedge E \leq E$ folgt $F_1 \leq E'$ und $F_1 \leq E$, d. h. $K_o(F_1) \supset K_o(E') \vee K_o(E) = \quad = K_o(E' \wedge E)$ und damit $F_1 \leq E' \wedge E$. Ebenso folgt $F_2 \leq E' \wedge E^*$ und damit $E' \leq (E' \wedge E) \vee (E' \wedge E^*)$. Da trivialer Weise $E' \geq (E' \wedge E) \vee (E' \wedge E^*)$

gilt, ist also $E' = (E' \wedge E) \vee (E' \wedge E^*)$.

Aus Satz 12. 14 folgt sofort, daß M'' ein die Menge M umfassender orthokomplementärer vollständiger in G abgeschlossener Teilverband von G ist. Es gilt $M''' = M'$, da aus $M''' = (M')'' \; M' \subset M'''$ und aus $M'' \supset M$ auch $M''' \subset M'$ folgt. Wir bezeichnen M'' als Bikommutator von M.

Eine Menge M kommensurabler Entscheidungseffekte kann also nach Satz 12. 13 auch dadurch charakterisiert werden, daß $M \subset M'$. Dann ist aber auch der M umfassende minimale $\mathcal{K}$-Ring $R_m \subset M'$.

Satz 12. 15 : In einer Menge M kommensurabler Entscheidungseffekte sind die Verbandsoperationen ohne Einschränkung stetig, d. h. aus $E_\nu \rightarrow E \quad E'_\mu \rightarrow E'$ folgt $E_\nu \vee E'_\mu \rightarrow E \vee E'$, $E^*_\nu \rightarrow E^*$ und $E_\nu \wedge E'_\mu \rightarrow E \wedge E'$. (Nach Satz 12. 14 sind natürlich alle E_ν, E'_μ E, E' kommensurabel.)

Beweis: Auf Grund von Satz 9. 9 ist nur zu zeigen, daß immer

$$\beta = \inf \left\{ \mu(V, \quad (E_\nu \vee E'_\mu)^* + \tfrac{1}{2}(E_\nu + E'_\mu)) \,\Big|\, V \in K \right\} > 0$$

ist. Da die E_ν, E'_μ kommensurabel sind, ist

$$E_\nu + E'_\mu = E_\nu \vee E'_\mu + E_\nu \wedge E'_\mu$$

und damit

$$(E_\nu \vee E'_\mu)^* + \tfrac{1}{2}(E_\nu + E'_\mu) \geqslant \tfrac{1}{2}\mathbf{1}$$

d. h. $\beta \geqslant 1/2$.

Definition 12. 7 : Eine Menge M kommensurabler Entscheidungseffekte heißt maximal, wenn $M = M'$ ist.

Satz 12. 16 : Jede Menge M_1 kommensurabler Entscheidungseffekte kann in eine maximale Menge M_2 kommensurabler Entscheidungseffekte eingebettet werden ; d. h. zu M_1 gibt es ein M_2 mit $M_1 \subset M_2$

und $M_2' = M_2$.

Beweis: Die Mengen M kommensurabler Entscheidungseffekte mit $M \supset M_1$ erfüllen die Bedingungen des Zornschen Lemmas, wie leicht auf Grund von Satz 12. 13 zu sehen ist. Also gibt es mindestens eine maximale Menge M_2. Wäre $M_2' \neq M_2$, so gäbe es ein Element aus M_2', das mit allen Elementen von M_2 kommensurabel ist, aber nicht in M_2 liegt im Widerspruch dazu, daß M_2 maximal ist.

Es wird für das Folgende wichtig werden, einige mathematische Überlegungen zu den Elementen $F \in \hat{L}$ allgemeiner auf Elemente aus B´ zu übertragen.

<u>Definition 12. 8 :</u> Ein $E \in G$ "reduziert" ein $Y \in B'$, wenn sich Y in der Form $Y = Y_1 + Y_2$ schreiben läßt, daß für ein $C > 0$:

$$- C \; E \leq Y_1 \leq C \; E, \qquad - C \; E^* \leq Y_2 \leq C \; E^* \text{ ist.}$$

<u>Satz 12. 17 :</u> Reduziert E das Element Y, so ist die in Definition 12. 8 angegebene Zerlegung $Y = Y_1 + Y_2$ eindeutig.

Beweis : Mit $Y = Y_1' + Y_2'$ folgt $0 = (Y_1 - Y_1') + (Y_2 - Y_2')$, wobei $- 2 C E \leq Y_1 - Y_1' \leq 2 C E$ und $- 2 C E^* \leq Y_2 - Y_2' \leq 2 C E^*$. Es genügt also zu zeigen, daß aus $Y_1 + Y_2 = 0$ und $- C E \leq Y_1 \leq C E$ und $- C E^* \leq Y_2 \leq C E^*$ $Y_1 = Y_2 = 0$ folgt:

Es ist $0 \leq E - \frac{1}{C} Y_1 \leq E + \frac{1}{C} Y_2 \leq E + E^* = \mathbf{1}$.

Ebenso folgt $0 \leq E + \frac{1}{C} Y_1 \leq \mathbf{1}$. Da $K_o (E + \frac{1}{C} Y_1) \supset K_o (E)$ ist, folgt also $E \pm \frac{1}{C} Y_1 \leq E$ und damit $Y_1 = 0$.

Satz 12. 18 : Mit der Bezeichnungsweise von Satz 12. 17 folgt $\alpha_1 E \leq Y_1 \leq \alpha_2 E$, $\beta_1 E^* \leq Y_2 \leq \beta_2 E^*$ mit $\alpha_1 = \inf \{ \mu(V, Y_1) \mid V \in K \}$, $\alpha_2 = \sup \{ \mu(V,Y_1) \mid V \in K \}$ und entsprechend für Y_2. Es ist $\sup \{ \mu(V,Y) \mid V \in K \} = \max \{\alpha_2, \beta_2\}$ und $\inf \{ \mu(V,Y) \mid V \in K \} = \min \{\alpha_1, \beta_1\}$.

Beweis: Wir nehmen zunächst $Y \geq 0$ an. Es sei $Y = Y_1 + Y_2$ mit $0 \leq Y_1 \leq C\ E$, $0 \leq Y_2 \leq C\ E^*$. Wir wollen zeigen, daß dann $Y_1 \leq \|Y_1\|\ E$, $Y_2 \leq \|Y_2\|\ E^*$ und $\|Y\| = \max \{ \|Y_1\|, \|Y_2\| \}$ ist: Wegen $Y_2 \geq 0$ ist $Y_1 \leq Y$ und damit $\|Y_1\| \leq \|Y\|$; $\|Y_2\| \leq \|Y\|$. Es ist $0 \leq \frac{1}{2} E + \frac{1}{2\|Y_1\|} Y_1 \leq 1$.

Wegen $K_0 (\frac{1}{2} E + \frac{1}{2\|Y_1\|} Y_1)) \supset K_o(E)$ ist also $(\frac{1}{2} E + \frac{1}{2\|Y_1\|} Y_1) \leq E$ und damit $Y_1 \leq \|Y_1\|\ E$. Ebenso folgt $Y_2 \leq \|Y_2\| E^*$; und damit $Y \leq \|Y_1\|\ E + \|Y_2\|\ E^*$. Wegen $\mu(V,E) + \mu(V,E^*) = 1$ folgt daraus $\|Y\| \leq \max \{ \|Y_1\|, \|Y_2\| \}$; also $\|Y\| = \max \{ \|Y_1\|, \|Y_2\| \}$.

Es sei jetzt Y beliebig und $- C\ E \leq Y_1 \leq C\ E$, $- C\ E^* \leq Y_2 \leq C\ E^*$. Dann ist $Y + C\ 1 = (Y_1 + C\ E) + (Y_2 + C\ E^*) \geq 0$ und $0 \leq Y_1 + C\ E \leq 2\ C\ E$, $0 \leq Y_2 + C\ E^* \leq 2\ C\ E^*$. Also ist $Y_1 + C\ E \leq \| Y_1 + C\ E \|\ E$ und $Y_2 + C\ E^* \leq \| Y_2 + C\ E^* \|\ E^*$ und $\|Y + C\ 1\| = \max \{ \|Y_1 + C\ E\|, \|Y_2 + C\ E^*\| \}$.

Daraus folgt $Y_1 + C\ E \leq \|Y + C\ 1\|\ E = \gamma E + C\ E$ mit $\gamma = \sup \{ \mu(V,Y) \mid V \in K \}$ und damit $Y_1 \leq \gamma E$; ebenso $Y_2 \leq \gamma E^*$. Aus

$\| Y + C\,1 \| = \gamma + C = \max \{ \| Y_1 + C\,E \|, \| Y_2 + C\,E \| \}$ folgt wegen $\| Y_1 + C\,E \| = \sup \{ \mu(V,Y_1) + C\,\mu(V,E) \,/\, V \in K \} \leq \alpha_2 + C$ und wegen $\| Y_2 + C\,E^* \| \leq \beta_2 + C$: $\gamma \leq \max\{\alpha_2, \beta_2\}$. Aus $Y_1 + C\,E \leq \| Y_1 + C\,E \|\,E \leq (\alpha_2 + C)\,E$ folgt $Y_1 \leq \alpha_2\,E$ und ebenso $Y_2 \leq \beta_2\,E^*$.

Wendet man dasselbe noch einmal auf $-Y = (-Y_1) + (-Y_2)$ an, so erhält man $\alpha_1\,E \leq Y_1$ und $\beta_1\,E^* \leq Y_2$.

Definition 12. 9 : Als Kommutator N' einer Menge $N \subset B'$ bezeichnen wir die Menge aller $E \in G$, die alle Y aus N reduzieren. Als Bikommutator N'' bezeichnen wir den Kommutator von N'.

Ist $N \subset G$, so stimmt die Definition 12. 9 mit der Definition 12. 6 überein. Nach Satz 12. 14 ist N'' (nicht N' !) ein vollständiger orthokomplementärer Teilverband von G. Es ist $N''' \supset N'$ und $N'''' = N''$.

Definition 12. 10 a : Mit $N^{(\nu)} = N'$ oder N'' oder $N'''\ldots$ sei $(B')_{N^{(\nu)}}$ der von $N^{(\nu)}$ in B' aufgespannte $\sigma(B', B)$ -abgeschlossene Teilraum. $(B')_{N''}$ nennen wir den von N algebraisch erzeugten Teilraum von B' .

Definition 12. 10 b : Ist N eine Teilmenge von G, so bezeichnen wir mit N^* die Menge alle $Y \in B'$, die von jedem $E \in N$ reduziert wird. Nach dieser Definition ist also $N^* \wedge \hat{L}$ die Menge alle Effekte, die zu jedem $E \in N$ koexistent sind.

Ist N irgend eine Teilmenge von B', so kann man also $(N')^*$ bilden. Es folgt sofort $N'' \subset (N')^*$.

<u>Satz 12. 19 :</u> N^* ist ein $\sigma(B', B)$ -abgeschlossener Teilraum von B'.

Beweis: Aus der Definition 12. 8 folgt unmittelbar, daß N^* ein Teilraum ist. N^* ist dann aber (A 4) $\sigma(B', B)$ -abgeschlossen, wenn der Durchschnitt von N^* mit der Einheitskugel $B'_{|1|}$ $\sigma(B', B)$ -abgeschlossen ist. Da die Einheitskugel in der $\sigma(B', B)$ -Topologie metrisch und kompakt ist, genügt es, eine Folge $Y_\nu \to Y$ mit $Y_\nu \in N^*$ und $\|Y_\nu\| \leq 1$ zu betrachten ; es ist dann auch $\|Y\| \leq 1$. Für ein $E \in N$ gilt: $Y_\nu = Y_\nu^1 + Y_\nu^2$ mit $-E \leq Y_\nu^1 \leq E$ und $-E^* \leq Y_\nu^2 \leq E^*$; denn nach Satz 12. 17 kann wegen $\|Y_\nu\| \leq 1$ die Konstante C in Definition 12. 8 gleich 1 gewählt werden. Da die Einheitskugel $\|Y\| \leq 1$ kompakt ist, kann eine Teilfolge so ausgewählt werden, daß die $Y_{\nu_i}^1$ und $Y_{\nu_i}^2$ konvergent sind mit $Y_{\nu_i}^1 \to Y^1$, $Y_{\nu_i}^2 \to Y^2$, so daß $Y = Y^1 + Y^2$ folgt; wegen $-E \leq Y_\nu^1 \leq E$ ist auch $-E \leq Y^1 \leq E$ und ebenso $-E^* \leq Y^2 \leq E^*$. Also ist $Y \in N^*$. Ist $N \subset G$, so ist $N' \subset N^*$ und damit $(B')_{N'} \subset N^*$. Es liegt die Frage nahe, ob $(B')_{N'} = N^*$ ist.

Da $\mathbf{1} \in N^*$ ist, ist mit $Y \in N^*$ auch $Y \leq Y + \lambda \mathbf{1} \in N^*$. Daraus folgt, daß $N^* = \bigcup_{\lambda_1 \geq 0} \lambda_1 (N^* \cap \hat{L}) - \bigcup_{\lambda_2 \geq 0} \lambda_2 (N^* \cap \hat{L})$ ist. Ebenso ist wegen $\mathbf{1} \in (B')_{N'}$ auch $(B')_{N'} = \bigcup_{\lambda_1 \geq 0} \lambda_1 ((B')_{N'} \cap \hat{L}) - \bigcup_{\lambda_2 \geq 0} \lambda_2 ((B')_{N'} \cap \hat{L})$. Wegen $(B')_{N'} \subset N^*$ ist auch $(B')_{N'} \cap \hat{L} \subset N^* \cap \hat{L}$; und ist $(B')_{N'} \cap \hat{L} = N^* \cap \hat{L}$ so also auch $(B')_{N'} = N^*$. $(B')_{N'} \cap \hat{L}$ ist $\sigma(B', B)$ -kompakte konvexe Teilmenge der ebenfalls $\sigma(B', B)$ - kompakten konvexen Menge $N^* \cap \hat{L}$. Wegen $N' \subset (B')_{N'}$, und $N' \subset \hat{L}$ ist $N' \subset (B')_{N'} \cap \hat{L}$. Wenn jede (minimale) Stützkante von $N^* \cap \hat{L}$ ein Element aus N' enthält, ist (A 30) $(B')_{N'} \cap \hat{L} = N^* \cap \hat{L}$ und damit $(B')_{N'} = N^*$. Leider konnte bisher nicht nachgewiesen werden, daß jede Stützkante von $N^* \cap \hat{L}$ ein Element von N' enthält. Nur im Falle eines endlichdimensionalen B ließ sich $(B')_{N'} \cap \hat{L} = N^* \cap \hat{L}$ beweisen:

Satz 12. 20 : Ist B endlich dimensional, so ist $(B')_{N'} = N^*$.

Beweis: Nach Satz 9. 12 ist für ein $F \in \hat{L}$: $F = \sum_\nu \lambda_\nu E_\nu$ mit paarweisen orthogonalen E_ν und $0 < \lambda_{\nu+1} < \lambda_\nu < 1$. Ist $F \in N^* \cap \hat{L}$, so ist also $F = F' + F''$ mit $0 \leq F' \leq E$ und $0 \leq F'' \leq E^*$ für jedes $E \in N$. Es ist also wieder nach Satz 9. 12 $F' = \sum_\rho \alpha_\rho E'_\rho$ und $F'' = \sum_\sigma \beta_\sigma E''_\sigma$ mit $E'_\rho \leq E$, $E''_\sigma \leq E^*$. $F = F' + F'' = \sum_\rho \alpha_\rho E'_\rho + \sum_\sigma \beta_\sigma E''_\sigma$ ist ebenfalls eine Zerlegung von F in paarweise orthogonale E'_ρ , E''_ρ ; faßt man hier alle Glieder zusammen, wo ein α_ρ mit einem β_σ übereinstimmt, so muß man die erste Zerlegung erhalten, d. h. jedes E_ν hat die Gestalt $E_\nu = E'_\rho + E''_\sigma$ oder $E_\nu = E'_\rho$ oder $E_\nu = E''_\sigma$; damit ist aber jedes E_ν mit E kommensurabel, d. h. $E_\nu \in N'$ und damit $F \in (B')_{N'}$; also $N^* \cap \hat{L} \subset (B')_{N'} \cap \hat{L}$, womit der Satz bewiesen ist.

Ist N irgendeine Teilmenge von B' , so ist $N' \subset G$ und damit $(B')_{N''} \subset (N')^*$. Gilt Satz 12. 20, so folgt $(B')_{N''} = (N')^*$.

§ 13 . Felder koexistenter Effekte und kommensurabler Entscheidungseffekte.

In § 12 haben wir allgemein die Begriffe "Koexistenz" und "Kommensurabilität" untersucht. Dabei lernten wir $\mathcal{K}$ -Felder koexistenter Effekte und Boolesche Ringe kommensurabler Entscheidungseffekte kennen. Wir wollen jetzt gewisse "Abschlußoperationen" für diese Felder untersuchen und dann versuchen, für die Booleschen Ringe Q mit den $\varkappa$ -Feldern als Wertebereichen eine besonders anschauliche Darstellung (II, Ende von § 7. 2.) zu finden.

Definition 13. 1 : Ein distributiver, komplementärer und vollständiger Teilverband von G soll kurz ein β-Feld heißen.

Nach Satz 12. 14 ist M für M = M'ein vollständiger, orthokomplementärer Teilverband von G. Da jede Menge kommensurabler Entscheidungseffekte das distributive Gesetz erfüllt folgt sofort:

Satz 13. 1 : Jede (nach Definition 12. 7) maximale Menge M kommensurabler Entscheidungseffekte ist ein β -Feld.

Da der Durchschnitt von β -Feldern wieder ein solches ist, gilt also

Satz 13. 2 : Jede Menge M_1 kommensurabler Entscheidungseffekte erzeugt genau ein β -Feld $M_2 \subset M_1''$ nämlich den Durchschnitt aller M_1 umfassenden β -Felder. M_2 ist ein spezielles $\varkappa$ -Feld, das M_1 umfaßt.

Beweis: Da M_1'' nach Satz 12. 14 ein vollständiger, orthokomplementärer Teilverband ist, der M_1 umfaßt, ist also $M_1 \subset M_2 \subset M_1''$. Daraus folgt mit $M_1''' = M_1'$: $M_1' \supset M_2' \supset M_1'$, d. h. $M_1' = M_2'$.

Das minimale $\varkappa$ -Feld R_m, das M_1 umfaßt, ist ein distributiver Teilverband von G, der in dem von M_1 erzeugten β-Feld M_2 liegen muß. Wir werden sehen, daß die Erweiterung des minimalen $\varkappa$-Feldes R_m zu dem von M_1 erzeugten β-Feld M_2 dem σ (B',B) -Abschluß der Menge $R_m \cup (1-R_m)$ in G entspricht. Auch ein minimales $\varkappa$ -Feld R_m für irgendeine Menge ℓ koexistenter Effekte läßt sich zu einem $\varkappa$-Feld erweitern, das in Bezug auf ℓ ähnliche Eigenschaften hat wie das von M_1 erzeugte β-Feld M_2 in Bezug auf die Menge M_1. M_2 unterscheidet sich vom minimalen $\mathcal{K}$-Feld, das M_1 umfaßt, (wenn dieses nicht gleich M_2 ist) dadurch, daß die Operationen * und die Vereinigung beliebig vieler Elemente nicht aus M_2 herausführen. Wir wollen nun zeigen, daß es zu jedem $\mathcal{K}$-Feld R ein $\mathcal{K}$-Feld $\widetilde{R}$ gibt, das ähnliche Eigenschaften besitzt.

<u>Satz 13. 3 :</u> Ist R ein $\mathcal{K}$-Feld, so kann man R eindeutig zu einem kleinsten R und 1 umfassenden $\mathcal{K}$-Feld R(1) erweitern. Für $R \subset G$ ist auch $R(1) \subset G$.

Beweis: Man kann jeden Booleschen Ring Q mit Maßfunktionen zu einem solchen Q(e) mit Einselement erweitern. Dabei ist den Elementen $e \dot{+} q$ das Maß 1 -F zuzuordnen, wenn F das Maß von q ist. Damit ist gezeigt, daß die Menge R(1) $= R \cup (1-R)$ ein $\mathcal{K}$-Feld ist. Ist $R \subset G$, so auch $1 - R \subset G$ und damit $R(1) \subset G$.

<u>Satz 13. 4 :</u> Sei R ein $\mathcal{K}$-Feld und Q der Boolesche Ring, dessen Vektormaß über Q effektiv ist und gerade den Wertbereich R hat. (Daß das Vektormaß effektiv ist, ist nach Satz 12. 1 keine besondere Annahme, da man sonst von Q zu $Q/\mathcal{J}$ übergehen kann). Mit einer nach Axiom 3 a existierenden abzählbaren in K normdichten Menge $\{V_\nu\}$ sei in $Q \times Q$ definiert:

$$d(q_1, q_2) = \mu(\tilde{V}, F(q_1 \dot{+} q_2)) \text{ mit } \tilde{V} = \sum_{\nu=1}^{\infty} \lambda_\nu V_\nu \qquad \text{mit } \lambda_\nu > 0 \text{ und } \sum_\nu \lambda_\nu = 1.$$

$d(q_1, q_2)$ ist eine Metrik in Q, durch die Q zu einem metrischen Raum wird. Die von $d(q_1, q_2)$ erzeugte Topologie hängt nicht von der Wahl des effektiven $\tilde{V} \in K$ ab.

Die Abbildung $q \to F(q)$ von $Q \to R$ ist gleichmäßig stetig in der $\sigma(B', B)$ entsprechenden Uniformität in R). Die Abbildungen $(q_1, q_2) \to q_1 \dot{+} q_2$ und $(q_1, q_2) \to q_1 \bullet q_2$ von $Q \times Q$ in Q sind gleichmäßig stetig.

Beweis: Wegen $F(q_1 \dot{+} q_2) + F(q_2 \dot{+} q_3) = F(q_1 \dot{+} q_3) + F((q_1 \dot{+} q_2) \bullet (q_2 \dot{+} q_3))$ ist $F(q_1 \dot{+} q_3) \leq F(q_1 \dot{+} q_2) + F(q_2 \dot{+} q_3)$, so daß $d(q_1, q_2)$ die Dreiecksungleichung erfüllt, $d(q_1, q_2)$ ist also eine Metrik. Aus $d(q_1, q_2) = 0$ folgt $F(q_1 \dot{+} q_2) = 0$ und (da F(q) effektiv ist !) $q_1 \dot{+} q_2 = 0$, d. h. $q_1 = q_2$. Q ist also ein separierter metrischer Raum.

Aus der Additivität von F(q) folgt

$$F(q_1) - F(q_2) = F(q_1 \dot{-} q_1 \bullet q_2) - F(q_2 \dot{+} q_1 \bullet q_2)$$

und

$$F(q_1 \dot{+} q_2) = F(q_1 \dot{+} q_1 \bullet q_2) + F(q_2 \dot{+} q_1 \bullet q_2),$$

so daß mit einer Wahl von $\tilde{V} = \sum_\nu \lambda_\nu V_\nu$ mit einer in K dichten Menge $\{V_\nu\}$ und $\sum_\nu \lambda_\nu = 1, \lambda_\nu > 0$:

$$= \sum_\nu \frac{1}{\lambda_\nu} |\mu(V_\nu, F(q_1) - F(q_2))| \leq \sum_\nu \frac{1}{\lambda_\nu} \mu(V_\nu, F(q_1 \dot{+} q_2)) =$$

$d(q_1, q_2)$ folgt, was wegen Satz 4. 7 und 4. 8 die gleichmäßige Stetigkeit der Abbildung $q \to F(q)$ bedeutet.

Aus $F(q_1 \dot{+} q_1' \dot{+} q_2 \dot{+} q_2') = F(q_1 \dot{+} q_1') + F(q_2 \dot{+} q_2')$ folgt $d(q_1 \dot{+} q_2, q_1' \dot{+} q_2') \leq d(q_1, q_1') + d(q_2, q_2')$ und damit die gleichmäßige Stetigkeit der Abbildung $(q_1, q_2) \to q_1 \dot{+} q_2$.

Aus $F(q_1 \dot{+} q_1') + F(q_2 \dot{+} q_2') \geq 2 F(q_1 \cdot q_2 \dot{+} q_1 \bullet q_2' \dot{+} q_1' \cdot q_2 \dot{+} q_1 \cdot q_2) = 2 F(q_1 \cdot q_2 \dot{+} q_1' \cdot q_2') + 2 F(q_1 \cdot q_2' \dot{+} q_1' \cdot q_2)$ folgt $F(q_1 \cdot q_2 \dot{+} q_1' \cdot q_2') \leq \frac{1}{2} F(q_1 \dot{+} q_1') + \frac{1}{2} F(q_2 \dot{+} q_2')$ und damit $d(q_1 \cdot q_2, q_1' \cdot q_2')$

$\leq \frac{1}{2}\, d(q_1, q_1') + \frac{1}{2}\, d(q_2, q_2')$, was die gleichmäßige Stetigkeit der Abbildung $(q_1, q_2) \to q_1 \bullet q_2$ bedeutet.

Daß die Topologie in Q nicht von der Wahl des effektiven $\tilde{V}$ abhängt, folgt leicht so : man definiere für beliebiges $V \in K$

$$d_V\,(q_1, q_2) = \mu\,(V, F(q_1 \dot{+} q_2))$$

und die Topologie τ durch die Umgebungsbasen :

$$\mathcal{U}(q) = \{ q' \mid d_{V_i}\,(q, q') < \varepsilon \quad \text{für endlich viele} \quad V_1, \dots V_n \in K \}.$$

Es folgt sofort, daß τ feiner ist als die von $d_{\tilde{V}}\,(q_1, q_2)$ erzeugte Topologie, wobei $\tilde{V}$ wie oben mit Hilfe einer abzählbaren in K dichten Menge $\{V_\nu\}$ gebildet ist.

Es gilt aber auch das Umgekehrte:

$$d_V\,(q_1, q_2) = \mu\,(V, F(q_1 \dot{+} q_2)) \leq |\, \mu\,(V - V_\nu, F\,(q_1 \dot{+} q_2)) | + \mu\,(V_\nu, F(q_1 \dot{+} q_2)) \leq \| V - V_\nu \| + \frac{1}{\lambda_\nu}\, \mu\,(\tilde{V}, F(q_1 \dot{+} q_2)).$$

Man wähle zunächst ν so groß, daß $\| V - V_\nu \| < \frac{\varepsilon}{2}$ und dann bei festen ν $d_{\tilde{V}}\,(q_1, q_2) < \frac{\varepsilon}{2\lambda_\nu}$.

<u>Satz 13. 5 :</u> Mit denselben Voraussetzungen wie in Satz 13. 4 kann Q zu einem Booleschen Ring $\overline{Q}$ erweitert werden, der ein topologisch vollständiger Raum ist und das Vektormaß F(q) auf ganz $\overline{Q}$ ausgedehnt werden. $\overline{Q}$ ist ein vollständiger, distributiver Verband. Aus jeder Teilmenge $Q' \subset \overline{Q}$ gibt es abzählbar viele $q_\nu \in Q'$ mit $\bigvee_{q \in Q'} q = \bigvee_\nu q_\nu$.

Beweis: Aus Satz 13. 4 folgt unmittelbar der erste Teil des Satzes. Zu zeigen bleibt nur, daß $\bar{Q}$ ein <u>vollständiger</u> Verband ist; es genügt zu zeigen, daß $\bigvee_{\lambda\in\Lambda} q_\lambda$ einer beliebigen Menge von Elementen $q_\lambda \in \bar{Q}$ in $\bar{Q}$ liegt, da der Beweis für $\bigwedge_{\lambda\in\Lambda} q_\lambda$ genauso abläuft. Mit Φ als der Menge der endlichen Teilmengen von Λ ist $\bigvee_{\lambda\in\Lambda} q_\lambda = \bigvee_{\varphi\in\Phi} q_\varphi$ mit $q_\varphi = \bigvee_{\lambda\in\varphi} q_\lambda \in \bar{Q}$.

Die Menge der q_φ ($\varphi \in \Phi$) ist eine gerichtete Menge. Da die $F(q_\varphi)$ ebenfalls gerichtet und beschränkt sind ($F(q_\varphi) \leq 1$!), ist $d(q_{\varphi 1}, q_{\varphi 2}) \leq d(q_{\varphi 1}, q_\varphi) + d(q_{\varphi 2}, q_\varphi)$ und damit für $\varphi_1 > \varphi$, $\varphi_2 > \varphi$:

$d(q_{\varphi 1}, q_{\varphi 2}) \leq \mu(\tilde{V}, F(q_{\varphi 1}) - F(q_\varphi)) + \mu(\tilde{V}, F(q_{\varphi 2}) - F(q_\varphi)) \leq 2\, \mu(\tilde{V}, F_\Lambda - F(q_\varphi))$ mit F_Λ als $\sup \{ F(q_\varphi) \mid \varphi \in \Phi \}$. Die gerichtete Menge der q_φ ist also konvergent gegen ein $q \in \bar{Q}$. Wegen $q_\varphi \cdot q_{\varphi 1} = q_\varphi$ für $\varphi_1 \supset \varphi$ ist also $q_\varphi \cdot q = q_\varphi$, d. h. $q_\varphi \leq q$. Ist $\tilde{q} \in \bar{Q}$ und $\tilde{q} \geq q_\varphi$ für jedes φ, d. h. $\tilde{q} \cdot q_\varphi = q_\varphi$, so folgt $\tilde{q} \cdot q = q$ und damit $q \leq \tilde{q}$. Also existiert $\bigvee_{\varphi\in\Phi} q_\varphi$ q und damit auch $\bigvee_{\lambda\in\Lambda} q_\lambda$ und ist gleich dem Limes der gerichteten Menge der q_φ . Zum letzten Teil des Satzes siehe A 33 .

<u>Definition 13. 2 :</u> Ein $\mathcal{K}$ -Feld R heißt $\bar{\mathcal{K}}$ -Feld, wenn $1 \in R$ und R der Wertbereich eines Vektormaßes über einem im Sinne von Satz 13. 4 topologisch vollständigen Booleschen Ringes Q ist.

Wir nennen ein $\bar{\mathcal{K}}$ -Feld $\bar{R}$ minimal über einem $\mathcal{K}$ -Feld R, wenn es einen in der Topologie von Satz 13. 4 vollständigen Booleschen Ring Q gibt, so daß der Wertebereich des Vektormaßes über Q gleich $\bar{R}$ ist, aber jeder vollständige Teilring Q' von Q einen Wertebereich hat, der nicht R umfaßt.

Satz 13. 6 : Es gibt zu jedem $\mathcal{K}$ -Feld R ein über R minimales $\overline{\mathcal{K}}$-Feld $\overline{R}$.

Beweis: Q sei der Boolesche Ring, dessen Vektormaß den Wertebereich R hat. Der nach Satz 13. 5 bestimmte vollständige Ring $\overline{Q}$ hat dann als Wertebereich ein $\overline{\mathcal{K}}$ -Feld $\overline{R} \supset R$. Der Durchschnitt von topologisch vollständigen Booleschen Ringen ist wieder ein topologisch vollständiger Boolescher Ring. Also gibt es einen minimalen topologisch vollständigen Booleschen Ring $\overline{Q}$, dessen Vektormaß einen R umfassenden Wertebereich hat.

Mit R = $\overline{R}$ folgt aus Satz 13. 6 sofort

Satz 13. 7 : Zu jedem $\overline{\mathcal{K}}$ -Feld R gibt es einen minimalen topologisch vollständigen Ring Q, dessen Vektormaß den Wertbereich R hat.

Satz 13. 8 : Es gibt in Q einen abzählbaren (eventuell endlichen) Teilring Q so daß der Wertebereich des Vektormaßes auf Q_s in R (dem Wertebereich des Vektormaßes über Q) $\sigma(B', B)$ -dicht liegt.

Beweis: Da es in R eine abzählbare in R $\sigma(B', B)$ -dichte Menge gibt, gibt es in Q eine abzählbare Teilmenge Q_a , so daß der Wertebereich des Vektormaßes über Q_a in R $\sigma(B', B)$ -dicht liegt. Der von Q_a erzeugte Boolesche Teilring von Q ist ebenfalls abzählbar.

Nach Satz 13. 8 existiert zu jedem topologisch vollständigen Booleschen Ring Q ein ebenfalls topologisch vollständiger Boolescher Ring $\overline{Q_s}$, der separabel ist und dessen Vektormaßwertbereich ein $\overline{\mathcal{K}}$-Feld $\overline{R}_s$ ist, das in dem $\overline{\mathcal{K}}$-Feld R von Q $\sigma(B', B)$ -dicht liegt. Im Allgemeinen ist nicht $\overline{R}_s$ = R (A 34). Es könnte jedoch einen anderen separablen topologisch vollständigen Booleschen Ring Q geben, dessen Vektormaßwertbereich gerade R ist. Dieses konnte nicht gezeigt werden.

Es könnte sein, daß jeder nach Satz 13. 7 existente minimale topologisch vollständige Ring Q separabel ist. Auch das konnte nicht gezeigt werden.

Da es nach Satz 13. 8 zumindest zu jedem $\bar{\mathcal{K}}$ -Feld R ein in ihm σ (B', B) -dicht liegendes $\bar{\mathcal{K}}$-Feld $\overline{R}_s$ gibt, so daß $\overline{R}_s$ der Wertebereich eines Vektormaßes über einen separablen Booleschen Ring ist, können wir uns aus physikalischen Gründen auf solche $\mathcal{K}$ -(bzw. $\bar{\mathcal{K}}$-) Felder mit separablen Booleschen Ringen beschränken; denn nach Axiom 7 d (und da die Elemente von k endliche Mengen sind!) genügt es, nur $\mathcal{K}$ -Felder mit separablen Booleschen Ringen zu betrachten.

<u>Definition 13. 3 :</u> Ein $\mathcal{K}$-Feld R heißt ein reguläres $\mathcal{K}$ -Feld (kurz $r\mathcal{K}$ -Feld) , wenn es einen separablen Ring Q mit R als Vektormaßwertebereich gibt. $r\mathcal{K} = \{ \ell \mid$ es gibt ein $r\mathcal{K}$ -Feld R mit $\ell \subset R \}$.

Aus den in § 12 angegebenen Betrachtungen über minimale $\mathcal{K}$ Felder folgt sofort, daß sich Axiom 7c zu : $\gamma k \subset r\mathcal{K}$ verschärfen läßt. Würde man dann Axiom 7 d durch : γk dicht in $r\mathcal{K}$ ersetzen, so würde nach den obigen Überlegungen Axiom 7 d (d. h. γk dicht in $\mathcal{K}$) als Satz folgen, da $r\mathcal{K}$ dicht in $\mathcal{K}$ liegt.

Aus physikalischen Gründen genügt es also , die Menge $r\mathcal{K}$ statt $\mathcal{K}$ zu betrachten. Vielleicht aber sind die eben angegebenen Argumente unnötig, da $r\mathcal{K} = \mathcal{K}$ ist. Dieses aber konnte, wie oben erwähnt, leider nicht bewiesen werden.

In einem Fall kann man allerdings beweisen, daß der Ring Q separabel ist: wenn der Wertebereich R des Vektormaßes über Q in G liegt. Nach Satz 12. 4

kann man Q mit R identifizieren. Wir zeigen zunächst:

Satz 13. 9 : Ist Q ein Boolescher Ring mit dem effektiven Vektormaß E (q) $\in$ G, d. h. einem Vektormaßwertbereich R $\subset$ G, so gilt auch für den erweiterten Wertebereich $\bar{R}$ über der Vervollständigung $\bar{Q}$ von Q : $\bar{R} \subset G$.

Beweis: Ist $q_\nu \to q$, so folgt daß mit $\bar{q}_n = \bigvee_{\nu=n}^{\infty} q_\nu$ auch $\bar{q}_n \to q$. Zunächst ist mit $q_{n,N} = \bigvee_{\nu=n}^{N} q_\nu$ auch $q_{n,N} \xrightarrow[N]{} \bar{q}_n$. Da E $(q_{n,N})$ eine wachsende Folge ist und $\sigma(B', B)$ -konvergent ist, folgt E $(q_{n,N}) \xrightarrow[N]{}$ E $(\bar{q}_n) \in$ G. Da die E $(\bar{q}_n)$ eine abnehmende $\sigma(B', B)$ -konvergente Folge bilden, folgt $E(\bar{q}_n) \to E(q) \in$ G.

Satz 13. 10 : Ist R $\subset$ G der Wertebereich eines effektiven Vektormaßes über einem Booleschen Ring Q, und ist $E_\nu \in$ R eine Folge, die in der σ (B', B) -Topologie gegen ein E $\in$ R konvergiert, so kann man eine Teilfolge E_{ν_k} so auswählen, daß $E = \bigwedge_{n=1}^{\infty} E_n'$ mit $E_n' = \bigvee_{k=n}^{\infty} E_{\nu_k}$ wird.

Beweis: Nach Satz 4. 7 kann die σ (B', B) -Topologie in G durch eine Norm $\|\ldots\|_\sigma$ charaterisiert werden. Nach Satz 9. 7 ist $\| E_n' - \bigwedge_{m=1}^{\infty} E_m' \|_\sigma \to 0$, da E_n' eine abnehmende Folge ist. Wegen $\bigvee_{k=n}^{\infty} E_{\nu_k} \geq E_{\nu_k}$ für $k \geq n$, ist $E_n' \geq E_{\nu_k}$ für alle $k \geq n$ und damit im Limes $k \to \infty$: $E_n' \geq E$ Wenn wir $\| E_n' - E \|_\sigma \to 0$ zeigen, so folgt damit $E = \bigwedge_{n=1}^{\infty} E_n'$. Wegen $E_n' \geq E$ ist $E_n' - E = E_n' \wedge E^*$. Da alle E_{ν_k} mit E kommensurabel sind, ist

$E_n' \wedge E^* = \bigvee_{k=n}^{\infty} (E_{\nu_k} \wedge E^*)$. Sind E_1 und E_2 kommensurabel, so ist $E_1 \vee E_2 = E_1 + E_2 - E_1 \wedge E_2$. Daher ist $\bigvee_{k=n}^{\infty} (E_{\nu_k} \wedge E^*) \leq \sum_{k=n}^{\infty} (E_{\nu_k} \wedge E^*)$.

Damit wird

$$\| E'_n \wedge E^* \|_\sigma \leqslant \sum_{k=n}^{\infty} \| E_{\nu_k} \wedge E^* \|_\sigma .$$

Da E_ν in der $\sigma(B',B)$ - Topologie gegen E konvergiert, folgt aus Satz 12. 15 daß $E_\nu \wedge E^*$ gegen $E \wedge E^* = 0$ konvergiert, d. h. daß $\| E_\nu \wedge E^* \|_\sigma \to 0$ gilt. Deshalb kann man eine Teilfolge ν_k so auswählen, daß $\| E_{\nu_k} - E^* \| \leqslant \frac{1}{2^k}$ ist. Damit wird $\| E'_n - E \|_\sigma = \| E'_n \wedge E^* \|_\sigma \leqslant \sum_{\nu=n}^{\infty} \frac{1}{2^\nu} \underset{n}{\rightarrow} 0.$

Satz 13. 11 : Ist Q ein vollständiger Boolescher Ring mit dem Wertbereich $R \subset G$ des effektiven Vektormaßes, so ist Q auch topologisch vollständig und separabel. Da man Q mit R identifizieren kann (Satz 12. 4) ist also R in der $d(E_1 , E_2)$ -Topologie vollständig und separabel.

Beweis: Da Q mit R identifiziert werden kann, brauchen wir nur R zu untersuchen.

Es bleibt also nur zu beweisen, daß R in der $d(E_1 , E_2)$ -Topologie vollständig und separabel ist. Da B' in der $\sigma(B', B)$ -Topologie separabel ist und die $\sigma(B',B)$ -Topologie in G durch eine Norm darstellbar ist, gibt es eine abzählbare in R $\sigma(B', B)$ -dichte Teilmenge $\rho \subset R$.

Nach Satz 13. 9 und 13.10 ist jedes $E \in \overline{R}$ ($\overline{R}$die Vervollständigung von R) darstellbar als $E = \bigwedge_{n=1}^{\infty} E'_n$ mit $E'_n = \bigvee_{k=n}^{\infty} E_{\nu_k}$ und $E_{\nu_k} \in \rho$.

$\tilde{\rho}$ sei der kleinste Boolesche, vollständige Teilring von G, der ρ umfaßt. Da die topologische Vervollständigung $\hat{\rho}$ des kleinsten (nicht vollständigen!) Booleschen Teilring, der ρ umfaßt, vollständig ist, ist $\tilde{\rho} \subset \hat{\rho}$. Da $\hat{\rho}$ separabel ist, (denn der kleinste von ρ erzeugte Boolesche Teilring ist abzählbar!) ist also auch $\tilde{\rho}$ separabel. Da R vollständig ist und ρ umfaßt, ist $\hat{\rho} \subset R$. Da jedes $E \in \overline{R}$ sich in der oben angegebenen Weise als Durchschnitt von Vereinigungen von Elementen aus ρ darstellen läßt, ist $\overline{R} \subset \hat{\rho}$;

d. h. $\hat{\wp} \subset R \subset \bar{R} < \hat{\wp}$ und damit $\hat{\wp} = R = \bar{R}$; R ist also topologisch abgeschlossen und separabel.

Unsere Absicht, im Folgenden nur $\mathfrak{r}\varkappa$ - Felder R zu betrachten, stellt also für den Fall $R \subset G$ keine Einschränkung dar.

Satz 13. 12 : Ist $R \subset G$ ein $\bar{\varkappa}$ -Feld, so ist R ein β Feld, und jedes β -Feld ist ein $\bar{\varkappa}$-Feld.

Beweis: Nach Satz 13. 9 und 13. 5 ist ein $\bar{\varkappa}$ -Feld $R \subset G$ ein vollständiger Boolescher Ring. Da auch $1 \in R$ gilt, ist auch $1 - E = E^* \in R$ für $E \in R$, also ist R ein β -Feld.

Ist R ein β -Feld, so ist $1 \in R$ und R ein vollständiger Boolescher Ring. Da R vollständig ist, ist R nach Satz 13. 11 auch topologisch vollständig und damit ein $\bar{\varkappa}$ -Feld.

§ 14 . Totalgeordnete Teilmengen von $\hat{L}$.

Wir wollen in diesem Paragraphen zeigen, daß die Theorie der $\mathfrak{r}\bar{\varkappa}$ -Felder wie der β-Felder in sehr natürlicher Weise mit totalgeordneten Mengen von Effekten bzw. Entscheidungseffekten zusammenhängen.

Satz 14. 1 : Zu jeder abzählbaren Menge $Q_a \subset Q$ (Q ein Boolescher Ring) gibt es eine totalgeordnete Menge Γ , die einen Booleschen Teilring Q_Γ erzeugt, der die Menge Q_a umfaßt. Es ist also $Q_a \subset Q_\Gamma \subset Q$. Q_Γ ist abzählbar.

Beweis: Die abzählbaren Elemente von Q_a seien $q_1, q_2 \ldots$. Man bilde folgende Mengen:

$\Gamma_1 : 0 \leq q_1$,

$\Gamma_2 : 0 \leq q_1 \cdot q_2 \leq q_1 \leq q_1 \dot{+} (q_2 \dot{+} q_1) \cdot q_2$,

und ist $\Gamma_n : 0 \leq p_1 \leq p_2 \leq \ldots \leq p_\nu \leq p_{\nu+1} \leq \ldots \leq p_N$, so setze man

$\Gamma_{n+1} : 0 \leq p_1 \cdot q_{n+1} \leq p_1 \leq p_1 \dot{+} (p_2 \dot{+} p_1) \cdot q_{n+1} \leq p_2 \leq \ldots \leq p_\nu \leq p_\nu \dot{+} (p_{\nu+1} \dot{+} p_\nu) \cdot q_{n+1} \leq p_{\nu+1} \leq \ldots \leq p_N \leq p_N \dot{+} (q_{n+1} \dot{+} p_N) \cdot q_n$.

Die Γ_n sind alle total geordnet, es ist $\Gamma_{n+1} \supset \Gamma_n$. Daher ist die abzählbare Menge $\Gamma = \bigvee_n \Gamma_n$ ebenfalls total geordnet und $\Gamma_n \subset \Gamma$ für alle n . Der von Γ_n erzeugte Boolesche Ring enthält aber $q_1 \ldots . q_n$, also enthält Q_Γ ganz Q_a. Q_Γ ist abzählbar, da Q_Γ aus endlichen Summen über endliche Produkte von Elementen aus Γ besteht.

Für ein $r\bar{\mathfrak{X}}$ -Feld ist der zugeordnete Ring Q separabel, d. h. es gibt eine in Q dichte abzählbare Menge Q_a. Dann ist auch Q_Γ in Q dicht.

<u>Satz 14. 2 :</u> Ist Q ein topologisch vollständiger und ein separabler Boolescher Ring mit dem effektiven Vektormaß F(q) unt ist R der Wertbereich dieses Vektormaßes (also R ein $r\bar{\mathfrak{X}}$ -Feld), so gibt es in Q eine totalgeordnete abgeschlossene Menge Γ. Der von Γ erzeugte abgeschlossene Boolesche Teilring ist mit Q identisch. Der Wertebereich R_Γ des Vektormaßes F(q) auf Γ ist eine in der σ (B', B)-Topologie abgeschlossene totalgeordnete Teilmenge von $\hat{L}$. Bezeichnet man mit D R_Γ die Menge aller endlichen Summen

$$\sum_{\nu=1}^{n} (F_{\alpha_\nu} - F_{\beta_\nu}) \quad \text{mit } F_{\alpha_\nu}, F_{\beta_\nu} \in R_\Gamma \quad \text{und}$$

$F_{\alpha_\nu} \geq F_{\beta_\nu}$ und $F_{\beta_\nu} \geq F_{\alpha_{\nu+1}}$, so ist D $R_\Gamma \subset R$ und D R_Γ σ(B', B) -dicht in R. Der von Γ erzeugte kleinste Boolesche

Ring Q_Γ besteht aus allen endlichen Summen $q = (q_n \dot{+} q_{n-1}) \dot{+} (q_{n-2} \dot{+} q_{n-3}) \dot{+} \ldots$ mit $q_\nu \in \Gamma$ und $q_{\nu+1} > q_\nu$, wobei diese Darstellung von q eindeutig ist.

Beweis: Da Q separabel ist können wir eine abzählbare Teilmenge Q_a so auswählen, daß sowohl Q_a dicht in Q als auch der Wertebereich des Vektormaßes auf Q_a in R $\sigma(B', B)$ dicht liegt (man braucht ja nur $Q_a = Q_{a1} \cup Q_{a2}$ mit Q_{a1} dicht in Q und Q_{a2} nach Satz 13. 8 zu wählen!).

Nach Satz 14. 1 gibt es also eine totalgeordnete Teilmenge Γ', die einen Booleschen Ring $Q_{\Gamma'} \supset Q_a$ erzeugt, so daß also $Q_{\Gamma'}$ dicht in Q und der Wertebereich $R_{Q_{\Gamma'}}$ dicht in R liegt.

Ist $q_\nu \in \Gamma'$ und $q_\nu \to q$, so setze man $\Gamma'' = \bigcup_n \{q'' \mid q'' \in \Gamma$ und $q'' \geqq q_\nu$ für $\nu \geqq n\}$ und $\Gamma''' = \bigcup_n \{q''' \mid q''' \in \Gamma$ und $q''' \leqq q_\nu$ für $\nu \geqq n\}$. Es ist also $q'' \geqq q'''$ für alle $q'' \in \Gamma''$ und $q''' \in \Gamma'''$.

Sei $\tilde{q} \in \Gamma'$ aber $\tilde{q} \notin \Gamma''$ und $\tilde{q} \notin \Gamma'''$. Es gibt dann beliebig große v mit $\tilde{q} < q_\nu$ und beliebig große μ mit $q_\mu < \tilde{q}$. Dann ist $d(\tilde{q}, q_\mu) < d(q_\nu, q_\mu)$, so daß $d(q, q_\mu) \to 0$ konvergiert, d. h. $\tilde{q} = q$. $\Gamma'' \cup \Gamma'''$ enthält also alle Elemente von Γ bis auf höchstens q. Es müssen also mindestens in einer der beiden Mengen Γ'' oder Γ''' unendlich viele q_ν liegen. Liegen unendlich viele q_ν in Γ', so gilt für die untere Grenze $\tilde{q}$ von Γ'': $d(q_\nu, \tilde{q}) \leq d(q_\nu, q'') + d(q'', \tilde{q})$ für alle $q'' \in \Gamma''$. Sei $d(q_\nu, q_\mu) < \varepsilon$ für $\nu, \mu > N$. Wir wählen $\nu > N$, dann q'' so, daß $\tilde{q} \leq q'' \leq q_\nu$ und $d(\tilde{q}, q'') < \varepsilon$ ist. Es muß dann ein $\mu > N$ mit $q_\mu \leq q''$ geben, so daß $d(\tilde{q}, q_\nu) \leq d(\tilde{q}, q'') + d(q_\mu, q_\nu) \leq$ $\leq 2\varepsilon$ ist. Also ist $\tilde{q} = q$. Liegen unendlich viele q_ν in Γ''', so ist q obere Grenze von Γ'''. Daraus folgt leicht, daß der Abschluß Γ von Γ' totalgeordnet ist. Da $Q_{\Gamma'}$ und damit Q_{Γ} dicht in Q liegt, ist $Q_{\Gamma} = Q$. Aus den Überlegungen folgt insbesondere, daß man jeden Limespunkt von Γ als Limes einer fallenden Folge (aus Γ') oder einer wachsenden Folge (aus Γ'' darstellen kann.

Da das Vektormaß additiv ist, ist R_{Γ} totalgeordnet (als Teilmenge von B'). Es ist zu zeigen, daß R_{Γ} in der σ (B' , B) -Topologie abgeschlossen ist. Jeder Berührungspunkt F von R_{Γ} kann (da die σ(B' , B) -Topologie in $\hat{L}$ metrisch ist, kann man die obigen Überlegungen zu dem Abschluß von Γ' wörtlich übertragen) als Limes einer fallenden oder steigenden Folge aus R_{Γ} dargestellt werden. Sei z. B. F_{ν} steigend und $F_{\nu} \to F$. Wegen $F_{\nu} \in R_{\Gamma}$ ist $F_{\nu} = F(q_{\nu})$ mit $q_{\nu} \in \Gamma$. Da Γ totalgeordnet ist, bilden die q_{ν} ebenfalls eine steigende Folge. Wegen $F(q_{\nu}) \leq 1$ muß dies in Bezug auf $d(q_{\nu}, q_{\mu})$ eine Cauchyfolge sein, d. h. $q_{\nu} \to q \in \Gamma$, und damit $F = F(q) \in R_{\Gamma}$.

Für die Elemente $q \in Q_{\Gamma}$ läßt sich leicht eine eindeutige Darstellung aus Elementen von Γ angeben: Da ein Produkt endlich vieler $q_{\nu} \in \Gamma$ gleich dem kleinsten dieser q_{ν}, d. h. wieder ein Element von Γ ist, kann jedes Element von Q_{Γ} als endliche Summe $q = \sum_{\nu=1}^{n} \dot{+}\, q_{\nu}$ von Elementen $q_{\nu} \in \Gamma$ geschrieben werden. Wir wollen zeigen , daß diese Darstellung eindeutig ist:

Sei $\sum_{\nu=1}^{n} \dot{+}\, q_{\nu} = \sum_{\mu=1}^{m} \dot{+}\, q'_{\mu}$, so folgt $\sum_{\nu=1}^{n} \dot{+}\, q_{\nu} \dot{+}$

$$\sum_{\mu=1}^{m} \dot{+}\, q' = 0 .$$

In dieser letzten Summe denken wir uns die Summanden der Größe nach geordnet (Γ ist totalgeordnet!) ; dann entsteht eine Summe der Form $\sum_{\varphi=1}^{n+m} \dot{+} q''_\varphi = 0$ mit $q''_{\varphi+1} \geqq q''_\varphi$, die wir so zusammenfassen können : $\sum_{\varphi=1}^{n+m} \dot{+} q''_\varphi = (q''_{n+m} \dot{+} q''_{n+m-1}) + (q''_{n+m-2} \dot{+} q''_{n+m-3}) \dot{+} \dots = p_{n+m} \dot{+} p_{n+m-2} \dot{+} \dots$ mit $p_k = q''_k \dot{+} q''_{k-1}$. Es ist dann $p_k \cdot p_{k-2\nu} = 0$ für $\nu = 1, 2, \dots$. Aus $p_{n+m} \dot{+} p_{n+m-2} \dot{+} \dots = 0$ folgt dann (durch Multiplikation mit einem der p_k) sofort

$p_{n+m} = p_{n+m-2} + \dots = 0.$

$p_k = 0$ bedeutet aber $q''_k = q''_{k-1}$. Da alle q_ν untereinander (ebenso alle q'_μ untereinander) verschieden sind, müssen also die q_ν und q'_μ paarweise übereinstimmen. Die Summanden in $q = \sum_{\nu=1}^{n} \dot{+} q_\nu$ kann man der Größe nach geordnet annehmen , so daß $q = (q_n \dot{+} q_{n-1}) \dot{+} (q_{n-2} \dot{+} q_{n-3}) \dot{+} \dots$ und damit $F(q) = (F(q_n) - F(q_{n-1})) + (F(q_{n-2}) - F(q_{n-3})) + \dots$ ist.

Der Wertbereich R_{Q_Γ} des Vektormaßes über Q_Γ ist also genau die oben mit $D\,R_\Gamma$ bezeichnete Menge. Da R_{Q_Γ} $\sigma(B', B)$ -dicht in R liegt, ist also $D\,R_\Gamma$ $\sigma(B', B)$ -dicht in R.

<u>Satz 14. 3 :</u> Γ sei nach Satz 14. 2 definiert. Die Abbildung $q \to F(q)$ ist eine Homöomorphie von Γ auf R_Γ und eine Ordnungsisomorphie.

Beweis: Aus $F(q_1) = F(q_2)$ für $q_1, q_2 \in \Gamma$ folgt, da Γ totalgeordnet ist

(z. B. mit $q_1 \geqslant q_2$), $F(q_1 \dot{+} q_2) = F(q_1) - F(q_2) = 0$ und damit $q_1 = q_2$, da F(q) effektiv ist. Die Abbildung $q \to F(q)$ von Γ auf R_Γ ist also bijektiv, sie ist stetig, da F(q) stetig ist. Aber auch $F(q) \to q$ ist stetig: Ist $F(q_\nu)$ eine Cauchyfolge in der $\sigma(B', B)$-Topologie, so ist $|\mu(\tilde{V}, F(q_\nu) - F(q_\mu))| < \varepsilon$ für $\nu, \mu > N$ mit dem in Satz 13. 4 definierten $\tilde{V}$.
Da Γ totalgeordnet ist, ist $|\mu(\tilde{V}, F(q_\nu) - F(q_\mu))| = \mu(\tilde{V}, F(q_\nu \dot{+} q_\mu)) = d(q_\nu, q_\mu)$. Also ist q_ν eine Cauchyfolge: $q_\nu \to q \in \Gamma$ mit $F(q_\nu) \to F(q)$.

Da Γ totalgeordnet ist und die Bijektion $q \to F(q)$ die Ordnung erhält, ist diese Abbildung ein Ordnungsisomorphismus.

Satz 14. 4 : Mit dem in Satz 13. 4 definierten $\tilde{V}$ wird die abgeschlossene Menge $\Gamma \subset Q$ (und damit auch R_Γ) durch die Funktion $\mu(\tilde{V}, F(q))$ homöomorph und ordnungsisomorph auf eine abgeschlossene Teilmenge ω des Intervalls $0 \leqslant \cdots \leqslant 1$ abgebildet.

Beweis: folgt sofort aus Satz 14. 3 . Aus $d(q_1, q_2) = \mu(\tilde{V}, F(q_1 \dot{+} q_2)) = |\mu(\tilde{V}, F(q_1)) - \mu(\tilde{V}, F(q_2))|$ folgt speziell, daß die Metrik $d(q_1, q_2)$ im Bild ω mit dem üblichen "Abstand" zweier reeller Zahlen übereinstimmt.

Satz 14. 5 : Sei A die Menge der Intervalle $\{F \mid F(q) < F \leqslant F(q') \text{ und } F \in R_\Gamma, q \in \Gamma, q' \in \Gamma\}$ und A_r die Menge der Intervalle $\{\alpha \mid \mu(\tilde{V}, F(q)) < \alpha < \mu(\tilde{V}, F(q')), F \in R_\Gamma, q \in \Gamma, q' \in \Gamma\}$, und $\mathfrak{F}$ (bzw. $\mathfrak{F}_r$) die Menge aller Vereinigungsmengen von endlich vielen Elementen von A (bzw. A_r), so läßt sich Q_Γ homöomorph und als Boolescher Ring isomorph auf $\mathfrak{J}$ (bzw $\mathfrak{J}_r$) abbilden, wobei $\mathfrak{J}$ (bzw. $\mathfrak{J}_r$) als übliche mengentheoretische Boolesche Ringe aufzufassen sind.

Beweis: Satz 14. 3 (bzw. 14. 4) kann man auch in folgende bijektive Zuordnungen umschreiben: Für $q \in \Gamma$

$$q \to \{F \mid O \leqslant F \leqslant F(q),\ F \in \Gamma\}$$
$$\to \{\alpha \mid O \leqslant \alpha \leqslant \mu(\widetilde{V}, F(q))\}$$

Daraus folgt in natürlicher Weise die bijektive Zuordnung für $q_1 \dot{+} q_2$ (z. B. mit $q_1 > q_2$, $q_1 \in \Gamma$, $q_2 \in \Gamma$):

$$q_1 \dot{+} q_2 \to \{F \mid F(q_2) < F \leqslant F(q_1),\ F \in \Gamma\} \to \{\alpha \mid \mu(\widetilde{V}, F(q_2)) < \alpha \leqslant \mu(\widetilde{V}, F(q_1))\}.$$

Da jedes Element von Q_Γ nach Satz 14. 2 eindeutig in der Form $q = (q_n \dot{+} q_{n-1}) \dot{+} (q_{n-2} \dot{+} q_{n-3}) \dot{+} \ldots$ mit $q_\nu \in \Gamma$ und $q_{\nu+1} > q_\nu$ darstellbar ist, folgt unmittelbar die bijektive Zuordnung

$q \to$ auf die Vereinigungsmenge der den $q_\nu \dot{+} q_{\nu+1}$ zugeordneten Intervalle. Diese bijektive Zuordnung sei kurz mit ψ (bzw. ψ_r) bezeichnet. Damit sind die bijektiven Abbildungen $Q_\Gamma \xrightarrow{\psi} \mathfrak{J}$, $Q_\Gamma \xrightarrow{\psi_r} \mathfrak{J}_r$ gewonnen und als Isomorphien der Booleschen Ringe erwiesen. Diese Zuordnung wird zu einer homöomorphen, wenn man $d(q_1, q_2)$ in natürlicher Weise auf $\mathfrak{J}$ (bzw. $\mathfrak{J}_r$) überträgt.

Diese Zuordnung kann zu einem measure space über Γ bzw. ω erweitert werden. Dazu benutzt man noch folgenden

Satz 14. 6 : Ist R eine totalgeordnete Teilmenge von $\hat{L}$ und bildet man daraus wie oben die Menge $\mathfrak{I}$ (bzw. mit $\mu(\tilde{V}, F)$ die Menge $\mathfrak{I}_r$) als die Menge aller endlichen Vereinigungen von Intervallen der Form

$$\{F \mid F' < F \leqslant F''; F, F', F'' \in R\}$$

und faßt man $\mathfrak{I}$ (bzw. $\mathfrak{I}_r$) in natürlicher Weise als Boolesche Ringe auf, so kann man die Abbildung

$$\varphi(\{F \mid F' < F \leqslant F''; F, F', F'' \in R\}) = F'' - F'$$

bzw. : $\varphi_r(\{\alpha \mid \mu(\tilde{V}, F') < \alpha \leqslant \mu(\tilde{V}, F''), \alpha = \mu(\tilde{V}, F); F, F', F'' \in R\} = F'' - F'$

eindeutig auf ganz $\mathfrak{I}$ (bzw. $\mathfrak{I}_r$) als additives Vektormaß ausgedehnt werden. Ist speziell R = R_Γ entsprechend Satz 14. 5 , so ist für q $\in Q_\Gamma$ und dem im Beweis von Satz 14. 5 definierten bijektiven Abbildungen ψ (bzw ψ_r):

$$F(q) = \varphi(\psi(q)) = \varphi_r(\psi_r(q)).$$

Der Beweis ergibt sich sofort aus den Überlegungen zu den vorhergehenden Sätzen.

Aus Satz 14. 6 folgt sofort

Satz 14. 7 : Jede totalgeordnete Teilmenge von $\hat{L}$ ist eine Menge koexistenter Effekte; jede totalgeordnete Teilmenge von G ist eine Menge kommensurabler Entscheidungseffekte.

Nach Satz 13. 12 gilt alles hier für abgeschlossene Ringe Q und $r\mathfrak{X}$-Felder gesagte auch für β-Felder. In diesem Falle folgt aus Q_Γ dicht in Q , daß D R_Γ (Definition von D R_Γ siehe Satz 14. 2) in der $d(E_1, E_2)$ -Topologie (also erst recht in der $\sigma(B', B)$ -Topologie) dicht in dem β -Feld R liegt. Man kann nach Satz 13. 10 R auch durch Bilden aller Durchschnitte von Vereinigungen von Elementen aus R_Γ erhalten.

Für jeden Booleschen Ring Q mit dem $r\bar{\varkappa}$ -Feld R als Wertebereich des effektiven Vektormaßes F(q) stellt sich die Frage, ob die isomorphen und homöomorphe Abbildungen ψ (bzw. ψ_r) von Q_Γ auf $\mathfrak{I}$ (bzw. $\mathfrak{I}_r$) (ψ, ψ_r nach Satz 14. 5) auf ganz Q ausgedehnt werden können. Dieses ist in folgender Weise möglich:

Auf R_Γ (bzw ω) kann man ausgehend von den Mengen $\mathfrak{I}$ (bzw. $\mathfrak{I}_r$) einen σ-Körper Σ (bzw. Σ_r) "meßbarer" Mengen bilden (mit $\Sigma \supset \mathfrak{I}$, $\Sigma_r \supset \mathfrak{I}_r$) und das Vektormaß φ (bzw. φ_r) aus Satz 14. 6 auf ganz Σ ausdehnen. Mit $\mathcal{J}$ als dem Ideal der Mengen vom Maße Null ist $\Sigma/\mathcal{J}$ ein vollständiger Boolescher Ring, wobei die kanonische Abbildung $\Sigma \xrightarrow{k} \Sigma/\mathcal{J}$ auf $\mathcal{J}$ eingeschränkt eine Bijektion ist. Die Bijektion $k \circ \psi$ von Q_Γ auf die Menge $k(\mathfrak{I}) \subset \Sigma/\mathcal{J}$ läßt sich dann eindeutig als isomorphe und homöomorphe Abbildung von Q auf $\Sigma/\mathcal{J}$ ausdehnen.

Es ist bekannt, daß jeder topologisch vollständige Boolesche Ring Q mit Vektormaß F(q) dargestellt werden kann mit Hilfe eines measure space (S, Σ, φ) in der Form $\Sigma/\mathcal{J}$ mit $\mathcal{J}$ als dem Ideal der Mengen vom Maße Null.

Eine besonders interessante Darstellung eines β- Feldes erhält man, wenn man die nach Satz 13. 11 und 14. 2 (für ein β-Feld immer !) existierende totalgeordnete Menge Γ nimmt und nach Satz 14. 4 homöomorph durch $\mu(\widetilde{V}, E)$ mit $E \in \Gamma$ auf die abgeschlossene Teilmenge ω des Intervalls $0 \leqslant \dots \leqslant 1$ abbildet.

<u>Satz 14. 8</u>:- Durch $\tau(\lambda) = \sup\left\{\alpha \,\middle|\, 0 \leqslant \alpha \leqslant \lambda \quad \text{und } \alpha \in \omega\right\}$ ist eine

im Intervall $0 \leq \lambda \leq 1$ von O auf 1 wachsende von rechts stetige Funktion $\tau(\lambda)$ definiert. Durch $E(\lambda) = E$ mit $E \in \Gamma$ und $\mu(\tilde{V}, E) = \tau(\lambda)$

ist eine wachsende von rechts $\sigma(B', B)$-stetige Funktion von Elementen $E(\lambda) \in G$ mit $E(o) = 0$ und $E(1) = 1$ definiert, deren Wertebereich Γ ist.

Beweis: Wegen $\mu(\tilde{V}, E) = 0$ für $E = O$ und $\mu(\tilde{V}, E) = 1$ für $E = 1$ folgt $\tau(0) = 0$ und $\tau(1) = 1$ und : $E(O) = O$ und $E(1) = 1$. Es ist zu zeigen, daß $\tau(\lambda)$ von oben stetig ist: Wegen $\tau(\lambda) \leq \lambda$ ist $\tau(\lambda+\varepsilon) \leq \lambda + \varepsilon$. Ist $\lambda \in \omega$, so folgt also $\tau(\lambda+0) = \tau(\lambda) = \lambda$. Ist $\lambda \notin \omega$, so hat die abgeschlossene Menge $\{\alpha \mid \alpha \geq \lambda$ und $\alpha \in \omega\}$ ein Infimum $\beta \in \omega$ (ω ist abgeschlossen!) mit $\beta > \lambda$; also ist ab einem ε mit $0 < \varepsilon < \beta - \lambda : \tau(\lambda+\varepsilon) = \tau(\lambda)$ Die Abbildung $\lambda \to E(\lambda)$ läßt sich zerlegen in $\lambda \to \tau \to E$ mit $\mu(\tilde{V}, E) = \tau$. Da die letzte Abbildung $\tau \to E$ eine Homöomorphie und Ordnungsisomorph ist, folgen sofort die Behauptungen über $E(\lambda)$.

<u>Definition 14. 1 :</u> Eine wachsende Funktion $E(\lambda)$ über einem abgeschlossenen Intervall $\lambda_1 \leq \lambda \leq \lambda_2$ oder einem Intervall $-\infty < \lambda \leq \lambda_2$ oder $\lambda_1 \leq \lambda < \infty$ oder $-\infty < \lambda < +\infty$ mit $E(\lambda) \in G$, die von rechts $\sigma(B', B)$-stetig ist und für die $E(\lambda_1) = 0$, $E(\lambda_2) = 1$ bzw. $E(\lambda) \to o$ für $\lambda \to -\infty$ und $E(\lambda) \to 1$ für $\lambda \to +\infty$ gilt, heißt eine Spektralschar. Man zeigt leicht :

<u>Satz 14. 9 :</u> Der Wertbereich einer Spektralschar ist eine totalgeordnete Menge $\tilde{\Gamma} \subset G$. Nimmt man noch alle Grenzwerte $E(\lambda - 0)$ hinzu, so erhält man eine totalgeordnete, $\sigma(B', B)$-abgeschlossene Menge $\Gamma \subset G$.

Satz 14. 10 : Aus einer Spektralschar kann ein measure space $(X, \Sigma, \varphi(\sigma))$ mit X als Menge der reellen Zahlen und $\varphi(\sigma) \in G$ und mit dem Wertebereich R von $\varphi(\sigma)$ konstruiert werden, wobei R das von der Spektralschar erzeugte (kleinste) β-Feld ist und $\varphi(\{\lambda \mid \lambda_1 < \lambda \leq \lambda_2\}) = E(\lambda_2) - E(\lambda_1)$ ist.

Beweis: Es genügt den Fall zu betrachten, wo X die Menge aller reellen Zahlen ist. Für ein Intervall $\mathfrak{J} = \{\lambda \mid \lambda_1 < \lambda \leq \lambda_2\}$ setzen wir

$$\varphi(\mathfrak{J}) = E(\lambda_2) - E(\lambda_1).$$

Für $\lambda_2 = +\infty$ bzw. $\lambda_1 = -\infty$ ist $E(+\infty) = 1$, $E(-\infty) = 0$ zu setzen.

Ist $\sigma = \bigcup_{\nu=1}^{n} \mathfrak{J}_\nu$ ($\mathfrak{J}_\nu$ Intervalle der angegebenen Form), so setzen wir

$$\varphi(\sigma) = \varphi\left(\bigcup_{\nu=1}^{n} \mathfrak{J}_\nu\right) = \bigvee_{\nu=1}^{n} \varphi(\mathfrak{J}_\nu) \quad .$$

Ähnlich den Überlegungen von Satz 14. 2, 14. 5 folgt, daß alle diese $\varphi(\sigma)$ gerade den von Γ erzeugten Booleschen Ring bilden. Wir setzen für eine abzählbare Menge $\mathfrak{J}_\nu$ von Intervallen mit $\sigma = \bigvee_{\nu=1}^{\infty} \mathfrak{J}_\nu$:

$$\varphi(\sigma) = \varphi\left(\bigcup_{\nu=1}^{\infty} \mathfrak{J}_\nu\right) = \bigvee_{\nu=1}^{\infty} \varphi(\mathfrak{J}_\nu).$$

Alle $\varphi(\sigma)$ liegen also in dem von $\widetilde{\Gamma}$ erzeugten β-Feld R.

Zu irgendeiner Menge $\eta \subset X$ nennen wir eine abzählbare Menge $\mathfrak{J}_\nu$ von Intervallen eine Überdeckung von η, wenn $\eta \subset \bigcup_{\nu=1}^{\infty} \mathfrak{J}_\nu$. Den ebenfalls in R liegenden Entscheidungseffekt $\bigwedge_{Üb.}\left(\bigvee_{\nu=1}^{m} \varphi(\mathfrak{J}_\nu)\right)$, wobei $\bigwedge_{Üb.}$ über alle Überdeckungen von η zu nehmen ist, nennen wir das äußere Maß $\varphi_a(\eta)$. Mit η' als Komplement von η bezeichnen wir $1 - \varphi_a(\eta') = \varphi_i(\eta)$ als inneres Maß von η.

Es folgt sofort $\varphi_i(\eta) \leq \varphi_a(\eta)$: Ist $\sigma_1 = \bigcup_{\nu=1}^{\infty} \mathfrak{J}_\nu$ eine Überdeckung von η und $\sigma_2 = \bigcup_{\mu=1}^{\infty} \mathfrak{J}'_\mu$ eine Überdeckung von η', so ist $\sigma_1 \cup \sigma_2$ eine Überdeckung von $\eta \cup \eta' = X$. Daraus folgt $\varphi(\sigma_1) \vee \varphi(\sigma_2) = 1$, d. h. $\varphi(\sigma_1) \geq 1 - \varphi(\sigma_2)$ ($\varphi(\sigma_1)$ und $\varphi(\sigma_2)$ sind kommensurabel). Da dies für alle Überdeckungen σ_1 gilt, ist auch $\varphi_a(\eta) \geq 1 - \varphi(\sigma_2)$; da dies für alle Überdeckungen σ_2 gilt, folgt $\varphi_a(\eta) \geq 1 - \varphi_a(\eta') = \varphi_i(\eta)$.

Eine Menge η mit $\varphi_a(\eta) = \varphi_i(\eta)$ heißt meßbar. Man schreibt dann $\varphi(\eta) = \varphi_a(\eta) = \varphi_i(\eta)$. Wir wollen zeigen, daß die meßbaren Mengen einen Borelkörper Σ bilden und der Wertebereich der Funktion $\varphi(\sigma)$ über Σ das von $\widetilde{\Gamma}$ erzeugte β-Feld R ist.

Jedes Intervall $\mathfrak{J}_\nu$ ist meßbar, da die Komplementärmenge Vereinigung von ein oder zwei Intervallen ist.

Ist $\varphi_a(\eta) = \varphi_i(\eta)$, so folgt mit $\varphi_a(\eta') = 1 - \varphi_i(\eta)$ und $\varphi_i(\eta') = 1 - \varphi_a(\eta)$ sofort $\varphi_a(\eta') = \varphi_i(\eta')$. Mit $\eta \in \Sigma$ ist also auch $\eta' \in \Sigma$.

Ist $\{\eta_\nu\}$ eine abzählbare Menge meßbarer Mengen, so ist $\bigcup_{\nu=1}^{\infty} \eta_\nu$ meßbar und $\varphi(\bigcup_{\nu=1}^{\infty} \eta_\nu) = \bigvee_{\nu=1}^{\infty} \varphi(\eta_\nu)$. Beweis: Die Komplementärmenge von $\bigcup_{\nu=1}^{\infty} \eta_\nu$ ist $\bigcap_{\nu=1}^{\infty} \eta'_\nu$. Ist nun σ_ν eine Überdeckung von $\eta'_\nu \subset \sigma_\nu$, so sind die σ_ν für jedes ν eine Überdeckung von $\bigcap_{\nu=1}^{\infty} \eta'_\nu$; also ist $\varphi_a(\bigcap_{\nu=1}^{\infty} \eta'_\nu) \leq \varphi(\sigma_\nu)$ für jedes ν. Da dies für jede Überdeckung σ_ν von η'_ν gilt, folgt $\varphi_a(\bigcap_{\nu=1}^{\infty} \eta'_\nu) \leq \varphi_a(\eta'_\nu) = \varphi(\eta'_\nu)$ für jedes ν; und damit $\varphi_a(\bigcap_{\nu=1}^{\infty} \eta'_\nu) \leq \bigwedge_{\nu=1}^{\infty} \varphi(\eta'_\nu)$.

Daraus folgt

$$\varphi_i\left(\bigcup_{\nu=1}^{\infty} \eta_\nu\right) = 1 - \varphi_a\left(\bigcap_{\nu=1}^{\infty} \eta'_\nu\right) \geq 1 - \bigwedge_{\nu=1}^{\infty} \varphi(\eta'_\nu) =$$

$$\bigvee_{\nu=1}^{\infty} \left(1 - \varphi(\eta'_\nu)\right) = \bigvee_{\nu=1}^{\infty} \varphi(\eta_\nu).$$

Wenn wir nun noch $\varphi_a(\bigcup_{\nu=1}^{\infty}\eta_\nu) \leqq \bigvee_{\nu=1}^{\infty}\varphi(\eta_\nu)$ zeigen, so muß $\bigcup_{\nu=1}^{\infty}\eta_\nu$ meßbar und $\varphi(\bigcup_{\nu=1}^{\infty}\eta_\nu) = \bigvee_{\nu=1}^{\infty}\varphi(\eta_\nu)$ sein.

Zunächst ist leicht zu sehen, daß der Durchschnitt von endlich vielen Überdeckungen wieder eine Überdeckung ist. In $\varphi_a(\eta) = \bigwedge_{Üb.}(\bigvee_{\nu=1}^{m}\varphi(\mathfrak{J}_\nu))$ genügt es, den Durchschnitt $\bigwedge_{Üb}$ über abzählbare viele Überdeckungen zu erstrecken (z. B. Satz 9. 8). Es gibt also abzählbar viele Überdeckungen $\mathfrak{S}_i$; von η mit $\varphi_a(\eta) = \bigwedge_{i=1}^{\infty}\varphi_a(\mathfrak{S}_i)$, wobei für eine Überdeckung $\mathfrak{S} = \bigcup_{\nu=1}^{m}\mathfrak{J}_\nu$ kurz $\varphi(\mathfrak{S}) = \bigvee_{\nu=1}^{n}\varphi(\mathfrak{J}_\nu)$ gesetzt ist. Die $\bigcap_{i=1}^{n}\mathfrak{S}_i = \tilde{\mathfrak{S}}_n$ sind dann ebenfalls Überdeckungen Wegen $\tilde{\mathfrak{S}}_n \subset \mathfrak{S}_i$ für $i \leq n$ ist $\varphi(\tilde{\mathfrak{S}}_n) \leq \varphi(\mathfrak{S}_i)$ für $i \leq n$ und damit $\varphi_a(\eta) = \bigwedge_{n=1}^{\infty}\varphi(\tilde{\mathfrak{S}}_n)$. Man wähle nun für jedes η_ν eine Reihe von Überdeckungen $\tilde{\mathfrak{S}}_{n_\nu}^{\nu}$ der eben angegebenen Art. Es ist dann in der $d(E_1, E_2)$ -Topologie: $\bigwedge_{n_\nu=1}^{\infty}\varphi(\tilde{\mathfrak{S}}_{n_\nu}^{\nu}) = \varphi_a(\eta_\nu) = \lim_{n_\nu\to\infty}\varphi(\tilde{\mathfrak{S}}_{n_\nu}^{\nu})$.

$\bigcup_{\nu=1}^{\infty}\tilde{\mathfrak{S}}_{\eta_\nu}^{\nu}$ ist für jede Wahl der Zahlenreihe $n_1, n_2 \ldots$ eine Überdeckung von $\bigcup_{\nu=1}^{\infty}\eta_\nu$. Es folgt wegen $\varphi(\tilde{\mathfrak{S}}_{n_\nu}^{\nu}) \geqslant \varphi(\eta_\nu)$:

$$d\left(\bigvee_{\nu=1}^{\infty}\varphi(\tilde{\mathfrak{S}}_{n_\nu}^{\nu}), \bigvee_{\nu=1}^{\infty}\varphi(\eta_\nu)\right) = \mu\left(\tilde{V}, \bigvee_{\nu=1}^{\infty}\varphi(\tilde{\mathfrak{S}}_{n_\nu}^{\nu}) - \bigvee_{\nu=1}^{\infty}\varphi(\eta_\nu)\right)$$
$$\leqq \sum_{\nu=1}^{\infty}\mu\left(\tilde{V}, \varphi(\tilde{\mathfrak{S}}_{n_\nu}^{\nu}) - \varphi(\eta_\nu)\right) = \sum_{\nu=1}^{\infty} d\left(\varphi(\tilde{\mathfrak{S}}_{n_\nu}^{\nu}), \varphi(\eta_\nu)\right).$$

Man wähle nun für jedes ν eine Zahl n_ν so, daß

$$d\left(\varphi(\tilde{\mathfrak{S}}_{n_\nu}^{\nu}), \varphi(\eta_\nu)\right) \leqslant \varepsilon\frac{1}{2^\nu}$$

ist. Daraus folgt

$$\mu\left(\tilde{V}, \bigvee_{\nu=1}^{\infty}\varphi(\tilde{\mathfrak{S}}_{n_\nu}^{\nu}) - \bigvee_{\nu=1}^{\infty}\varphi(\eta_\nu)\right) \leq \varepsilon.$$

Da $\varphi_i(\bigcup_{\nu=1}^{\infty}\eta_\nu) \geq \bigvee_{\nu=1}^{\infty}\varphi(\eta_\nu)$ bewiesen war, ist auch $\varphi_a(\bigcup_{\nu=1}^{\infty}\eta_\nu) \geq \bigvee_{\nu=1}^{\infty}\varphi(\eta_\nu)$.

Andererseits ist $\varphi_a\ (\bigcup_{\nu=1}^{\infty} \eta_\nu\ ) \leq \bigvee_{\nu=1}^{\infty} \varphi(\tilde{\sigma}_{n_\nu}^{\nu})$, da $\bigcup_{\nu=1}^{\infty} \tilde{\sigma}_{n_\nu}^{\nu}$ eine Überdeckung von $\bigcup_{\nu=1}^{\infty} \eta_\nu$ ist. Also ist

$$d(\varphi_a\ (\bigcup_{\nu=1}^{\infty} \eta_\nu),\ \bigvee_{\nu=1}^{\infty} \varphi(\eta_\nu)\ ) = \mu\ (\tilde{V},\ \varphi_a(\bigcup_{\nu=1}^{\infty} \eta_\nu) - \bigvee_{\nu=1}^{\infty} \varphi(\eta_\nu)) \leq \varepsilon.$$

Da dies für alle ε gilt, folgt

$$\varphi_a(\bigcup_{\nu=1}^{\infty} \eta_\nu) = \bigvee_{\nu=1}^{\infty} \varphi(\eta_\nu)$$

was zu beweisen war.

Daß der Wertebereich von φ über Σ das ganze β-Feld R ist, folgt unmittelbar, da nach den obigen Ableitungen der Wertebereich ein <u>vollständiger</u> Boolescher Verband ist (siehe auch Satz 13. 11).

Sind speziell die η_ν paarweise punktfremd und meßbar, so sind wegen $\varphi(\eta') = 1 - \varphi(\eta)$ die $\varphi(\eta_\nu)$ paarweise orthogonal und damit

$$\varphi\ (\bigcup_{\nu=1}^{\infty} \eta_\nu) = \sum_{\nu} \varphi(\eta_\nu).$$

$\varphi(\eta)$ ist also σ-additiv auf Σ. Eine Menge η heißt vom Maße Null, wenn $\varphi_a(\eta) = 0$; Mengen vom Maße Null sind meßbar, da wegen $\varphi_i(\eta) \leq \varphi_a(\eta)$ auch $\varphi_i(\eta) = \varphi_a(\eta) = 0$ sein muß . Die Menge $\mathcal{J}$ aller Mengen vom Maße Null ist ein Ideal im Booleschen Ring Σ und der Boolesche Ring $\Sigma/\mathcal{J}$ ist isomorph zum β-Feld .

<u>Satz 14. 11 :</u> Die Menge X aus Satz 14. 10 läßt sich in drei punktfremde meßbare Mengen σ_p, σ_s , σ_c zerlegen ($X = \sigma_p \cup \sigma_s \cup \sigma_c$) , wobei alle Punkte von σ_p ein von Null erschiedenes Maß haben (während jeder Punkt von $\sigma_s \cup \sigma_c$ das Maß Null hat), wobei das Lebesquesche Maß m (σ_s) = 0 ist und das Maß $\mu\ (\tilde{V},\ \varphi(\eta \cap \sigma_c))$ in Bezug auf das Lebesquesche Maß absolut stetig ist.

Beweis: Wir zeigen zunächst, daß jede Menge , die nur aus einem Punkt $x \in X$ besteht, meßbar ist. Zu jeder Überdeckung von $\{x\}$ gibt es immer ein Intervall aus dieser Überdeckung das eine kleinere Überdeckung von $\{x\}$ darstellt; damit ist $\varphi_\alpha(\{x\}) = E(x) - E(x-0)$. Eine Überdeckung der Komplementärmenge von $\{x\}$ bilden die Intervalle $\mathfrak{I}_0 = \{\lambda \mid x < \lambda < \infty\}$ und $\mathfrak{I}_\nu \{\lambda \mid -\infty < \lambda \leq \alpha_\nu\}$ mit einer wachsenden Folge $\alpha_\nu \to x$. Für diese Überdeckung ist $\bigvee_{\nu=0}^{\infty} \varphi(\mathfrak{I}_\nu) = (1 - E(x)) + E(x-o)$ (wegen $\bigvee_{\nu=1}^{\infty} \varphi(\mathfrak{I}_\nu) = \bigvee_{\nu=1}^{\infty} E(\alpha_\nu) = E(x-o)$) und damit $\varphi_i(\{x\}) = E(x) - E(x-o)$. Ein von Null verschiedenes Maß haben genau die Punkte der Sprungstellen von $E(\lambda)$. Wir definieren σ_p als die Menge dieser Punkte. σ_p kann höchstens abzählbar sein, da alle $\varphi(\{x\})$ paarweise orthogonal sind (siehe oben und Satz 9. 6) . In σ_p' gibt es also keine Punkte mit von Null verschiedenem Maß .

Um das Maß $\varphi(\eta)$ bzw. $\mu(\tilde{V}, \varphi(\eta))$ über Σ mit dem Lebesqueschen Maß vergleichen zu können, betrachten wir neben Σ den Borelkörper Σ_m des Lebesqueschen Maßes. $\Sigma \cap \Sigma_m$ ist wieder ein Borelkörper, der nicht leer ist, da die Intervalle $\mathfrak{I} = \{\alpha \mid \lambda_1 < \alpha \leq \lambda_2\}$ auch zu Σ_m gehören. Es ist $\sigma_p \in \Sigma \cap \Sigma_m$, da σ_p vom Lebesqueschen Maß Null ist. Daher ist auch $\sigma_p' \in \Sigma \cap \Sigma_m$. $\tilde{\mathfrak{J}}$ sei die Menge aller Mengen $\eta \in \Sigma \cap \Sigma_m$ mit $\eta \subset \sigma_p'$ und mit $m(\eta) = 0$.

Sei kurz $E_s = \bigvee_{\eta \in \tilde{\mathfrak{J}}} \varphi(\eta)$. Es gibt dann eine abzählbare Folge $\eta_i \in \tilde{\mathfrak{J}}$ mit $E_s = \bigvee_i \varphi(\eta_i)$. Wir setzen $\sigma_s = \bigcup_i \eta_i$; σ_s ist also in $\Sigma \cap \Sigma_m$ und $\sigma_s \subset \sigma_p'$. Mit σ_c bezeichnen wir das Relativkomplement von σ_s in σ_p'. Es ist also $\varphi(\sigma_s) = E_s$. Mit $\varphi(\sigma_c) = E_c$ und

$\varphi(\sigma_p) = E_p$ ist dann $1 = E_p + E_s + E_c$ (wegen $X = \sigma_p \cup \sigma_s \cup \sigma_c$). Für jede Menge $\eta \in \Sigma \cap \Sigma_m$ ist $\varphi(\eta) = \varphi(\eta \cap \sigma_p) + \varphi(\eta \cap \sigma_s) + \varphi(\eta \cap \sigma_c) = E_p \wedge \varphi(\eta) + E_s \wedge \varphi(\eta) + E_c \wedge \varphi(\eta)$. Für das Lebesquesche Maß ist $m(\sigma_p) = 0$ und $m(\sigma_s) = 0$ (da für alle η_i $m(\eta_i) = 0$ und damit auch $m(\bigvee_i \eta_i) = 0$ ist!) Es ist also für jedes $\eta \in \Sigma \cap \Sigma_m$: $m(\eta) = m(\eta \cap \sigma_c)$. Wir wollen zeigen, daß $\mu(\tilde{V}, \varphi(\eta \cap \sigma_c))$ absolut stetig in Bezug auf m ist. Dazu brauchen wir nur zu zeigen, daß aus $m(\eta) = 0$ auch $\mu(\tilde{V}, \varphi(\eta \cap \sigma_c))$ folgt. Wegen $m(\eta) = m(\eta \cap \sigma_c)$ brauchen wir nur zu zeigen, daß aus $\eta \subset \sigma_c$ und $m(\eta) = 0$ auch $\varphi(\eta) = 0$ folgt (da $\tilde{V}$ effektiv!) : Gäbe es ein $\eta \subset \sigma_c$ mit $\varphi(\eta) \neq 0$ und $m(\eta) = 0$, so wäre $\eta \in \tilde{\mathfrak{J}}$ und damit $\varphi(\eta) \leq E_s$ (siehe oben $E_s = \bigvee_{\eta \in \tilde{\mathfrak{J}}} \varphi(\eta)$). Da η in der Komplementärmenge von σ_s liegt, wäre wegen $\varphi(\sigma_s) = E_s$ $\varphi(\eta) \perp E_s$, was zu $\varphi(\eta) \leq E_s$ im Widerspruch steht.

In der Zerlegung $X = \sigma_p \cup \sigma_s \cup \sigma_c$ ist σ_p eindeutig und σ_s, σ_p bis auf eine Menge vom φ-Maß wie m-Maß Null eindeutig bestimmt; die E_p, E_s, E_c sind eindeutig bestimmt. Daß die E_p, E_s, E_c eindeutig bestimmt sind, folgt aus der Aussage über die σ_p, σ_s, σ_c.

σ_p ist, wie wir oben sahen, eindeutig als Menge aller Punkte mit von Null verschiedenem φ-Maß bestimmt. Ist $X = \sigma_1 \cup \sigma_2$ $(\sigma_1 \cap \sigma_2 = 0)$ eine Zerlegung von X mit $m(\sigma_1) = 0$ und $\mu(\tilde{V}, \varphi(\eta \cap \sigma_2))$ absolutstetig in Bezug auf $m(\eta)$, so ist $\sigma_p \subset \sigma_1$ und $\varphi(\sigma_2 \dot{+} \sigma_c) = 0$ und $m(\sigma_2 \dot{+} \sigma_c) = 0$: Wegen $m(\sigma_1) = 0$ ist $m(\eta) = m(\eta \cap \sigma_2) = m(\eta \cap \sigma_c)$ also mit $\eta = \sigma'_c$: $m(\sigma'_c \cap \sigma_2) = 0$ und ebenso $m(\sigma'_2 \cap \sigma_c) = 0$ und damit m $(\sigma_2 \dot{+} \sigma_c) = 0$. Da $\mu(\tilde{V}, \varphi(\eta \cap \sigma_2))$ absolutstetig ist, ist $\sigma_p \cap \sigma_2 = 0$ und folgt für σ_s : $\mu(\tilde{V}, \varphi(\sigma_s \cap \sigma_2)) = 0$, da m$(\sigma_s) = 0$ ist. Also ist $\sigma_s \cap \sigma_2$ vom φ-Maß Null und damit wegen $\sigma_c' \cap \sigma_2 = \sigma_s \cap \sigma_2$: $\varphi(\sigma_c' \cap \sigma_2) = 0$. Ebenso folgt, da $\mu(\tilde{V}, \varphi(\eta \cap \sigma_c))$ absolutstetig ist, $\varphi(\sigma_1 \cap \sigma_c) = 0$ d. h. $\varphi(\sigma_2' \cap \sigma_c) = 0$.

Jedes offene Intervall, in dem E (λ) konstant ist, ist eine φ - meßbare Menge vom φ-Maß Null. Es kann nur abzählbar viele solcher offenen "Konstanzintervalle" von E (λ) geben. Die Vereinigung σ_0 aller dieser Konstanzintervalle ist also ebenfalls vom φ-Maß Null. Es folgt sofort $\sigma_p \cap \sigma_0 = 0$

Definition 14. 2 : Die Komplementärmenge σ_0' von σ_0 heißt das Spektrum der Spektralschar E (λ), σ_p das Punktspektrum, $\sigma_0 \cap \sigma_s$ das singuläre Spektrum und $\sigma_0 \cap \sigma_c$ das kontinuieliche Spektrum. Es ist $\varphi(\sigma_0 \cap \sigma_s) = \varphi(\sigma_s) = E_s$ und $\varphi(\sigma_0 \cap \sigma_c) = \varphi(\sigma_c) = E_c$.

§ 15. Observablen.

Es soll jetzt der Begriff einer Observablen eingeführt werden, und zwar etwas allgemeiner als dies in Kapitel I geschah. Die Einführung des Begriffs Observable geschieht nicht durch Erweiterung des genormten Realtextes, indem neue zusätzliche Zeichen gesetzt werden. Auch werden keine neuen Realrelationen eingeführt. Der Begriff Observable ist vielmehr eine Zusammenfassung mehrerer schon besprochener Begriffe.

Es ist üblich, in physikalischen Experimenten viele zusammen auftretende $\underline{\underline{F}} \in \underline{\underline{L}}$ mit Hilfe von Parametern zu ordnen statt sie irgendwie zu nummerieren. Bei wenigen $\underline{\underline{F}}$ (z. B. zwei, drei Zählrohren) ist die Nummerierung vorzuziehen. Bei sehr vielen $\underline{\underline{F}}$ (z. B. den vielen Tröpfchen einer Nebelspur) wäre eine Nummerierung vollkommen unübersichtlich. Man ordnet daher häufig die $\underline{\underline{F}}$, indem man ihnen Punkte oder Punktmengen in einem Parameterraum (z. B. den Nebeltröpfchen Punkte im normalen dreidimensionalen Raum, der Nebelspur eine "Bahn" im Raum) zuordnet.

Enthält ein Apparat "sehr viele" zusammen auftretenden Effektteile $\underline{\underline{F}}_{\nu} \in \underline{\underline{L}}$, so liegt es nahe, den aus ihnen prinzipiell herstellbaren Booleschen Schaltring (wie wir ihn am Anfang von § 11 geschildert haben) nicht als endliche Menge von "unübersehbar" vielen Elementen zu betrachten, sondern statt dessen in "physikalischer Approximation" einen Booleschen Ring Q mit unendlich vielen Elementen und einer uniformen Struktur für die Unschärfe der Abbildung der Effektteile auf Elemente von Q einzuführen. Q können wir als Teilmenge der Vervollständigung von $\underline{\underline{L}}$ in der für die Abbildung auf $\underline{L}$ maßgeblichen, aber in § 3 noch nicht näher präzisierten uniformen Struktur betrachten. Mit g als Abbildung von $\underline{L}$ auf $\underline{L}$ erhält man durch $g(\underline{\underline{F}}) = \underline{F}$ ein Vektormaß über Q, für das wir einfach F(q) mit $q \in Q$ geschrieben haben.

Ein Apparat mit "sehr vielen" zusammenauftretenden Effektteilen soll also beschrieben werden durch einen Booleschen Ring Q, dessen Elemente die Effektteile symbolisieren, mit einem additiven Vektormaß F(q), das die

Wahrscheinlichkeiten der q für alle Gesamtheiten V bestimmt. Dieses Schema ist aber genau das, was wir im vorigen Paragraphen diskutiert haben. Als uniforme Struktur in Q wählen wir die durch die Metrik $d(q_1, q_2)$ definierte uniforme Struktur. So wird folgender allgemeiner Begriff einer Observablen nahegelegt.

<u>Definition 15. 1 :</u> Eine Observable ist ein Paar $[Q, F(q)]$, wobei Q ein topologisch vollständiger separabler Boolescher Ring und F(q) ein additives effektives Vektormaß über Q ist (mit $F(q) \in \hat{L}$ und es gibt ein q_e mit $F(q_e) = 1$.

Der Wertebereich von F(q) über Q ist also ein $\tau\bar{\kappa}$-Feld.
Zwei Observable heißen koexistent, wenn die Menge der F(q) für beide Observablen zusammen koexistent ist.

<u>Definition 15. 2 :</u> Eine Entscheidungsobservable ist eine Observable , für deren additives Vektormaß $E(q) \in G$ gilt. Zwei Entscheidungsobservable heißen kommensurabel, wenn die Menge der E(q) für beide zusammen kommensurabel ist. Da in diesem Falle Q isomorph dem β-Feld des Wertebereiches von E(q) über Q ist, kann man auch eine Entscheidungsobservable <u>allein</u> durch ein β-Feld charakterisieren. Mit Definition 15. 2 ist also folgende Definition äquivalent:

<u>Definition 15. 2´:</u> Als Entscheidungsobservable bezeichnen wir ein β-Feld .
Wie wir am Ende von § 14 bemerkten, gibt es zu jedem Paar $[Q, F(q)]$ einen measure space $(\mathcal{S}, \Sigma, \varphi$

so daß Q zu $\tilde{\Sigma} = \Sigma / \mathfrak{J}$ isomorph wird und $\varphi(\sigma)$ das auf Σ übertragene Maß F(q) ist. Wir bezeichnen dann (S, Σ, φ) als eine Darstellung der Observablen $[Q, F(q)]$, oft sogar kurz als Observable, indem wir uns Q durch $\tilde{\Sigma}$ und F(q) durch $\varphi(\tilde{\sigma})$ ersetzt denken. S bezeichnen wir oft als eine Skala der Observablen.

In der Statistik ist es sehr gebräuchlich, statt der Wahrscheinlichkeitsverteilung die Erwartungswerte von Funktionen zu betrachten. Hat man z. B. eine Wahrscheinlichkeitsverteilung m über einer reellen Variablen x (d. h. eine Maßfunktion m über einem Borelkörper Σ von Teilmengen reeller Zahlen), so kann man Erwartungswerte wie $\bar{x} = \int x \, dm(x)$ und $\bar{x}^2 = \int x^2 \, dm(x)$ und höhere Momente betrachten, oder aber auch die Fourierkomponenten $\int e^{ikx} dm(x)$ untersuchen. Alle diese Methoden der mathematischen Statistik lassen sich unmittelbar auf den Fall einer Observablen, dargestellt durch $(S, \Sigma, \varphi,)$ übertragen, wenn man bei festem $V \in K$ als Wahrscheinlichkeit $m(\sigma) = \mu(V, \varphi(\sigma))$ benutzt. Der Borelkörper Σ der in Bezug auf das Vektormaß φ meßbaren Mengen ist identisch mit dem Borelkörper der in Bezug auf $m_o(\sigma) = \mu(\tilde{V}, \varphi(\sigma))$ meßbaren Mengen, wenn $\tilde{V}$ eine effektive Gesamtheit ist. Nach dem Satz von Radon-Nykodym kann man jedes $m(\sigma)$ durch $m_o(\sigma)$ darstellen mit Hilfe einer über S meßbaren Funktion $\rho(x) \geqq 0$ mit $m(\sigma) = \int_\sigma \rho(x) \, dm_o(x)$, wobei $\rho(x)$ wesentlich eindeutig bestimmt ist (d. h. bis auf einer Menge von Punkten x vom Maße Null). Es ist $\int \rho(x) \, dm_o(x) = 1$. Jedem $V \in K$ ist somit eine Funktion $\rho(x)$ über S zugeordnet ($\tilde{V}$ speziell die Funktion $\rho(x) \equiv 1$).

Statt die Statistik für jedes V und das zugeordnete ρ (x) getrennt nach den üblichen Methoden zu untersuchen, ist es vorteilhaft, unabhängig von V $\in$ K statt der von V abhängigen skalare Maße weiterhin das Vektormaß als "Zusammenfassung" von vielen Wahrscheinlichkeitsmaßen beizubehalten. Daher führen wir "Funktionen von Observablen" als Elemente des Vektorraumes B' ein.

Dazu betrachten wir folgendes Dualpaar von Banachräumen (A 35) : $\mathcal{A}$ die Menge aller in Bezug auf $\mu(\tilde{V}, \varphi(\sigma))$ absolutstetigen Maße m (σ) über Σ , $\mathcal{A}'$ die Menge aller über X meßbaren Funktionen a (x) , wobei zwei Funktionen a (x), als "dasselbe" Element von A' angesehen werden, wenn sie sich nur in einer Punktmenge vom Maße Null unterscheiden.
Die Menge aller positiven Maße m (σ) mit m (X) = 1, bezeichnen wir mit K_A , die Menge aller Funktionen a (x) mit O $\leq$ a (x) $\leq$ 1 mit $\hat{L}_A$. Jedes Maß m (σ) kann eindeutig in der Form m(σ) $= \alpha\, m_1(\sigma) - \beta\, m_2(\sigma)$ mit $m_2(\sigma) \in K_A$ und $m_1(\sigma) \in K_A$ und $\alpha \geq 0$, $\beta \geq 0$ und es gibt eine Zerlegung X = $\sigma_1 \cup \sigma_2$ mit $\sigma_1 \wedge \sigma_2$ = 0 und $m_1(\sigma_1)$ = 1 und $m_2(\sigma_2)$ = 1 .
Die Norm von m(σ) = $\alpha_1 m_1(\sigma) - \alpha_2 m_2(\sigma)$ in $\mathcal{A}$ ist $\| m(\sigma)\| = \alpha + \beta$. $\mathcal{A}'$ ist der zu $\mathcal{A}$ duale Banachraum mit der Norm $\| a(x)\|$ = msup $| a(x)|$
(msup | a (x)| bezeichnet das wesentliche Supremum von a (x)).
Durch $V \longrightarrow \mu(V, \varphi(\sigma))$ wird jedem $V \in K \subset B$ ein m (σ) aus K_A zugeordnet. Da sich jedes X $\in$ B als $\alpha V_1 - \beta V_2$ mit $\|X\| = \alpha + \beta$ schreiben läßt, erhält man daraus sofort durch die Zuordnung $X \to \mu(X, \varphi(\sigma))$ eine lineare normstetige Abbildung T von B in A (es folgt sofort $\| \mu(X, \varphi(\sigma))\|$

$\leqslant \alpha+\beta = \|X\|$!)

Die transponierte Abbildung T' bildet A' in B' ab und ist $\sigma(A', A)$ - - $\sigma(B', B)$ -stetig aber auch normstetig (A 36): Man weist dies auch leicht unmittelbar nach:

Mit $\eta_\sigma(\chi)$ als charakteristischer Funktion von σ folgt aus $\int \eta_\sigma(\chi)\, d(TV) = \mu(V, P(\sigma)) = \mu(V, T'\eta_\sigma(\chi))$ sofort, daß $T'\eta_\sigma(\chi) = \varphi(\sigma)$ ist. Zu $a(\chi)$ bilde man $a_+(\chi) = \frac{1}{2}(a(\chi) + |a(\chi)|)$ und $a_-(\chi) = \frac{1}{2}(-a(\chi) + |a(\chi)|)$; dann ist $\|a(\chi)\| = \mathrm{m\,sup}(a_+(\chi) + a_-(\chi))$ und $a_+(\chi) + a_-(\chi) \geqslant 0$. Daraus folgt

$$0 \leqslant \int (\|a(\chi)\| - a_+(\chi) - a_-(\chi))\, d(TV) = \|a(\chi)\| - \int a_+(\chi)\, d(TV) - \int a_-(\chi)\, d(TV) =$$
$$= \|a(\chi)\| - \mu(V, T'a_+(\chi)) - \mu(V, T'a_-(\chi)).$$

Ebenso folgt

$$\mu(V, T'a(\chi)) = \mu(V, T'a_+(\chi)) - \mu(V, T'a_-(\chi))$$

und

$$\mu(V, T'a_+(\chi)) \geqslant 0 \; ; \; \mu(V, T'a_-(\chi)) \geqslant 0$$

Daraus folgt

$$\|T'a(\chi)\| = \sup\{|\mu(V, T'a(\chi))| \mid V \in K\} \leqslant \|a(\chi)\|.$$

Da T' normstetig ist und jede meßbare Funktion $a(\chi)$ durch eine Stufenfunktion $\sum_\nu a_\nu \eta_{\sigma_\nu}(\chi)$ beliebig gut normapproximiert werden kann, bezeichnet man $T'a(\chi) = \int a(\chi)\, d\varphi(\chi)$.

<u>Definition 15. 3 :</u> Als Funktion a einer Observablen (S, Σ, φ) bezeichnen wir $A = \int a(\chi)\, d\varphi(\chi)$.

$a(\chi)$ bestimmt eindeutig das Element $A \in B'$. Aber umgekehrt ist $a(\chi)$ durch A <u>nicht</u> notwendig eindeutig bestimmt, da aus $\int b(\chi)\, d\varphi(\chi) = 0$ nicht notwendig $b(\chi) = 0$ bis auf eine Menge von Maße Null folgt. Die Bedeutung des Elementes $A \in B'$ liegt genau darin, daß

$$\int a(\chi)\, d\mu(V, \varphi(\chi)) = \mu(V, A) \text{ ist.}$$

Durch welche Funktionen einer Observablen läßt sich am geschicktesten die Observable selbst charakterisieren? Dies ist die Übertragung einer allgemeinen Fragestellung der mathematischen Statistik auf den Fall eines Wahrscheinlichkeitsfeldes, daß wir als Observable definierten. Es kann nicht die Aufgabe dieses Buches und schon gar nicht dieses Paragraphen sein, diese Frage erschöpfend zu behandeln. Nur einige wichtige Gesichtspunkte seien aufgezeigt.

Wenn man als a(x) speziell die charakteristischen Funktionen der Mengen $\sigma \in \sum$ wählt, erhält man als A die Vektormaße φ (σ). Die entscheidende Frage ist also nicht, ob eine Observable durch die Menge ihrer Funktionen charakterisiert werden kann, sondern ob "wenige" Funktionen ausreichen, um sie einfacher als durch das Vektormaß φ(σ) zu charakterisieren. Unsere Frage lautet also: Kann man aus einer oder aus wenigen Funktionen $A \in B'$ die ganze Observable, d. h. alle φ (σ) zurückgewinnen.

Der Bildraum $T'(A')$ ist ein Teilraum von B'. Da jedes a (x) durch eine Stufenfunktion beliebig gut normapproximiert werden kann und T' normstetig ist, spannen die φ(σ) einen normabgeschlossenen Teilraum von B' auf, der $T'(A')$ enthält. Der $\sigma(B', B)$ -Abschluß von $T'(A')$ in B' sei kurz mit B'_{φ} bezeichnet; B'_{φ}, ist also auch der von den φ(σ) aufgespannte $\sigma(B', B)$ -abgeschlossene Teilraum von B'.

<u>Satz 15. 1 :</u> Ein $\sigma(B', B)$ abgeschlossener Teilraum von B' ist dann und nur dann von der Form B'_{φ} mit der Maßfunktion φ einer Observablen, wenn es in ihm eine totalgeordnete Teilmenge $\Gamma \subset \hat{L}$ gibt, die ihn aufspannt.

Beweis: In einem Teilraum B'_φ gibt es nach Satz 14. 2 eine solche Menge Γ ; und mit Hilfe von Satz 14. 6 folgt umgekehrt daß jedes solche Γ ein $\gamma\widetilde{\mathcal{X}}$ -Feld erzeugt und damit den von den $\varphi(\sigma)$ aufgespannten Raum B'_φ aufspannt.

<u>Satz 15. 2 :</u> Ein $\sigma(B', B)$ -abgeschlossener Teilraum R von B' ist dann und nur dann darstellbar als ein B'_φ, wenn R von $R \cap \hat{L}$ in der $\sigma(B', B)$ -Topologie aufgespannt wird und $1 \in R$ gilt.

Beweis: Da B'_φ von den $\varphi(\sigma)$ aufgespannt wird, wird also B'_φ erst recht von $B'_\varphi \cap \hat{L}$ aufgespannt. Es ist $1 = \varphi(S) \in B'_\varphi$.

Es werde R von $R \cap \hat{L}$ aufgespannt und es sei $1 \in R$. $R \cap \hat{L}$ ist eine $\sigma(B', B)$ -abgeschlossene konvexe Teilmenge von $\hat{L}$ und damit in der $\sigma(B', B)$ -Topologie kompakt. Nach dem Satz von Krein-Milman (A 26) wird also $R \cap \hat{L}$ von den Extremalpunkten von $R \cap \hat{L}$ und damit ganz R von den Extremalpunkten von $R \cap \hat{L}$ aufgespannt. Da B' in der $\sigma(B', B)$ -Topologie separabel ist, gibt es also abzählbar viele Extremalpunkte F_ν ($\nu = 1, 2, \ldots$) von $R \cap \hat{L}$, die ganz R aufspannen. Sei $\lambda_\nu > 0$ mit $\sum_\nu \lambda_\nu = 1$, so sind für $0 \leq \mu_\nu \leq \lambda_\nu$ alle $\sum_\nu \mu_\nu F_\nu \in R \cap \hat{L}$. Durch $\left\{F \,\middle|\, F = 0 \text{ oder } F = F^{(n)} = \sum_{\nu=1}^{n} \lambda_\nu F_\nu \text{ oder } F = 1\right\}$ ist eine totalgeordnete Menge aus $R \cap \hat{L}$ bestimmt, die ganz R aufspannt, da $F^{(n+1)} - F^{(n)} = \lambda_n F_n$ ist. Daraus folgt die Behauptung nach Satz 15. 1.

Aus Satz 15. 2 folgt speziell, da B' selbst von $\hat{L}$ aufgespannt wird, daß auch B' als ein B'_φ darstellbar ist.

Mit $B'^{\perp}_\varphi$ sei der zu B'_φ senkrechte Teilraum aus B bezeichnet. Zwei Elemente

$V_1, V_2 \in K$ haben also dieselben Wahrscheinlichkeiten $\mu(V_1, \varphi(\sigma)) = \mu(V_2, \varphi(\sigma))$ für alle $\varphi(\sigma)$ genau dann, wenn $V_1 - V_2 \in B'^{\perp}_{\varphi}$ ist. Aus der obigen Bemerkung nach Satz 15. 2 folgt also der wichtige

Satz 15. 3 : Die Gesamtheiten $V \in K$ sind eindeutig durch die $\mu(V, \varphi(\sigma))$ einer geeigneten einzigen (!) Observablen, d. h. durch die $\mu(V, F)$ mit F aus einer geeigneten Menge koexistenter (!) Effekte bestimmt.

Nach II, § 2 können wir das so ausdrücken: Es ist möglich, einen einzigen Apparat als Z-Gruppe von Effekten so zu bauen, daß durch Messung aller $\mu(V, F)$ für die F dieser z-Gruppe die Gesamtheit V in physikalischer Approximation bestimmt werden kann.

Satz 15. 3 gilt nicht mehr, wenn man von den $\varphi(\sigma)$ verlangt, daß $\varphi(\sigma) \in G$ gilt, d. h. daß die zugelassene Observable eine Entscheidungsobservable ist!

Da zwei Gesamtheiten V_1 und V_2 mit $\mu(V_1, \varphi(\sigma)) = \mu(V_2, \varphi(\sigma))$ für alle $\varphi(\sigma)$ einer Observablen (es genügen auch die $\varphi(\sigma)$ einer totalgeordneten Menge, die diese Observable erzeugen) genau dann der Fall ist, wenn $V_1 - V_2 \in B'^{\perp}_{\varphi}$ ist, liegt folgende Definition nahe:

Definition 15. 4 : Zwei Observablen heißen äquivalent, wenn die von ihren Funktionen bestimmten Teilräume gleich sind.

Deshalb werden die Vektorräume B'_{φ} bei einer Diskussion des Meßprozesses von großer Wichtigkeit werden.

Da nach Definition 15. 3 auch Vektoren aus B', die nicht in $\hat{L}$ liegen, eine physikalische Bedeutung zukommt, ist daraufhinzuweisen, daß ein $Y \in \hat{L}$ sowohl als "Effekt" als auch als "Funktion einer Observablen" eine physikalische Bedeutung haben kann. Beide Begriffe dürfen nicht durcheinander geworfen werden!

Wir wollen jetzt den Fall der Entscheidungsobservablen etwas genauer diskutieren.

Satz 15. 4 : Für ein β-Feld R ist die Menge R' (der Kommutator von R) darstellbar als die Menge aller Vektormaße $\psi(\sigma) \in G$ über Σ (wobei (S, Σ, φ) der das β-Feld R darstellende measure-space sei) mit $\psi(\sigma) \leq \varphi(\sigma)$, wobei R' die Menge aller $\psi(S)$ ist. Es gilt $\psi(\sigma) = \psi(S) \wedge \varphi(\sigma)$.

Beweis: Sei $E \in R'$. Für jedes Element $\varphi(\sigma) \in R$ ist also $E = (E \wedge \varphi(\sigma)) + (E \wedge \varphi(S-\sigma))$. Durch $\psi(\sigma) = E \wedge \varphi(\sigma)$ ist also ein additives Vektormaß $\psi(\sigma) \in G$ über Σ definiert mit $\psi(\sigma) \leq \varphi(\sigma)$ und $\psi(S) = E$.

Ist umgekehrt ein Vektormaß $\psi(\sigma) \in G$ mit $\psi(\sigma) \leq \varphi(\sigma)$ gegeben, so ist $\psi(S)$ mit allen $\varphi(\sigma)$ kommensurabel: $\psi(S) \wedge \varphi(\sigma) = [\psi(S-\sigma) + \psi(\sigma)] \wedge \varphi(\sigma) = \psi(\sigma) \wedge [\psi(S-\sigma) \wedge \varphi(\sigma)]$ (wegen der Orthomodularität von G).

Da $\psi(S-\sigma) \leq \varphi(S-\sigma) \perp \varphi(\sigma)$ ist, ist also $\psi(S) \wedge \varphi(\sigma) = \psi(\sigma)$ und ebenso $\psi(S) \wedge \varphi(S-\sigma) = \psi(S-\sigma)$ und daher $\psi(S) = [\psi(S) \wedge \varphi(\sigma)] + [\psi(S) \wedge \varphi(S-\sigma)]$.

$\psi(\sigma)$ ist für jedes $\sigma \in \Sigma$ ebenfalls Element von R', da $R \subset R'$ und R' nach Satz 12. 14 ein vollständiger Verband und $\psi(\sigma) = \psi(S) \wedge \varphi(\sigma)$ ist.

Satz 15. 5 : Daß für ein β-Feld R = R´ ist (d. h. daß R maximal ist), ist äquivalent zu: Es gibt auf Σ keine anderen Vektor - maße $\psi(\sigma) \in G$ mit $\psi(\sigma) \leq \varphi(\sigma)$ als $\psi(\sigma) = \varphi(\sigma \cap \sigma_0)$ mit irgendeinem $\sigma_0 \in \Sigma$.

Beweis: $\psi(\sigma) \leq \varphi(\sigma \cap \sigma_0) = \varphi(\sigma) \wedge \varphi(\sigma_0)$ ist ein Vektormaß mit $\psi(\sigma) \leq \varphi(\sigma)$ und $\psi(S) = \varphi(\sigma_0)$. Sei $\psi(\sigma)$ ein Vektormaß mit $\psi(\sigma) \leq \varphi(\sigma)$, so ist $\psi(S) \in R'$ und wegen $R' = R$ also $\psi(S) \in R$, d. h. es gibt ein $\sigma_0 \in \Sigma$ mit $\psi(S) = \varphi(\sigma_0)$ und damit $\psi(\sigma) = \psi(S) \wedge \varphi(\sigma) = \varphi(\sigma_0) \wedge \varphi(\sigma) = \varphi(\sigma_0 \cap \sigma)$.

Wir wollen nach diesen Vorbereitungen die Struktur von Funktionensystemen von Entscheidungsobservablen näher untersuchen.

Satz 15. 6 : Wie vor Definition 15. 3 definiert, sei T die Abbildung von B in A : $X \longrightarrow \mu(X, \varphi(\sigma))$ und T´ die adjungierte Abbildung von A´ in $B'_\varphi \subset B'$. T´ ist eine Isomorphie der Banachräume A´und B'_φ, so daß für die kanonische Zerlegung von T gilt: $B \xrightarrow{\phi} B/B'^{\perp}_\varphi \xrightarrow{T_0} A$, wobei T_0 eine Isomorphie der Banachräume $B/B'^{\perp}_\varphi$ und A ist.

Beweis folgt unmittelbar aus bekannten Sätzen (A 37), wenn wir zeigen, daß $T'(A') = B'_\varphi$, d. h. $T'(A')$ $\sigma(B', B)$-abgeschlossen in B´ ist und daß die Abbildung T´ eine Normisomorphie ist.

Wir zeigen direkt $\| T'(a(x)) \| = \| a(x) \|$. Für jedes $\varepsilon > 0$ ist wenigstens eine der Mengen

$\sigma = \{x \mid a(x) \geq \| a(x) \| - \varepsilon\}$ oder $\sigma = \{x \mid a(x) \leq - \| a(x) \| + \varepsilon\}$

nicht vom Maße Null. Daraus folgt für ein $V \in K_1(\varphi(\sigma))$:

$$|\mu(V, T'(a(x))| = |\int_{\sigma} a(x)\, d\mu(V, \varphi(x))| \geqslant \|a(x)\| - \varepsilon$$

und damit $\|T'(a(x))\| \geqslant \|a(x)\|$. Daraus folgt insbesondere $T'(a(x)) = 0$ nur für $a(x) = 0$ (fast überall = 0!).

T'ist eine $\sigma(A', A)$ - $\sigma(B', B)$ -stetige Abbildung, bei der die $\sigma(A', A)$ - kompakte Menge der Einheitskugel $A'_{|1|}$ in $T'(A') \cap B'_{|1|}$ abgebildet wird (da $\|T'(a(x))\| = \|a(x)\|$!). Da $A'_{|1|}$ kompakt ist, ist auch $T'(A') \cap B'_{|1|}$ kompakt und damit $\sigma(B', B)$ -abgeschlossen; dann ist aber auch $T'(A')$ $\sigma(B', B)$ -abgeschlossen (A 4) und damit $T'(A') = B'_{\varphi}$.

<u>Satz 15. 7 :</u> Die Abbildungen T und T' erhalten die Ordnung. T'ist ein Ordnungsisomorphismus von A' auf $T'(A') = B'_{\varphi}$ als ein Teilraum von B'. B'_{φ} ist ein Banachverband (A 38). T_0 ist ebenfalls ein Ordnungsisomorphismus von $B/B'^{\perp}_{\varphi}$ auf A, wobei der positive Kegel von $B/B'^{\perp}_{\varphi}$ durch $\phi(Q)$ mit Q nach Definition 5. 3 definiert ist. $\phi(K)$ ist die Menge aller Elemente aus $\phi(Q)$ mit der Norm 1. Es ist $T_0\, \phi(K) = T(K) = K_A$.

Beweis: Wir sahen schon oben, daß $TV \geqslant 0$ für $V \in K$ ist und daß $T'(a(x)) \geqslant 0$ für $a(x) \geqslant 0$ ist. Für T'^{-1} als Abbildung von B'_{φ} auf A'folgt aber dasselbe, da $T'(a(x)) \ngeqslant 0$ ist, falls es eine Menge σ (nicht vom Maße Null) gibt mit $a(x) \leqslant -\varepsilon$ für ein $\varepsilon > 0$; denn dann ist mit $V \in K_1(\varphi(\sigma))$

$$\mu(V, T'(a(x))) = \int_{\sigma} a(x)\, d\mu(V, \varphi(x)) \leqslant -\varepsilon$$

Daß B ein Banachverband ist, folgt wegen der Isomorphie mit A' daraus, daß A ein Banachverband ist. Das A'ein Banachverband ist, folgt daraus, daß max (a (x) , b (x)) eine meßbare Funktion ist, falls a (x) und b (x) meßbar sind. Der positive Kegel in A'ist $\sigma(A', A)$ -abgeschlossen und normabgeschlossen. Jedes Element a (x) ist in einen positiven und negativen Teil zerlegbar :

$$a(x) = \left[\frac{1}{2}\left(a(x) + |a(x)|\right)\right] - \left[\frac{1}{2}\left(|a(x)| - a(x)\right)\right].$$

Da $B/B'^{\perp}_{\varphi}$ isomorph zu A ist, und $T = T_0\, \phi$ ist, genügt es zu zeigen, daß $T(K) = K_A$ ist. Wie wir oben vor Satz 15. 1 sahen, ist $T(K) \subset K_A$. Wir wollen zeigen, daß T (K) $\sigma(A, A')$ -dicht in K_A ist. Da T (K) abgeschlossen ist (T_0 ist Homöomorphie und ϕ ist offen), folgt damit $T(K) = K_A$. Für jedes $a(x) \in A$ und jedes $m(\sigma) \in K_A$ und jedes $\varepsilon > 0$ ist zu zeigen, daß es ein $m'(\sigma) \in T(K)$ gibt mit

$$\left| \int a(x)\, dm(x) - \int a(x)\, dm'(x) \right| < \varepsilon .$$

Dazu betrachten wir neben a(x) eine Stufenfunktion $a'(x) = \sum_\nu \alpha_\nu \eta_{\sigma_\nu}(x)$, mit $\|a(x) - a'(x)\| < \frac{\varepsilon}{2}$. Es gilt $\sigma_\nu \cap \sigma_\mu = 0$ für $\nu \neq \mu$ und $\bigcup_\nu \sigma_\nu = X$. Mit $V_\nu \in K_1(\varphi(\sigma_\nu))$ setzen wir $V = \sum_\nu m(\sigma_\nu) V_\nu$ und $m'(\sigma) = TV$. Dann ist $\int a'(x)\, dm(x) = \int a'(x)\, dm'(x)$. So folgt:

$$\left| \int a(x)\, dm(x) - \int a(x)\, dm'(x) \right| \leq \left| \int (a(x) - a'(x))\, dm(x) \right| + \left| \int (a'(x) - a(x))\, dm'(x) \right| \leq 2\, \|a(x) - a'(x)\| < \varepsilon .$$

<u>Satz 15. 8 :</u> Die Ordnung in $B'_\varphi \cap \hat{L}$ ist ebenfalls wie in ganz B'_φ eine Verbandsordnung. Die Elemente von $B'_\varphi \cap G$ sind gegeben durch $\int e(x)\, d\varphi(x)$ mit $e(x) = 1$ oder **0** für fast alle x , d. h. sind gerade die $\varphi(\sigma)$: $B'_\varphi \cap G$ ist gleich dem β-Feld R. Die Verbandsoperationen in dem Booleschen Ring R stimmen mit den Verbandsoperationen aus $B'_\varphi \cap \hat{L}$ überein, wenn man R als Teilmenge von $B'_\varphi \cap \hat{L}$ auffaßt.

R ist die Menge aller $F \in B'_\varphi \cap \hat{L}$, zu denen es in $\hat{L}$ ein Komplement F' gibt (d. h. ein $F' \in \hat{L}$ mit $F \wedge F' = 0$ und $F \vee F' = 1$).

Beweis: Wegen $1 = \int d\varphi(x) = \varphi(S)$ und $0 \leq F \leq 1$ ist für jedes $F \in B'_\varphi \cap \hat{L}$ mit $F = \int f(x) \, d\varphi(x)$: $0 \leq f(x) \leq 1$ für fast alle x ; und umgekehrt ist für $0 \leq f(x) \leq 1$ auch $F \in \hat{L}$. Daraus folgt wie oben die Verbandsstruktur von $B'_\varphi \cap \hat{L}$.

Gibt es ein $\varepsilon > 0$ und eine Menge σ' mit $\varphi(\sigma') \neq 0$, so daß $\varepsilon \leq f(x) \leq 1 - \varepsilon$ in σ' gilt, so kann F nicht Extremalpunkt von $\hat{L}$, d. h. F nicht Element von G sein, denn mit $\eta(x)$ als charakteristischer Funktion von σ' ist $f(x) = \frac{1}{2}\left[f(x) + \varepsilon\eta(x)\right] + \frac{1}{2}\left[f(x) - \varepsilon\eta(x)\right]$.

In $B'_\varphi \cap \hat{L}$ sind die Verbandsoperationen mit $f_1(x) \wedge f_2(x) = \min\left[f_1(x), f_2(x)\right]$ und $f_2(x) \vee f_1(x) = \max\left[f_1(x), f_2(x)\right]$ äquivalent, woraus die restlichen Behauptungen sofort folgen. Mit Definition 15. 4 folgt aus $R = B'_\varphi \cap G$ sofort:

Satz 15. 9 : Zwei Entscheidungsobservable sind dann und nur dann äquivalent, wenn die zugehörige β-Felder gleich sind, d. h. kurz : wenn die Observablen gleich sind.

Definition 15. 5 : Zwei Entscheidungsobservable heißen komplementär, wenn für die zugehörigen β-Felder R_1 und R_2 die Relation $R_1 \cap R_2' = \{1\}$ gilt (dann gilt auch $R_2 \cap R_1' = \{1\}$) .

$R_1 \cap R_2' = \{1\}$ ist gleichbedeutend damit, daß kein Element von R_1 mit irgendeinem von R_2 kommensurabel ist, d. h. daß es kein kommensurables Paar E_1, E_2 mit $E_1 \in R_1$, $E_2 \in R_2$ gibt außer $E_1 = 1$ oder $E = 1$.

§ 16 Zerlegung in irreduzible Teile .

Definition 16. 1 : Als Zentrum Z von G bezeichnen wir den Kommutator (siehe Definition 12. 6) von G, d. h. Z = G'.

Definition 16. 2 : G und $\hat{L}$ heißen irreduzibel, wenn Z nur aus dem 1- und 0 - Effekt besteht. G und $\hat{L}$ heißen klassisch, wenn Z = G.

Nach Satz 12. 14 und wegen Z $\subset$ Z' = G ist also Z ein β-Feld und in G σ(B', B) -abgeschlossen. Z ist also eine Entscheidungsobservable. Damit sind alle Elemente von Z darstellbar als $\varphi(\sigma)$ mit φ als Vektormaß aus einem measure-space (S_z, Σ_z, φ). Der Index z bei S_z und Σ_z soll andeuten, daß es sich um den measure space für das Zentrum Z handelt. Wir werden häufig den Fall zu betrachten haben, wo folgende Voraussetzung erfüllt ist:

(ZA) : Der Verband Z ist atomar.

Dies bedeutet natürlich nicht, daß auch G atomar ist ; besteht z. B. entsprechend Definition 16. 2 Z nur aus dem 1 - und 0 - Element, so ist Z atomar,

Ist G endlich dimensional, so folgt die Atomarität von Z unmittelbar aus der mehrfach benutzten Isomorphie E $\leftrightarrow$ K_1 (E) und des echten Wachsens der Dimension von K_1 (E) mit E.

Satz 16. 1 : Aus (ZA) folgt: Z enthält höchstens abzählbar viele Atome Q_ν. Es ist $\sum_\nu Q_\nu = 1$; jedes Element von Z ist $\sum_{\nu_i} Q_{\nu_i}$ mit einer Teilmenge $\{Q_{\nu_i}\}$ der Atome von Z.

Beweis: Da die Atome von Z kommensurabel sind, sind sie nach Satz 12. 11 paarweise orthogonal, so daß es nach Satz 9. 6 höchstens abzählbar viele

Q_ν gibt. Wegen (ZA) ist jedes Element $E \in Z$ Vereinigung der in E liegenden Atome . Da aber für irgendeine Teilmenge Q_{ν_i} der Q_ν $\bigvee_i Q_{\nu_i} = \sum_i Q_{\nu_i}$ nach Satz 9. 6 ist, ist damit $E = \sum_i Q_{\nu_i}$ bewiesen. Da Z ein vollständiger Verband ist, ist jede solche $\sum_i Q_{\nu_i} = \bigvee_i Q_{\nu_i}$ über eine Teilmenge der Q_ν ein Element von Z.

Gilt (ZA), so kann man also als measure-space für das Zentrum wählen: $S_z = N_+$, der Menge der ganzen positiven Zahlen. $\Sigma_z = \mathcal{P}(N_+)$, der Menge aller Teilmengen von N_+. $\varphi(\sigma) = \sum_{\nu \in \sigma} Q_\nu$ mit $Q_\nu = \varphi((\nu))$ wobei (ν) die Teilmenge von N_+ ist, die nur aus der Zahl ν besteht.

Zunächst betrachten wir weiter den allgemeinen Fall. Die folgenden Sätze gelten natürlich speziell auch für den Fall der Atome Q_ν statt der R_ν, da $\sum_\nu Q_\nu = 1$ ist.

Satz 16. 2 : Sei $R_\nu \in Z$ und $\sum_\nu R_\nu = 1$ (es kann höchstens abzählbar viele solche R_ν geben!) Jedes $E \in G$ läßt sich schreiben:

$$E = \sum_\nu E \wedge R_\nu \quad ;$$

und aus $E = \sum_\nu E_\nu$ mit $E_\nu \leq R_\nu$ folgt $E_\nu = E \wedge R_\nu$.

Beweis: Da E kommensurabel zu allen Elementen von Z ist, folgt leicht (die $E \wedge R_\nu$ sind paarweise orthogonal)

$$E = \sum_{\nu=1}^{n} E \wedge R_\nu + E \wedge \Big(\sum_{\nu=n+1} R_\nu \Big).$$

Wie beim Beweis von Satz 12. 14 gezeigt wurde konvergiert (in der $\sigma(B', B)$ -Topologie) $\sum_{\nu=1}^n E \wedge R_\nu = E \wedge \left(\sum_{\nu=1}^n R_\nu\right)$ gegen

$$E \wedge \left(\sum_{\nu=1}^{\infty} R_\nu \right) = E \wedge 1 = E.$$

Ist $E = \sum_{\nu} E_\nu$, so folgt $E \wedge R_\mu = \lim_{n \to \infty} \left(\sum_{\nu=1}^{n} E_\nu \right) \wedge R_\mu = E_\mu \wedge R_\mu$.

Satz 16. 3 : Jedes $F \in \hat{L}$ läßt sich eindeutig in der Form $F = \sum_{\nu} F_\nu$ mit $F_\nu \in \hat{L}$ und $F_\nu \leq R_\nu$ schreiben (wobei $\sum_{\nu}$ in der $\sigma(B', B)$ -Topologie konvergiert).

Beweis: Die Menge aller $F \in \hat{L}$ mit $F = \sum_{\nu} F_\nu$ mit $F_\nu \leq R_\nu$ ist eine Teilmenge $\ell \subset \hat{L}$. Nach Satz 16. 2 ist $G \subset \ell$. Man sieht sofort, daß ℓ konvex ist. Ist ℓ $\sigma(B', B)$ -abgeschlossen, so ist nach dem Satz von Krein-Milman $\ell = \hat{L}$

Da die $\sigma(B', B)$ -Topologie in $\hat{L}$ metrisch ist (Satz 4.4), genügt es, eine Folge $F^n \to F$ zu betrachten mit $F^n = \sum_{\nu} F^n_\nu$, $F^n_\nu \leq R_\nu$. Da $\hat{L}$ kompakt ist, kann man eine Teilfolge F^m so auswählen (nach dem Prinzip der Diagonalfolge), daß jede der Folgen $F^m_\nu \longrightarrow F_\nu$. Es ist $\sum_{\nu} F_\nu = F$ zu zeigen. Wegen Satz 4. 8 genügt es, zu zeigen, daß $\sum_{\nu=1}^{N} \mu(V, F_\nu)$ $\xrightarrow[N]{} \mu(V, F)$:

$$\left| \mu(V,F) - \sum_{\nu=1}^{N} \mu(V, F_\nu) \right| \leq \left| \mu(V,F) - \mu(V, F^m) \right| + \left| \sum_{\nu=1}^{\infty} \mu(V, F^m_\nu) - \sum_{\nu=1}^{N} \mu(V, F_\nu) \right| \leq \left| \mu(V,F) - \mu(V,F^m) \right| + \sum_{\nu=1}^{N} \left| \mu(V, F^m_\nu) - \mu(V, F_\nu) \right|$$

$$+ \sum_{\nu=N+1}^{\infty} \mu(V, R_\nu).$$

Da $\sum_{\nu=1}^{\infty} \mu(V, R_\nu) = 1$ ist, kann man zunächst N so groß wählen, daß $\sum_{\nu=N+1}^{\infty} \mu(V, R_\nu) < \varepsilon/2$ wird, dann m so groß, daß auch die anderen Summanden der rechten Seite zusammen $< \varepsilon/2$ werden, womit $\sum_{\nu=1}^{\infty} F_\nu =$ F bewiesen ist.

Die Eindeutigkeit wird mit im nächsten Satz bewiesen.

Satz 16. 4 : Jedes $Y \in B'$ läßt sich eindeutig in der Form $Y = \sum_\nu Y_\nu$ mit $-C R_\nu \leq Y_\nu \leq C R_\nu$ schreiben.

Beweis: Nach Satz 6. 8 und 5. 3 ist wegen $\hat{P} = \hat{L}$:

$Y = \alpha F - \beta 1$ mit $\alpha \geq 0$, $\beta \geq 0$, $F \in \hat{L}$. Aus Satz 16. 3 folgt dann sofort $Y = \sum_\nu Y_\nu$ mit $Y_\nu = \alpha F_\nu - \beta R_\nu$, wobei $F = \sum_\nu F_\nu$ mit $F_\nu \leq R_\nu$ gesetzt ist . Es ist

$$\|Y_\nu\| = \sup \{ |\mu(V, \alpha F_\nu - \beta R_\nu)| \mid V \in K\} \leq \alpha + \beta = C$$

Damit ist für alle $V \in K$:

$$-C \mu(V, R_\nu) \leq -\mu(V, \alpha F_\nu + \beta R_\nu) \leq \mu(V, Y_\nu) \leq \mu(V, \alpha F_\nu + \beta R_\nu) \leq C \mu(V, R_\nu),$$ d. h. $-C R_\nu \leq Y_\nu \leq C R_\nu$.

Die Eindeutigkeit ist in Satz 12. 17 bewiesen, da R_ν jedes Y reduziert.

Satz 16. 5 : $Y = \sum_\nu Y_\nu$ mit $-C R_\nu \leq Y_\nu \leq C R_\nu$. Es folgt $-\|Y_\nu\| R_\nu \leq Y_\nu \leq \|Y_\nu\| R_\nu$ und $\|Y\| = \sup \{\|Y_\nu\| \mid \nu\}$.

Beweis: Nach Satz 11. 18 folgt sofort: $-\|Y_\nu\| R_\nu \leq Y_\nu \leq \|Y_\nu\| R_\nu$.

Aus $\|Y\| = \sup \{ | \sum_\nu \mu(V, Y_\nu) | \mid V \in K\}$ folgt wegen

$|\mu(V, Y_\nu)| \leq \|Y_\nu\| \mu(V, R_\nu)$:

$\|Y\| \leq \sup \left\{ \sum_\nu \|Y_\nu\| \mu(V, R_\nu) \mid V \in K \right\}$.

Wegen $\sum_\nu \mu(V, R_\nu) = 1$ ist also $\|Y\| \leq \sup \left\{ \|Y_\nu\| \mid \nu \right\}$

Nach Satz 6. 8 und 5. 3 können wir wie beim Beginn des Beweises von Satz 16. 4 $Y = \alpha F - \beta 1$ setzen. Sei $\gamma_1 = \inf \{ \mu(V, F) \mid V \in K \}$. Dann ist $F \geq \gamma_1 \cdot 1$, d. h. $F = \gamma_1 1 + F'$ mit $\inf \{ \mu(V, F') \mid V \in K \} = 0$. Mit $\gamma_2 = \sup \{ \mu(V, F') \mid V \in K \}$ und $F'' = \frac{1}{\gamma_2} F'$ ist dann $Y = \alpha \gamma_2 F'' - (\beta - \alpha \gamma_1) 1$ mit $\sup \{ \mu(V, F'') \mid V \in K \} = 1$ und $\inf \{ \mu(V, F'') \mid V \in K \} = 0$. Wir schreiben einfachheitshalber wieder α für $\alpha \gamma_2$ und β für $(\beta - \alpha \gamma_1)$ und F für F" . Dann ist also

$\|Y\| = \sup \left\{ |\alpha \mu(V, F) - \beta| \mid V \in K \right\} = \max \{ |\alpha - \beta|, \beta \}$.

Ebenso folgt wegen $F_\nu \leq R_\nu$ für $Y_\nu = \alpha F_\nu - \beta R_\nu$:

$\|Y_\nu\| \leq \max \{ |\alpha - \beta|, \beta \} = \|Y\|$ für jedes ν womit $\|Y\| = \sup \{ \|Y_\nu\| \mid \nu \}$ bewiesen ist (Siehe auch Satz 11. 18).

Satz 16. 6 : Alle $Y \in B'$ mit $-C R_\nu \leq Y_\nu \leq C R_\nu$ mit von Y abhängigem C (wir können nach Satz 16. 5 auch $-\|Y\| R_\nu \leq Y \leq \|Y\| R_\nu$ fordern!) bilden einen $\sigma(B', B)$--abgeschlossenen Teilraum B'_ν von B' , ebenso ist der Raum aller $Y = \sum_{\nu \in \mathcal{J}} Y_\nu$ (summiert über irgendeine Teilmenge $\mathcal{J}$ der ν mit $Y_\nu \in B'_\nu$ und $\sup \{ \|Y_\nu\| \mid \nu \in \mathcal{J} \} < \infty$) $\sigma(B', B)$ -abgeschlossen.

Beweis: Es ist sofort ersichtlich, daß B'_ν ein Teilraum ist; es bleibt nur zu beweisen, daß B'_ν $\sigma(B', B)$ -abgeschlossen ist. Dies ist der Fall , wenn der Durchschnitt von B'_ν mit der Einheitskugel B'_{H1} von B' $\sigma(B', B)$ -abgeschlossen ist (A 4). Dies folgt sofort aus der Tatsache, daß B'_{M1} abgeschlossen ist und daß für jeden Limespunkt Y' eines Filters aus $B'_\nu \cap B'_{M1}$ wegen $-R_\nu \leqslant Y \leqslant R_\nu$ auch $-R_\nu \leqslant Y' \leqq R_\nu$ gilt.

Für ein Element $Y = \sum_\nu' Y_\nu$ gilt nach Satz 16. 5 mit $R = \sum_\nu' R_\nu$ ebenso $-\|Y\| R \leqslant Y \leqslant \|Y\| R$, so daß dieselbe Argumentation zu der Behauptung führt, daß der Raum aller $Y = \sum_\nu' Y_\nu$ $\sigma(B', B)$ abgeschlossen ist.

Satz 16. 7 : B' ist direkte Summe $\sum_\nu B'_\nu$ der Banachräume B'_ν ; d. h. jedes $Y \in B'$ läßt sich eindeutig in der Form $Y = \sum_\nu Y_\nu$ mit $Y_\nu \in B'_\nu$ schreiben und $\|Y\| = \sup \{ \|Y_\nu\| \mid \nu \}$.

Beweis folgt sofort aus Satz 16. 4 und 16. 5.

Man kann auch bei vorgegebenen Banachräumen B'_ν einen Raum B' abstrakt als "direkte Summe " definieren:

$Y \in B'$: $Y = \{Y_\nu\}$ mit $\sup \{ \|Y_\nu\| \mid \nu \in \mathfrak{J} \} < \infty$;

$\alpha Y = \{\alpha Y_\nu\}$; $Y + Y' = \{ Y_\nu + Y'_\nu \}$

und $\|Y\| = \sup \{ \|Y_\nu\| \mid \nu \}$. Der Raum B' ist abgeschlossen, da für eine Cauchyfolge aus B' auch die Komponenten eine Cauchyfolge bilden und da aus $\|Y_\nu - Y'_\nu\| < \varepsilon_\nu$ (mit von ν unabhängigem ε_ν) auch $\|Y - Y'\| < \varepsilon$ folgt.

Satz 16. 8 : Durch $\mu(X_\nu, Y) = \mu(X, Y_\nu)$ für alle $Y \in B'_\nu$, wobei Y_ν die Komponente von Y in B'_ν ist, ist eindeutig für jedes X ein X_ν definiert. Es ist $\mu(X_\nu, Y) = \mu(X_\nu, Y_\nu)$ für alle $Y \in B'$.

Beweis: Durch $P_\nu\ Y = Y_\nu$ ist eine Abbildung von B' in sich bestimmt. Es gilt $P_\nu^2 = P_\nu$. Die Abbildung P_ν ist $\sigma(B', B)$-stetig, wenn $\ell(Y) = \mu(X, P_\nu\ Y) = \mu(X, Y_\nu)$ für alle $X \in B$ eine stetige Linearform ist. Dies ist der Fall, wenn der Nullraum $\mathfrak{b}_0$ aller Y mit $\ell(Y) = 0$ $\sigma(B', B)$-abgeschlossen ist. $\mathfrak{b}_0$ ist $\sigma(B', B)$-abgeschlossen, wenn $b_0 \cap B'_{|1|}$ $\sigma(B', B)$-abgeschlossen ist. (A 4) Der Nullraum von $\ell(Y)$ ist die Menge aller Y, deren ν-te Komponente Element des Nullraumes von $\mu(X,Y)$ ist. Der Durchschnitt des $\sigma(B', B)$-abgeschlossenen Nullraumes von $\mu(X,Y)$ mit dem nach Satz 16. 6 $\sigma(B', B)$-abgeschlossenen Raum B'_ν ist also ein $\sigma(B', B)$-abgeschlossener Teilraum $b_\nu \subset B'_\nu$. Der Raum $\sum_{\nu \neq \nu'} B'_\nu$, d. h. aller $Y = \sum_\nu' Y_\nu$, ist ebenfalls nach Satz 16. 6 $\sigma(B', B)$ abgeschlossen. Der Nullraum $\mathfrak{b}_0$ von $\ell(Y)$ sind also alle $Y = \tilde{Y} + Y_\nu$ mit $\tilde{Y} \in \sum_{\mu \neq \nu} B'_\mu$ und $Y_\nu \in b$.

$b_0 \cap B'_{|1|}$ ist nach Satz 16. 7 gerade die Menge aller $Y = \tilde{Y} + Y_\nu \in b_0$ mit $\|\tilde{Y}\| \leq 1$ und $\|Y_\nu\| \leq 1$. Diese Menge ist $\sigma(B', B)$-abgeschlossen, da für eine konvergente Teilfolge ($\sigma(B', B)$ ist metrisch auf $B'_{|1|}$) $Y_\varrho = \tilde{Y}_\varrho + Y_{\nu\varrho}$ zunächst eine Teilfolge so ausgewählt werden kann (da $B'_{|1|}$ kompakt ist!), daß $\tilde{Y}_\varrho$ und $Y_{\nu\varrho}$ konvergieren.

Damit ist P_ν als $\sigma(B', B)$-stetig bewiesen. Daraus folgt, daß P'_ν eine $\sigma(B, B')$-stetige Abbildung von B in sich ist. Wir setzen $P'_\nu\ X = X_\nu$. Wegen $P_\nu^2 = P_\nu$ folgt aus $\mu(X, P_\nu\ Y) = \mu(P_\nu\ X, Y)$:

$$\mu(X, Y_\nu) = \mu(X_\nu, Y) = \mu(X_\nu, Y_\nu).$$

Die Menge der X_ν bildet einen Teilraum B_ν von B. Wir wollen zeigen, daß B die direkte Summe der Banachräume B_ν ist.

Satz 16. 9 : B_ν ist $\sigma(B, B')$ -abgeschlossen, also erst recht normabgeschlossen.

Beweis: Da B_ν eine konvexe Menge ist, genügt es zu zeigen (A 39) daß B_ν normabgeschlossen ist. Es ist zu zeigen, daß aus $X_\nu^\alpha \xrightarrow[\alpha]{} X_\nu$ (in der Normtopologie) und $X_\nu^\alpha \in B_\nu$ auch $X_\nu \in B_\nu$ folgt. Aus $X_\nu^\alpha \xrightarrow[\alpha]{} X_\nu$ folgt für jedes Y : $\mu(X_\nu^\alpha, Y) \longrightarrow \mu(X_\nu, Y)$, d. h. wegen $\mu(X_\nu^\alpha, Y) = \mu(X_\nu^\alpha, Y_\nu) \longrightarrow \mu(X_\nu, Y_\nu)$ gilt: $\mu(X_\nu, Y) = \mu(X_\nu, Y_\nu)$, d. h. $X_\nu \in B_\nu$.

Aus P_ν $\sigma(B', B)$ -stetig folgt sofort, daß P'_ν auch normstetig (A 36) ist. Da B_ν $\sigma(B', B)$ -abgeschlossen ist, ist auch der Wertebereich von P_ν $\sigma(B', B)$--abgeschlossen, also erst recht normabgeschlossen (A 40).

Satz 16. 10 : Jedes X läßt sich eindeutig in der Form $X = \sum_\nu X_\nu$ (wobei $\sum_\nu$ in der Normtopologie konvergiert) scheiben mit $\| X \| = \sum_\nu \| X_\nu \|$.

Beweis: Sind die X_ν wie in Satz 16. 8 definiert, so folgt $\mu(X, Y) = \sum_\nu \mu(X, Y_\nu) = \sum_\nu \mu(X_\nu, Y)$. $\sum_\nu X_\nu$ ist also in der $\sigma(B, B')$ -Topologie konvergent und $\sum_\nu X_\nu = X$.

Die Eindeutigkeit von $X = \sum_\nu X_\nu$ ergibt sich sofort, wenn wir zeigen, daß aus $\sum_\nu X_\nu = 0$ auch $X_\nu = 0$ folgt. $\sum_\nu X_\nu = 0$ heißt $\sum_\nu \mu(X_\nu, Y) = \sum_\nu \mu(X_\nu, Y_\nu) = 0$ für alle $Y = \sum_\nu Y_\nu$ Wählen wir speziell $Y = Y_\mu$, $Y_\mu \in B'_\mu$, so folgt $\mu(X_\mu, Y_\mu) = 0$ für alle $Y_\mu \in B'_\mu$ und wegen $\mu(X_\mu, Y_\mu) = \mu(X_\mu, Y)$ wieder $\mu(X_\mu, Y) = 0$ für alle Y , d. h. $X_\mu = 0$.

Aus $\mu(X, Y) = \sum_\nu \mu(X_\nu, Y)$ folgt unmittelbar $\| X \| \leq \sum_\nu \| X_\nu \|$. Wählen wir speziell, was nach Satz 16. 7 möglich ist, $Y = \sum_\nu Y_\nu$ mit $\|Y_\nu\| = 1$ für alle ν und die Y_ν so, daß für ein $\varepsilon > 0$ $\mu(X_\nu, Y_\nu) > \sup\{|\mu(X_\nu, Y')| \mid Y' \in B'_\nu \text{ und } \|Y'\| \leq 1\} - \frac{1}{2^\nu}\varepsilon$ wird, so ist

$$\mu(X,Y) = \sum_\nu \mu(X_\nu, Y) = \sum_\nu \mu(X_\nu, Y_\nu)$$
$$\geq -\varepsilon + \sum_\nu \sup\{|\mu(X_\nu, Y')| \mid Y' \in B'_\nu \text{ und } \|Y'\| \leq 1\}.$$

Da aus $\|Y\| \leq 1$ auch $\|Y_\nu\| \leq 1$ folgt und $\mu(X_\nu, Y) = \mu(X_\nu, Y_\nu)$ ist, gilt $\sup\{|\mu(X_\nu, Y)| \mid Y \in B'_\nu \text{ und } \|Y\| \leq 1\}$

$$= \sup\{|\mu(X_\nu, Y)| \mid Y \in B' \text{ und } \|Y\| \leq 1\} = \|X_\nu\|$$

Da ε beliebig war , folgt also

$$\sup\{|\mu(X, Y)| \mid \|Y\| \leq 1\} \geq \sum_\nu \|X_\nu\|$$

und damit $\|X\| = \sum_\nu \|X_\nu\|$.

Wegen $\left\|\sum_{\nu=N}^{\infty} X_\nu\right\| \leq \sum_{\nu=N}^{\infty}\|X_\nu\|$ ist also $\sum_\nu X_\nu$ sogar normkonvergent.

Da $\mu(X, Y) = \sum_\nu \mu(X_\nu, Y_\nu)$ ist, läßt sich also die Struktur des Raumpaares B, B' auf die Raumpaare B_ν, B'_ν zurückführen, wenn wir noch zeigen, daß ein Raumpaar B_ν, B'_ν alle Axiome (und Annahmen) erfüllt, die wir für B und B' aufgestellt haben. Zunächst stehen B_ν und B'_ν auf Grund der Bilinearform $\mu(X_\nu, Y_\nu)$ in Dualität. Es gilt aber sogar

<u>Satz 16 11 :</u> B'_ν ist der zu B_ν duale Banachraum. Die Topologie $\sigma(B'_\gamma, B_\gamma)$ bzw. $\sigma(B_\gamma, B'_\gamma)$ sind mit den Topologien $\sigma(B', B)$ bzw. $\sigma(B, B')$ in B'_ν bzw. B_ν identisch .

Beweis: Da die $\mu(X_\nu, Y_\nu)$ normstetig ist X_ν sind, ist nur zu zeigen, daß

$\mu(X_\nu, Y_\nu)$ für $Y_\nu \in B_\nu$ alle über B_ν normstetigen Linearformen ergibt. Ist $\ell(X_\nu)$ eine normstetige Linearform über B_ν, so erhalten wir mit $X = \sum_\nu X_\nu$ in $\tilde{\ell}(X) = \ell(X_\nu)$ eine Linearform über B mit $|\tilde{\ell}(X)| = |\ell(X_\nu)| < C\|X_\nu\| < C\|X\|$, so daß also $\tilde{\ell}(X) = \mu(X,Y)$ für ein $Y \in B'$. Es ist also $\ell(X_\nu) = \mu(X_\nu, Y)$ für ein $Y \in B'$ und wegen $\mu(X_\nu, Y) = \mu(X_\nu, Y_\nu)$ $\ell(X_\nu) = \mu(X_\nu, Y_\nu)$ für ein $Y_\nu \in B'_\nu$ (es ist sogar $Y = Y_\nu$!). Wegen $\mu(X_\nu, Y) = \mu(X_\nu, Y_\nu)$ und $\mu(X, Y_\nu) = \mu(X_\nu, Y_\nu)$ folgt die Aussage über die σ-Topolcgien.

Wir bezeichnen mit $\hat{L}_\nu$ den Durchschnitt $\hat{L} \cap B'_\nu$. Nach Satz 16. 3 läßt sich jedes $F \in \hat{L}$ eindeutig als $F = \sum_\nu F_\nu$ mit $F_\nu \in \hat{L}_\nu$ schreiben. Es ist aber auch jede Summe $\sum_\nu F_\nu$ mit $F_\nu \in L_\nu$ ein Element von $\hat{L}$. Dies folgt sofort aus $\sum_\nu \mu(V, F_\nu) \geq 0$ für alle $V \in K$ und $\mu(V, \sum_\nu F_\nu) \leq \|\sum_\nu F_\nu\| \leq 1$ (wegen $\|F_\nu\| \leq 1$ und Satz 16. 5). Damit ist bew iesen:

<u>Satz 16. 12 :</u> $\hat{L} = \sum_\nu \hat{L}_\nu$.

Wählen wir in Satz 16. 1C speziell $X = V \in K$, so folgt wegen $\mu(X_\nu, F) = \mu(X_\nu, F_\nu) = \mu(V, F_\nu)$ und Satz 5. 5 : $X_\nu = \lambda_\nu V_\nu$ mit $0 \leq \lambda_\nu \leq 1$ und $V_\nu \in K$. Setzen wir $K_\nu = K \cap B_\nu$, so läßt sich also jedes $V \in K$ eindeutig in der Form $V = \sum_\nu \lambda_\nu V_\nu$ mit $V_\nu \in K_\nu$ schreiben.

Mit $F = R_\nu$ folgt (wegen $\mu(V_\mu, R_\nu) = 0$ für $\nu \neq \mu$!): $\lambda_\nu = \mu(V, R_\nu)$ und damit $\sum_\nu \lambda_\nu = \mu(V, \sum_\nu R_\nu) = \mu(V, 1) = 1$.

Wählt man beliebige $V_\nu \in K_\nu$ und eine Folge λ_ν mit $0 \leq \lambda_\nu \leq 1$ und $\sum_\nu \lambda_\nu = 1$, so ist $\sum_\nu \lambda_\nu V_\nu$ normkonvergent und Element von K (siehe Satz 4. 2)

Damit haben wir bewiesen:

Satz 16. 13 : $K = \bigcup_{\{\lambda_\nu\}} \left(\sum_\nu \lambda_\nu K_\nu \right)$, wobei die Vereinigung über alle Folgen λ_ν mit $0 \leq \lambda_\nu \leq 1$ und $\sum_\nu \lambda_\nu = 1$ zu erstrecken ist.

Es ist jetzt zu zeigen, daß B_ν, B'_ν, K_ν, $\hat{L}_\nu$ alle Voraussetzungen erfüllen, die für B, B', K, $\hat{L}$, gefordert wurden.

Satz 16. 14 : Für die Funktion $\mu(V_\nu, F_\nu)$ auf $K_\nu \times \hat{L}_\nu$ gilt:

α) $0 \leq \mu(V_\nu, F_\nu) \leq 1$;

β) $0 \in \hat{L}_\nu$, d. h. $\mu(V_\nu, 0) = 0$ für $0 \in \hat{L}_\nu$;

γ) Aus $\mu(V_\nu, F_\nu) = \mu(V'_\nu, F_\nu)$ für alle $F_\nu \in \hat{L}_\nu$ folgt $V_\nu = V'_\nu$;

δ) Aus $\mu(V_\nu, F_\nu) = \mu(V_\nu, F'_\nu)$ für alle $V_\nu \in K_\nu$ folgt $F_\nu = F'_\nu$;

ε) Es gibt in $\hat{L}_\nu$ einen "Einseffekt" ; es ist nämlich $\mu(V_\nu, R_\nu) = 1$ für alle $V_\nu \in K_\nu$.

Wegen $F_\nu \in \hat{L}$ ist α) sofort klar. Ebenso β) wegen $\hat{L}_\nu = \hat{L} \wedge B'_\nu$. Wegen $F = \sum_\nu F_\nu$ und $\mu(V_\nu, F) = \mu(V_\nu, F_\nu)$ folgt aus der Voraussetzung von γ) sofort $\mu(V_\nu, F) = \mu(V'_\nu, F)$ für alle $F \in \hat{L}$ und damit $V_\nu = V'_\nu$. Ebenso folgt aus $V = \sum_\nu \lambda_\nu V_\nu$ und $\mu(V, F_\nu) = \lambda_\nu \mu(V_\nu, F_\nu)$ und der Voraussetzung aus δ) : $\mu(V, F_\nu) = \mu(V, F'_\nu)$ für alle $V \in K$, d. h.

$F_\nu = F'_\nu$.

Wegen $\mu(V_\nu, F) = \mu(V_\nu, F_\nu)$ folgt mit $F = 1 = \sum_\nu R_\nu$: $\mu(V_\nu, R_\nu) = 1$.

Wir müssen nun einen Satz 3. 5 entsprechenden Satz beweisen:

Satz 16. 15 : Es gilt :

α) $\|X_\nu\| = \sup\{|\mu(X_\nu, Y_\nu)| \mid \|Y_\nu\| \leq 1,\ Y_\nu \in B'_\nu\}$;

β) $\|Y_\nu\| = \sup\{|\mu(V_\nu, Y_\nu)| \mid V_\nu \in K_\nu\}$;

γ) Aus $\mu(X_\nu, F_\nu) = 0$ für alle $F_\nu \in \hat{L}_\nu$ folgt $X_\nu = 0$.

Beweis: Es ist $\|X_\nu\| = \sup\{|\mu(X_\nu, Y)| \mid \|Y\| \leq 1,\ Y \in B'\}$.
Aus $\mu(X_\nu, Y) = \mu(X_\nu, Y_\nu)$ und $\|Y\| = \sup\{\|Y_\nu\| \mid \nu\}$ folgt α).
Es ist $\|Y_\nu\| = \sup\{|\mu(V, Y_\nu)| \mid V \in K\}$. Aus $\mu(V, Y_\nu) = \sum_\rho \lambda_\rho \cdot \mu(V_\rho, Y_\nu) = \lambda_\nu \mu(V_\nu, Y_\nu)$ mit $0 \leq \lambda_\nu \leq 1$ folgt β). Aus $0 = \mu(X_\nu, F_\nu) = \mu(X_\nu, F)$ für alle $F \in \hat{L}$ folgt $X_\nu = 0$, d. h γ).

Satz 16. 16 : Die Ordnung $Y^1_\nu \geq Y^2_\nu$ in B'_ν, (d. h. $\mu(V_\nu, Y^1_\nu) \geq \mu(V_\nu, Y^2_\nu)$ für alle $V_\nu \in K_\nu$) stimmt mit der Ordnung $Y^1_\nu \geq Y^2_\nu$ aus B' überein.

Beweis: Aus $\mu(V, Y_\nu) \geq 0$ für alle $V \in K$ folgt dasselbe für alle $V_\nu \in K_\nu$. Aus $\mu(V_\nu, Y_\nu) \geq 0$ für alle $V_\nu \in K_\nu$ folgt mit $V = \sum_\rho \lambda_\rho V_\rho$ wegen $\lambda_\nu \geq 0$ $\mu(V, Y_\nu) = \lambda_\nu \mu(V_\nu, Y_\nu) \geq 0$ für alle $V \in K$.

Der Kegel P_ν der positiven Elemente in B'_ν ist also identisch mit $P_\nu = P \cap B'_\nu$ und daher auch $\hat{L}_\nu$ gleich dem Durchschnitt von P_ν mit der Einheitskugel, weil $\hat{L}$ der Durchschnitt von P mit der Einheitskugel ist. Der zu P_ν in B_ν polare Kegel $\tilde{Q}_\nu$ ist die Menge aller X_ν mit $\mu(X_\nu, F_\nu) \geq 0$ für alle $F_\nu \in \hat{L}_\nu$. Wegen $F = \sum_\nu F_\nu$ und $\mu(X_\nu, F) = \mu(X_\nu, F_\nu)$ ist also $\widetilde{Q}_\nu = Q \cap B_\nu$. Jedes Element von $\widetilde{Q}_\nu$ ist also positives Vielfaches eines Elementes $V_\nu \in K_\nu = K \cap B_\nu$.

Wir zeigen nun einen Axiom 4 a,b entsprechenden Satz:

Satz 16. 17 : Bezeichnet man $\hat{L}_{\nu o}(k_\nu) = \{ F_\nu \mid F_\nu \in \hat{L}_\nu, \mu(V_\nu, F_\nu) = 0$ für alle $V_\nu \in k_\nu \subset K_\nu \}$, so sind die $L_{\nu o}(k_\nu)$ gerichtete Mengen mit Elementen $E_\nu \in G \cap B_\nu'$ als maximalen Elementen.

Beweis: $\hat{L}_{\nu o}(k_\nu) = \hat{L}_o(k_\nu) \cap \hat{L}_\nu$. Es ist nun $\hat{L}_\nu = \hat{L}_o(\widetilde{k}_\nu)$ mit $\widetilde{k}_\nu = \bigcup_{\mu \neq \nu} K_\mu$, denn für ein $F_\nu \in \hat{L}_\nu$ ist $\mu(V_\mu, F_\nu) = 0$ für $\mu \neq \nu$ und für ein F mit $\mu(F, V_\mu) = 0$ folgt aus $F = \sum_\nu F_\nu$, daß $F_\mu = 0$ ist. Daher ist $\hat{L}_{\nu o}(k_\nu) = \hat{L}_o(k_\nu \cup \widetilde{k}_\nu)$ und damit eine gerichtete Menge mit einem Element $E \in G$ als maximalem Element. Wegen $\mu(V, E) = o$ für alle $V \in \widetilde{k}_\nu$ ist $E \in \hat{L}_\nu$.

Die entscheidende Aussage des Axioms 5 ist, daß jedes $C(V) = K_o L_o(V)$ ist. Für B_ν' gilt der

Satz 16. 18 : Mit

$$K_{\nu o}(\ell_\nu) = \{ V_\nu \mid V_\nu \in K_\nu, \mu(V_\nu, F_\nu) = 0 \text{ für alle } F_\nu \in \ell_\nu \subset \hat{L}_\nu \}$$ ist für jedes $V_\nu \in K_\nu$:

$$C(V_\nu) = K_{\nu o} \, L_{\nu o}(V_\nu) \text{ und } C(V_\nu) \subset K_\nu .$$

Beweis: Es ist $C(V_\nu) = K_o \hat{L}_o(V_\nu)$. Es ist $K_\nu = K_o(\widetilde{\ell}_\nu)$ mit $\widetilde{\ell}_\nu = \bigcup_{\mu \neq \nu} \hat{L}_\mu$, denn aus $V_\nu \in K_\nu$ folgt $\mu(V_\nu, F_\mu) = 0$ für $\mu \neq \nu$ und $F_\mu \in \hat{L}_\mu$; und aus $\mu(V, F_\mu) = 0$ für alle $F_\mu \in \hat{L}_\mu$ folgt mit $V = \sum_\nu \lambda_\nu V_\nu$, daß $\lambda_\mu V_\mu = 0$ ist. Wegen Satz 16. 17 ist $\hat{L}_\mu$ eine gerichtete Menge mit maximalen Element R_μ als "Einselement" von $\hat{L}_\mu$. Damit ist K_ν $= K_o(\tilde{\ell}_\nu) = \bigcap_{\mu\neq\nu} K_o(\hat{L}_\mu) = \bigcap_{\mu\neq\nu} K_o(R_\mu) =$ $K_o(\bigvee_{\mu\neq\nu} R_\mu) = K_o(1-R_\nu)$.

Aus $0 = \mu(V_\nu, F) = \mu(V_\nu, F_\nu)$ folgt, daß $\hat{L}_o(V_\nu)$ alle Elemente $F = \sum_\mu F_\mu$ mit $F_\nu \in \hat{L}_{\nu o}(V_\nu)$ umfaßt und damit das maximale Element $1-R_\nu + E_\nu$ (mit $E_\nu \in \hat{L}_\nu$ als maximalem Element von $\hat{L}_{\nu o}(V_\nu)$) hat. Also ist $K_o\, \hat{L}_o(V_\nu) = K_o((1-R_\nu) \vee E_\nu)$ und damit

$C(V_\nu) = K_o((1-R_\nu) \vee E_\nu) = K_o(1-R_\nu) \cap K_o(E_\nu) = K_\nu \cap K_o(E_\nu)$,

d. h. $C(V_\nu) \subset K_\nu$.

Außerdem ist $K_o((1-R_\nu) \vee E_\nu) = K_{\nu o}(E_\nu) = K_{\nu o}\, \hat{L}_{\nu o}(V_\nu)$.

Die Voraussetzung (V 1) am Ende von § 3 für K in B ergibt als Satz eine entsprechende Aussage für K_ν in B_ν:

<u>Satz 16. 19 :</u> Die Menge $\bigcup_{0\leq\lambda\leq 1}(\lambda K_\nu - (1-\lambda) K_\nu)$ ist in B_ν normabgeschlossen (und damit auch $\sigma(B_\nu, B_\nu')$-abgeschlossen).

Beweis: Der Normabschluß von $\bigcup_{0\leq\lambda\leq 1}(\lambda K_\nu - (1-\lambda) K_\nu)$ ist die Einheitskugel in B_ν. Wir brauchen nur zu zeigen, daß jedes Element $X_\nu \in B_\nu$ mit $\|X_\nu\| \leq 1$ in $\bigcup_{0\leq\lambda\leq 1}(\lambda K_\nu - (1-\lambda) K_\nu)$ liegt. Wir zeigen dies zunächst für $\|X_\nu\| = 1$. Da X_ν auch der Einheitskugel von B angehört, ist $X_\nu =$ $\lambda V^{(1)} - (1-\lambda) V^{(2)}$ mit $0 \leq \lambda \leq 1$ und $V^{(1)}, V^{(2)} \in K$. Mit $V^{(1)} = \sum_\nu \lambda_\nu^{(1)} V_\nu^{(1)}$ und $V^{(2)} = \sum_\nu \lambda_\nu^{(2)} V_\nu^{(2)}$ folgt $X_\nu = \lambda \lambda_\nu^{(1)} V_\nu^{(1)} - (1-\lambda) \lambda_\nu^{(2)} V_\nu^{(2)}$ und daraus $\|X_\nu\| = 1 \leq \lambda \lambda_\nu^{(1)} + (1-\lambda)\lambda_\nu^{(2)}$. Da $\lambda_\nu^{(1)}$ und $\lambda_\nu^{(2)}$ zwischen 0 und 1 liegen, muß für $\lambda \neq 0$ und $\lambda \neq 1$ $\lambda_\nu^{(1)} =$ $\lambda_\nu^{(2)} = 1$ sein, d. h. $X_\nu = \lambda V_\nu^{(1)} - (1-\lambda) V_\nu^{(2)}$ und damit $X_\nu \in \bigcup_{0\leq\lambda\leq 1}(\lambda K_\nu - (1-\lambda) K_\nu)$. (Der Fall $\lambda = 0$ bzw. $\lambda = 1$ ergibt unmittelbar $X_\nu \in K_\nu$

bzw. $X_\nu \in -K_\nu$). Ist $\|X_\nu\| \leq 1$, so ist $X_\nu / \|X_\nu\| = \lambda V_\nu^{(1)} - (1-\lambda) V_\nu^{(2)}$. Da $0 \in \bigcup_{0 \leq \lambda \leq 1} (\lambda K_\nu - (1-\lambda) K_\nu)$ ist, gehört $X_\nu = \frac{\|X_\nu\| \; X_\nu}{\|X_\nu\|} - (1 - \|X_\nu\|)\, 0$ als konvexe Kombination von $X_\nu / \|X_\nu\|$ und 0 ebenfalls zu $\bigcup_{0 \leq \lambda \leq 1} (\lambda K_\nu - (1-\lambda) K_\nu)$.

Da die maximalen Elemente von $L_{\nu o}(k_\nu)$ gerade die $E_\nu \in \hat{L}_\nu$ mit $E_\nu \in G$ sind, und da für $E_\nu \in \hat{L}_\nu$ $\hat{L}_{\nu o} K_{\nu o}(E_\nu) = \hat{L}_\nu K_{\nu o}(E_\nu) \wedge \hat{L}_\nu$ und $\hat{L}_o K_{\nu o}(E_\nu) = \hat{L}_o K_o(E_\nu \vee (1 - R_\nu))$ ist, ist $\hat{L}_{\nu o} K_{\nu o}(E_\nu) = \hat{L}_o K_o(E_\nu) \vee (1 - R_\nu)) \wedge \hat{L}_o K_o(R_\nu) = \hat{L}_o K_o((E_\nu \vee R^*_\nu) \wedge R_\nu) = \hat{L}_o K_o(E_\nu)$. Damit ergibt sich der

Satz 16. 20 : $G_\nu = G \cap \hat{L}_\nu$ sind die Entscheidungseffekte von $\hat{L}_\nu$, d. h. jedes $L_{\nu o}(k_\nu)$ ist gerichtet mit einem $E_\nu \in G_\nu$ als maximalem Element und zu jedem $E_\nu \in G_\nu$ gibt es ein $L_{\nu o}(k_\nu)$, das E_ν als maximales Element hat und zwar $L_{\nu o} K_{\nu o}(E_\nu) = \{ F \mid F \leq E_\nu \}$ (aus $F \leq E_\nu$ folgt schon $F \in \hat{L}_\nu$).

Das Axiom 4 b, z ergibt sofort, daß es zu jedem $E_\nu \in G_\nu \subset G$ ein $V \in K$ mit $\mu(V, E_\nu) = 1$ gibt. Aus $V = \sum_\nu \lambda_\nu V_\nu$ folgt dann, daß $V = V_\nu \in K_\nu$ sein muß, so daß für alle $E_\nu \in G_\nu$ $K_{\nu 1}(E_\nu)$ nicht leer ist.

R_ν als maximales Element von $\hat{L}_\nu$ ist das Einselement von G_ν. Für jedes $E_\nu \in G_\nu$ ist das Orthokomplement innerhalb von G_ν gleich $R_\nu - E_\nu = E^*_\nu \wedge R_\nu$. Die Orthogonalität zweier $E_\nu, E_\nu' \in G_\nu$ ist dieselbe, ob man sie in G_ν oder G definiert, da $E_\nu' \leq E^*_\nu \wedge R_\nu$ mit $[E_\nu' \leq E^*_\nu$ und $E_\nu' \in G_\nu]$ äquivalent ist, denn $E_\nu' \in G_\nu$ ist mit $E_\nu' \leq R_\nu$ äquivalent.

Da $K_\nu = K_o(1 - R_\nu)$ ist, sind die extremalen Mengen von K_ν gerade alle extremalen Mengen C(V) von K mit C(V) $\subset K_\nu$. Daher gilt auch Axiom 6 sofort für die extremalen Mengen von K_ν.

Die Begriffe, koexistent und kommensurabel, bezogen sich auf Teilmengen ℓ von $\hat{L}$ und $\mathcal{X}$-Felder als Teilmengen von $\hat{L}$. Wenn es für jedes $\ell \subset \hat{L}_\nu$ auch wenigstens ein $\mathcal{X}$-Feld aus $\hat{L}_\nu$ gibt, stimmen die Begriffe "koexistent" und "kommensurabel" innerhalb $\hat{L}_\nu$ mit denen innerhalb $\hat{L}$ überein. (Für $\overline{\mathcal{X}}$-Felder und β-Felder ist nur 1 durch R_ν zu ersetzen, was aber keinen Einfluß auf die Begriffe "koexistent" und "kommensurabel" hat!)

<u>Satz 16. 21 :</u> Ist $\ell \subset \hat{L}_\nu$ und ℓ koexistent, so gibt es ein $\mathcal{X}$-Feld $R \subset \hat{L}_\nu$.

Beweis: Es gibt einen Booleschen Ring Q und ein Vektormaß F(q) auf Q, so daß für den Wertebereich R des Vektormaßes $\ell \subset R \subset \hat{L}$ gilt. Wegen der Eindeutigkeit der Zerlegung in Komponenten aus B'_ν ist auch $F_\nu(q)$ ein Vektormaß auf Q, für dessen Wertebereich $(R)_\nu$ gilt: $\ell \subset (R)_\nu \subset \hat{L}_\nu$.

Damit ist gezeigt, daß jeder Summand B_ν, B'_ν; K_ν $\hat{L}_\nu$ dieselben Voraussetzungen erfüllt, wie wir sie für B und B', K und $\hat{L}$ betrachtet haben. Alle durchgeführten Überlegungen gelten für irgendeine Zerlegung von S_z in punktfremde Mengen σ_ν mit $\bigcup_\nu \sigma_\nu = S_z$ und $R_\nu = \varphi(\sigma_\nu)$. Wir können daher das Ergebnis so zusammenfassen:

Zu jeder Menge $\sigma \in \Sigma_z$ ist für jedes $Y \in B'$ eindeutig ein $Y(\sigma)$ mit $-C\,\varphi(\sigma) \leq Y(\sigma) \leq C\,\varphi(\sigma)$ bestimmt, das ein in der $\sigma(B',B)$-Topologie von B' σ-additives (nicht notwendig positives) Vektormaß über Σ_z mit $Y(S_z) = Y$ bestimmt. Für $Y = F \in \hat{L}$ ist $F(\sigma)$ ein positives Vektormaß. Die $Y(\sigma)$ (bei festem σ) bilden die Elemente eines $\sigma(B',B)$ -abgeschlossene Teilraumes $B'(\sigma)$ von B'. Die $B'(\sigma)$ sind σ -additiv über $\sum_z$ (also ein Maß aus Teilräumen von B') mit $B'(S) = B'$. Die σ-Additivität der $B'(\sigma)$ ist so zu verstehen, wie die direkte Summe der Banachräume B'_ν definiert wurde:

$$\sum_\nu B'_\nu = \{ Y \mid Y = \sum_\nu Y_\nu, \quad Y_\nu \in B'_\nu, \ \|Y_\nu\| \leq C,$$

wobei C von Y abhängen kann.}

Ebenso läßt sich jedem $X \in B$ eindeutig eine in der Normtopologie von B σ-additive Maßfunktion $X(\sigma)$ zuordnen mit $X(S_z) = X$. Für $X = V \in K$ ist $V(\sigma)$ positiv. Es gilt $\mu(X, Y(\sigma)) = \mu(X(\sigma), Y) = \mu(X(\sigma), Y(\sigma))$. Die $X(\sigma)$ (bei festem σ) bilden die Elemente eines $\sigma(B,B')$ -abgeschlossenen Teilraumes $B(\sigma)$ von B. Der zu $B(\sigma)$ duale Banachraum ist $B'(\sigma)$. Die $B(\sigma)$ sind σ-additiv über $\sum_z$ (also ein Maß aus Teilräumen von B) mit $B(S) = B$. Die σ-Additivität der $B(\sigma)$ ist so zu verstehen, wie die direkte Summe der Banachräume B_ν definiert wurde :

$$\sum_\nu B_\nu = \{ X \mid X = \sum_\nu X_\nu, X_\nu \in B_\nu, \sum_\nu \|X_\nu\| < \infty \}$$

Durch $\mu(V(\sigma), 1)$ sind über $\sum_z$ σ-additive Maße $m(\sigma)$ definiert. Wegen $\mu(V(\sigma), 1) = \mu(V, \varphi(\sigma))$ erhält man für ein effektives V auch ein effektives Maß $m(\sigma)$ über $\sum_z$, d. h. ein Maß $m(\sigma)$ mit $\mathcal{J} = \{ \sigma \mid \varphi(\sigma) = 0 \} = \{ \sigma \mid m(\sigma) = 0 \}$.

Satz 16. 22 : Sind G, $\hat{L}$ klassisch, so ist der in § 15 definierte Vektorraum B'_φ aller Funktionen der Entscheidungsobservablen Z gleich B'.

Beweis: Da die von $G = Z$ erzeugte konvexe Menge gleich $\hat{L}$ ist, spannt G den ganzen Raum B' auf.

Für G, $\hat{L}$ klassisch kann also jedes $Y \in B'$ wesentlich eindeutig durch die Funktion y(x) mit $\int y(x) \, d\varphi(x) = Y$ charakterisiert werden.

Wegen $1 = \int d\varphi(x)$ sind den $F \in \hat{L}$ gerade die Funktionen f(x) mit $0 \leq f(x) \leq 1$ zugeordnet. Jedes $V \in K$ liefert durch $m(\sigma) = \mu(V, \varphi(\sigma)) = \mu(V(\sigma), 1)$ ein σ-additives Maß, das auf ganz $\mathcal{J} = \{\sigma \mid \varphi(\sigma) = 0\}$ gleich Null ist.

<u>Satz 16. 23 :</u> Sei G, $\hat{L}$ klassisch. Mit K_A als Menge aller positiven Maße $m(\sigma)$ über Σ_z mit $m(S_z) = 1$ und $m(\sigma) = 0$ auf $\mathcal{J}$, ist durch $V \longrightarrow m(\sigma) = \mu(V, \varphi(\sigma))$ eine isomorphe Abbildung T von B auf den Banachraum $\mathcal{A}$ <u>aller</u> (auch nicht -positiver) Maße (beschränkter Variation) definiert, wobei K bijektiv auf $\tilde{K}$ abgebildet wird.

Beweis folgt sofort aus Satz 15. 6 und 15. 7 mit $B_\varphi'^{\perp} = 0$.

Jedes "klassische System" ist also isomorph zu dem folgenden System: $(S, \Sigma, \varphi(\sigma))_{\mathcal{J}}$ ein measure-space mit dem Ideal $\mathcal{J}$, der "Mengen vom Maß = 0", K die Menge aller positiven Maße mit $m(S) = 1$, B' die Menge aller wesentlich beschränkten, meßbaren Funktionen y (x), $\hat{L}$ die Menge aller f (x) mit $0 \leq f(x) \leq 1$. Wenn wir es mit klassischen Systemen zu tun haben, werden wir oft diese Darstellung benutzen.

Wir wollen jetzt den Fall eines atomaren Zentrums ausführlicher darstellen, da dieser in der Quantenmechanik eine große Rolle spielt.

<u>Definition 16. 3 :</u> Ist das Zentrum Z atomar, so heißt das System G, $\hat{L}$

"quantenmechanisch". Ist weder $Z = G$ noch Z atomar, so heißt $G, \hat{L}$ ein "halbklassisches" System.

Sei jetzt (ZA) vorausgesetzt und $R_\nu = Q_\nu$ (den Atomen von Z) gesetzt.

Satz 16. 24 : Jedes G_ν ist irreduzibel.

Beweis: Gäbe es außer Q_ν noch ein weiteres Element $P_\nu \in G_\nu$ mit $P_\nu \neq 0$, das kommensurabel mit allen $E_\nu \in G_\nu$ wäre, so wäre wegen $P_\nu \wedge Q^*_\nu = 0$ für jedes $E \in G$ mit $E = \sum_\nu E_\nu$: $P_\nu \wedge E = P_\nu \wedge E_\nu$ und $P_\nu \wedge E^*_\nu = P_\nu \wedge (\sum_\mu (Q_\mu - E_\mu)) = P_\nu \wedge (Q_\nu - E_\nu)$ und damit wegen $P_\nu = (P_\nu \wedge E_\nu) \vee (P_\nu \wedge (Q_\nu - E_\nu))$ auch : $P_\nu = (P_\nu \wedge E) \vee (P_\nu \wedge E^*)$ d. h. $P_\nu \in Z$. Da Q_ν Atom von Z und $P_\nu \leq Q_\nu$ ist, kann P_ν nicht von Q_ν verschieden sein.

Man kann sich also auf die Untersuchung irreduzibler Systeme beschränken; denn auch umgekehrt kann man aus abzählbar vielen irreduziblen Systemen $G_\nu, \hat{L}_\nu$ mit den Räumen B_ν, B'_ν leicht ein reduzibles System $G, \hat{L}$ mit den Räumen B, B' aufbauen, das gerade wieder die $G_\nu, \hat{L}_\nu$ als irreduzible Teile enthält.

Wir wollen diese Überlegungen nur skizzieren, da hierbei keine neuartigen Probleme auftreten und nur die Überlegungen dieses Paragraphen rückwärts zu durchlaufen sind. Wir wollen also keine Sätze und Beweise formulieren.

Wir gehen aus von abzählbar vielen B_ν, B'_ν mit Bilinearformen $\mu_\nu(X, Y)$ über $B_\nu \times B'_\nu$ und $K_\nu \subset B_\nu$, $\hat{L}_\nu \subset B'_\nu$ mit allen geforderten Eigenschaften.

Wir definieren B als Menge der Reihen $\{X_\nu\}$ mit $X_\nu \in B_\nu$ und

$\sum_\nu \|X_\nu\| < \infty$. B wird zu einem Vektorraum, wenn man wie üblich $\{X_\nu\} + \{X'_\nu\} = \{X_\nu + X'_\nu\}$ und $\alpha\{X_\nu\} = \{\alpha X_\nu\}$ definiert. Wir schreiben kurz $X = \{X_\nu\}$. Durch $\| X \| = \sum_\nu \| X_\nu \|$ ist in B eine Norm definiert. B ist ein Banachraum. Ist X^α ein Cauchyfolge, so sind alle X^α_ν Cauchyfolgen, d. h. $X^\alpha_\nu \underset{\alpha}{\longrightarrow} X_\nu$ und $\| X^\alpha_\nu \| \underset{\alpha}{\longrightarrow} \|X_\nu\|$. Wegen $\| X^\alpha \| \leq \| X^\alpha - X^\beta \| + \| X^\beta \|$ und $\| X^\alpha - X^\beta \| < \varepsilon$ sind die Summen $\sum_\nu \| X^\alpha_\nu \|$ gleichmäßig beschränkt und daher $\sum_\nu \| X_\nu \| < \infty$.

Wir definieren B' als Menge aller $Y = \{Y_\nu\}$ mit $Y_\nu \in B'_\nu$ und $\|Y_\nu\|$ gleichmäßig beschränkt. B' wird wie oben zu einem Vektorraum. Mit der Norm $\| Y \| = \sup \{ \| Y_\nu \| \mid \nu \}$ wird B' der zu B duale Banachraum: Sei $\ell(X)$ eine normstetige Linearform über B. Durch $\ell(X)$ für $X = \{0, 0 \ldots 0, X_\nu, 0, 0 \ldots\}$ erhält man normstetige Linearformen $\ell_\nu(X_\nu)$ über B_ν, d. h. Vektoren $Y_\nu \in B'_\nu$ mit $\ell_\nu(X_\nu) = \mu_\nu(X_\nu, Y_\nu)$ Da $\ell(X)$ normstetig ist, folgt wegen $\sum_\nu \| X_\nu \| < \infty$ sofort $\ell(X) = \sum_\nu \mu_\nu(X_\nu, Y_\nu)$. Jedem $\ell(X)$ ist also ein $Y = \{Y_\nu\}$ zugeordnet. Ist $\|Y_\nu\|$ gleichmäßig beschränkt und damit $Y \in B'$? Es ist $\sup \{ |\ell(X)| \mid \|X\| \leq 1 \} = \sup \{ |\sum_\nu \mu_\nu(X_\nu, Y_\nu)| \mid \|X_\nu\| \leq 1 \}$
Es ist $|\sum_\nu \mu_\nu(X_\nu, Y_\nu)| \leq \sum_\nu |\mu_\nu(X_\nu, Y_\nu)| \leq \sum_\nu \|X_\nu\| \, \|Y_\nu\|$.
Da alle X_ν unabhängig voneinander sind, kann man X_ν so wählen, daß $\mu(X_\nu, Y_\nu) \geq \| X_\nu \| \, \| Y_\nu \| - \varepsilon_\nu$ mit $\sum_\nu \varepsilon_\nu = \varepsilon$ ist. Daraus folgt:

$$\sup \{ | \ell(X) | \mid \|X\| \leq 1 \} = \sup \{ \sum_\nu \|X_\nu\| \, \|Y_\nu\| \mid \sum_\nu \|X_\nu\| \leq 1 \}$$
$$= \sup \{ \|Y_\nu\| \mid \nu \}$$

Da $|\ell(X)| < C \; \| X \|$ ist, sind die $|Y_\nu|$ gleichmäßig beschränkt. Da die Norm in B´ durch $\sup \{ \; |\ell(X)| \; \big| \; \|X\| \leq 1 \}$ definiert ist, ist also $\| Y \| = \sup \{ \| Y_\nu \| \, | \, \nu \}$ die "richtige" Norm des zu B dualen Banachraums B´. Für jedes Y $\in$ B´ ist auch $\left| \sum_\nu \mu_\nu(X_\nu, Y_\nu) \right| \leq \sum_\nu |\mu_\nu(X_\nu, Y_\nu)| \leq \sum_\nu \| X_\nu \| \; \| Y_\nu \| \leq \| Y \| \sum_\nu \| X_\nu \| \leq \| Y \| \; \| X \|$ und damit $\mu(X,Y) = \sum_\nu \mu_\nu(X_\nu, Y_\nu)$ eine normstetige Linearform über B.

Man definiere $\hat{L}$ als der Menge aller Y mit $Y_\nu \in \hat{L}_\nu$ und K als Menge aller X mit $X_\nu = \lambda_\nu V_\nu$, $V_\nu \in K_\nu$, $\lambda_\nu \geq 0$ und $\sum_\nu \lambda_\nu = 1$.

Es ist dann

$$
\begin{aligned}
\| Y \| &= \sup \{ \| Y_\nu \| \; | \; \nu \} = \sup \{ \; |\mu(V_\nu, Y_\nu)| \; | \; \nu, V_\nu \in K_\nu \} \\
&= \sup \{ \sum_\nu \lambda_\nu \; |\mu(V_\nu, Y_\nu)| \; | \; \lambda_\nu \geq 0, \sum_\nu \lambda_\nu = 1, \; V_\nu \in K_\nu \} \\
&= \sup \{ |\sum_\nu \lambda_\nu \; \mu(V_\nu, Y_\nu)| \; | \; \lambda_\nu \geq 0, \sum_\nu \lambda_\nu = 1, \; V_\nu \in K_\nu \} \\
&= \sup \{ | \; \mu(V, Y) | \; | \; V \in K \} .
\end{aligned}
$$

Aus $\mu(X, F) = 0$ für alle F $\in \hat{L}$ folgt $\mu(X_\nu, F_\nu) = 0$ für alle ν und alle $F_\nu \in \hat{L}_\nu$, d. h. $X_\nu = 0$ und damit $X = 0$. Wegen $\mu(V, F) = \sum_\nu \lambda_\nu \mu(V_\nu, F_\nu)$ ist $0 \leq \mu(V, F) \leq 1$. Die Mengen $K_0, \hat{L}_0$ sind leicht zu bilden. Bezeichnet man mit Q_ν die Einselemente von G_ν, so wird $\{ Q_\nu \}$ das Einselement von G, wobei G die Menge aller $E = \{ E_\nu \}$ mit $E_\nu \in G_\nu$ ist. Die Ordnung $F \leq F'$ ist mit $F_\nu \leq F'_\nu$ für alle ν identisch.

§ 17 . Die topologische Struktur der Verbände G und S.

In diesem ganzen Paragraphen setzen wir B als endlichdimensional und G als irreduzibel voraus. Die Behandlung dieses Spezialfalles ist die entscheidend wichtige Vorbereitung, um den durch die Voraussetzung (V 3) (§ 18) charakterisierten Fall behandeln zu können.

Wir haben schon in Corrollar 10. 5 einige topologische Eigenschaften des Verbandes G als Teilmenge von B' kennengelernt. Da nun im vorigen Paragraphen die Ausreduktion des Verbandes G gezeigt wurde, können wir uns auf irreduzible G beschränken. Dann werden die topologischen Verhältnisse besonders durchsichtig: z. B. sind die Mengen G_d aus Satz 11. 5 zusammenhängend. Diesen topologischen Strukturen ist der vorliegende Paragraph gewidmet. Sie sind entscheidend für die Möglichkeit, den Verband G durch Teilräume eines Hilbertraumes darzustellen.

Eine extremale Menge C heißt strikt konvex, wenn der Rand von C (im Endlichdimensionalen braucht nicht zwischen dem algebraischen und topologischen Rand unterschieden zu werden) nur aus Extremalpunkten besteht. Nach Satz 11. 2 sind die Atome P von G durch K_1 (P) eindeutig den extremalen Punkten von K zugeordnet.

<u>Satz 17. 1 :</u> Sind P_1, P_2 zwei verschiedene Atome von G, so ist die Menge $K_1(\{P_1, P_2\}) = K_1(P_1 \vee P_2)$ strikt konvex.

Beweis: Da G irreduzibel ist, gibt es ein drittes Atom $P_3 \leq P_1 \vee P_2$, das von P_1 und P_2 verschieden ist. Da $K_1(P_3) \subset K_1(P_1 \vee P_2)$ und $K_1(P_3)$ ein Extremalpunkt ist, ist $K_1(P_3)$ ein Randpunkt von $K_1(P_1 \vee P_2)$.
Da $K_1(P_3)$ Extremalpunkt ist, kann $K_1(P_3)$ nicht auf der Strecke von $K_1(P_1)$ nach $K_1(P_2)$ liegen, so daß also $K_1(P_1 \vee P_2)$ innere Punkte hat. Gäbe es eine extremale Menge C(V) als Randmenge von $K_1(P_1 \vee P_2)$, die kein extremaler Punkt ist, so kann man einen Extremalpunkt $V' \in C(V)$ wählen

und erhält folgende Kette extremaler Mengen : o $\subset C(V') \subset C(V) \subset K_1$ $(P_1 \vee P_2)$, die eine Länge 3 hat. In einem modularen Verband kann es aber von 0 bis K_1 $(P_1 \vee P_2)$ nur Ketten der maximalen Länge 2 geben. Also besteht der Rand von K_1 $(P_1 \vee P_2)$ nur aus Extremalpunkten.

Satz 17. 2 : Die bijektive Zuordnung $P \longleftrightarrow K_1(P)$ der Menge G_1 der Atome von G auf die Menge $\mathcal{E}$ (K) der Extremalpunkte von K ist ein Homöomorphismus.

Beweis: Da nach Satz 11. 5 G_1 kompakt ist, genügt es zu zeigen, daß die Abbildung K_1 (P) stetig ist (denn die Topologie in $\mathcal{E}$(K) separiert). Sei $P_\nu \to P$. Mit $V_\nu = K_1 (P_\nu)$ und $V = K_1$ (P) ist $V_\nu \to V$ zu zeigen. Zunächst gibt es, da K (für endlichdimensionales B!) kompakt ist, eine Teilfolge $V_{\nu_i} \to V'$.

Dann ist $|\mu(V_{\nu_i}, F) - \mu(V', F)| < \delta$ für alle $F \in \hat{L}$ und $\nu_i > N$; also speziell $|\mu(V_{\nu_i}, P_{\nu_i}) - \mu(V', P_{\nu_i})| < \delta$ für $\nu_i > N$, woraus $\mu(V', P_{\nu_i}) \to 1$ und wegen $\mu(V' P_{\nu_i}) \to \mu(V', P)$ schließlich $V' \in K_1$ (P) , d. h. $V' = V$ folgt. Damit folgt auch $V_\nu \to V$, da jede Teilfolge von V_ν gegen V konvergieren muß.

Satz 17. 3 : Bezeichnen wir mit A(E) die Menge der Atome $P \leq E \in G$, so ist A(E) zusammenhängend; insbesondere ist G_1 = A(1) = A(G) zusammenhängend.

Beweis: Es genügt zu zeigen, daß zwei Atome P_o, P_1 durch einen stetigen Weg von Atomen aus $A(P_o \vee P_1)$ verbunden werden können, da mit $P_o \in$ A(E), $P_1 \in$ A(E) auch $A(P_o \vee P_1) \subset A(E)$ gilt. Gesucht ist also eine stetige Abbildung $\alpha \longrightarrow P_\alpha$ des abgeschlossenen Intervalls $0 \leq \alpha \leq 1$ auf eine Teilmenge von $A(P_o \vee P_1)$ mit $0 \to P_o$ und $1 \longrightarrow P_1$.
Da G modular ist, gibt es ein drittes Atom $Q \leq P_o \vee P_1$, das von P_o

und P_1 verschieden ist. Mit $V_o = K_1 (P_o)$, $V_1 = K_1 (P_1)$ und $V_Q = K_1(Q)$ sind also V_o, V_1, V_Q drei verschiedene Extremalpunkte der strikt konvexen Menge $K_1 (P_o \vee P_1)$. V_o, V_1, V_Q spannen also eine zweidimensionale Ebene $\mathcal{E}$ in B auf. Den Schnitt dieser Ebene mit $K_1 (P_o \vee P_1)$ bezeichnen wir mit k. k ist also dann eine strikt konvexe beschränkte zweidimensionale Menge in $\mathcal{E}$; V_o, V_1, V_Q sind drei verschiedene extremale Punkte von k. Es gibt also einen inneren Punkt $V \in k$. Um V kann man einen Kreis schlagen*). Durch den Fahrstrahl von V zum Kreis erhält man eine Abbildung g(V) der Randpunkte von K auf Punkte des Kreises. Wir wollen zeigen, daß g(V) bijektiv und stetig ist.

g(V) ist bijektiv : Ist $g(V_1) = g(V_2)$, so liegen V_1, V_2, V auf einer Geraden, so daß V_1 zwischen V_2 und V oder V_2 zwischen V_1 und V liegt im Widerspruch dazu, daß V_1 und V_2 Randpunkte sind.

g(V) ist stetig : Ist $V_\nu \to V$, so ist $g(V_\nu) \to g(V)$ zu beweisen. Wir können einfachheitshalber den Kreis so wählen, daß er ganz in k liegt, da V innerer Punkt von k ist. Dann ist der (euklidische) Abstand $d(g(V_\nu), g(V)) \leq d(V_\nu, V)$, so daß also $g(V_\nu) \to g(V)$ konvergiert.

---

*) Da die Topologie in B mit einer euklidischen Topologie äquivalent ist, betrachten wir jetzt eine solche.

Da g(V) die kompakte Menge der Randpunkte = Extremalpunkte von k auf den Kreis abbildet, ist g(V) eine homöomorphe Abbildung, und damit kann man leicht P_o mit P_1 durch einen stetigen Weg verbinden : Man bildet das Intervall $0 \leq \alpha \leq 1$ stetig auf das Kreisbogenstück $g(V_o)$ bis $g(V_1)$ ab und dieses dann durch g^{-1} auf einen Weg von V_o bis V_1 und dann durch die Umkehrabbildung zu K_1 (P) auf einen stetigen Weg von P_o bis P_1 .

§18. Der Hilbertraum als Basis einer Darstellung der Effekte und Gesamtheiten.

Statt B endlich dimensional anzunehmen, wollen wir eine weniger strenge Voraussetzung benutzen:

$$(V3) \qquad C(V) = \bigvee_{\nu} C(V_\nu) \text{ mit } C(V_{\nu+1}) \supset C(V_\nu)$$

und alle $C(V_\nu)$ endlich dimensional ($\bigvee_\nu$ ist wie immer so auch hier das Zeichen der verbandstheoretischen und nicht mengentheoretischen Vereinigung!)

Aus (V3) folgt, daß der Verband G atomar ist, da in jedem C(V) ein endlichdimensionales $C(V_\nu)$ und damit ein Extremalpunkt von K liegt. Es folgt aber nicht notwendig, daß das Zentrum Z atomar ist.

Ist G irreduzibel und $d_G \geqslant 4$, so läßt sich mit (V3) zeigen, daß G isomorph dem Verband der Teilräume eines separablen Hilbertraumes H über dem Körper der reellen Zahlen, oder der komplexen Zahlen oder der Quaternionen ist. Bei diesem Isomorphismus gehen orthogonale Elemente aus G in orthogonale Teilräume von H über.

Damit wäre dann genau die Aufgabe gelöst, die nach II, §7.2 als Darstellung einer Strukturart Σ' in der Strukturart Σ bezeichnet wurde, nämlich in der Hilbertraumstrukturart Σ kann die von uns durch Axiome und die Basismengen K und $\hat{L}$ definierte Strukturart Σ' "der Gesamtheiten und Effekte" dargestellt werden, d.h.: In der von uns definierten Strukturart Σ' mit den Hauptbasiselementen K und $\hat{L}$ und der Hilfsbasis Ω

wird die Hilbertraumstrukturart auf eine solche Weise deduziert, daß die Terme $\tilde{K}$ der Hermiteschen Operatoren $\tilde{V} \geq 0$ mit $Sp(\tilde{V}) = 1$ und $\tilde{\hat{L}}$ der Hermiteschen Operatoren $\tilde{F}$ mit $0 \leq \tilde{F} \leq 1$ (d.h. die in der Hilbertraumstrukturart Σ deduzierbaren Terme der eben angegebene Operatormengen!) gerade isomorph zu K und $\hat{L}$ werden.

Die Deduktion der Hilbertraumstrukturart geschieht mit Hilfe der Elemente von G. Der langwierige Weg dieser Deduktion ist im Buch von Varadarajan [10] angegeben. Dort wird auch gezeigt: Sei H der Hilbertraum und $\mathcal{P} = \mathcal{L}_p(H)$ [1] die Menge der (Orthogonal-) Projektionsoperatoren in H. Es gibt dann einen Isomorphismus φ von G auf $\mathcal{P}$: $E \in G$, $\tilde{E} \in \mathcal{P}$ mit $\varphi(E) = \tilde{E}$, so daß also $E_1 \leq E_2$ mit $\tilde{E}_1 \leq \tilde{E}_2$ (als Operatoren in H, was damit identisch ist, daß der Teilraum, auf den E_1 projiziert, in dem enthalten ist, auf den E_2 projiziert;) äquivalent ist; außerdem gilt $\varphi(E^*) = 1 - \varphi(E)$, d.h. E^* ist dem Pojektor $1 - \varphi(E)$ auf den zu $\varphi(E)$ orthogonalen Teilraum von H zugeordnet.

---

1) Mit $\mathcal{L}(H)$ bezeichnen wir allgemein die Algebra aller beschränkten Operatoren über H; $\mathcal{L}_r(H)$ ist die Menge der Hermiteschen Operatoren aus $\mathcal{L}(H)$; $\mathcal{L}_{tr}(H)$ die Menge der Hermiteschen Operatoren der Trace-Klasse aus $\mathcal{L}(H)$; $\mathcal{L}_p(H)$ ist die Menge der Projektionsoperatoren aus $\mathcal{L}(H)$. Für irgendeine Teilmenge $\mathcal{M} \subset \mathcal{L}(H)$ ist $\mathcal{M}_r = \mathcal{M} \cap \mathcal{L}_r(H)$, $\mathcal{M}_{tr} = \mathcal{M} \cap \mathcal{L}_{tr}(H)$, $\mathcal{M}_p = \mathcal{M} \cap \mathcal{L}_p(H)$.

Von unserem Ausgangspunkt her, nämlich der Mengen K und $\hat{L}$, ergibt sich aber noch die weitere Frage, ob sich dieser Isomorphismus (und ob eindeutig) auf K und $\hat{L}$ ausdehnen läßt. [2)] Wir wollen zeigen, daß sich dieser Isomorphie φ (E) eindeutig eine Abbildung von K auf die Menge $\tilde{K}$ der Hermiteschen Operatoren $\tilde{V}$ mit $\tilde{V} \geq 0$ und $\mathrm{Sp}(\tilde{V}) = 1$ zuordnen läßt und sich φ (E) als Abbildung von $\hat{L}$ auf die Menge $\tilde{\hat{L}}$ der Hermiteschen Operatoren $\tilde{F}$ mit $0 \leq \tilde{F} \leq 1$ erweitern läßt, wobei dann $\mu(V, F) = \mathrm{Sp}(\tilde{V}, \tilde{F})$ wird.

Satz 18.1 : Jedem $V \in K$ ist bijektiv ein Hermitescher Operator $\tilde{V} = \psi(V)$ in H mit $\tilde{V} \geq 0$ und $\mathrm{Sp}(\tilde{V}) = 1$ und (für $\tilde{E} = \varphi(E)$) $\mu(V,E) = \mathrm{Sp}(\tilde{V}, \tilde{E})$ zugeordnet.

Beweis: Nach Satz 9.6 ist $\mu(V,E)$ abzählbar orthoadditiv. Setzt man (für $\tilde{E} = \varphi(E)$): $m_V(\tilde{E}) = \mu(V,E)$, so ist $m_V(\tilde{E})$ ein abzählbar orthoadditives Maß auf $\mathcal{P}$, das sich nach einem Satz von Gleason [11] eindeutig durch einen Hermiteschen Operator $\tilde{V}$ mit $\mathrm{Sp}(\tilde{V}) = 1$ als $m_V(\tilde{E}) = \mathrm{Sp}(\tilde{V}\tilde{E})$ darstellen läßt.

Satz 18.2: Die Abbildung ψ aus Satz 18.1 ist auf K linear.

Beweis: Aus $\mathrm{Sp}((\lambda \tilde{V}_1 + (1-\lambda)\tilde{V}_2)\tilde{E}) = \lambda\, \mathrm{Sp}(\tilde{V}_1 \tilde{E}) + (1-\lambda) \cdot \mathrm{Sp}(\tilde{V}_2 \tilde{E}) = \lambda\, \mu(V_1, E) + (1-\lambda)\, \mu(V_2, E) = \mu(\lambda V_1 + (1-\lambda) V_2, E)$ folgt sofort (da ψ injektiv) die Linearität von ψ auf K.

---

2) Wir wählen H als Hilbertraum über dem Körper der komplexen Zahlen. Alle Beweise lassen sich auch für Hilberträume über reellen Zahlen oder Quaternionen durchführen.

Die Linearität von ψ erlaubt es, ψ auf ganz B auszudehnen, da sich jedes Element $X \in B$ als $\alpha V_1 - \beta V_2$ mit $V_1, V_2 \in K$ schreiben läßt.

Satz 18.3: ψ ist eine bijektive Abbildung von K auf die Menge $\tilde{K}$ aller Hermiteschen Operatoren $\tilde{V}$ mit $\tilde{V} \geq 0$ und $Sp(\tilde{V}) = 1$. Da B linear von K aufgespannt wird (§3), wird ψ zu einer bijektiven Abbildung von B auf den Raum $\mathcal{L}_{tr}(H)$, der Hermiteschen Operatoren der Trace-Klasse.

Beweis: Es ist nach Satz 18.1 nur zu zeigen, daß ganz $\tilde{K}$ als Bild von K vorkommt. $K_1(E)$ ist eine isomorphe Abbildung von G auf den Verband der extremalen Mengen von K. $V \in K_1(E)$ bedeutet aber $\psi(V) \in \tilde{K}_1(E) = \{\tilde{V} \mid \tilde{V} \in \tilde{K} \text{ und } Sp(\tilde{V}\tilde{E}) = 1\}$. Für $\tilde{E} = P_\varphi$ folgt daraus, daß $\tilde{V} = P_\varphi$ und damit jedes $P_\varphi \in \psi(K)$ ist. Damit ist jede endliche Summe $\sum_{\nu=1}^{n} \lambda_\nu P_{\varphi_\nu}$ mit $\lambda_\nu > 0$ und $\sum_\nu \lambda_\nu = 1$ Element von $\psi(K)$. Jedes Element von $\tilde{K}$ läßt sich in der starken Operatortopologie darstellen als $\tilde{V} = \sum_{\nu=1}^{\infty} \lambda_\nu P_{\varphi_\nu}$ mit $\lambda_\nu \geq 0$, $\sum_{\nu=1}^{\infty} \lambda_\nu = 1$, φ_ν paarweise orthogonal.

Für jedes $\tilde{E} \in \mathcal{P}$ gilt dann $Sp(\tilde{V}, \tilde{E}) = \sum_{\nu=1}^{\infty} \lambda_\nu \, Sp(P_{\varphi_\nu}, \tilde{E})$.

Mit $\psi^{-1}(P_\varphi) = V_\varphi$ ist $V = \sum_{\nu=1}^{\infty} \lambda_\nu V_{\varphi_\nu}$ (in der Normtopologie von B, siehe Satz 4.2) ein Element von K mit $\mu(V, E) = \sum_{\nu=1}^{\infty} \lambda_\nu \mu(V_{\varphi_\nu}, E)$ für alle E aus G. Also ist nach Satz 18.1 $\psi(V) = \tilde{V}$.

Jetzt ist es möglich, die Norm von Y in B' näher zu untersuchen. Es ist $\|Y\| = \sup \{\mu(V, Y) \mid V \in K\}$. Wir versuchen, die Abbildung $\varphi : G \longrightarrow \mathcal{R}$ auszudehnen. Es ist also $\mathcal{R} \subset \mathcal{L}_r(H)$. Wir versuchen zunächst, φ auf endliche Linearkombinationen von Elementen aus G, d.h. auf den von G in B' linear erzeugten Teilraum b auszudehnen. Die Definition $\varphi(\sum_{\nu=1}^{n} a_\nu E_\nu) = \sum_{\nu=1}^{n} a_\nu \varphi(E_\nu)$ ist sinnvoll, wenn aus $\sum_{\nu=1}^{n} x_\nu E_\nu = 0$ immer $\sum_{\nu=1}^{n} x_\nu \varphi(E_\nu) = 0$ folgt. $\sum_\nu x_\nu E_\nu = 0$ ist äquivalent zu $\sum_{\nu=1}^{n} x_\nu \mu(V, E_\nu) = 0$ für alle $V \in K$; woraus aber sofort $0 = \sum_{\nu=1}^{n} x_\nu Sp(\tilde{V}, \tilde{E}_\nu) = Sp(\tilde{V} \sum_{\nu=1}^{n} x_\nu \tilde{E}_\nu)$ für alle $\tilde{V} \in \tilde{K}$ folgt, woraus aber $\sum_{\nu=1}^{n} x_\nu \tilde{E}_\nu = 0$ (als Operator aus $\mathcal{L}_r(H)$) folgt. Damit wird also b auf einen Teilraum $\tilde{b} \subset \mathcal{L}_r(H)$ abgebildet. Für ein Element aus $\tilde{b}$ kann man jetzt die Norm aus B' auf $\tilde{b}$ übertragen: $\tilde{Y} \in \tilde{b}$, $\|\tilde{Y}\| = \sup \{ | Sp(\tilde{V}\tilde{Y}) | \, | \, \tilde{V} \in \tilde{K} \}$ = der üblichen Operatornorm. φ bildet also b auf $\tilde{b}$ mit Erhaltung der Norm ab, wobei in $\tilde{b}$ die Operatornorm aus $\mathcal{L}_r(H)$ benutzt werden kann. Da $\tilde{b}$ in $\mathcal{L}_r(H)$ normdicht ist (A42 ; $\mathcal{L}_r(H)$ ist normabgeschlossen), läßt sich φ zu einem Isomorphismus der Banachräume $\bar{b}$ (dem Normabschluß von $\tilde{b}$ in B') und $\mathcal{L}_r(H)$ eindeutig erweitern. Es bleibt noch die Frage, ob $\bar{b}$ gleich B' ist.

In §3 sahen wir, daß B' eindeutig durch K festgelegt ist. Wenn also $\mathcal{L}_r(H)$ der zu $\mathcal{L}_{tr}(H)$ duale Banachraum in den aus B' bzw. B übertragenen Normen ist, so ist $\bar{b} = B'$. Als von B' nach $\mathcal{L}_r(H)$ übertragene Norm hat sich die Operatornorm in $\mathcal{L}_r(H)$ erwiesen.

Die Norm von B, für die nach Satz 3.18 gilt: $\|X\| = \inf \{ \alpha + \beta \, | \, X' = \alpha V_1 - \beta V_2 \}$, überträgt sich also durch ψ nach Satz 18.3 als

$$\|\tilde{X}\| = \inf \{ \alpha+\beta \mid \tilde{X} = \alpha \tilde{V}_1 - \beta \tilde{V}_2 \}$$
$$= \sup \{ |Sp(\tilde{X}\tilde{Y})| \mid \tilde{Y} \in \mathcal{L}_r(H) \text{ und } \|\tilde{Y}\| \leq 1 \},$$

da jeder Operator $\tilde{X}$ aus $\mathcal{L}_{tr}(H)$ eindeutig in zwei Summanden $\tilde{X} = \tilde{X}_+ - \tilde{X}_-$ zerlegbar ist, wobei $\tilde{X}_+$ zum Positiven und $\tilde{X}_-$ zu negativen Teil des Spektrums von $\tilde{X}$ gehören. $\|\tilde{X}\|$ ist die sogenannte "Spurnorm" in $\mathcal{L}_{tr}(H)$ (A 41).

Da $\mathcal{L}_r(H)$ in Bezug auf die Linearform $Sp(\tilde{X}\tilde{Y})$ der zu $\mathcal{L}_{tr}(H)$ mit der Spurnorm duale Banachraum ist (A.41), sind also die Bedingungen aus §3 erfüllt. Wir haben damit folgenden Satz bewiesen:

Satz 18.4: Die Isomorphie $\varphi(E) = \tilde{E}$ von G auf $\mathcal{P}$ läßt sich eindeutig erweitern zu Isomorphismen $\varphi(Y) = \tilde{Y}$ des Banachraumes B′ auf $\mathcal{L}_r(H)$ und $\psi(X) = \tilde{X}$ des Banachraumes B auf $\mathcal{L}_{tr}(H)$. Dabei ist K der Menge $\tilde{K}$ aller Operatoren $\tilde{V}$ aus $\mathcal{L}_{tr}(H)$ mit $\tilde{V} \geq 0$ und $Sp(\tilde{V}) = 1$ und $\hat{L}$ der Menge $\tilde{\hat{L}}$ aller Operatoren $\tilde{F}$ aus $\mathcal{L}_r(H)$ mit $0 \leq \tilde{F} \leq 1$ zugeordnet. Es ist $\mu(V,F) = Sp(\psi(V)\,\varphi(F))$.

Aus Satz 18.4 bleibt nur noch zu zeigen, daß das Bild $\varphi(\hat{L})$ ganz $\tilde{\hat{L}}$ umfaßt, was aber sofort daraus folgt, daß jeder Operator aus $\tilde{\hat{L}}$ durch eine endliche Summe $\sum_\nu \lambda_\nu \tilde{E}_\nu$ mit $0 < \lambda_\nu \leq 1$ und paarweise orthogonalen E_ν sogar in der Normtopologie approximierbar ist.

Um die Betrachtungen abzuschließen, ist also nur noch nachzuweisen, daß mit H als beliebigem separablen Hilbertraum, mit $K = \tilde{K}$ als der in

Satz 18.4 gegebenen Teilmenge von $\mathcal{L}_{tr}(H)$, mit $\hat{L} = \hat{\tilde{L}}$ als der in Satz 18.4 gegebenen Teilmenge von $\mathcal{L}_r(H)$ und mit $\mu(V,F) = \mathrm{Sp}\,(V\,F)$ alle Axiome (und Voraussetzungen (V1)(V2)(V3)) erfüllt sind. Dann sind auch alle Folgerungen aus den vorigen Paragraphen für diesen Fall erfüllt. Außerdem hat man dann für den Fall eines irreduziblen, (V3) genügenden Systems mit $d_G \geq 4$ eine genaue Übersicht über "alle Lösungen" des Axiomensystems gefunden, d.h. man kennt dann alle Isomorphieklassen der vorgegebenen Strukturen (II, §7.1 und §7.2).

Wir gehen jetzt also von den beiden Banachräumen $B = \mathcal{L}_{tr}(H)$ und $B' = \mathcal{L}_r(H)$ und den oben angegebenen Mengen $K = \tilde{K}$ und $\hat{L} = \hat{\tilde{L}}$ aus. Daß $\mathrm{Sp}\,(V\,F)$ auf $K \times \hat{L}$ die folgenden Bedingungen

α) $0 \leq \mathrm{Sp}\,(V\,F) \leq 1$

β) $\mathrm{Sp}(V\,\mathbb{1}) = 1$

γ) $\mathrm{Sp}(V\,0) = 0$

δ) Aus $\mathrm{Sp}\,(V\,F_1) = \mathrm{Sp}\,(V\,F_2)$ für alle $V \in K$ folgt $F_1 = F_2$

ε) Aus $\mathrm{Sp}\,(V_1\,F) = \mathrm{Sp}\,(V_2\,F)$ für alle $F \in \hat{L}$ folgt $V_1 = V_2$

erfüllt, braucht nicht mehr im einzelnen nachgewiesen zu werden.

Wir untersuchen jetzt die Mengen $K_o(\ell)$ und $L_o(k)$. Den Eigenraum von $F \in \hat{L}$ zum Eigenwert Null, nennen wir den Nullraum, den zugehörige Projektor E_o den Nullprojektor von F und $E = 1-E_o$ den Support von F. Es ist $F = E\,F\,E = E\,F = F\,E$, da $E_oF = F\,E_o = o$ ist. In derselben Weise ist für jedes $V \in K$ der Nullprojektor und der Support definiert.

Aus $\mathcal{S}p\,(V\,F) = 0$ für ein $V \in K$ und ein $F \in \hat{L}$ folgt mit E als Support von F ; $0 = \mathcal{S}p\,(V\,E\,F\,E) = \mathcal{S}p\,(E\,V\,E\,F\,E)$ und daraus wegen E als Support von $F \geq 0$: $E\,V\,E = 0$, d.h. der Nullprojektor E_o' von V ist größer als der Support E von F ; also

$K_o(F) = \{ V \mid E_o' \geq E$ mit E_o' als Nullprojektor von V und E als Support von F $\}$. Daraus folgt sofort für eine Teilmenge $\ell \subset \hat{L}$

$K_o(\ell) = \{ V \mid E_o' \geq E$ mit E_o als Nullprojektor von V und E als Vereinigung aller Supporte von $F \in \ell$ $\}$.

Ebenso folgt

$L_o(k) = \{ F \mid E_o \geq E'$ mit E_o als Nullprojektor von F und E' als Vereinigung der Supporte aller $V \in k \} = \{ F \mid F\,E' = 0$ mit E' als Vereinigung der Supporte aller $V \in k \}$.

Für alle $F \in L_o(k)$ gilt also $F(1-E') = F$ und damit $F \leq 1-E'$. $1-E'$ ist also das supremum aller $F \in L_o(k)$. Da E' alle Projektoren aus $\mathcal{R}$ durchläuft, durchläuft auch $1 - E'$ ganz $\mathcal{R}$. Es ist also $G = \mathcal{R}$. Axiom 4a,b ist also erfüllt.

$K_o(F) = K_o(E)$ gilt genau für den Support von F. Es ist zu zeigen, daß jede extremale Menge C von K ein $K_o(E)$ ist; dann ist auch Axiom 5 und Satz 8.2 erfüllt.

Wir zeigen zunächst, daß K in der Spurnormtopologie separabel ist. Jedes $V \in K$ ist von der Form $V = \sum_\nu \lambda_\nu P_{\varphi_\nu}$ mit $\lambda_\nu > 0$, $\sum_\nu \lambda_\nu = 1$ und P_{φ_ν} paarweise orthogonal. Da $\left(\sum_{\nu=1}^{N} \lambda_\nu\right)^{-1} \sum_{\nu=1}^{N} \lambda_\nu P_{\varphi_\nu} \longrightarrow \sum_{\nu=1}^{\infty} \lambda_\nu P_{\varphi_\nu}$ in der Spurnormtopologie, liegen alle endlichen Summen $\sum_{\nu=1}^{N} \lambda_\nu P_{\varphi_\nu}$ mit $\sum_{\nu=1}^{N} \lambda_\nu = 1$, $\lambda_\nu > 0$ dicht in K. Damit liegen auch alle endlichen Summen $\sum_{\nu=1}^{N} \lambda_\nu P_{\varphi_\nu}$ mit rationalen λ_ν dicht in K. Im Hilbertraum gibt es eine abzählbare auf der Einheitskugel (in der Normtopologie des Hilbertraumes;) dichte Menge ψ_ν ; daher kann jedes P_φ durch ein geeignetes P_{ψ_ν} gut approximiert werden:

$$|\operatorname{Spur}((P_\varphi - P_{\psi_\nu})Y)| = |(\varphi, Y\varphi) - (\psi_\nu, Y\psi_\nu)| \leq$$

$$\leq |(\varphi - \psi_\nu, Y\varphi)| + |(\psi_\nu, Y(\varphi - \psi_\nu))| \leq 2 \, \|\varphi - \psi_\nu\| \, \|Y\| \, ;$$

also für die Spurnorm $\|P_\varphi - P_{\psi_\nu}\| \leq 2 \, \|\varphi - \psi_\nu\|$

Da die P_{ψ_ν} abzählbar sind, sind alle $\lambda_\nu P_{\psi_\nu}$ mit rationalen λ_ν abzählbar und damit alle endlichen Summen $\sum_{i=1}^{N} \lambda_i P_{\psi_{\nu_i}}$ solcher $\lambda_\nu \psi_\nu$ abzählbar und dicht in K.

Nach Satz 5.4 ist also jede extremale Menge von der Form C(V) mit einem geeigneten V. Wir wollen nun beweisen, daß $C(V) = K_o(E_o)$ ist mit E_o als Nullprojektor von V. Unmittelbar klar ist $V \in K_o(E_o)$ und damit (Satz 5.12 5.13) $C(V) \subset K_o(E_o)$. Da $K_o(E_o)$ gleich der Menge aller V' mit Nullprojektoren $E_o' \geq E_o$ ist, brauchen wir nur noch zu zeigen, daß in C(V) alle V' mit Support $E' \leq E$ = Support von V liegen. Ist der Support von V' gleich E', so gilt $V' = \sum_\nu \lambda_\nu P_{\varphi_\nu}$ mit $P_{\varphi_\nu} \leq E'$. Da

$$\left(\sum_{\nu=1}^{N} \lambda_\nu\right)^{-1} \sum_{\nu=1}^{N} \lambda_\nu P_{\varphi_\nu} \longrightarrow \sum_{\nu=1}^{\infty} \lambda_\nu P_{\varphi_\nu}$$

gilt, liegt also

$V' \subset C(V)$, wenn alle $P_{\varphi_\nu} \in C(V)$. Wir brauchen also nur noch zu zeigen, daß für alle $P_\varphi \leq E$ $P_\varphi \in C(V)$ gilt.

Es sei $V = \sum_\nu w_\nu P_{\psi_\nu}$ mit $w_\nu > 0$; dann ist $E = \sum_\nu P_{\psi_\nu}$

Wegen $V = w_{\nu_i} P_{\psi_{\nu_i}} + (1-w_{\nu_i})\left[(1-w_{\nu_i})^{-1} \sum_{\nu \neq \nu_i} w_\nu P_{\psi_\nu}\right]$ gilt also $P_{\psi_\nu} \in C(V)$ für alle P_{ψ_ν}. Ist φ ein Vektor, der von endlich vielen ψ_{ν_i} (i = 1... N) aufgespannt wird, so kann man in dem von den ψ_{ν_i} aufgespannten Teilraum ein v.n. Orthogonalsystem φ_i (i=1... N) konstruieren mit $\varphi_1 = \varphi$. Da $\frac{1}{N}\sum_{i=1}^{N} P_{\psi_{\nu_i}} \in C(V)$ und $\frac{1}{N}\sum_{i=1}^{N} P_{\psi_{\nu_i}} = \frac{1}{N}\sum_{i=1}^{N} P_{\varphi_i}$ ist, folgt wie oben $P_\varphi \in C(V)$. Da für jedes aus dem durch E bestimmten Teilraum

$$\varphi_N = \left[\sum_{\nu=1}^{N} (\psi_\nu, \varphi)^2\right]^{-1} \sum_{\nu=1}^{N} \psi_\nu (\psi_\nu, \varphi) \longrightarrow \sum_{\nu=1}^{\infty} \psi_\nu (\psi_\nu, \varphi) = \varphi$$

in der Normtopologie des Hilbertraumes gilt, gilt auch $P_{\varphi_N} \rightarrow P_\varphi$ in der Spurnormtopologie (siehe oben); also ist auch $P_\varphi \in C(V)$ für alle φ mit $P_\varphi \leq E$. Damit ist $C(V) = K_o(E_o)$ bewiesen.

Um die Voraussetzung (V1) zu zeigen, betrachten wir einen Hermiteschen Operator $X \in B$. Da $X \in B$ ein Operator der Trace-Klasse ist, ist $X = \sum_\nu \lambda_\nu P_{\varphi_\nu}$ mit $\sum_\nu |\lambda_\nu| < \infty$. Mit X_+ als positivem Teil ($X_+ = \sum_\nu \frac{1}{2}(\lambda_\nu + |\lambda_\nu|) P_{\varphi_\nu}$) und X_- als negativem Teil ($X_- = \sum_\nu \frac{1}{2}(|\lambda|_\nu - \lambda_\nu) P_{\varphi_\nu}$) von X ist $X = X_+ - X_-$. Ist weder $X_+ = 0$ noch $X_- = 0$ so ist mit $V_1 = X_+ \, Sp(X_+)^{-1}$ und $V_2 = X_- \, Sp(X_-)^{-1}$ und

$\alpha = Sp(X_+)$ und $\beta = Sp(X_-)$ also $X = \alpha V_1 - \beta V_2$. Es folgt

$$\|X\| = \|X_+\| + \|X_-\| = \sum_\nu |\lambda_\nu| = \alpha + \beta$$

Ist $X_+ = 0$ oder $X_- = o$, d.h. ist $X = X_+$ oder $X = X_-$, so genügt es, den Fall $X = X_+$ zu betrachten. Dieser Fall ist aber noch einfacher, da dann $X = \alpha V$ mit $\|X\| = \alpha$ ist. Mit Satz 8.8 folgt dann (V1).

Unmittelbar klar ist für die Elemente $E \in G = \mathcal{R}$ das Axiom 4b. Es gilt aber sogar (V2), d.h. daß G nicht nur nach Satz 9.2b die Menge der exponierten Punkte von $\hat{L}$ ist, sondern daß G auch alle Extremalpunkte von $\hat{L}$ enthält, womit dann also alle Extremalpunkte auch exponierte Punkte sind. Aus der Spektraldarstellung für ein $F \in \hat{L}$ mit $F = \int_0^1 \lambda \, dE_\lambda$ folgt nämlich für $F \notin \mathcal{R}$, daß es ein Intervall $0 < \lambda_1 < \lambda_2 < 1$ gibt mit $E_{\lambda_2} - E_{\lambda_1} \neq 0$, so daß $F = F_1 + F_2$ mit $F_1 = \int_{\lambda_1}^{\lambda_2} \lambda \, dE_\lambda$ und $F_2 = \int_0^{\lambda_1} \lambda \, dE_\lambda + \int_{\lambda_2}^1 \lambda \, dE_\lambda$. Da man für F_1 ein $\varepsilon > 0$ so finden kann, daß auch $F_\pm = (1 \pm \varepsilon) F_1 + F_2 \in \hat{L}$ gilt, ist $F = \frac{1}{2} F_+ + \frac{1}{2} F_-$, also nicht Extremalpunkt von $\hat{L}$.

Als letztes ist noch die Gültigkeit von Axiom 6 zu zeigen. Wir wählen die Bedingung (2) von Seite 312.

Aus $b \leq a$ und $\delta(a, \mathcal{C}) \neq o$ und $a \vee \mathcal{C} = b \vee \mathcal{C}$ folgt $a = b$.
Für den Fall des Hilbertraumes können wir als $a, b, \mathcal{C}$ Teilräume des Hilbertraumes wählen. Bekanntlich ist dieser Verband G der Teilräume des Hilbertraumes nicht modular, d.h. es gilt <u>nicht immer</u>:

Aus $b \leq a$ und $a \wedge \mathcal{C} = 0$ und $a \vee \mathcal{C} = b \vee \mathcal{C}$ folgt $a = b$.

Sei P_a der zu a bzw. $P_{\mathcal{C}}$ der zu $\mathcal{C}$ gehörige Projektor. Nach Definition 10.2 ist dann $(V', V'' \in K)$

$$\delta(a,\mathcal{C}) = \inf\{\delta(V',V'') \mid V'P_a = V',\ V''P_{\mathcal{C}} = V''\} ,$$

da die extremale Menge K_1 (P) gerade alle V mit VP = V umfaßt.

Nach Definition 10.1 ist $\delta(V', V'') = \sup\{|Sp((V'-V'')F)| \mid F \in \mathcal{L}\}$

Mit $V' = P_\varphi$ und $V'' = P_\psi$ folgt sofort:

$$\delta(a,\mathcal{C}) \leqslant \inf\{\delta(P_\varphi, P_\psi) \mid \varphi \in a,\ \psi \in \mathcal{C}\}$$

Mit $\|\varphi\| = \|\psi\| = 1$ folgt

$$\delta(P_\varphi, P_\psi) = \sup\{|Sp((P_\varphi - P_\psi)F)| \mid 0 \leqslant F \leq 1\}$$
$$\leq |(\varphi, F\varphi) - (\psi, F\psi)| \leqslant |((\varphi-\psi), F\varphi)| + |(\psi, F(\varphi-\psi))|$$
$$\leqslant 2\|\varphi-\psi\|$$

und damit

$$\delta(a,\mathcal{C}) \leqslant 2 \inf\{\|\varphi-\psi\| \mid \varphi \in a,\ \psi \in \mathcal{C},\ \|\varphi\| = \|\psi\| = 1\}.$$

Da $\delta(a, \mathcal{C}) \neq 0$ vorausgesetzt ist, ist also

$$\inf\{\|\varphi-\psi\| \mid \varphi \in a,\ \psi \in \mathcal{C},\ \|\varphi\| = \|\psi\| = 1\} = \eta \neq 0.$$

Wir betrachten die Menge $a + \mathfrak{t}$ aller Vektoren der Form $f + g$ mit $f \in \mathfrak{a}$ und $g \in \mathfrak{t}$. Es ist also $a + \mathfrak{t} \subset \mathfrak{a} \vee \mathfrak{t}$. Wegen $\mathfrak{a} \wedge \mathfrak{t} = 0$ ist die Darstellung $f + g$ eindeutig. $a + \mathfrak{t}$ ist eine Linearmannigfaltigkeit, aber nicht notwendig ein linearer Teilraum. Der Abschluß $\overline{a + \mathfrak{t}}$ von $a + \mathfrak{t}$ in der Normtopologie des Hilbertraumes muß also gleich $a \vee \mathfrak{t}$ sein. Wir beweisen nun, daß aus $\delta(a, \mathfrak{t}) \neq 0$ folgt, daß $a + \mathfrak{t}$ abgeschlossen und damit $a \vee \mathfrak{t} = a + \mathfrak{t}$ ist.

Sei $f_\nu + g_\nu$ (mit $f_\nu \in \mathfrak{a}$, $g_\nu \in \mathfrak{t}$) eine konvergente Folge von Vektoren, d.h. $\| f_\nu + g_\nu - (f_\mu + g_\mu) \| < \varepsilon$ für $\nu, \mu > N$. Mit $r_{\nu\mu} = f_\nu - f_\mu$, $h_{\nu\mu} = g_\mu - g_\nu$ ist also $\| r_{\nu\mu} - h_{\nu\mu} \| < \varepsilon$.

Mit $h_{\nu\mu} = \frac{r_{\nu\mu}}{\|r_{\nu\mu}\|} \left(\frac{r_{\nu\mu}}{\|r_{\nu\mu}\|}, h_{\nu\mu} \right) + \|h_{\nu\mu}\| \, t_{\nu\mu}$ ist also wegen

$r_{\nu\mu} - h_{\nu\mu} = \ldots r_{\nu\mu} - \|h_{\nu\mu}\| \, t_{\nu\mu}$ und wegen $t_{\nu\mu} \perp r_{\nu\mu}$:

$\| r_{\nu\mu} - h_{\nu\mu} \| \geqslant \|h_{\nu\mu}\| \, \| t_{\nu\mu} \|$. Da $(1-P_\mathfrak{a}) \frac{h_{\nu\mu}}{\|h_{\nu\mu}\|}$ der Vektor des kürzesten Abstands von $\frac{h_{\nu\mu}}{\|h_{\nu\mu}\|}$ vom Raum a ist, ist also

$\| t_{\nu\mu} \| \geqslant \| (1-P_\mathfrak{a}) h_{\nu\mu} \| \, \| h_{\nu\mu} \|^{-1}$ und damit $\| t_{\nu\mu} \| \geqslant$ $\inf \{ \|q\| \mid q = (1-P_\mathfrak{a}) \psi, \ \psi \in \mathfrak{t}, \ \|\psi\| = 1 \}$.

Wir zeigen weiter unten, daß dieses $\inf \{ \ldots \} \geq \frac{1}{2} \eta$ mit dem oben angegebenen η ist, so daß $\| r_{\nu\mu} - h_{\nu\mu} \| \geqslant \frac{1}{2} \| h_{\nu\mu} \| \, \eta$ ist.

Also konvergiert $h_{\nu\mu}$ und damit auch $r_{\nu\mu}$ gegen Null, d.h. die Folgen f_ν und g_ν sind konvergent: $f_\nu \to f$, $g_\nu \to g \in \tau$ und damit $f_\nu + g_\nu \to f + g \in a + \tau$.

Mit $q = (1 - P_a)\,\psi$ ist $q + \frac{P_a\psi}{\|P_a\psi\|}(1 - P_a\psi) = \frac{P_a\psi}{\|P_a\psi\|} - \psi$ und $\psi = P_a\psi + q$ und somit

$$\|q\|^2 + (1 - \|P_a\psi\|)^2 = \left\|\frac{P_a\psi}{\|P_a\psi\|} - \psi\right\|^2 \stackrel{\text{def.}}{=} \alpha^2$$

und $\|q\|^2 + \|P_a\psi\|^2 = 1$,

woraus $\|q\| = \alpha\sqrt{1 - \frac{1}{4}\alpha^2}$ und wegen $1 \geq \alpha \geq \eta$ die oben benutzte Beziehung $\|q\| \geq \frac{1}{2}\eta$ folgt.

Genauso folgt $b \vee \tau = b + \tau$. Aus $a \vee \tau = b \vee \tau$ würde also $a + \tau = b + \tau$ folgen. Da die Zerlegungen eines Vektors eindeutig sind, folgt speziell für einen Vektor $f \in a$: $f + 0 = f_1 + f_2$ mit $f_1 \in b$, $f_2 \in \tau$ und damit $f_1 \in a$, $f_2 \in \tau$ und deswegen $f_1 = f$ und $f_2 = 0$, d.h. $f \in b$, d.h. $a = b$.

Die Voraussetzung (V3) folgt unmittelbar, da jeder Teilraum eines Hilbertraumes die Vereinigung einer wachsenden Folge endlichdimensionaler Teilräume ist.

Die Voraussetzung (V3) war entscheidend, um den Hilbertraum mit der atomaren Eigenschaft des Verbandes G abzuleiten. Sicherlich gibt es auch andere Lösungen des Axiomensystems, falls man (V3) nicht voraussetzt. Daher ist ernsthaft die Frage zu stellen, inwieweit (V3) als Idealisierung physikalischer Strukturen aufgefaßt werden kann oder ob (V3) nur eine bequeme mathematische Spezialisierung wie etwa (V1) ist (siehe die Diskussion dazu am Ende von §4).

Nehmen wir zu den aufgestellten Axiomen die Voraussetzungen (V1) und (V3) hinzu und setzen weiter G als irreduzibel und $d_G \geq 4$ voraus, so haben wir das am Ende von II, §7.3 gestellte Problem 1.), die Aufstellung einer axiomatischen Basis zum besseren Verständnis der physikalischen Begriffe, soweit es die Hilbertraumstrukturart betrifft, gelöst. Gleichzeitig haben wir im Hilbertraum in Bezug auf das dort erwähnte Problem 2) ein handliches Hilfsmittel gefunden, das wir gleich in den beiden folgenden §19 und 20 noch etwas weiter ausbauen werden.

§19. Koexistenz zwischen Effekten und Entscheidungseffekten.

Die Überlegungen aus §12 bis 15 übertragen sich auf Grund von §18 sofort auf den Fall wo K die Menge der positiv semidefiniten Hermiteschen Operatoren W mit $\mathrm{Sp}(W) = 1$ und $\hat{L}$ die Menge aller Hermiteschen Operatoren F mit $0 \leq F \leq 1$ ist. Wir wollen hier aber noch einige Eigenschaften beweisen, die wir noch nicht in §12 bis 15 zeigen konnten.

Den allgemeinen Begriff der Koexistenz von Effekten und die dafür notwendigen Bedingungen lassen wir so stehen, wie sie in §12 und 13 formuliert wurden; an anderer Stelle werden wir auf eine andere Darstellung dieses Begriffes eingehen. Es sei jedoch (zur Vermeidung von Irrtümern) hervorgehoben, daß zwei koexistente Effekte F_1, F_2 nicht vertauschbar zu sein brauchen, d.h. es ist nicht notwendig $F_1F_2 = F_2F_1$. Anders wird dies, sobald Entscheidungseffekte eine Rolle spielen.

Nach Satz 12.5 und Definition 12.5 ist $\{F,E\}$ koexistent mit "E reduziert F" äquivalent. In Definition 12.8 ist der Begriff "E reduziert ein $\mathcal{Y} \in B'$" allgemein erklärt.

Satz 19.1: $\left[\text{Ein } E \in G = \mathcal{L}_p(H) \text{ reduziert ein } \mathcal{Y} \in B' = \mathcal{L}_r(H)\right]$

$\Leftrightarrow \quad [E\mathcal{Y} = \mathcal{Y}E]$.

Beweis: Wir zeigen zunächst, daß $-CE \leq \mathcal{Y} \leq CE$ mit $\mathcal{Y} = \mathcal{Y}E = E\mathcal{Y} = E\mathcal{Y}E$ äquivalent ist. Aus $-CE \leq \mathcal{Y} \leq CE$ folgt $-C(\varphi, E\varphi) \leq (\varphi, \mathcal{Y}\varphi) \leq C(\varphi, E\varphi)$. Mit $\varphi = (1-E)\psi$ folgt $(\psi, (1-E)\mathcal{Y}(1-E)\psi) = 0$ und damit $(1-E)\mathcal{Y}(1-E) = 0$. Mit $\varphi = \psi + \chi$ und $E\psi = \psi$, $E\chi = 0$ folgt aus

$|(\varphi, \mathcal{Y}\varphi)| \leq C(\varphi, E\varphi)$:

$|(\psi, \mathcal{Y}\psi) + (\psi, \mathcal{Y}\chi) + (\chi, \mathcal{Y}\psi)| \leq C\|\psi\|^2$.

Ersetzt man ψ durch $\lambda\psi$ mit $\lambda > 0$, so folgt

$$|\lambda(\psi, \mathcal{Y}\psi) + (\psi, \mathcal{Y}\chi) + (\chi, \mathcal{Y}\psi)| \leq C\lambda\|\psi\|^2$$

für beliebiges $\lambda > 0$, was zu

$$(\psi, \mathcal{Y}\chi) + (\chi, \mathcal{Y}\psi) = 0$$

führt. Ersetzt man ψ durch $i\psi$, so folgt

$$(\psi, \mathcal{Y}\chi) = 0.$$

Mit ψ = Ef und χ = (1-E)g mit beliebigen f, g folgt

$$E\,\mathcal{Y}\,(1-E) = 0$$

d.h. $E\mathcal{Y} = E\mathcal{Y}E$. Wegen $(E\mathcal{Y}E)^{+} = E\mathcal{Y}E$ ist also $E\mathcal{Y} = \mathcal{Y}E =$ $= E\mathcal{Y}E$ und damit schließlich:

$$\mathcal{Y} = E\mathcal{Y}E + (1-E)\mathcal{Y}E + E\mathcal{Y}(1-E) + (1-E)\mathcal{Y}(1-E) = E\mathcal{Y}E.$$

Aus $|(E\varphi, \mathcal{Y}E\varphi)| \leq \|\mathcal{Y}\|\,\|E\varphi\|^2 \leq \|\mathcal{Y}\|\,(\varphi, E\varphi)$

folgt $-\|\mathcal{Y}\|E \leq E\mathcal{Y}E \leq \|\mathcal{Y}\|E$ und damit speziell für

$$\mathcal{Y} = E\mathcal{Y}E: \qquad -\|\mathcal{Y}\|E \leq \mathcal{Y} \leq \|\mathcal{Y}\|E$$

Ist $\mathcal{Y} = \mathcal{Y}_1 + \mathcal{Y}_2$ mit $-CE \leq \mathcal{Y}_1 \leq CE$ und $-C(1-E) \leq \mathcal{Y}_2 \leq C(1-E)$

so ist also $\mathcal{Y} = E\mathcal{Y}_1E + (1-E)\mathcal{Y}_2(1-E)$ und damit $E\mathcal{Y} = \mathcal{Y}E = E\mathcal{Y}_1E$.

Ist $E\mathcal{Y} = \mathcal{Y}E$, so folgt $\mathcal{Y} = E\mathcal{Y} + (1-E)\mathcal{Y} = E\mathcal{Y}E + (1-E)\mathcal{Y}(1-E)$

mit $-\|\mathcal{Y}\|E \leq E\mathcal{Y}E \leq \|\mathcal{Y}\|E$ und $-\|\mathcal{Y}\|(1-E) \leq (1-E)\mathcal{Y}(1-E) \leq \|\mathcal{Y}\|(1-E)$.

Aus Satz 19.1 und Satz 12.5 folgt sofort

<u>Satz 19.2:</u> $\{E, F\}$ koexistent $\Leftrightarrow$ $EF = FE$.

Für zwei Entscheidungseffekte folgt also

<u>Satz 19.3:</u> $\{E_1, E_2\}$ kommensurabel $\Leftrightarrow$ $E_1E_2 = E_2E_1$.

Da $E_1E_2 = E_2E_1 = E_1 \wedge E_2$ ist, besteht also der von E_1, E_2 nach

Satz 12.7 erzeugte Boolesche Ring R_m aus den Elementen: $0, E_1, E_2$ und

$$(E_1 \wedge E_2^*) \vee (E_2 \wedge E_1^*) = E_1 + E_2 - 2E_1E_2$$

$$E_1 \wedge E_2 = E_1E_2$$

$$E_1 \wedge E_2^* = E_1 - E_1E_2$$

$$E_2 \wedge E_1^* = E_2 - E_1E_2$$

$$E_1 \vee E_2 = (E_1 \wedge E_2^*) \vee (E_2 \wedge E_1^*) \vee (E_1 \wedge E_2) = E_1 + E_2 - E_1E_2.$$

Aus Satz 12.13 folgt sofort

Satz 19.4: Daß M eine Menge kommensurabler Entscheidungseffekte ist, ist äquivalent zu: je zwei E_1, E_2 aus M kommutieren.

Mit $N^{\vee}$ sei die Menge aller Operatoren bezeichnet, die mit allen Operatoren aus N kommutieren.

Aus Satz 19.1 und Definition 12.9 folgt sofort:

Satz 19.5: Für $N \subset B' = \mathcal{L}_r(H)$ ist $N' = (N^{\vee})_p$.

Ist speziell $M \subset G$ (d.h. $M_p = M$), so folgt nach Satz 12.14 sofort der erste Teil von

Satz 19.6: Für $M \subset G$ ist $M' = (M^{\vee})_p$ ein vollständiger orthokomplementärer Teilverband von G, der in G schwach abgeschlossen ist, (da G beschränkt ist, ist in G die $\sigma(B', B)$-Topologie, d.h. die ultraschwache mit der schwachen Topologie identisch;). M ist in $\mathcal{L}_r(H)$ stark abgeschlossen.

Beweis: G selbst ist nicht schwach abgeschlossen: Sei z.B. ψ_ν ein v.n. Orthogonalsystem, $\chi \neq 0$ ein beliebiger anderer Vektor und

$\varphi_\nu = \| \psi_\nu + \chi \|^{-1} (\psi_\nu + \chi)$ Dann gilt $\varphi_\nu \rightarrow (1 + \|\chi\|^2)^{-\frac{1}{2}} \chi$.

Setzen wir zur Abkürzung $(1+\|\chi\|^2)^{-\frac{1}{2}}\chi = \eta$, so ist $\|\eta\| < 1$. Es folgt $P_{\varphi_\nu} \longrightarrow |\eta\rangle\langle\eta|$. Da $|\eta\rangle\langle\eta|\eta\rangle\langle\eta| = \|\eta\|^2|\eta\rangle\langle\eta|$ $\neq |\eta\rangle\langle\eta|$ ist, liegt $|\eta\rangle\langle\eta|$ nicht in G.

G ist stark abgeschlossen, da aus $P_\nu \longrightarrow F$ $P_\nu^2 \rightarrow F^2$ und damit wegen $P_\nu^2 = P_\nu$ auch $F^2 = F$ folgt. Damit ist auch M' stark abgeschlossen.

Für eine v. Neumann-Algebra A ist $(A^\vee = (A_p)^\vee)$ $A = ((A^\vee)_p)^\vee$; für jede Menge $N \subset \mathcal{L}_r(H)$ ist $N^\vee$ eine v. Neumann-Algebra, und jede v. Neumann-Algebra ist von der Form $N^\vee$. Aus Satz 19.5 und 19.6 folgt damit sofort als Erweiterung von Satz 19.5 der erste Teil von

Satz 19.7: Für $N \subset B' = \mathcal{L}_r(H)$ ist $N' = (N^\vee)_p$ ein vollständiger orthokomplementärer Teilverband von G. N' ist schwach in G abgeschlossen. N' ist stark abgeschlossen. Die von N' algebraisch erzeugte Algebra $[N']$ liegt normdicht in N.

Beweis: Da sich jeder Hermitescher Operator aus A durch endliche Summen $\sum_\nu \lambda_\nu E_\nu$ mit E_ν als Differenzen von Projektoren aus seiner Spektralschar in der Normtopologie approximieren läßt, ist für jede v. Neumann-Algebra A die von A_p algebraisch erzeugte Algebra $[A_p]$ normdicht in A; damit ist also $[N']$ normdicht in N.

Eine Menge M kommensurabler Entscheidungseffekte ist durch $M \subset M'$ und damit auch durch $M \subset M^\vee$ charakterisiert. Es ist dann $M^{\vee\vee} \subset M^{\vee\vee\vee} = M^\vee$, d.h. $M^{\vee\vee}$ abelsch.

Aus $N' = (N^{\vee})_p$ folgt $N'' = (((N^{\vee})_p)^{\vee})_p = (N^{\vee\vee})_p$. Ist $M \subset G$, so ist also $M \subset M'' = (M^{\vee\vee})_p$.

Nach Definition 12.7 ist eine maximale Menge von kommensurablen Entscheidungseffekten durch $M = M'$ gekennzeichnet. Aus $M = M' = (M^{\vee})_p$ folgt $M^{\vee} = ((M^{\vee})_p)^{\vee} = M^{\vee\vee}$. $M^{\vee\vee}$ ist dann eine maximale abelsche v. Neumann-Algebra und $M = M' = M'' = (M^{\vee\vee})_p$. Ist A eine maximale abelsche v. Neumann-Algebra, d.h. $A = A^{\vee}$, so gilt für $M = A_p$: $M = (A^{\vee})_p = ((A_p)^{\vee})_p = (M^{\vee})_p = M'$. Die vollständigen Mengen kommensurabler Entscheidungseffekte sind also identisch mit den Mengen A_p maximaler abelscher v. Neumann-Algebren A. Der Satz 12.16 ist damit nur ein Spezialfall des Satzes, daß jede Menge kommutierender Operatoren in eine maximale abelsche v. Neumann-Algebra eingebettet werden kann.

Aus $N'' = (N^{\vee\vee})_p$ und Satz 19.7 folgt, daß $[N'']$ normdicht in $N^{\vee\vee}$ liegt. Jeder Operator aus $N^{\vee\vee}$ ist von der Form A + iB mit Hermiteschen A, B aus $N^{\vee\vee}$. A und B sind aber in der Norm durch endliche Summen $\sum_{\nu} \lambda_{\nu} E_{\nu}$ mit $E_{\nu} \in (N^{\vee\vee})_p = N''$ approximierbar. Da $N^{\vee\vee}$ $\sigma(B', B)$ (d.h. ultrastark) -abgeschlossen ist, ist auch $(N^{\vee\vee})_r$ (die Menge der Hermiteschen Operatoren aus $N^{\vee\vee}$) $\sigma(B', B)$-abgeschlossen. Mit Definition 12.10 gilt

<u>Satz 19.8</u>: $(B')_{N'} = (N^{\vee\vee})_r = N^*$.

Beweis: $(B')_{N'} = (N^{\vee\vee})_r$ folgt sofort aus den eben durchgeführten Überlegungen. N^* ist die Menge aller $\mathcal{Y} \in \mathcal{L}_r(H)$, die mit allen $E \in N' = (N^{\vee})_p$

vertauschbar sind, d.h. $N^* = (((N^{\vee})_{p})^{\vee})_{r} = (N^{\vee\vee})_{r} = (B')_{N'}$.

Nach Definition 13.1 und Satz 13.11 ist ein β-Feld eine Menge von kommutierenden Projektionsoperatoren, die mit E_1, E_2 auch E_1E_2 und mit E auch $1-E$ enthält und die $\alpha(E_1, E_2)$– vollständig ist.

<u>Definition 19.1:</u> Eine Menge R kommutierender Projektionsoperatoren heißt algebraisch abgeschlossen, wenn mit $E \in R$ auch $1-E \in R$ und mit $E_1, E_2 \in R$ auch $E_1E_2 \in R$ ist.

Ist R algebraisch abgeschlossen so ist mit E_1, E_2 auch $E_1(1-E_2) = E_1 - E_1E_2 \in R$ und $E_2 - E_1E_2 \in R$. Ein algebraisch abgeschlossenes R ist also ein Boolscher Ring (mit 1-Element). Und jeder Boolsche Ring R von Projektionsoperatoren (mit 1-Element) ist algebraisch abgeschlossen.

Ist R irgendeine Menge von kommutierenden Projektoren mit $1 \in R$, so ist also der von R erzeugte Boolesche Ring durch die Menge aller endlichen Summen $\sum_{\nu_1 \ldots \nu_n} \pm E_{\nu_1} E_{\nu_2} \ldots E_{\nu_n}$ (mit $E_{\nu_i} \in R$), die Projektionsoperatoren sind, gegeben. Nach Satz 13.11 ist dann das von R erzeugte β-Feld der $\sigma(B', B)$ Abschluß des so von R erzeugten Booleschen Ringes in G.

<u>Satz 19.9:</u> R sei ein Boolescher Ring, also eine algebraisch abgeschlossene Menge kommutierender Projektionsoperatoren. Folgende fünf Bedingungen sind äquivalent:

1) R ist ultrastark abgeschlossen in $\mathcal{L}_r(H)$;

2) R ist stark abgeschlossen in $\mathcal{L}_r(H)$.

3) R ist ultraschwach (d.h. $\sigma(B', B)$-) abgeschlossen in G

4) R ist schwach abgeschlossen in G

5) R ist ein β -Feld

Beweis: Da 1) mit 2) und 3) mit 4) für normbeschränkte Mengen äquivalent sind und (wie wir eben sahen) 3) mit 5) äquivalent ist, braucht also nur die Äquivalenz von 2) mit 4) nachgewiesen zu werden. Da 4) $\Rightarrow$ 2) sofort folgt, ist nur 2) $\Rightarrow$ 4) zu zeigen: Ist E_ν eine schwach konvergente Folge mit $E_\nu \rightharpoonup E$ mit einem Projektor E, so ist $E_\nu \longrightarrow E$ zu beweisen. Aus $(E_\nu - E)^2 = E_\nu^2 - 2E_\nu E + E^2 = E_\nu - 2E_\nu E + E \rightharpoonup E - 2E^2 + E = 0$ folgt

$$\|(E_\nu - E)\varphi\|^2 = (\varphi, (E_\nu - E)^2\varphi) \longrightarrow 0$$

und damit $E_\nu \varphi \rightarrow E\varphi$ für jedes φ aus H, was mit $E_\nu \longrightarrow E$ identisch ist.

Nach Satz 19.9 genügt es also, jede Menge M_1 kommutierender Projektionsoperatoren algebraisch und dann <u>stark</u> abzuschließen, um das von der Menge M_1 erzeugte β -Feld M_2 zu erhalten.

<u>Satz 19.10</u>: M_2 sei das von M_1 erzeugte β -Feld. $M_2 = (M_1^{\vee\vee})_p$

Die Menge der β -Felder und die Menge der A_p für abelsche v. Neumann-Algebren A sind identisch.

Beweis: Man kann $M_1^{\vee\vee}$ dadurch gewinnen, indem man die Menge $[M_1 \cup (1-M_1)]$ (die von $M_1 \cup (1-M_1)$ erzeugte Algebra) aller endlichen Summen $\sum_{\nu_1 \ldots \nu_n} a_{\nu_1 \ldots \nu_n} E_{\nu_1} \ldots E_{\nu_n}$ mit $E_{\nu_i} \in M_1 \cup (1-M_1)$ stark abschließt. $[M_1 \cup (1-M_1)]$ enthält also den von M_1 erzeugten Booleschen Ring und damit $M_1^{\vee\vee}$ nach Satz 19.9 das von M_1 erzeugte β-Feld M_2: $M_2 \subset M_1^{\vee\vee}$.

Die Menge $[M_1 \cup (1-M_1)] \cap \hat{L}$ liegt stark dicht in der Menge $M_1^{\vee\vee} \cap \hat{L}$. Also gibt es zu jedem Projektor $E \in M_1^{\vee\vee}$ eine Folge $F_\nu \in [M_1 \cup (1-M_1)] \cap \hat{L}$ mit $F_\nu \to E$. Wie sofort ersichtlich, haben die F_ν ein diskretes Spektrum mit einer Spektralschar E_λ^ν aus M_2 (ja sogar mit E_λ^ν aus dem von M_1 erzeugten Booleschen Ring). Insbesondere ist also $E_{1/2}^\nu$ und $1-E_{1/2}^\nu$ aus M_2 und $\frac{1}{2}(1-E_{1/2}^\nu) \leq F_\nu \leq \frac{1}{2}E_{1/2}^\nu + (1-E_{1/2}^\nu)$.

Wegen $(\varphi, F_\nu \varphi) \to (\varphi, E\varphi) = \|E\varphi\|^2$ folgt für ein φ mit $E\varphi = \varphi$ aus $(\varphi, F_\nu \varphi) = \|(1-E_{1/2}^\nu)\varphi\|^2$:

$$(1-E_{1/2}^\nu)\varphi \xrightarrow[\nu]{} \varphi$$

und für ein ψ mit $E\psi = 0$ aus $\frac{1}{2}\|(1-E_{1/2}^\nu)\psi\|^2 \leq (\psi, F_\nu \psi)$:

$$(1-E_{1/2}^\nu)\psi \xrightarrow[\nu]{} 0$$

d.h. $1-E_{1/2}^\nu \xrightarrow[\nu]{} E$, d.h. E ist starker Häufungspunkt von M_2 und damit $E \in M_2$, d.h. $(M^{\vee\vee})_p \subset M_2$.

Für irgendeine abelsche v. Neumann-Algebra A ist A_p algebraisch und stark abgeschlossen, nach Satz 19.9 also ein β -Feld. Also ist die Menge der β -Felder mit der Menge der A_p für abelsch v. Neumann-Algebren A identisch.

Zum Schluß dieses Paragraphen seien noch kurz einige Konsequenzen der aufgeführten Sätze notiert:

Wie wir oben sahen, ist $M_1'' = (M_1^{\vee\vee})_p$, sodaß aus Satz 19.10 sofort $M_2 = M_1''$ folgt. Ein β -Feld M_2 ist also durch $M_2 = M_2''$ charakterisiert. Aus Satz 19.7 folgt dann der

Satz 19.11: Für ein β -Feld M ist die Menge aller endlichen Summen $\sum_\nu \alpha_\nu E_\nu$ (mit $E_\nu \in M$, α_ν komplex) gleich der von M erzeugten Algebra $[M]$. $[M]$ ist normdicht in $M^{\vee\vee}$ $M = (M^{\vee\vee})_p = M''$.

IV. Klassifizierung der Quantenmechanik.

Wir wollen jetzt nicht die Quantenmechanik in Form von Standarderweiterungen (II, §8) axiomatisch weiter entwickeln, sondern hier einmal annehmen, daß die übliche Form der Quantenmechanik mit ihren Orts- und Impulsoperatoren und HAMILTON-Operatoren schon abgeleitet sei (an einer anderen Stelle soll diese Abteilung in Form von Standarderweiterungen durchgeführt werden). Wir wollen hier vielmehr rückblickend über die Klassifizierung der Quantentheorie im Sinne von II, §8 und 10 nachdenken, um zu sehen, wie die üblichen Redewendungen von Mikroobjekten mit ihren Eigenschaften in den in II, besonders §10, abgeleiteten Formalismus einzuordnen sind.

§1. Der Grundbereich der Quantenmechanik.

Wir haben in den ersten Paragraphen von Kapitel III versucht, eine Skizze des Grundbereiches und des genormten Grundbereiches zu geben. Das Ergebnis war die Einführung der Bildterme $\tilde{K}$ und $\tilde{L}$. Wir haben aus ganz bestimmten Gründen, die sich auch in den folgenden Paragraphen zeigen werden, die Mengen $\tilde{K}$, $\tilde{L}$ als Hauptbasisterme der Strukturart Σ' für die axiomatische Basis (II, §7.3) $\mathcal{M}\mathcal{T}_{\Sigma'}$, gewählt Die in III, §1 bis §2 geschilderte Theorie zeigt, daß man auch gleich die Terme $\underline{K}$, $\underline{L}$ als Bildterme einer Theorie hätte wählen können. Da von III, §2 an bei der Formulierung von Axiomen nicht mehr auf die Terme $\tilde{K}$, $\tilde{L}$ oder $\underline{\underline{K}}$, $\underline{\underline{L}}$ zurückgegriffen werden mußte (auch bei der Einführung der Relation: "koexistente Effekte" in III, §12 braucht formal nur $\underline{K}$ und $\underline{L}$ benutzt zu werden; nur des besseren Verständnisses wegen gingen wir dort von

$\tilde{K}$ und $\tilde{L}$ aus!), ist also ein solcher Aufbau der Theorie mit $\underline{K}$ und $\underline{L}$ als Hauptbasisterme einer axiomatischen Basis möglich.

Genau das entspricht auch der "üblichen" Darstellung der Quantenmechanik, auch wenn dabei nicht $\underline{K}$ und $\underline{L}$ sondern G oder die Menge der "Observablen" die wir die Menge der Entscheidungsobservablen nannten, als Ausgangspunkt benutzt werden.

Von unserer Darstellung in III, §1 bis §2 aus können wir diese Form der Theorie leicht erreichen (wie dort schon beschrieben!), indem man den Teil der Theorie, der es gestattet, von $\tilde{K}$, $\tilde{L}$ zu $\underline{K}$, $\underline{L}$ überzugehen, als "vorher bekannte" Theorie (II, §3) deklariert, d.h. nicht die $\tilde{K}$ und $\tilde{L}$ zuzuordnenden Zeichen des Realtextes als genormten Realtext benutzt, sondern als genormten Grundbereich der Theorie gleich die mit den auf Grund der Theorie für den Übergang von $\tilde{K}$, $\tilde{L}$ zu $\underline{K}$, $\underline{L}$ möglichen Zeichensetzung versehenen genormten Realtexte benutzt ; d.h. z.B. : die Menge aller solcher Präparierteile, die zu ein und derselben Gesamtheit gehören, werden in einem Experiment nur mit <u>einem</u> einzigen Zeichen V als "Sammelname" (siehe II, §8) bezeichnet, für das dann in $(\longrightarrow)_{r}(1)$ $V \in K$ zu setzen ist. Es ist also möglich, die bisherige Theorie in dreierlei Formen zu entwickeln:

Form 1): $\underline{K}$, $\underline{L}$ als Hauptbasisterme der axiomatischen Basis und eine dazugehörige Zeichensetzung im Realtext ;

Form 2): $\underline{\underline{K}}$, $\underline{\underline{L}}$ als Hauptbasisterme und eine entsprechende Zeichensetzung.

Form 3): $\tilde{K}$, $\tilde{L}$ als Hauptbasisterme und die in Kapitel III geschilderte Zeichensetzung.

Ist kurz $\mathcal{PT}_i$ (i = 1, 2, 3) die Theorie nach der Form i), so ist also im Sinne von II, §8 $\mathcal{PT}_1$ eine Einschränkung der Theorie $\mathcal{PT}_2$ und $\mathcal{PT}_2$ eine Einschränkung von $\mathcal{PT}_3$, wobei $\mathcal{G}_{n2}$ umfangreicher als $\mathcal{G}_{n1}$ und $\mathcal{G}_{n3}$ umfangreicher als $\mathcal{G}_{n2}$ ist (II, §8). Die von $\mathcal{G}_{n3}$ zu $\mathcal{G}_{n2}$ und zu $\mathcal{G}_{n1}$ "sammelnden" Zeichen (II, §8) wurden in III, §1.5 und III, §2 beim Übergang von $\tilde{K}$, $\tilde{L}$ zu $\underline{\underline{K}}$, $\underline{\underline{L}}$ und dann zu $\underline{K}$, $\underline{L}$ näher angegeben.

Wenn man nur die Theorie $\mathcal{PT}_1$ betrachtet, wird häufig über diese Theorie so gesprochen, als ob es sich unabhängig von Präparier- und Effektteilen um eine Theorie von Mikroobjekten und ihren "Eigenschaften" G (die wir Entscheidungseffekte nannten) handelt. Man hat dabei die Vorstellung, daß jede Gesamtheit aus $\underline{K}$ aus sehr vielen Mikroobjekten besteht, deren Eigenschaften aus G gemessen (man sagt oft : "beobachtet") werden können. Zwar seien die allgemeineren Effekte F $\in$ $\underline{L}$ noch von Konstruktionsmerkmalen der Effektteile abhängig, die Eigenschaften aus G aber seien "Eigenschaften der Objekte", die zwar von geeigneten Apparaten feststellbar sind, deren Definition als Eigenschaften der Objekte aber nichts mit der Konstruktion der Meßapparate zu tun hat; es sei vielmehr die Aufgabe der Experimentalphysiker, die geeigneten Apparate zu bauen, um die Eigenschaften E $\in$ G zu messen. Weiterhin wird dann oft ein Extremalpunkt von K als Zustand der Objekte, d.h. als ein jedem einzelnen Mikroobjekt zukommendes Charakteristikum bezeichnet und nur die Gemische aus K als Gesamtheiten, aus Mikroobjekten in verschiedenen Zuständen bestehend, gedeutet. Um überhaupt ein Verhältnis zu diesen weit verbreiteten Redewendungen zu gewinnen, müssen wir neben den genormten Grundbereichen $\mathcal{G}_{ni}$ (i = 1, 2, 3) die entsprechenden Wirklichkeitsbereiche $\mathcal{W}_i$ betrachten; denn in $\mathcal{G}_{n1}$ gibt es nur Gesamtheiten und Effekte, in $\mathcal{G}_{n2}$ nur "real äquivalente Präparierteile" und "realäquivalente Effektteile" und in $\mathcal{G}_{n3}$ nur Präparier- und Effektteile. Alles was über diese Ausgangskennzeichnungen in den $\mathcal{G}_{ni}$ hinausgeht kann nur als Teile von $\mathcal{W}_i$ einen Sinn bekommen.

§2. Der Wirklichkeitsbereich der Quantenmechanik.

Zunächst weisen wir auf die allgemeinen Überlegungen aus II, §10 hin, wonach (wie anschaulich selbstverständlich) mit A_i als Zeichen eines Realtextteiles aus $\mathcal{PT}_3$ auch alle mit Sammelzeichen versehenen Realtextteile zum Wirklichkeitsbereich von $\mathcal{PT}_3$ gehören. Somit gehören z.B. in $\mathcal{PT}_3$ die Gesamtheiten und Effekte aus $\mathcal{PT}_1$ ebenfalls zum Wirklichkeitsbereich $\mathcal{W}_3$ von $\mathcal{PT}_3$. Umgekehrt besteht natürlich keine Möglichkeit, in $\mathcal{PT}_1$ von Präparier- und Effektteilen zu sprechen, da diese in $\mathcal{PT}_1$ nicht vorkommen und nicht eindeutig aus den Gesamtheiten und Effekten zurückgewonnen werden können. Natürlich ist dabei vorausgesetzt, daß man durch Standarderweiterungen aus $\mathcal{PT}_3$ eine g. G-abgeschlossene Theorie (II, §8) erhalten kann, denn sonst wäre es z.B. denkbar, daß Strukturgesetze gefunden werden, die es verbieten, für jede in $\mathcal{PT}_3$ betrachtete Situation die Sammelzeichen aus $\mathcal{PT}_2$ und $\mathcal{PT}_1$ einzuführen.

Inwiefern ist es möglich von einzelnen "physikalisch wirklichen" Mikroobjekten zu sprechen? In $\mathcal{PT}_1$ zumindest besteht keine Möglichkeit dafür, da überhaupt keine Zeichen im Realtext vorhanden sind, von denen man ausgehen könnte, solche Einzelobjekte zu definieren. Die "Sammelzeichen" für Gesamtheiten erlauben in $\mathcal{PT}_1$ keinen Rückverweis auf Einzelobjekte. Ein einzelnes Elektron kann in $\mathcal{PT}_1$ auch nicht einmal indirekt vorgewiesen werden. Dies ist natürlich ganz anders in $\mathcal{PT}_3$.

Wir definieren folgende Mengen:

Definition 1: $\tilde{K}_1(E) = \{ v \mid v \in \tilde{K},\ fg(v) \in K_1(E),\ E \in G \}$; $\tilde{K}_2(E) = \{ v \mid$ es gibt ein $f \in \tilde{L}$ mit $(v, f) \in \tilde{M}'$ und $\tilde{g}h(f) \leqslant E$ und $\eta((v, f)) = 1$; oder es gibt ein $f \in \tilde{L}$ mit $(v, f) \in \tilde{M}'$ und $1 - \tilde{g}h(f) \leqslant E$ und $\eta((v, f)) = 0$; oder es gibt eine Reihe von $f_1 \ldots f_n$ mit $\{(v, f_1), (v, f_2), \ldots (v, f_n)\} \in \tilde{M}$ und $\eta((v, f_i)) = \delta_i$ ($\delta_i = 1$ oder 0) und mit $E_i \in G$, die durch $[K_o(\tilde{g}h(f_i)) = K_o(E_i)$ für $\delta_i = 1$ und $K_o(1 - \tilde{g}h(f_i)) = K_o(E_i)$ für $\delta_i = 0]$ definiert sind, ist $\bigwedge_{i=1}^{n} E_i \leqslant E \}$. (Hierbei sind g, h die Abbildungen von $\tilde{K}$, $\tilde{L}$ auf $\underline{\underline{K}}$, $\underline{\underline{L}}$ und f, $\tilde{g}$ die Abbildungen von $\underline{\underline{K}}$, $\underline{\underline{L}}$ auf $\underline{K}$, $\underline{L}$[1]). $\tilde{K}(E) = \tilde{K}_1(E) \cup \tilde{K}_2(E)$. Wir bezeichnen kurz $\tilde{K}(E)$ als die "Menge der Mikroobjekte mit der Eigenschaft E" ; $\tilde{K}_1(E)$ als die "Menge der mit der Eigenschaft E präparierten Mikroobjekte" und $\tilde{K}_2(E)$ als die "Menge der mit der Eigenschaft E festgestellten Mikro-

---

1) Wir nehmen in Definition 1 eigentlich $\tilde{K}$ und $\tilde{L}$ als vervollständigte uniforme Räume an und setzen voraus, daß die Abbildungen fg bzw. $\tilde{g}h$ $\tilde{K}$ bzw. $\tilde{L}$ auf ganz K bzw. L abbilden. Würde man dies nicht tun, würde sich Definition 1 nur unnötig komplizieren.

objekte" .

Liegt ein genormter Realtext vor und ist v_1 ein Zeichen aus diesem Text mit $v_1 \in \tilde{K}$ und läßt sich aus den Axiomen $\longleftrightarrow_r$ für diesen Realtext $fg(v_1) \in K_1(E_o)$ für ein auszeichenbares $E_o \in G$ ableiten oder steht in $\longleftrightarrow_r$ (2) $\eta((v_1, f_1) = 1$ für ein Zeichen f_1 mit $f_1 \in \tilde{L}$ und $\tilde{g}h(f_1) \leqslant E_o$, so läßt sich in $\mathcal{MT}_{\Sigma}, \mathcal{A}$ folgender Satz herleiten: Es gibt ein und nur ein x mit $x = v_1$. und $x \in \tilde{K}(E_o)$.

Dies heißt aber nach II, §10: x gehört zum Wirklichkeitsbereich $\mathcal{W}_3$ der Theorie $\mathcal{PT}_3$. Durch die Relation $x = v_1$ ist trivialer Weise erzwungen worden, daß es höchstens ein x gibt. Wegen der geforderten Relation $x \in \tilde{K}(E_o)$ nennen wir dieses x ein spezielles "einzelnes Mikroobjekt der Eigenschaft E_o".

Wir wollen nun den einzelnen Voraussetzungen nachgehen, die notwendig sind, um auf diese Weise von einem speziellen "einzelnen Mikroobjekt der Eigenschaft E_o" sprechen zu können, und dabei sehen, daß wir nur das genau formuliert haben, was tatsächlich jeder Physiker meint, wenn er im Experiment von einem bestimmten einzelnen Mikroobjekt spricht (z.B. von einem bestimmten Elektron der Eigenschaft E_o).

Ein präpariertes Mikroobjekt mit der Eigenschaft E_o liegt vor, wenn sich $fg(v_1) \in K_1(E_o)$ aus dem Realtext ableiten läßt. Dazu genügt es, daß im Realtext andere $v_2, v_3 \ldots v_N$ (mit sehr großem N) und $g(v_2) = g(v_3) = \ldots = g(v_N) = g(v_1)$ vorkommen und dazugehörige Effektteile $f_2, \ldots f_N$

mit $h(f_2) = h(f_3) = \ldots = h(f_N) = \underline{\underline{F}}$ mit $\tilde{g}(\underline{\underline{F}}) = E_o$, für die auf Grund des Realtextes $\eta((v_2, f_2)) = \eta((v_3, f_3)) = \ldots = \eta((v_N, f_N)) = 1$ gilt; d.h. an genauso wie v_1 technisch konstruierten $v_1, \ldots v_N$ ist mit Hilfe von nach dem technischen Verfahren $\underline{\underline{F}}$ konstruierten Effektteilen getestet worden, daß die $v_2, \ldots, v_N$ "immer" $\underline{\underline{F}}$ zum Ansprechen bringen. In weiteren zum Realtext gehörigen Kontrollversuchen muß $\tilde{g}(\underline{\underline{F}}) \leq E_o$ nachgewiesen werden; statt dessen wird oft aber eine "Theorie für den Apparat $\underline{\underline{F}}$" benutzt (worauf wir an anderer Stelle im Zusammenhang mit einer Theorie des Präparierens und Messens eingehen werden), die es gestattet, aus anderen im Realtext ablesbaren "technischen Eigenschaften" des Apparates $\tilde{g}(\underline{\underline{F}}) \leq E_o$ zu begründen.

Ein nachgewiesenes Mikroobjekt mit der Eigenschaft E_o liegt vor, wenn z.B. $\eta((v_1, f_1)) = 1$ gilt (was sofort am Realtext ablesbar ist) und $\tilde{g}h(f_1) \leq E_o$ ist. Wiederum müssen Testversuche im Realtext mit Effektteilen f_ν, die technisch wie f_1 gebaut sind, vorliegen, die $\tilde{g}h(f_1) \leq E_o$ zu begründen gestatten; oder eine "Theorie für f_1" liefert $\tilde{g}h(f_1) \leq E_o$.

Wir sehen, daß nur ein relativ komplizierter Realtext solche Axiome $\longleftrightarrow_r$ aufzuschreiben erlaubt, aus denen $fg(v_1) \in K_1(E_o)$ oder $\tilde{g}h(f_1) \leq E_o$ herleitbar ist; ja daß eine exakte Herleitung dieser Relationen überhaupt nicht möglich ist, sobald man die unscharfen Abbildungen ernst nimmt, da z.B. statt der Menge $K_1(E_o)$ die aus $K_1(E_o)$ nach II, §6 mit Hilfe einer Unschärfemenge $\mathcal{U}$ entstehende verschmierte Menge zu benutzen wäre. Wir sehen aber daraus an diesem Beispiel, wie wichtig und praktisch es ist, die Theorie $\mathcal{MT}\mathcal{J}$ (die idealisierte Theorie, II, §6 und §10) zu benutzen, um bestimmte Begriffsbildungen nicht zu kompliziert einzuführen. Genau genommen hätten wir daher oben sagen müssen: " x gehört zum idealisierten Wirklichkeitsbereich $\mathcal{W}_3\mathcal{J}$ " der idealisierten Theorie $\mathcal{PT}_3$, da wir ja $\mathcal{MT}_{\Sigma'}$ immer schon idealisiert eingeführt haben und keine Unschärfemengen $\mathcal{U}$ "endlicher" Unschärfe berücksichtigt haben.

Eine oft benutzte andere Ausdrucksweise ist folgende: Der Realtext zeigt nicht mit Sicherheit, daß $x = \mathfrak{v}_1$ ein Mikroobjekt der Eigenschaft E_0 ist. Diesen Satz kann man einmal nur als vorsichtige Formulierung dafür auffassen, daß zwar x als zu $\mathcal{W}_3\mathcal{J}$ aber nicht unbedingt zu $\mathcal{W}_3$ gezählt werden darf. Es gibt aber noch eine zweite, von manchen bevorzugte Möglichkeit, die die Axiome $\longleftrightarrow_r$, die aus dem Realtext abzulesen sind, nicht idealisiert (also endliche Unschärfemengen beibehält) und somit eine mathematische Herleitung der Relation $\mathfrak{v}_1 \in \tilde{K}(E_0)$ unmöglich macht. Man zeigt statt dessen, daß die Hypothese $\mathfrak{v}_1 = x \in \tilde{K}(E_0)$ (siehe II, §10) zum Realtext erlaubt ist bei Berücksichtigung der endlichen Unschärfe der Abbildung. Dann versucht man (da ja bei endlichen Unschärfemengen die Hypothese $\mathfrak{v}_1 = x \in \tilde{K}(E_0)$ nicht determiniert ist) eine Theorie für ein "Sicherheitsmaß" zu entwickeln, und dann Hypothesen mit einem "Sicherheitsmaß fast =1" als "praktisch" determiniert zu bezeichnen; d.h. in unserem Falle $x = \mathfrak{v}_1$ mit $x \in \tilde{K}(E_0)$ als ein mit "praktischer Sicherheit" vorliegendes Mikroobjekt der Eigenschaft E_0 zu bezeichnen. Man nennt diese Theorie für "Sicherheitsmaße" oft ebenfalls Wahrscheinlichkeitstheorie, was aber leicht zu Verwechselungen führt, da es sich hierbei nicht um die in III behandelte p-Wahrscheinlichkeit handelt. Diese "Sicherheitsmaße" können nur bei dem Test $\mathcal{A}$ einer Strukturart Σ (siehe II, §7.3) benutzt werden. Wir wollen diese "Maße für Sicherheit" mit s-Wahrscheinlichkeit bezeichnen. Wir haben hier an dieser Stelle auf diese zweite Möglichkeit verwiesen, um allen denjenigen, die dieser Betrachtungsweise von s-Wahrscheinlichkeiten den Vorzug geben, die Stellen für die Übergangsmöglichkeit von der einen zur anderen Betrachtungsweise zu zeigen.

Man darf auch auf keinen Fall in den Fehler verfallen, die s-Wahrscheinlichkeitstheorie so umzuinterpretieren, daß "in Wirklichkeit das spezielle von v_1 emittierte Objekt schon die Eigenschaft E_0 *hat* oder nicht *hat*", aber nur auf Grund des Realtextes eine "subjektive" Unsicherheit dafür besteht, welcher der beiden Fälle "vorliegt". In *beiden* Fällen (s-Wahrscheinlichkeitstheorie oder idealisierter Wirklichkeitsbereich) ist keine Aussage begründet, daß v_1 in echter "physikalischer Wirklichkeit" (II, §10) ein Objekt der Eigenschaft E_0 emittiert hat; im Falle des Wirklichkeitsbereiches $\mathcal{W}_3\mathcal{F}$, ist eine solche Aussage als Idealisierung aufzufassen; im Falle der s-Wahrscheinlichkeitstheorie als eine mit einem "Maß" bewertete Aussage, wobei das Maß keine subjektive Unsicherheit beschreibt, sondern vielmehr eine Bewertung für dieAbweichung der idealisierten Beschreibung (die leicht formuliert werden kann) von einer realistischen (aber unscharfen und schwer zu formulierenden) Beschreibung angibt.

Diese s-Wahrscheinlichkeitstheorie ist aber in keinem Falle einfacher, da sie erst eine genaue Maßtheorie des gerade vorliegenden Realtextes erfordert. Wir ziehen deshalb hier das Verfahren vor, in dem wir die aus dem Realtext gewinnbaren Axiome $(\longleftrightarrow)_{r}$ idealisieren im Sinne von II, §6 und §10 und so z.B. die endlich vielen Relationen $\eta((\mathfrak{v}_1, f_1)) = \eta((\mathfrak{v}_2, f_2)) = \ldots = \eta((\mathfrak{v}_N, f_N)) = 1$, d.h. $N_+/N = 1$ (II, §1.5) mit $g(\mathfrak{v}_1) = g(\mathfrak{v}_2) \ldots = g(\mathfrak{v}_N) = \underline{\underline{V}}$ und $h(f_1) = h(f_2) = \ldots = h(f_N) = \underline{\underline{F}}$ für sehr großes N durch $\mu(\underline{\underline{V}}, \underline{\underline{F}}) = 1$ statt nur $\mu(\underline{\underline{V}}, \underline{\underline{F}}) \underset{p}{\approx} 1$ ersetzen. Durch solche geeigneten Idealisierungen wird dann, wie schon am Ende von II, §10 betont, eine Erweiterung des Grundbereiches $\mathcal{G}$ zum (zwar idealisierten) Wirklichkeitsbereich $\mathcal{W}\mathcal{F}$ möglich. Nachdem wir noch einmal auf diese Situation hingewiesen haben, werden wir weiterhin so sprechen, als ob wir Wirklichkeitsbereich und idealisierten Wirklichkeitsbereich nicht unterscheiden.

Die in Definition 1 aufgeschriebenen Bedingungen für $\widetilde{K}_1(E)$, $\widetilde{K}_2(E)$ und damit für $\widetilde{K}(E)$ sind genau die Kurzformulierung dafür, daß ein Experimentalphysiker von dem Einzelmikroobjekt der Eigenschaft E spricht, das von dem Apparat $\mathfrak{v}$ emittiert wurde: denn entweder stellt er fest, daß der Apparat $\mathfrak{v}$ so konstruiert ist, daß $fg(\mathfrak{v}) \in K_1(E)$ gilt; dann hat er die Garantie, daß jedes von einem solchen $\mathfrak{v}$ "emitierte Teilchen" (was nur ein Synonym für Einzelmikroobjekt ist!) die "Eigenschaft E hat". Oder er stellt fest, daß das von $\mathfrak{v}$ emittierte Teilchen einen Effekt oder mehrere Effekte so ausgelöst oder nicht ausgelöst hat, daß er das als die Erzeugung eines Effektes $F \leq E$ interpretieren kann (das ist der Sinn der langen Kette von mit "oder" verknüpften Bedingungen aus der Definition von $\widetilde{K}_2(E)$)

und damit sagen darf, daß an dem von $\mathfrak{v}$ emittierten Teilchen die "Eigenschaft E festgestellt wurde".

Es mag zunächst befremden, daß eigentlich dasselbe $\mathfrak{v}$ einmal als Apparat (nämlich $\mathfrak{v} \in \tilde{K}$) und ein zweites Mal als Mikroteilchen der Eigenschaft E (nämlich $\mathfrak{v} \in \tilde{K}(E)$) bezeichnet wird. Diese zwei Redewendungen haben wir schon in III, §2 benutzt, wo wir die Tatsache, daß mehrere $\underline{\underline{V}}$ Elemente desselben $\underline{V}$ sind, so ausdrückten, daß $\underline{V}$ als Gesamtheit von Mikroobjekten bezeichnet wurde; dem entspricht genau, $\mathfrak{v}$ auch als Zeichen für ein "Einzelmikroobjekt" anzusehen. Es ist aber entscheidend wichtig, sich die Grundlagen für solche Redewendungen genau klar zu machen, um nicht solche Aussagen wie "das vom Apparat $\mathfrak{v}$ emittierte Mikroobjekt der Eigenschaft E" von vornherein als ontologisch (in einer Methaphysik, siehe II, §1) sondern erst einmal nur als physikalisch zu interpretieren, nämlich als abgekürzte Aussageformen für einen ganzen Komplex von Relationen in einer Theorie $\mathcal{PT}_3$, so wie wir es versucht haben klarzumachen.

Wir wollen nun noch nach dieser kritischen Betrachtung einige Beziehungen für die hergeleiteten Begriffe aufstellen. Diese Beziehungen sollen das Umgehen mit diesen Begriffen erleichtern und helfen, Fehlschlüsse und falsche Vorstellungen zu vermeiden.

Die drei Zuordnungen $E \rightarrow \tilde{K}_1(E)$, $E \rightarrow \tilde{K}_2(E)$ und $E \rightarrow \tilde{K}(E)$ sind bijektiv. Für die Abbildung $E \rightarrow \tilde{K}_1(E)$ folgt dies unmittelbar daraus, daß die Zuordnung $E \rightarrow \tilde{K}_1(E)$ bijektiv ist (wie in III, §8 gezeigt) und zwei

$K_1(E)$ nur verschieden sein können wenn die $\tilde{K}_1(E)$ verschieden sind. Man kann deshalb auch kurz $\tilde{K}_1(E)$ als die Menge aller Mikroobjekte aller Gesamtheiten aus $K_1(E)$ bezeichnen. Die Abbildungen $E \rightarrow \tilde{K}_1(E)$ und $E \rightarrow K_1(E)$ haben auch eine gewisse Ähnlichkeit. Wegen $K_1(E_1) \cap K_1(E_2) = K_1(E_1 \wedge E_2)$ folgt ebenso $\tilde{K}_1(E_1) \cap \tilde{K}_1(E_2) = \tilde{K}_1(E_1 \wedge E_2)$. Für die Aussageform "$\mathfrak{v}$ hat ein Mikroobjekt mit der Eigenschaft E präpariert" gilt daher alles das, was in III, §8 von den 1-Eigenschaften E gesagt wurde. Insbesondere ist also zu beachten, daß die Komplementärmenge von $\tilde{K}_1(E)$ nicht mit $\tilde{K}_1(E^*)$ übereinzustimmen braucht, so daß es zwei "Verneinungen" gibt: die logische durch die Komplementärmenge bestimmte und die *-Verneinung.

Daß die Abbildung $E \rightarrow \tilde{K}_2(E)$ bijektiv ist, folgt aus der Tatsache, daß die Abbildung $E \rightarrow L_oK_o(E)$ bijektiv ist ($L_oK_o(E)$ war gerade die Menge aller $F \leq E$, III, §5). Aus $L_oK_o(E_1) \cap L_oK_o(E_2) = L_oK_o(E_1 \wedge E_2)$ folgt sofort auch für $\tilde{K}_2(E)$: $\tilde{K}_2(E_1) \cap \tilde{K}_2(E_2) = K_2(E_1 \wedge E_2)$.

Alles für $\tilde{K}_1(E)$ gesagte gilt deshalb vollkommen äquivalent auch für $\tilde{K}_2(E)$. Wiederum die Warnung, nicht die "logische" Verneinung durch die Komplementärmenge von $\tilde{K}_2(E)$ mit der *-Verneinung $\tilde{K}_2(E^*)$ zu verwechseln!

Interessanter für uns ist jetzt die Abbildung $E \rightarrow \tilde{K}(E)$, da diese von einer anderen Art als die bisher betrachteten ist. Dieser Abbildung wollen wir noch einige Aufmerksamkeit widmen, da hierdurch einige Unklarheiten ja sogar scheinbare Widersprüchlichkeiten so mancher abgekürzter physikalischer Aussageweisen aufgeklärt werden können.

Da aus $E_1 < E_2$ und $E_1 \neq E_2$ auch $\tilde{K}_1(E_1) \subset \tilde{K}_1(E_2)$ und $\tilde{K}_1(E_1) \neq \tilde{K}_1(E_2)$ wie $\tilde{K}_2(E_1) \subset \tilde{K}_2(E_2)$ und $\tilde{K}_2(E_1) \neq \tilde{K}_2(E_2)$ folgt, gilt also zunächst auch $\tilde{K}(E_1) \subset \tilde{K}(E_2)$; $\tilde{K}(E_1) = \tilde{K}(E_2)$ wäre nur dann möglich, wenn $\tilde{K}_1(E_2) - \tilde{K}_1(E_1) \subset \tilde{K}_2(E_1)$ und $\tilde{K}_2(E_2) - \tilde{K}_2(E_1) \subset \tilde{K}_1(E_1)$ gilt. Dies ist aber nicht der Fall, da es z.B. Gesamtheiten V aus $K_1(E_2-E_1)$ gibt, für die also $\mu(V,E_1) = 0$ ist, so daß $\tilde{K}_1(E_2-E_1)$ als Teilmenge von $\tilde{K}_1(E_2)-\tilde{K}_1(E_1)$ nicht in $\tilde{K}_2(E_2)$ liegen kann. So sieht man, daß auch die Abbildung $E \longrightarrow \tilde{K}(E)$ bijektiv ist.

Für die "logische" Verknüpfung, daß $\mathfrak{v}$ ein Teilchen mit der Eigenschaft E_1 und der Eigenschaft E_2 ist, d.h. für $\tilde{K}(E_1) \cap \tilde{K}(E_2)$ folgt:

$$\tilde{K}(E_1) \cap \tilde{K}(E_2) = \tilde{K}_1(E_1 \wedge E_2) \cup \tilde{K}_2(E_1 \wedge E_2)$$

$$\cup \left[\tilde{K}_1(E_1) \cap \tilde{K}_2(E_2)\right] \cup \left[\tilde{K}_1(E_2) \cap \tilde{K}_2(E_1)\right]$$

$$= \tilde{K}(E_1 \wedge E_2) \cup \left[\tilde{K}_1(E_1) \cap \tilde{K}_2(E_2)\right] \cup \left[\tilde{K}_1(E_2) \cap \tilde{K}_2(E_1)\right]$$

Es gilt also hier nicht $\tilde{K}(E_1) \cap \tilde{K}(E_2) = \tilde{K}(E_1 \wedge E_2)$! Die Mengen $\tilde{K}_1(E_1) \cap \tilde{K}_2(E_2)$ sind nämlich für zwei E_1, E_2 im allgemeinen nicht Teilmengen von $\tilde{K}(E_1 \wedge E_2)$:

Betrachten wir z.B. zwei nicht kommensurable E_1, E_2 mit $E_1 \wedge E_2 = 0$. Dann ist $\tilde{K}(E_1 \wedge E_2) = 0$. $\tilde{K}_1(E_1) \cap \tilde{K}_2(E_2)$ umfaßt aber alle diejenigen Einzelexperimente $(\mathfrak{v}, f)$ mit $fg(\mathfrak{v}) \in K_1(E_1)$ und $\tilde{g}h(f) \leq E_2$. Es gibt aber ein $V \in K_1(E_1)$ mit $\mu(V,E_2) \neq 0$, denn sonst wäre $K_o(E_2) \supset K_1(E_1) = K_o(E_1^*)$, d.h. $E_2 \leq E_1^*$ und damit (wegen $E_2 \perp E_1$) E_2, E_1 kommensurabel. Also ist $\tilde{K}_1(E_1) \cap \tilde{K}_2(E_2)$ nicht leer! In diesem

Falle ($E_1 \wedge E_2 = 0$) gibt es doch "Mikroobjekte mit der Eigenschaft E_1 und der Eigenschaft E_2", nämlich die Elemente von

$$\left[\tilde{K}_1(E_1) \cap \tilde{K}_2(E_2)\right] \cup \left[\tilde{K}_2(E_1) \cap \tilde{K}_1(E_2)\right] .$$

Die Abbildung $E \to \tilde{K}(E)$ ist zwar eine ordnungsisomorphe Abbildung von G auf eine Teilmenge aus $\mathcal{P}(\tilde{K})$; aber weder stimmt $\tilde{K}(E_1 \wedge E_2)$ mit dem Mengendurchschnitt $\tilde{K}(E_1) \cap \tilde{K}(E_2)$ noch $\tilde{K}(E^*)$ mit der Komplementärmenge zu $\tilde{K}(E)$ überein. Und doch ist es gerade diese Abbildung, die die größte Ähnlichkeit mit "klassischen Aussageformen" hat, d.h. für die solche Sätze wie "ein Teilchen der Eigenschaft E" beinahe (aber eben nicht ganz!) wie Aussagen aus dem täglichen Leben benutzt werden können. Um aber dabei keine Fehler zu machen, wollen wir ausführlich die beiden "logischen" Verknüpfungen $\tilde{K}(E_1) \cap \tilde{K}(E_2)$ als "E_1 und E_2", $\tilde{K} - \tilde{K}(E)$ als "nicht E" betrachten.

Die Menge $\tilde{K}(E_1) \cap \tilde{K}(E_2)$ braucht also nicht mit $\tilde{K}(E_1 \wedge E_2)$ übereinzustimmen. Zu $\tilde{K}(E_1 \wedge E_2)$ kommen noch alle die "Teilchen" aus $\left[\tilde{K}_1(E_1) \cap \tilde{K}_2(E_2)\right] \cup \left[\tilde{K}_2(E_1) \cap \tilde{K}_1(E_2)\right]$ hinzu. $\tilde{K}_1(E_1) \cap \tilde{K}_2(E_2)$ sind aber solche Mikroobjekte, die mit der Eigenschaft E_1 "präpariert" wurden und an denen nachher noch die Eigenschaft E_2 "festgestellt" wurde. In dem von uns in II, §10 definierten Sinn dürfen wir sie in $\mathcal{PT}_3$ als physikalisch wirkliche Objekte mit der Eigenschaft E_1 und der Eigenschaft E_2 bezeichnen. Diese Redewendung wird auch immer wieder von

Physikern benutzt, auch wenn von manchen Theoretikern davor gewarnt wird. Es bestehen aber keine Bedenken gegen solche Ausdrucksweisen, wenn man einmal klargelegt hat, was damit gemeint ist.

Machen wir uns das noch einmal ganz deutlich klar an dem Beispiel der Orts- und Impuls-Observablen. Durch das im Präparierteil festgelegte Orts- und Zeit-Bezugssystem (III, §1.4) kann eine Zeit t, ein kleines Raumgebiet Δ_x und ein kleines Gebiet Δ_p aus dem Impulsraum ausgezeichnet werden. Dadurch sind zwei Entscheidungseffekte E_1(= daß der Ort zur Zeit t in Δ_x liegt) und E_2(= daß der Impuls in Δ_p liegt) ausgezeichnet. Wie bekannt, ist $E_1 \wedge E_2 = 0$. Trotzdem ist aber

$\widetilde{K}(E_1) \cap \widetilde{K}(E_2) \neq 0$, da z.B. $\widetilde{K}_1(E_2) \cap \widetilde{K}_2(E_1) \neq 0$ ist. In unserer Sprechweise "haben die Mikroobjekte von $\widetilde{K}_1(E_2) \cap \widetilde{K}_2(E_1)$ sowohl zur Zeit t einen Ort aus Δ_x wie einen Impuls aus Δ_p ": Sie wurden mit einem Impuls aus Δ_p präpariert und mit einem Ort (zur Zeit t) aus Δ_x festgestellt.

Gerade diese Situation ist experimentell leicht herstellbar. Es ist also durchaus erlaubt, in dieser Situation von Teilchen mit praktisch bestimmtem (wenn Δ_x und Δ_p klein sind) Impuls <u>und</u> Ort zu sprechen (man denke z.B. an das Gedankenexperiment der Ortsmessung eines Elektrons mit einem Mikroskop). Diese Redewendung steht nicht im Widerspruch zur Heisenbergschen Ungenauigkeitsrelation, die etwas über die Ungenauigkeiten innerhalb <u>einer Gesamtheit</u> aussagt. Es ist auch nicht etwa so, daß man aus einer Gesamtheit V_p mit etwa festgelegtem Impuls durch eine Ortsmessung eine Gesamtheit V_{px} auswählen, d.h. herauspräparieren könnte, die sowohl festgelegten Impuls und festgelegten Ort hätte, d.h. daß aus dem Apparat für die Ortsmessung eine solche Gesamtheit V_{px} herauskäme, die also nach der Ortsmessung sowohl festgelegten Impuls und Ort hätte im Widerspruch zu unserer allgemeinen Theorie. Ja es ist noch nicht einmal gesagt, daß der Apparat für die Ortsmessung auch noch dazu geeignet ist, eine Gesamtheit von etwa festgelegtem Ort zu präparieren (siehe Messungen erster und zweiter Art). Bei den Mikroobjekten aus $\tilde{K}_1(E_2) \cap \tilde{K}_2(E_1)$ handelt es sich eben nicht um eine Urbildmenge einer Gesamtheit $V \in K$ bei der Abbildung fg von $\underline{K}$ auf K.

Die hier dargestellten Überlegungen wie die Betrachtung verschränkter Systeme würden eine Sprechweise nahelegen, die von der Vorstellung ausgeht, daß "an sich" jedes Einzelmikroobjekt bestimmte Eigenschaften E "hat" bzw. "nicht hat", daß es nur nicht möglich ist, "einheitliche" Gesamtheiten von Mikroobjekten gleicher Eigenschaften herzustellen. Eine solche Redeweise geht aber über das, was wir entsprechend II, §10 als Aussageformen erlaubten, weit hinaus. Eine solche Redeweise ist genau die der sogenannten verborgenen Parameter, d.h. einer Phantasietheorie, wie wir sie allgemein in II, §11 skizziert haben und genauer an anderer Stelle untersucht werden soll. An dieser Stelle hier genüge deshalb nur die Mahnung zur Vorsicht, nicht "unbewußt" den in II, §10 festgelegten Rahmen zu verlassen.

Kehren wir zu der Abbildung $E \rightarrow \tilde{K}(E)$ zurück! Wir wollen noch etwas näher das Verhältnis der "logischen" Verneinung durch die Komplementärmenge $\tilde{K} - \tilde{K}(E)$ von $\tilde{K}(E)$ zu der $*$-Verneinung $K(E^*)$ betrachten:

Welche $\tilde{K}(E_2)$ sind Teilmengen von $\tilde{K} - \tilde{K}(E_1)$? Betrachten wir zunächst dieselbe Frage für $\tilde{K}_1(E)$: $\tilde{K}_1(E_2)$ ist genau dann Teilmenge von $\tilde{K} - \tilde{K}_1(E_1)$, wenn $\tilde{K}_1(E_1) \cap \tilde{K}_1(E_2) = 0$ ist, d.h. wenn $\tilde{K}_1(E_1 \wedge E_2) = 0$ und damit $E_1 \wedge E_2 = 0$ ist. Es ist also in keiner Weise notwendig, daß $E_2 \leq E_1^*$ ist, d.h. daß E_2 eine "genauere Eigenschaft" als die $*$-Verneinung von E_1 und damit mit E_1 kommensurabel ist. Im obigen Ort-Impuls-Beispiel wurden zwei solche nicht kommensurablen E_1, E_2 mit $E_1 \wedge E_2 = 0$ angegeben.

$\tilde{K}(E_2)$ ist genau dann Teilmenge von $\tilde{K} - \tilde{K}(E_1)$, wenn $\tilde{K}(E_1) \cap \tilde{K}(E_2) = 0$ ist, d.h. wenn $\tilde{K}(E_1 \wedge E_2) = 0$ <u>und</u> $\tilde{K}_1(E_1) \cap \tilde{K}_2(E_2) = 0$ <u>und</u> $\tilde{K}_1(E_2) \cap \tilde{K}_2(E_1) = 0$ ist, d.h. wenn $E_1 \wedge E_2 = 0$ <u>und</u> $\mu(V, E_2) = 0$ für $V \in K_1(E_1)$ <u>und</u> $\mu(V, E_1) = 0$ für $V \in K_1(E_2)$ ist, d.h. wenn $E_1 \perp E_2$ ist. Da für $E_2 \leq E_1^*$ auch $\tilde{K}(E_2) \subset \tilde{K}(E_1^*)$ gilt, gibt es unter den $\tilde{K}(E_2)$ mit $\tilde{K}(E_2) \subset \tilde{K} - \tilde{K}(E_1)$ ein und nur ein maximales Element, nämlich $\tilde{K}(E_1^*)$. Damit ist natürlich <u>nicht</u> $\tilde{K} - \tilde{K}(E_1) = \tilde{K}(E_1^*)$ gezeigt.

Für die Abbildung $E \rightarrow \tilde{K}(E)$ gilt zwar weder $\tilde{K}(E_1) \cap \tilde{K}(E_2) = K(E_1 \wedge E_2)$ noch $\tilde{K}(E_1) \cup \tilde{K}(E_2) = K(E_1 \vee E_2)$, dafür aber haben wir für die

*-Operation die Relation: $E_1 \perp E_2 \Leftrightarrow \left[\tilde{K}(E_1)\right.$ ist Teilmenge der zu $\left.\tilde{K}(E_2)\right.$ komplementären Menge$\left.\right]$. Damit haben wir in $\mathbb{E} \rightarrow \tilde{K}(E)$ eine Abbildung vor uns, wo die *-Verneinung am "wenigstens weit weg" von der "logischen" Verneinung der Komplementärmengen ist. Ist eine Abbildung denkbar, wo die logische Verneinung mit der *-Verneinung identisch wird? Dies wird in der Theorie der verborgenen Parameter untersucht und verneint.

§3. Die Bedeutung der Zentrumselemente von G als "objektive" Eigenschaften.

Auch dann, wenn sich für ein Atom Q aus Z (dem Zentrum von G; III, §16) für ein $\mathfrak{v}$ aus den Axiomen $\longleftrightarrow_{\tau}$ für den genormten Realtext nicht $\mathfrak{v} \in \tilde{K}(Q)$ ableiten läßt, spricht man doch immer so, als ob $\mathfrak{v}$ ein Teilchen irgendeiner der "Sorten" $Q \in Z$ emittiert hätte. Man spricht immer so, als ob die $Q \in Z$ objektive Eigenschaften der Teilchen sind, wie z.B. Elektron oder Proton oder Wasserstoffatom zu sein. Wie sind solche Redewendungen gemeint und wie lassen sie sich begründen? Um hier eine Klärung zu schaffen, sind die in II, §10 eingeführten Klassifizierungen von Hypothesen entscheidend wichtig.

Die zu betrachtende Redewendung ist nur möglich, wenn der Präparierteil nicht "unendlich" viele verschiedene "Teilchensorten" präpariert, d.h. wenn für ein vorliegendes Zeichen $\mathfrak{v}$ aus dem genormten Realtext aus $\longleftrightarrow_{\tau}$ die Relation $\mathfrak{v} \in K_1(Q)$ abgeleitet werden kann mit einem

$Q = \sum_{\nu=1}^{n} Q_\nu$ über <u>endlich</u> viele Atome Q des Zentrums Z. Um die folgenden Überlegungen nicht unnötig zu komplizieren, setzen wir n=2, nehmen also z.B. Q_1 als Elektronen - Q_2 als Protoneneigenschaft. Wir setzen also $\mathfrak{v} \in \tilde{K}_1(Q_1+Q_2)$ voraus, während $\mathfrak{v} \in \tilde{K}(Q_1)$ oder $\mathfrak{v} \in \tilde{K}(Q_2)$ <u>nicht</u> aus $\longleftrightarrow_{\mathfrak{v}}$ <u>herleitbar</u> sei. Dennoch sagt man, daß das von $\mathfrak{v}$ emittierte Einzelobjekt entweder ein Elektron (Q_1) oder Proton (Q_2) ist. Was soll diese Aussage bedeuten?

Neben dem vorliegenden genormten Realtext, aus dem nach Abbildungsprinzip 3a $\{(\mathfrak{v}, f_1), \ldots (\mathfrak{v}, f_N)\} \in \tilde{M}$ aufgeschrieben ist, kann man noch folgende Hypothesen betrachten:

1) $(\mathfrak{v}, x_1) \in \tilde{M}'$, $(\mathfrak{v}, x_2) \in \tilde{M}'$, $\tilde{gh}(x_1) = Q_1$, $\tilde{gh}(x_2) = Q_2$
   und $\eta((\mathfrak{v}, x_1)) = 1$, $\eta((\mathfrak{v}, x_2)) = 0$

2) $(\mathfrak{v}, x_1) \in \tilde{M}'$, $(\mathfrak{v}, x_2) \in \tilde{M}'$, $\tilde{gh}(x_1) = Q_1$, $\tilde{gh}(x_2) = Q_2$
   und $\eta((\mathfrak{v}, x_1)) = 0$, $\eta((\mathfrak{v}, x_2)) = 1$

3) Entweder $\{$Relation 1)$\}$ oder $\{$Relation 2)$\}$.
   Zum Vergleich betrachten wir für irgendein $E \notin Z$ eine Hypothese

4) $(\mathfrak{v}, x) \in \tilde{M}'$, $\tilde{gh}(x) = E$, $\eta((\mathfrak{v}, x)) = 1$ oder 0.

Die Hypothese 4) ist nur "erlaubt" (II, §10), wenn $\tilde{gh}(f_1) = F_1, \ldots \tilde{gh}(f_n) = F_n$ und E koexistente Effekte sind, da man sonst zu einem Widerspruch in $\mathcal{M}\mathcal{T}_{\Sigma'}\mathcal{A}_h$ kommt. Die Hypothesen 1) bis 3) sind, da $Q_1 \in Z$

und $Q_2 \in Z$ ist, alle "erlaubt", wenn nicht die $f_1 \dots f_n$ und die Werte von $\eta((\vartheta, f_1)), \dots \eta((\vartheta, f_n))$ entweder $\vartheta \in \tilde{K}(Q_1)$ oder $\vartheta \in \tilde{K}(Q_2)$ herzuleiten gestatten, was wir aber gerade als unmöglich vorausgesetzt haben.

Die Hypothesen 1) bis 4) sind aber nicht "theoretisch existent" (also erst recht nicht determiniert), da es ja Mengen koexistenter Effekte $F_1, \dots F_n$ gibt, zu denen es keine weiteren koexistenten Effekte ohne Umbau des Apparates gibt, d.h. man könnte ohne Widerspruch $\{f_1, \dots f_n\} \in \tilde{\mathcal{L}}_a$ (mit der in III, §11 angegebenen Bedeutung von $\tilde{\mathcal{L}}_a$) als Axiom zusätzlich fordern. Die Existenz der in den Hypothesen aufgeschriebenen x_1, x_2, bzw. x kann also nicht als Satz aus den bisher aufgestellten Axiomen hergeleitet werden. Da die Hypothesen 1) bis 4) nicht determiniert sind, können auch die x_1, x_2, x nicht zum Wirklichkeitsbereich $\mathcal{W}_3$ von $\mathcal{PT}_3$ gehören.

Die entscheidende Frage für die Hypothesen 1) bis 4) ist vielmehr die, ob die Hypothesen "sicher" sind, oder vielleicht "unsicher" sind, obwohl sie "erlaubt" sind. Es wird sich zeigen, daß die Hypothese 4) immer "unsicher" ist und daß nur 3) "sicher" ist.

Die Hypothesen 1) und 2) können nicht sicher sein, da beide Hypothesen erlaubt aber nicht miteinander kompatibel sind (II, §10), denn wegen $Q_1 \wedge Q_2 = 0$ kann es nicht ein x_1 und ein x_2' mit $\tilde{g}h(x_1) = Q_1$, $\tilde{g}h(x_2') = Q_2$ und $\eta((\vartheta, x_1)) = 1$ und $\eta((\vartheta, x_2')) = 1$ geben, weil das Ansprechen von x_1 und x_2' ein Effekt sein würde, der für $Q_1 \wedge Q_2$ eine von Null verschiedene Häufigkeit ergäbe.

Die Hypothese 4) ist zwar erlaubt, wenn E zu den $F_1 = \tilde{g}h(f_1), \dots, F_n = \tilde{g}h(f_n)$ koexistent ist. Man kann aber im allgemeinen zu den endlich vielen (!) $F_1, \dots, F_n$ ein F finden, das koexistent zu allen $F_1, \dots F_n$ aber nicht koexistent zu E ist, so daß es möglich ist, eine zweite erlaubte Hypothese ähnlich wie 4) mit F' statt E aufzustellen, die aber mit 4) nicht kompatibel ist.

Die Hypothese 3) dagegen ist sicher, da Q_1 und Q_2 mit allen Effekten F koexistent sind und daher keine erlaubte Hypothese zu der Hypothese 3) in Widerspruch geraten kann. Es kann also auch keine Erweiterung des genormten Realtextes zur Hypothese 3) in Widerspruch geraten: Wie auch immer experimentiert wurde oder die von $(\mathfrak{v}, f_1), \dots, (\mathfrak{v}, f_n)$ bestimmte $\mathfrak{z}$ -Gruppe noch ergänzt werden möge, man kann immer "so tun, als ob" auch entsprechend der Hypothese 3) zusätzlich festgestellt wurde, ob es sich entweder um ein Elektron (Q_1) oder Proton (Q_2) gehandelt hat; man kann immer "so tun, als ob" nur vergessen wurde, eine der beiden in der Relation 3) vorgesehenen Möglichkeiten in $\longleftrightarrow_{\mathfrak{r}}$ aufzuschreiben.

Genau das ist der physikalische Sinn der Aussage, daß es sich bei dem von dem Präparierteil mit dem Zeichen $\mathfrak{v}$ emittierten Mikroobjekt entweder um ein Elektron oder Proton handelt, nämlich daß die Hypothese 3) "sicher" im Sinn der Ausführungen aus II, §10 ist.

Dieses Beispiel zeigt, daß eine "sichere" Hypothese noch nicht determiniert zu sein braucht. Eine sichere Hypothese ist eine zwar durch Theorie und Erfahrung unwiderlegbare aber nicht unbedingt nachprüfbare Hypothese. Wir sind deshalb in II, §10 in der Begriffsbildung so vorsichtig gewesen, eine sichere aber nicht determinierte Hypothese nicht zum "Wirklichkeitsbereich" zu rechnen, obwohl die "Vorstellung, als ob" eine sichere Hypothese auch wirklich ist, nicht widerlegbar ist.

§ 4. Die Abgeschlossenheit der Quantenmechanik.

Die Form $\mathcal{PT}_1$ (§1) der Quantenmechanik hat aus einem sehr einfachen Grund eine starke Bevorzugung erfahren, da $\mathcal{PT}_1$ mit allen in Kapitel III und noch weiteren eingeführten Axiomen über Orts- und Impulsoperatoren, Hamiltonoperatoren u.s.w. als g.G.-abgeschlossen angesehen werden kann. Zwar könnte man hier oder dort wegen einiger experimenteller Schwierigkeiten wie z.B. bei der Herstellung aller nach der Theorie "physikalisch möglichen" (II, §10) Gesamtheiten bei Streuprozessen und zerfallenden Zuständen den Verdacht hegen, daß $\mathcal{PT}_1$ doch noch durch einige zusätzliche Strukturen zu ergänzen sei; aber es ist wenigstens bis jetzt nicht zu sehen, daß der Standpunkt widerlegt sei, daß $\mathcal{PT}_1$ für atomare Objekte (aus "nicht zu vielen" elementaren Bausteinen zusammengesetzt wie Atome, einfachere Moleküle, u.s.w.) eine g.G-abgeschlossene Theorie ist, und alle auftretenden Schwierigkeiten der Realisierung physikalisch möglicher Prozesse nicht prinzipieller Natur sind, sondern nur von dem mehr oder weniger großen Aufwand für die Experimente abhängen. Wir wollen deshalb hier den Standpunkt einnehmen, daß $\mathcal{PT}_1$ für "atomare Objekte" g.G.-abgeschlossen ist. Für nicht atomare Objekte wie makroskopische Körper, die aus "sehr vielen elementaren Objekten" (z.B. mehr als 10^{20}) zusammengesetzt sind, teilen wir die Bedenken, daß die Quantenmechanik $\mathcal{PT}_1$ auf diese Makroobjekte extrapoliert keine g.G-abgeschlossene Theorie liefert.

In der Form $\mathcal{PT}_1$ mit den eingeführten Orts- und Impulsobservablen und den Hamiltonoperatoren kann relativ zu diesen Operatoren jeder Projektor (d.h. jedes Element aus G) mathematisch ausgezeichnet werden. Es ist nicht notwendig, eine technische Bauvorschrift anzugeben, wie man etwa einen vorgegebenen Entscheidungseffekt mißt. Man könnte sich als Theoretiker auf den "hochmütigen" Standpunkt stellen, daß es Aufgabe der Experimentatoren sei, sich den Bau von Meßapparaten zu überlegen, und daß $\mathcal{PT}_1$ die "vollständige Theorie" der Mikroobjekte sei und alles weitere nur "Meßbeiwerk" sei, um die Theorie der Mikroobjekte zu prüfen.

Da bei dieser Auffassung die Effekte $F \notin G$ doch noch irgendein "Relikt der Unvollkommenheit der Meßapparaturen" enthalten, versucht man von diesem Standpunkt aus, nur die Menge G als Menge "objektiver Eigenschaften" zu betrachten.

Von unserer grundlegenden Einstellung von Kapitel II aus gesehen, gehen diese Vorstellungen über das dort "erlaubte" Maß hinaus, was natürlich nichts darüber entscheidet, ob ähnliche Überlegungen bei einer "Theorie der verborgenen Parameter" oder bei "metaphysischen" Überlegungen wieder eine Rolle spielen.

Aus den Überlegungen von §3 geht hervor, wieso "gerade noch" die Elemente von Z als objektive Eigenschaften betrachtet werden dürfen; und zwar nur innerhalb der Theorie $\mathcal{PT}_3$. Alle Redewendungen aber, daß die <u>Mikroobjekte die Eigenschaften E $\in$ G haben</u> bzw. <u>in einem Zustand V</u> mit V als einer der Extremalpunkte von K <u>seien,</u> müssen daher zunächst innerhalb der Physik zurückgestellt werden, wenn sie mehr bedeuten sollen als das, was wir in §1 und 2 gesagt haben. Gegen die Vorstellung der Extremalpunkte von K als "Zustände" der Objekte sprechen sogar physikalische Tatsachen wie die, daß man Teilgesamtheiten aus vorgegebenen Gesamtheiten ohne jede physikalische Wechselwirkung aussondern kann. Es war gerade der grundlegende Gedanke von Kapitel II (siehe II, §1), eine formale Methode für den Gebrauch physikalischer Aussagen so zu entwickeln, daß man die Hoffnung haben kann, sich in keine Widersprüche zu verwickeln. Daß diese Methode dann gewisse Aussageformen nicht mehr als "physikalische Aussageformen" zuläßt, ist dabei nicht verwunderlich sondern gerade beabsichtigt; denn gerade so wird klar, wo man die Stufe der physikalischen Aussagen verläßt.

Der Standpunkt aber, die Quantenmechanik gerade in der Form $\mathcal{PT}_1$ als die Basis der Physik anzusehen und alles weitere als "schmutzige" Experimentalphysik abzuschieben, ist nicht nur hochmütig sondern auch physikalisch unfruchtbar; denn gerade erst dadurch, daß man auch die Wechselwirkung der Mikroobjekte mit den Apparaten <u>theoretisch</u> durchüberlegt, d.h.

diese Wechselwirkung auf Grund der Quantentheorie der Mikroobjekte und der klassischen Theorien der technischen Apparate studiert, wird überhaupt erst eine echte Nachprüfung der Quantentheorie ermöglicht, d.h. ist es erst möglich, sinnvolle Experimente zu machen. Das Schema der Theorie $\mathcal{PT}_1$ kann zwar als g.G.-abgeschlossen angesehen werden, aber dieses Schema ist noch so weit, daß die vielen Experimente, d.h. daß die wirklich vorliegenden Realtexte in ihren Einzelheiten nur dann <u>wirkungsvoll</u> beschrieben werden können, wenn man <u>den genormten Realtext erweitert</u>, zumindest erst einmal in der Form der Theorie $\mathcal{PT}_2$, in der es dann z.B. möglich ist, weitere Konstruktionsmerkmale der $\underline{\underline{F}} \in \underline{\underline{L}}$ als genormten Realtext aufzunehmen. Genau das geschieht auch bei den wirklichen Experimenten, wo man auf Grund der Konstruktion $\underline{\underline{F}}$ der Apparate den zugehörigen Effekt $F = \tilde{g}(\underline{\underline{F}}) \in L$ als Operator relativ zu den Orts-Impuls-und Hamiltonoperatoren anzugeben versucht. Für dieses Problem ist allerdings noch keine systematische Theorie entwickelt, sondern in jedem Einzelfall wird der Apparat F in seiner Wechselwirkung mit den Mikroobjekten halb quantenmechanisch, halb klassisch behandelt, um den Operator $F \in L$ zu finden. Einige systematische Gesichtspunkte dieses "Meßproblems" werden wir an einer anderen Stelle diskutieren.

Dieselbe Frage wie bei den Effekten tritt bei den Gesamtheiten auf. Auch hier ist theoretisch aus der technischen Struktur, der Bauvorschrift $\underline{\underline{V}} \in \underline{\underline{K}}$ herzuleiten, welcher Operator $V = f(\underline{\underline{V}}) \in K$ für die von solchen Apparaten der Bauvorschrift $\underline{\underline{V}} \in \underline{\underline{K}}$ hergestellte Gesamtheit zu wählen ist. Die Quantentheorie wäre vollkommen unhandlich, wenn es eben nicht möglich wäre, aus dem Aufbau der Präparierteile schon theoretisch den Operator $V \in K$ zu bestimmen. Natürlich steht nichts im Wege, die theoretischen Überlegungen zu testen, d.h. den theoretisch gefundenen Wert von V mit Hilfe von Effektteilen nachzuprüfen. Auch die Theorie der Präparierteile ist nicht systematisch entwickelt. Thermodynamisch statistische Theorien, klassische Theorien der Bewegung in Feldern zur "Beschleunigung" der Objekte, quantenmechanische Streutheorie an Targets sind einige der theoretischen Mittel, um aus der Konstruktion eines Präparierteiles auf den zugehörigen Operator $V \in K$ zu schließen.

Hätten wir bisher die Quantentheorie nur in der Form $\mathcal{PT}_1$ dargestellt, so müßten wir jetzt darangehen, den genormten Grundbereich zu erweitern und die Theorie in der Form $\mathcal{PT}_2$ erfinden, in der die Bauvorschriften von Effektteilen durch die Elemente von $\underline{\underline{L}}$, die Bauvorschriften der Präparierteile durch die Elemente von $\underline{\underline{K}}$ gekennzeichnet sind.

Anmerkungen

(1) vgl. [15] 20.9

(2) Es gilt $R = \bigcup_{\lambda \geq 0} \lambda (K \cup (-K))^{o}$, wobei $(K \cup (-K))^{o}$ die im Dualpaar $(\underline{B}, \underline{B}^*)$ gebildete polare Menge ist $(K \cup (-K))^{o} = \{ y \mid y \in \underline{B}^*$ mit $\mu(x, y) \leq 1$ für alle $x \in (K \cup (-K)) \}$. Da $(K \cup (-K))^{o}$ $\sigma(\underline{B}^*, \underline{B})$-vollständig ist (vgl. (1)), ist R Banachraum [17] II 1.6.

(3) Die Elemente $y \in \underline{L}$ sind auf $\underline{K}$ beschränkt.

(4) Satz von Krein-Šmulian, vgl. [17] IV 6.3

(5) vgl. [15] 20.9

(6) Eine stetige bijektive Abbildung eines kompakten Raumes auf einen separierten topologischen Raum ist ein Homöomorphismus. (vgl. auch [15] 21.3 Satz (3)).

(7) vgl. [15] 22.3

(8) vgl. [17] 9.2

(9) vgl. [15] 20.8

(10) Bipolarensatz, vgl. [15] 20.8

(11) vgl. [17] V.1 und V.4

(12) Ein normierter geordneter Vektorraum ist normal, wenn $\|x_1'\| \leq \|x_1' + x_2'\|$ für alle $x_1', x_2' \in Q$ gilt (Q positiver Kegel). [17] V.3.1

(13) Ist $\mathfrak{L}$ die Klasse der $\sigma(B, B')$ - beschränkten Teilmengen von B , so heißt Q ein strikter $\mathfrak{L}$ - Kegel, wenn es in jeder Menge $M \in \mathfrak{L}$ eine Menge $M' \in \mathfrak{L}$ gibt mit $M' \subset Q$ und $M \subset M' - M'$ ([17] V.3.2). Da Q der duale Kegel in P und P normal ist, gilt nach einem Theorem bzw. dessen Corollar in [17] V.3.5: Q ist strikter $\mathfrak{L}$ -Kegel und $B = Q - Q$.

(14) Theorem in [17] V.5.5

(15) Lemma in [17] V.3.2

(16) Ein Lemma in [17] V.3.4 zeigt, daß B mit der Norm $\|x'\|$ ein Banachraum ist. Da $\|x'\|_1 \geq \|x'\|$ gilt, schließt man mit dem Homomorphismus-Theorem (vgl. [17] III. 2.1), daß die von den Normen erzeugten Topologien gleich sind.

(17) vgl. [15] 16.4

(18) vgl. [17] II. 10.2

(19) vgl. [15] 21.3

(20) vgl. [15] 4.5

(21) vgl. [17] I. 3.2

(22) Satz von Banach, vgl. [15] 15.13

(23) vgl. [15] 15.13

(24) Mit $B' = \overline{B}^{d'}$ ist gezeigt, daß der Dualraum von B in der $\|x'\|_d$ – Topologie auch B' ist, so daß also die $\|x'\|_d$ – Topologie für (B, B') zulässig ist. Die Behauptung ergibt sich dann mit Satz (3) in [15] 21.5

(25) vgl. [15] 14.2

(26) Satz von Krein - Milman vgl. [15] 25.1

(27) Satz von Milman vgl. [15] 25.1

(28) Da $\hat{L}$ $\sigma(B', B)$ - kompakt ist, konvergiert der Abschnittsfilter einer (nach oben) gerichteten Menge $\mathcal{L} \subset \hat{L}$ gegen ein Element $F_o \in \hat{L}$, für das dann $F_o = \sup_{F \in \mathcal{L}} F$ gilt. Vgl. [17] V.4.2

(29) Satz von Hahn - Banach, vgl. [17] II. 9.2

(30) Satz von Milman - Rutman, vgl. [15] 25.3

(31) vgl. [12]

(32) Zur Theorie der Boolschen Ringe und der Maße auf Boolschen Ringen vgl. im Folgenden [16] .

(33) vgl. [16]

(34) Es gibt Boolesche σ - Ringe mit effektivem Maß, die in der Maßtopologie nicht separabel sind. [16] A I 11.2.3

(35) vgl. [14] IV. 8

(36) vgl. [17] IV. 7.4

(37) Aus $T'(A')$ $\sigma(B', B)$ - abgeschlossen folgt: $T(B)$ $\sigma(A, A')$ - abgeschlossen (vgl. [17] IV 7.7). Da T' injektiv ist, gilt $T(B) = A$. Zur Normisomorphie von $B/B_{\varphi}'^{\perp}$ und A vgl. [15] 22.3

(38) vgl. [17] V. 7.1 und 7.2

(39) vgl. [17] II. 9.2

(40) vgl. [17] IV. 7.7

(41) vgl. [18] III und IV

(42) Hermitesche Operatoren lassen sich durch Partialsummen über ihrer Spektralschar in der Norm approximieren.

[1] Ludwig, G. : Versuch einer axiomatischen Grundlegung der Quantenmechanik und allgemeiner physikalischer Theorien. Z. Physik 181, 233 - 260 (1964)

[2] Ludwig, G. : Attempt of an axiomatic foundation of quantum mechanics and more general theories. II. Commun. Math. Phys. 4, 331 - 348 (1967)

[3] Ludwig, G. : Attempt of an axiomatic foundation of quantum mechanics and more general theories. III. Commun. Math. Phys. 9, 1 - 12 (1968)

[4] Ludwig, G. : Hauptsätze über das Messen als Grundlagen der Hilbertraumstruktur der Quantenmechanik Z. Naturforsch. 22 a, 1303 - 1323 (1967)

[5] Ludwig, G. : Ein weiterer Hauptsatz über das Messen als Grundlage der Hilbertraumstruktur der Quantenmechanik Z. Naturforsch. 22 a, 1324 - 1327 (1967)

[6] Dähn, G. : Attempt of an axiomatic foundation of quantum mechanics and more general theories. IV. Commun. Math. Phys. 9, 192 - 211 (1968)

[7] Stolz, P. : Attempt of an axiomatic foundation of quantum mechanics and more general theories. V. Commun. Math. Phys. 11, 303 - 313 (1969)

[8] Ludwig, G. : Grundlegung physikalischer Theorien, speziell der Quantenmechanik. Teil I. Preprint, August 1968

[9] Ludwig, G.: Grundlegung physikalischer Theorien, speziell der Quantenmechanik. Teil II. Preprint, Juni 1969

[10] Varadarajan, V. S.: Geometry of Quantum Theory I, Princeton, New Jersey (1968)

[11] Gleason, A.M.: Measures on the Closed Subspaces of Hilbert Space. J. Math. a. Mech. 6, 6 (1957).

[12] Rose, G.: Zur Orthomodularität von Wahrscheinlichkeitsfeldern. Z. Physik 181, 331-332 (1964)

[13] Bourbaki, N.: Elements of Mathematics, Theorie of Sets Reading, Mass. (1968)

[14] Dunford, N.: Schwartz, J. T.: Linear Operators, Part I New York (1958)

[15] Köthe, G. : Topologische lineare Räume Berlin, Göttingen, Heidelberg (1960)

[16] Nikodym, O.M.: The Mathematical Apparatus for Quantum-Theories Berlin, Heidelberg, New York (1966)

[17] Schäfer, H. H.: Topological Vector Spaces New York (1966)

[18] Schatten, R. : Norm Ideals of Completely Continuous Operators Berlin, Göttingen, Heidelberg, (1960)

Lecture Notes in Physics

im Erscheinen / to appear

Vol. 1: J. C. Erdmann, Wärmeleitung in Kristallen, theoretische Grundlagen und fortgeschrittene experimentelle Methoden. 1969. DM 20,–

Vol. 2: K. Hepp, Théorie de la renormalisation. 1969. DM 18,–

Vol. 3: A. Martin, Scattering Theory: Unitarity, Analyticity and Crossing. 1969. DM 14,–

Vol. 4: G. Ludwig, Deutung des Begriffs physikalische Theorie und axiomatische Grundlegung der Hilbertraumstruktur der Quantenmechanik durch Hauptsätze des Messens. 1970. DM 28,–

Selected Issues from

Lecture Notes in Mathematics

Vol. 7: Ph. Tondeur, Introduction to Lie Groups and Transformation Groups. VIII, 176 pages. 1965. DM 13,50

Vol. 8: G. Fichera, Linear Elliptic Differential Systems and Eigenvalue Problems. IV, 176 pages. 1965. DM 13,50

Vol. 17: C. Müller, Spherical Harmonics. IV 46 pages. 1966. DM 5,–

Vol. 25: R. Narasimhan, Introduction to the Theory of Analytic Spaces. IV, 143 pages. 1966. DM 10,–

Vol. 33: G. I. Targonski, Seminar on Functional Operators and Equations. IV, 110 pages. 1967. DM 10,–

Vol. 35: N. P. Bhatia and G. P. Szegö, Dynamical Systems. Stability Theory and Applications. VI, 416 pages. 1967. DM 24,–

Vol. 40: J. Tits, Tabellen zu den einfachen Lie Gruppen und ihren Darstellungen. VI, 53 Seiten. 1967. DM 6,80

Vol. 45: A. Wilansky, Topics in Functional Analysis. VI, 102 pages. 1967. DM 9,60

Vol. 52: D. J. Simms, Lie Groups and Quantum Mechanics. IV, 90 pages. 1968. DM 8,–

Vol. 55: D. Gromoll, W. Klingenberg und W. Meyer, Riemannsche Geometrie im Großen. VI, 287 Seiten. 1968. DM 20,–

Vol. 56: K. Floret und J. Wloka, Einführung in die Theorie der lokalkonvexen Räume. VIII, 194 Seiten. 1968. DM 16,–

Vol. 60: Seminar on Differential Equations and Dynamical Systems. Edited by G. S. Jones. VI, 106 pages. 1968. DM 9,60

Vol. 81: J.-P. Eckmann et M. Guenin, Méthodes Algébriques en Mécanique Statistique. VI, 131 pages. 1969. DM 12,–

Vol. 82: J. Wloka, Grundräume und verallgemeinerte Funktionen. VIII, 131 Seiten. 1969. DM 12,–

Vol. 91: N. N. Janenko, Die Zwischenschrittmethode zur Lösung mehrdimensionaler Probleme der mathematischen Physik. VIII, 194 Seiten. 1969. DM 16,80

Vol. 102: F. Stummel, Rand- und Eigenwertaufgaben in Sobolewschen Räumen. VIII, 386 Seiten. 1969. DM 20,–

Vol. 103: Lectures in Modern Analysis and Applications I. Edited by C. T. Taam. VII, 162 pages. 1969. DM 12,–

Vol. 104: G. H. Pimbley, Jr., Eigenfunction Branches of Nonlinear Operators and their Bifurcations. II, 128 pages. 1969. DM 10,–

Beschaffenheit der Manuskripte

Die Manuskripte werden photomechanisch vervielfältigt; sie müssen daher in sauberer Schreibmaschinenschrift mit ausreichend großer Type geschrieben sein. Handschriftliche Formeln bitte nur mit schwarzer Tusche eintragen. Notwendige Korrekturen sind bei dem bereits geschriebenen Text entweder durch Überkleben des alten Textes vorzunehmen oder aber müssen die zu korrigierenden Stellen mit weißem Korrekturlack abgedeckt werden. Die reproduktionsfähigen Abbildungen (in Originalgröße) sollen in den Text eingeklebt werden. Falls das Manuskript oder Teile desselben neu geschrieben werden müssen, ist der Verlag bereit, dem Autor bei Erscheinen seines Bandes einen angemessenen Betrag zu zahlen. Die Autoren erhalten 50 Freiexemplare.

Zur Erreichung eines möglichst optimalen Reproduktionsergebnisses ist es erwünscht, daß bei der vorgesehenen Verkleinerung der Manuskripte der Text auf einer Seite in der Breite möglichst 18 cm und in der Höhe 26,5 cm nicht überschreitet. Entsprechende Satzspiegelvordrucke werden vom Verlag gern auf Anforderung zur Verfügung gestellt.

Manuskripte, in englischer, deutscher oder französischer Sprache abgefaßt, sind einzureichen bei: Springer-Verlag, 6900 Heidelberg, Postfach 1780.

Cette série a pour but de donner des informations rapides, de niveau élevé, sur des développements récents en physique, aussi bien dans la recherche que dans l'enseignement supérieur. On prévoit de publier.

1. des versions préliminaires de travaux originaux et de monographies
2. des cours spéciaux portant sur un domaine nouveau ou sur des aspects nouveaux de domaines classiques
3. des rapports de séminaires
4. des conférences faites lors de congrès ou de colloques

En outre il est prévu de publier dans cette série, si la demande le justifie, des rapports de séminaires et des cours multicopiés ailleurs mais déjà épuisés.

Dans l'intérêt d'une diffusion rapide, les contributions auront souvent un caractère provisoire; le cas échéant, les démonstrations ne seront données que dans les grandes lignes. Les travaux présentés pourront également paraître ailleurs. Une réserve suffisante d'exemplaires sera toujours disponible. En permettant aux personnes intéressées d'être informées plus rapidement, les éditeurs Springer espèrent, par cette série de «prépublications», rendre d'appréciables services aux instituts de physique. Les annonces dans les revues spécialisées, les inscriptions aux catalogues et les copyrights rendront plus facile aux bibliothèques la tâche de réunir une documentation complète.

Présentation des manuscrits

Les manuscrits, étant reproduits par procédé photomécanique, doivent être soigneusement dactylographiés type assez grand. Il est recommandé d'écrire à l'encre de Chine noire les formules non dactylographiées. Les corrections nécessaires doivent être effectuées soit par collage du nouveau texte sur l'ancien soit en recouvrant les endroits à corriger par du vernis correcteur blanc. Les illustrations; en dimension originale, préparées pour reproduction sont à insérer dans le texte. S'il s'avère nécessaire d'écrire de nouveau le manuscrit, soit complètement, soit en partie, la maison d'édition se déclare prête à verser à l'auteur, lors de la parution du volume, le montant des frais correspondants. Les auteurs recoivent 50 exemplaires gratuits.

Pour obtenir une reproduction optimale il est désirable que le texte dactylographié sur une page ne dépasse pas 26,5 cm en hauteur et 18 cm en largeur. Sur demande la maison d'edition met à la disposition des auteurs du papier spécialement préparé.

Les manuscrits en anglais, allemand ou français peuvent être adressés à Springer-Verlag, 6900 Heidelberg, Postfach 1780.